李志锋 编著

人 民 邮 电 出 版 社
北 京

图书在版编目（CIP）数据

空调维修案例宝典 / 李志锋编著. -- 北京 : 人民邮电出版社，2020.6（2023.8重印）
ISBN 978-7-115-53686-0

Ⅰ. ①空… Ⅱ. ①李… Ⅲ. ①空气调节器—维修
Ⅳ. ①TM925.120.7

中国版本图书馆CIP数据核字(2020)第067499号

内 容 提 要

本书是由一线空调维修工程师李志锋老师精心编写的一本对空调维修案例进行剖析的图书。

全书分15章，对定频与变频空调器各部分的典型故障分门别类地进行了剖析。主要内容包括：定频空调器电控基础、通风系统故障、漏水和噪声故障、制冷系统故障、室内机常见故障、室内外风机电路故障、单相压缩机和三相空调器中存在的故障、变频空调器电控基础、更换空调器主板和通用电控盒、通信故障、室内外机电路故障、电源电路故障和格力H5代码、强电电路故障、直流风机和电子膨胀阀故障、模块故障和压缩机故障等。

本书可作为空调维修人员随身携带的速查工具图书，也可供相关技能提高人员及职业院校相关专业师生学习参考。

◆ 编　　著　李志锋
　责任编辑　黄汉兵
　责任印制　彭志环
◆ 人民邮电出版社出版发行　　北京市丰台区成寿寺路11号
　邮编　100164　　电子邮件　315@ptpress.com.cn
　网址　https://www.ptpress.com.cn
　北京天宇星印刷厂印刷
◆ 开本：787×1092　1/16
　印张：19　　　　　　2020年6月第1版
　字数：439千字　　　　2023年8月北京第5次印刷

定价：99.00元

读者服务热线：(010)81055493　印装质量热线：(010)81055316
反盗版热线：(010)81055315
广告经营许可证：京东市监广登字20170147号

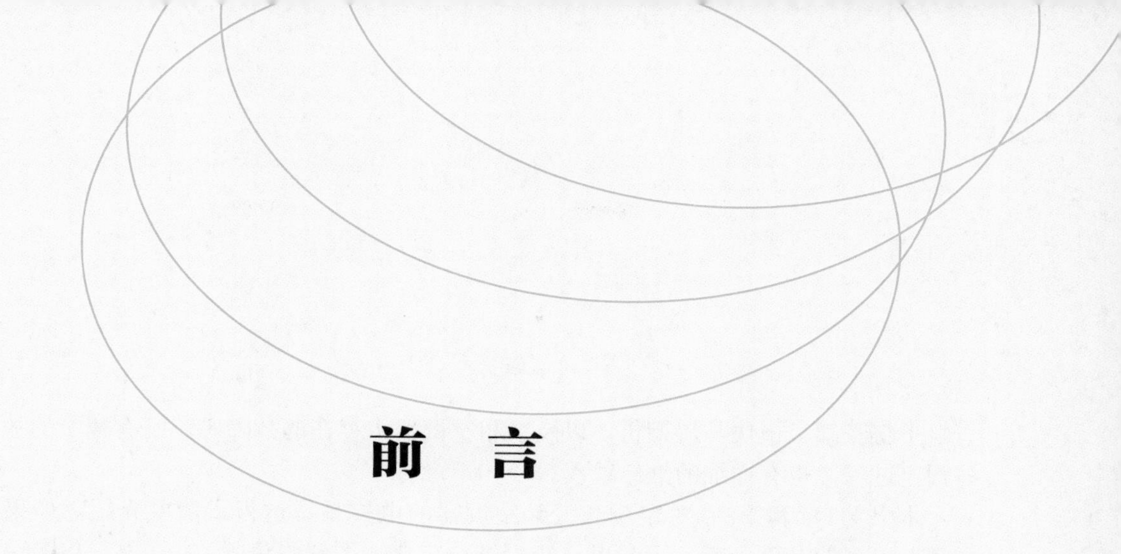

前　言

随着我国经济的快速发展与人民生活水平的逐步提高，空调器作为家用电器中一员，逐渐由城市普及到农村，已经成为家家户户重要的家用电器。

空调器产品也由最初的以定频空调器为主发展到以变频空调器为主。空调维修人员原来主修定频空调器，而目前空调器故障中变频空调器的故障则占到很大的比重，而变频空调器增加了室外机复杂的电控系统，维修时难度较大，同时空调器的维修时效性较强，为了解决上述需求，我们编写了本书，使读者可以按图索骥轻松排除故障。

本书具有以下特点。

1. 内容全面：本书对空调器各个部分常见的典型故障进行了详细的分类讲解，读者在掌握书中所讲案例后可轻松应对不同品牌型号空调器故障的维修。

2. 案例典型：作者长期工作在空调维修一线，拥有十多年的空调维修经验，书中所有维修案例都是从作者的实际维修工作中精心选择的，非常有代表性，读者可通过这些维修案例的学习快速掌握空调维修核心技术，迅速提高自己的维修水平。

3. 一步一图：采用全程图解的编写方式，真实还原维修现场。

4. 内容新颖：本书定频和变频空调器的故障比例各占一半，变频空调器部分增加了直流电机和电子膨胀阀及单元电路的维修实例。

5. 免费视频：本书提供免费维修视频供读者学习使用，能够帮助读者快速掌握相关技能，读者使用手机扫码即可观看视频。

本书对空调器各个部分常见的典型故障分类进行了详细讲解：通风系统、制冷系统、室内机、室外机、单相压缩机、通信系统、单元电路与电源电路、强电电路、直流电机与电子膨胀阀、模块与压缩机，以及三相空调器中存在的故障等，既有翔实的故障初判与判定过程，也有详细的维修过程。

本书第1章和第8章对定频与变频空调器的电控系统进行了简单介绍。如果读者需要掌握更多的基础内容，可参考《空调维修宝典（图解彩色版）》一书（ISBN：978-7-115-44641-1），该书于2019年由人民邮电出版社出版。

本书由李志锋编著，参加本书编写及为本书的编写提供帮助的人员还有周涛、李全福、刘提、金科技、李文超、刘提醒、姚仿、金坡、金记纪、李想、金威威、金亚南等，在此对所有人员的辛勤工作表示由衷的感谢。

本书的编者长期从事空调器维修工作，由于能力、水平所限，加上编写时间仓促，书中难免有不妥之处，还希望广大读者提出宝贵意见。

编者

2020年1月

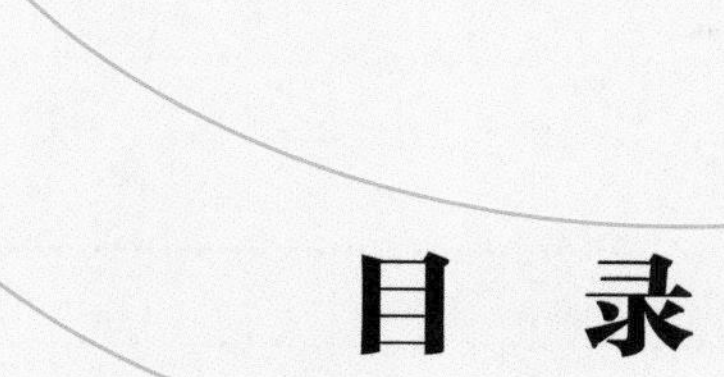

目　录

第 1 章
定频空调器电控基础

第 1 节　挂式空调器构造

一、外部构造

空调器整机由室内机、室外机、连接管道、遥控器四部分组成。室内机组包括蒸发器、室内风扇（贯流风扇）、室内风机、电控部分等；室外机组包括压缩机、冷凝器、毛细管、室外风扇、室外风机、电气元件等。

1. 室内机的外部结构

壁挂式空调器室内机外部结构见图1-1和图1-2。

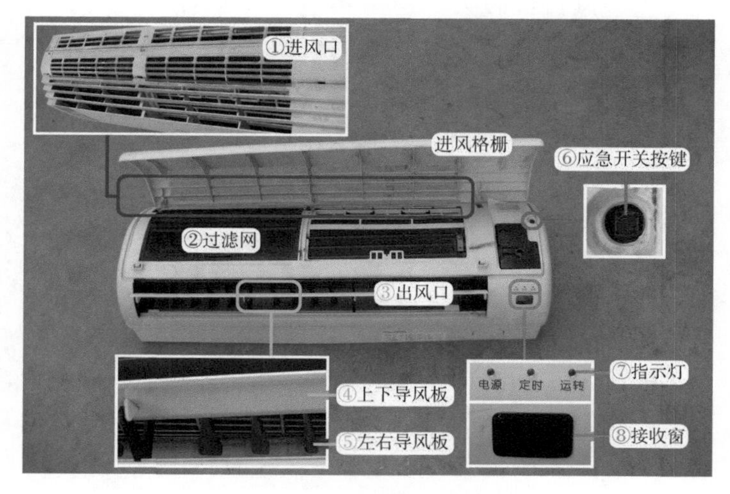

图 1-1　室内机正面外部结构

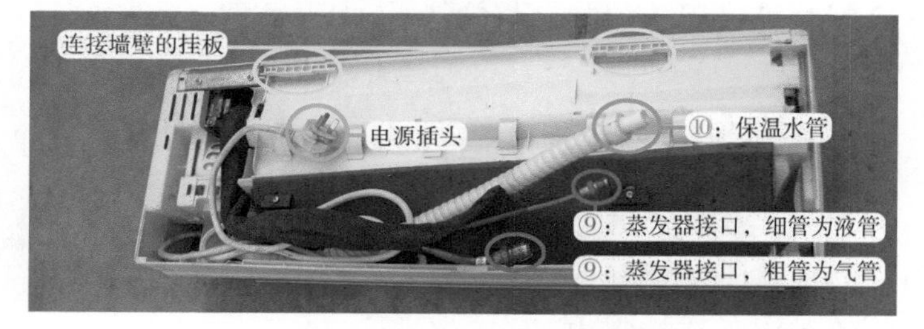

图 1-2　室内机反面外部结构

①进风口：房间的空气由进风格栅吸入，并通过过滤网除尘。

②过滤网：过滤空气中的灰尘。

③出风口：降温或加热的空气经上下导风板和左右导风板调节方位后吹向房间内。

早期空调器进风口通常由进风格栅（或称为前面板）进入室内机，而目前空调器进风格栅通常设计为镜面或平板样式，因此进风口部位设计在室内机顶部。

④ 上下导风板（上下风门叶片）：调节出风口上下气流方向（一般为自动调节）。

⑤ 左右导风板（左右风门叶片）：调节出风口左右气流方向（一般为手动调节）。

⑥ 应急开关按键：无遥控器时使用应急开关可以开启或关闭空调器的按键。

挂式空调器CPU三要素电路

⑦ 指示灯：显示空调器工作状态。

⑧ 接收窗：接收遥控器发射的红外线信号。

⑨ 蒸发器接口：与来自室外机组的管道连接（粗管为气管，细管为液管）。

⑩ 保温水管：一端连接接水盘，另一端通过加长水管将制冷时蒸发器产生的冷凝水排至室外。

2. 室外机组的外部结构

室外机组外部结构见图1-3。

①进风口：吸入室外空气（即吸入空调器周围的空气）。

②出风口：吹出冷凝器降温的室外空气（制冷时为热风）。

③管道接口：连接室内机组管道（粗管为气管，接三通阀；细管为液管，接二通阀）。

④检修口（即加氟口）：用于测量系统的压力，系统缺制冷剂时可以用于加制冷剂。

⑤接线端子：连接室内机组的电源线。

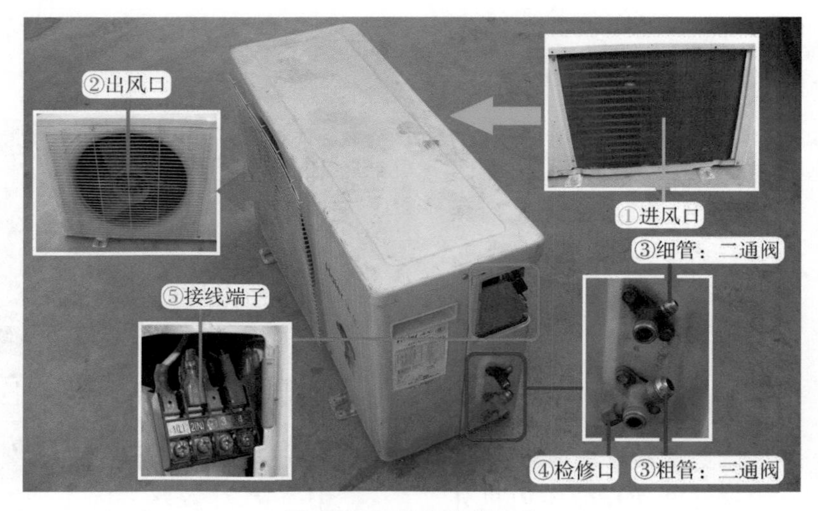

图 1-3　室外机外部结构

3. 连接管道

见图1-4左图，连接管道用于连接室内

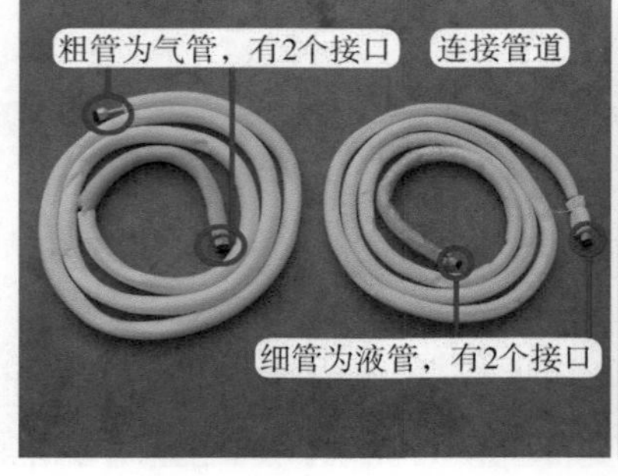

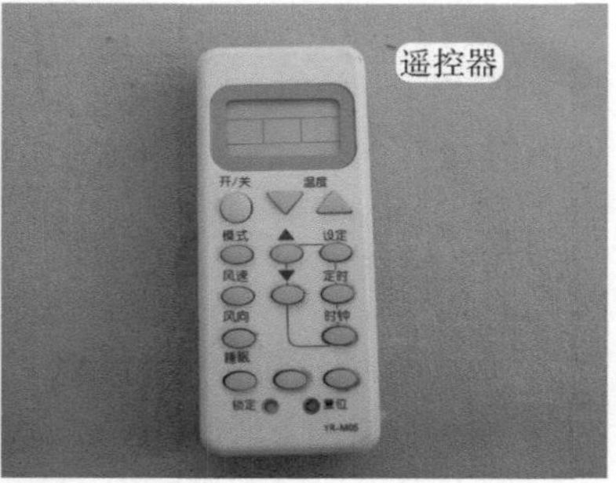

图 1-4　连接管道和遥控器

机和室外机的制冷系统，完成制冷（制热）循环，其为制冷系统的一部分；粗管连接室内机蒸发器出口和室外机三通阀，细管连接室内机蒸发器进口和室外机二通阀；由于细管流通的制冷剂为液体，粗管流通的制冷剂为气体，所以细管也称为液管或高压管，粗管也称为气管或低压管；早期材质多为铜管，现在多使用铝塑管。

4. 遥控器

见图1-4右图，遥控器用来控制空调器的运行与停止，使之按用户的意愿运行，是电控系统中的一部分。

挂式空调器电源电路

二、内部构造

家用空调器无论是挂机还是柜机，均由四部分组成：制冷系统、电控系统、通风系统和箱体系统。

1. 主要部件的安装位置

（1）室内机的主要部件

见图1-5。制冷系统：蒸发器；电控系统：电控盒（包括主板、变压器、环温和管温传感器等）、显示板组件、步进电机；通风系统：室内风机（一般为PG电机）、室内风扇（也称为贯流风扇）、轴套、上下和左右导风板；辅助部件：接水盘。

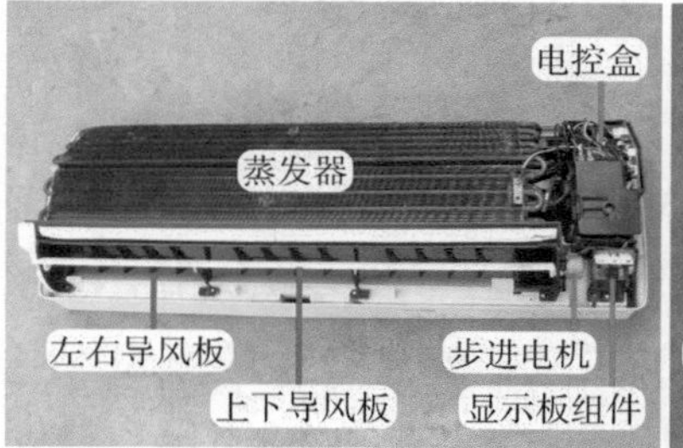

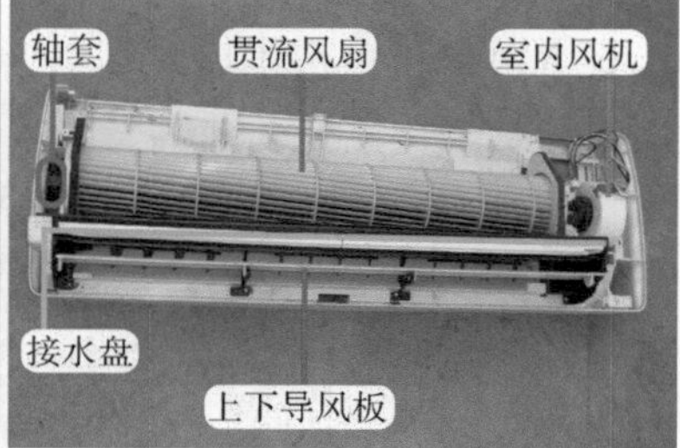

图 1-5　室内机主要部件

（2）室外机的主要部件

见图1-6。制冷系统：压缩机、冷凝器、四通阀、毛细管、过冷管组（单向阀和辅助毛细管）；电控系统：室外风机电容、压缩机电容、四通阀线圈；通风系统：室外风机（也称为轴流电机）、室外风扇（也称为轴流风扇）；辅助部件：电机支架、挡风隔板。

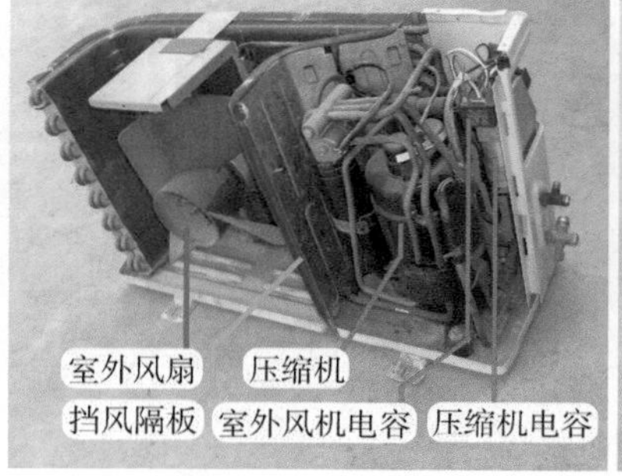

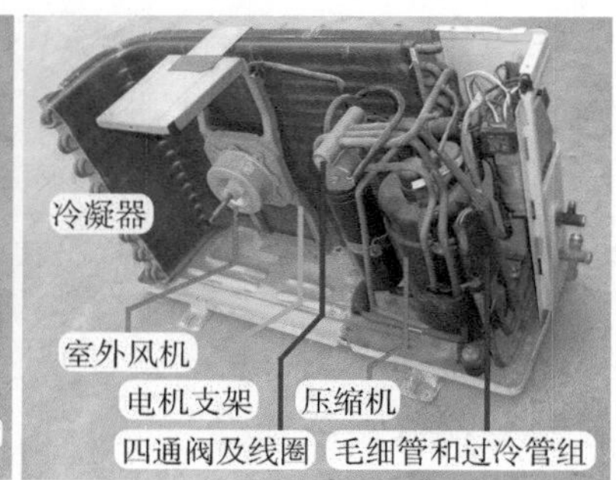

图 1-6　室外机主要部件

2. 电控系统

电控系统相当于“大脑”，用来控制空调器的运行，一般使用微电脑（MCU）控制方式，具有遥控、正常自动控制、自动安全保护、故障自诊断和显示、自动恢复等功能。

图1-7所示为电控系统的主要部件，通常由主板、遥控器、变压器、环温和管温传感器、室内风机、步进电机、压缩机、室外风机、四通阀线圈等组成。

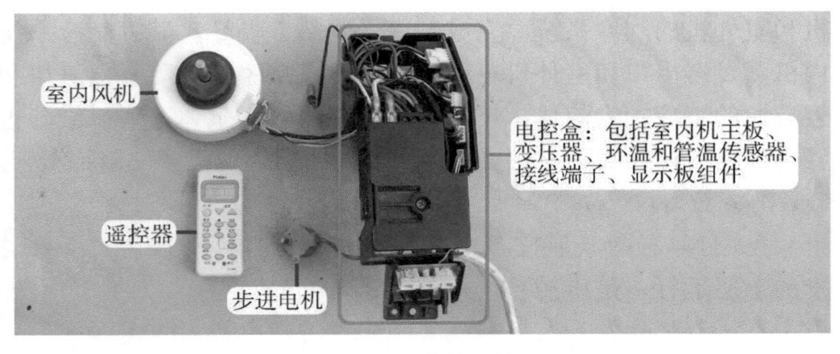

图 1-7 电控系统

3.通风系统

为了保证制冷系统的正常运行而设计的通风系统，作用是强制使空气流过冷凝器或蒸发器，加速热交换的进行。

（1）室内机通风系统

室内机通风系统的作用是将蒸发器产生的冷量（或热量）及时输送到室内，降低或升高室内温度；使用贯流式通风系统，包括室内风扇（贯流风扇）和室内风机。

室内贯流风扇由叶轮、叶片、轴承等组成，轴向尺寸很宽，风扇叶轮直径小，呈细长圆筒状，特点是转速高、噪声小；左侧使用轴套固定，右侧连接室内风机。

室内风机产生动力驱动室内风扇旋转，早期多为2速或3速的抽头电机，目前通常使用带霍尔反馈功能的PG电机，只有部分高档的定频和变频空调器使用直流电机。

见图1-8，室内贯流风扇叶片采用向前倾斜式，气流沿叶轮径向流入，贯穿叶轮内部，然后沿径向从另一端排出，房间空气从室内机顶部和前部的进风口吸入，由室内贯流风扇产生一定的流量和压力，经过蒸发器降温或加热后，从出风口吹出。

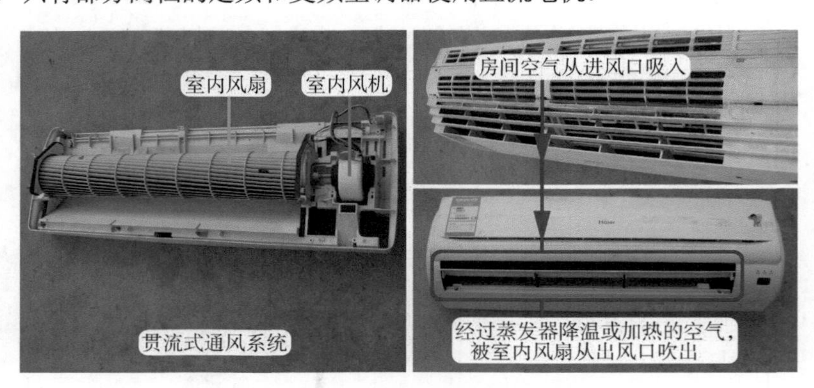

图 1-8 贯流式通风系统

（2）室外机通风系统

室外风机

室外机通风系统的作用是为冷凝器散热，使用轴流式通风系统，包括室外风扇（轴流风扇）和室外风机。

室外风扇结构简单，叶片一般为2片、3片、4片、5片，使用ABS塑料注塑成型，特点是效率高、风量大、价格低、省电，缺点是风压较低、噪声较大。

定频空调器室外风机通常使用单速电机，变频空调器通常使用2速、3速的抽头电机，只有部分高档的定频和变频空调器使用直流电机。

见图1-9，室外风扇运行时进风侧压力低，出风侧压力高，空气始终沿轴向流动，制冷时将冷凝器产生的热量强制吹到室外。

图 1-9 轴流式通风系统

4. 箱体系统

箱体系统是空调器的骨骼。

图1-10所示为挂式空调器室内机组的箱体系统（即底座），所有部件均放置在底座上面，根据空调器设计不同，外观会有所变化。

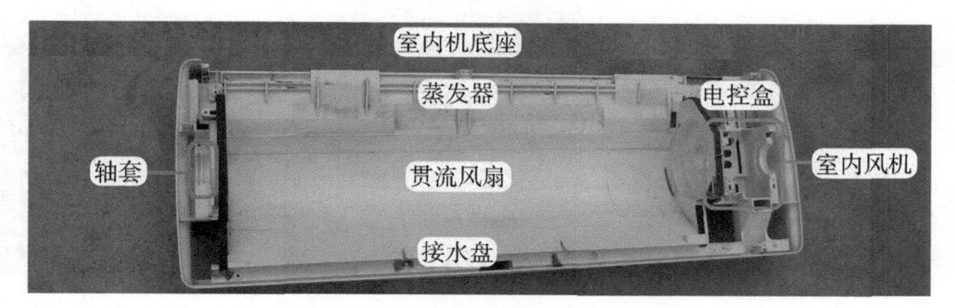

图 1-10 室内机底座

图1-11所示为室外机底座，冷凝器、室外风机固定支架、压缩机等部件均安装在室外机底座上面。

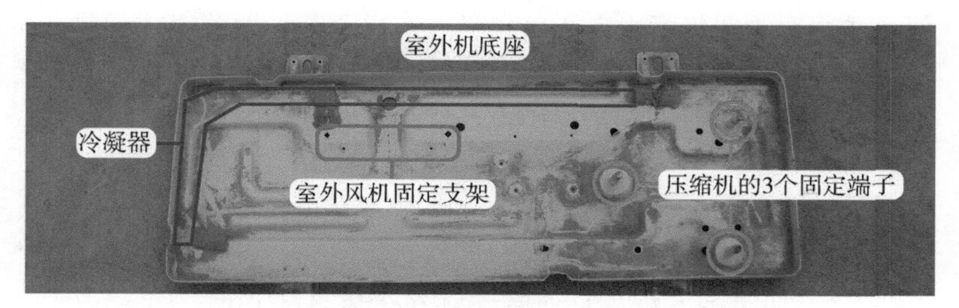

图 1-11 室外机底座

第 2 节 柜式空调器构造

一、室内机构造

1. 外观

柜式空调器室内机从正面看，通常分为上下两段，见图1-12，上段可称为前面板，下段可称为进风格栅，其中前面板主要包括出风口和显示屏，取下进风格栅后可见室内机下方设

图 1-12 室内机外观

有室内风扇（离心风扇），即进风口，其上方为电控系统。

挂式空调器室内风机电路

早期空调器从正面看通常分为3段，最上方为出风口，中间为前面板（包括显示屏），最下方为进风格栅，目前的空调器将出风口和前面板合为一体。

进风格栅顾名思义就是室内空气由此进入的部件，见图1-13左图。空调器进风口通常设置在左侧、右侧、下方位置，从正面看为镜面外观，内部设有过滤网卡槽。过滤网安装在进风格栅内部，过滤后的空气再由离心风扇吸入，送至蒸发器降温或加热，再由出风口吹出。

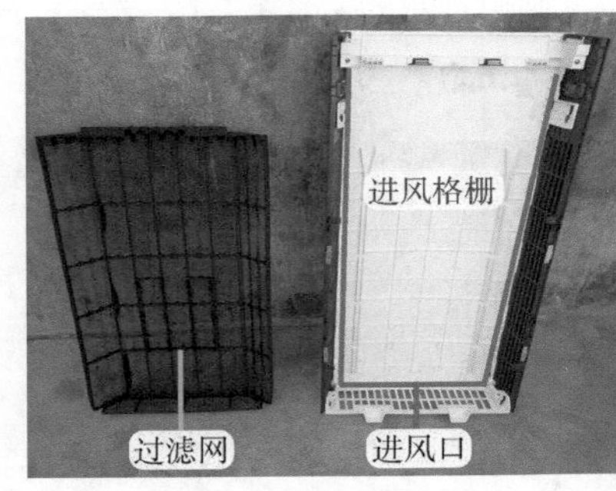

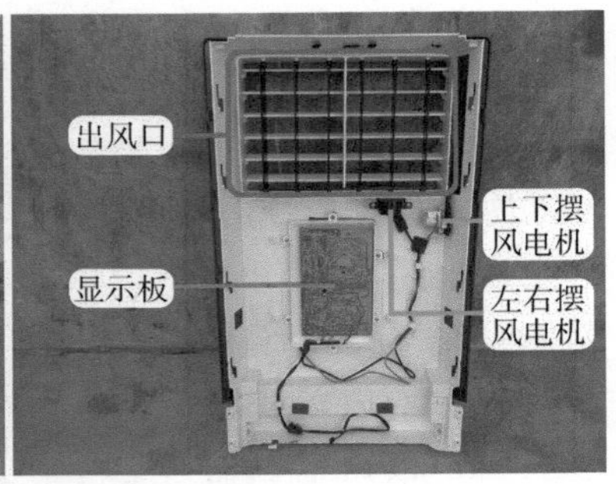

图 1-13　进风格栅和前面板

见图1-13右图，将前面板翻到后面，取下泡沫盖板后，可看到安装有显示板（从正面看为显示屏）、上下摆风电机、左右摆风电机。

早期空调器进风口通常设计在进风格栅正面，并且由于出风口上下导风板为手动调节，并未设计上下摆风电机。

2. 电控系统和挡风隔板

取下前面板后，见图1-14左图，可见室内机中间部位安装有挡风隔板，其作用是将蒸发器下半段的冷量（或热量）向上聚集，从出风口排出。为防止异物进入室内机，在出风口部位设有防护罩。

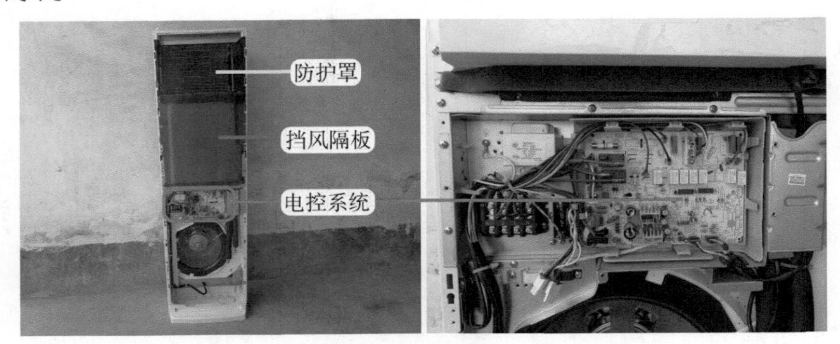

图 1-14　挡风隔板和电控系统

取下电控盒盖板后，见图1-14右图，电控系统主要由主板、变压器、室内风机电容、接线端子等组成。

3. 辅助电加热和蒸发器

取下挡风隔板后，见图1-15，可见蒸发器为直板式。蒸发器中间部位装有2组PTC式辅助电加热，在冬季制热时提高出风口温度；蒸发器下方为接水盘，通过连接排水软管和加长水管将制冷时产生的冷凝水排至室外；蒸发器共有2个接头，其中粗管为气管，细管为液管，经连接管道和室外机二通阀、三通阀相连。

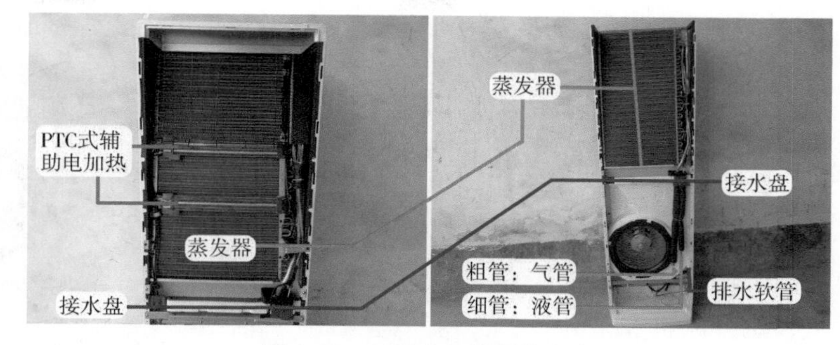

图 1-15　辅助电加热和蒸发器

4. 通风系统

取下蒸发器、顶部挡板、电控系统等部件后，见图1-16左图，此时室内机只剩下外壳和通风系统。

通风系统包括室内风机（离心电机）、室内风扇（离心风扇）、蜗壳，图1-16右图所示为取下室内风扇后室内风机的安装位置。

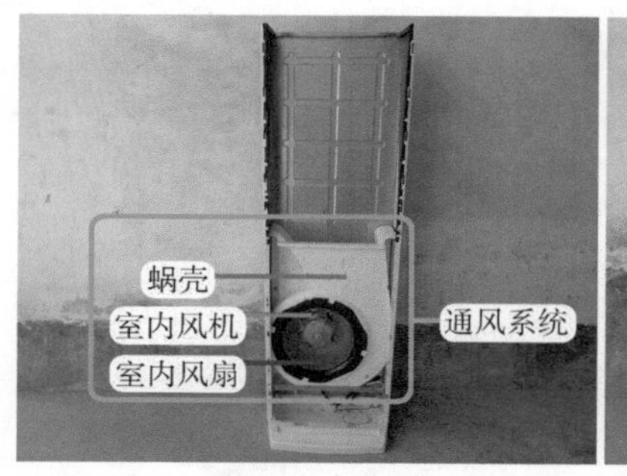

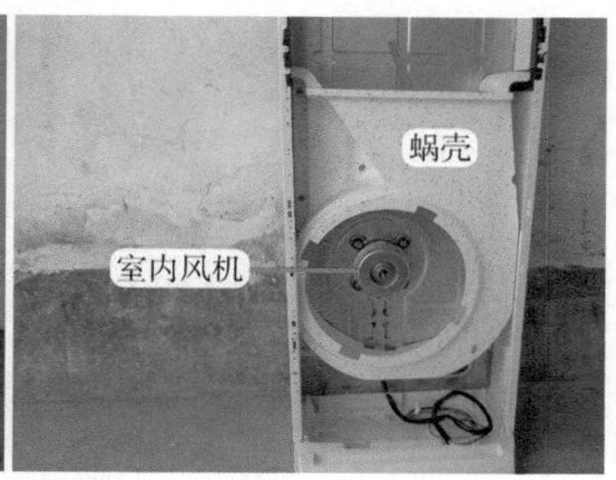

图 1-16　通风系统

5. 外壳

见图1-17左图，取下室内风机后，通风系统的部件只有蜗壳。

再将蜗壳取下，见图1-17右图，此时室内机只剩下外壳，由左侧板、右侧板、背板、底座等组成。

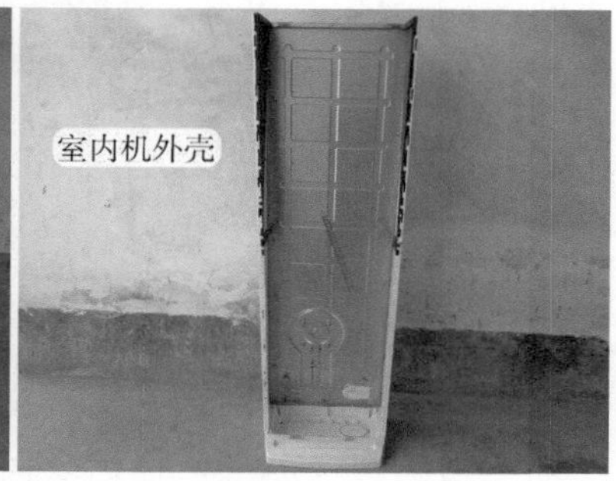

图 1-17　蜗壳和外壳

二、室外机构造

1. 室外机的外观

见图1-18，通风系统设有进风口和出风

图 1-18　室外机外观

口，进风口设计在室外机后面和侧面，出风口在前面，吹出的风不是直吹，而是朝四周扩散。其中接线端子连接室内机电控系统，管道接口连接室内机制冷系统（蒸发器）。

2. **主要部件**

取下室外机顶盖和前盖，见图1-19，可发现室外机和挂式空调器室外机相同，主要由电控系统、压缩机、室外风机和室外风扇、冷凝器等组成。

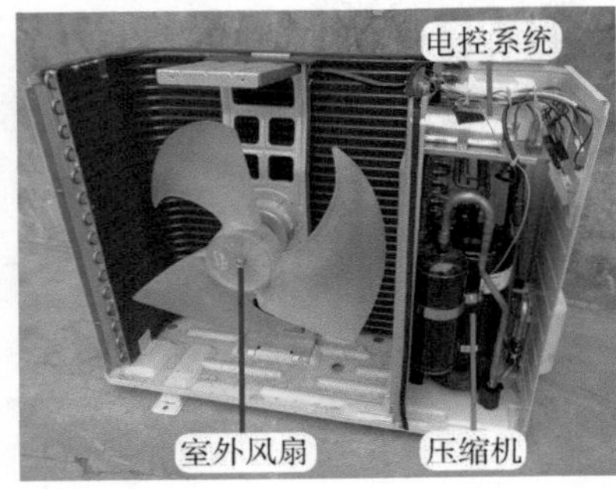

图 1-19 主要部件

第 3 节 主要元器件

一、变压器

1. **安装位置和作用**

挂式空调器的变压器安装在室内机电控盒上方的下部位置，见图1-20左图，柜式空调器的变压器安装在电控盒的左侧或右侧位置。

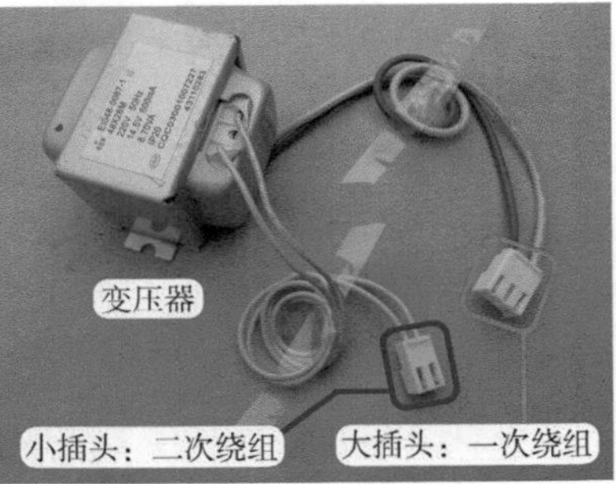

图 1-20 变压器安装位置和实物外形

变压器插座在主板上英文符号为T或TRANS。见图1-20右图，变压器通常为两个插头，大插头为一次绕组（俗称初级线圈），小插头为二次绕组（俗称次级线圈）。变压器工作时，将交流220V电压降低到主板需要的电压，内部含有一次绕组和二次绕组两个线圈，一次绕组通过变化的电流，在二次绕组产生感应电动势，因一次绕组匝数远大于二次绕组，所以二次绕组感应的电压为较低电压。

变压器基础与维修

如果主板电源电路使用开关电源，则不再使用变压器。

2. 测量变压器绕组阻值

示例为格力KFR-32GW/（32556）FNDe-3挂式变频空调器上使用的1路输出型变压器，使用万用表电阻挡，测量一次绕组和二次绕组阻值。

（1）测量一次绕组阻值（见图1-21）

变压器一次绕组使用的铜线线径较细且匝数较多，所以阻值较大，正常为200～600Ω，示例实测阻值为332Ω。

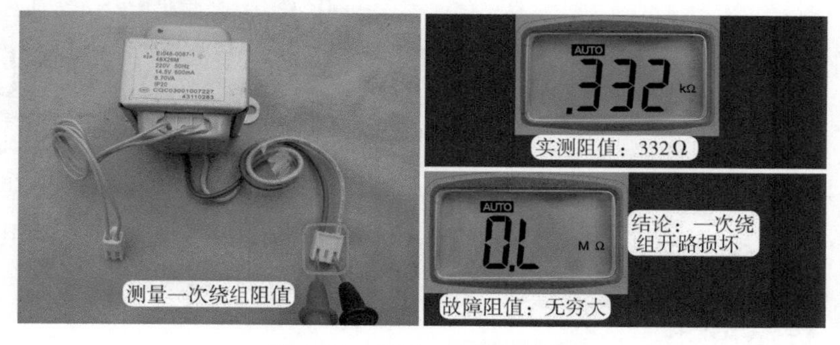

图 1-21　测量一次绕组阻值

一次绕组阻值根据变压器功率的不同，实测阻值也各不相同，柜式空调器使用的变压器功率大，实测时阻值小（某型号柜式空调器变压器一次绕组实测为203Ω）；挂式空调器使用的变压器功率小，实测时阻值大。

如果实测时阻值为无穷大，说明一次绕组开路故障，常见原因有绕组开路或内部串接的温度保险开路。

（2）测量二次绕组阻值（见图1-22）

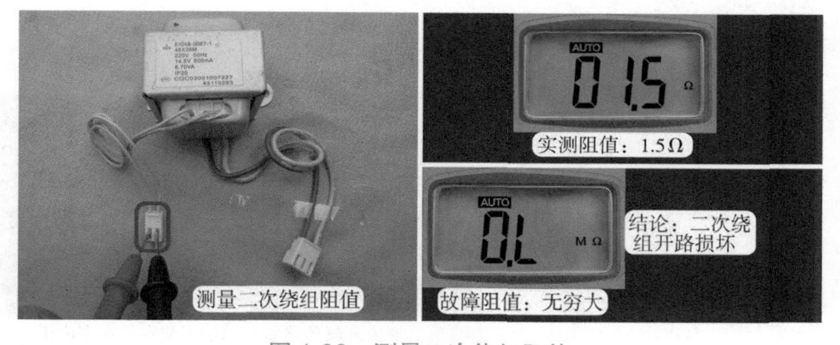

图 1-22　测量二次绕组阻值

变压器二次绕组使用的铜线线径较粗且匝数较少，所以阻值较小，正常为0.5～2.5Ω，示例实测阻值为1.5Ω。

二次绕组短路时阻值和正常阻值相接近，使用万用表电阻挡不容易判断是否损坏。如二次绕组短路故障，常见表现为屡烧熔丝管（俗称保险管）和一次绕组开路，检修时如变压器表面温度过高，检查室内机主板和供电电压无故障后，可直接更换变压器。

3. 测量变压器绕组插座电压

（1）测量变压器一次绕组插座电压

使用万用表交流电压挡，见图1-23，测量变压器一次绕组插座电压，由于与交流220V电源并联，因此正常电压为交流220V。

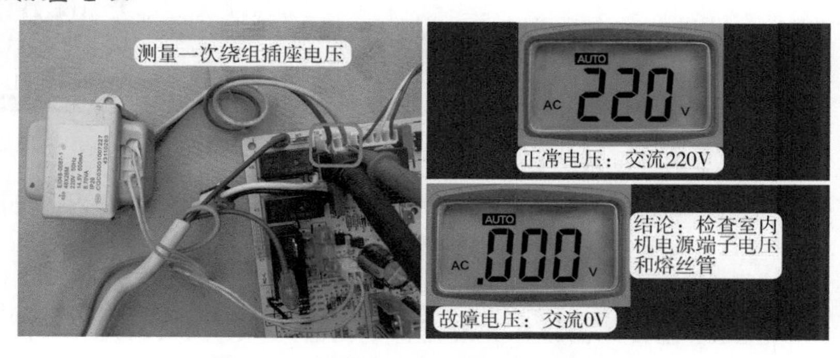

图 1-23　测量变压器一次绕组插座电压

如果实测电压为0V，可以判断变压器一次绕组无供电，表现为整机上电无反应，应检查室内机电源接线端子电压和熔丝管。

（2）测量变压器二次绕组插座电压

变压器二次绕组输出电压经整流滤波后为直流12V和5V负载供电，使用万用表交流电压挡，见图1-24，实测电压约为交流15V。

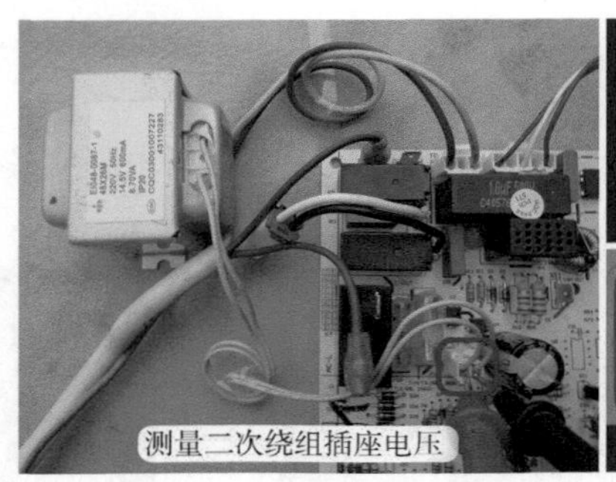

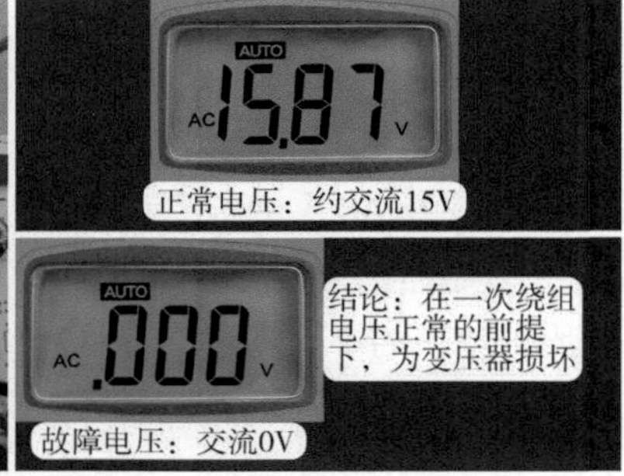

图 1-24　测量变压器二次绕组插座电压

如果实测电压为交流0V，在变压器一次绕组供电电压正常和负载无短路的前提下，可大致判断变压器损坏。

挂式空调器电控系统组成

二、传感器

1. 定频挂式空调器传感器安装位置

（1）室内环温传感器

室内环温传感器固定在室内机的进风口位置，见图1-25，作用是检测室内温度，和遥控器的设定温度相比较，决定室外机的运行与停止。

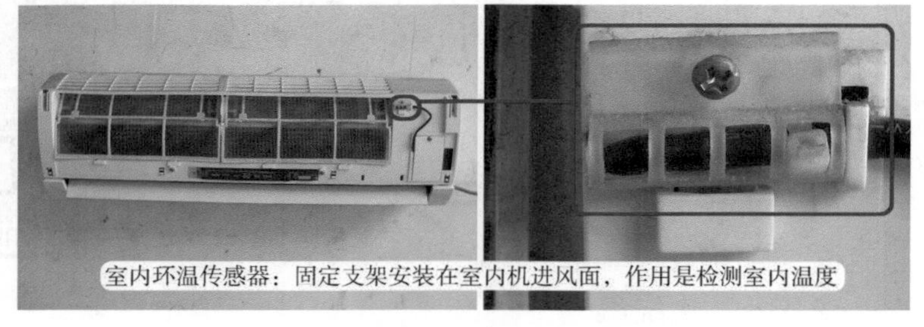

图 1-25　室内环温传感器安装位置

（2）室内管温传感器

室内管温传感器检测孔焊在蒸发器的管壁上，见图1-26，作用是检测蒸发器温度，在制冷系统进入非正常状态时停机保护。

图 1-26　室内管温传感器安装位置

2. 定频柜式空调器传感器安装位置

（1）室内环温传感器

室内环温传感器设计在室内风扇（离心风扇）罩圈，即室内机进风口，见图1-27左图，作用是检测室内温度，以控制室外机的运行与停止。

（2）室内管温传感器

室内管温传感器设在蒸发器管壁上面，见图1-27右图，作用是检测蒸发器温度，在制冷系统进入非正常状态（如蒸发器温度过低或过高）时停机进入保护。如果空调器未设计室外管温传感器，则室内管温传感器检测的温度是制热模式时进入除霜程序的重要依据。

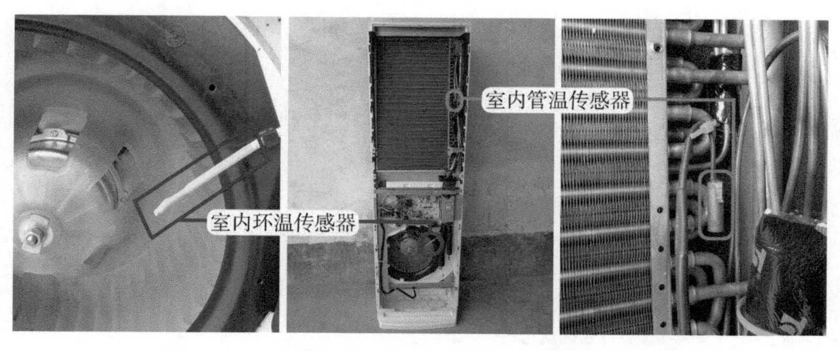

图 1-27 室内环温和室内管温传感器安装位置

（3）室外管温传感器

室外管温传感器设计在冷凝器管壁上面，见图1-28，作用是检测冷凝器温度，在制冷系统进入非正常状态（如冷凝器温度过高）时停机进行保护，同时其检测的温度也是制热模式下进入除霜程序的重要依据。

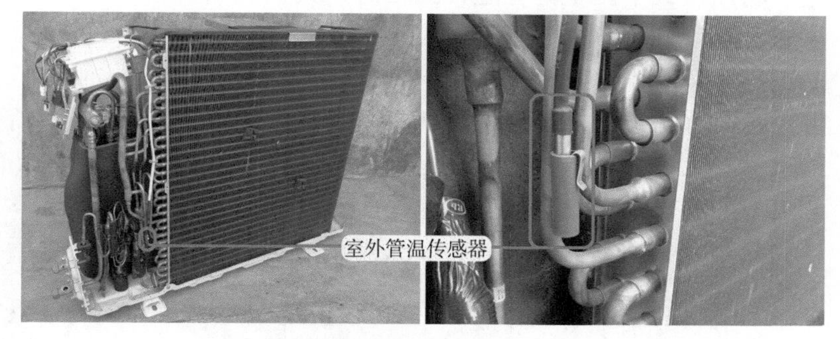

图 1-28 室外管温传感器安装位置

室外管温、室外环温、压缩机排气管传感器一般使用在3P或5P柜式空调器上。

传感器

（4）室外环温传感器

室外环温传感器设计在冷凝器的进风面，见图1-29左图，作用是检测室外环境温度，通常与室外管温传感器一起组合成为制热模式下进入除霜程序的依据。

图 1-29 室外环温和压缩机排气管传感器安装位置

（5）压缩机排气管传感器

压缩机排气管传感器设计在压缩机排气管壁上，见图1-29右图，作用是检测压缩机排气管（或相当于检测压缩机温度），在压缩机工作在高温状态时停机进行保护。

3.变频挂式空调器传感器的安装位置

（1）室内环温传感器

室内环温传感器固定在室内机的进风口位置，见图1-25，作用是检测室内房间的温度，和遥控器的设定温度相比较，决定压缩机的频率或者室外机的运行与停止。

（2）室内管温传感器

室内管温传感器检测孔焊在蒸发器的管壁上，见图1-26，作用是检测蒸发器温度。

制冷或除湿模式下，室内管温≤－1℃时，压缩机降频运行，当连续3min检测到室内管温≤－1℃时，压缩机停止运行。

制热模式下，室内管温≥55℃时，禁止压缩机运行频率上升；室内管温≥58℃时，压缩机降频运行；室内管温≥62℃时，压缩机停止运行。

（3）室外环温传感器

室外环温传感器的支架固定在冷凝器的进风面，见图1-30，作用是检测室外环境温度。

图 1-30　室外环温传感器安装位置

在制冷和制热模式下，决定室外风机转速。在制热模式下，它与室外管温传感器检测到的温度组成进入除霜程序的依据。

（4）室外管温传感器

室外管温传感器检测孔焊在冷凝器管壁，见图1-31，作用是检测室外机冷凝器温度。

图 1-31　室外管温传感器安装位置

在制冷模式下，判定冷凝器是否过载。室外管温≥70℃，压缩机停机；当室外管温≤50℃时，3min后自动开机。

在制热模式下，它与室外环温传感器检测到的温度组成进入除霜程序的依据：空调器运行一段时间（约40min），室外环温＞3℃，室外管温≤−3℃，且持续5min；或室外环温＜3℃，室外环温－室外管温≥7℃，且持续5min。

在制热模式下，退出除霜程序的依据：当室外管温＞12℃时或压缩机运行时间超过8min。

（5）压缩机排气管传感器

压缩机排气管传感器检测孔固定在排气管上面，见图1-32，作用是检测压缩机排气管温度。

在制冷和制热模式下，压缩机排气管温度≤93℃，压缩机正常运行；93℃<压缩机排气管温度<115℃，压缩机运行频率被强制设定在规定的范围内或者降频运行；压缩机排气管温度>115℃，压缩机停机；只有当压缩机排气管温度下降到≤90℃时，才能再次开机运行。

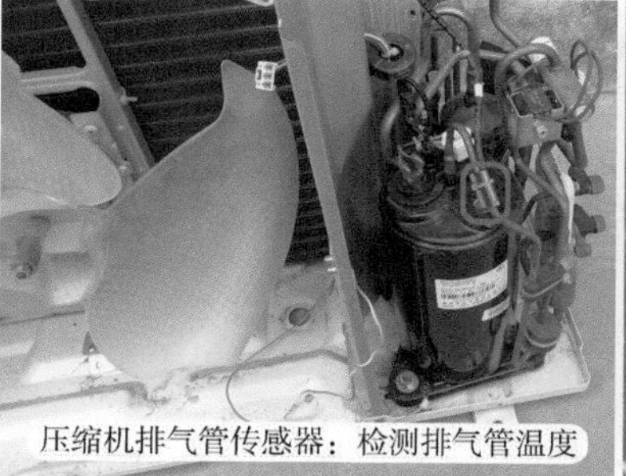

图 1-32　压缩机排气管传感器安装位置

4. 探头形式和型号

（1）探头形式

如果根据探头形式区分，传感器可分为塑封探头和铜头探头，图1-33所示为格力变频空调器室外机传感器探头形式和型号。

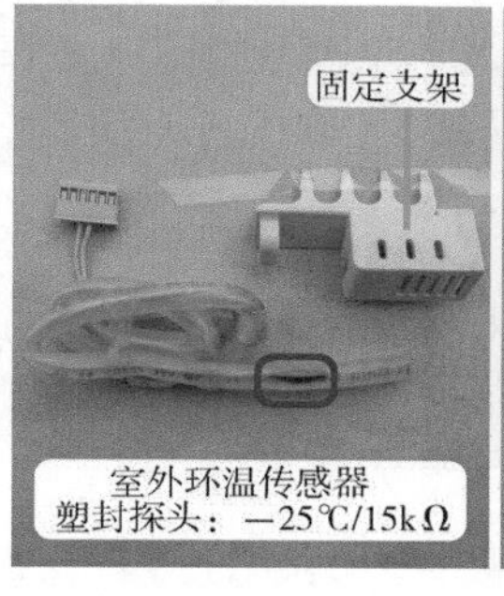

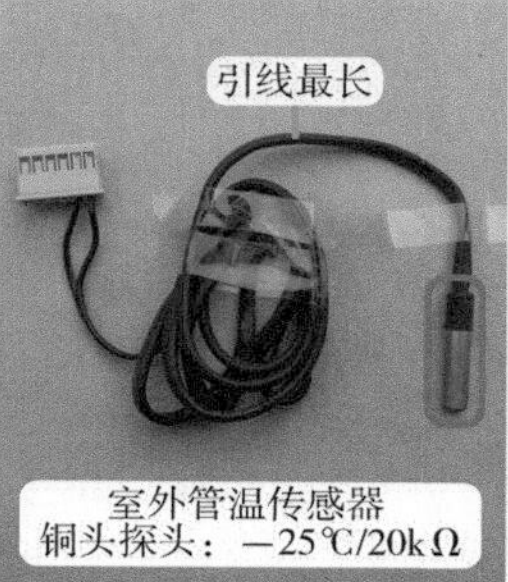

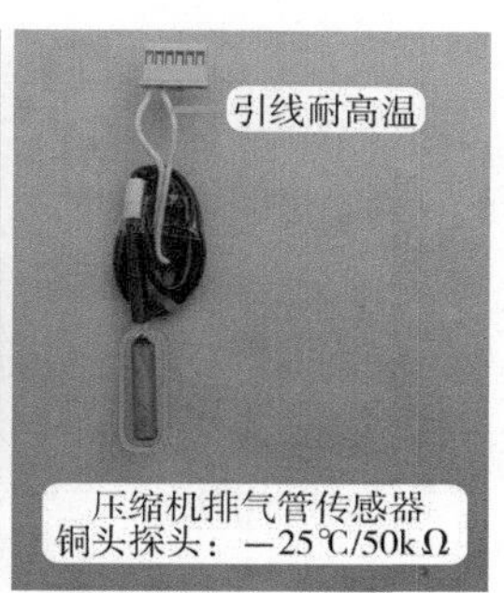

图 1-33　格力变频空调器室外机探头形式和型号

塑封探头可直接固定在相关位置，铜头探头则安装在检测孔内，检测孔焊在蒸发器、冷凝器、压缩机排气管的管壁上，室内环温、室外环温传感器通常使用塑封探头，室内管温、室外管温、压缩机排气管传感器通常使用铜头探头。

（2）型号

传感器型号以25℃时阻值为依据进行区分，常见的有25℃/5kΩ、25℃/10kΩ、25℃/15kΩ、25℃/20kΩ等，压缩机排气管传感器型号通常为25℃/50kΩ、25℃/65kΩ。

5. 测量阻值

空调器使用的传感器均为负温度系数的热敏电阻，负温度系数是指温度上升时其阻值下降，温度下降时其阻值上升。

以型号25℃/20kΩ的管温传感器为例，测量在降温（15℃）、常温（25℃）、加热（35℃）时传感器的阻值变化情况。

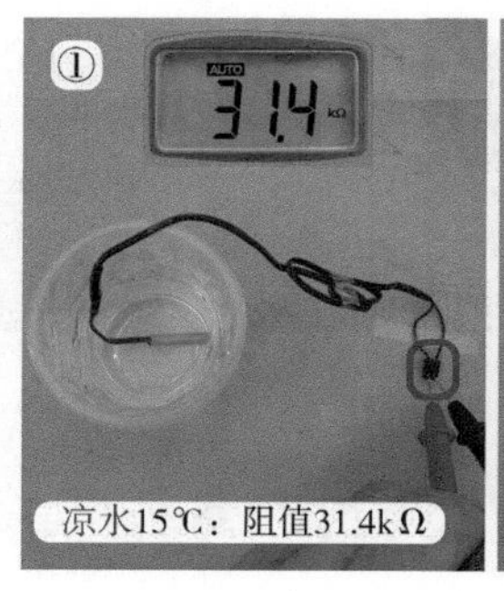

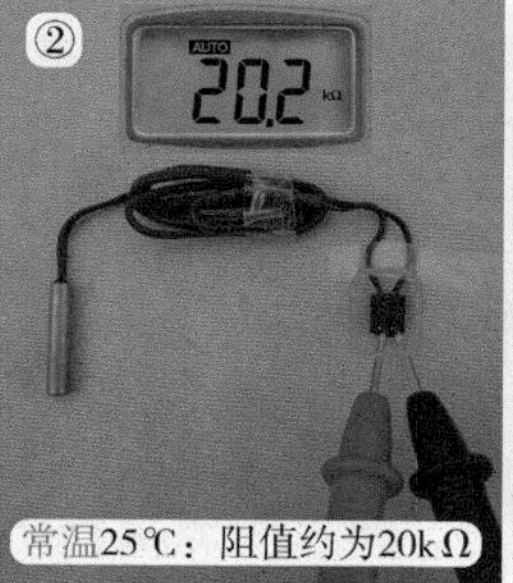

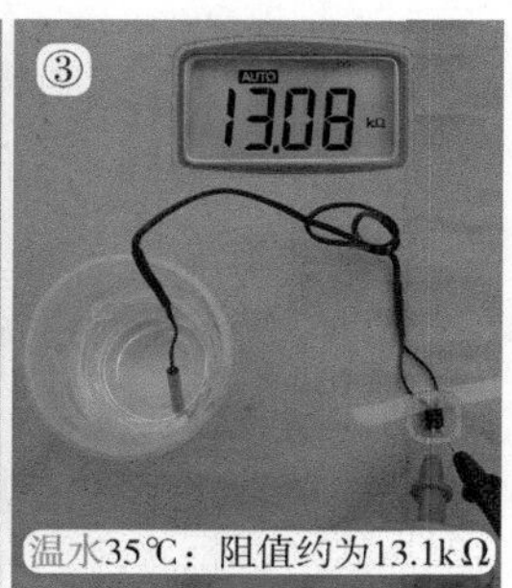

图 1-34　测量传感器阻值

（1）图1-34左图

遥控器与接收器

所示为降温（15℃）时测量传感器阻值，实测为31.4kΩ。

（2）图1-34中图所示为常温（25℃）时测量传感器阻值，实测约为20kΩ。

（3）图1-34右图所示为加热（35℃）时测量传感器阻值，实测约为13.1kΩ。

三、接收器

1. 安装位置

显示板组件通常安装在前面板或室内机的右下角，格力KFR-32GW/（32556）FNDe-3即凉之静系列空调器，显示板组件使用指示灯＋数码管的方式，见图1-35，安装在前面板，前面板留有透明窗口，称为接收窗，接收器对应安装在接收窗后面。

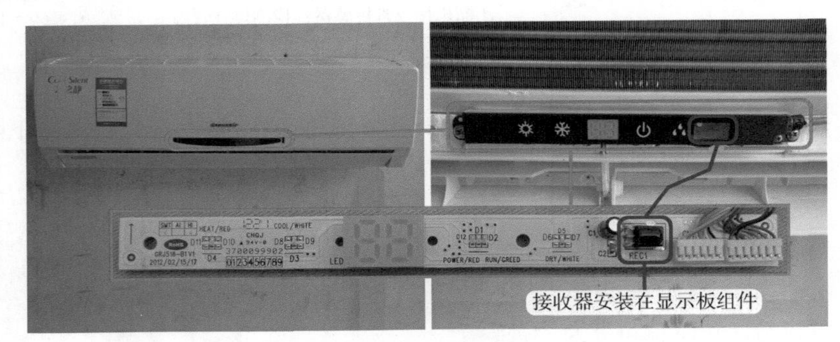

图 1-35　接收器安装位置

2. 实物外形和工作原理

（1）作用

接收器内部含有光敏元件，即接收二极管，其通过接收窗口接收某一频率范围的红外线，当接收到相应频率的红外线，光敏元件产生电流，经内部I-V电路转换为电压，再经过滤波、比较器输出脉冲电压、内部三极管电平转换，接收器的信号引脚输出脉冲信号送至室内机主板CPU处理。

接收器对光信号的敏感区由于开窗位置不同而有所不同，并且不同角度和距离其接收效果也有所不同；通常情况下，光源与接收器的接收面角度越接近直角接收效果越好，接收距离一般大于7m。

接收器实现光电转换，将确定波长的光信号转换为可检测的电信号，因此又叫光电转换器。由于接收器接收的是红外光波，其周围的光源、热源、节能灯、日光灯及发射相近频率的电视机遥控器等，都有可能干扰空调器的正常工作。

（2）分类

目前接收器通常为一体化封装，实物外形和引脚功能见图1-36。接收器工作电压为直流5V，共有3个引脚，功能分别为地、电源（供电+5V）、信号（输出），外观为黑色，部分型号

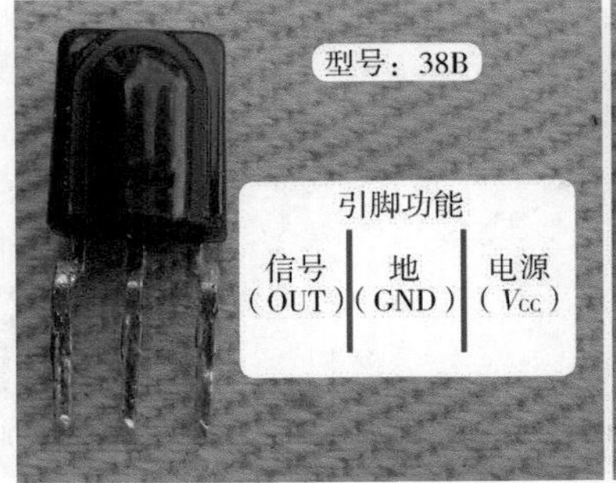

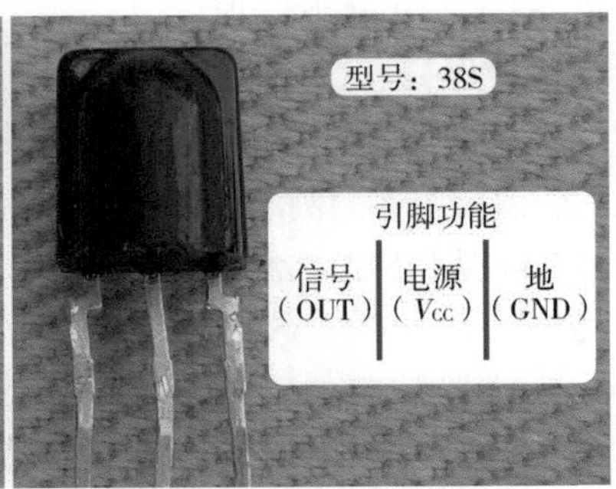

图 1-36　38B 和 38S 接收器

表面有铁皮包裹，通常和发光二极管（或LED显示屏）一起设计在显示板组件中。常见接收器型号为38B、38S、1838、0038等。

（3）引脚的辨别方法

在维修时如果不知道接收器引脚功能，见图1-37，可根据显示板组件上滤波电容的正极和负极引脚、连接至接收器的引脚加以判断：滤波电容正极连接接收器电源（供电）引脚、负极连接地引脚，接收器的最后一个引脚为信号（输出）。

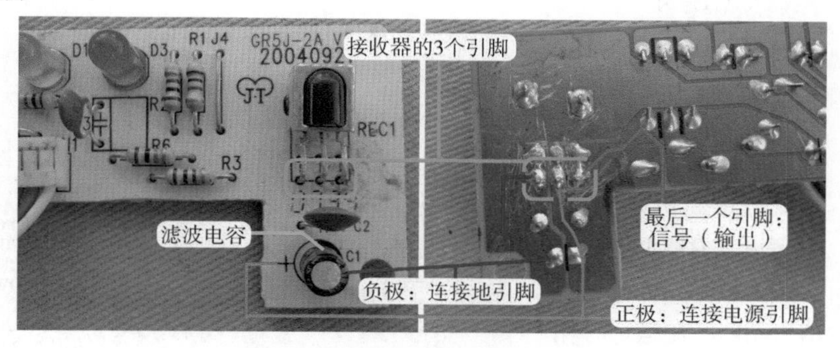

图 1-37 接收器引脚功能判断方法

3. 接收器检测方法

接收器在接收到遥控器信号（动态）时，信号引脚（输出）由静态电压5V会瞬间下降至约3V，然后再迅速上升至静态电压。遥控器发射信号时间约1s，接收器接收到遥控器信号时，信号引脚电压也有约1s的瞬间下降。

使用万用表直流电压挡，见图1-38，动态测量接收器信号引脚电压，黑表笔连接地引脚（GND）、红表笔接信号引脚（OUT），检测的前提是电源引脚（5V）电压正常。

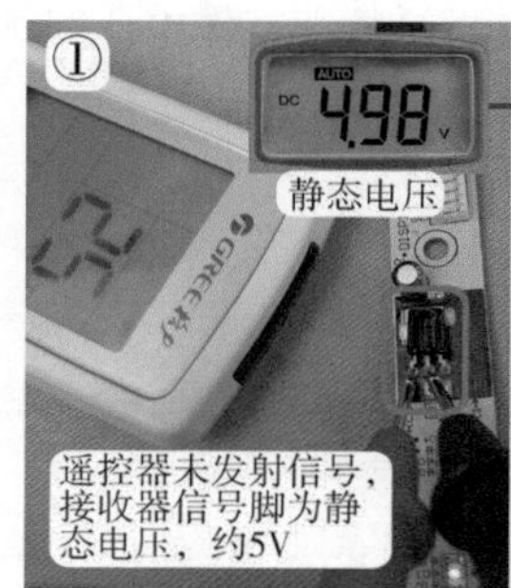

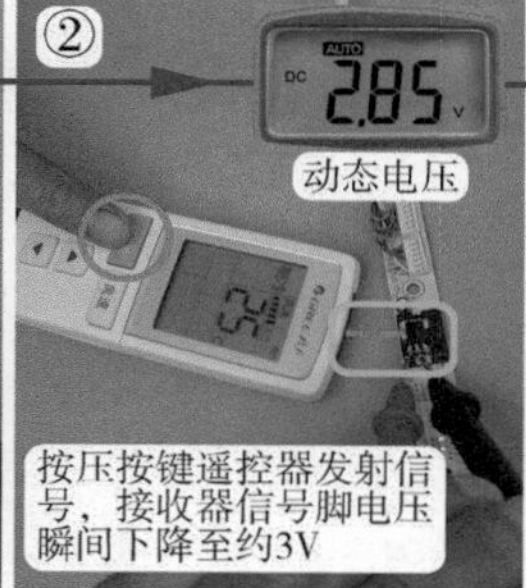

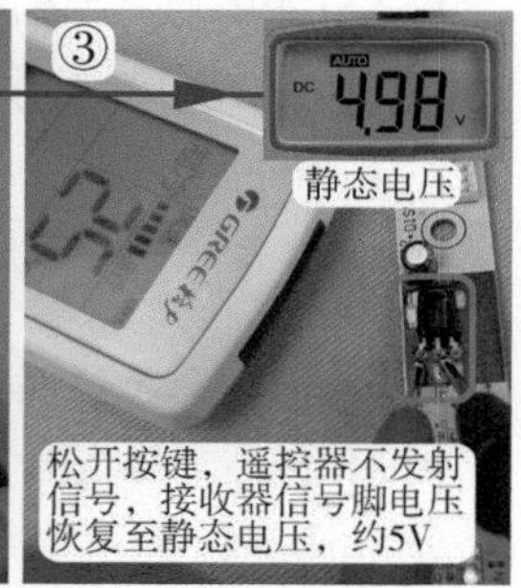

图 1-38 动态测量接收器信号引脚电压

1）接收器信号引脚静态电压：在无信号输入时电压应稳定，约为5V。如果电压一直在2～4V跳动，为接收器漏电损坏，故障表现为有时能接收信号有时不能接收信号。

2）按压按键，遥控器发射信号，接收器接收并处理，信号引脚电压瞬间下降（约1s）至约3V。如果接收器接收信号时，信号引脚电压不下降即保持不变，为接收器不接收遥控器信号故障，应更换接收器。

3）松开遥控器按键，遥控器不再发射信号，接收器信号引脚电压上升至静态电压（约5V）。

四、室内风机

室内风机

1. 安装位置

室内风机（PG电机）安装在室内机右侧，见图1-8，作用是驱动室内贯流风扇。制冷模式下，室内风机驱动贯流风扇运行，强制吸入房间内

挂式空调器输入电路

空气至室内机，经蒸发器降低温度后以一定的风速和流量吹出，来降低房间温度。

定频空调器和直流变频空调器的室内风机通常使用交流供电的PG电机，全直流变频空调器使用直流供电的电机。

2. PG 电机

（1）实物外形和主要参数

图1-39左图所示为实物外形。PG电机使用交流220V供电，最主要的特征是内部设有霍尔元件，在运行时输出代表转速的霍尔信号，因此共有2个插头，大插头为线圈供电，使用交流电源，作用是使PG电机运行；小插头为霍尔反馈，使用直流电源，作用是输出代表转速的霍尔信号。

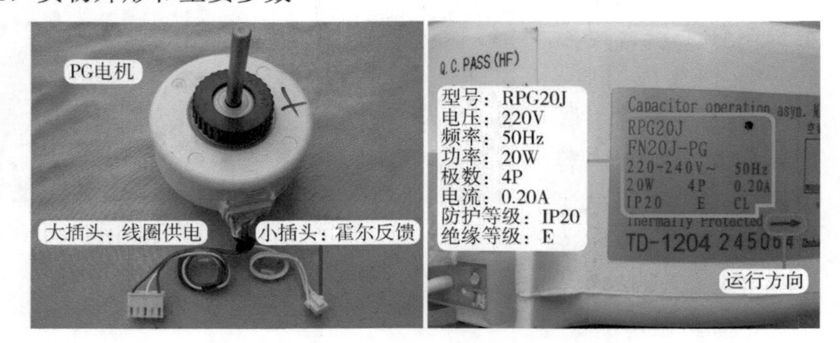

图 1-39　实物外形和铭牌主要参数

PG电机铭牌主要参数见图1-39右图，格力KFR-32GW/（32556）FNDe-3挂式变频空调器室内风机使用型号为RPG20J（FN20J-PG），主要参数：工作电压交流220V、频率50Hz、功率20W、4极、额定电流0.2A、防护等级IP20、E级绝缘。

说明

绝缘等级按电机所用的绝缘材料允许的极限温度划分，E级绝缘指电机采用的材料的绝缘耐热温度为120℃。

（2）内部结构

PG电机的内部结构见图1-40，主要由定子（含引线和线圈供电插头）、转子（含磁环和上下轴承）、霍尔电路板（含引线和霍尔反馈插头）、上盖和下盖、上部和下部的减震胶圈组成。

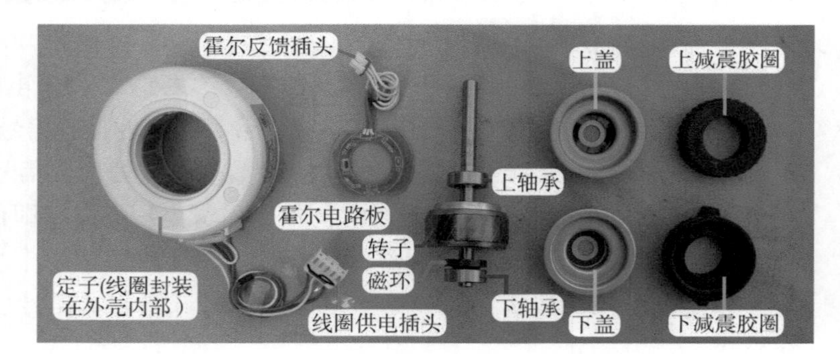

图 1-40　内部结构

3. 使用万用表电阻挡辨认 PG 电机引线

使用单相交流220V供电的电机，内部设有运行绕组和启动绕组，在实际绕制铜线时，由于运行绕组起主要旋转作用，使用的线径较粗，且匝数少，因此阻值小一些；而启动绕组只起启动的作用，使用的线径较细，且匝数多，因此阻值大一些。

每个绕组有2个接头，2个绕组共有4个接头，但在电机内部，将运行绕组和启动绕组的一端连接一起作为公共端，只引出1根引线，因此电机共引出3根引线或3个接线端子。

（1）找出公共端

逐个测量室内风机的3根引线阻值，会得出3个不同的结果，实测型号为RPG20J的PG电机，见图1-41左图，阻值依次为934Ω、316Ω、619Ω，其中运行绕组阻值为316Ω，启动绕组阻值为619Ω，启动绕组＋运行绕组的阻值为934Ω。

见图1-41右图，在最大的阻值934Ω中，表笔接的引线为启动绕组S和运行绕组R，空闲的引线为公共端（C），本机为白线。

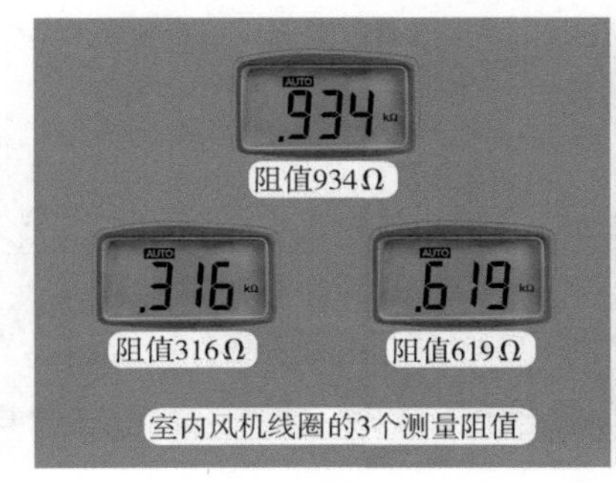

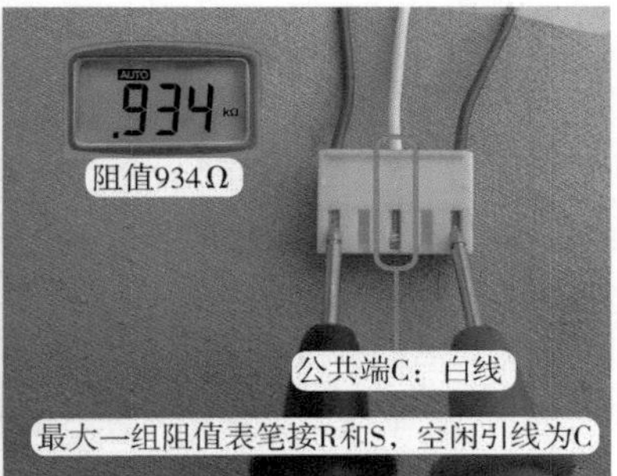

图 1-41　3 次线圈阻值和找出公共端

（2）找出运行绕组和启动绕组

一个表笔接公共端白线C，另一个表笔测量另外2根引线阻值。

阻值小（316Ω）的引线为运行绕组R，见图1-42左图，本机为棕线。

阻值大（619Ω）的引线为启动绕组S，见图1-42右图，本机为红线。

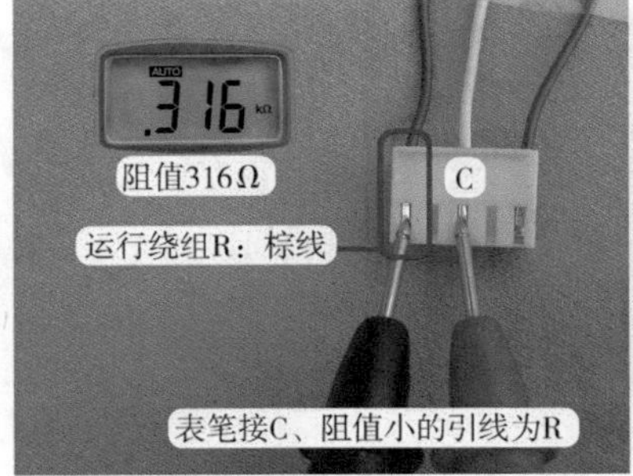

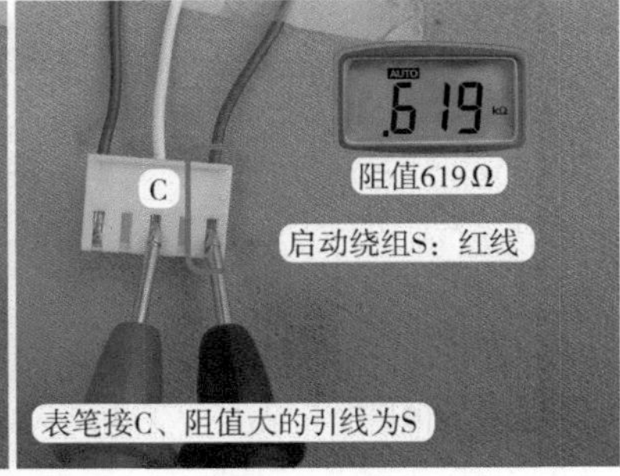

图 1-42　找出运行绕组和起动绕组

4.查看电机铭牌

铭牌标有电机的各种信息，见图1-43，包括主要参数及引线颜色、作用。PG电机设有2个插头，因此设有2组引线，电机线圈使用M表示，霍尔电路板使用电路图表示，各有3根引线。

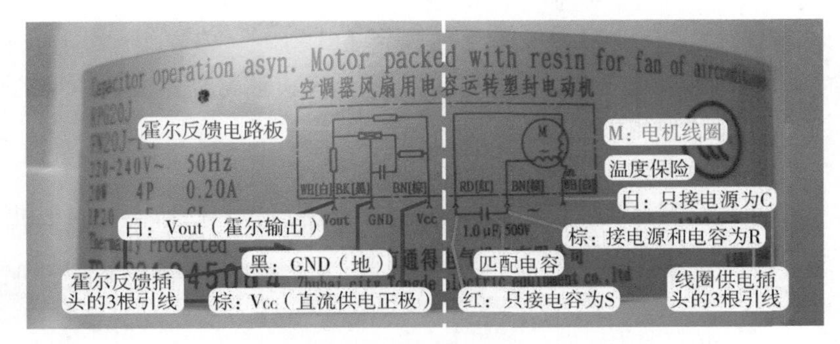

图 1-43　根据铭牌标识判断引线功能

电机线圈：白线只接交流电源，为公共端（C）；棕线接交流电源和电容，为运行绕组（R）；红线只接电容，为启动绕组（S）。

霍尔反馈电路板：棕线V_{CC}，为直流供电正极，本机供电电压为5V；黑线GND，为直流供电公共端地；白线V_{OUT}，为霍尔信号输出。

5.霍尔元件工作原理

PG电机内部的转子上装有磁环，见图1-44，霍尔电路板上的霍尔元件与磁环在空间位置上相对应。

PG电机转子旋转时带动磁环转动，霍尔元件将磁环的感应信号转化为高电平或低电平的脉冲电压，由输出脚输出至主板CPU；转子旋转一圈，霍尔元件会输出一个脉冲信号电压或几个脉冲信号电压（厂家不同，脉冲信号数量不同），CPU根据脉冲电压（即霍尔信号）计算出电机的实际转速，与目标转速相比较，如有误差则改变光耦晶闸管（俗称光耦可控硅）的导通角，从而改变PG电机的转速，使实际转速与目标转速相对应。

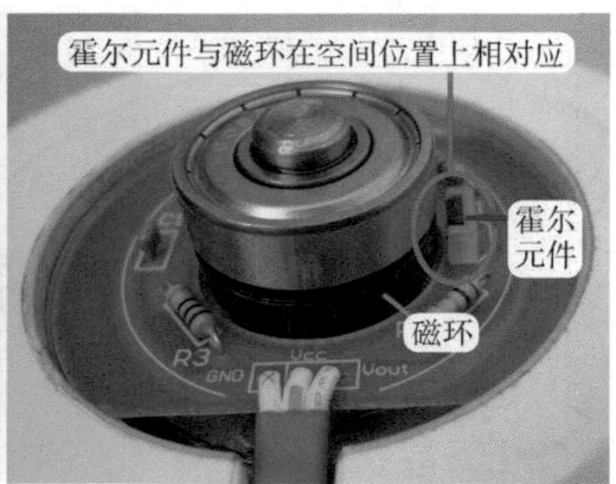

图 1-44　转子上的磁环和电路板上的霍尔元件

五、室外风机

1.安装位置

室外风机安装在室外机左侧的固定支架，见图1-45，作用是驱动室外风扇。制冷模式下，室外风机驱动室外风扇运行，强制吸收室外自然风为冷凝器散热，室外风机也称为“轴流电机”。

图 1-45　室外风机安装位置

定频和交流、直流变频空调器室外风机通常使用交流供电的电机，全直流变频空调器使用直流供电的电机。

2.单速交流电机的实物外形

单速交流电机的实物外形见图1-46左图，单一风速，共有4根引线；其中1根为地线，接电机外壳，另外3根为线圈引线。

图1-46右图所示为铭牌参数含义，型号为YDK35-6K（FW35X）。主要参数：工作电压交流220V、频率50Hz、功率35W、额定电流0.3A、转速850r/min、

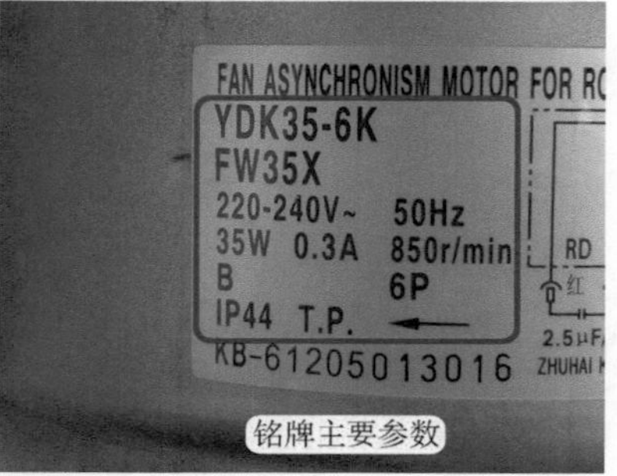

图 1-46　单速电机实物外形和铭牌主要参数

6极、B级绝缘。

B级绝缘指电机采用材料的绝缘耐热温度为130℃。

3.引线作用辨认方法

（1）根据实际接线判断引线功能

室外风机线圈共有3根引线：见图1-47，黑线只接接线端子上电源N端（1号），为公共端（C）；棕线接电容和电源L端（5号），为运行绕组（R）；红线只接电容，为启动绕组（S）。

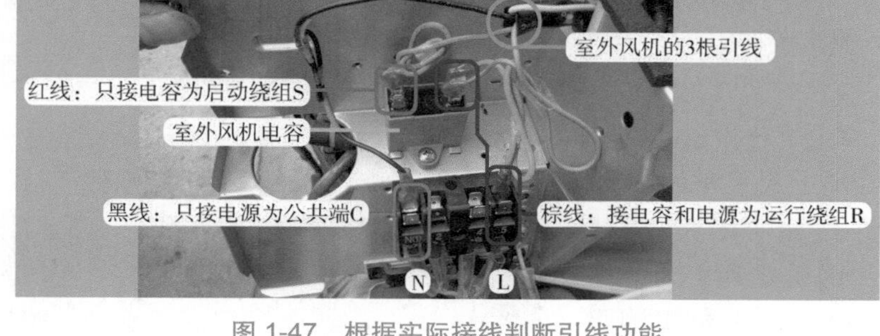

图 1-47　根据实际接线判断引线功能

（2）根据电机铭牌标识或电气接线图判断引线功能

电机铭牌粘贴在室外风机表面，通常位于上部，检修时能直接查看。铭牌主要标识室外风机的主要信息，其中包括电机线圈引线的功能，见图1-48左图，黑线（BK）只接电源，为公共端（C）；棕线（BN）接电容和电源，为运行绕组（R）；红线（RD）只接电容，为启动绕组（S）。

电气接线图通常粘贴在室外机接线盖内侧或顶盖右侧。见图1-48右图，通过查看电气接线图，也能区别电机线圈的引线功能：黑线只接电源N端，为公共端（C）；棕线接电容和电源L端（5号），为运行绕组（R）；红线只接电容，为启动绕线（S）。

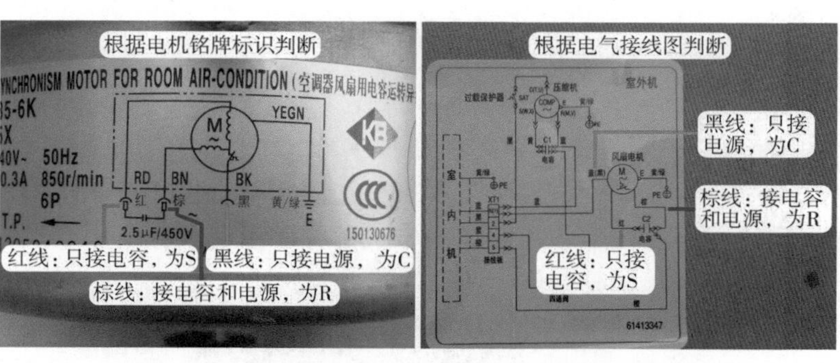

图 1-48　根据铭牌标识和室外机电气接线图判断引线功能

（3）使用万用表电阻挡测量线圈阻值

逐个测量室外风机线圈的3根引线阻值，见图1-49左图，会

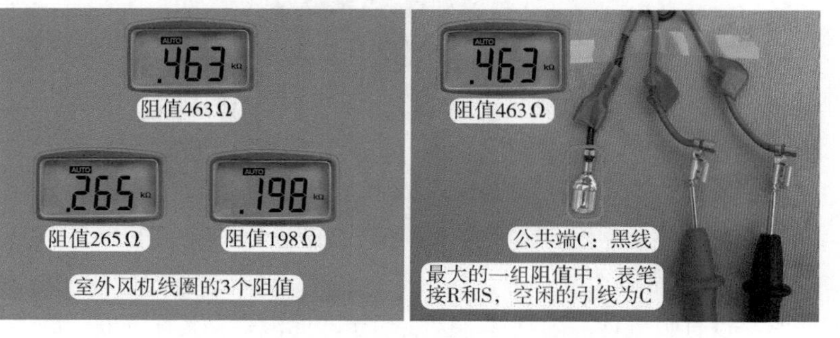

图 1-49　3 次线圈阻值测量及找出公共端

得出3个不同的结果，YDK35-6K（FW35X）电机实测阻值依次为463Ω、265Ω、198Ω，阻值关系为463=198+265，即最大阻值463Ω为启动绕组与运行绕组的总电阻。

1）找出公共端

在最大的阻值463Ω中，见图1-49右图，表笔接的引线为启动绕组和运行绕组，空闲的引线为公共端（C），本机为黑线。

测量室外风机线圈阻值时，应当用手扶住室外风扇再测量，可防止因扇叶转动，电机线圈产生感应电动势干扰万用表显示数据。

2）找出运行绕组和启动绕组

一个表笔接公共端（C），另一个表笔测量另外2根引线阻值，通常阻值小的引线为运行绕组（R），阻值大的引线为启动绕组（S）。但本机实测阻值大（265Ω）的棕线为运行绕组（R），见图1-50左图；阻值小（198Ω）的红线为启动绕组（S），见图1-50右图。

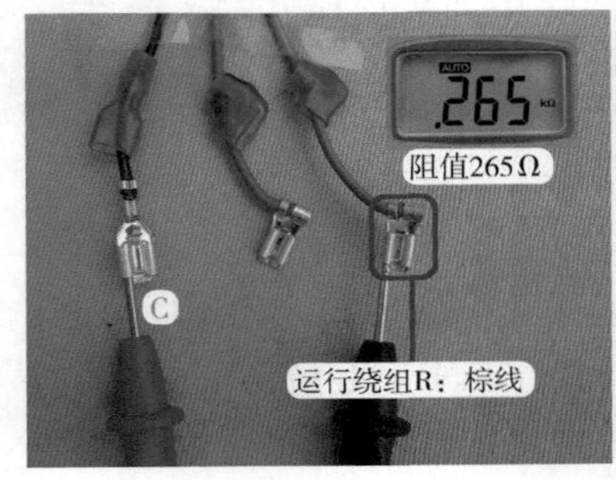

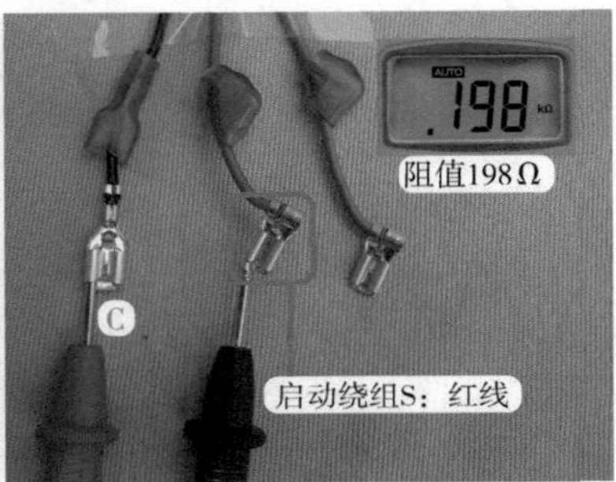

图 1-50　找出运行绕组和启动绕组

六、压缩机

压缩机

1. 安装位置和作用

压缩机是制冷系统的心脏，将低温低压的气体压缩成为高温高压的气体。压缩机由电机部分和压缩部分组成。电机通电后运行，带动压缩部分工作，使吸气管吸入的低温低压制冷剂气体变为高温高压气体。

压缩机安装在室外机右侧，见图1-51左图，固定在室外机底座。其中压缩机接线端子连接电控系统，吸气管和排气管连接制冷系统。

图 1-51　压缩机安装位置和实物外形

图1-51右图所示为旋转式压缩机实物外形，设有吸气管、排气管、接线端子、储液瓶（又称气液分离器、储液罐）等接口。

2.分类

（1）按机械结构分类

压缩机常见类型有3种：活塞式、旋转式、涡旋式，本小节重点介绍旋转式压缩机。

（2）按汽缸个数分类

旋转式压缩机按汽缸个数不同，可分为单转子和双转子压缩机。见图1-52，单转子压缩机只有1个汽缸，多使用在早期和目前的大多数空调器中，其底部只有1根进气管；双转子压缩机设有2个汽缸，多使用在目前的高档或功率较大的空调器，其底部设有2根进气管，双转子相对于单转子压缩机，可在增加制冷量的同时降低运行噪声。

图 1-52 单转子和双转子压缩机

（3）按供电电压分类

压缩机根据供电的不同，见图1-53，可分为交流供电和直流供电两种，而交流供电又分为交流220V和交流380V两种。交流220V供电压缩机常见于1～3P定频空调器，交流380V供电压缩机常见于3～5P定频空调器，直流供电压缩机通常见于直流或全直流变频空调器，早期变频空调器使用交流供电压缩机。

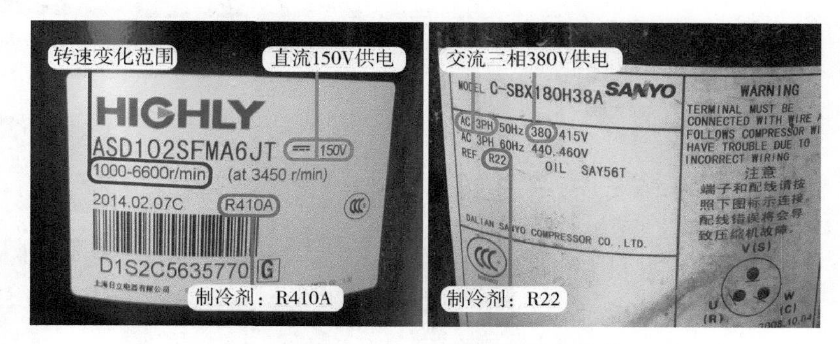

图 1-53 直流和交流供电压缩机铭牌

（4）按电机转速分类

压缩机按电机转速不同，可分为定频和变频两种，见图1-54。定频压缩机其电机一直以固定转速运行，变频压缩机转速则根据制冷系统要求按不同转速运行。

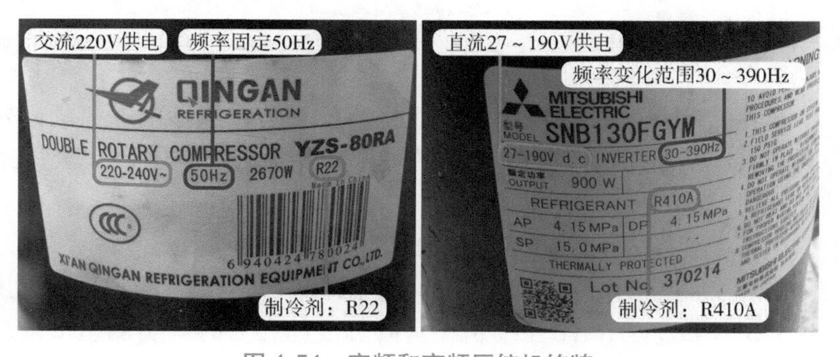

图 1-54 定频和变频压缩机铭牌

（5）按制冷剂分类

压缩机根据采用的制冷剂不同，可分为R22和R410A，R22型压缩机常见于定频空调器中，R410A型压缩机常见于变频空调器中。

3.引线作用辨认方法

常见有3种方法，即根据压缩机引线实际所接元件、根据压缩机接线盖或垫片标识、使用万用表电阻挡测量线圈引线或接线端子阻值。

（1）根据实际接线判断引线功能

压缩机定子上的线圈共有3根引线，上盖的接线端子也只有3个，因此连接电控系统的引线也只有3根。

见图1-55，黑线只接接线端子上电源L端（2号），为公共端（C）；蓝线接电容和电源N端（1号），为运行绕组（R）；黄线只接电容，为启动绕组（S）。

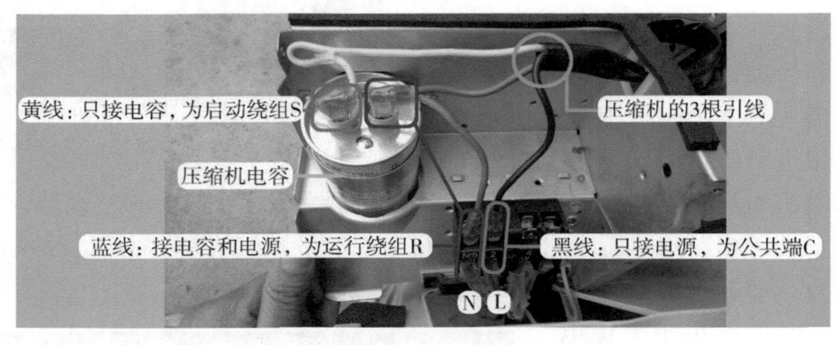

图 1-55　根据实际接线判断引线功能

（2）根据压缩机接线盖或垫片标识判断引线功能

见图1-56左图，压缩机接线盖或垫片（使用耐高温材料）上标有“C、R、S”字样，表示接线端子的功能：C为公共端，R为运行绕组，S为启动绕组。

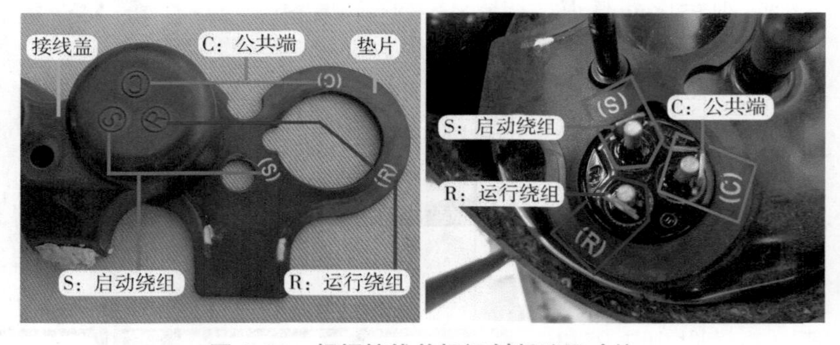

图 1-56　根据接线盖标识判断端子功能

将接线盖对应接线端子，或将垫片安装在压缩机上盖的固定位置，见图1-56右图，观察接线端子：对应标有“C”的端子为公共端，对应标有“R”的端子为运行绕组，对应标有“S”的端子为启动绕组。

（3）使用万用表电阻挡测量线圈端子阻值

逐个测量压缩机的3个接线端子阻值，见图1-57左图，会得出3个不同的结果，上海日立SD145UV-H6AU压缩机在室外温度约15℃时，实测阻值依次为7.3Ω、4.1Ω、3.2Ω，阻值关系为7.3=4.1+3.2，即最大阻值7.3Ω为运行绕组和启动绕组的总电阻。

1）找出公共端。见图1-57右图，在最大的阻值7.3Ω中，表笔接的端子分别为启动绕组和运行绕组，空闲的端子为公共端（C）。

光耦晶闸管

图 1-57　压缩机线圈的 3 次线圈阻值及找出公共端

判断接线端子的功能时，实测时应测量引线，而不用再打开接线盖、拔下引线插头去测量接线端子，只有更换压缩机或压缩机连接线，才需要测量接线端子的阻值，以确定功能。

2) 找出运行绕组和启动绕组。一个表笔接公共端（C），另一个表笔测量另外两个端子阻值，通常阻值小的端子为运行绕组（R），阻值大的端子为启动绕组（S）。但本机实测阻值大（4.1Ω）的端子为运行绕组（R），见图1-58左图；阻值小（3.2Ω）的端子为启动绕组（S），见图1-58右图。

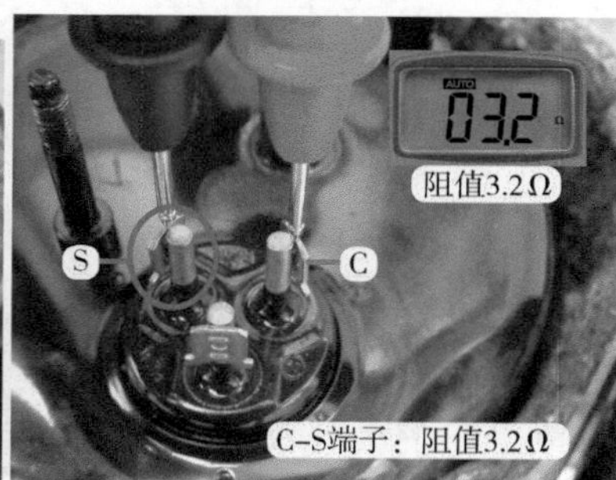

图 1-58　找出运行绕组和启动绕组

第2章 通风系统故障

第1节 室内机通风系统故障

一、过滤网脏堵，制冷效果差

故障说明：海尔KFR-35GW挂式空调器，用户反映制冷效果差。

1.测量系统压力

上门检查，用户正在使用空调器。见图2-1，查看室外机二通阀结露、三通阀结霜，在三通阀检修口接上压力表测量系统压力约为0.4MPa。三通阀结霜说明蒸发器过冷，应检查室内机通风系统。

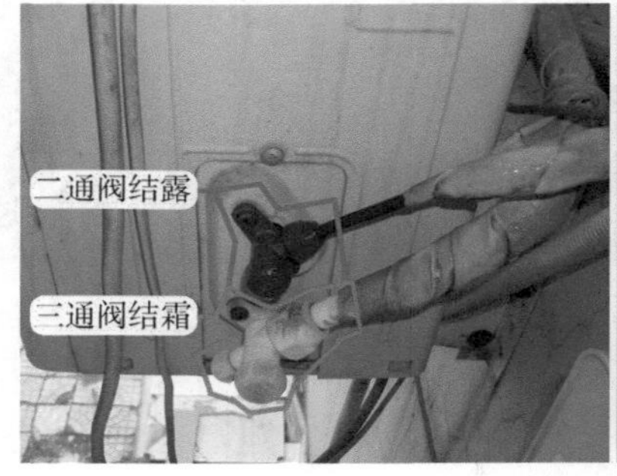

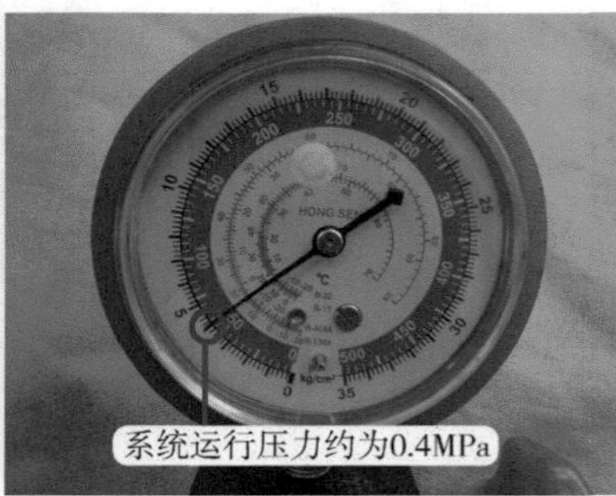

图2-1 三通阀结霜和压力为0.4MPa

2.查看过滤网

再检查室内机，见图2-2左图，在室内机出风口处感觉温度很低但出风量较弱，常见原因有过滤网脏堵、蒸发器脏堵、室内风机转速慢等。

图2-2 检查出风口风量和查看过滤网

掀开进风格栅，见图2-2右图，看到过滤网已严重脏堵。

3. *清洗过滤网*

取下过滤网，立即能感觉到室内机出风口风量明显变大，将过滤网清洗干净，见图2-3左图。

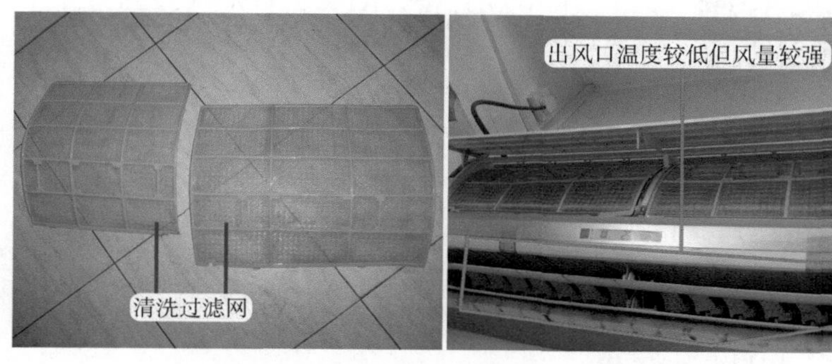

图 2-3　清洗过滤网和感觉出风口风量

见图2-3右图，安装过滤网后，在室内机出风口感觉温度较低但风量较强，同时房间内温度下降速度也明显变快。

4. *测量系统压力*

再查看室外机，见图2-4，三通阀霜层已融化，改为结露；二通阀不变，依旧结露；查看系统运行压力已由0.4MPa上升至0.45MPa。

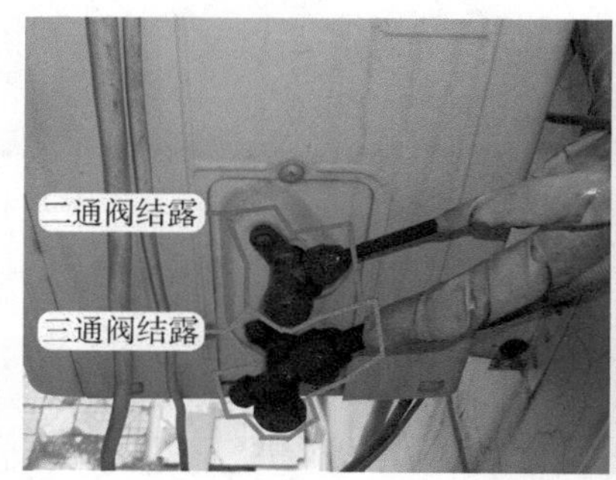

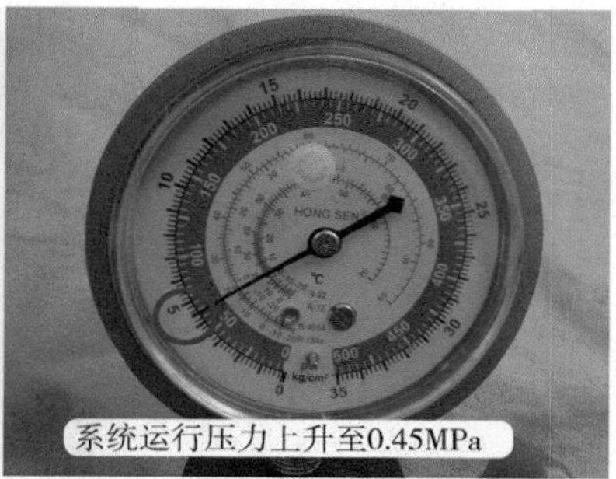

图 2-4　查看三通阀和运行压力

维修措施：清洗过滤网。

总结

（1）过滤网脏堵，相当于进风口堵塞，室内机出风口风量将明显变弱，制冷时蒸发器产生的冷量不能及时吹出，导致蒸发器温度过低。运行一段时间后，三通阀因温度过低而由结露转为结霜，同时系统压力降低，由0.45MPa下降至约0.4MPa；如果运行时间再长一些，蒸发器也会由结露转为结霜。

（2）过滤网脏堵后，因室内机出风口温度较低，容易在出风口位置聚集冷凝水并滴入房间内。运行时间过长将导致蒸发器结霜，蒸发器表面的冷凝水不能通过翅片流入到接水盘，也容易造成室内机漏水故障。

（3）检查过滤网脏堵，取下过滤网后，室内机出风口风量将明显变强，蒸发器冷量将及时吹出，因此蒸发器霜层和三通阀霜层迅速融化，系统压力也迅速上升至0.45MPa。

挂式空调器输入电路：应急开关

二、出风口有遮挡，制冷效果差

故障说明：格力KFR-32GW/（32583）FNAa-A2挂式全直流变频空调器（冷静王-Ⅱ），用户反映制冷效果差。

1. 查看二通阀、三通阀和运行压力

上门检查，将遥控器设定温度为16℃后再上电开机，室外风机和压缩机均启动运行，约10min后手摸二通阀和三通阀均感觉冰凉，见图2-5左图。

在三通阀检修口接上压力表，测量系统运行压力，见图2-5右图，实测约为0.7MPa（系统使用R410A制冷剂），略低于正常压力值，手摸二通阀、三通阀均冰凉和查看运行压力略低，判断室内机通风系统出现故障。

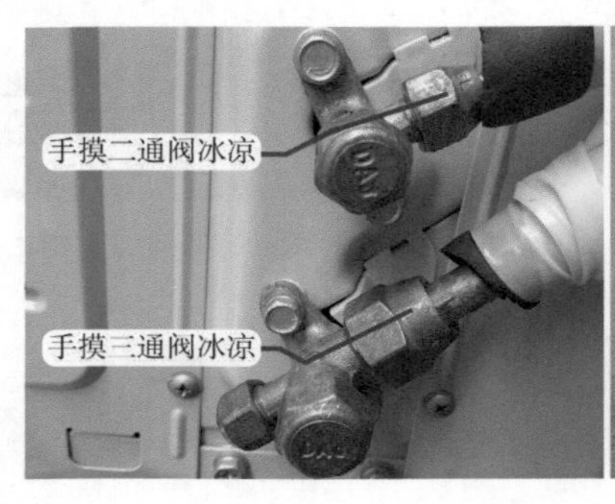

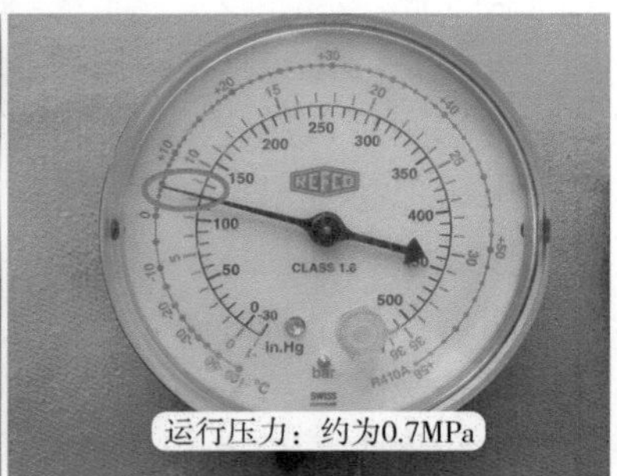

图 2-5　手摸二通阀、 三通阀冰凉和查看运行压力

2. 使用检测仪检测

格力变频空调器设计有检测电控数据的专用检测仪套装，见图2-6左图，主要由检测仪主机和连接线组成。检测仪主机正面为显示屏，右侧设有3个按键（确认、翻页、返回）。

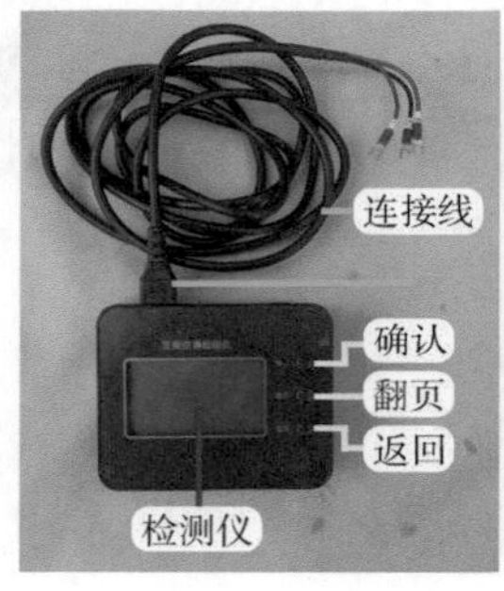

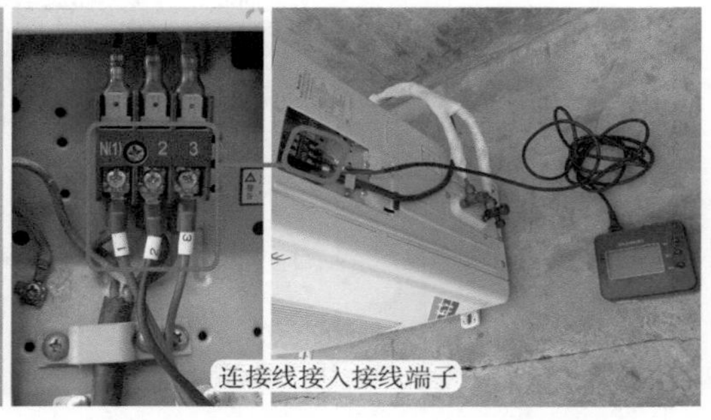

图 2-6　检测仪和安装连接

断开空调器电源，见图2-6中图和右图，将检测仪3根连接线中的1号蓝线接入N（1）端子、2号黑线接入2号端子、3号棕线接入3号端子，检测仪通过连接线并联在电控系统中。

3. 查看检测仪数据和室内机出风口

再次上电开机，查看检测仪显示屏点亮，说明室内机主板已向室外机输出供电。检测仪待机界面共有4项功能，选择第1项数据监控，按确认键后显示：信息检测中，请不要进行按键操作。通信电路正常运行约5s后，检测仪即可显示电控系统数据，见图2-7左图，运行一段时间后查看内管温度

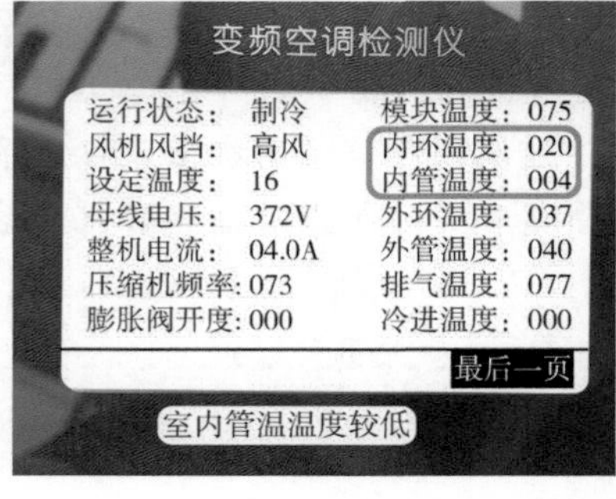

图 2-7　查看检测仪数据和挡风板

（室内管温）为4℃，蒸发器温度很低，也说明室内机通风系统有故障；查看内环温度（室内环温）为20℃，数值明显低于房间实际温度。

挂式空调器遥控器电路

查看室内机，用户为了防止出风口吹出的凉风直吹人体，见图2-7右图，在出风口部位安装了一块体积较大（长度长于室内机宽度、宽度较宽）的挡风板。

4. 感觉出风口和挡风板风量

将手放在室内机出风口位置，见图2-8左图，感觉温度较低且风量很强，排除室内风机转速慢和过滤网脏堵故障。

再将手放在挡风板上方和下方位置，见图2-8右图，感觉温度较低但风量很弱，说明挡风板阻挡了大部分的风量，使得室内机吹出的冷风不能送到房间里面，只在室内机附近循环，顶部进风口的温度较低，因而蒸发器温度也很低，室内环温传感器检测的房间温度也较低。

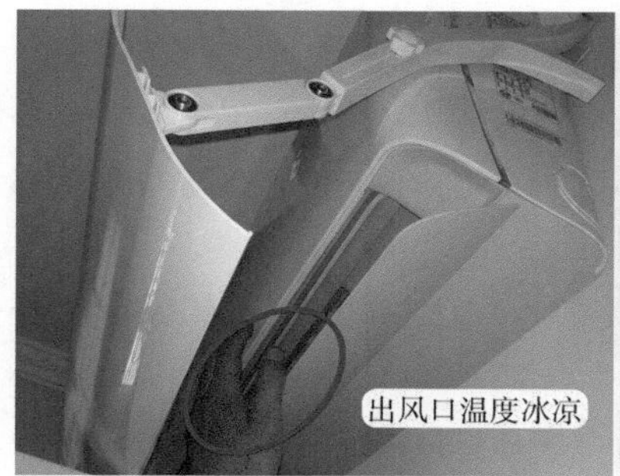

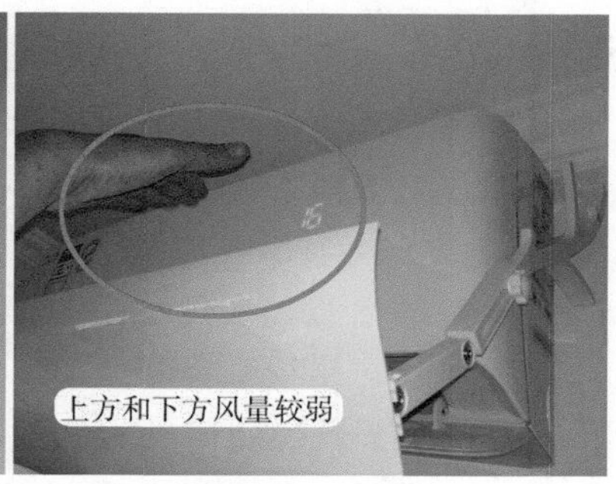

图 2-8　感觉出风口温度和挡风板风量

5. 打开挡风板和感觉出风口温度

查看挡风板连杆设有角度调节螺钉，见图2-9左图，松开螺钉后向下扳动挡风板，角度位于最下方即水平朝下，使挡风板不起作用，室内机出风口吹出的风直接送至房间内。

再将手放在出风口位置，见图2-9右图，感觉温度较凉且风量较强，说明通风系统已经恢复正常。

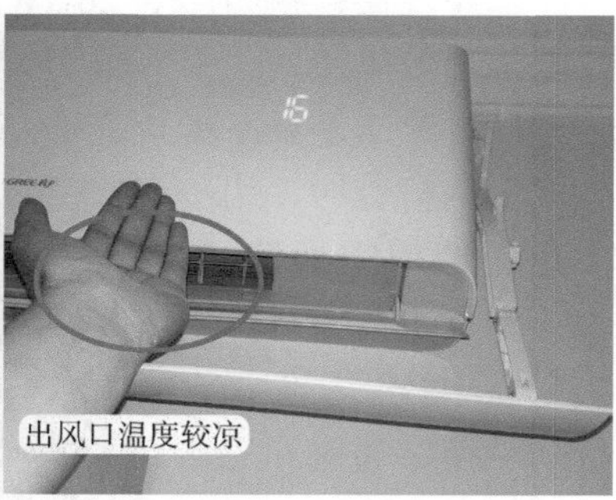

图 2-9　扳开挡风板和感觉出风口温度

6. 查看运行压力和检测仪数据

再检查室外机，见图2-10左图，查看运行压力约为0.95MPa，较打开挡风板之前略微上升，手摸二通阀和三通阀均较凉（不是冰凉的感觉）。

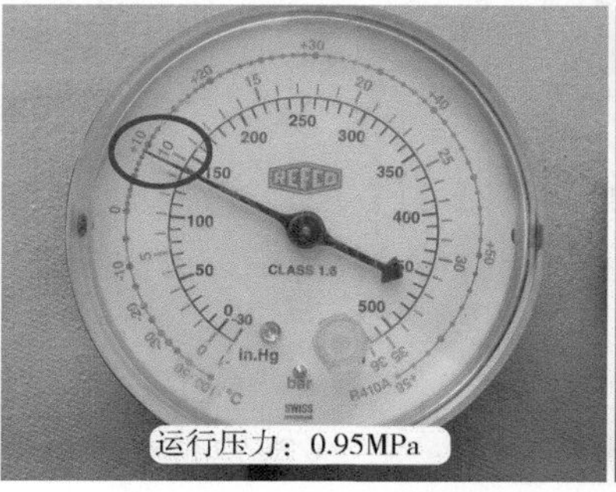

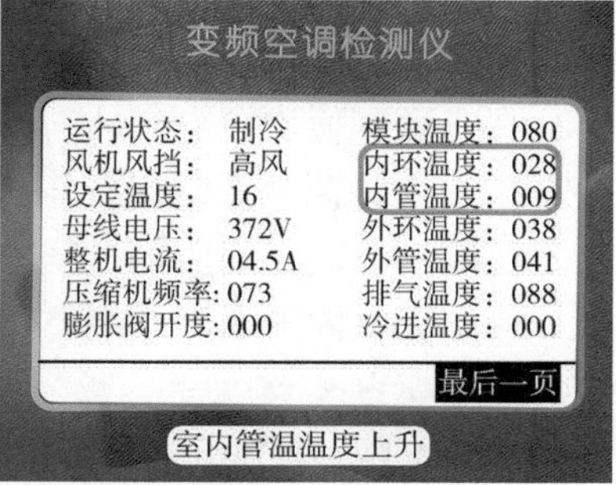

图 2-10　查看运行压力和检测仪数据

约3min后查看检测仪数据，见图2-10右图，内管温度数据为9℃，蒸发器温度已经上升，说明由于通风量变大、蒸发器和房间空气的热交换量也明显变大，即蒸发器产生的冷量已经输送至房间内；查看内环温度为28℃，和实际温度相接近；运行一段时间后，房间的实际温度明显下降，制冷恢复正常。

维修措施：使用时如感觉房间温度下降速度慢，可调整挡风板角度使通风顺畅或直接取下挡风板。

总结

（1）本例中用户加装防止直吹人体的挡风板，使得出风口吹出的冷风一部分以较弱的风量送至房间内，用户感觉房间温度下降较慢，制冷效果差；大部分又被进风口吸回，造成冷风短路，因而检测仪显示内环和内管温度数值均较低，同时由于蒸发器温度较低，二通阀和三通阀手感冰凉，系统运行压力也下降。如果长时间运行，室内机CPU检测到蒸发器温度一直较低，程序会进入“制冷防结冰”保护，压缩机会降频或限频运行。

（2）如果过滤网脏堵，故障现象和本例相似，主要表现为房间温度下降速度慢、二通阀和三通阀冰凉、运行压力和蒸发器温度均较低等。

三、贯流风扇脏堵，制冷效果差

故障说明：格力KFR-26GW/（26556）FNDc-3挂式直流变频空调器（凉之静），用户反映制冷效果差。

1.测量压力和手摸二通阀、三通阀

上门检查时，用户正在使用空调器，检查室外机，室外风机和压缩机均在运行，手摸二通阀和三通阀均感觉冰凉，见图2-11左图，说明制冷系统基本正常。

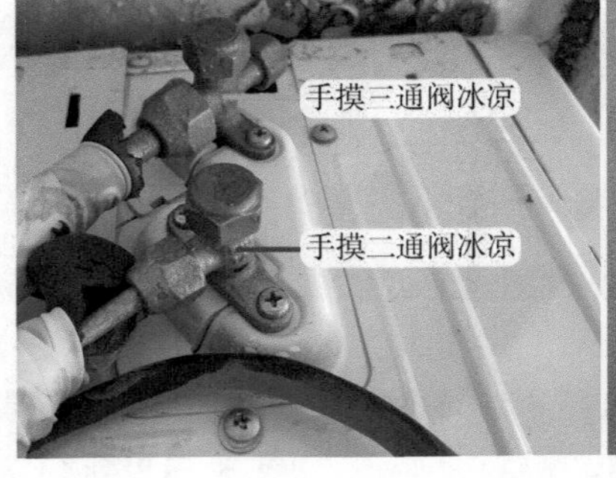

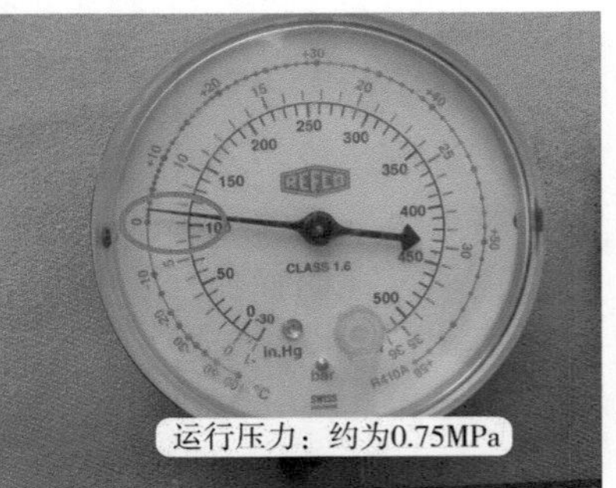

图2-11　手摸二通阀、三通阀冰凉及查看运行压力

在三通阀检修口接上压力表，测量系统运行压力，见图2-11右图，实测约为0.75MPa，稍微低于正常值，用户反映前一段时间刚加过制冷剂（R410A），根据二通阀和三通阀均冰凉、运行压力稍低，应检查室内机通风系统。

2.检查出风口温度

检查室内机，掀开进风格栅先查看过滤网，发现表面很干净、无脏堵现象（用户刚清洗过），用手摸蒸发器感觉很凉，说明制冷系统也正常。

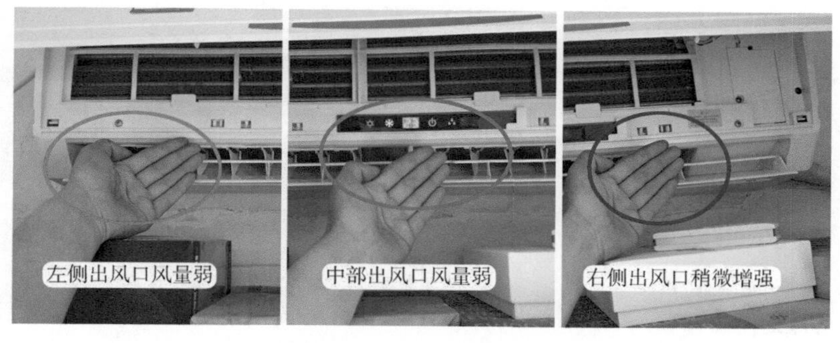

图 2-12 检查出风口温度

将手放在出风口感觉温度较低但风量较弱，同时能听到“呼呼”的风声，见图2-12，感觉左侧和中部的出风口风量较弱（风量小）、右侧的出风口风量稍微强一些（风量变大），并且将手放在出风口左侧位置时，还能感觉到吹出的风时有时无，判断系统运行压力低和制冷效果差均由出风口风量弱引起。

3.检查贯流风扇

风量弱常常由于室内风机转速慢、贯流风扇（室内机风扇）或蒸发器脏堵引起，查看遥控器设定模式为制冷、温度为20℃、风速为高速，说明设定正确。

听到出风口“呼呼”的风声和感觉左侧风量时有时无，应检查贯流风扇是否脏堵。使用遥控器关机，取下出风口导风板，待室内风机停止运行后，从出风口向里查看并慢慢拨动贯流风扇，见图2-13，发现贯流风扇左侧毛絮较多，但右侧毛絮相对较少，说明贯流风扇脏堵，简单应急的维修方法是用牙刷从出风口伸入，刷掉表面毛絮，但这样清洗不彻底，出风口的风量相对于出厂时依旧偏弱；根治的方法相对比较复杂，即取出贯流风扇，使用高压水泵清洗或直接更换，本例选择使用高压水泵清洗。

4.取出贯流风扇步骤

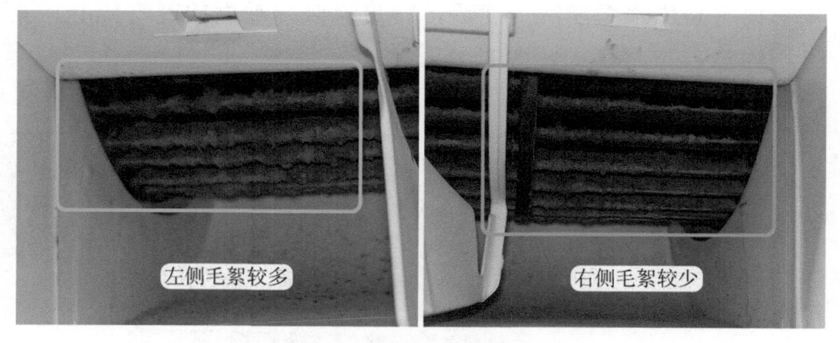

图 2-13 贯流风扇毛絮较多

首先拔下空调器电源插头，见图2-14左图，松开固定螺钉（俗称螺丝）后取下室内机外壳，再拔下室内机主板上辅助电加热对接插头、室内风机线圈供电和霍尔反馈等插头，然后再取下电控盒。

取下室内风机盖板的固定螺钉，再取下蒸发器左侧和右侧的螺钉，见图2-14右图，两侧同时向上掀起蒸发器。

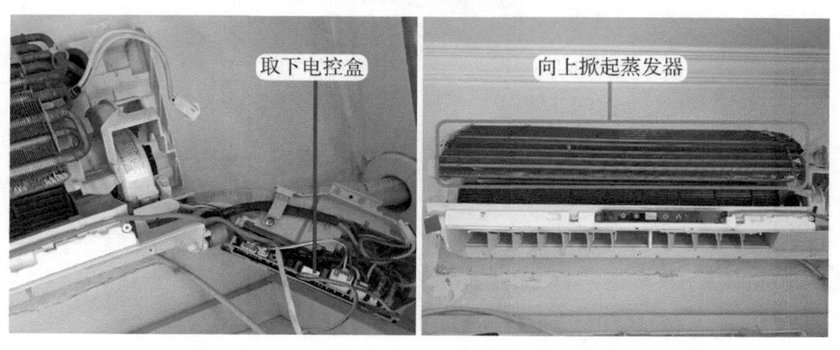

图 2-14 取下电控盒和掀起蒸发器

见图2-15，松开室内风机和贯流风扇的固定螺钉，取下室内风机，再用手扶住贯流风扇向右侧移动直至取出。

图 2-15　松开螺钉和取出贯流风扇

5. *毛絮较多，用高压水泵清洗*

将取下的贯流风扇放在地面上，见图2-16左图，查看表面毛絮较多，尤其是左侧部位，毛絮堵塞了翅片间隙。

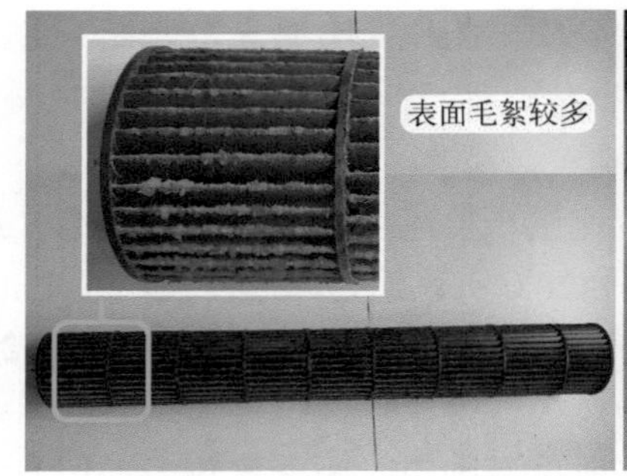

图 2-16　查看表面毛絮和清除毛絮

为防止压力过高冲断翅片，将高压水泵通上电源，且水枪出水口调成雾状，见图2-16右图，仔细清洗贯流风扇，以清除毛絮。

6. *清洗完成，安装试机*

使用高压水泵清洗干净后，将贯流风扇垂直放置约1min，再使劲甩几下，使其表面附着的水分尽可能流出来。查看放置在地面上的贯流风扇，见图2-17左图，表面干净，没有毛絮堵塞翅片。

将贯流风扇安装在室内机底座上面，再依次安装室内风机、室内风机盖板，固定蒸发器，安装电控盒，插好室内机主板拔下的插头。再找一块毛巾，见图2-17右图，遮挡住出风口，这样可防止贯流风扇残留的水分在高速运行时吹出而落在房间内。使用遥控器开机，室内风机运行约30s后取下毛巾，将手放在出风口，感觉风量明显变强，吹出的风比清洗前吹出的距离远，并且左侧和右侧的风量相同。待运行一段时间后，查看系统运行压力约为0.9MPa，同时房间温度也迅速下降，说明制冷恢复正常。

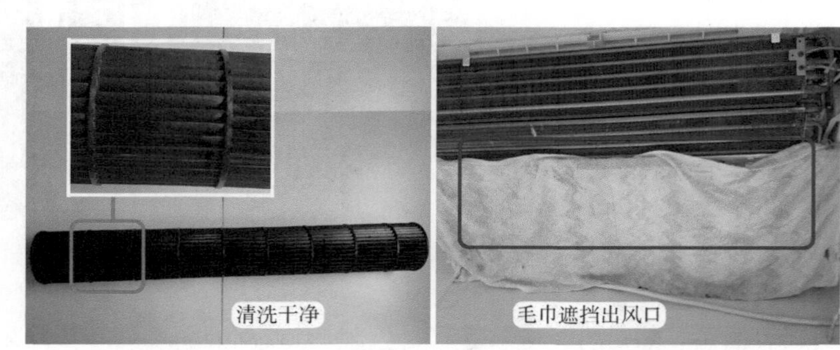

图 2-17　清洗干净并用毛巾遮挡出风口

维修措施：使用高压水泵清洗贯流风扇。

（1）本例由于毛絮等脏物堵塞贯流风扇间隙，通风量下降，制冷时蒸发器产生的冷量不能及时输送至房间内，蒸发器温度较低，使得二通阀和三通阀均冰凉；同时房间内温度下降较慢，用户感觉制冷效果差；如果长时间运行，室内机CPU检测蒸发器温度一直较低，将进入“制冷防结冰”保护模式，压缩机将降频或限频运行。

（2）贯流风扇脏堵时，比较明显的现象为室内机出风口有“呼呼”声，将手放在出风口时感觉风量明显变弱且时有时无。

第 2 节　室外机通风系统故障

一、室外散热差，制冷效果差

故障说明：格力KFR-50LW/（50579）FNCb-A3柜式直流变频空调器，用户反映制冷效果差，房间内降温速度比较慢。

常见挂机主板形式

1.感觉出风口温度和查看二通阀、三通阀状态

上门检查时，用户正在使用空调器，一进门能感觉到房间温度较低，但用户反映温度下降较慢，查看遥控器设定模式为制冷、温度为16℃，设定温度已经是最低温度。将手放在室内机出风口，感觉吹出的风较凉，也初步说明制冷系统基本正常，见图2-18左图。

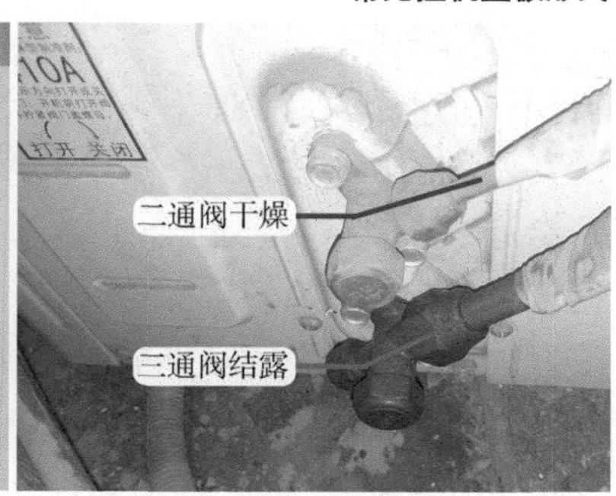

图 2-18　感觉出风口温度和查看二通阀、三通阀状态

检查室外机，见图2-18右图，发现二通阀干燥，三通阀结露；手摸二通阀温度接近于常温，三通阀温度较低。

2.测量系统压力和查看冷凝器

在室外机三通阀检修口接上压力表测量系统运行压力，见图2-19左图，实测约为1.0MPa（本机使用R410A制冷剂），略高于正常压力；使用万用表交流电流挡，钳头卡在接线端子3号棕线测量室外机电流，实测约为7.2A，在正常范围以内。

根据二通阀干燥和运行压力略高于正常值，判断冷凝器散热不好，查看室外机反面和侧面（即冷凝器进风面），见图2-19右图，发现基本干净，没有脏堵现象，用户也反映室外机前一段时间刚用高压水泵清洗过，排除冷凝器脏堵故障。

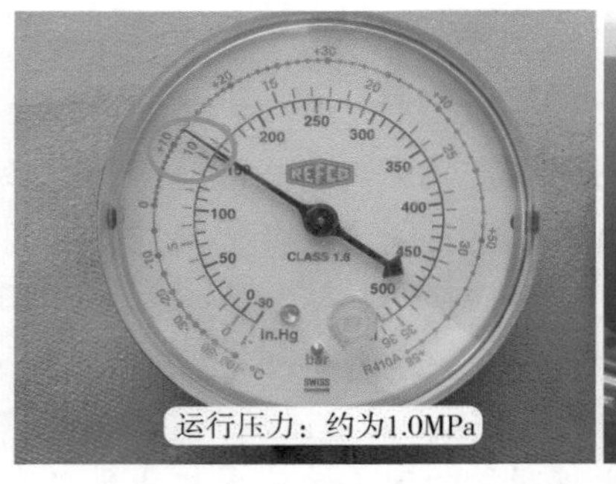

图 2-19　测量运行压力和检查冷凝器

3. 查看检测仪数据和出风框遮挡

使用遥控器关机，并断开空调器电源，将格力空调器专用检测仪的3根引线接在室外机接线端子，再使用遥控器开机，待运行约10min后查看检测仪数据，见图2-20左图，内管温度（室内管温）为11℃，说明蒸发器温度较低，制冷基本正常；查看外管温度（室外管温）为49℃，说明冷凝器温度较高；外环温度（室外环温）为36℃，略高于实际的室外温度；外管温度与外环温度的差值为13℃，说明冷凝器散热不好。

见图2-20右图，查看本机室外机安装在专用的空调位内，其右侧和反面（即冷凝器进风面）为实墙，左侧（连接管）为阳台玻璃，均不能顺利通过室外机的自然空气，只能通过前方和室外空气进行热交换，但由于空间较为狭小，室外机为斜放安装，最重要的是前方为百叶窗，室外风机吹出的较热空气一部分通过百叶窗的间隙吹向室外，但由于百叶窗阻挡，部分较热的空气重新被吸入至进风面为冷凝器散热（热风短路），因而制冷效果变差。

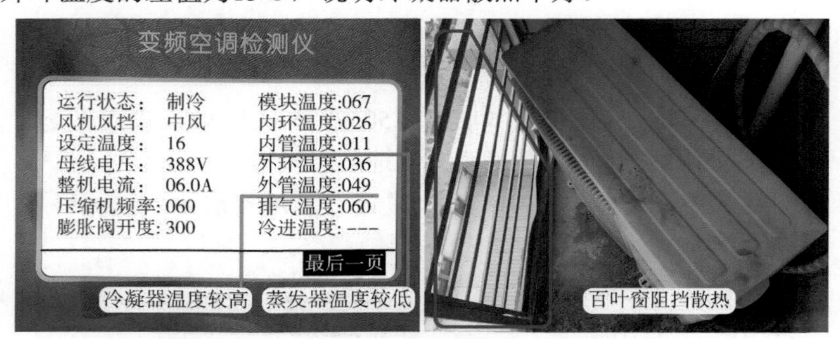

图 2-20　查看检测仪数据和百叶窗

4. 拆除或掀开百叶窗片

解决此类故障最彻底的方法是将室外机移动至室外，使冷凝器进风面吸入室外自然空气，出风口吹出的热风无阻挡，冷凝器散热才会更好，但由于小区内楼房通常为统一管理，物业不让室外机移至室外，应急维修方法见图2-21左图，拆除室外机出风口对应的百叶窗片，甚至拆除整个百叶窗；或者见图2-21右图，向上掀开百叶窗。

5. 测量室外机电流和查看数据

本例在维修时拆除整个百叶窗，再重新上电试机并运行约15min后，见图2-22左图，查看室外机电流约为6.7A，低于拆除前的约为7.2A。

查看检测仪数据，见图2-22右图，外管温度为39℃，外环温度为33℃接近实际室外温度；外管温度与外环温度的差值为6℃，说明冷凝器散热良好；内管温度为8℃，说明蒸发器温度较低，室内制冷效果也较好，房间温度下降速度相对较快。

维修措施：拆除百叶窗。

图 2-21　拆除百叶窗叶片和掀开百叶窗

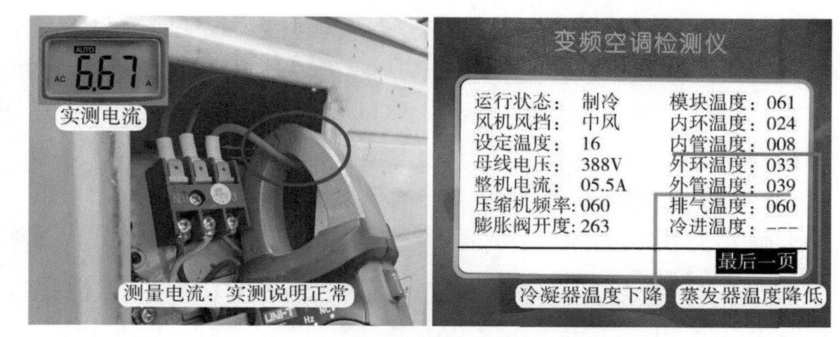

图 2-22　测量电流和查看检测仪数据

总结

（1）本例由于百叶窗阻挡，冷凝器散热不好，制冷效果下降，用户感觉房间温度下降不明显，因而反映制冷效果较差，在拆除百叶窗后数据显示恢复正常，实际效果也显示正常。此类故障也多出现在室外温度较高时，如果室外温度较低，冷凝器散热不好时的制冷效果下降则不明显，或者用户感觉不出来。

（2）有些室外机即使拆掉百叶窗，冷凝器散热依然不好，这是由于室外机侧面和后面均为实墙，不能充分吸入室外自然空气，只能依靠前面的空间吸入自然空气，但同时此空间内室外机出风口向外吹出的热风占比较大，这样前面的百叶窗拆掉后，如果空间不是足够大，室外机吹出的热风仍旧被冷凝器重新吸入，使得制冷效果依旧较差。

二、冷凝器脏堵，制冷效果差

故障说明：格力KFR-35GW/（35557）FNDe-A3挂式变频空调器（凉之静），用户反映室外温度30℃时制冷效果还可以，最近室外温度较高（约35℃），感觉制冷效果差，长时间开机房间温度下降较慢。

1.感觉室内机出风口温度，测量系统运行压力

上门检查时，用户正在使用空调器，查看遥控器设定为制冷模式、温度为16℃，但

感觉房间温度较高。见图2-23左图，将手放在室内机的出风口，感觉吹出的风量很大，但温度较高，只是略低于房间温度。掀开前面板，过滤网干净，取出过滤网后将手放在蒸发器表面，感觉也不是很凉，只是略低于房间温度，说明制冷系统有故障。

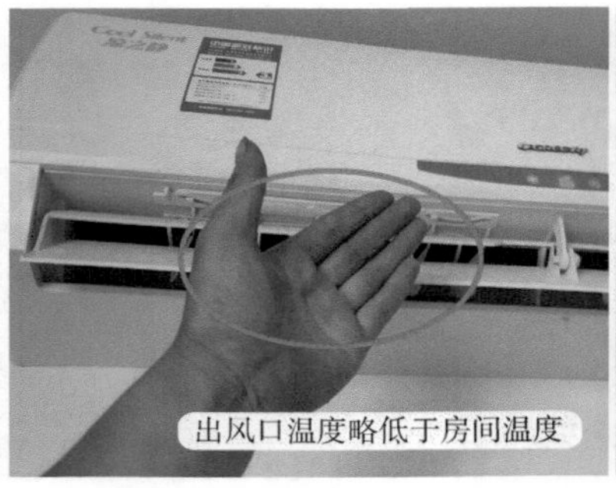

图 2-23　感觉出风口温度和测量运行压力

检查室外机，在三通阀检修口接上压力表测量系统运行压力，见图2-23右图，实测约为1.2MPa（系统使用R410A制冷剂），明显高于正常值，手摸二通阀感觉接近常温，三通阀较凉。

2.测量电流和感觉室外机出风口温度

使用万用表交流电流挡，见图2-24左图，钳头卡在接线端子上3号棕线测量室外机电流，实测约为4.9A，明显低于正常值。

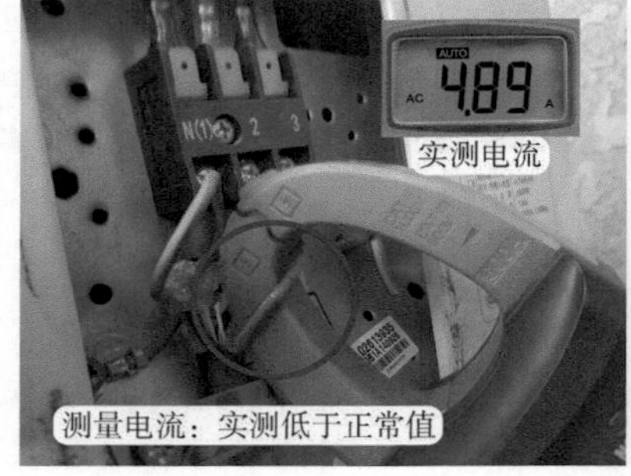

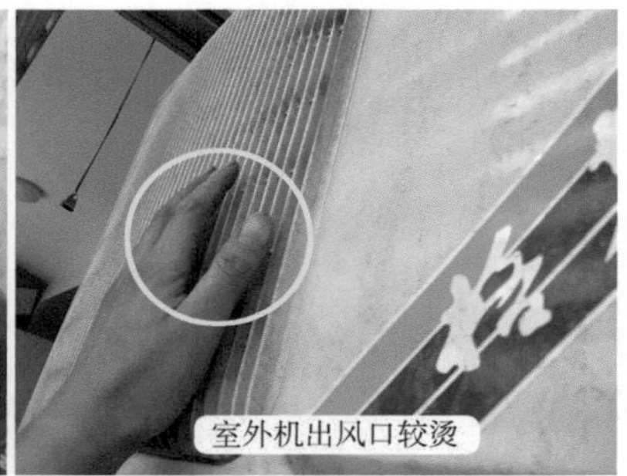

图 2-24　测量电流和感觉出风口温度

运行压力高、运行电流低、制冷效果差，说明压缩机未高频运行，处于限频状态。常见原因有冷凝器温度较高、运行电流较大、电源电压低等，本例使用万用表交流电压挡，测量N（1）号和3号端子电压为交流225V，排除电源电压低故障。将手放在室外机的出风口，从上到下感觉温度均较高（烫），见图2-24右图，说明冷凝器温度较高，空调器限频运行，常见原因为冷凝器脏堵、室外风机转速慢等。

3.查看冷凝器和清除毛絮

查看冷凝器进风面即室外机反面和侧面，见图2-25左图，毛絮将冷凝器堵死，从外面已经看不到翅片，说明故障原因为冷凝器脏堵。

使用遥控器关机，断开空调器电源，使用毛刷由上到下轻轻刷掉表面的毛絮，见图2-25右图，后面刷干净后再慢慢刷掉侧

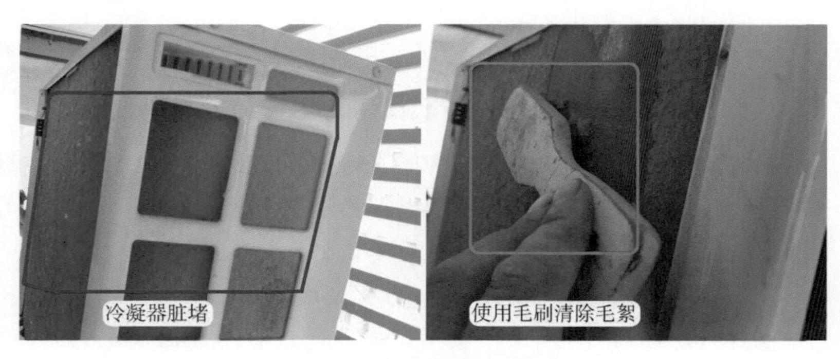

图 2-25　查看冷凝器和清除毛絮

面毛絮，使冷凝器整个进风面均无毛絮。

4. 用高压水泵彻底清洗冷凝器

表面毛絮清洗干净后，冷凝器翅片内尘土也会阻挡散热，使得制冷效果下降，彻底的清洗方法是使用洗车用的高压水泵，见图2-26左图，进水管放入水桶或水盆，高压水泵运行后，在水枪口处产生约为7.5MPa的压力，可用以清洗翅片。

将水枪口出水调成雾状，见图2-26中图和右图，仔细清洗冷凝器进风面即室外机侧面和反面，清洗时将水枪口从上到下顺着翅片清洗，防止冲倒翅片，或者高压的水雾进入室外机电控系统引起短路。

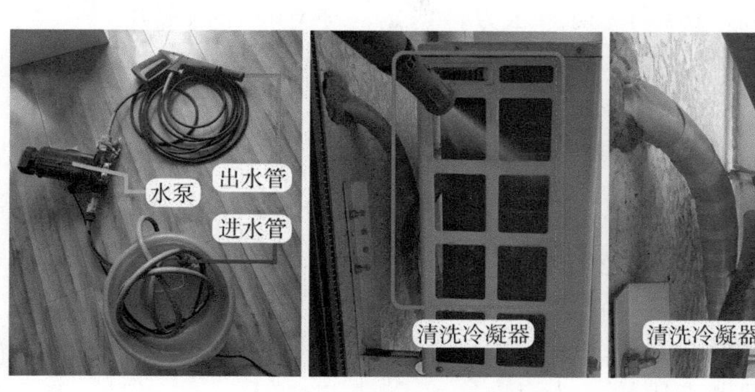

图 2-26　用高压水泵清洗冷凝器

5. 查看系统压力和检测仪数据

冲洗完待3min左右，使冷凝器的水分充分流出。将室外机接线端子接上格力变频空调器专用检测仪，再将空调器上电开机，见图2-27左图，约10min后查看系统运行压力约为0.95MPa，室外机电流约为6.5A，手摸二通阀和三通阀感觉均较凉，室外机出风口温度上部热、下部略高于室外温度，检查室内机，手摸蒸发器感觉较凉，出风口温度也较凉，房间温度也明显下降，说明故障已排除。

查看检测仪数据，见图2-27右图，压缩机频率82Hz说明在高频运行，蒸发器温度（内管温度）10℃说明制冷正常，冷凝器温度（外管温度）38℃在正常范围内，略高于室外环温（外环温度）33℃说明散热很好，数据也说明空调器制冷恢复正常。

图 2-27　查看运行压力和检测仪数据

维修措施：使用毛刷清除毛絮后再使用高压水泵清洗冷凝器。

柜式空调单元电路

总结

（1）本例中毛絮堵死室外机冷凝器翅片，室外风扇运行时通风不畅，冷凝器的热量得不到充分的交换，造成冷凝器温度较高，室外机CPU通过室外管温传感器

（外管温度）检测后驱动压缩机低频运行，以防止过载损坏压缩机，制冷效果明显变差。本例中，如果冷凝器温度再上升或运行时间较长，室外机CPU可能判断为过负荷保护，室内机显示屏显示H4代码（含义为系统异常或过负荷保护）。

（2）清洗冷凝器翅片时要将高压水泵的水枪出水口调成雾状，一定不要调成点状（出水为直线），因为压力特别高，会直接冲倒翅片。

三、冷凝器脏堵，格力 H4 代码

故障说明：格力KFR-35GW/（35559）FNAd-A3挂式直流变频空调器（智享），用户反映制冷效果差，运行一段时间后显示H4代码。查看代码含义为系统异常或过负荷保护。

1.感觉出风口温度和测量运行压力

上门检查，将格力变频空调器专用检测仪的3根引线接在室外机接线端子，再将空调器上电开机，室内风机运行，约5min后将手放在出风口感觉温度，见图2-28左图，吹出的风不是很凉，略低于房间温度，说明制冷效果比较差。

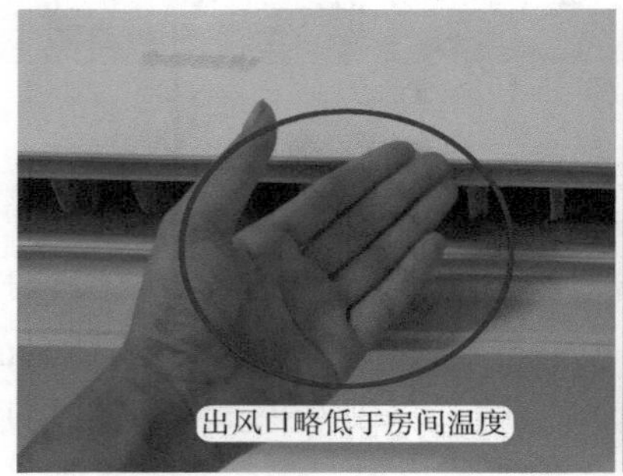

图 2-28　感觉出风口温度和测量运行压力

检查室外机，压缩机和室外风机均在运行，在三通阀检修口处接上压力表，见图2-28右图，测量系统运行压力约为1.4MPa（本机使用R410A制冷剂），明显高于正常值（约为0.9MPa）。

2.查看二通阀三通阀温度和测量电流

查看室外机二通阀细管和三通阀粗管，在室外机刚开始运行时，手摸二通阀和三通阀感觉均较凉，运行约10min后查看，发现二通阀干燥，三通阀结露，见图2-29左图，手摸二通阀接近于室外温度，三通阀较凉。

使用万用表交流电流挡，钳头卡在接线端子3号棕线（本机加长线为红线）测量室外机电流，实测约为3A，见图2-29右图，也明显低于正常值（约为6A）。根据运行时压力高、电流

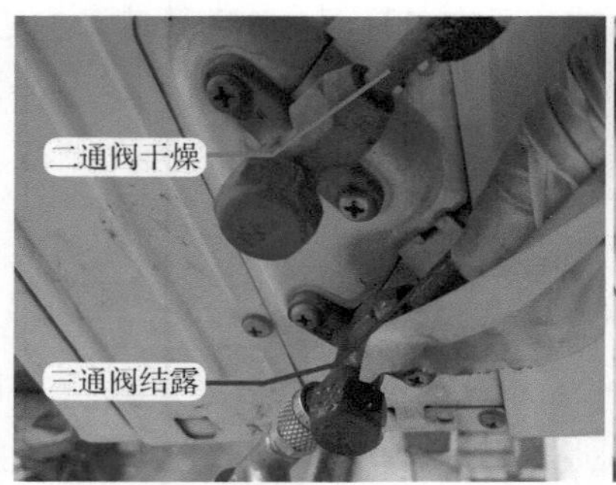

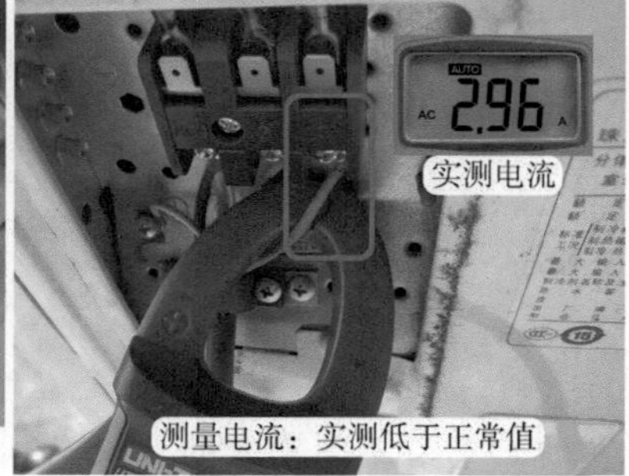

图 2-29　查看二通阀、三通阀状态和测量电流

低，判断压缩机没有高频运行，处于低频状态。

3. 查看检测仪数据和冷凝器

查看检测仪数据，见图2-30左图，内管温度（室内管温）为20℃，说明蒸发器温度较高，间接说明制冷效果很差；外环温度（室外环温）为33℃，而外管温度（室外管温）为53℃，说明冷凝器温度较高；外管温度与外环温度的差值为20℃，表明冷凝器散热不良；压缩机运行频率为36Hz，说明工作在低频状态，判断为CPU检测冷凝器温度较高时控制压缩机限频运行。继续运行一段时间，查看外管温度继续上升，最终室外风机和压缩机均停止运行，室内机显示屏显示H4代码，根据数据可知，H4代码含义为过负荷保护。

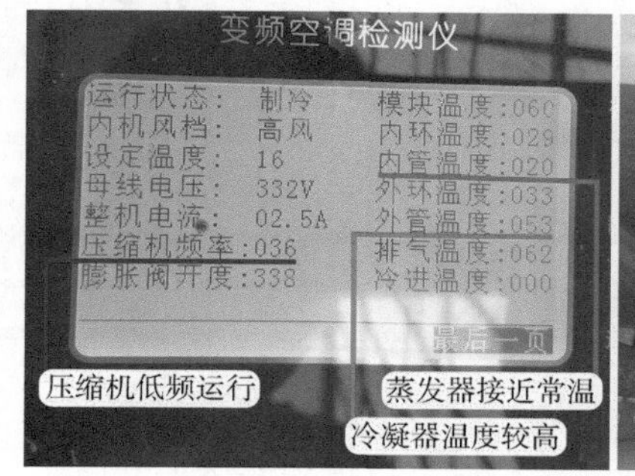

图 2-30 查看检测仪数据和冷凝器

外管温度较高，常见原因为冷凝器脏堵或室外风机转速慢。查看室外机反面和侧面时，见图2-30右图，发现毛絮将冷凝器堵死，已看不到翅片。

4. 清除毛絮

使用遥控器关机，断开空调器电源，见图2-31，使用毛刷从上到下轻轻刷掉表面的毛絮，将整个冷凝器（包括侧面）的毛絮全部清除。

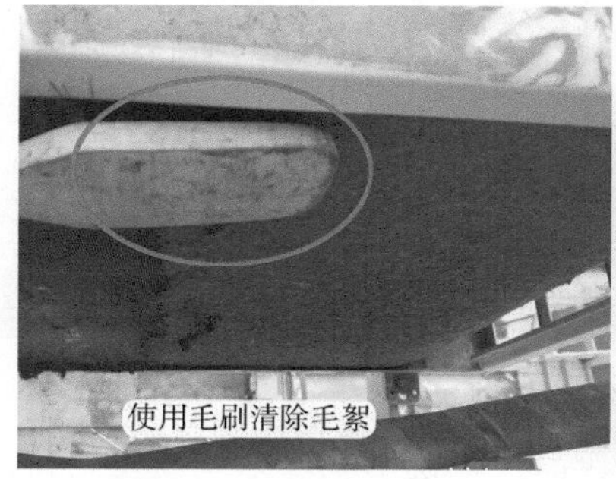

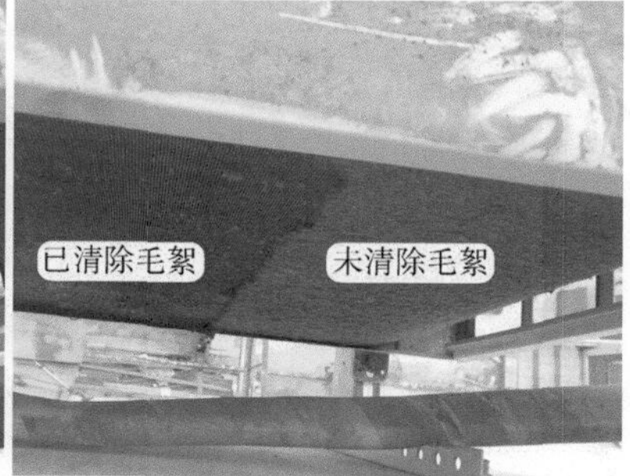

图 2-31 清除毛絮

5. 用高压水泵清洗冷凝器

使用洗车用的高压水泵，见图2-32，将水枪出水口调成雾状，顺着冷凝器翅片冲洗内部的尘土，以确保清洗干净，注意不要将翅片吹倒。

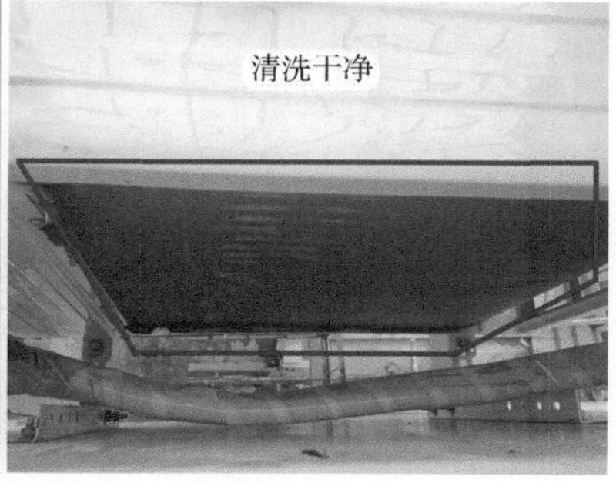

图 2-32 用高压水泵清洗冷凝器

6. 查看检测仪数据

等待约3min，冷凝器翅片的积水基本流出，再将空调器通上电源，使用遥控器开机，室内机和室外机均开始运行，约2min后查看检测仪数据，见图2-33左图。压缩机运行频率为46Hz，说明正在升频运行；外管温度为35℃，由于刚使用高压水泵清洗过冷凝器，翅片表面还带有水分，外管温度刚开始时会相对低一些；外环温度为26℃，低于实际的室外温度，也是由于翅片水分的影响；内管温度为15℃，说明蒸发器温度正在逐步下降。

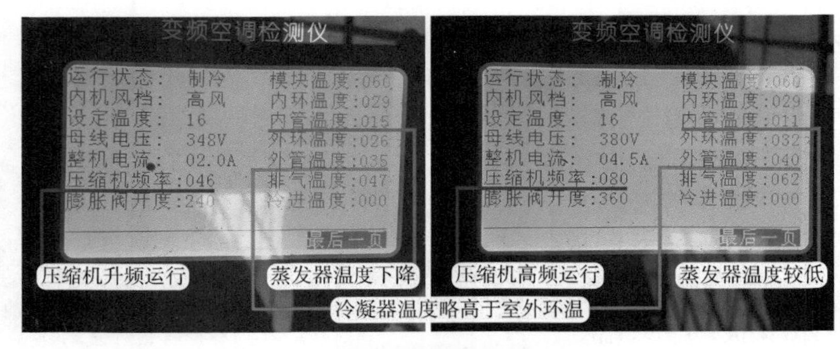

图 2-33　查看检测仪数据

等待室外机运行约10min后，冷凝器翅片表面的水分早已蒸发，制冷系统处于正常的循环状态，再查看检测仪数据。见图2-33右图，压缩机运行频率为80Hz，说明没有限制，为高频运行；外管温度为40℃，明显低于冷凝器清洗之前的53℃，略高于室外环温；外环温度为32℃，和实际的室外温度比较接近，外管温度与外环温度的差值为8℃，也在正常的范围以内；内管温度为11℃，说明蒸发器温度较低，室内制冷效果也较好。

7.检测运行压力和查看二通阀、三通阀状态

在压缩机和室外风机开始运行以后，查看系统运行压力逐步下降，见图2-34左图，运行一段时间后压力稳定在约为0.9MPa。

运行约10min后，见图2-34右图，查看二通阀和三通阀结露，手摸二通阀和三通阀均感觉较凉，也说明制冷系统恢复正常。

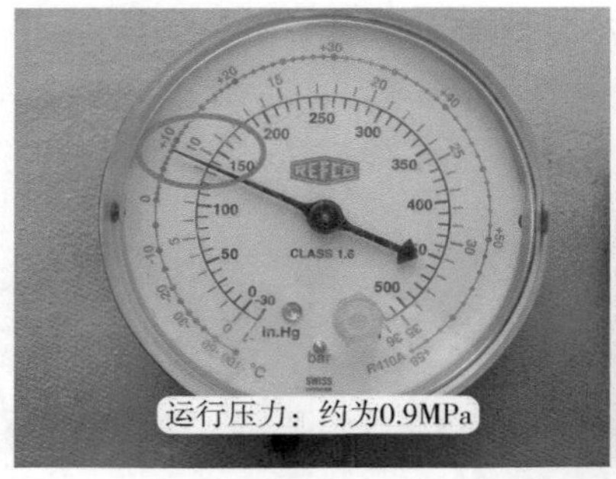

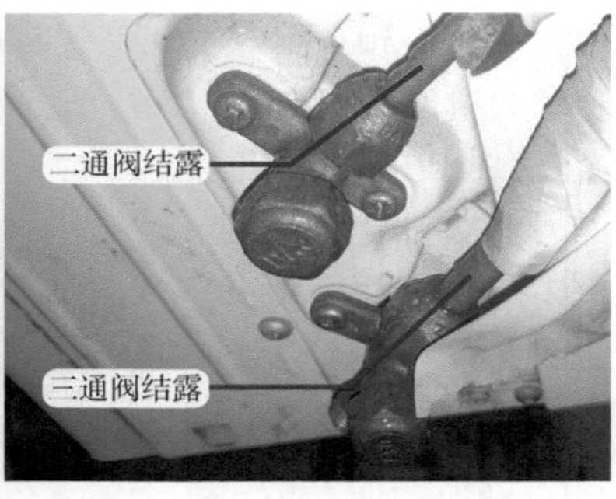

图2-34　检测运行压力和查看二通阀、三通阀

维修措施：清洗冷凝器。

总结

（1）本例中由于空调器长期使用，室外风机运行时强制使室外空气为冷凝器散热，毛絮或空气中的脏物在翅片表面聚集并逐渐增加，最终堵死冷凝器，导致热交换效果很差。

（2）室外环境的质量和冷凝器脏堵有很大关系，有些家庭用户可能使用几年也不会脏堵，但有些用户使用1年以后就会脏堵；有些新安装的空调器在商业或公共场所使用，最快2个月毛絮就会将冷凝器完全堵死。

（3）毛絮脏堵使得冷凝器热量散不出来，所以温度较高，常见于室外温度较高

时出现故障，假如室外温度相对较低（30℃以下时），通常不会出现故障代码，或者用户反映为制冷效果差故障。

（4）清洗完冷凝器后，要待一段时间使翅片内部的水分充分流出，再上电开机。由于冷凝器表面附着水分会使散热较好，刚开机时系统压力和电流均较低，容易引起误判，因此运行时间要长一些，再查看数据会比较准确。

（5）冷凝器脏堵后，室外风机运行时，室外空气不能有效通过翅片为冷凝器有效散热，冷凝器温度升高，CPU检测后为防止压缩机过负荷运行，控制压缩机降频运行进行保护，使得制冷效果明显下降；压缩机降频以后若CPU检测到冷凝器温度继续上升，运行一段时间后则会控制室外机停机，室内机显示H4代码。

（6）冷凝器脏堵后，变频空调器CPU检测室外管温温度较高，可控制压缩机低频运行；而定频挂式空调器由于保护电路相对较少，压缩机由于负载过大使得内部的温度开关断开而停止工作，表现为不制冷故障，室外风机运行而压缩机不运行；如果为柜式空调器，这类空调器增加了电流检测电路和压力开关电路，冷凝器脏堵引起高压压力上升，压力开关断开，则表现为室外机停机，室内机显示高压压力开关断开的故障代码（如格力空调器显示E1）；冷凝器脏堵同样引起运行电流升高，若主板CPU检测到电流过高，也会停止室外机运行，显示运行电流过高的代码（如美的空调器显示E4，含义为4次电流过高保护）。同一故障现象，由于电路设计不同，差别也很大，因而在维修空调器时，要根据电路特点检修，可快速排除故障。

四、室外风扇螺钉松脱，空调器不制冷

故障说明：美的KFR-35GW/BP2DN8Y-DA200(B2)直流变频空调器（省电星），用户反映新装机，使用时发现不制冷。

1.感觉室内机和室外机温度

上门检查，使用遥控器开机，室内风机开始运行，但出风口接近自然风，说明空调器不制冷，见图2-35左图。

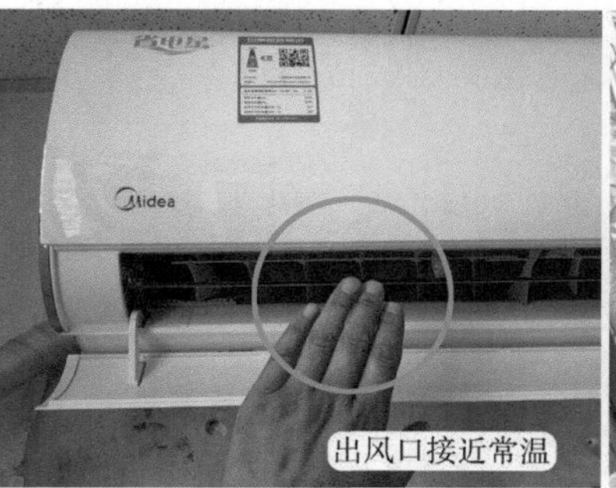

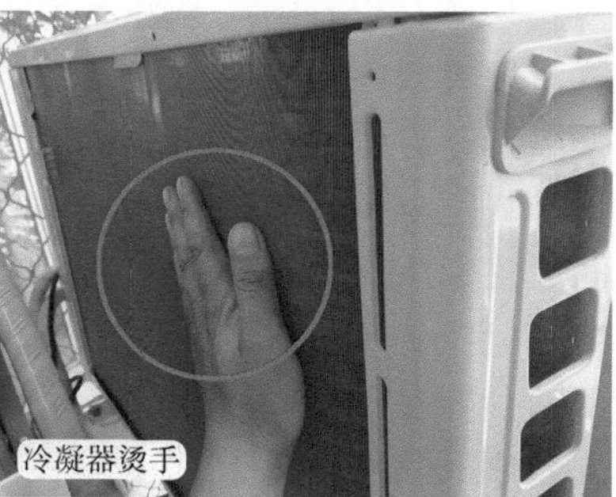

图 2-35　感觉出风口和冷凝器温度

检查室外机，能听到压缩机运行的声音，手摸细管二通阀和粗管三通阀有凉意，用手摸冷凝器时，从上到下温度均很高，有烫手的感觉，见图2-35右图。

2.室外风机不运行和固定螺钉脱落

将手放在出风口，感觉无风吹出，从出风口向里查看，见图2-36左图，发现室外机风扇不运行。

由于本机使用新型环保制冷剂R32，在高温高压状态检修风险比较大，迅速在室内断开空调器电源。取下室外机上盖和前盖，见图2-36右图，发现固定室外风扇的螺钉脱落，并在底座上面找到螺钉。

图 2-36　查看室外风扇和固定螺钉

3.查看室外风机平面和风扇椎面

见图2-37左图，室外风机轴头分为两段，前段为固定螺钉安装位置，后段为室外风扇安装位置，其中的平面部分用来固定室外风扇的椎面（室外风扇的突出部分）。

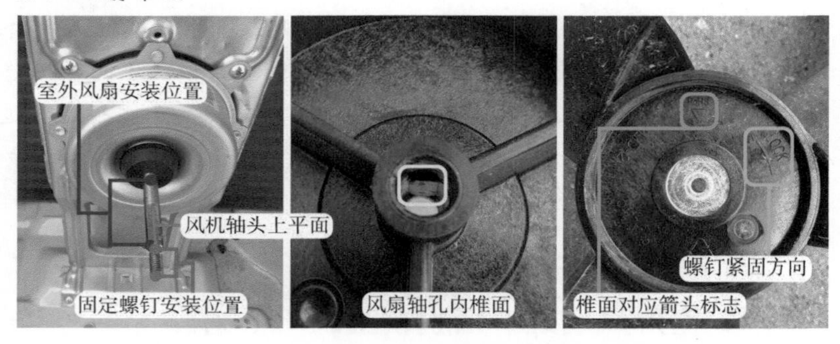

图 2-37　室外风机轴头和室外风扇轴孔及安装信息

室外风扇中间圆孔安装室外风机轴头，见图2-37中图，从室外风扇反面看，可从圆孔中看到椎面。

见图2-37右图，室外风扇正面也标注有安装信息，三角标志的箭头对应着椎面的位置，旋转方向和“LOCK”表示固定螺钉的紧固方向。

4.安装螺钉和试机正常

将室外风扇的椎面箭头标志对准室外风机轴头的平面，双手扶住室外风扇向里推到底，再安装固定螺钉，当用手拧不动时，见图2-38左图，再使用活动扳手拧紧。

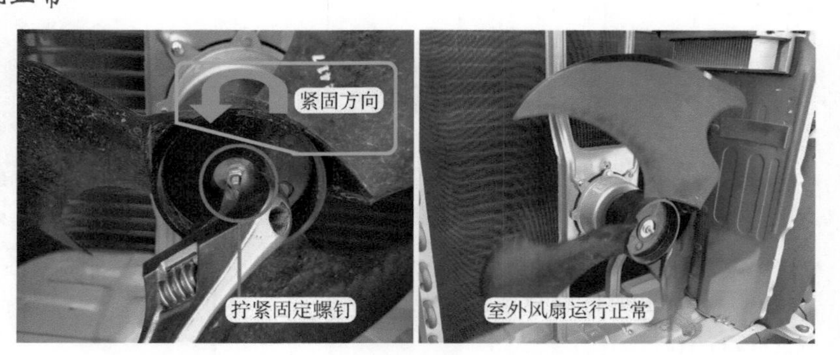

图 2-38　安装螺钉和查看室外风扇运行情况

柜式空调电控系统组成和电路板主要元件

恢复空调器电源，使用遥控器开机，再查看室外机，见图2-38右图，室外风机驱动室外风扇运行正常，压缩机运行并开始制冷，一段时间后在室内机出风口感觉吹出的风较凉，说明故障排除。

维修措施：见图2-38，安装室外风扇并拧紧固定螺钉。

（1）本例中由于固定螺钉脱落，室外风扇也脱离室外风机，使得室外风机运行时室外风扇不能运行为冷凝器散热，冷凝器温度很高，压缩机在过载状态下运行，电流相对较大，室外机主板CPU检测后则停止驱动压缩机，空调器出现不制冷的故障。

（2）本机使用新型环保制冷剂R32，相对易燃易爆，因此在室外风扇不运行检查到冷凝器温度较高时，应断开空调器电源，使用电阻法测量室外风机线圈阻值等方法检修，防止出现意外情况发生。

第3章 漏水和噪声故障

第1节 漏水故障

一、挂式空调器冷凝水流程

空调器在制冷模式下运行，室内机蒸发器表面温度较低，低于空气露点温度时，空气中的水蒸气会在蒸发器表面凝结，形成冷凝水，在重力的作用下落入室内机的接水盘，通过水管排向室外，并且湿度越大，冷凝水量就越大。

空调器在制热模式下运行，室内机蒸发器温度较高，约为50℃，因此蒸发器不会产生冷凝水，室外侧水管也无水流出。但在制热过程中室外机冷凝器表面结霜，在化霜时霜变成水排向室外。

早期挂式空调器蒸发器通常为直板式或两折式，室内机只设一个接水盘，位于出风口上方，蒸发器产生的冷凝水直接流入接水盘，经保温水管和加长水管排向室外。

见图3-1，目前挂式空调器蒸发器均为多折式，常见为2折、3折甚至4折或5折，将贯流风扇包围，以获得更好的制冷效果，以顶部为分割线，蒸发器分为前部和后部，室内机相应地设有主接水盘和副接水盘。蒸发器前部产生的冷凝水流入位于出风口上方的主接水盘，蒸发器后部产生的冷凝水流入位于室内机底座中部的副接水盘。

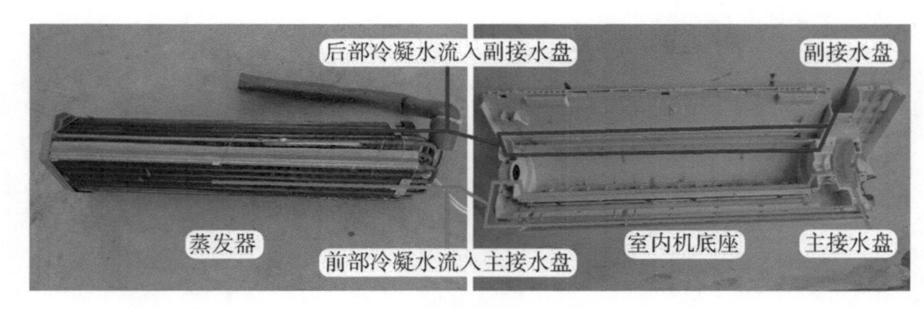

图3-1　蒸发器和接水盘

见图3-2，副接水盘冷凝水经专用通道流入主接水盘，主接水盘和副接水盘的冷凝水通过保温水管和加长水管排向室外。

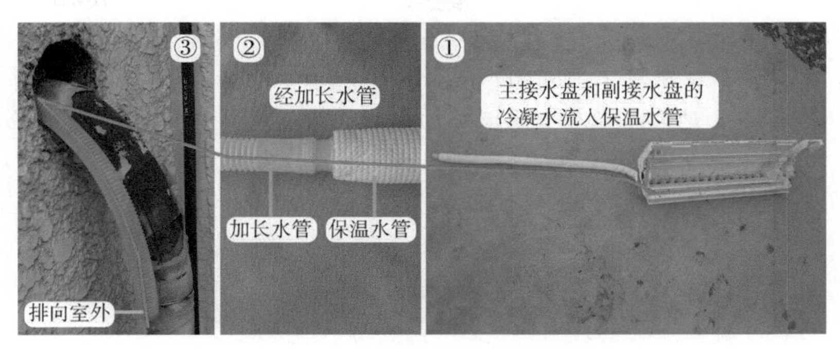

图 3-2　挂式空调器冷凝水流程

二、柜式空调器冷凝水流程

见图3-3，柜式空调器蒸发器均为直板式，产生的冷凝水自然流入接水盘，经保温水管和加长水管排向室外。

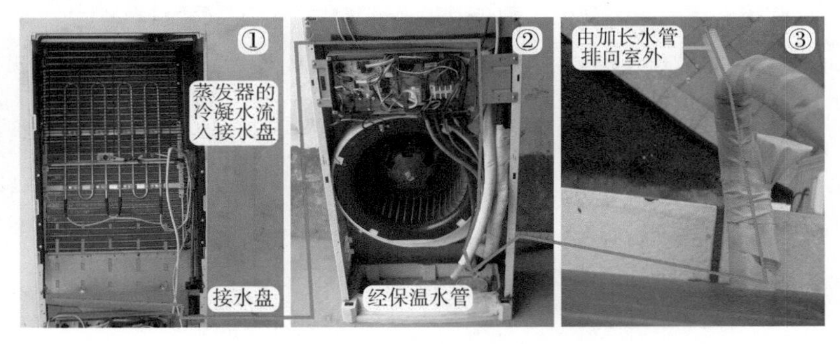

图 3-3　柜式空调器冷凝水流程

三、常见故障

1. 出风口凝露

格力KFR-26GW/（26557）FNDe-A3挂式直流变频空调器，用户反映室内机漏水。

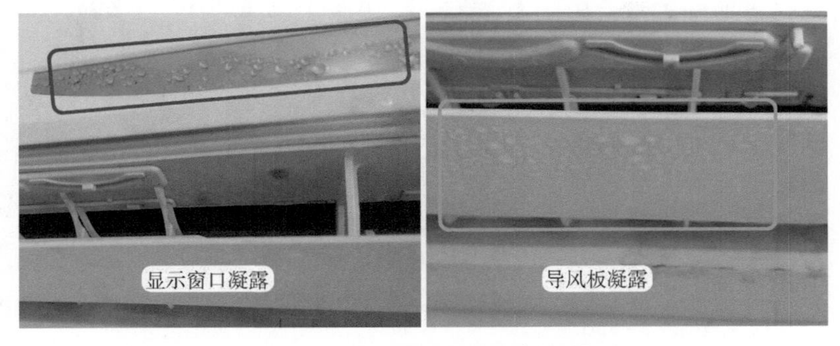

图 3-4　显示窗口和导风板凝露

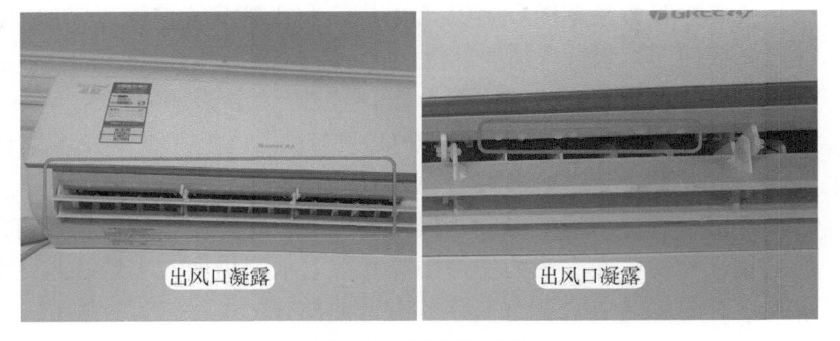

图 3-5　出风口凝露

上门检查时，用户正在使用空调器，查看室外侧加长水管滴水速度很快（几乎不间断），说明水路顺畅，查看室内机，用户反映漏水状况见图3-4和图3-5，包括显示窗口、出风口、导风板上凝露，此种状况为正常。这是由于环境湿度比较大的时候，空气中的水分在出风口周围形成凝露，时间长了，形成水滴落下，用户反映为漏水故障。排除方法是向用户解释，待天气干燥后出风口不会再有凝露，这种状况只会出现在类似于“桑拿天”很短的几天时间里，同时建议用户设定遥控器风速为高风，使得出风口温度和房间温度的差值较小，也会减少凝露出现的概率。

同时空调器配套的说明书中，在假性故障一栏里也会有描述，可翻到相应页数向用户说明（一般在最后几页）。比如，格力空调器相对应的“故障”现象显示为：出风口格栅上有湿气；“故障”分析为：如果空调器长时间在高湿度下运转，湿气可能会凝结在出风口格栅上并滴下。

2. 室内机安装倾斜

室内机一般要求水平安装。如果新装机或移机时室内机安装不平，见图3-6左图，即左低右高或左高右低，相对应接水盘也将倾斜，较低一侧的冷凝水超过接水盘，引起室内机漏水故障。

图 3-6　室内机安装倾斜和排除方法

故障排除方法见图3-6右图，重新水平安装室内机。

3. 水管被压扁

查看室内外机连接管道坡度正常，用饮料瓶向蒸发器倒水时，室外侧水管流水很慢，仔细检查为连接管道出墙孔处弯管角度较小，而水管又在最下边，见图3-7左图，导致水管被压扁，因而阻力过大，接水盘内冷凝水不能顺利流出，超过接水盘后导致室内机漏水。

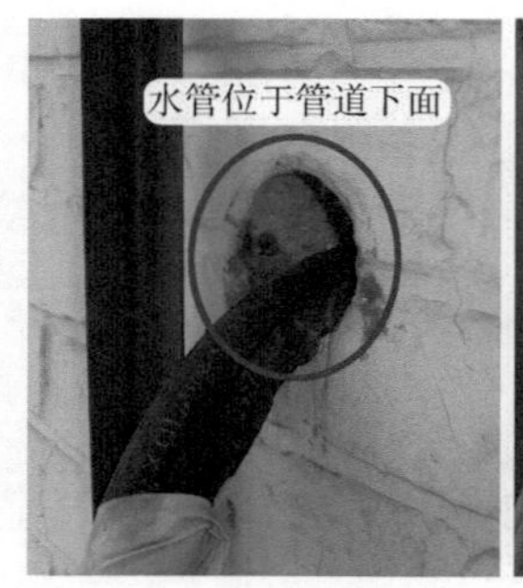

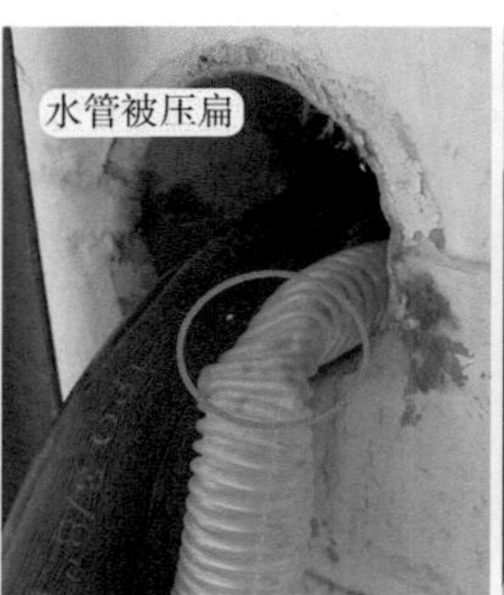

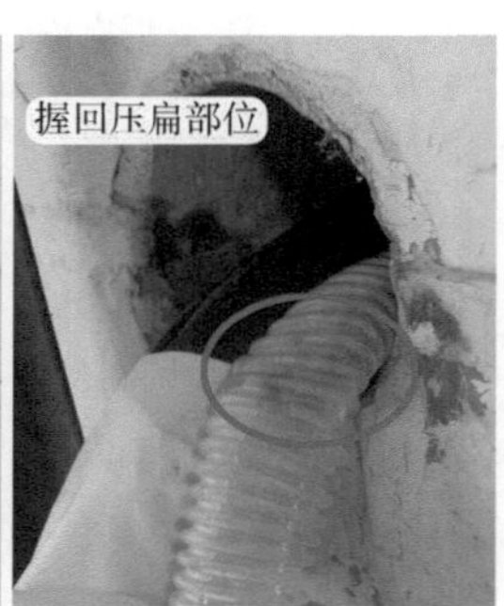

图 3-7　水管被压扁的情况和排除方法

故障排除方法见图3-7中图和右图，将水管从连接管道底部抽出，放在铜管旁边，并握回（或捏回）水管压扁的部位。

4. 加长水管弯曲

（1）格力KFR-35GW/（35594）FNAa-A1挂式直流变频空调器，用户反映室内机漏水。

上门检查，用遥控器制冷模式开机，长时间运行室内机没有漏水。检查室外机，发现加长水管安装在专用的空调器冷凝水下水管里面，出墙孔也远高于水管安装部位的落水孔，见图3-8左图，但加长水管有弯曲部分。

仔细查看加长水管，见图3-8右图，发现下垂处有明显的积水，而左侧上方有空气，说明水管弯曲后在最低位置处存有积水，使得加长水管中有空气存在，而蒸发器产生的冷凝水根据自然重力落入接水盘内，接水盘内冷凝水的压力很小，但由于加长水管中空气阻力较大，接水盘的冷凝水不能流入加长水管，一直在接水盘内积聚，超过接水盘的储水量（边沿），导致室内机出现漏水故障。

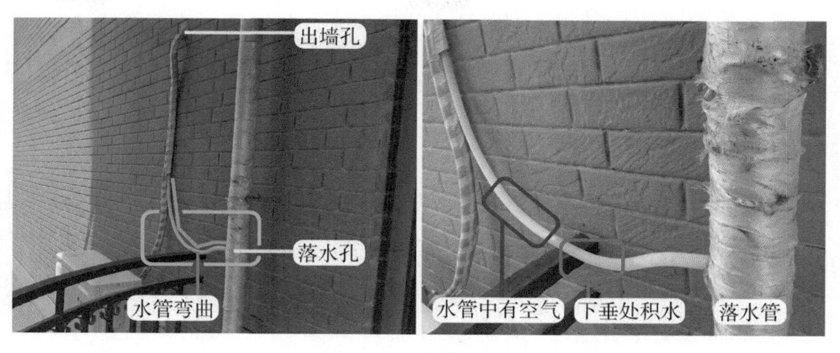

图 3-8　水管弯曲

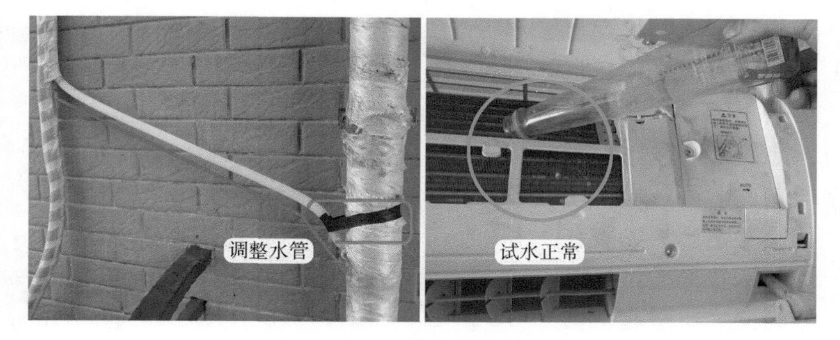

图 3-9　调整水管和试水

维修方法见图3-9左图，重新调整水管位置，使水管逐步向下形成坡度，冷凝水下水顺畅，水管内积水不能在某一位置堵塞水管，这样加长水管内没有空气阻力，室内机漏水故障自然排除。注意，调整后为防止水管移动再次造成漏水故障，应使用防水胶布粘牢水管。

使用饮料瓶向蒸发器内倒水，见图3-9右图，均能顺利流出，室内机不再漏水，说明试水正常。

（2）格力KFR-35GW/（35594）FNAa-A1挂式直流变频空调器，用户反映新装机未使用，待到夏天使用时室内机漏水。

上门检查，查看室内机安装水平，使用遥控器开启制冷模式，室内机没有漏水，为缩短检修时间，掀开前面板（进风格栅），抽出过滤网，使用饮料瓶向蒸发器倒水，室内机立即漏水并且速度较快。查看室外机，室外侧加长水管管口处没有水滴向下流，查看连接管道，见图3-10左图，发现加长水管在室外机支架下方有弯曲现象，查看最下方有明显积水并且堵塞水管，上方为空气，抽出加长水管垂直放置，管口立即有很多冷凝水流出，说明漏水原因为水管弯曲导致积水。

图 3-10　查看水管和整理水管走向

整理水管走向，见图3-10右图，使

水管坡度逐步向下，同时为防止水管移动，使用铁丝或胶布将水管固定在室外机支架上面，再次向蒸发器倒水，均能在室外加长水管管口流出，同时室内机不再漏水，说明故障排除。

5.连接管道积水

格力KFR-26GW/（26559）FNAa-A3挂式直流变频空调器，用户反映新装机未使用，使用制冷模式时室内机漏水，将空调器关机，很长时间内依旧向下滴水。

上门检查，使用遥控器开机，一段时间内室内机没有向下漏水，使用饮料瓶向室内机蒸发器内倒水用来测试排水管路，如果慢慢向蒸发器倒水，室内机不会漏水，如果倒水速度稍微快一些，室内机就会漏水，说明排水管路流通不顺畅。查看室内机安装水平，但检查室内外机连接管道时，见图3-11左图，管路横平竖直，符合安装要求，但水平走向距离过长，使得冷凝水容易积聚在加长水管里面，造成阻力变大，引起室内机漏水故障。

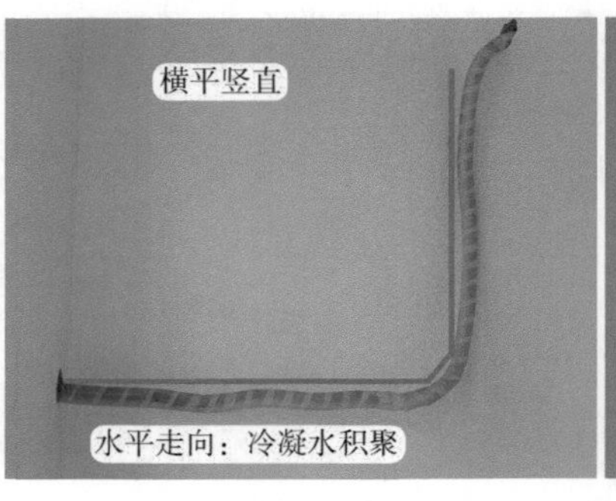

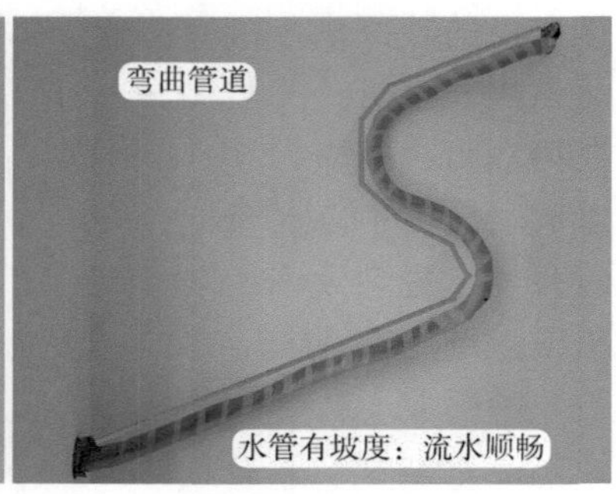

图 3-11　连接管道水平走向过长，调整管道走向

排除方法是调整连接管道，调整后见图3-11右图，将管道弯曲，使内部加长水管坡度逐步向下，不再积聚冷凝水，阻力大大减小，再次向蒸发器内倒水，即使倒水速度较快，室内机也不会漏水，故障排除。

关机之后依旧滴水是由于室内机安装较为水平，接水盘冷凝水溢出后，落在室内机外壳内部，储存较多的水量，即使关机也会向下滴落很长时间才会排净。

6.接水盘和保温水管接头处渗水

空调器新装机室内机漏水，查看连接管道安装符合要求，使用饮料瓶向蒸发器内倒水时均能顺利流出，排除连接管道走向故障。取下室内机外壳，见图3-12左图，查看漏水故障为接水盘和保温水管接头处渗水。

故障排除方法见图3-12中图，在接

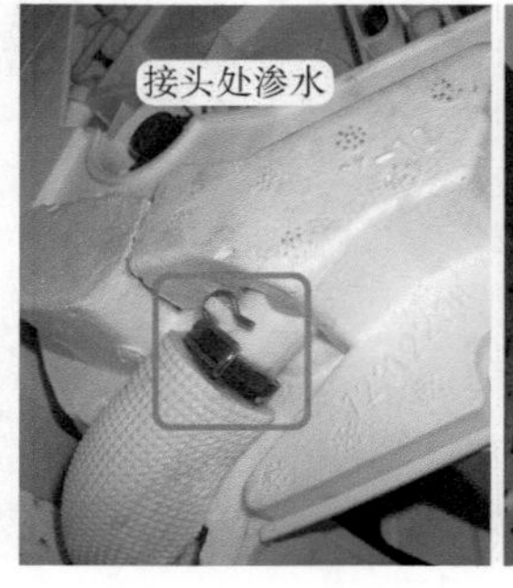

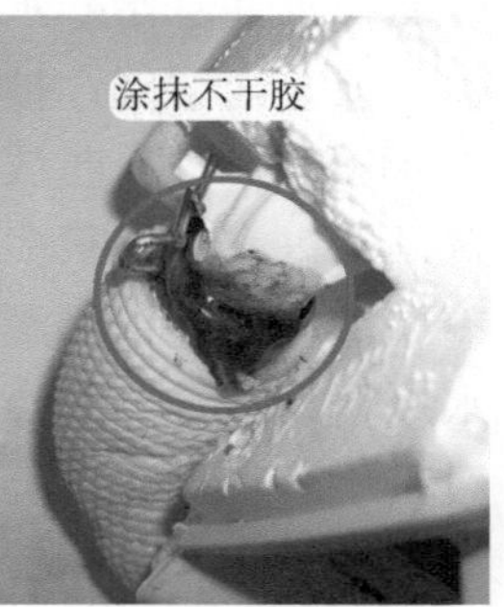

图 3-12　接水盘接头渗水现象和排除方法

水盘的接头上缠上胶布，增加厚度，再安装保温水管即可排除故障；或者见图3-12右图，使用吸水纸擦干冷凝水后，将不干胶涂在渗水的接头处，也能排除故障。

7.水管穿孔或有沙眼

（1）格力KFR-72LW/（72551）FNBa-A2圆柱柜式直流变频空调器，用户反映移机后只要开机制冷，很短的时间内室内机开始漏水。

上门检查，用遥控器制冷模式开机，约10min后查看室内机下方已经有冷凝水流出，查看连接管道坡度正常，说明加长水管坡度也正常。仔细查看漏水源头，发现不是从室内机接水盘溢出（排除水管堵塞故障），而是从加长水管流出，见图3-13左图，检查加长水管有一个很深的穿孔，导致冷凝水向外流出。

查看水管穿孔位置刚好处于室内机外壳的盖板位置，查看盖板，见图3-13中图，连接管道穿孔处有明显的毛刺，判断安装盖板时，由于连接管道没有处理好，盖板的毛刺和加长水管过近，刺穿加长水管，导致室内机漏水。

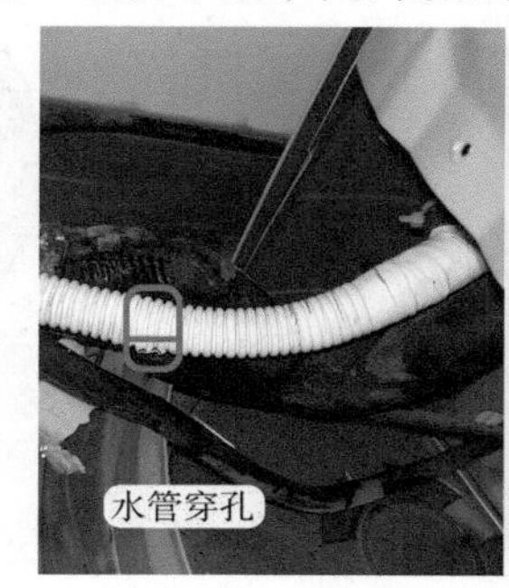

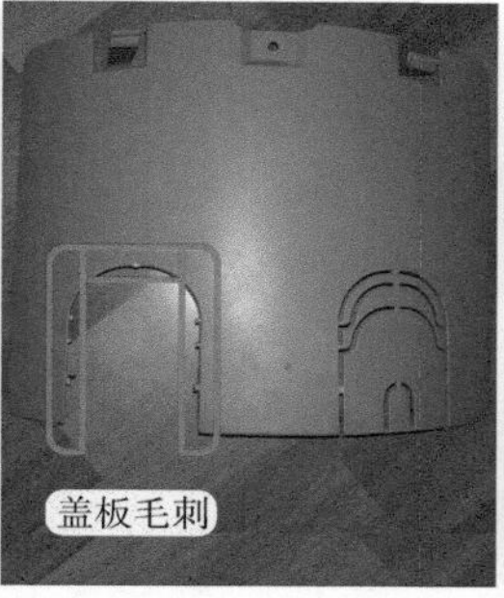

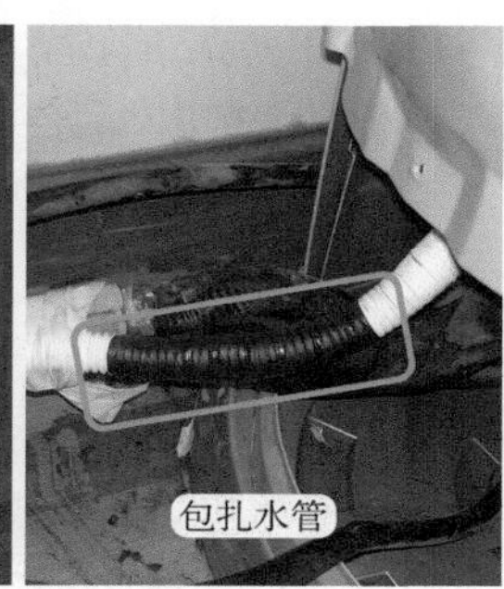

图 3-13　水管穿孔和包扎水管

维修方法见图3-13右图，使用防水胶布包扎很长的一段加长水管，等运行一段时间查看穿孔处不再漏水时，再慢慢安装好盖板，并防止再次刺破水管。

（2）格力KFR-26GW/（26575）FNAa-A3挂式直流变频空调器，用户反映新装机，长时间开机室内机漏水。

上门检查时，用户正在使用空调器，漏水比较明显，室内机一直有水向下滴落，查看室内机安装水平，使用饮料瓶向蒸发器倒水时也能顺利流出，排除水管不畅故障。取下室内机外壳，见图3-14左图，查看漏水原因为加长水管有沙眼，查看沙眼位置为硬挤刺破所致，一般为装机时确定连接管道走向后，剪去室内机外壳的对应塑料板时，由于毛刺没有处理好，安装时毛刺刺穿水管，导致使用时室内机漏水。

维修方法见图3-14右图，使用防水胶布将很长一段的水管全部包裹，再使用饮料瓶向蒸发器内倒水，查看沙眼处不再漏水，安装室内机外壳时要慢慢仔细安装，防止外壳的毛刺再次刺穿加长水管，然后再将连接管道尽量贴近墙壁，远离外壳的毛刺。

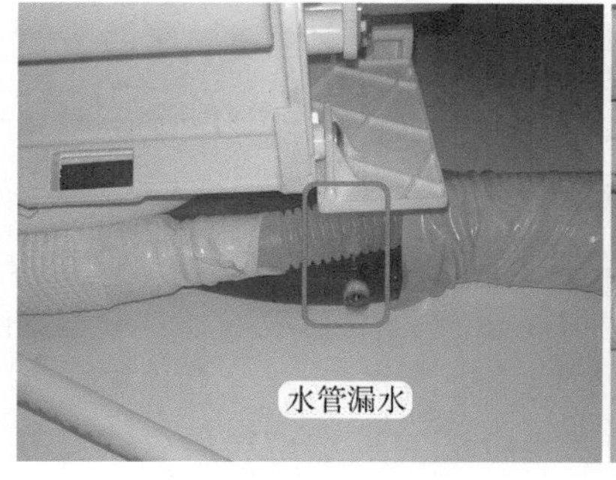

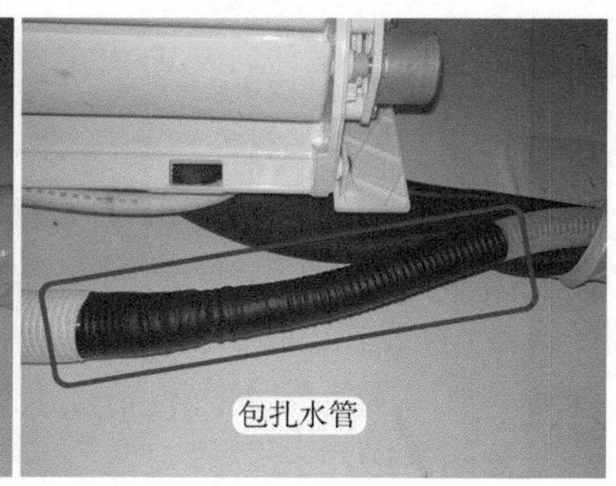

图 3-14　水管漏水和包扎水管

8.水管脏堵

在上门维修漏水故障时，因制冷状态下蒸发器产生的冷凝水速度较慢，为检查漏水部位，见图3-15，可使用矿泉水瓶或饮料瓶装自来水，掀开进风格栅和取下过滤网后倒在蒸发器内，可迅速检查出漏水部位。

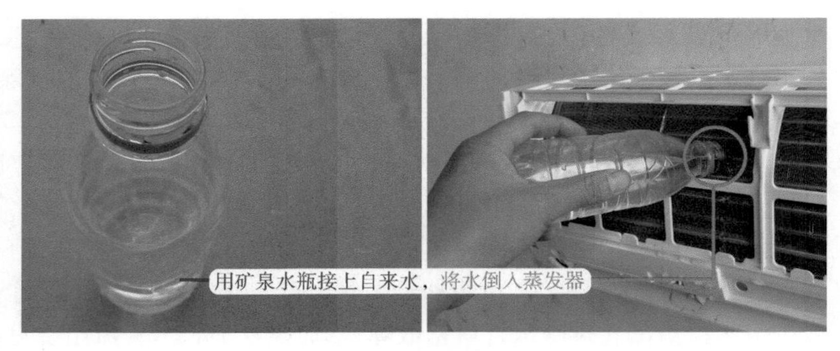

图 3-15　向蒸发器内倒水

空调器制冷正常，但室外侧水管不出水，室内机漏水很严重，取下室内机外壳，查看接水盘内冷凝水已满，说明水管堵塞，见图3-16。

图 3-16　水管脏堵

故障排除方法见图3-17，使用一根新水管，插入室外侧原机水管，并向新水管吸气，使水管内脏物吸出，室内机漏水故障即可排除。

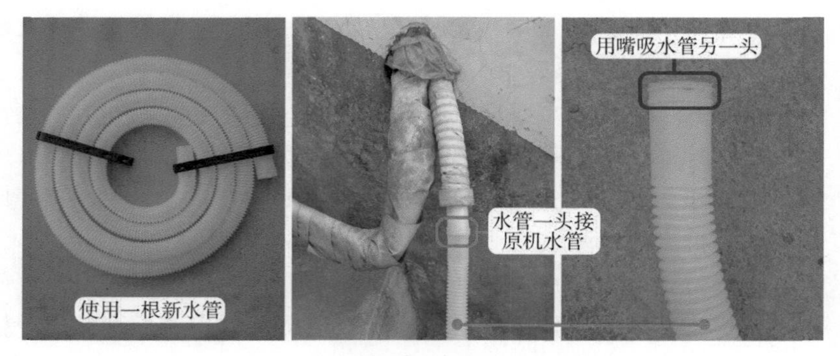

图 3-17　排除水管脏堵的方法

不要将脏水吸入到口中。维修时不要向水管内吹气，否则会将水吹向室内机主板或显示板组件，从而出现短路故障，导致需要更换主板或显示板组件。

9.主接水盘和副接水盘连接处渗水

空调器使用一段时间后室内机漏水，查看连接管道符合安装要求，使用饮料瓶向蒸发器内倒水时均能顺利流出，排除连接管道走向故障。取下室内机外壳，见图3-18，查看漏水故障为主接水盘和副接水盘连接处渗水。

见图3-19，使用剪刀剪一片大小合适的隔水塑料硬板，垫在连接处，即主接水盘和副接水盘的中间，这样副接水盘渗透的水滴经塑料硬板直接流入到主接水盘，室内机不再漏水。

10. 副接水盘脏堵

格力KFR-50GW/（50557）FNDc-A2挂式直流变频空调器，用户反映室内机漏水。

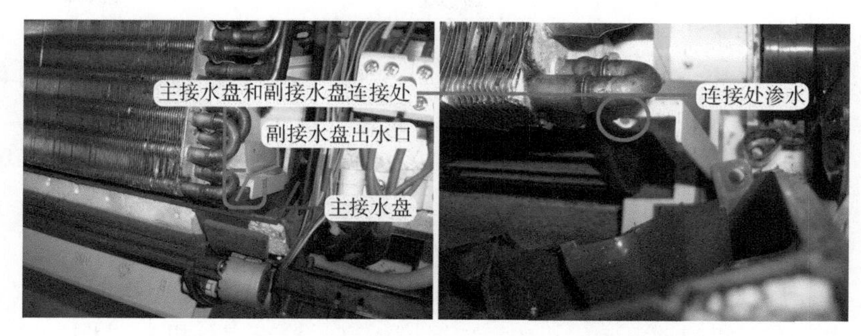

图 3-18　主接水盘和副接水盘连接处渗水

上门检查，使用遥控器开机，空调器开始运行，一段时间内室内机没有漏水，查看室内机安装水平，使用饮料瓶向蒸发器倒水，均能顺利流出，但用户确定室内机漏水；长时间开启空调器试机，室内机开始向下滴水。取下室内机外壳，查看蒸发器表面较脏，接水盘内也有很多泥土（装修墙面时使用的腻子粉），仔细清洗蒸发器和接水盘后，室内机依旧滴水，仔细查看滴水的源头，发现由室内机后部流出，后部设有副接水盘，为测试副接水盘流水是否正常，使用饮料瓶向蒸发器的后部倒水，室内机立即有较快的水滴流出，判断副接水盘堵塞，取下室内机挂钩，查看室内机后部，见图3-20，腻子粉形成的泥土已经将副接水盘全部堵塞。

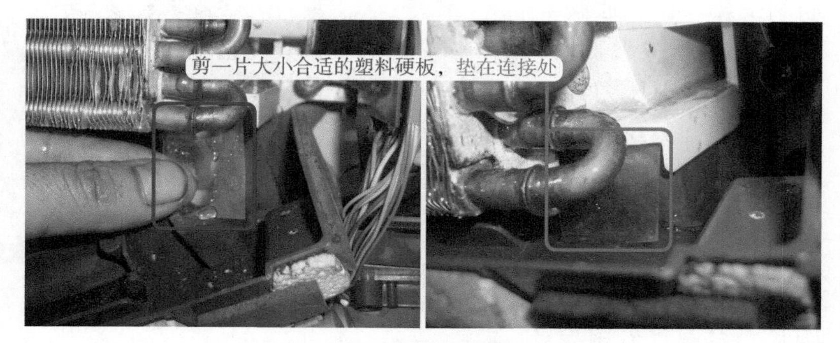

图 3-19　使用塑料硬板垫在连接处

图 3-20　副接水盘脏堵

关闭空调器，首先去掉副接水盘的泥土，再使用清水清洗，见图3-21左图，将副水盘清洗干净，尤其要注意将副接水

图 3-21　清洗副接水盘和试水

盘到主接水盘的水路清洗干净。

清洗完成后重新安装室内机，见图3-21右图，再次慢慢地向蒸发器后部倒水，室内机不再有水滴出，长时间试机运行正常，漏水故障排除。

经询问用户得知，房间刚刚重新装修过，判断装修墙面时室内机没有使用塑料包裹，腻子向下滴落，堵塞副接水盘，才出现漏水故障。

11. 系统缺制冷剂

用户反映空调器制冷效果差，同时室内机漏水。上门维修时查看连接管道符合安装要求，在开机时感觉室内机出风口温度较高，检查室外机，见图3-22，发现二通阀结霜、三通阀干燥，在三通阀检修口接上压力表，测量系统运行压力约为0.2MPa（系统使用R22制冷剂），说明系统缺制冷剂。

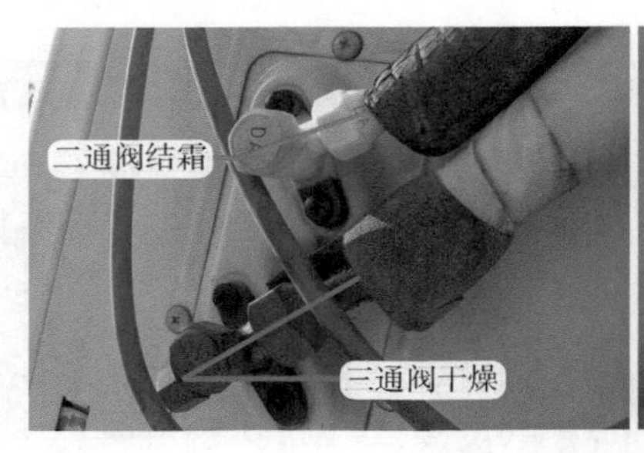

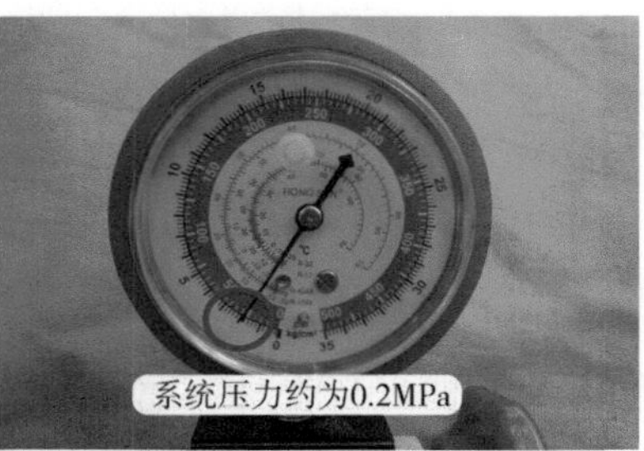

图 3-22　查看二通阀和系统压力

打开室内机前面板（进风格栅），见图3-23左图，发现蒸发器顶部结霜，判断漏水故障因系统缺制冷剂引起，原因是系统缺制冷剂导致结霜，霜层堵塞蒸发器翅片缝隙，使得冷凝水不能顺利流入到接水盘，最终导致室内机漏水。

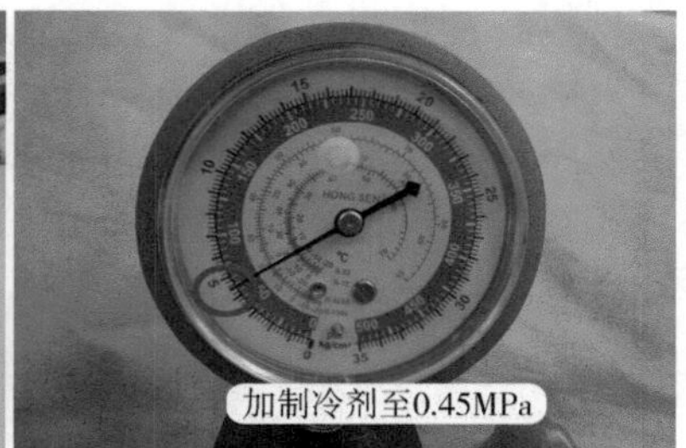

图 3-23　蒸发器结霜和加制冷剂至正常压力

故障维修方法见图3-23右图，排除系统漏点并加制冷剂至正常压力0.45MPa。

见图3-24，加制冷剂后查看二通阀霜层融化，三通阀和二通阀均开始结露，查看室内机，蒸发器霜层也已经融化，制冷恢复正常，蒸发器产生的冷凝水可顺利流入接水盘内并排向室外。

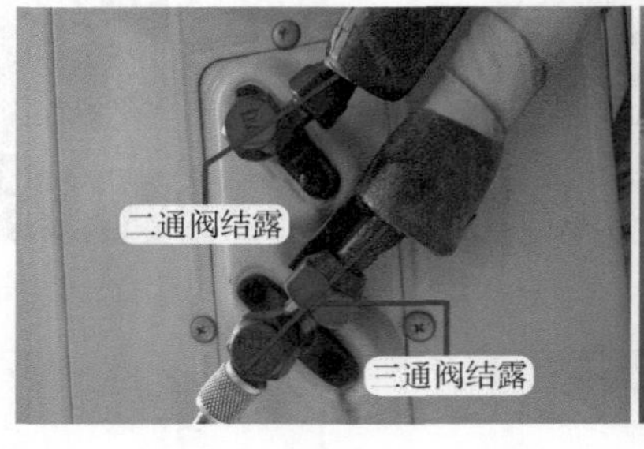

图 3-24　查看二（三）通阀和蒸发器

由本例可以看出，制冷系统缺制冷剂时不但会引起制冷效果差故障，同时也会引起室内机漏水故障，加制冷剂后两个故障会同时排除。

12. 室内使用水桶接水

某宾馆内使用的空调器，因室外侧不能排水，将水管留在屋内，见图3-25左图，使用矿泉水桶接水。

使用一段时间以后，用户反映室内机漏水。见图3-25中图，上门查看时发现水桶已接有半桶水，但水管过长至水桶底部，水管末端已淹没在水桶的积水内，使得空调器加长水管中间部分有空气，而室内机接水盘的冷凝水压力过小，不能将加长水管中间的空气从水管末端顶出，因而冷凝水淤积在接水盘内，最终导致漏水。

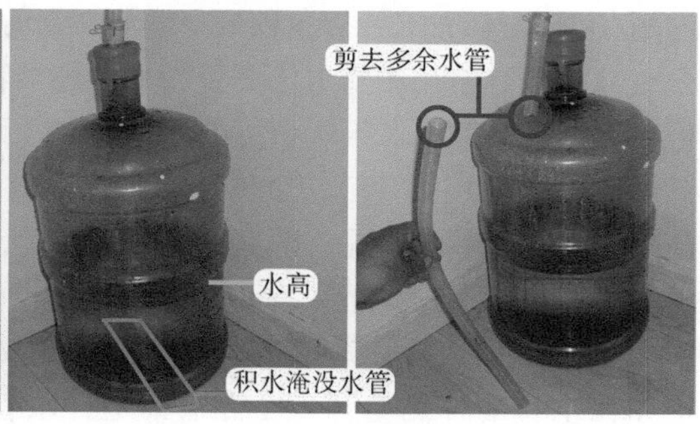

图 3-25　剪去多余水管

故障排除方法见图3-25右图，剪去多余的加长水管，使加长水管的末端刚好在水桶的顶部，水桶内的积水不能淹没加长水管的末端，加长水管的空气可顺利排出，室内机漏水故障即可排除。

从本例可以看出，即使室内机高于水桶约2m，按常理应能顺利流出，但如果水管内有空气，室内机接水盘的冷凝水则无法顺利流出，最终造成室内机漏水故障。

因矿泉水桶的桶口较小，如果加长水管堵塞桶口，见图3-26左图，水桶内的空气不能排出，导致加长水管内依旧有空气存在，室内机接水盘的冷凝水照样不能顺利流入水桶内，并再次引发室内机漏水故障。

排出空气的方法很简单，一是保证水管不能堵塞水桶桶口，水桶内空气能顺利排出；二是见图3-26右图，在水桶上部钻一个圆孔用于排气。

图 3-26　水管堵塞桶口和钻孔

13. 室内侧连接管道低于出墙孔

安装在某医院房间的一批新空调器，用户反映室内机漏水。上门查看室内机安装在房间内，连接管道经走廊到达室外。

见图3-27左图，查看连接管道室内部分走向正常。但在走廊部分的走向有问题，见图3-27右图，其一为连接管道贴地安装，水平距离过长；其二为出墙孔高于连接管道。

图 3-27　室内侧连接管道低于出墙孔

这两点均能导致加长水管内积聚冷凝水，使水管内产生空气，最终导致室内机漏水故障。

此种故障常用维修方法是重新调整连接管道，使其走向有坡度，冷凝水才能顺利流出，但用户已装修完毕，不同意更改管道走向。因室内机漏水的主要原因是加长水管中有空气，维修时只要将连接管道的空气排出，室内机漏水的故障也立即排除，最简单的空气排出方法是在加长水管上开孔，即剪开一个豁口。

（1）在水管处开孔

开口部位选择在连接管道的最高位置，见图3-28左图和中图，解开包扎带后使用偏口钳在水管的外侧剪开一个豁口，这样水管中的空气将通过豁口排出。经长时间开机试验，室内机接水盘的冷凝水可顺利排向室外，室内机不再漏水，故障排除。

见图3-28右图，维修完成后使用包扎带包扎连接管道时，豁口位置不要包扎，可防止因包扎带堵塞豁口。

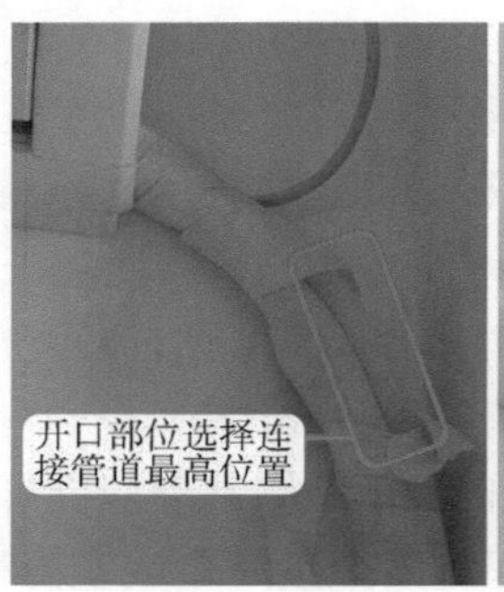

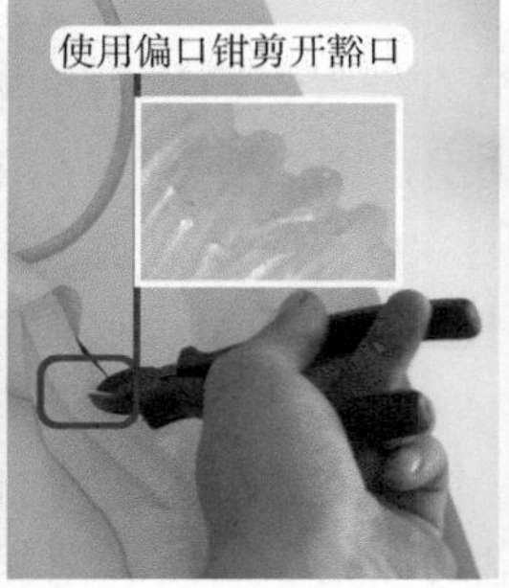

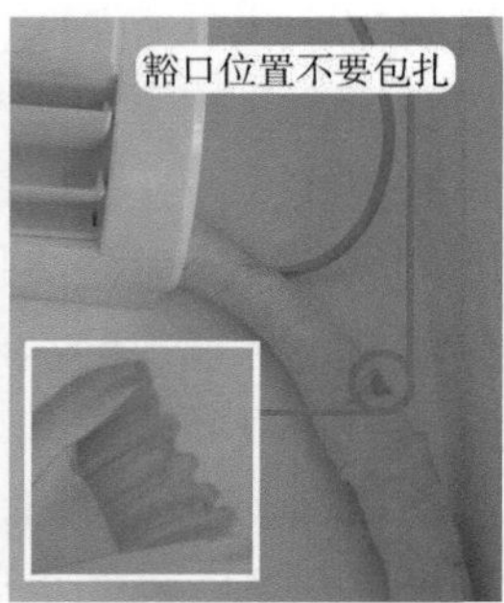

图 3-28　在连接管道最高位置处开口

水管内侧有冷凝水流过不宜开口，否则将引起开口部位出现漏水故障。

（2）在水管上插管排空

见图3-29，如果连接管道的最高位置为保温水管，因保温层较厚不容易开口，可将开口位置下移至加长水管。

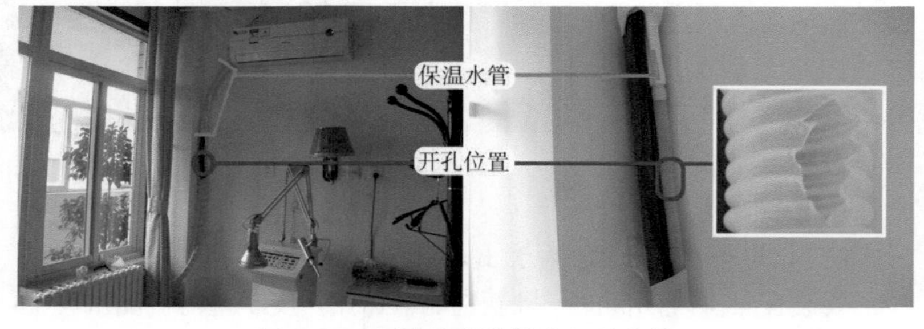

图 3-29　开孔位置选择在加长水管

为防止开口处漏水，见图3-30，可使用一根较粗的管子（如早餐米粥配的塑料吸管），插在加长水管的开口位置，并使用防水胶布包扎接头，使用包扎带包扎连接管道时，应将管口露在外面以利于排出空气。

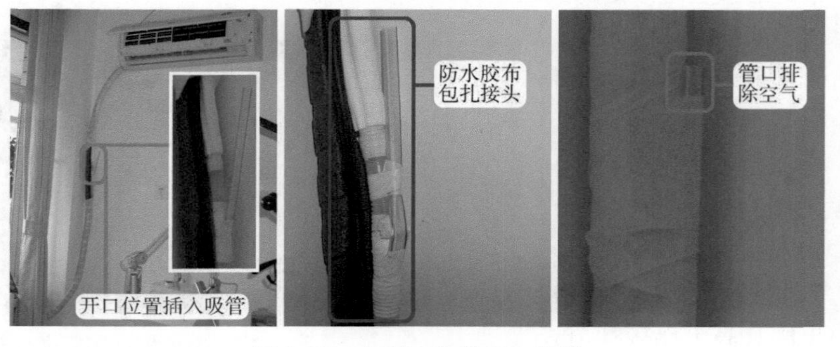

图 3-30　在开口位置插入吸管

第 2 节　噪声故障

一、室内机噪声故障

1. 外壳热胀冷缩

见图3-31，挂式或柜式空调器开机或关机后，室内机发出轻微的爆裂声音（如噼啪声），此种声音为正常现象，原因为室内机蒸发器温度变化使得塑料面板等部位产生热胀冷缩，引起摩擦的声音，上门维修时仔细向用户解释说明即可。

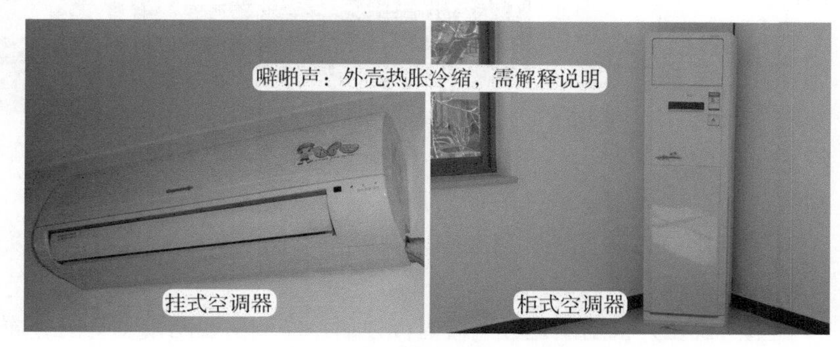

图 3-31　室内机热胀冷缩噪声

2. 变压器共振

室内机在开机后发出“嗡嗡”声，用遥控器关机后故障依旧，通常为变压器故障，常见原因有变压器与电控盒外壳共振、变压器自身损坏发出嗡嗡声，见图3-32左图。

维修时应根据情况判断故障，见图3-32右图，如果为共振故障，应紧固固定螺钉（俗称螺丝）；如果为变压器损坏，应更换变压器。

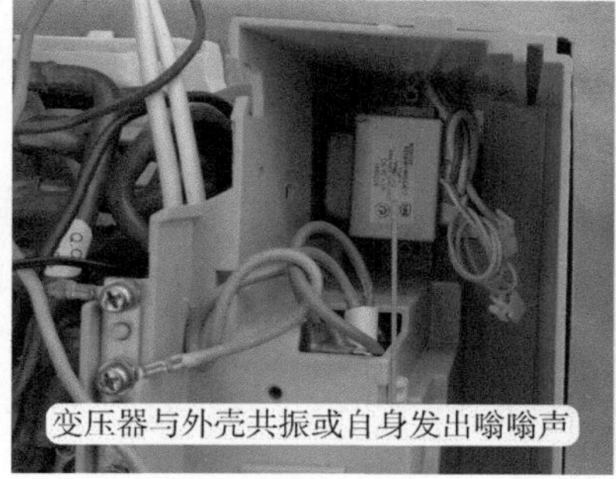

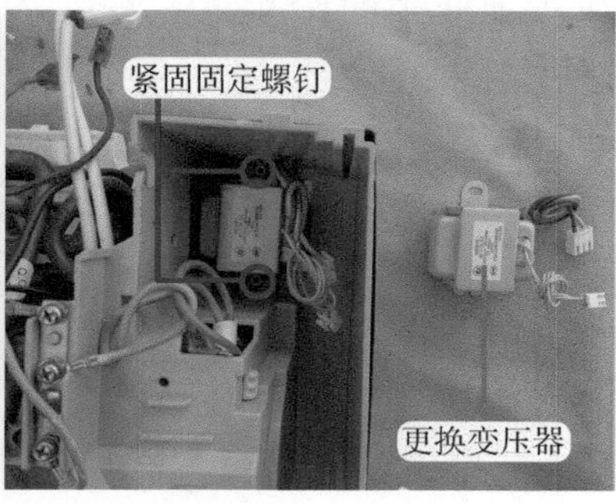

图 3-32　变压器共振及排除方法

3. 室内风机共振

室内机开机后右侧发出嗡嗡声，关机后噪声消失，再次开机如果按压室内机右侧噪声消失，则故障通常为室内风机与外壳共振，见图3-33左图。

故障排除方法是调整室内风机位置，见图3-33右图，使室内风机在处于某一位置时嗡嗡声噪声消除即可，在实际维修时

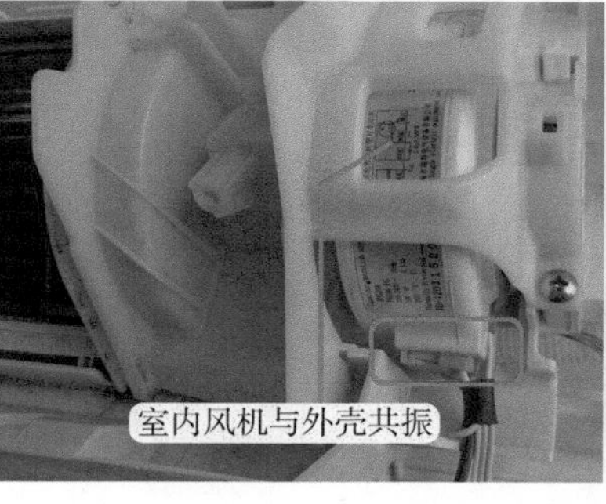

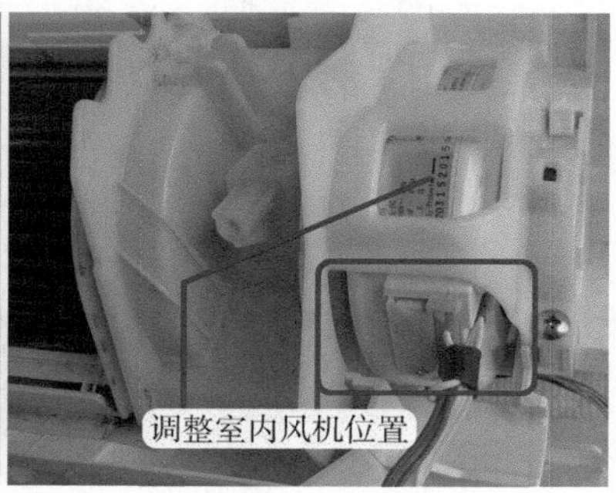

图 3-33　室内风机共振和排除方法

可能需要反复调整几次才能排除故障。

4.导风板叶片相互摩擦

室内机在开机时出现断断续续、但声音较小的异常噪声（异响），如果开启上下或左右导风板功能，在叶片上下或左右转动时发出异响，停止转动时异响消失，可判断故障原因为上下或左右叶片摩擦导致，见图3-34左图。

图 3-34　风门叶片转动异响和排除方法

故障排除方法见图3-34右图，在叶片的活动部位涂抹黄油，以减少摩擦阻力。

5.轴套缺油

室内机在开机后或运行一段时间以后，左侧出现比较刺耳的金属摩擦声，如果随室内风机转速变化而变化，常见原因为室内风扇（贯流风扇）左侧的轴套缺油，见图3-35，维修时应使用耐高温的黄油（或机油）涂抹在轴套中间圆孔，即可排除故障。

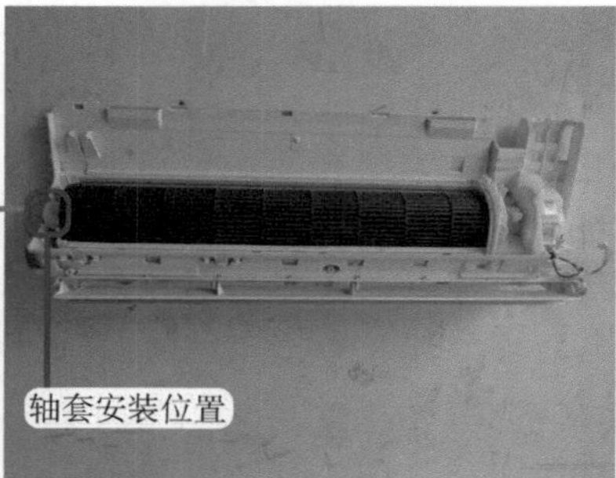

图 3-35　轴套缺油和安装位置

应使用耐高温的黄油，不得使用家用炒菜用的食用油，因其不耐高温，一段时间以后会干涸，会再次引发故障。

6.贯流风扇碰外壳

室内机开机后或运行一段时间以后，如果左侧或右侧出现连续的塑料摩擦声，见图3-36左图，常见原因为贯流风扇与外壳距离较近而相互摩擦，导致异常噪声。

故障排除方法是调整贯流风扇位置，见图3-36右图，使其左侧和右侧与室内机外壳保持相同的距离。

图 3-36　查看贯流风扇故障和排除方法

说明

贯流风扇与外壳如果距离过近，摩擦阻力较大，室内风机因启动不起来而不能运行，则约1min后整机停机，并报出“无霍尔反馈”的故障代码。

7. 室内机振动大

开机后，室内风机只要运行，室内机便发生很大的噪声，同时室内机上下抖动，手摸室内机时感觉振动很大，常见原因为贯流风扇翅片断裂，见图3-37，贯流风扇不在同一个重心，运行时不稳导致振动和噪声均变得很大。

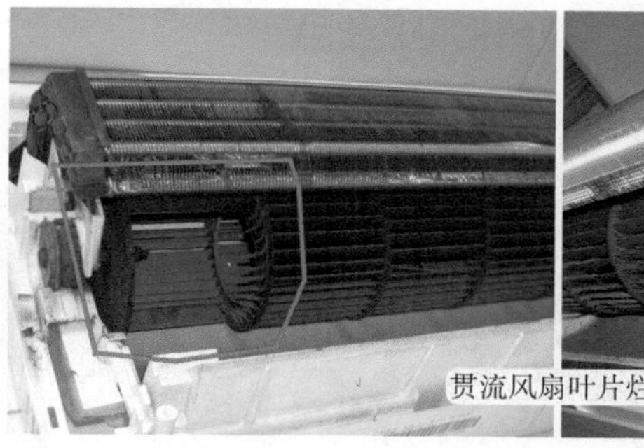

图3-37 贯流风扇叶片烂

故障排除方法是更换贯流风扇。

8. 室内风机轴承异响

室内机右侧在开机后或运行一段时间以后，出现声音较大、金属摩擦的“哒哒”声，检查故障为室内风机异响，见图3-38左图，常见原因通常为内部轴承缺油。

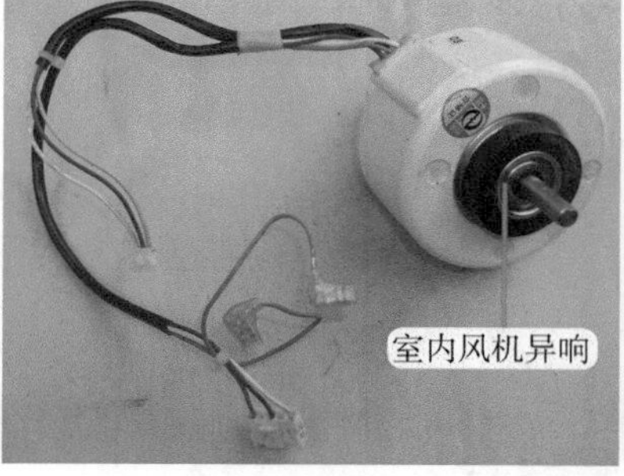

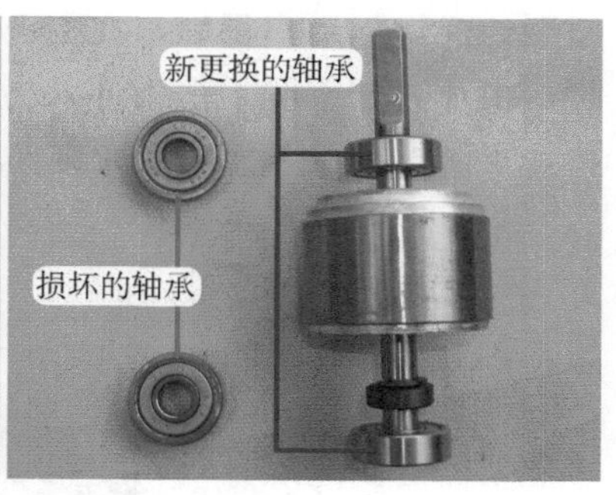

图3-38 查看室内风机和更换轴承

故障排除方法是更换室内风机或更换轴承，见图3-38右图，轴承常用型号为608Z。

二、贯流风扇有裂纹，室内机噪声大

柜式空调与挂式空调单元电路对比

故障说明：格力KFR-32GW/（32561）FNCa-2挂式变频空调器（U雅），用户反映制冷正常，但开机时室内机噪声大。

1. 室内机噪声大、手摸振动大

上门检查，使用遥控器开机，室内风机运行，见图3-39左图，但噪声逐渐变大，不是正常的风声，而是类似于“嗡嗡”的声音。

将手放在室内机出风口位置，感觉吹出风的温度比较凉，说明制冷正常；但同时感觉振动很大，见图3-39右图，正常时手摸室内机比较平稳，只有微微的振动。

2.贯流风扇断片

室内风机运行后噪声大有可能为变压器或室内风机引起，但振动变大则通常为室内风扇（贯流风扇）的翅片断裂，重心不在同一直线（即一侧较重，另一侧较轻），贯流风扇旋转时振动变大，同时噪声也变大。

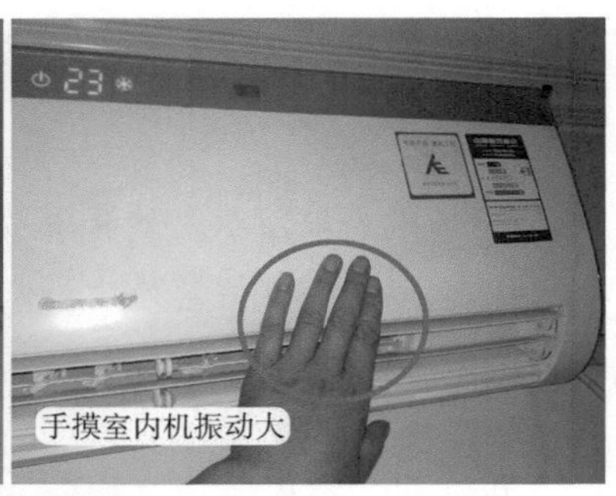

图 3-39 室内机噪声和振动大

使用遥控器关机，室内风机停止运行，将手从出风口伸入，慢慢拨动贯流风扇，见图3-40，发现贯流风扇偏左位置的翅片断裂。经询问用户得知，在空调器正在运行时，用户准备清洗过滤网，用手扳开前面板时，由于方法不对，手指伸入出风口并碰到正在旋转的贯流风扇，从出风口落下几个翅片，室内机的噪声和振动均变大。

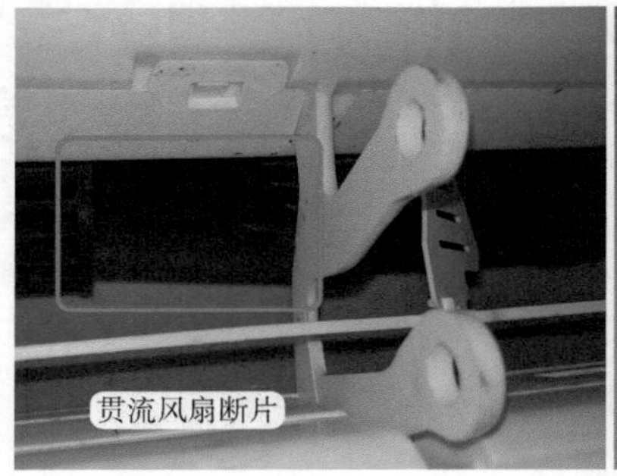

图 3-40 贯流风扇断片

3.配件贯流风扇

断开空调器电源，取下室内机外壳、取下右侧电控盒、再取下蒸发器的固定螺钉，向上掀起蒸发器，松开贯流风扇的固定螺钉后，抽出贯流风扇，见图3-41左图，查看左侧第4节（轮）的翅片连续断裂9片，而另一侧正常，使得贯流风扇的平衡性被破坏，运行时重心不稳引起室内机振动变大。

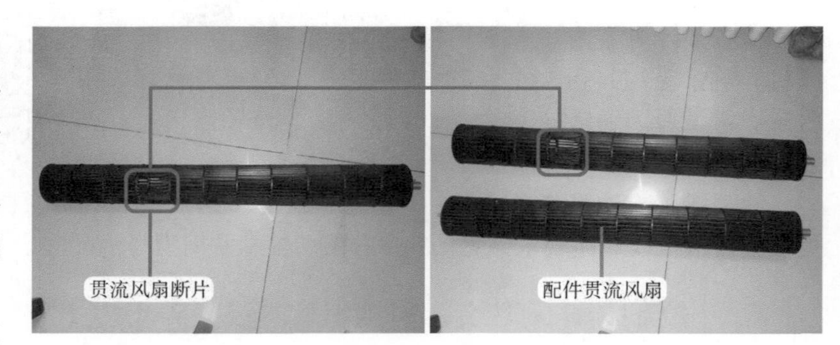

图 3-41 抽出和配置贯流风扇

根据室内机的型号和条码，申请同型号的贯流风扇，见图3-41右图，主要参数是配件的长度和直径要与原贯流风扇相同，否则不能安装至室内机。

4.安装和试机

见图3-42，将配件贯流风扇安装至室内机，调整左右位置后拧紧固定螺钉，再安装蒸发器和电控盒，再将空调器上电试机，室内风机运行驱动贯流风扇旋转，出风口只有风声，没有其他的噪声，手摸蒸发器感觉振动很小，说明故障已排除，然后依次安装室内机外壳和过滤网后再次试机正常。

维修措施：更换贯流风扇。

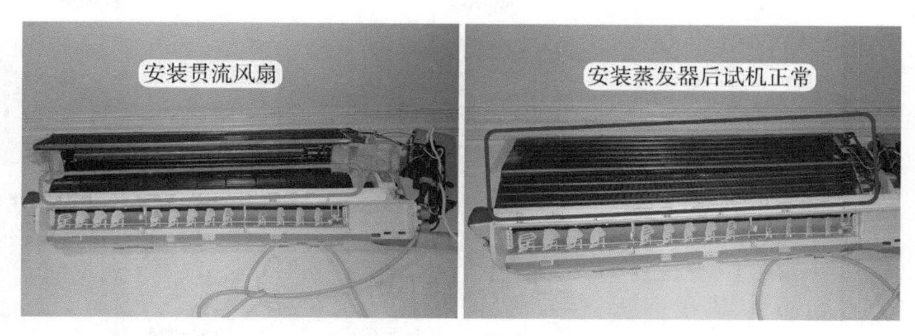

图 3-42　安装和试机

（1）本例中贯流风扇翅片断裂，引起室内机噪声和振动均变大，故障出现在家庭客户较少，常见于宾馆或者酒店，通常为住户在出风口的位置挂衣服时，晾衣架碰到正在运行的贯流风扇，引起翅片断裂，出现故障。

（2）假如断裂的翅片不能全部落下或者有部分留在原位，通常会卡住贯流风扇不能运行，再次开机约1min后显示屏显示E6（格力空调器，含义为无室内机电机反馈）或E3（美的空调器，含义为室内风机失速故障）等室内风机运行不正常的代码。

三、轴承损坏噪声大，更换室内风机

柜式空调室内机主板方框图

故障说明：美的KFR-50GW/BP2DN1Y-IA（3）直流变频空调器，用户反映制冷正常，但室内机噪声大。

1.右侧有噪声和拔下插头

上门检查，将空调器通上电源，此时室内机正常，没有异常噪声。使用遥控器开机，导风板打开，见图3-43左图，贯流风扇刚开始旋转运行，在室内机右侧立即发出比较明显的交流“嗡嗡”噪声。

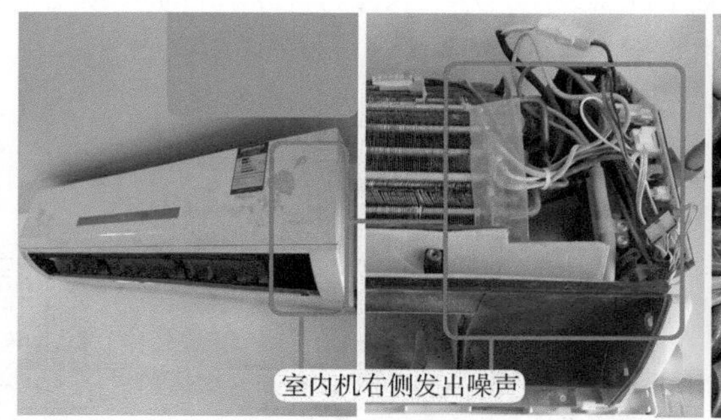

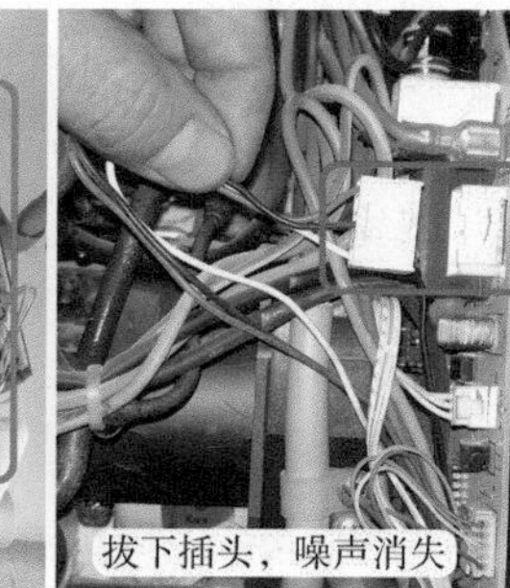

图 3-43　右侧有噪声和拔下插头

取下室内机外壳，见图3-43中图，仔细聆听噪声来源，依旧由右侧发出，在未关机时直接拔下电源插头，贯流风扇由于惯性仍在运转，但嗡嗡声立即消失，初步判断故障由室内风机引起。

为准确判断，重新上电开机，室内风机运行，室内机右侧依旧发出嗡嗡噪声时，见图3-43右图，在室内机主板上直接拔下室内风机线圈供电插头，噪声立即消失，确定噪声由室内风机引起。

2. 取下室内风机

断开空调器电源，拔下室内风机的线圈供电和霍尔反馈插头、辅助电加热供电插头、环温和管温传感器探头、松开地线固定螺钉，再依次取下接水盘和电控盒，见图3-44左图。

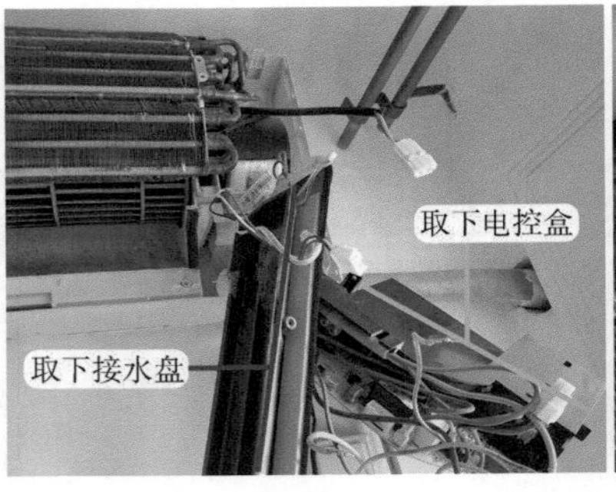

图 3-44 取下接水盘、电控盒和风机盖板

松开蒸发器左侧和右侧的螺钉，再松开风机盖板的固定螺钉，向上掀起蒸发器，再慢慢取下风机盖板，见图3-44右图。

慢慢拨动贯流风扇，见图3-45左图和中图，找到贯流风扇右侧的空隙，露出固定螺钉，使用十字螺丝刀取下螺钉。

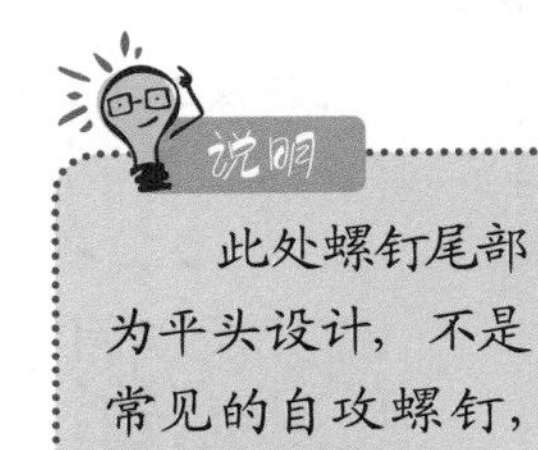

此处螺钉尾部为平头设计，不是常见的自攻螺钉，应注意不要丢失。

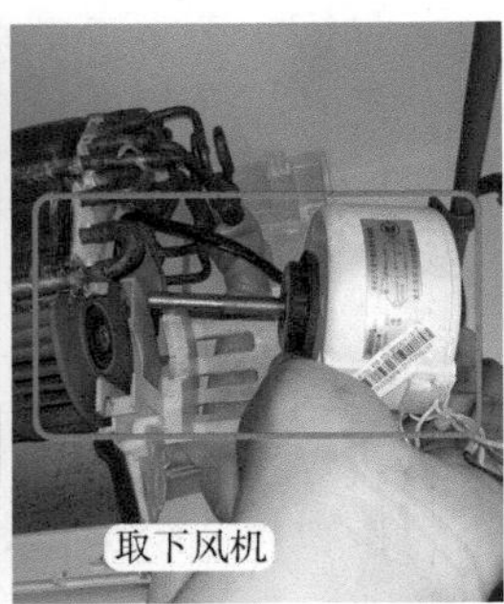

图 3-45 取下固定螺钉和室内风机

用手扶住贯流风扇向左移动，另一只手拿着风机向右移动，使风机轴头脱离贯流风扇轴孔，从而取出风机，见图3-45右图。

3. 配件和故障风机

按室内机条码申请室内风机配件，型号为RPG26M，发过来的配件风机和故障风机见图3-46，其风机厚度、轴头长短相同，均只有2个3根引线的插头，大插头为线圈供电，小插头为霍尔反馈。

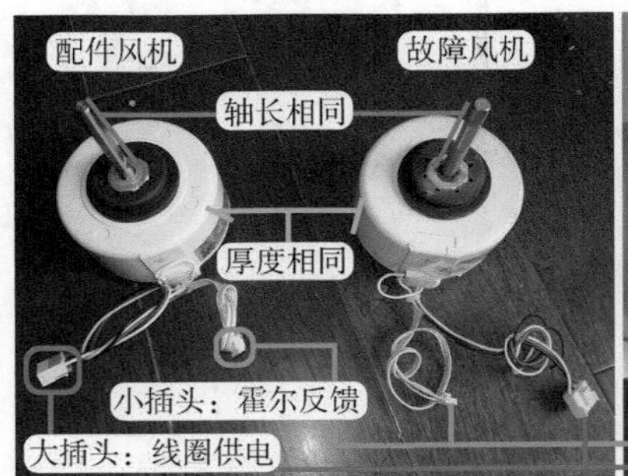

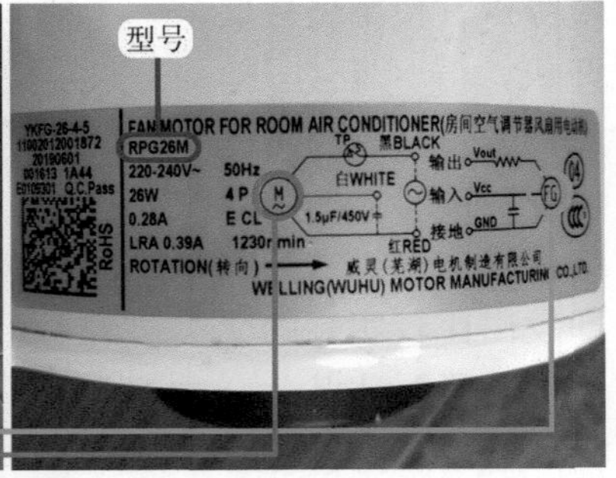

图 3-46 实物外形和铭牌

4. 安装室内风机

见图3-47左图，拨动贯流风扇使固定螺钉朝外，再旋转室内风机轴头使平面也朝外，

并使轴头平面对应固定螺钉，再将风机轴头安装至贯流风扇轴孔内部。

将室内风机安装到底座的固定部位，见图3-47右图，安装风机盖板并拧紧固定螺钉。

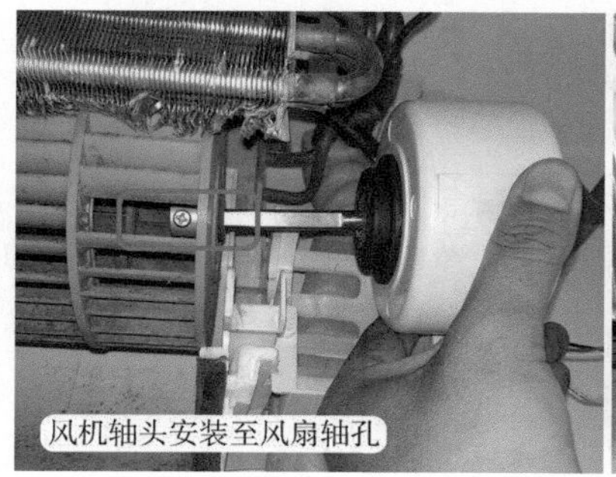

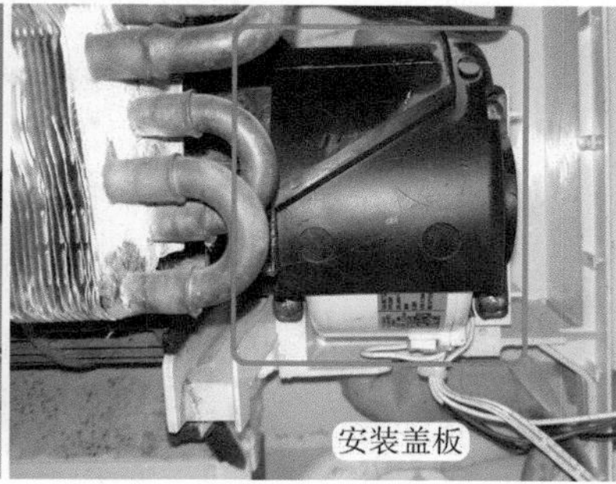

图 3-47　安装轴头和盖板

见图3-48，用手扶住贯流风扇并左右移动，同时查看左侧和右侧的间隙，当间隙相同时保持贯流风扇不再移动，并拧紧固定室内风机轴头的螺钉。

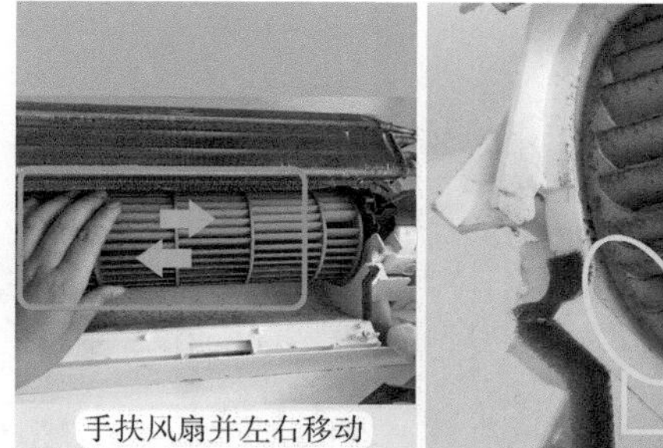

图 3-48　调整贯流风扇位置

见图3-49左图，将蒸发器右侧的暗扣固定安装在室内风机的盖板上面，并安装左侧的螺钉，使蒸发器安装到位。

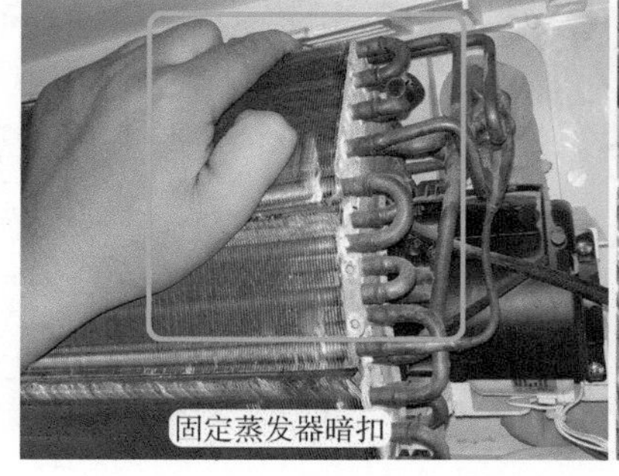

图 3-49　固定蒸发器暗扣和安装插头

将电控盒安装在底座上面并拧紧固定螺钉，再安装辅助电加热对接插头、环温和管温传感器探头、地线固定螺钉，见图3-49右图，再将室内风机的线圈供电插头和霍尔反馈插头对应安装在主板的插座上面。

配件室内风机已经安装在室内机上面，见图3-50，再将空调器重新上电并开机，室内风机运行并驱动贯流风扇旋转，此时只有正常的风声，“嗡嗡”的噪声不再出现，说明故障已排除。断开电源后再依次安装接

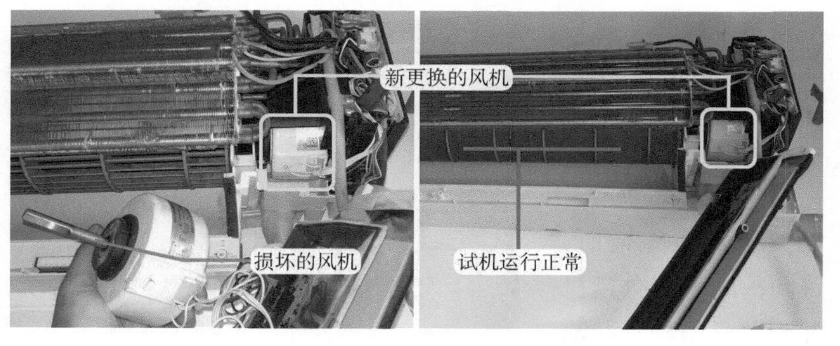

图 3-50　更换风机和试机正常

水盘、室内机外壳等部件。

维修措施：见图3-50左图，更换室内风机。

室内机发出“嗡嗡”的交流噪声，常见原因为变压器或室内风机损坏，在维修时应注意区分故障部位。室内机通上电源未开机，噪声就开始出现，一般为变压器损坏。如果上电时正常，但开机后室内风机开始运行时噪声出现，一般为室内风机损坏。

四、室外机噪声故障

1. 室外机机内铜管相碰

见图3-51左图，室外机开机后出现声音较大的金属碰撞声，通常为室外机机内管道距离过近，压缩机运行后因振动较大使得铜管相互碰撞，导致室外机噪声大。

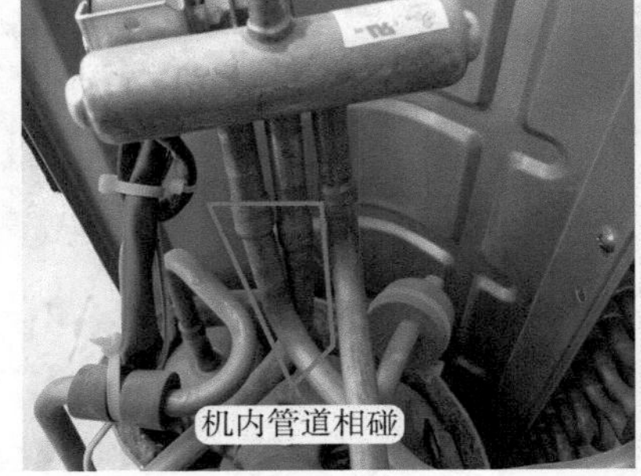

图 3-51　机内管道相碰和排除方法

故障排除方法是调整室外机机内管道，见图3-51右图，使距离过近的铜管相互分开，在压缩机运行时不能相互摩擦或碰撞。

室外机机内管道常见故障有：四通阀的4根铜管相互摩擦、压缩机排气管或吸气管与压缩机摩擦、冷凝器与外壳摩擦等。

距离过近的铜管摩擦时间过长以后，容易磨破铜管，制冷系统的制冷剂全部泄漏，造成空调器不制冷故障。

2. 室外风机运行时噪声大

室外机在开机后或运行一段时间以后，如果出现较大的金属摩擦声音，即使断开压缩机供电和取下室外风扇后故障依旧，说明故障为室外风机异响，见图3-52，故障排除方法是更换室外风机或更换室外风机轴承。

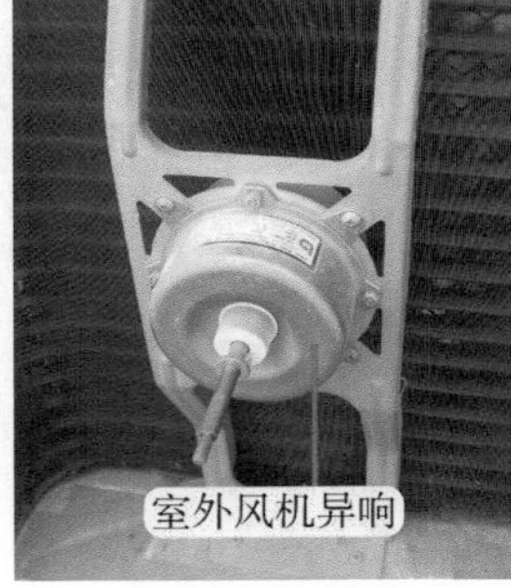

图 3-52　更换室外风机或轴承

3. 室外机振动大

室外机在开机后或运行一段时间以后，如果出现较大的声音，并且室外机振动较大，见图3-53，故障通常为室外风扇叶片有裂纹或者断片。

图 3-53　室外风扇叶片损坏

故障排除方法是更换室外风扇（轴流风扇）。

4. 压缩机运行时噪声大

用户反映室外机噪声大，如果上门检查时室外机无异常杂音，只是压缩机声音较大，可向用户解释说明，一般不需要更换压缩机。

常用柜机主板形式

5. 室外墙壁薄

如果室外机运行后，在室内的某一位置能听到较强的“嗡嗡”声，但在室外机附近无“嗡嗡”声而只有运行声音时，见图3-54，一般为室外机与墙壁共振而引起，此种故障通常出现在室外机安装在阳台、简易彩板房等墙壁较薄的位置，故障排除方法是移走室外机至墙壁较厚的位置。

图 3-54　墙壁和室外机共振

6. 室外机安装不符合要求

室外机支架距离一般要求和室外机固定孔距离相同，如果支架距离过近，见图3-55左图，室外机则不能正常安装，其中的一个螺丝孔不能安装，容易引起室外机与支架共振、出现噪声大的故障。

见图3-55右图，如果支架距离和室外机固定孔距离相同，但缺少安装固定螺钉，则室外机与支架同样容易引起共振、出现噪声大的故障。

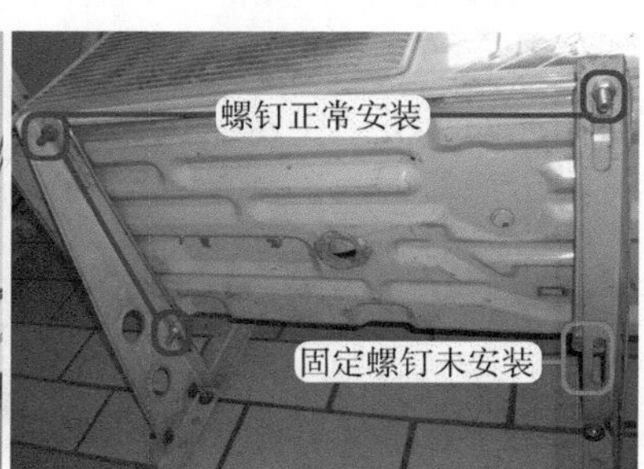

图 3-55　室外机支架安装不规范

五、轴承损坏噪声大，更换室外风机

故障说明：美的KFR-26GW/BP3DN1Y-QA100(B1)全直流变频空调器（誉驰），用户反映制冷正常，但运行时室外机噪声非常大。

1.室外机噪声大和安装位置

上门检查，使用遥控器开机，查看室外机，上电后刚开始运行便发出刺耳的“咯吱咯吱”的噪声。取下室外机上盖，见图3-56左图，仔细聆听压缩机运行声音正常，噪声由室外风扇运行时发出。

见图3-56右图，查看室外风扇周围干净无异物，排除室外风扇碰触异物产生噪声。室外风扇由室外风机驱动旋转运行，室外风机安装在固定支架上面，室外风扇安装在室外风扇轴头上面。

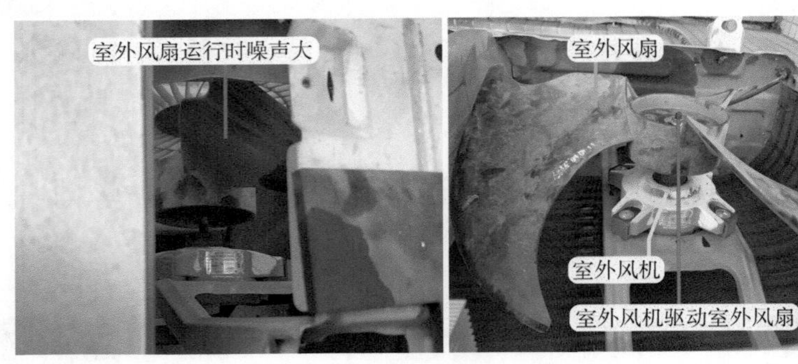

图 3-56　室外机噪声大

2.转动风扇和取下插头

再将空调器关机，待室外风机和压缩机均停止运行后，见图3-57左图，用手扶住室外风扇并用力顺时针或逆时针转动，此时室外风机依旧发出咯吱的噪声，从而确定故障在室外风机，可能为内部轴承缺油损坏，但由于其为塑封设计（外壳封装为一体），无法单独更换轴承，维修时需要更换室外风机。

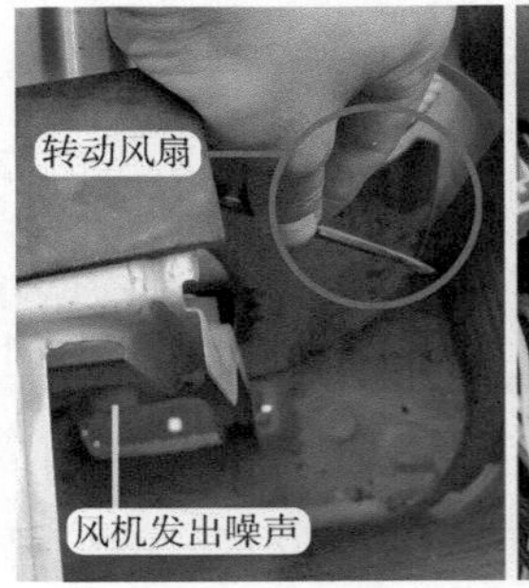

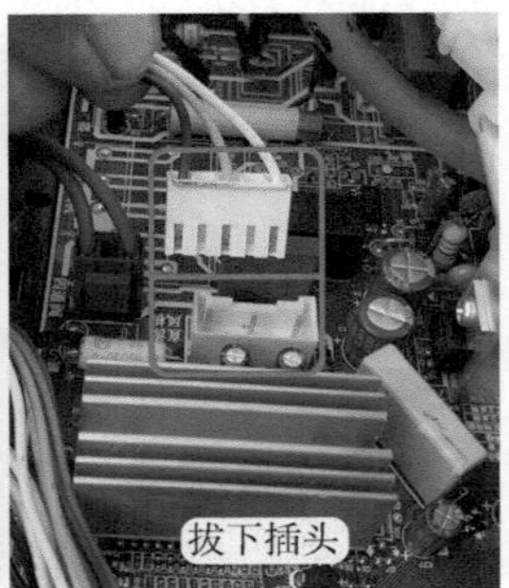

图 3-57　转动风扇和拔下插头

断开空调器电源，查看室外风机插头安装有防止松动的卡箍，如果直接拔插头则不能拔下，见图3-57中图和右图，应使用钳子或其他工具先取下卡箍，再按压插头上面的卡扣同时向外拉，即可拔下插头。

3.取下室外风机

见图3-58左图，用一只手扶住室外风扇，另一只手使用活动扳手或10mm扳手松开室外风扇的固定螺钉并取下。

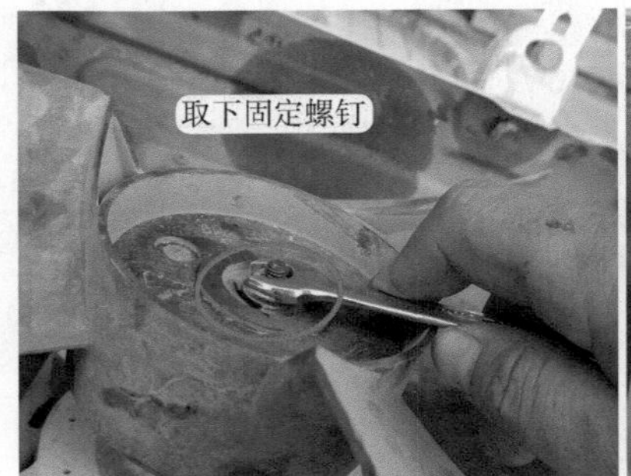

图 3-58　取下固定螺钉和室外风扇

用手扶住室外风扇中间圆孔部位，见图3-58右图，直接向外拉，即可取下室外风扇。

见图3-59，室外风机由4个螺钉固定在固定支架上面，使用十字螺丝刀依次取下4个螺钉，再用手拿住室外风机向外拉，即可取下室外风机。

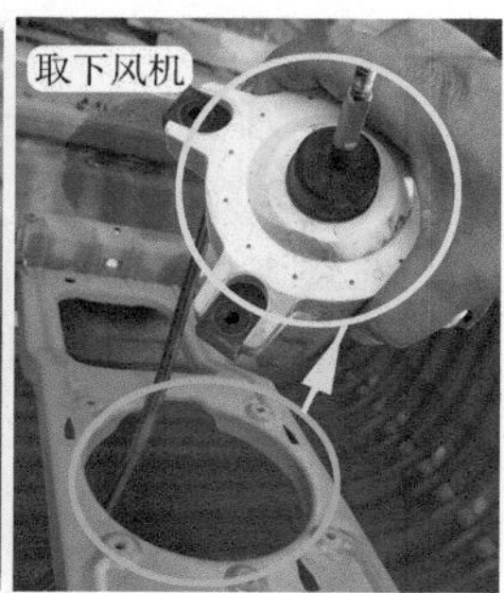

图 3-59　取下固定螺钉和室外风机

在取下4个螺钉时，为防止坠落，应一只手扶住室外风机，另一只手使用十字螺丝刀取下最后一个螺钉。

4. 配件和故障风机

按室内机条码申请室外风机配件（塑封无刷直流电动机），发过来的配件和故障风机见图3-60，型号为WZDK20-38G-W(RDN-310-20-8)，其风机厚度、轴头长短相同，均只有一个3根引线的插头，标识为U-V-W。

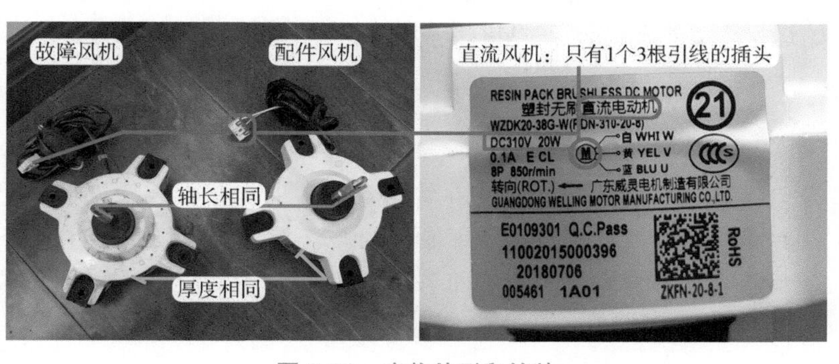

图 3-60　实物外形和铭牌

5. 安装室外风机

见图3-61左图，将引线从支架后方穿出，用手拿着室外风机，安装至支架上面。这里需要注意的是，一定要将室外风机根部的引线朝下，否则平常使用没有问题，但如果下大雨或使用高压水泵清洗室外机时，水容易从引线进入室外风机内部，造成内部线圈之间短路或线圈与外

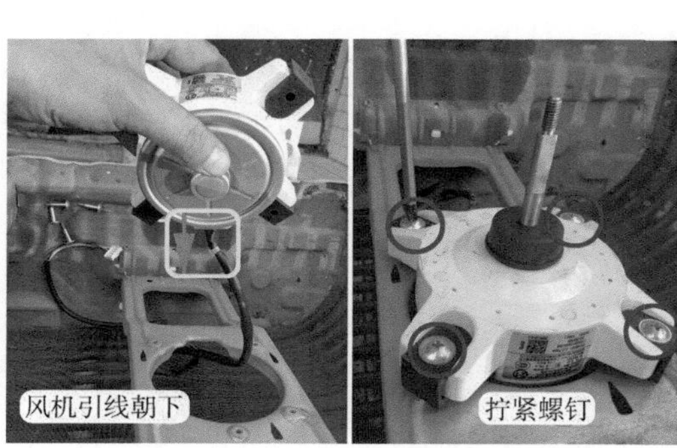

图 3-61　拧紧螺钉和固定引线

壳短路，开机烧断熔丝管或开机后断路器（空气开关）跳闸的故障，只能再次更换风机。

整理好引线后，见图3-61中图，将室外风机的固定孔对准支架螺丝孔，然后使用螺丝刀拧紧4个螺钉。

见图3-61右图，将室外风机引线顺在支架左侧后方的固定槽里面，由于上门维修空调器时一般没有原机使用的塑料扎条，实际维修时可使用防水胶布包扎固定。

安装室外风扇时，旋转室外风机轴头，使平面位于水平朝上；然后从反面观察室外风扇的轴孔，使椎面部分位于正上方，见图3-62左图和中图，将室外风扇安装至室外风机轴头上面，再用双手扶住室外风扇向里推，直至安装到位，即室外风机轴头的螺钉部位最大限度地伸出来，再使用活动扳手或10mm扳手将轴头顶部的螺钉拧紧。

图 3-62　安装风扇和更换风机

维修措施：见图3-62右图，更换室外风机。更换后上电开机，压缩机和室外风机均开始运行，室外风扇运行时只有风声，但不再有噪声出现，故障排除。

总结

室外风机运行后出现异常噪声，常因有异物轻微接触室外风扇或室外风机内部轴承缺油导致。区分方法很简单，取下室外机上盖，查看是否有无异物卡住室外风扇，再按本例方法排查室外风机故障。

第 4 章 制冷系统故障

第 1 节　判断故障技巧

一、根据二通阀和三通阀温度判断故障

挂式空调器输出电路

本小节所示的运行模式为制冷模式，制冷系统使用R22制冷剂。

1. 二通阀结露、三通阀结露

1～3P及部分5P空调器，毛细管通常设在室外机，制冷系统正常时，二通阀和三通阀冰凉，并且均结露，见图4-1左图。

部分5P空调器，由于毛细管设在室内机，制冷系统正常时，二通阀较热、三通阀冰凉且结露，见图4-1右图。

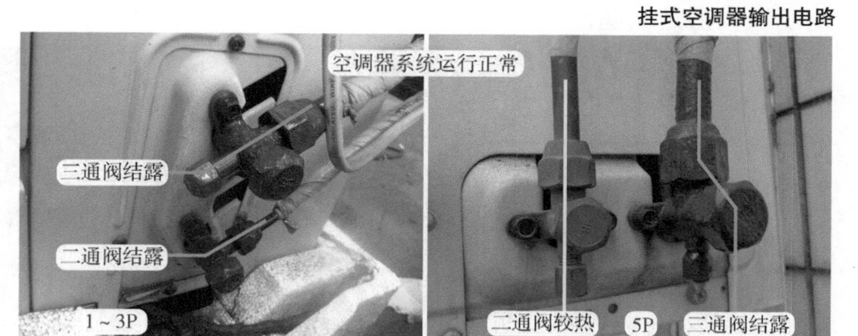

图 4-1　二通阀与三通阀正常状态

2. 二通阀干燥、三通阀干燥

（1）故障现象

手摸二通阀和三通阀均接近常温，见图4-2，常见故障为系

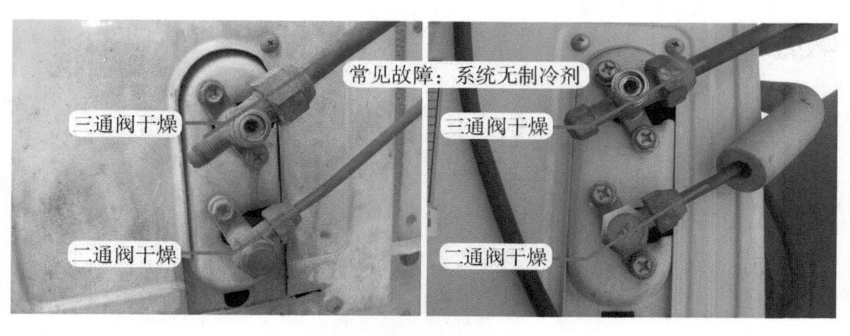

图 4-2　手摸二通阀、 三通阀

统无制冷剂、压缩机未运行、压缩机阀片击穿。

（2）常见原因

将空调器开机，在三通阀检修口接上压力表，观察系统运行压力，如压力为负压或接近0MPa，可判断为系统无制冷剂，可以直接加制冷剂处理。如为静态压力（夏季0.7～1.1MPa），说明制冷系统未工作，此时应检查压缩机供电电压，如果为交流0V，说明室内机主板未输出供电，应检查室内机主板或室内外机连接线。如果电压为交流220V，说明室内机主板已输出供电，此时再测量压缩机电流，如电流一直为0A，故障可能为压缩机线圈开路、连接线与压缩机接线端子接触不良、压缩机外置热保护器开路等；如电流为额定电流的30%～50%，故障可能为压缩机窜气（即阀片击穿）；如电流接近或超过20A，则为压缩机启动不起来，应首先检查或代换压缩机电容，如果电容正常，故障可能为压缩机卡缸。

3. **二通阀结霜（或结露）、三通阀干燥**

（1）故障现象

手摸二通阀是凉的，三通阀接近常温，见图4-3，常见故障为缺制冷剂。由于系统缺制冷剂，毛细管节流后的压力更低，因而二通阀结霜。

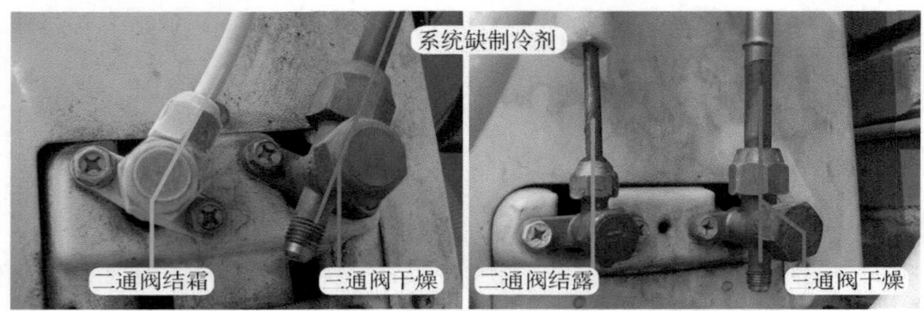

图 4-3　查看二通阀和三通阀

（2）常见原因

将空调器开机，见图4-4，测量系统运行压力，低于0.45MPa均可以认为是缺制冷剂，通常运行压力为0.05～0.15MPa时，二通阀结霜；运行压力为0.2～0.35MPa时，二通阀结露。结霜时可认为是严重缺制冷剂，结露时可认为是轻微缺制冷剂。

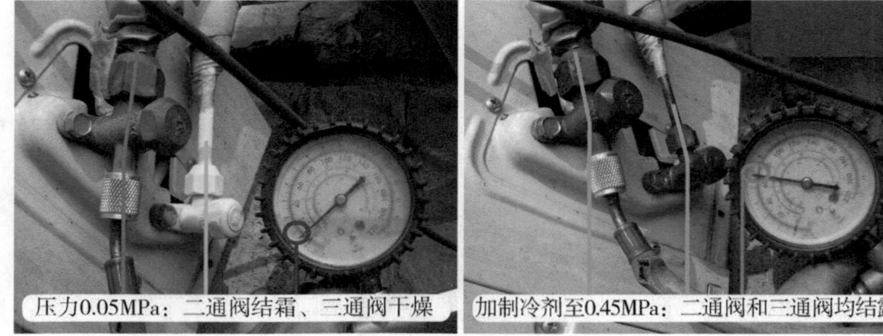

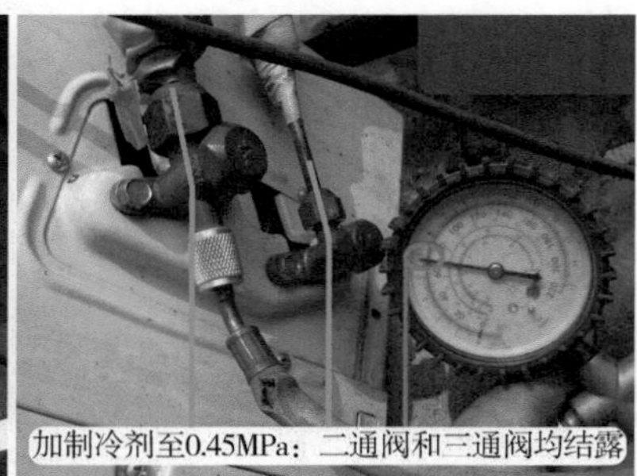

图 4-4　测量系统压力和加制冷剂

4. **二通阀干燥、三通阀结露**

（1）故障现象

手摸二通阀接近常温或微凉，三通阀冰凉，见图4-5，常见故障原因为冷凝器散热不好。由于某种原因使得冷凝器散热不

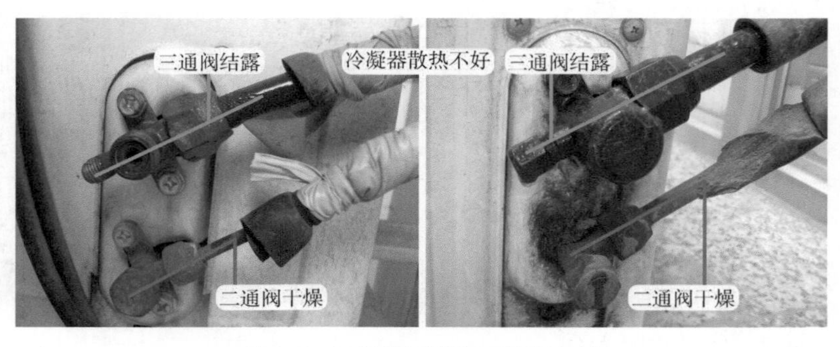

图 4-5　二通阀干燥和三通阀结露

好，造成冷凝压力升高，毛细管节流后的压力也相应升高，因压力与温度成正比，二通阀凉或温，二通阀表面干燥，但进入蒸发器的制冷剂迅速蒸发，三通阀结露。

（2）常见原因

见图4-6，首先观察冷凝器反面，如果被尘土或毛絮堵死，应清除毛絮或表面尘土后，再用清水清洗冷凝器；如果冷凝器干净，则为室外风机转速慢，常见原因为室外风机电容容量变小。

图 4-6　观察冷凝器和查看室外风机转速

5. **二通阀结露、三通阀结霜（结冰）**

（1）故障现象

手摸二通阀和三通阀冰凉，常见故障为蒸发器散热不好，即制冷时蒸发器的冷量不能及时吹出，导致蒸发器冰凉，首先引起三通阀结霜；运行时间再长一些，蒸发器表面慢慢结霜或变成冰，三通阀表面霜也变成冰；如果时间更长，则可能会出现二通阀结霜、三通阀结冰，见图4-7。

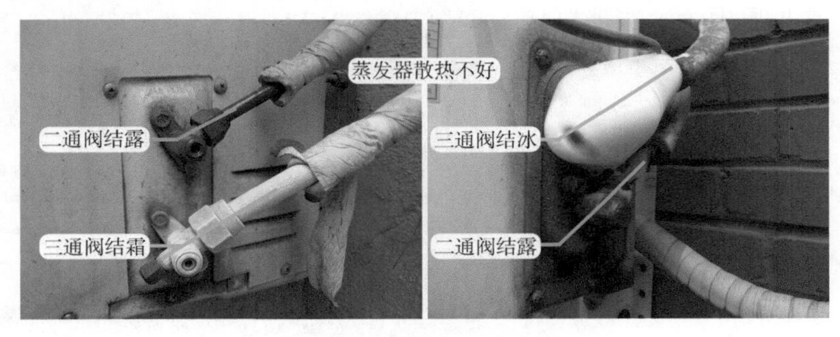

图 4-7　二通阀结露和三通阀结霜（结冰）

（2）常见原因

首先检查过滤网是否脏堵，见图4-8左图，如果为过滤网脏堵，直接清洗过滤网即可。

图 4-8　过滤网和蒸发器脏堵

如果柜式空调器清洗过滤网后室内机出风量仍不大而室内风机转速正常，则为过滤网表面的尘土被室内风扇（离心风扇）吸收，带到蒸发器反面，见图4-8右图，引起蒸发器反面脏堵，应清洗蒸发器反面，脏堵严重的甚至需要清洗离心风扇；如果过滤网和蒸发器均干净，检查为室内风机转速慢，通常因为风机电容容量减少引起的。

二、根据系统压力和运行电流判断故障

本小节所示的运行模式为制冷模式，制冷系统使用R22制冷剂，运行电流以测量1P

挂式空调器室外机压缩机为例，正常电流约为4A。

1. **压力为 0.45MPa，电流接近额定值**

见图4-9，这是空调器制冷系统正常运行的表现，此时二通阀和三通阀均结露。

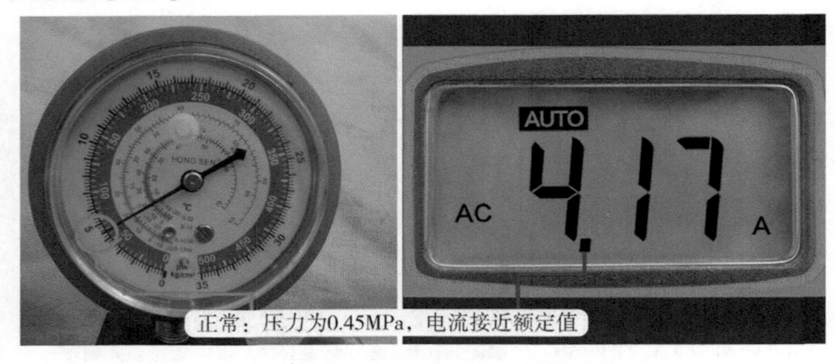

图 4-9　压力为 0.45MPa，　电流接近额定值

2. **压力约为 0.55MPa、电流大于额定值 1.5 倍**

见图4-10，运行压力和运行电流均大于额定值，通常为冷凝器散热效果变差，此时二通阀干燥，三通阀结露。常见原因为冷凝器脏堵或室外风机转速慢。

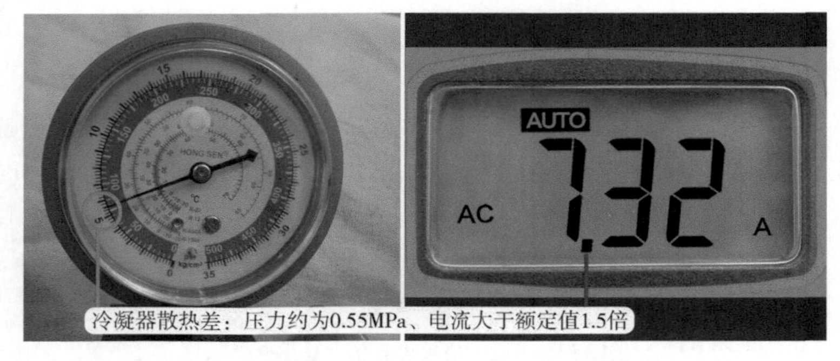

图 4-10　压力约为 0.55 MPa，　电流大于额定值 1.5 倍

3. **运行压力为静态压力，电流约为额定值的 50%**

见图4-11，压缩机运行后压力基本不变，为静态压力，运行电流约为额定值的50%，通常为压缩机或四通阀窜气，此时由于压缩机未做功，因此二通阀和三通阀为常温，即没有变化。

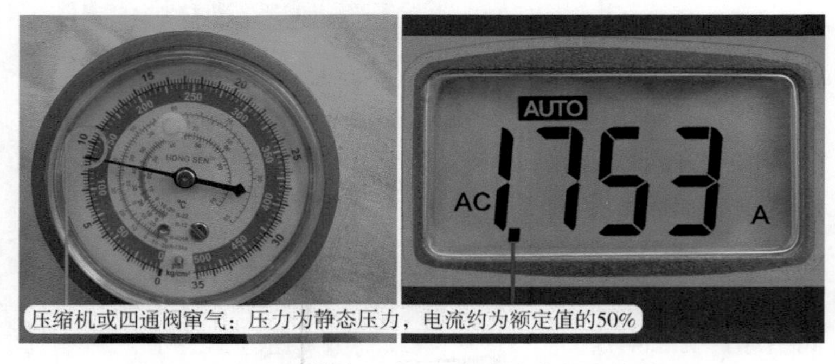

图 4-11　压力为静态压力，　电流约为额定值的 50%

压缩机和四通阀窜气最简单的区别方法是，细听压缩机储液瓶声音和手摸表面感觉温度，如果没有声音并且为常温，通常为压缩机窜气；如果声音较大且有较高的温度，通常为四通阀窜气。

4. **压力为负压，电流约为额定值的50%**

见图4-12，压缩机运行后压力为负压，运行电流约为额定值的50%，此

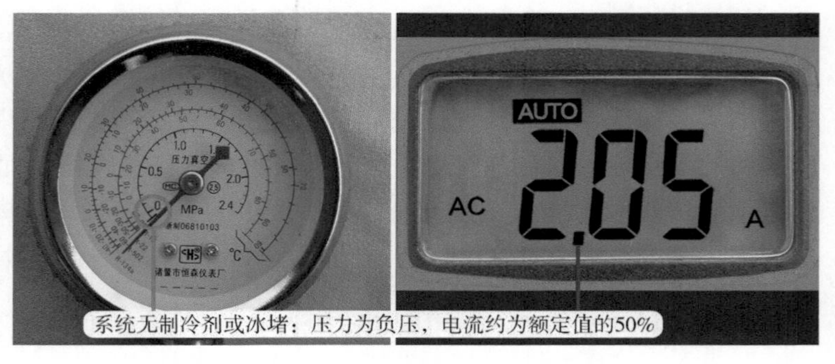

图 4-12　压力为负压，　电流约为额定值的 50%

时二通阀和三通阀均为常温。最常见的原因为系统无制冷剂，其次为系统冰堵故障，现象和系统无制冷剂相似，但很少发生。通常只需要检漏加制冷剂即可排除故障。

5. 压力为 0 ~ 0.4MPa，电流为额定值的 50% ~ 接近额定值

见图4-13，压缩机运行后压力为0～0.4 MPa，电流为额定值的50%～接近额定值，此时二通阀可能为常温、结霜、结露，三通阀可能为常温或结露，最常见的原因为系统缺制冷剂，通常只需要检漏加制冷剂即可排除故障。

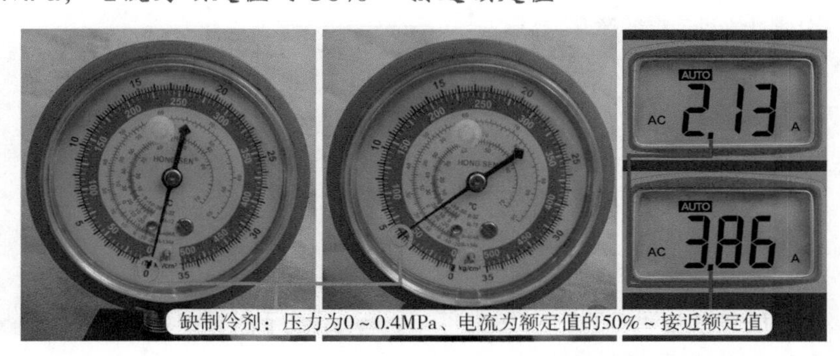

图 4-13　压力为 0 ~ 0.4MPa，电流为额定值的 50% ~ 接近额定值

第 2 节　管道接口故障

一、粗管螺母未拧紧，美的 PL 代码

故障说明：美的KFR-35GW/BP3DN1Y-TA201(B2)全直流变频空调器（舒适星），用户反映新装机，使用时发现不制冷，一段时间以后显示屏显示PL代码，查看代码为制冷剂泄漏保护。

1. 感觉出风口温度和查看粗管油污

上门检查，使用遥控器开机，室内风机运行，用手在出风口感觉为自然风，见图4-14左图，掀开前面板，手摸蒸发器为常温，说明不制冷。

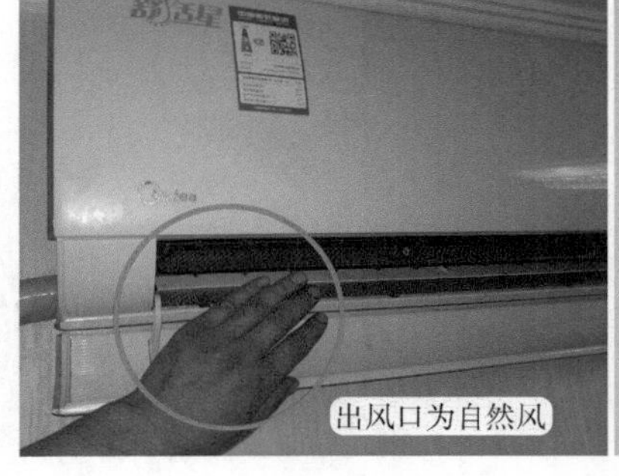

图 4-14　感觉出风口温度和查看粗管油污

检查室外机，室外风机和压缩机均在运行，手摸二通阀和三通阀均为常温，说明不制冷，由于是新装空调器，常见原因为制冷剂泄漏，见图4-14右图，查看细管二通阀干燥、粗管三通阀油污较多，通常有油污的地方为泄漏点。

2. 测量电流和压力

取下室外机接线盖，使用万用表交流电流挡，见图4-15左图，钳头夹住接线端子N端下方蓝线测量室外机电流，实测约为1.2A，低于正常值（约为6A）较多，说明压缩机工

作负载较轻。

在三通阀检修口接上压力表，见图4-15右图，测量系统运行压力为负压（本机使用R410A制冷剂），常见原因有系统堵和缺少制冷剂。使用遥控器关机，室外风机和压缩机均停止运行，系统压力逐渐上升，最高时约为0.2MPa，说明系统缺少制冷剂。

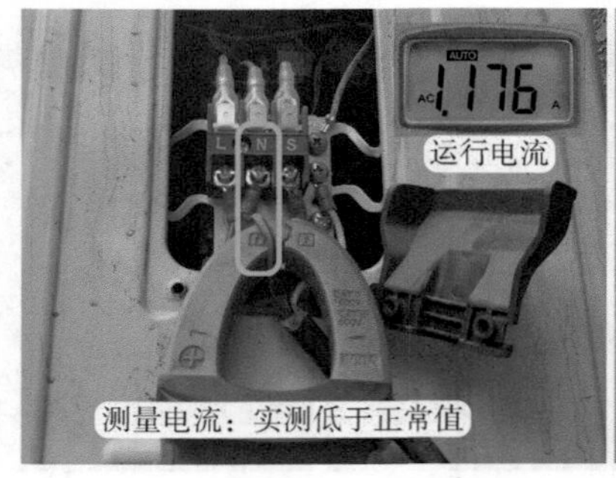

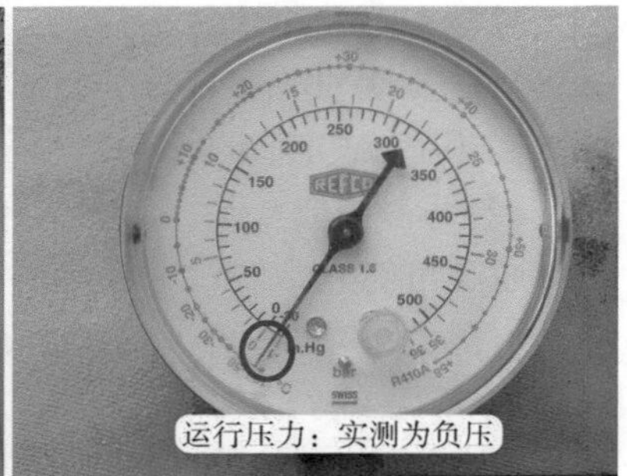

图 4-15　测量电流和压力

3.查看和拧紧粗管螺母

由于系统静态压力过低无法检查漏点，在不开机时向系统内充入制冷剂R410A，压力至1.6MPa时停止充注，此压力可用于检查漏点。使用洗洁精泡沫涂在粗管三通阀螺母的接口，立即有气泡一直冒出，见图4-16左图，说明漏点在粗管螺母。

图 4-16　查看和拧紧粗管螺母

使用两个活动扳手，见图4-16右图，一个卡在三通阀堵帽位置，一个卡在螺母位置，用力拧紧粗管螺母。

4.检漏正常和手摸粗细管温度

再次将泡沫涂在粗管螺母，见图4-17左图，仔细查看不再有气泡冒出，说明漏点已排除，再使用泡沫检查细管螺母处也正常，无气泡冒出。

放空制冷系统的制冷剂，使用真空泵抽真空，定量加注R410A制冷剂，再次开启空调器，一段时间后查看系统运行压力约为0.9MPa，运行电流约为6.9A（高频运行），手摸细管二通阀和粗管三通阀感觉均较凉，见图4-17右图，在室内机出风口感觉也较凉，长时间运行也不再显示PL代码，说明制冷恢复正常，故障排除。

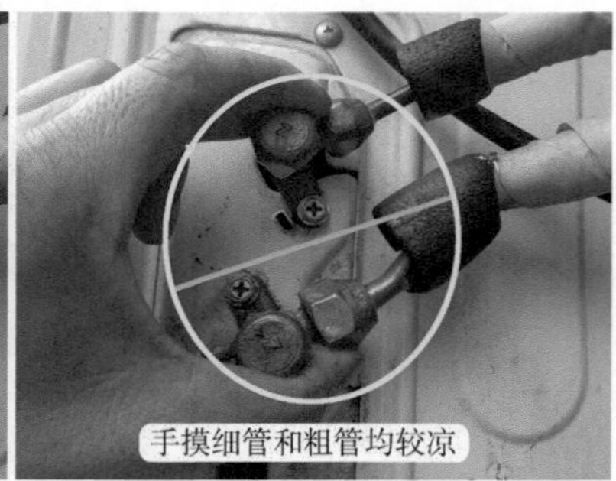

图 4-17　检漏正常和手摸粗细管较凉

维修措施：紧固粗管螺母并重新抽真空，定量加注制冷剂。

总结

（1）本例由于安装时粗管螺母未拧紧，制冷剂基本上泄漏，开机后系统不制冷，连接管道和蒸发器均为常温，室内机主板CPU检测管温传感器温度一直不下降，和环温传感器的温度相接近，判断制冷系统出现故障，一段时间后显示PL代码。

（2）运行压力为负压，常见原因为电子膨胀阀卡死（或毛细管堵，但很少发生）和系统缺少制冷剂故障。区分方法是关机使压缩机停止运行，查看系统静态压力，如果逐渐上升至约为1.8MPa时，一般为电子膨胀阀卡死故障；如果压力上升缓慢，最高约为0.8MPa时，一般为系统缺少制冷剂。

二、室外机粗管螺管松，制冷效果差

双向晶闸管

故障说明：美的KFR-26GW/WDBN8A3@直流变频空调器（智弧），用户反映制冷效果差，长时间开机，房间温度下降较慢。

1. 感觉出风口温度和检查粗细管状态

上门检查，使用遥控器开机，室内风机运行，见图4-18左图，在出风口感觉温度略低于房间温度，查看蒸发器只有很窄的一段结霜，大部分区域为常温，说明制冷效果差。

检查室外机，见图4-18中图，发现细管二通阀结霜，说明系统缺少制冷剂；粗管三通阀有油迹，则说明有漏点。

见图4-18右图，本机室外机二通阀和三通阀接口上方粘贴有黄色标志，表示本机使用环保型制冷剂R32，火焰标志表示在一定条件下，制冷剂具有易燃的特性。

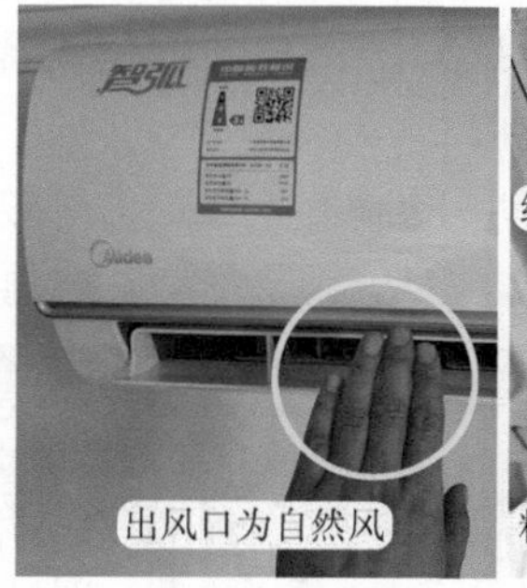

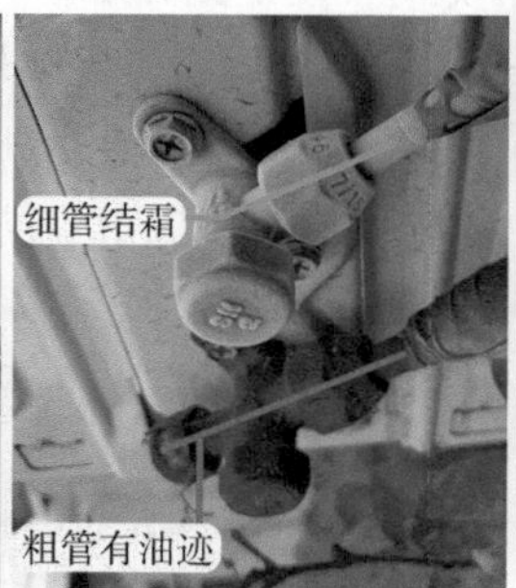

图 4-18　感觉出风口温度和检查粗细管状态及制冷剂

2. 测量压力和电流

在三通阀检修口接上压力表，测量系统运行压力约为0.2MPa，见图4-19左图，明显低于正常值（约为0.9MPa）。

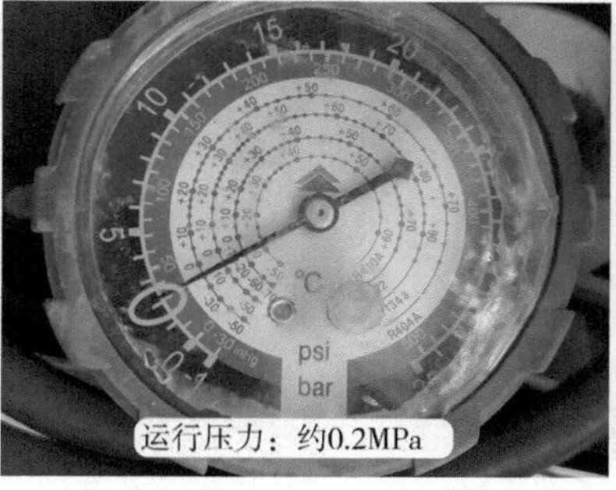

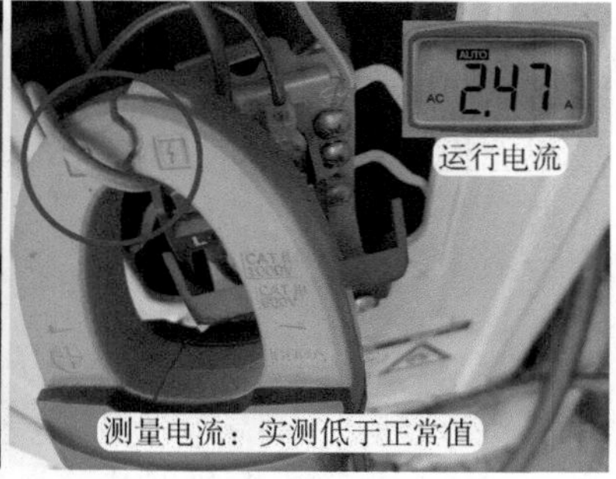

图 4-19　测量压力和电流

使用万用表交流电流挡，钳头夹住L号端子上方棕线测量室外机电流，实测约为2.5A，见图4-19右图，也明显低于正常值（约4A），根据二通阀结霜、运行压力和电流均低于正常值，综合判断系统缺少制冷剂。

3.检查漏点和紧固螺母

使用遥控器关机，室外风机和压缩机均停止运行，系统静态压力逐渐上升至约1.5MPa，此压力可用于检查漏点。将毛巾淋湿并倒上洗洁精，轻揉出泡沫，见图4-20左图，涂在细管二通阀和粗管三通阀接口，仔细查看细管二通阀螺母正常，一直没有气泡冒出，但粗管三通阀螺母处一直有微小的气泡冒出，说明漏点部位在粗管螺母。

使用两个活动扳手，见图4-20右图，一个卡在三通阀堵帽位置，另一个卡在螺母位置，用力拧紧粗管螺母。拧紧后再次使用泡沫检查漏点，长时间观察不再有气泡冒出，说明漏点已排除。

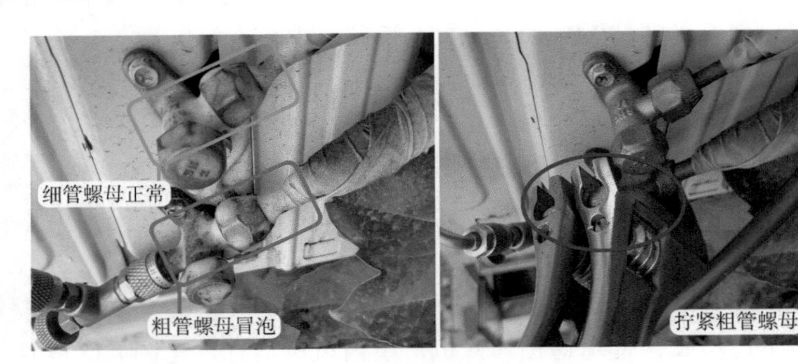

图 4-20　检查漏点和紧固螺母

4.补加制冷剂和查看压力

使用遥控器（制冷模式，设定为16℃）开机，室外风机和压缩机均开始运行，见图4-21左图，打开制冷剂钢瓶阀门开关和压力表开关，钢瓶储存的制冷剂R32经室外机三通阀检修口进入制冷系统，即向系统补加制冷剂。

本机为1P空调器（制冷量2600W），使用的制冷剂R32总量较小，而液态加注时速度较快，在补加时应及时关闭压力表开关，查看运行压力较低时再打开压力表开关，逐步加注至压力稳定约为0.9MPa，见图4-21右图，查看此时运行电流约为3.8A，手摸细管二通阀和粗管三通阀均较凉，室内机出风口吹出温度也较凉，说明制冷恢复正常。

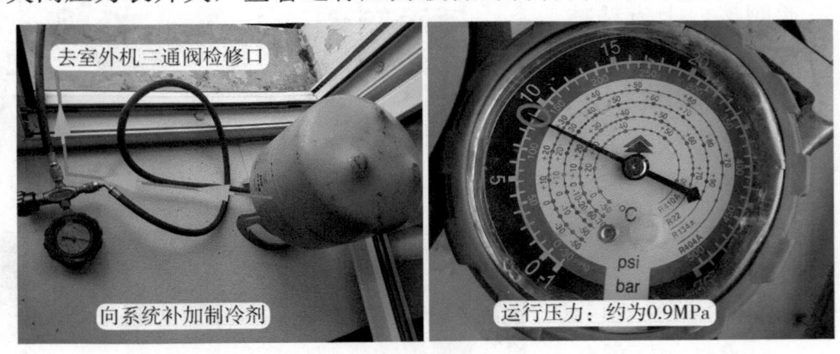

图 4-21　补加制冷剂和查看压力

维修措施：见图4-20和图4-21，排除漏点并补加制冷剂。

总结

（1）本机使用新型环保制冷剂R32，由于其具有一定的可燃性，因此室外机和室内机均粘贴黄色火焰形警示标志。R32制冷剂遇到明火时将会点燃，在特定的条件下

（如压力和温度均较高时）将可能引起爆炸，因此在维修时一定要注意安全。

（2）R32制冷剂运行压力和R410A制冷剂相接近，均为0.8～0.9MPa。

三、粗管喇叭口坏，空调器不制冷

通用相序保护器代换步骤

故障说明：美的KFR-35GW/BP3DN1Y-DA200(B2)E全直流变频空调器（省电星），用户反映制冷效果极差，长时间开机房间温度不下降。

1.测量运行压力和检查漏点

上门检查，使用遥控器（制冷模式，温度设定为16℃）开机，室内风机运行，但吹出的风基本为自然风，掀开进风格栅（前面板），手摸蒸发器大部分为常温，只有很窄的一段较凉，说明制冷效果很差。检查室外机，在三通阀检修口接上压力表测量系统运行压力约为0.15MPa，见图4-22左图，说明缺少制冷剂。

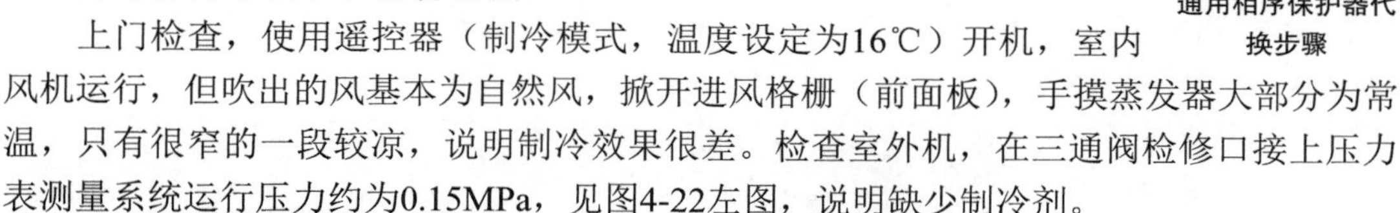

查看系统管道，见图4-22中图，细管二通阀干燥，粗管三通阀有油迹，判断制冷系统有泄漏部位。

使用遥控器关机，压缩机和室外风机均停止运行，系统静态压力逐渐上升至约1.8MPa，可用于检查漏点。将毛巾淋湿并倒上洗洁精，轻揉出丰富泡沫，见图4-22右图，涂在二通阀和三通阀接口，仔细查看无气泡冒出，说明室外机接口正常。

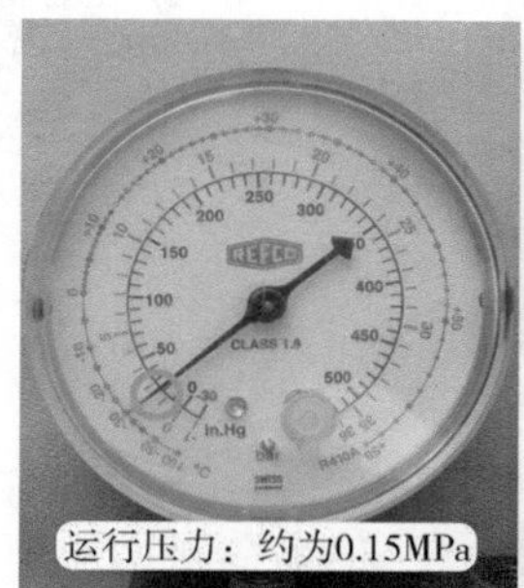

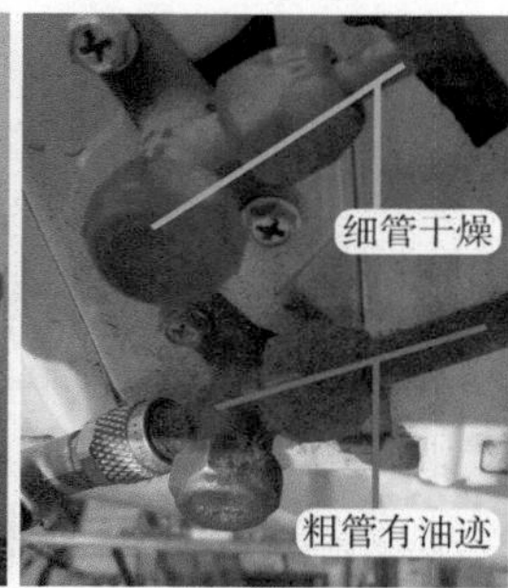

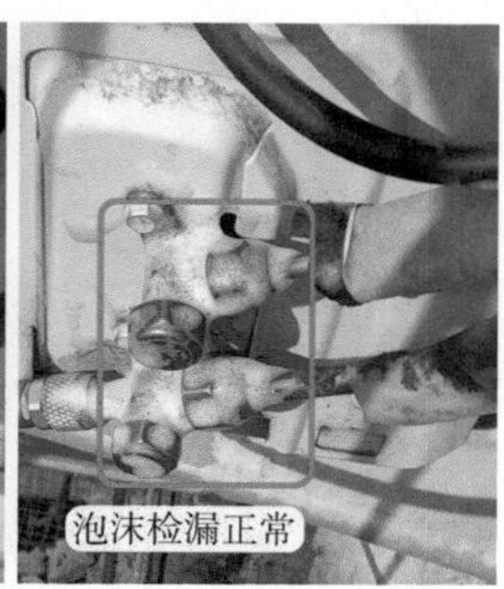

图 4-22　测量压力和检查漏点

2.检查室内机接口

用户反映此空调器安装3年左右，每年夏天使用时均不制冷，补加制冷剂后恢复正常，说明系统有漏点，希望仔细检查。再到室内机检查，掀开室内机，抽出连接管道，剥开室内机接口部位包扎带时，手摸发现有油迹，初步判断漏点在室内机接口。

将泡沫涂在细管和粗管螺母接口，仔细查看细管螺母正常，无气泡冒出，但粗管螺母一直有气泡冒出，说明漏点在粗管接口，见图4-23。

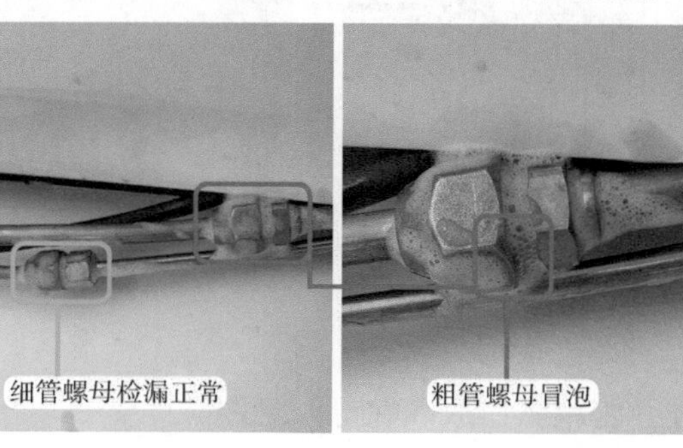

图 4-23　检查室内机接口

3.紧固接口和检漏

使用两个活动扳手，见图4-24左图，一个扳手卡住左侧螺母，另一个扳手卡住粗管的右侧快速接头，用力紧固。

取下扳手后再将泡沫涂在粗管接口检查漏点，见图4-24右图，发现依旧有气泡冒出，说明漏点仍存在。

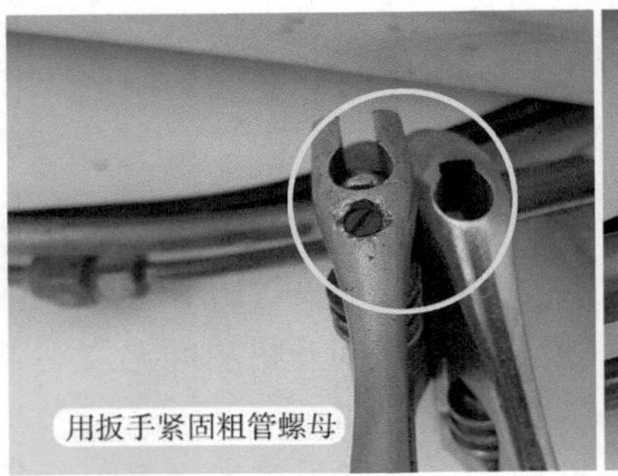

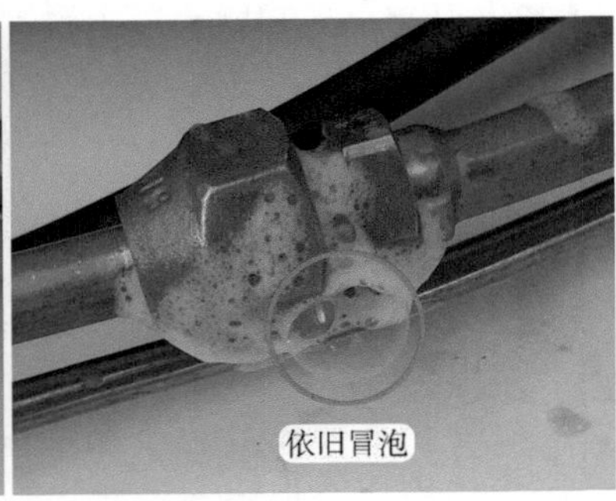

图 4-24　紧固接口和检漏

4.重新安装粗管螺母

紧固螺母后依旧有气泡冒出，应检查喇叭口是否和快速接头相对应。见图4-25左图，查看粗管螺母，发现铜管未在螺母中心，左侧空隙小而右侧空隙大，判断喇叭口未对应。

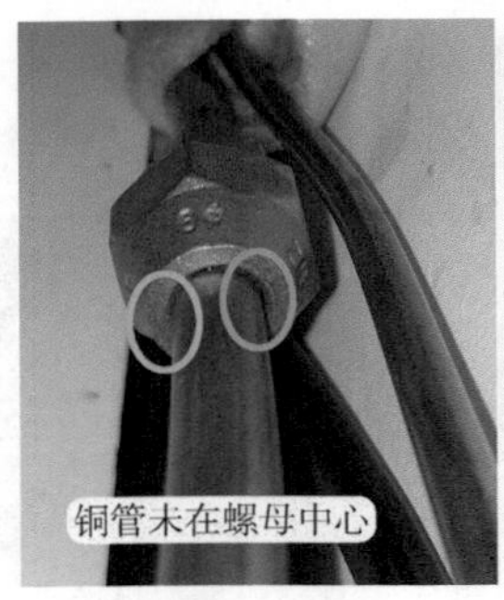

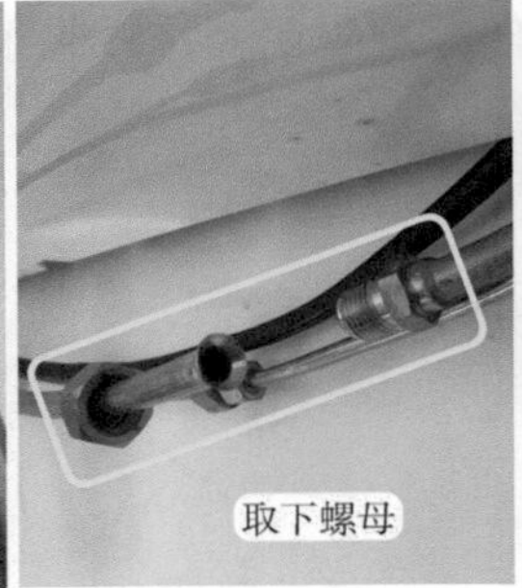

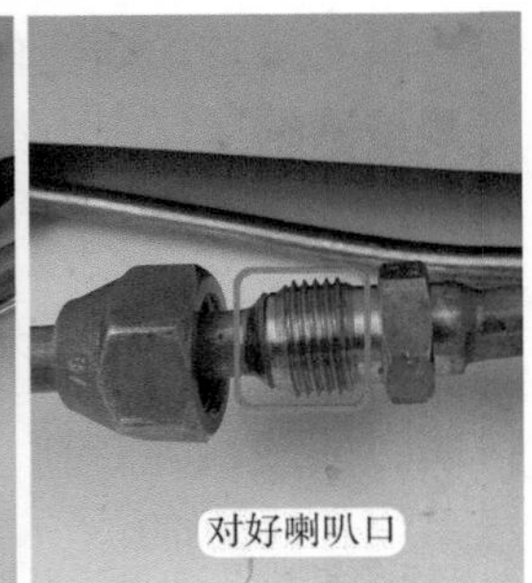

图 4-25　检查铜管和对好喇叭口

重新开启空调器，将蒸发器和连接管道的制冷剂回收到室外机冷凝器中，见图4-25中图和右图，使用扳手松开粗管螺母后取下，再将喇叭口和快速接头的椎面相对应。

见图4-26左图和中图，用手慢慢安装粗管螺母，当拧不动时再使用活动扳手拧紧，查看粗管此时位于螺母正中心，左侧和右侧间隙基本相同。

使用内六方扳手打开细管二通阀阀芯，从三通阀处排除空气后，查看压力仍约为1.8MPa可用于检漏，将泡沫涂在粗管接口，见图4-26右图，查看接口处仍旧有气泡冒出，说明漏点仍未排除。

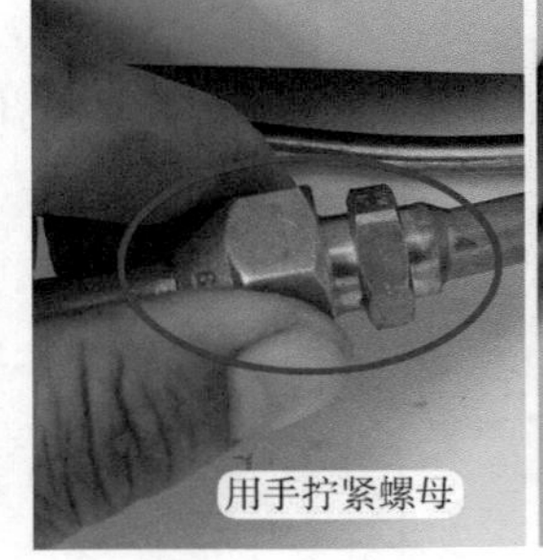

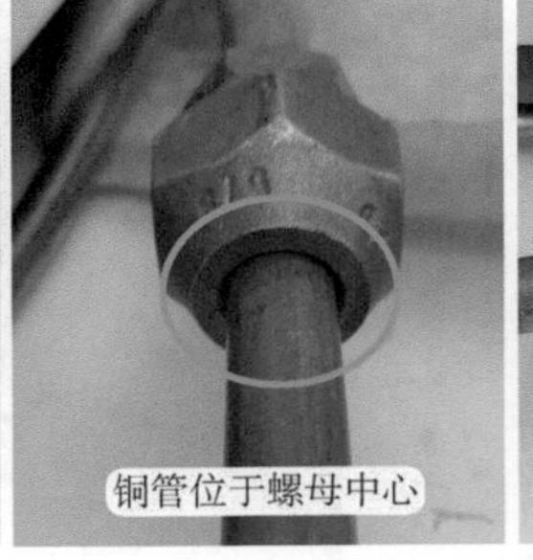

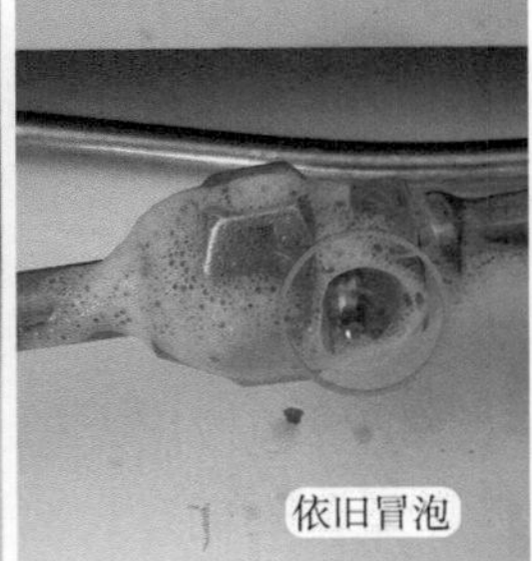

图 4-26　拧紧螺母和检漏

5.重新扩口和检漏

再次开启空调器回收制冷剂，使用扳手取下粗管螺母，并将喇叭口放入螺母，见图4-27左图，查看结果为喇叭口偏小。

使用割刀割掉粗管喇叭口，见图4-27中图，再使用偏心型扩口器按标准重新扩喇叭口，扩好后将喇叭口放入螺母内查看不再偏小。

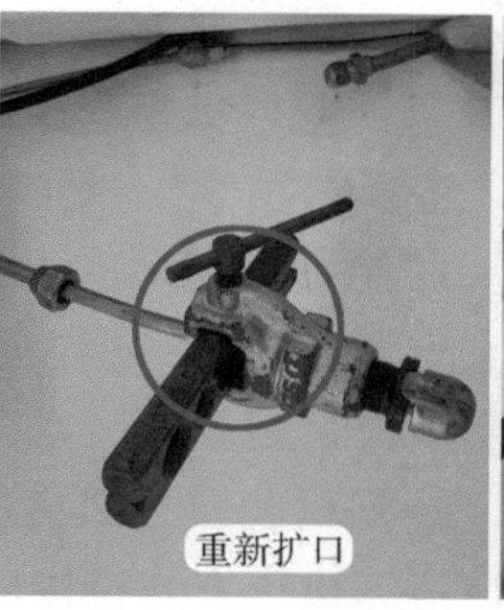

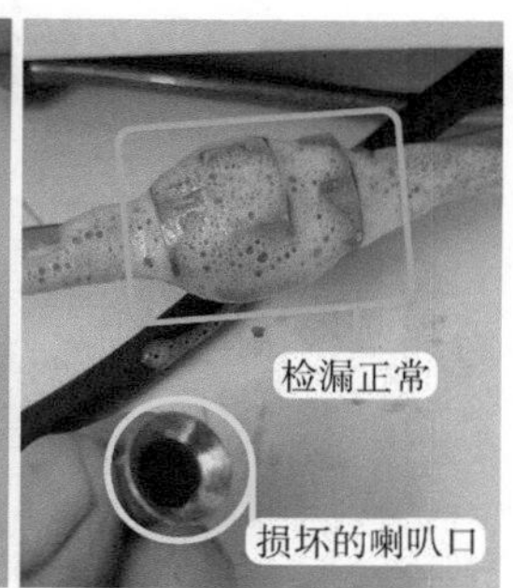

图 4-27 重新扩口和检漏

将喇叭口对准快速接头椎面，重新安装粗管螺母并使用活动扳手拧紧，再使用内六方扳手打开二通阀阀芯，使系统内充入制冷剂，见图4-27右图，将泡沫涂在粗管接口仔细查看，不再有气泡冒出，说明漏点已排除。

维修措施：重新扩室内机粗管喇叭口。由于此机的制冷剂R410A基本上泄漏完毕，维修时将系统剩余制冷剂全部放掉，使用真空泵抽真空后定量加注，再次上电开机，室内机出风口吹出的风较凉，查看运行压力为0.9MPa，运行电流为6.1A，制冷恢复正常。

（1）本例在维修时走了弯路，当检查室内机粗管螺母泄漏制冷剂时，首先使用活动扳手紧固粗管螺母，依旧有气泡冒出时，判断安装时喇叭口未对好，重新安装粗管螺母后依旧有气泡冒出，最后检查发现为喇叭口偏小，重新扩口安装后才排除漏点。

（2）制冷剂R410A压力约为R22的1.6倍，系统运行压力为0.35MPa时细管结霜，如果使用R22的制冷系统，运行压力为0.35MPa时只是轻微缺氟（缺制冷剂），二通阀不会结霜只会结露，表现为制冷效果差。

（3）制冷剂R410A由R32和R125共2种制冷剂各按50%的比例混合而成。当系统由于某种原因泄漏时，R32和R125不可能成比例泄漏，因而制冷系统内剩余的制冷剂，有可能为R32占比大、R125占比小，或者R32占比小、R125占比大，此时即使补加制冷剂至正常压力，制冷效果也会下降，甚至出现压力正常，但制冷效果极差的现象，所以厂家要求R410A泄漏时，需要放掉剩余的制冷剂，再抽真空定量加注，才能达到最好的制冷效果。而R22制冷剂为单一种类，当泄漏后直接补加即可。

第 3 节 系统和四通阀故障

一、焊点有沙眼，制冷效果差

故障说明：格力KFR-23GW挂式空调器，用户反映刚安装时制冷正常，一段时间后制冷效果差。

1.测量压力和检漏

上门检查，制冷开机，室外风机和压缩机开始运行，空调器开始制冷，但在室内机出风口感觉出风不凉，手摸蒸发器一部分较凉，一部分为常温，初步判断系统缺制冷剂。

查看室外机，二通阀结霜，三通阀干燥，在三通阀检修口接上压力表，系统运行压力约为0.15MPa（系统使用R22制冷剂），说明系统缺制冷剂。由于是新装机空调器，并且有加长连接管道，重点检查室外机接口、室内机接口、加长连接管道焊点。

使用遥控器关机，压缩机和室外风机停止运行，查看系统静态压力约为0.7MPa，可用于检漏，使用洗洁精泡沫检查室外机接口、室内机接口均无漏点。

2.加长连接管道

解开包扎带，找到原机管道和加长管道连接部位，查看连接管道中粗管有明显的油迹，初步判断漏点为原机管道和加长管道的焊点，见图4-28。

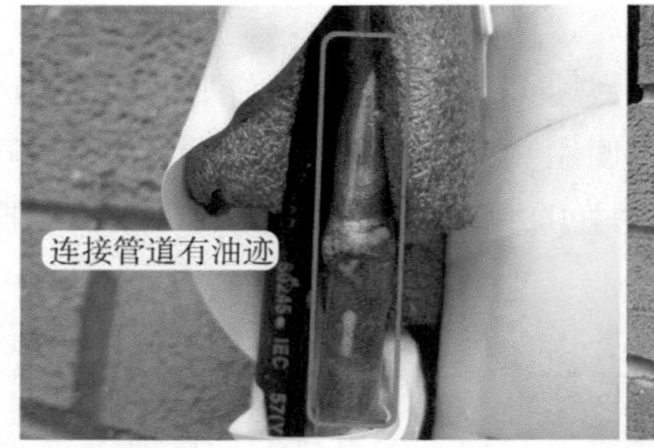

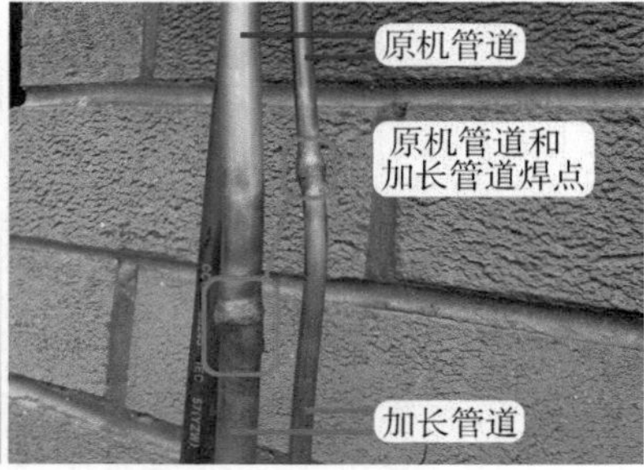

图 4-28　加长连接管道有油迹

3.粗管焊点漏制冷剂

将洗洁精泡沫涂在管道焊点，查看细管焊点无气泡冒出，但粗管焊点有气泡冒出，见图4-29左图，说明泄漏制冷剂部位为粗管焊点。

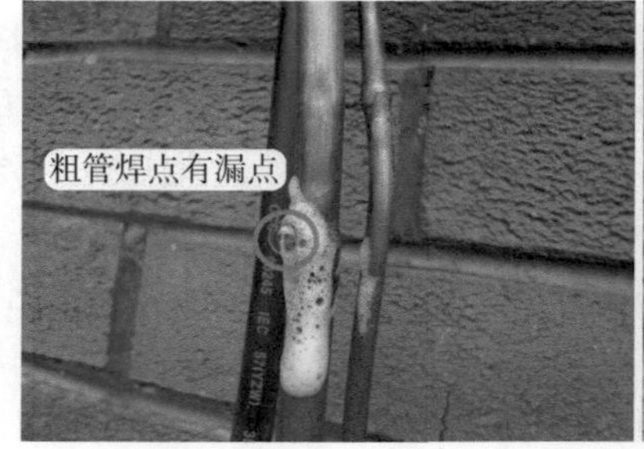

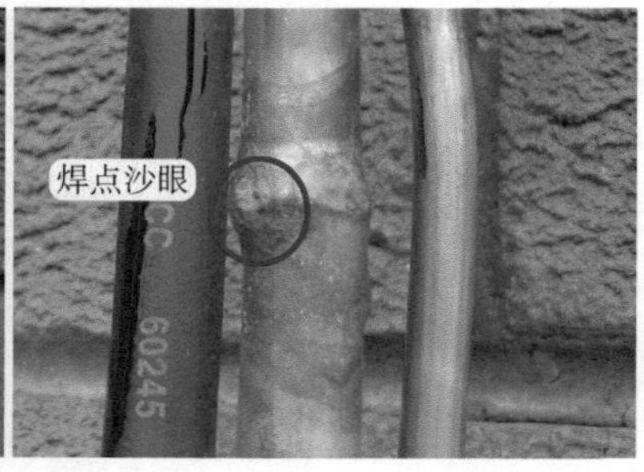

图 4-29　连接管道焊点有沙眼

擦去焊点泡沫，仔细查看粗管焊点，见图4-29右图，发现有一个沙眼，说明安装人员在加长连接管道时焊点未焊好，有沙眼使得系统泄漏制冷剂，出现制冷效果差故障。

4.扩口焊接粗管焊点

再次使用遥控器开机，待压缩机运行后关闭二通阀阀芯，系统压力变为负压时，快速关闭三通阀阀芯，将蒸发器和连接管道的制冷剂回收到冷凝器中。

见图4-30左图，使用割刀割掉有沙眼的粗管焊点，并重新扩口，使用焊炬（焊

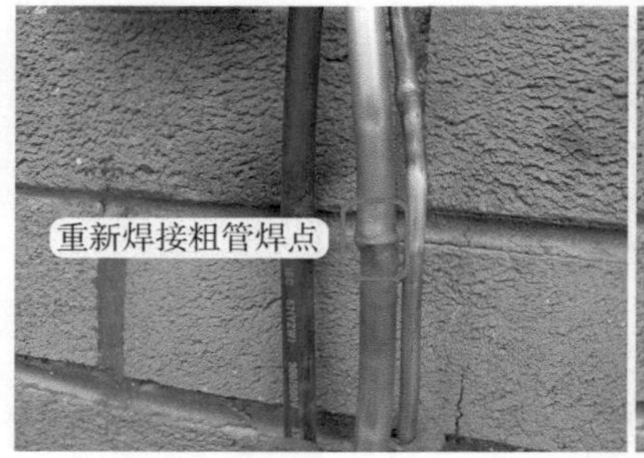

图 4-30　补焊连接管道焊点

枪）焊接接口。

利用冷凝器中的制冷剂排除空气，开启二通阀和三通阀阀芯，再次使用洗洁精泡沫涂在粗管焊点，检查不再有气泡冒出，说明粗管焊点不再漏氟，见图4-30右图。

维修措施：重新焊接粗管焊点，制冷开机后，补加制冷剂R22至压力为0.45MPa时，制冷系统恢复正常。

（1）新装机漏制冷剂故障应重点检查室外机接口、室内机接口、加长连接管道焊点。

（2）安装空调器时，如果需要加长连接管道，但未携带焊炬或焊炬无法使用，无法焊接焊点，常用的方法是使用快速接头连接原机管道和加长管道。但由于快速接头有4个接口，并且需要在安装现场扩喇叭口，导致快速接头成为常见漏制冷剂故障部位之一。

相序保护器检测与更换

二、室外机机内管道漏制冷剂，空调器不制冷

故障说明：格力KFR-23GW挂式空调器，用户反映不制冷。

1.测量系统运行压力

遥控器制冷模式开机，室外风机和压缩机均开始运行，但室内机吹出的风接近自然风，手摸蒸发器仅有一格凉且结霜，大部分为常温。

见图4-31，检查室外机，目测二通阀结霜，三通阀干燥，在三通阀检修口接上压力表，系统运行压力仅为0.15MPa（系统使用R22制冷剂），说明系统缺少制冷剂。

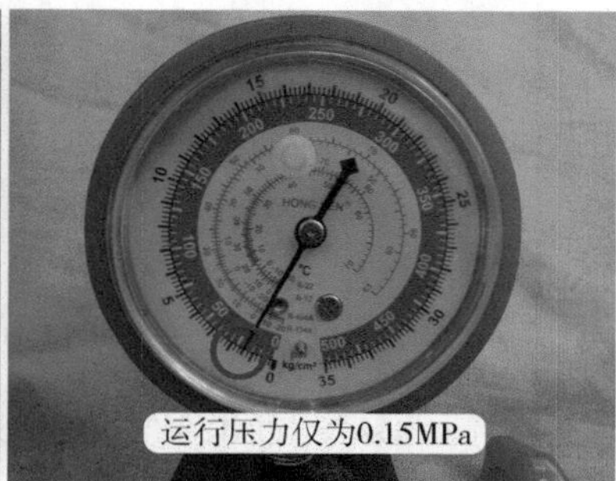

图 4-31 二通阀结霜 / 测量运行压力

2.检查漏点

断开空调器电源，查看系统静态压力约为0.8MPa，可用于检漏。见图4-32。首先

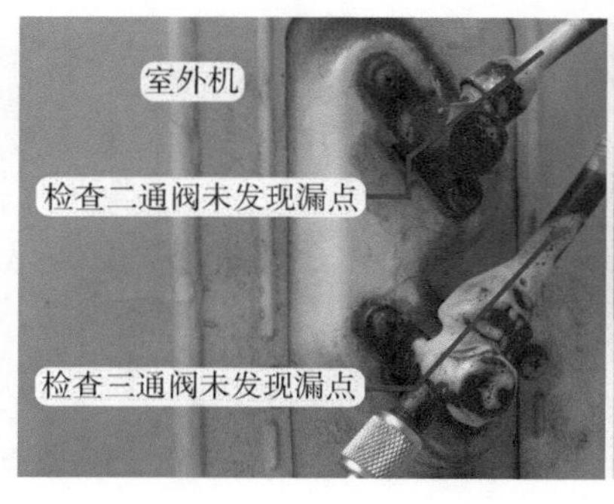

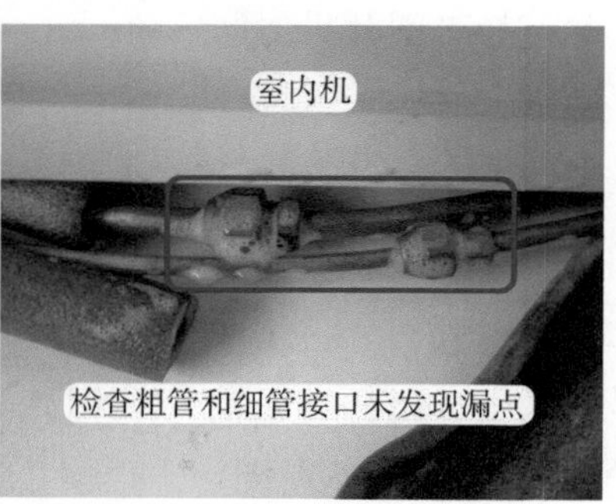

图 4-32 检查漏点

使用泡沫检查室外机二通阀和三通阀处接口，长时间观察均无气泡冒出；再查看室内机，剥开包扎带，检查粗管和细管接口，长时间观察也无气泡冒出，说明室内机和室外机接口均正常，使用扳手紧固室内机和室外机接口，再次开机加制冷剂至正常压力0.45MPa时，制冷恢复正常。

3.检查室外机机内管道

用户使用约5天后再次报修不制冷，上门检查，系统运行压力又降至约为0.1MPa，说明制冷系统还有制冷剂泄漏故障，由于室外机振动较大，故障率也较高。取下室外机顶盖和前盖，见图4-33，观察系统管道有明显的油迹，说明漏点在室外机管道。使用泡沫检查时，发现漏点为压缩机吸气管（有裂纹），原因是压缩机吸气管与四通阀连接管距离过近，压缩机运行时，由于振动相互摩擦，导致管壁变薄最终产生裂纹引起制冷剂泄漏故障。

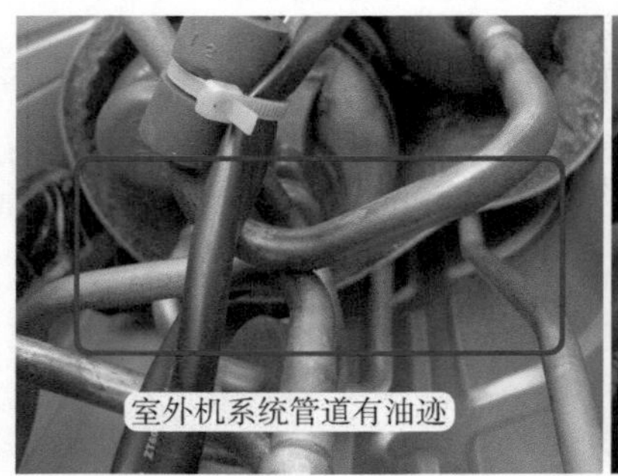

图 4-33　检查室外机机内管道

维修措施：见图4-34，放空制冷剂，使用焊炬补焊压缩机吸气管和四通阀连接管，再使用顶空法排除系统内空气，检查焊接部位无漏点，再次开机加制冷剂至0.45MPa时，制冷恢复正常，室外机二通阀和三通阀均结露。

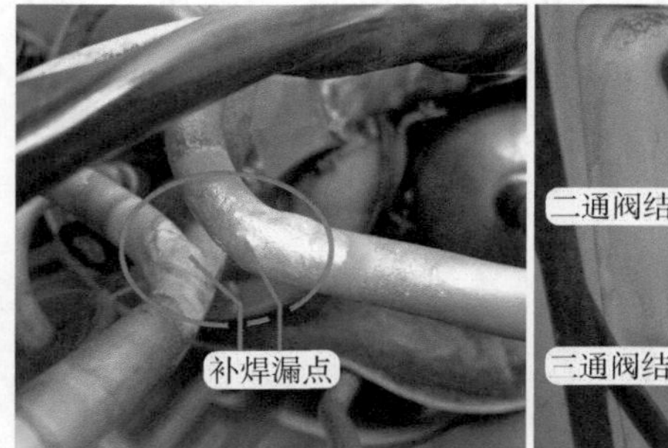

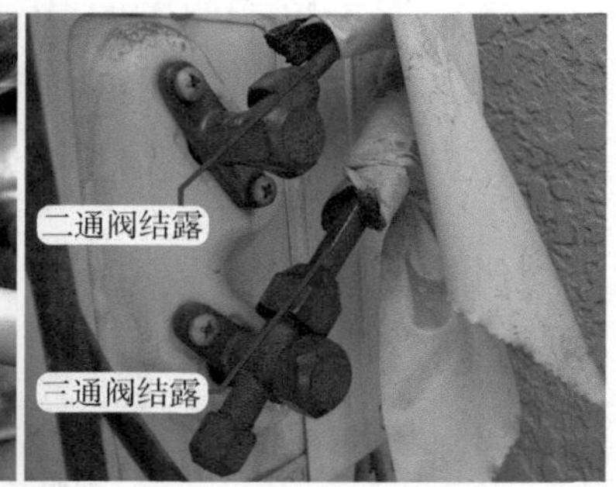

图 4-34　补焊漏点和二通阀、三通阀结露

三、制冷剂过多，制冷效果差

故障说明：美的KFR-26GW/BP2DN1Y-H（3）直流变频空调器，用户反映制冷效果差，长时间开机房间温度下降速度较慢。

1.感受出风口温度和测量运行压力

上门检查，使用遥控器开机，室内风机和室外机均开始运行，见图4-35左图，用手在室内机出风口

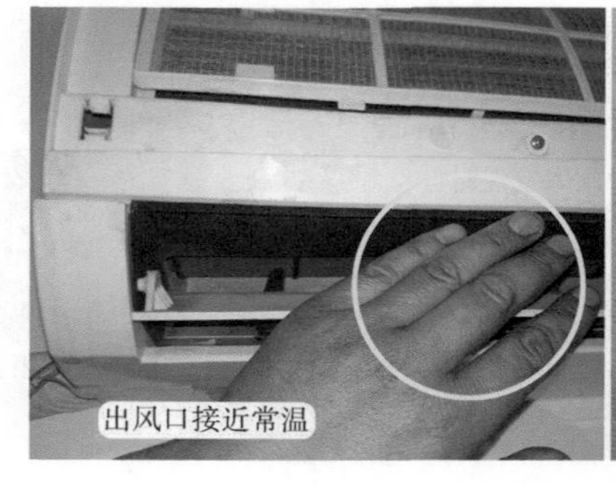

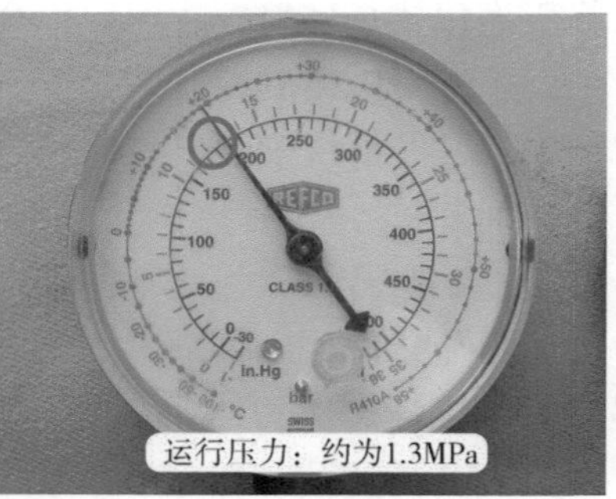

图 4-35　感觉出风口温度和测量运行压力

感觉温度接近常温，只是稍微凉一些，用手摸蒸发器也是接近常温，说明制冷效果很差。

检查室外机，在三通阀检修口接上压力表，测量系统运行压力，见图4-35右图，实测约为1.3MPa（本机使用R410A制冷剂），明显高于正常值（约为0.9MPa）。常见原因有压缩机未升频运行，即在低频运行或系统制冷剂过多。

2. 查看静态压力和测量电流

为区分故障部位，使用遥控器关机，并断开空调器电源约3min后再次上电，使室内机和室外机主板CPU均重新复位，处于待机状态。

压缩机停止运行后查看系统静态压力，见图4-36左图，逐步上升直至约为2.5MPa，明显高于正常值（1.7～2MPa）。

使用万用表交流电流挡，见图4-36右图，钳头卡住接线端子L号下方引线测量室外机电流，再使用遥控器开启空调器，压缩机运行后电流迅速上升，由1A直至5.5A，明显高于正常值（约4A），同时系统运行压力缓慢下降至约为1.3MPa，根据运行压力和电流均较高，初步判断系统制冷剂过多。

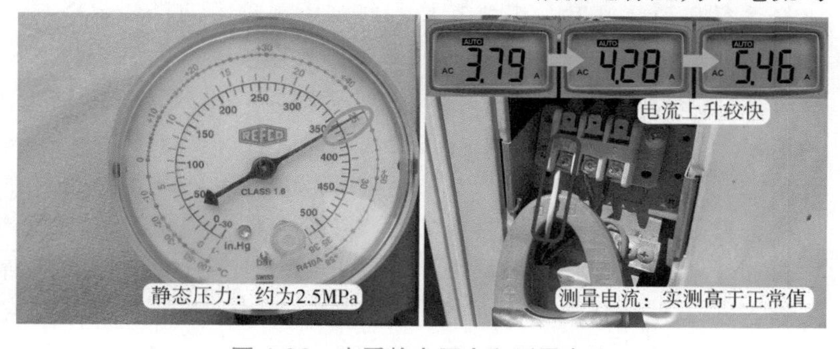

图 4-36　查看静态压力和测量电流

3. 释放制冷剂和查看运行压力

在室外机运行时，见图4-37左图，松开三通阀检修口的加氟管，系统内的制冷剂由此处向外释放，且为液态形式，也说明系统内制冷剂过多，正常时应为气态。

释放制冷剂的同时，系统运行压力缓慢下降，当压力降至1.0MPa时，使用遥控器关机，并断开空调器电源3min后再重新上电开机，见图4-37右图，一段时间后系统运行压力约为0.9MPa，运行电流约为3.8A，均已经接近正常值。

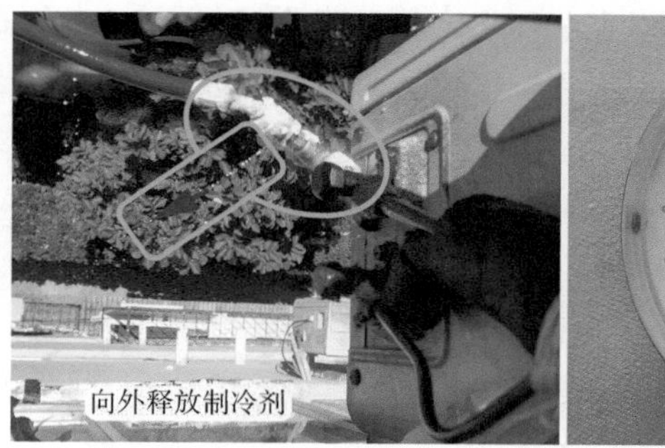

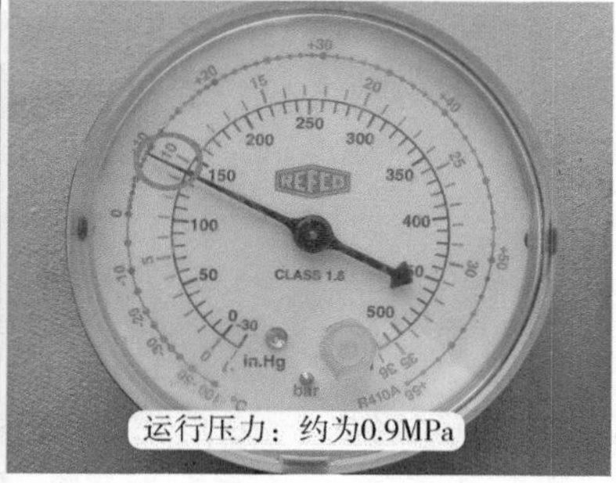

图 4-37　释放制冷剂 / 查看运行压力

4. 手摸温度和查看静态压力

见图4-38左图和

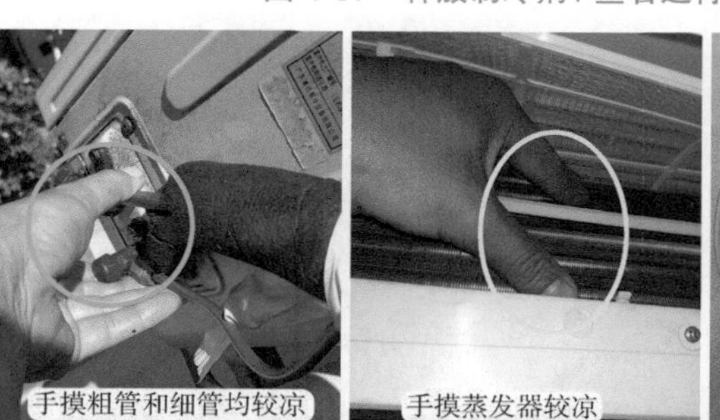

静态压力：约为1.8MPa

图 4-38　手摸温度和查看静态压力

相序板工作原理

中图，手摸细管二通阀和粗管三通阀感觉均较凉，在室内机手摸蒸发器整体感觉也较凉，在出风口感觉也较凉，说明制冷恢复正常。

使用遥控器关机，压缩机停止运行，查看静态压力逐步上升直至约为1.8MPa，见图4-38右图，也和正常值相接近。

维修措施：见图4-37，释放制冷剂。

总结

（1）经询问用户得知，本机去年冬天装修房子找的单位同事重新拆装了空调器，因制热效果差补加了制冷剂，但当时很少使用，入夏使用时发现制冷效果差才报修，分析是由于冬天补加制冷剂才造成本例故障。

（2）变频空调器在压缩机低频运行时也会造成系统运行压力较高，因此在检修运行压力较高时，不要直接判断制冷剂过多而释放制冷剂，应根据运行压力、电流、停机时静态压力综合判断：运行压力、运行电流、静态压力均较高时为制冷剂过多；运行压力高而电流低，常见为压缩机限频（低频运行），比如由于缺少制冷剂，压缩机排气管温度过高而进入限频运行，在维修时应综合判断。

（3）由于变频空调器在运行时根据温度会对压缩机的频率进行控制，在释放制冷剂时，不要一次将运行压力直接下降至0.8～0.9MPa，避免释放过多时还得补加，应当释放一些后将空调器关机并断开电源，等一段时间再重新上电复位，开机后根据当前压力和电流进行判断，可每次少释放一些，多次断开空调器电源并重新上电复位试机。

（4）如果在维修时对压力和电流掌握不准确，也可以直接将制冷剂全部释放完毕，使用真空泵抽真空，再根据铭牌标识定量加注制冷剂，制冷效果可恢复到最佳状态。

四、四通阀窜气，空调器不制冷

故障说明：三菱重工SRC388HENF挂式空调器，用户反映不制冷，室外机噪声大。

1.测量系统压力和储液瓶声音大

上门检查，用户已使用空调器一段时间，用手在室内机出风口感觉为自然风，无凉风吹出。使用遥控器关机，在室外机三通阀检修口接上压力表，见图4-39，测量系统静态（平衡）

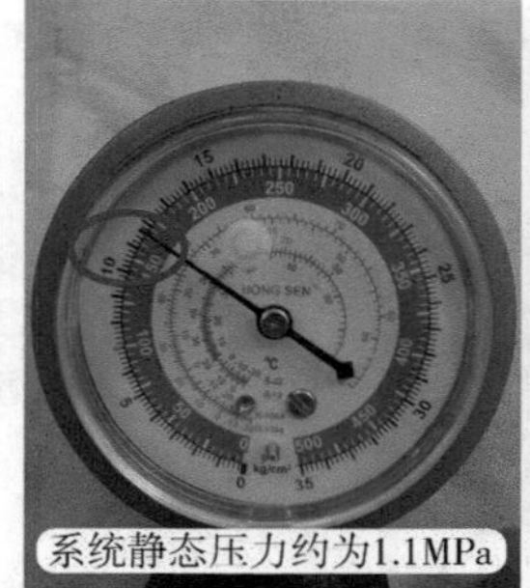

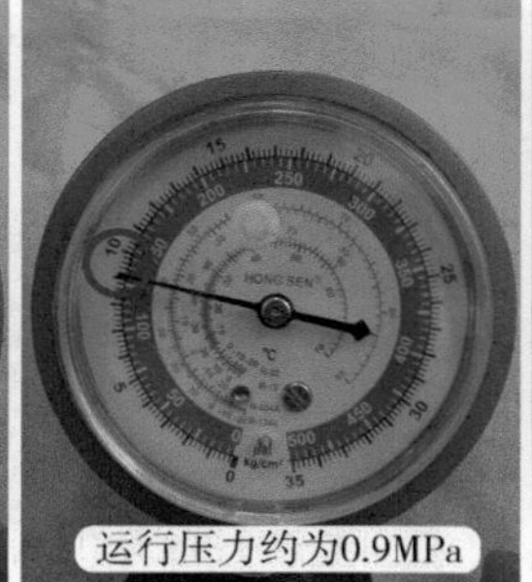

图 4-39　测量系统压力和储液瓶声音大

压力约为1.1MPa（系统使用R22制冷剂），再次使用遥控器开机，室外风机和压缩机均开始运行，系统压力下降至约为0.9MPa时不再下降，同时室外机噪声很大，细听为压缩机储液瓶发出的气流声。

2. 断开线圈引线和手摸四通阀管道

根据运行压力下降至0.9MPa和压缩机储液瓶气流声很大，初步判断为四通阀窜气或压缩机窜气，见图4-40左图和中图。在室外机接线端子处拔下四通阀线圈的一根引线，系统运行压力无任何变化，用手摸压缩机外壳烫手，说明压缩机正在做功，可初步排除压缩机窜气故障。

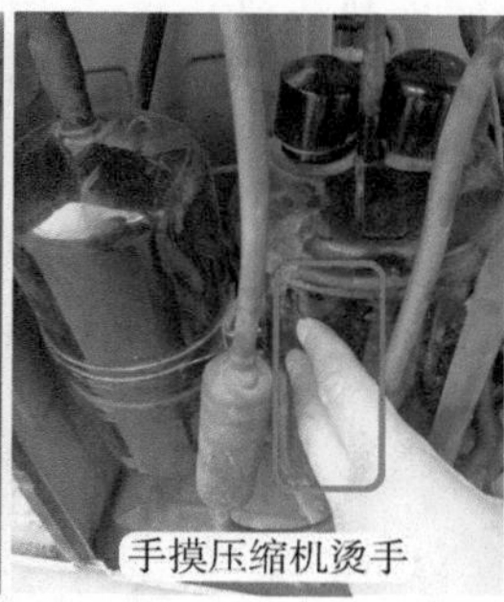

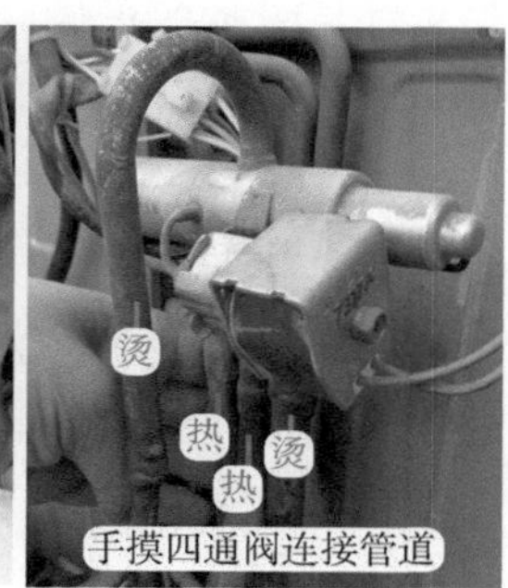

图 4-40 取下线圈引线和手摸管道

用手摸四通阀的4根铜管，结果为连接压缩机排气管的管道烫手、连接冷凝器的管道较热、连接压缩机吸气管和三通阀的管道温热，见图4-40右图，初步判断为四通阀窜气。

3. 手摸四通阀中间管道和储液瓶温度

见图4-41左图和中图，再次用手单独摸四通阀连接压缩机吸气管的管道温度，依旧为温热；用手摸压缩机储液瓶上部和下部的温度，感觉上部温度高、下部温度低，说明温度从上方流入下方，也就是从四通阀流入压缩机，从而确定窜气部位在四通阀。

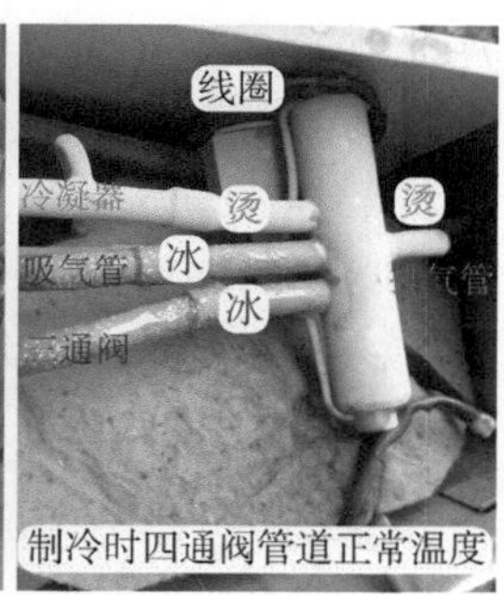

图 4-41 手摸储液瓶和四通阀的温度

维修措施：更换四通阀。更换后检漏、排空、加制冷剂试机，制冷恢复正常。正常运行的空调器制冷模式下的四通阀管道温度见图4-41右图。

本例故障判断四通阀窜气而非压缩机窜气的故障原因如下。

（1）压缩机运行后系统压力只是稍许下降，而压缩机窜气后通常保持静态压力不变。

（2）压缩机储液瓶气流声较大，而压缩机窜气后储液瓶几乎无声音。

（3）连接压缩机吸气管的四通阀中间管道温热，而压缩机窜气后由于不做功，四通阀的4根管道均接近于常温。

（4）压缩机储液瓶上部温度高于下部温度，而压缩机窜气后，储液瓶上部和下部温度均接近常温。如果压缩机已运行了很长时间，壳体温度上升，相应地储液瓶下部温度也会升高，储液瓶下部温度高于上部温度。

五、四通阀卡死，室内机吹热风

故障说明：海尔KFR-33GW/02-S2挂式空调器，用户反映前两天制冷正常，现在忽然不再制冷，开机后室内机吹热风。

1.测量系统压力

上门检查，首先将室外机三通阀检修口接上压力表，见图4-42，查看系统静态（平衡）压力约为0.9MPa（系统使用R22制冷剂），使用遥控器制冷模式开机，室内风机运行后室外风机和压缩机运行，并未听到四通阀线圈通电的声音，但系统压力逐渐上升，说明系统处于制热模式。

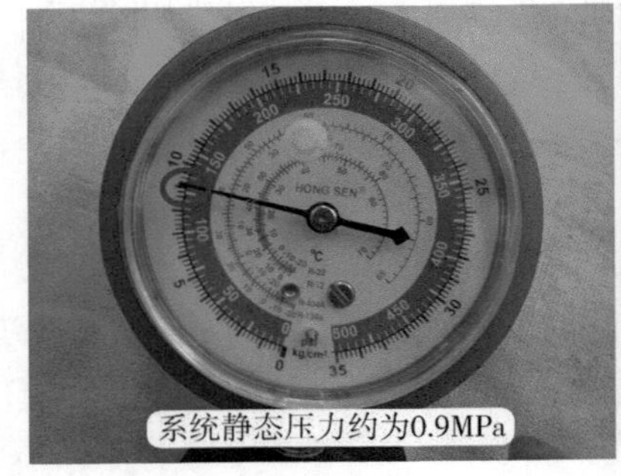

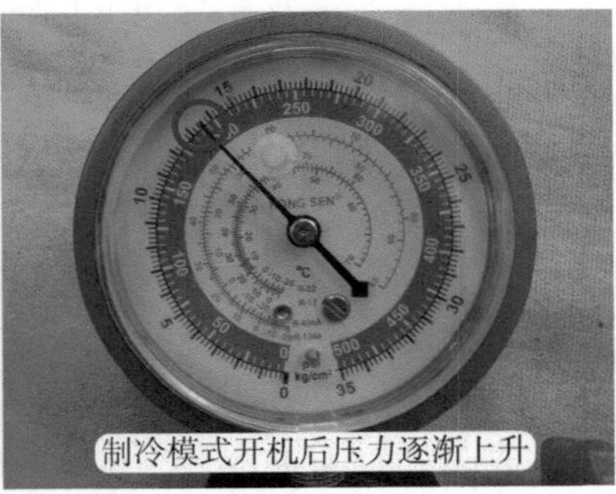

图 4-42　静态压力和系统压力上升

2.手摸二通阀、三通阀温度和断开四通阀线圈引线

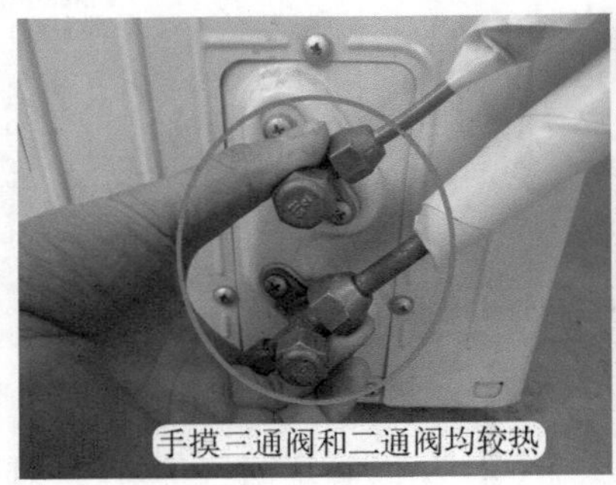

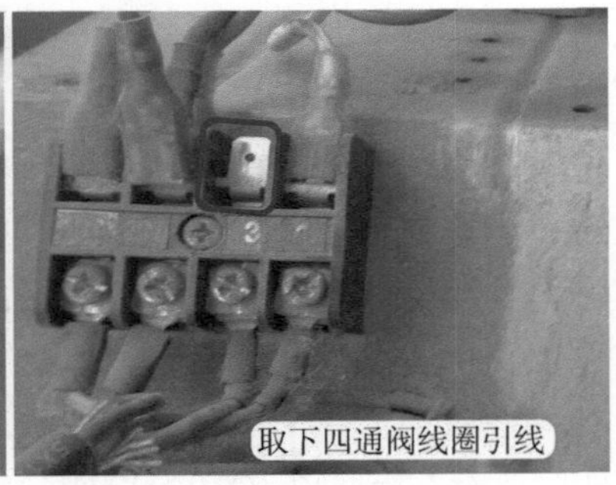

图 4-43　手摸二通阀三通阀和断开四通阀线圈引线

见图4-43左图，用手摸室外机二通阀和三通阀温度，感觉三通阀温度较高，也说明系统工作在制热模式。

因夏天系统工作在制热模式时压力较高，容易崩开加氟管，因此停机并断开空调器电源，待约1min系统压力平衡后取下连接三通阀检修口的加氟管，并取下室外机3号接线端子上方的四通阀线圈引线，强制断开四通阀线圈供电，见图4-43右图，再次上电开机，系统仍工作在制热模式，说明制冷和制热模式转换的四通阀内部阀块卡在制热位置。

3.连续为四通阀线圈供电和断电

室外机4号接线端子为室外风机供电，制冷模式开机时一直供电，见图4-44，用手拿住取下的四通阀线圈引线，并接在4号端子约5s，再取下5s，再并在4号端子5s，即连续多次为四通阀线圈供电和断电，看是否能将卡住的阀块在压力的转换下移动，即转回制冷模式位置，实际检修时只能听到电磁换向阀移动的“哒哒”声，听不到阀块在制冷和制热模式转换时的气流声，说明阀块卡住的情况比较严重。如果阀块轻微卡住，在四通阀线圈连续供电和断电后即可转换至正常的状态。

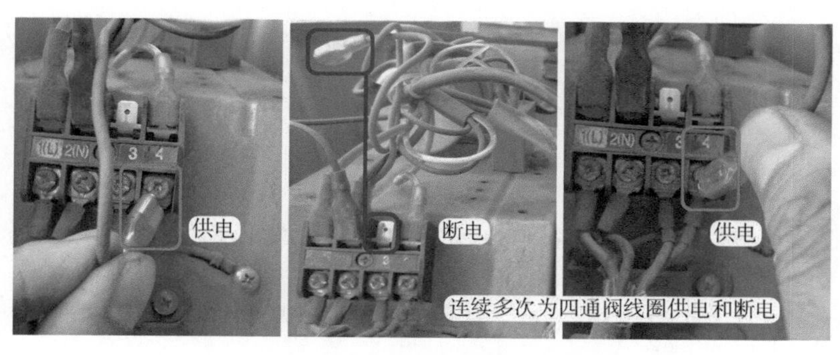

图 4-44　连续为四通阀线圈供电和断电

> 在操作时一定要注意用电安全，必须将线圈引线的塑料护套罩住端子，以防触电。

4. 使用开水加热四通阀阀体

见图4-45，先使用毛巾包裹四通阀阀体，再使用水壶烧开一瓶开水，并将开水浇在毛巾上面，强制加热四通阀阀体，使内部活塞和阀块轻微变形，再将空调器上电开机，并连续为四通阀线圈供电和断电，阀块仍旧卡在原位置不能移动。

取下毛巾，使用大扳手敲击四通阀阀体，同时连续为四通阀线圈供电和断电，也不能使内部阀块移动，系统仍工作在制热模式，说明本机四通阀内部阀块已卡死。

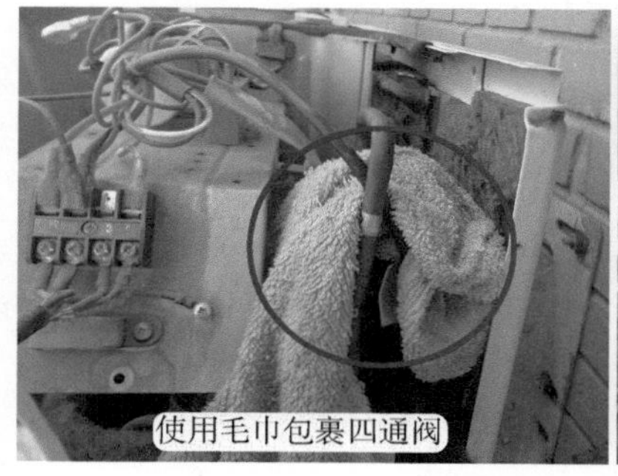

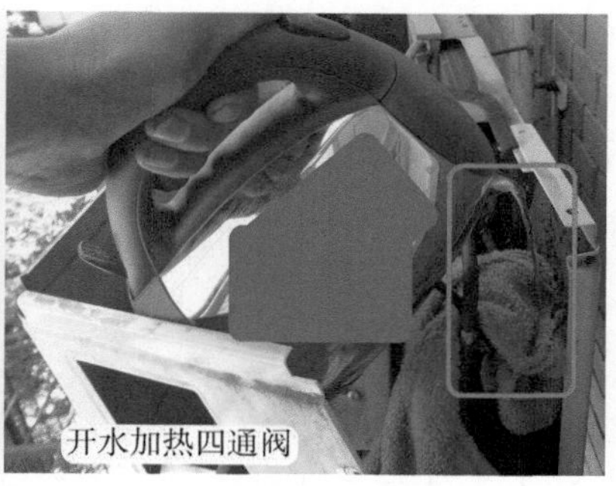

图 4-45　毛巾包裹和开水加热四通阀阀体

维修措施：见图4-46，本机四通阀内部阀块卡死，经尝试后不能移动至正常位置，说明四通阀损坏，只能更换。本例室外机安装在窗户的侧面墙壁，不容易更换，

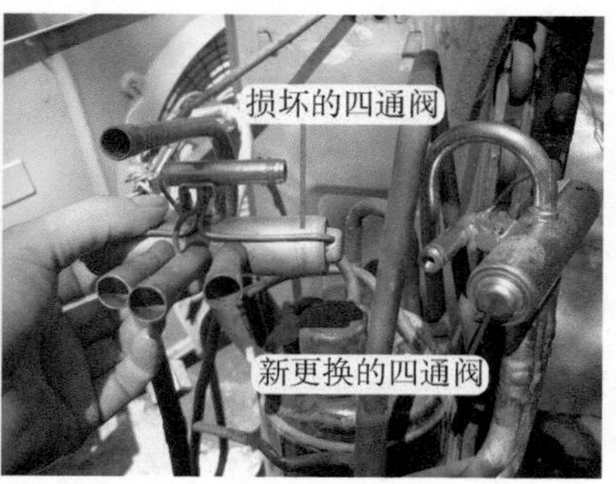

图 4-46　四通阀损坏和更换

取下室外机至平台位置后更换新四通阀，再重新安装室外机后排空，加R22，上电试机，制冷恢复正常。

由于四通阀更换难度比较大且有再次焊坏的风险，因此遇到内部阀块卡死故障时，应尝试维修将其复位至正常模式。

（1）阀块轻微卡死故障：经连续为四通阀线圈供电和断电均能恢复至正常位置。

（2）阀块中度卡死故障：使用热水加热阀体或使用大扳手敲击阀体，同时再为四通阀线圈供电和断电，通常可恢复至正常位置，如不能恢复则只能更换四通阀。

第5章 室内机常见故障

第1节　电源电路和传感器电路故障

一、旋转插座未安装到位，上电无反应

故障说明：格力KFR-50GW/（50582）FNCa-A2挂式直流变频空调器（U雅-Ⅱ），用户反映新装机，插头插入插座后，使用遥控器开机室内机没有反应。

1.查看指示灯和遥控器开机

此机显示屏位于室内机右侧，待机状态电源指示灯应当点亮。上门检查，查看显示屏整体不亮，处于熄灭状态，见图5-1左图。

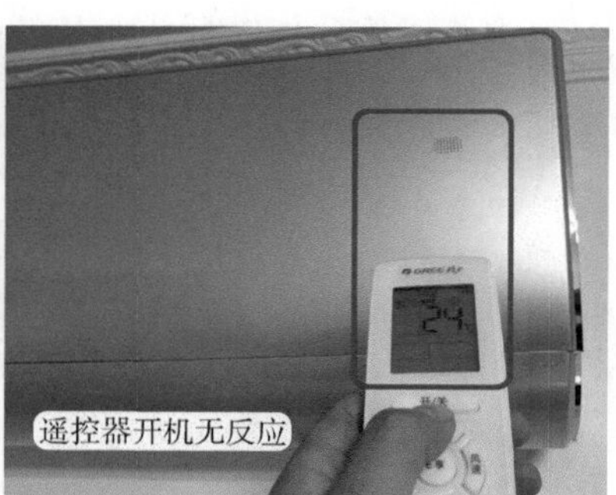

图 5-1　指示灯不亮和遥控器无反应

将遥控器模式设定为制冷，温度为24℃，发射头对准显示屏位置，见图5-1右图，按压开关按键，室内机没有反应。正常时，蜂鸣器响一声后导风板打开，室内风机运行。由于为新装机，室内机出现故障的概率较小，常见为插头没有旋转到位或者主板插头接触不良。

2.查看插座和旋转插头

本机为2P变频挂式空调器，未使用常见的直插式插座，而是使用旋转式插座，见图5-2左图，查看插头已安装至插座，但插头上解锁钮对应为红色空心圆圈，相当于插头只是安装到插座里面，但电源未接通，因而空调器没有供电。

按住插头上解锁钮，见图5-2右图，按插座上标识顺时针旋转，使解锁钮对应红色实

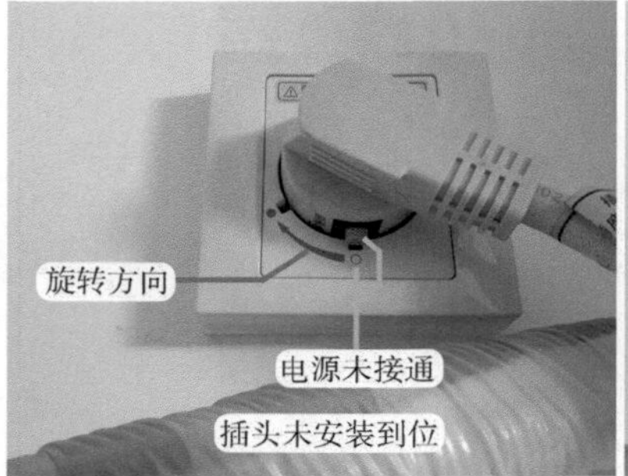

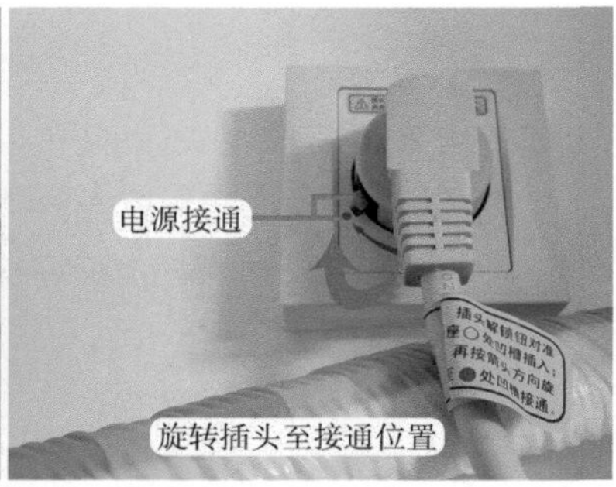

图 5-2 插头未安装到位和旋转插头

心圆圈，这时触点才接通，插座的交流220V电源经插头和引线送至室内机主板和接线端子，为空调器供电。

3.指示灯点亮和遥控器开机

当插头解锁钮对准插座上红色实心圆圈时，插头和插座电源接通，见图5-3左图，室内机蜂鸣器“嘀”响一声，显示屏上电源指示灯持续点亮，导风板复位过后处于待机状态。

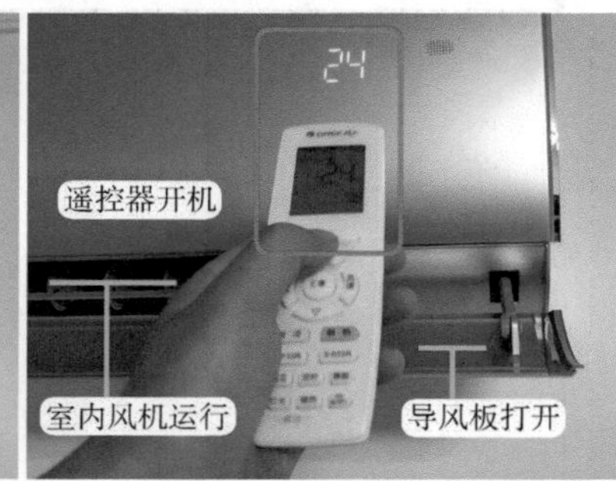

图 5-3 指示灯点亮和遥控器开机

见图5-3右图，再次将遥控器发射头对准室内机显示屏，并按压开关按键开机，蜂鸣器响一声后，导风板向外伸出打开，室内风机开始运行，出风口有风吹出，待室外风机和压缩机运行后，出风口吹出较凉的风为房间内降温，说明制冷正常。

维修措施：旋转插头，使解锁钮对准红色实心圆圈，空调器才能得到供电。

（1）目前新出厂的格力1P或1.5P挂式变频空调器，室内机设置有功率较大的辅助电加热，通常使用16A的直插式插座，即插头插入插座后电源接通，插头拔出后电源断开。

（2）目前新出厂的2P挂式或柜式空调器，压缩机和辅助电加热功率增加，未使用直插式插头或出厂时只有连接线，到用户家再安装断路器（俗称空气开关），而是使用旋转式插座，见图5-4左图，其触点可以通过较大的电流，以保证空调器正常使用。相比较直插式插头，旋转式插座可以旋转以接通和断开供电，插头上设有解锁钮，

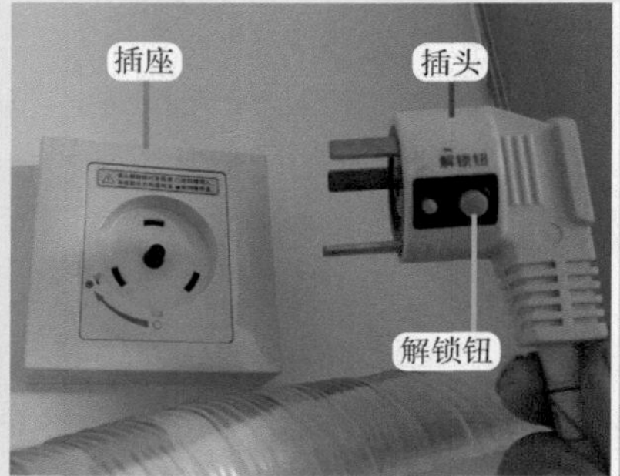

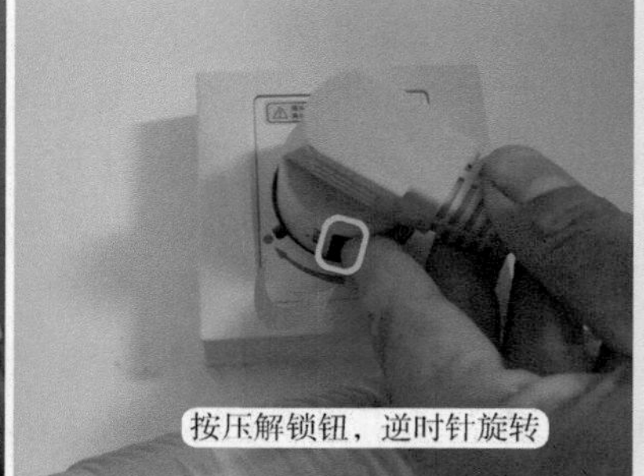

图 5-4 旋转插头插座和取出插头方法

安装插头需要接通电源时见图5-2右图所示。

（3）旋转式插座需要断开电源，拔出插头时，直接向外或者用力向外拔插头不能取出，甚至会损坏插座，正确的做法见图5-4右图，向里按压插头上解锁钮，逆时针旋转插头，使解锁钮对准红色虚心圆圈，断开电源后，再向外拔插头即可。

二、变压器一次绕组开路，上电无反应

蜂鸣器

故障说明：格力KFR-23GW/（23570）Aa-3挂式空调器，用户反映上电无反应。

1.扳动导风板至中间位置上电试机

用手将风门叶片（导风板）扳到中间位置，见图5-5，再将空调器通上电源，上电后导风板不能自动复位，初步判断空调器或电源插座有故障。

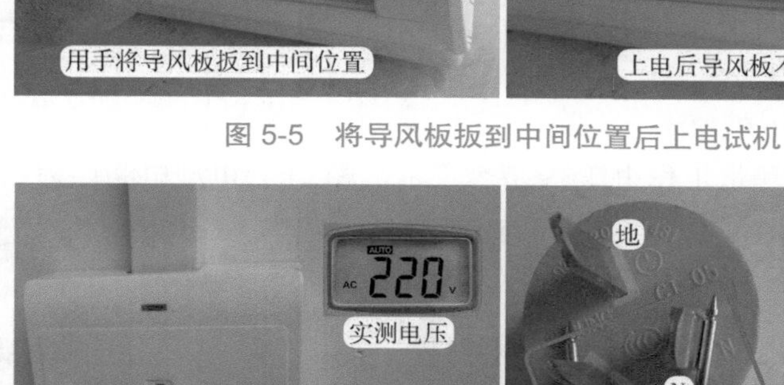

图 5-5　将导风板扳到中间位置后上电试机

2.测量插座电压和电源插头阻值

使用万用表交流电压挡，测量电源插座电压为交流220V，见图5-6左图，说明电源供电正常，故障在空调器。

使用万用表电阻挡，测量电源插头L-N阻值，实测为无穷大，见图5-6右图，而正常阻值约为500Ω，确定故障在室内机。

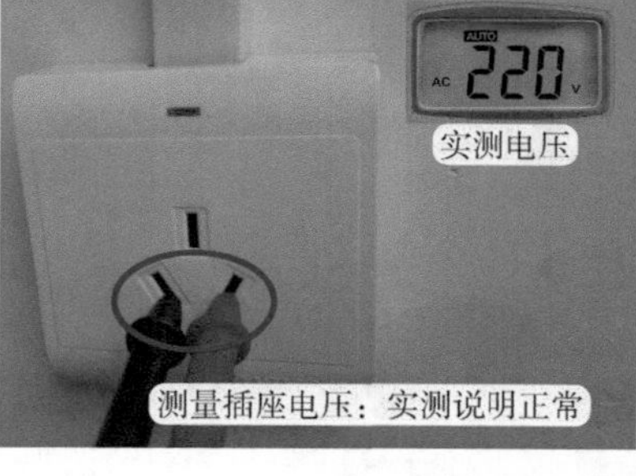

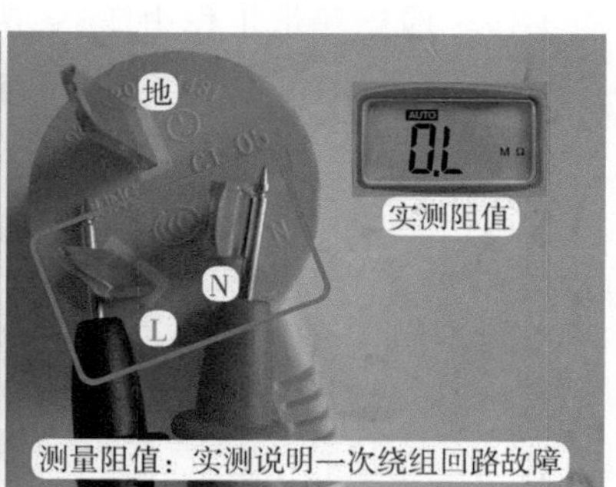

图 5-6　测量插座电压和电源插头阻值

3.测量熔丝管和一次绕组阻值

使用万用表电阻挡，测量3.15A熔丝管（俗称保险管）FU101阻值为0Ω，说明熔丝管正常；测量变压器一次绕组阻值，实测为无穷大，说明变压器一次绕组开路损坏，见图5-7。

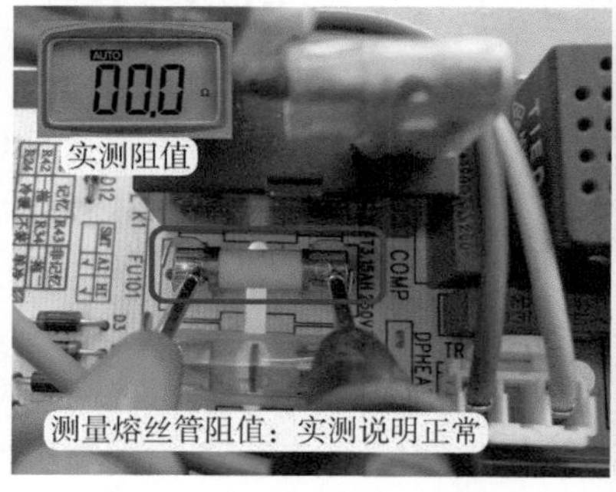

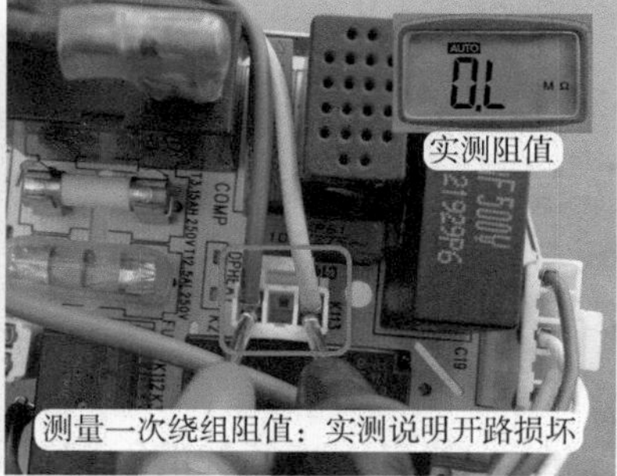

图 5-7　测量熔丝管和一次绕组阻值

维修措施：见图5-8，更换变压器。更换后上电试机，将空调器插头插入电源，蜂鸣器响一声后导风板自动关闭，使用遥控器开机，空调器制冷恢复正常。

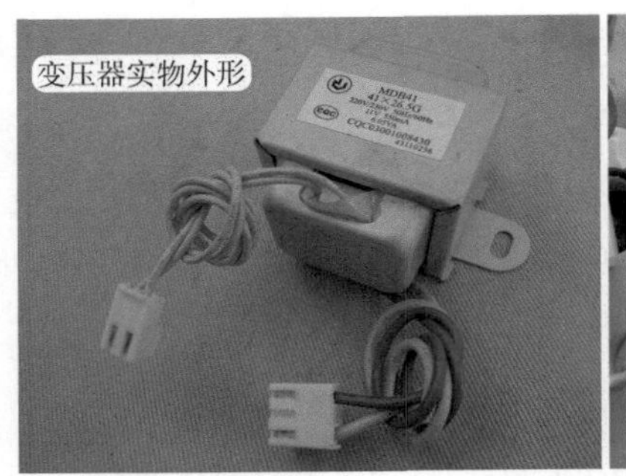

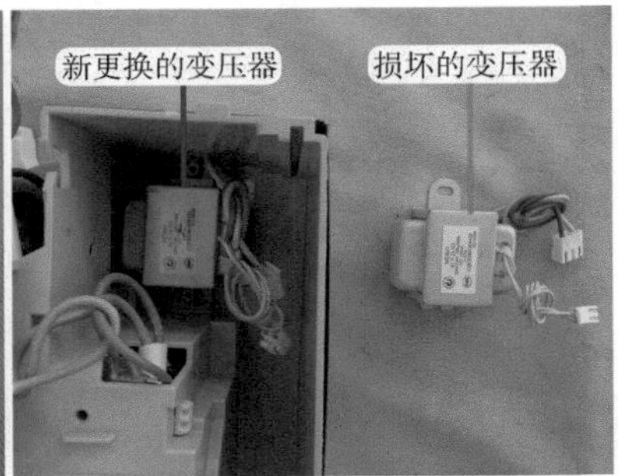

图 5-8　更换变压器

三、7812 稳压块损坏，上电无反应

故障说明：东洋KFR-35GW/D挂式空调器，用户反映上电无反应，上门检查整机不工作，导风板不能自动复位，测量插座交流220V电压正常，测量空调器插头阻值为294Ω，说明变压器正常。导风板不能自动复位说明CPU没有工作，应当测量工作电压5V是否正常，图5-9为电源电路原理图。

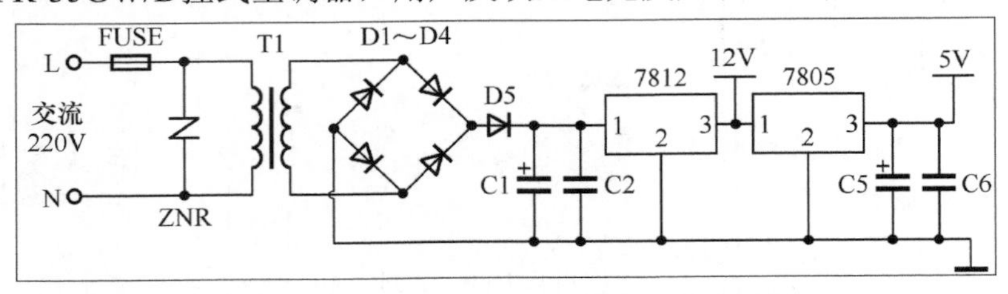

图 5-9　东洋 KFR-35GW/D 电源电路原理图

1. 测量直流 5V 电压

使用万用表直流电压挡，黑表笔接7805的表面铁壳（铁壳为地端，相当于接②脚），红表笔接③脚输出端，正常电压应为5V，实测电压为0V，见图5-10左图，接下来应当测量①脚输入端12V电压是否正常。

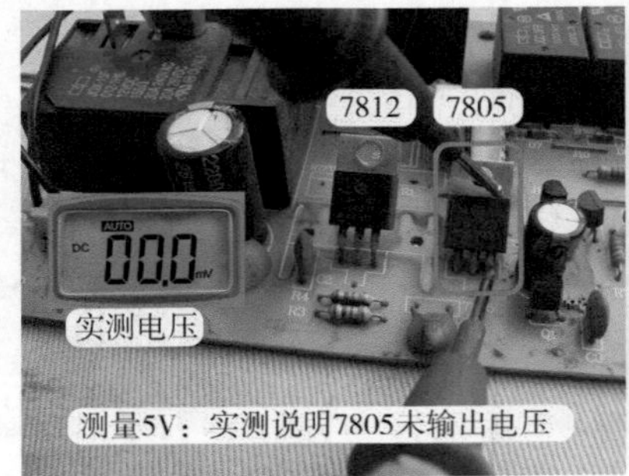

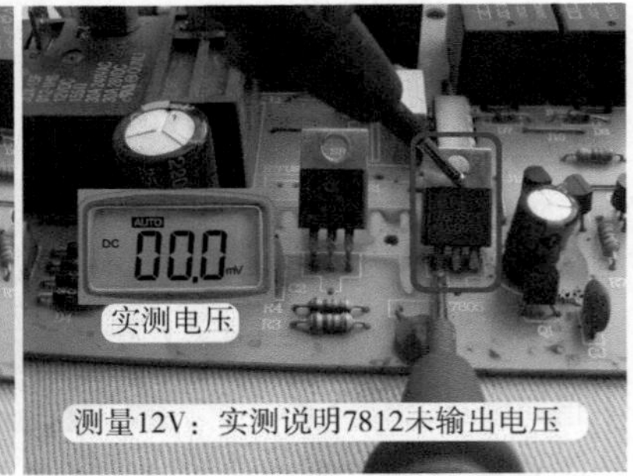

图 5-10　测量 5V 和 12V 电压

2. 测量直流 12V 电压

仍然使用万用表直流电压挡，黑表笔不动，红表笔测量7805的①脚输入端，电压由7812输出端直接供给，正常为12V，实测电压为0V，见图5-10右图，接下来应当测量7812的①脚输入端电压是否正常。

3. 测量 7812 输入端电压

使用万用表直流电压挡，黑表笔不动（7805和7812的铁壳都是接地，在主板上是相通的），红表笔接7812的①脚输入端，此电压由变压器二次绕组经整流和滤波电路提供，正常约为16V，实测约为19V，见图5-11左图，说明前级整流电路正常，为7812损坏或其负载有短路故障。

4. 测量 7812 对地阻值

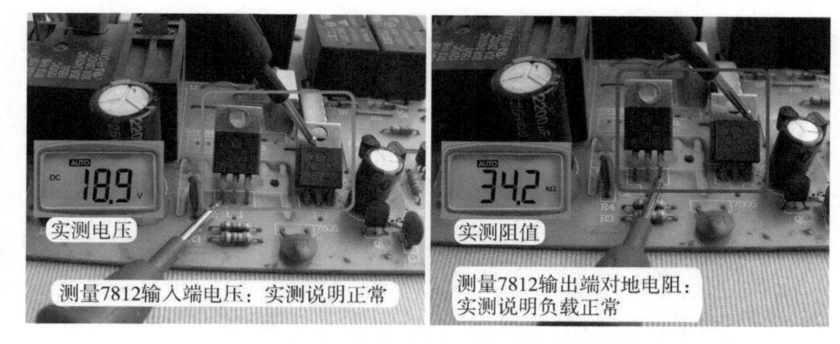

图 5-11　测量 7812 ①脚输入端电压和③脚输出端对地阻值

断开空调器电源，使用万用表电阻挡，黑表笔不动仍旧接地，红表笔接7812的③脚输出端，正常阻值为数十千欧，实测约为34kΩ，见图5-11右图，说明7812输出端对地阻值正常，排除负载短路故障，可大致判断7812损坏。

7812对地阻值，主板不同结果也不相同，图中数值为实测结果。

5. 短接 7812 的①脚和③脚

将空调器通上电源，使用引线短接7812的①脚输入端和③脚输出端，见图5-12，同时使用万用表直流电压挡，黑表笔接7805的②脚地，红表笔接③脚输出端，实测电压约为5V，从而确定7812损坏。

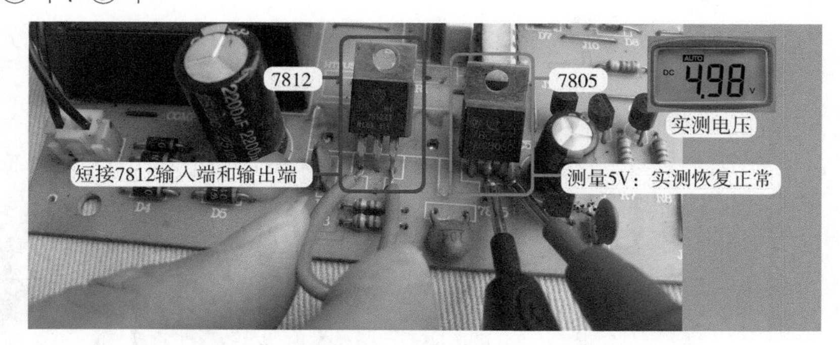

图 5-12　短接 7812 的①脚输入端和③脚输出端时测量电压约为 5V

维修措施：更换7812稳压块，见图5-13，上电开机后导风板自动关闭，测量7812③脚输出端电压约为12V，7805③脚输出端电压约为5V，遥控器开机，空调器开始运行，制冷恢复正常。

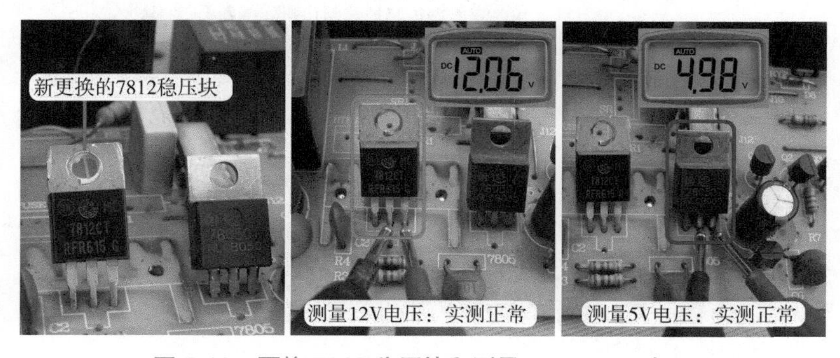

图 5-13　更换 7812 稳压块和测量 12V、 5V 电压

四、管温传感器阻值变小损坏，室外机不运行

故障说明：海信KFR-25GW挂式空调器，遥控器开机后室内风机运行，但压缩机和室外风机均不运行，显示板组件上的“运行”指示灯也不亮。在室内机接线端子上测量压缩机和室外风机电压为交流0V，说明室内机主板未输出供电。根据开机后“运行”指示灯不亮，说明输入部分电路出现故障，CPU检测后未向继电器电路输出控制电压，因此应检查传感器电路。

1．*测量环温和管温传感器插座分压点电压*

使用万用表直流电压挡，将黑表笔接地（本例实接复位集成块34064的地脚），红表笔接插座分压点测量电压（此时房间温度约25℃），结果应均接近2.5V，见图5-14，实测环温分压点约为2.4V，而管温分压点为4.1V，根据结果说明环温传感器电路正常，应重点检查管温传感器。

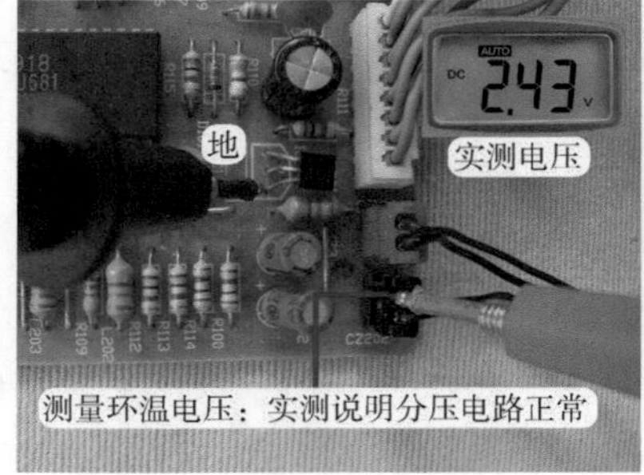

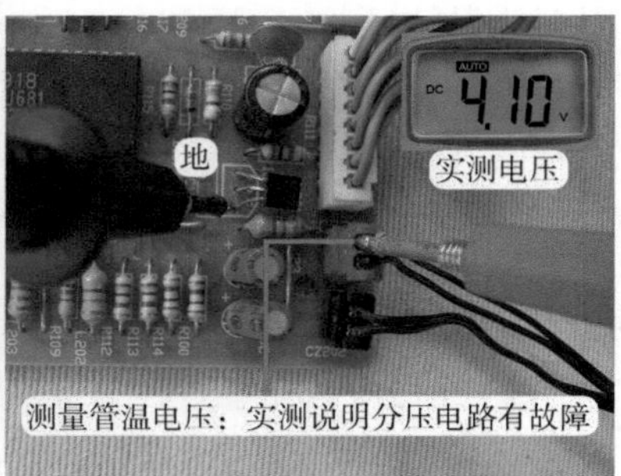

图 5-14　测量环温和管温传感器插座分压点电压

2．*测量管温传感器阻值*

将空调器断电并将管温传感器从蒸发器检测孔抽出（防止蒸发器温度影响测量结果），并等待一定的时间，见图5-15，在传感器表面温度接近房间温度时，再使用万用表电阻挡测量插头阻值，正常应接近5kΩ，实测约为1kΩ，说明管温传感器阻值变小损坏。

图 5-15　测量管温传感器阻值

说明

本例空调器传感器使用型号为25℃/5kΩ。

维修措施：更换管温传感器，见图5-16，更换后上电后，测量管温传感器分压点电压为直流2.5V，和环温传感器相同，遥控器开机后，显示板组件上的“电源、运行”指示灯点亮，室外风机和压缩机运行，空调器制冷恢复正常。

应急措施：在夏季维修时，如果暂时没有配件更换，而用户又十分着急使用，可以将环温与管温传感器插头互换，见图5-17，并将环温传感器探头插在蒸发器内部，管温传感器探头放在检测温度的支架上。开机后空调器能应急制冷，但没有温度自动控制功能（即空调器不停机一直运行），应告知用户待房间温度下降到一定值时，使用遥控器关机或拔下空调器电源插头。

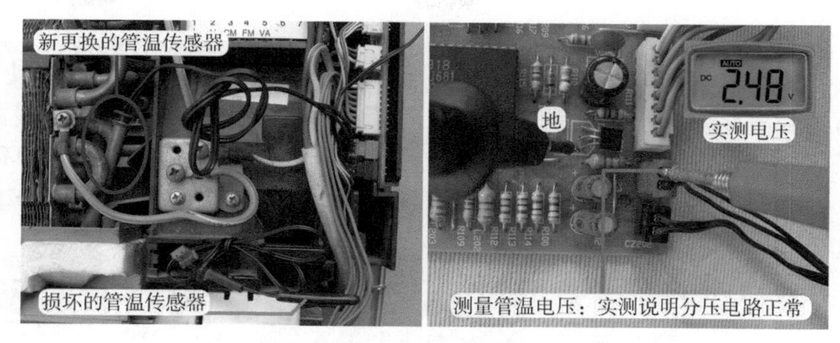

图 5-16　更换管温传感器和测量分压点电压

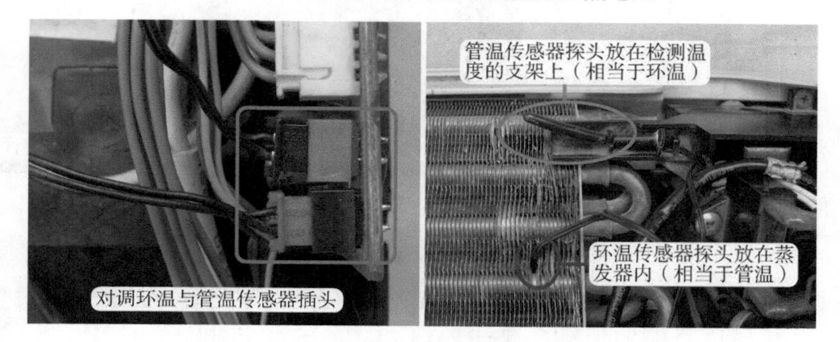

图 5-17　对调环温和管温传感器插头

五、管温传感器阻值变大，3min 后不制冷

故障说明：美的KFR-50LW/DY-GA（E5）柜式空调器，用户反映开机刚开始制冷正常，但约3min后不再制冷，室内机吹自然风。

1. 检查室外风机和测量压缩机电压

上门检查，用遥控器（制冷模式，温度设定16℃）开机，空调器开始运行，室内机出风较凉。运行3min左右不制冷的常见原因为室外风机不运行、冷凝器温度升高、导致压缩机过载保护所致。

检查室外机，将手放在出风口部位感觉室外风机运行正常，见图5-18左图，手摸冷凝器表面温度不高，下部接近常温，排除室外机通风系统引起的故障。

使用万用表交流电压挡，测量压缩机和室外风机电压，在室外机运行时均为交流220V，但约3min后电压均变为0V，见图5-18右图，同时室外机停机，室内机吹自然风，说明不制冷故障由电控系统引起。

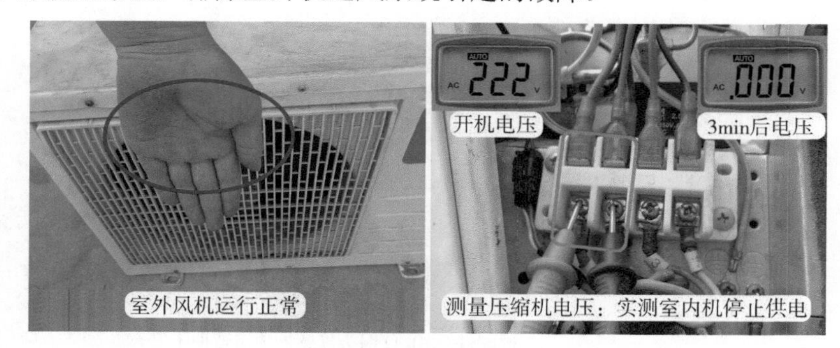

图 5-18　检查室外机运行和测量压缩机电压

2. 测量传感器电路电压

检查电控系统故障时应首先检查输入部分的传感器电路，使用万用表直流电压挡，黑表笔接7805散热片铁壳地、红表笔接室内环温传感器T1的两根白线插头测量电压，实测公共端为5V，分压点约为2.4V，见图5-19左图，初步判断室内环温传感器正常。

黑表笔不动依旧接地、红表笔改接室内管温传感器T2的两根黑线插头测量电压，实测公共端为5V，分压点约为0.4V，见图5-19右图，说明室内管温传感器电路出现故障。

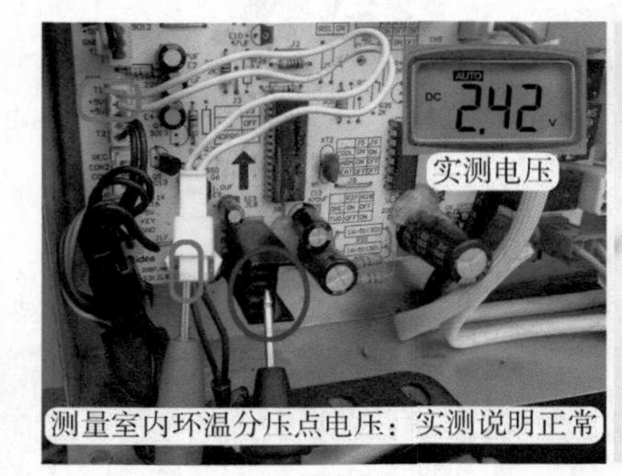

图 5-19 测量传感器电路电压

3. 测量传感器阻值

分压电路由传感器和主板的分压电阻组成，为判断故障部位，使用万用表电阻挡，拔下管温和环温传感器插头，测量室内管温传感器阻值约为100kΩ，测量型号相同、温度接近的室内环温传感器阻值约为8.6kΩ，见图5-20右图，说明室内管温传感器阻值变大损坏。

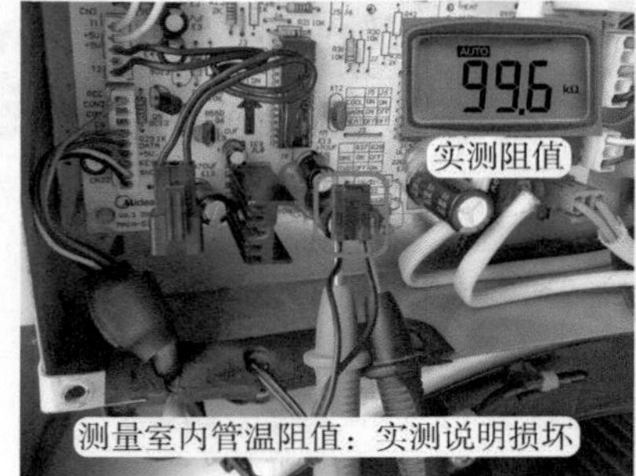

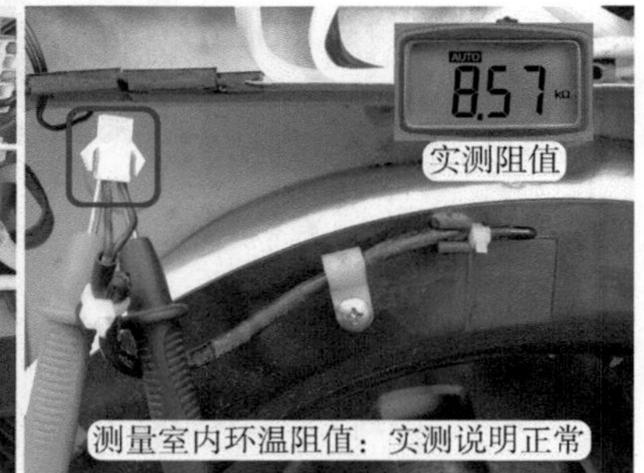

图 5-20 测量传感器阻值

说明

本机室内环温、室内管温、室外管温传感器型号均为25℃/10kΩ。

4. 安装配件传感器

由于暂时没有同型号的传感器更换，因此使用市售的维修配件代换，见图5-21，选择10kΩ的铜头传感器。在安装时由于配件探头比原机传感器小，安装在蒸发器检测孔时感觉很松，即探头和管壁接

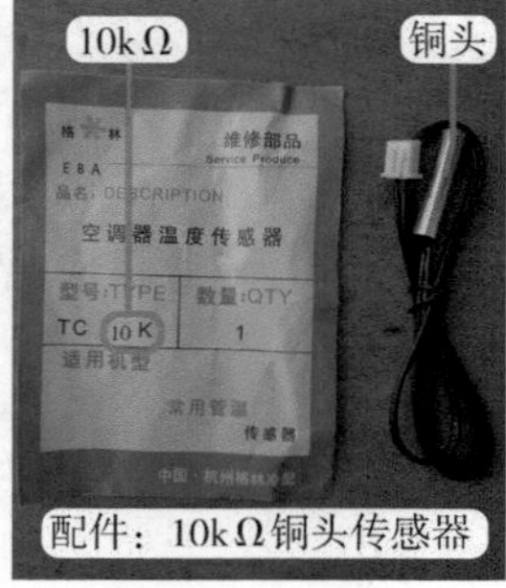

图 5-21 配件传感器和安装传感器探头

触不紧固。解决方法是取下检测孔内的卡簧，并按压弯头部位使其弯曲面变大，这样配件探头可以紧贴在蒸发器检测孔。

由于配件传感器引线较短，因此还需要使用原机的传感器引线，见图5-22。方法是取下原机的传感器，将引线和配件传感器引线相连，使用防水胶布包扎接头，再将引线固定在蒸发器表面。

图 5-22　包扎引线和固定安装

维修措施：更换管温传感器。更换后在待机状态测量室内管温传感器分压点电压约为直流2.2V，和室内环温传感器接近，使用遥控器开机，室外风机和压缩机一直运行，空调器也一直制冷，故障排除。

复位集成块

由于室内管温传感器阻值变大，相当于蒸发器温度很低，室内机主板CPU检测后进入制冷防结冰保护，因而3min后停止室外风机和压缩机供电。

第 2 节　按键接收器电路和连接线故障

一、按键开关漏电，自动开关机

故障说明：格力KFR-50GW/K（50513）B-N4挂式空调器，通上电源一段时间以后，见图5-23，在不使用遥控器的情况下，蜂鸣器响一声，空调器自动启动，显示板组件上显示设定温度为25℃，室内风机运行；约30s后蜂鸣器响一声，显示板组件显示窗熄灭，空调器自动

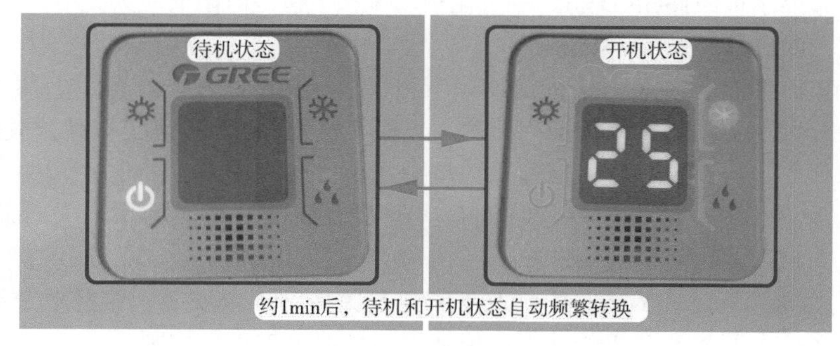

图 5-23　故障现象

关机，但20s后，蜂鸣器再次响一声，显示窗显示为25℃，空调器又处于开机状态。如果不拔下空调器的电源插头，将反复进行开机和关机操作指令，同时空调器不制冷。有时候由于频繁开机和关机，压缩机也频繁启动，引起电流过大，自动开机后会显示屏显示“E5”（低电压过电流故障）的故障代码。

1.测量应急开关按键引线电压

空调器开关机有两种控制程序，一是使用遥控器控制，二是主板应急开关电路。本例维修时取下遥控器的电池，遥控器不再发送信号，空调器仍然自动开关机，排除遥控器引起的故障，应检查应急开关电路。见图5-24左图，本机应急开关按键安装在显示板组件，通过引线（代号key）连接至室内机主板。

使用万用表直流电压挡，见图5-24右图，黑表笔接显示板组件DISP1插座上GND（地）引针，红表笔接DISP2插座上key（连接应急开关按键）引针，在未按压应急开关按键时应为稳定的直流5V，而实测电压为1.3～2.5V跳动变化的电压，说明应急开关电路有漏电故障。

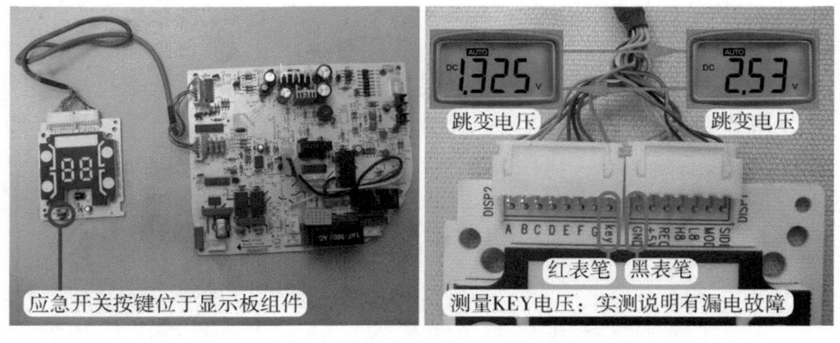

图 5-24　应急开关安装位置和测量按键引线电压

2.测量应急开关按键引脚阻值

为判断故障是显示板组件上的按键损坏，还是室内机主板上的瓷片电容损坏，拔下室内机主板和显示板组件的两束连接插头，见图5-25左图，使用万用表电阻挡测量显示板组件GND与key引针阻值，未按下按键时阻值应为无穷大，而实测约为4kΩ，初步判断应急开关按键损坏。

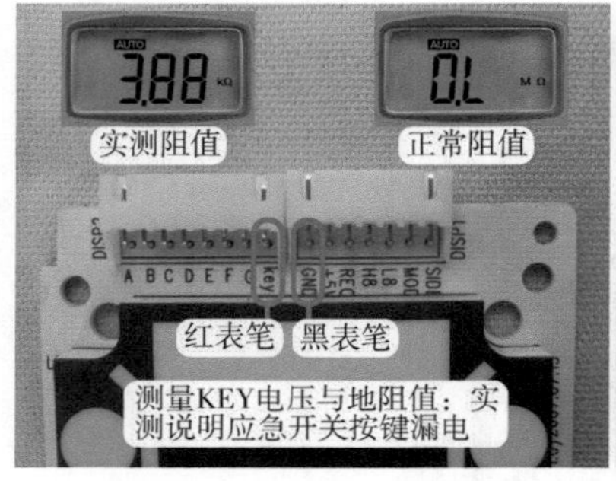

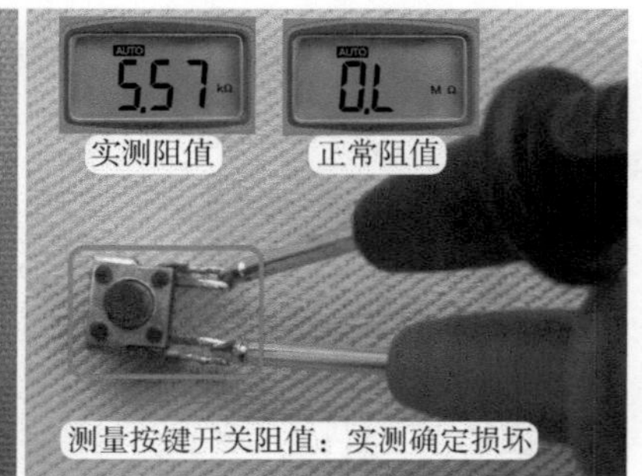

图 5-25　测量按键阻值

为准确判断，使用烙铁焊下按键，见图5-25右图，使用万用表电阻挡单独测量按键开关引脚，正常阻值应为无穷大，而实测约为5kΩ，确定按键开关漏电损坏。

维修措施：更换应急开关按键或更换显示板组件。

应急措施：如果暂时没有应急开关按键更换，而用户又着急使用空调器，有两种方法。

（1）见图5-26左图，取下应急开关按键不用安装，这样对空调器没有影响，只是少了应急开机和关机的功能，但使用遥控器可以正常控制。

（2）见图5-26右图，取下室内机主板与显示板组件连接线中key引线，并使用胶布包扎做好绝缘，也相当于取下了应急开关按键。

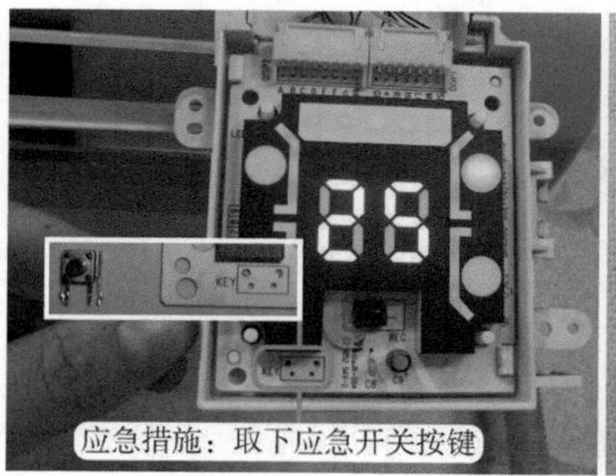

图 5-26　应急维修措施

应急开关按键漏电损坏，引起自动开关机故障，在维修中所占比例很大，此故障通常由应急开关按键漏电引起，维修时可直接更换试机。

二、按键内阻增大，操作功能错乱

故障说明：美的KFR-50LW/DY-GA（E5）柜式空调器，用户反映遥控器控制正常，但按键不灵敏，有时候不起作用，需要使劲按压，有时控制功能错乱，见图5-27，比如按压模式按键时，显示屏左右摆风图标开始闪动，实际上是辅助功能按键在起作用；比如按压风速按键时，显示屏显示锁定图标，再按压其他按键均不起作用，实际上是锁定按键在起作用。

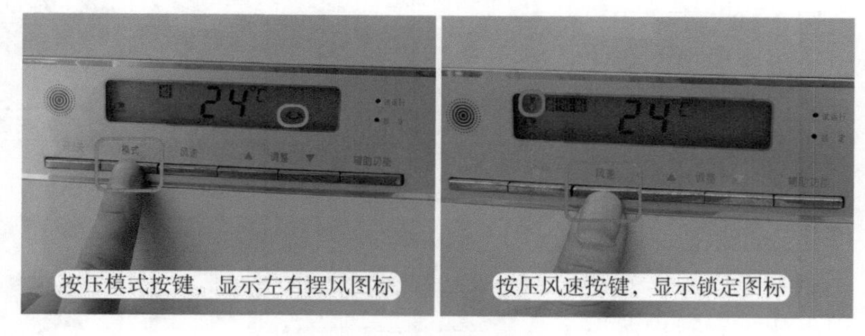

图 5-27　按键控制错乱

1. 工作原理

功能按键设有8个，而CPU只有（26）脚共1个引脚检测按键，基本工作原理为分压电路，电路原理图见图5-28，本机上分压电阻为R38，按键和串联电阻为下分压电阻，CPU（26）脚根据电压值判断按下按键的功能，从而对整机进行控制，按键状态与CPU引脚电压对应关系见表5-1。

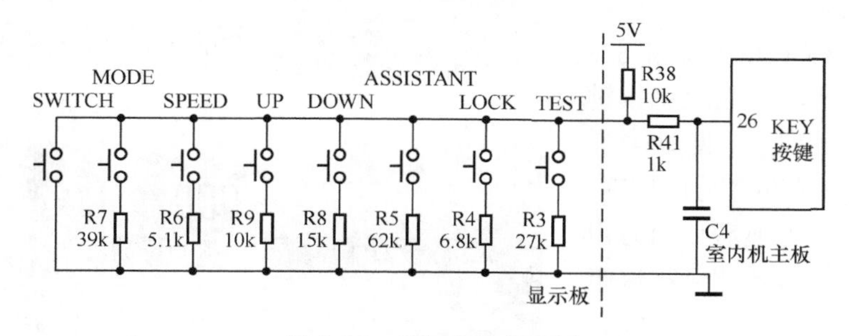

图 5-28　按键电路原理图

比如（26）脚电压为2.5V时，CPU通过计算，得出温度“上调”键被按压一次，控制显示屏的设定温度上升1℃，同时与室内环温传感器温度相比较，控制室外机负载的工作与停止。

表 5-1　　按键状态与 CPU 引脚电压对应关系

名称	开/关	模式	风速	上调	下调	辅助功能	锁定	试运行
英文	SWITCH	MODE	SPEED	UP	DOWN	ASSISTANT	LOCK	TEST
CPU电压	0V	3.96V	1.7V	2.5V	3V	4.3V	2V	3.6V

2. 测量 KEY 电压和按键阻值

使用万用表直流电压挡，见图5-29左图，黑表笔接7805散热片铁壳地，红表笔接主板上显示板插座中KEY（按键）对应的白线测量电压，在未按压按键时约为5V，按压风速按键时电压在1.7～2.2V上下跳动变化，同时显示屏显示锁定图标，说明CPU根据电压判断为锁定按键被按下，确定按键电路出现故障。

按键电路常见故障为按键损坏，断开空调器电源，使用万用表电阻挡，见图5-29右图，测量按键阻值，在未按压按键时，阻值为无穷大，而在按压按键时，正常阻值为0Ω，而实测阻值在100～600kΩ上下变化，且使劲按压按键时阻值会明显下降，说明按键内部触点有锈斑，当按压按键时触点不能正常导通，锈斑产生阻值和下分压电阻串联，与上分压电阻R38进行分压，由于阻值增加，分压点电压上升，CPU根据电压判断为其他按键被按下，因此按键控制功能错乱。

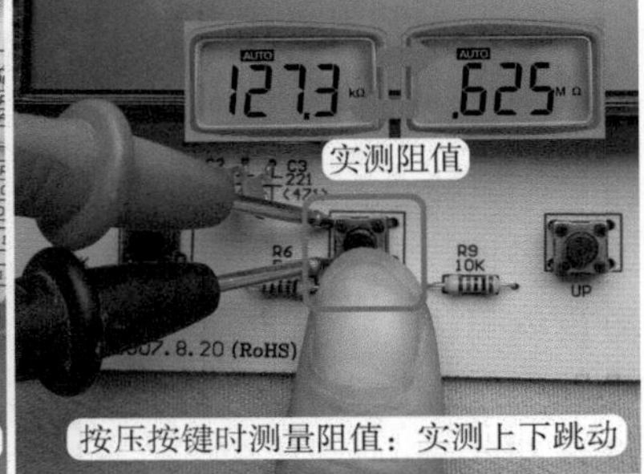

图 5-29　测量按键电压和阻值

维修措施：按键内阻变大一般由湿度大引起，而按键电路的8个按键处于相同环境下，因此应将按键全部取下，见图5-30，更换相同型号的按键。

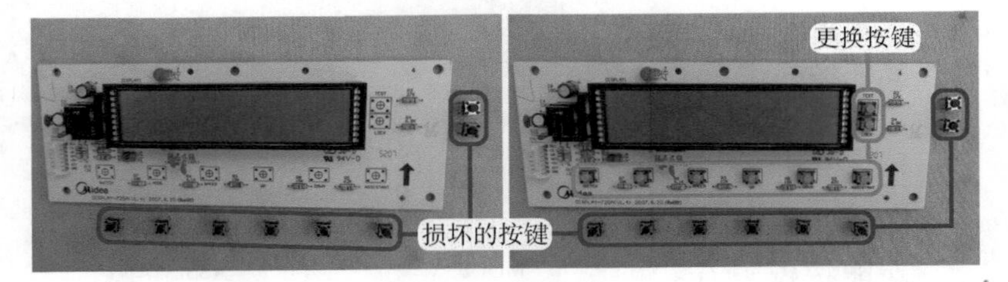

图 5-30　更换按键

更换后使用万用表电阻挡测量按键阻值，见图5-31左图，未按压按键时，阻值为无穷大；轻轻按压按键时，阻值由无穷大变为0Ω。

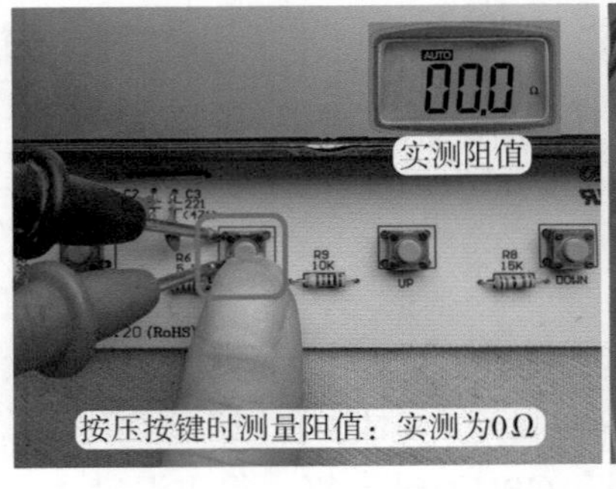

图 5-31　测量按键阻值和电压

再将空调器通上电源，使用万用表直流电压挡，测量主板区显示板插座KEY按键白线电压，未按压按键时为5V，按压风速按键时电压稳定约为1.7V，见图5-31右图，不再上下跳动变化，蜂鸣器响一声后，显示屏风速图标变化，同时室内风机转速也随之变化，说明按键控制正常，故障排除。

按键

三、接收器损坏，不接收遥控器信号

故障说明：格力KFR-72LW/NhBa-3柜式空调器，用户使用遥控器不能控制，使用按键控制正常。

1. 按压按键和检查遥控器

上门检查，按压遥控器上开关按键，室内机没有反应；见图5-32左图，按压前面板上开关按键，室内机按自动模式开机运行，说明电路基本正常，故障在遥控器或接收器电路。

使用手机摄像头检查遥控器，见图5-32右图，方法是打开手机相机，将遥控器发射头对准手机摄像头，按压遥控器按键的同时观察手机屏幕，遥控器正常时，在手机屏幕上能观察到发射头发出的白光；损坏时，不会发出白光。本例检查能看到白光，说明遥控器正常，故障在接收器电路。

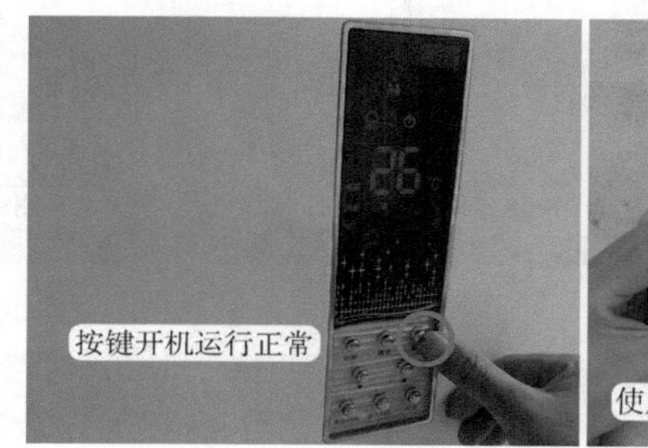

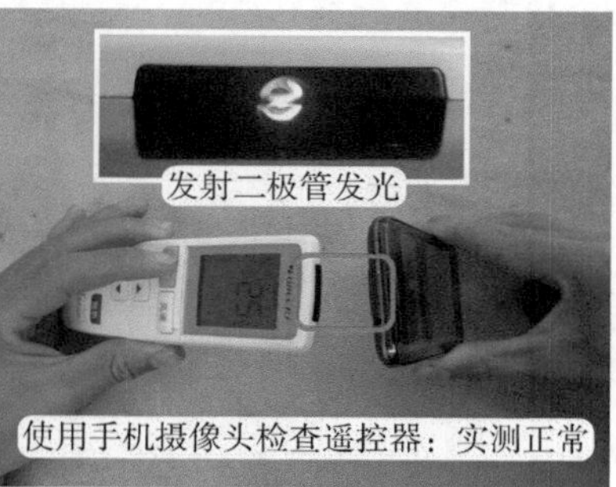

图 5-32　按键开机和检查遥控器

2. 测量电源和信号电压

本机接收器电路位于显示板，使用万用表直流电压挡，黑表笔接接收器外壳铁壳地，红表笔接②脚电源引脚测量电压，实测约为4.8V，见图5-33左图，说明电源供电正常。

黑表笔不动依旧接地，红表笔改接①脚信号引脚测量电压，在静态即不接收遥控器信号时，实测约为4.4V；按压遥控器开关按键，遥控器发射信号，同时测量接收器信号引脚（即动态）电压，实测仍约为4.4V，见图5-33右图，没有电压下降过程，说明接收器损坏。

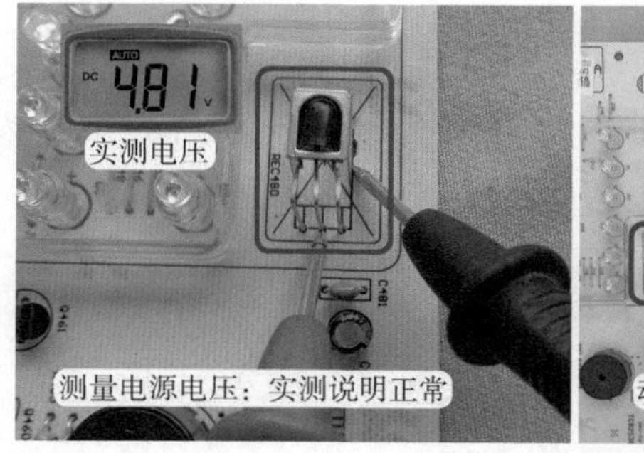

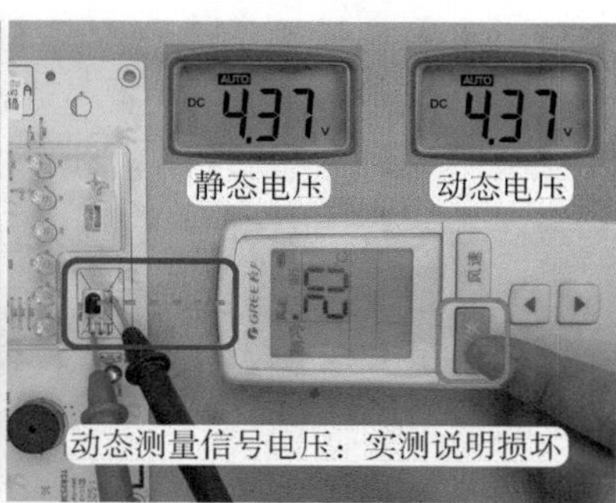

图 5-33　测量电源和信号电压

3. 代换接收器

本机接收器型号为19GP，暂时没有相同型号的接收器，使用常见的0038接收器代换，见图5-34，方法是取下19GP接收器，查看焊孔功能：①脚为信号、②脚为电源、③脚为地，而0038接收器引脚功能：①脚为地、②脚为电源、③脚为信号，由此可见①脚和③脚功能相反，代换时应将引脚掰弯，按功能插入显示板焊孔，使之与焊孔功能相对应，安装后应注意引脚之间不要短路。

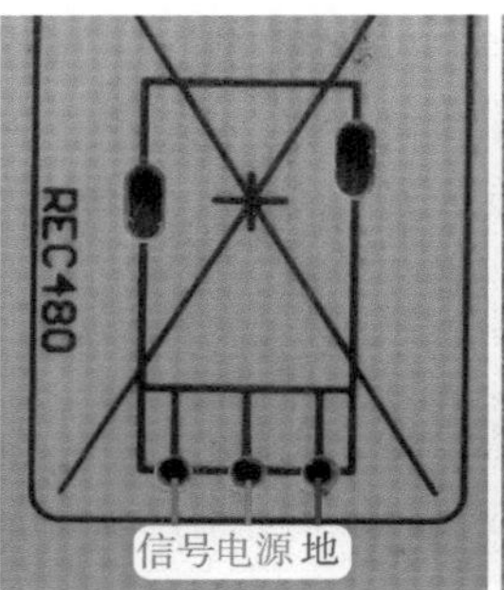

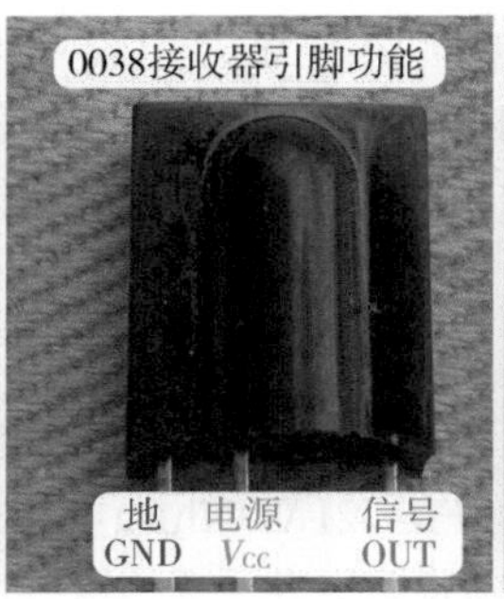

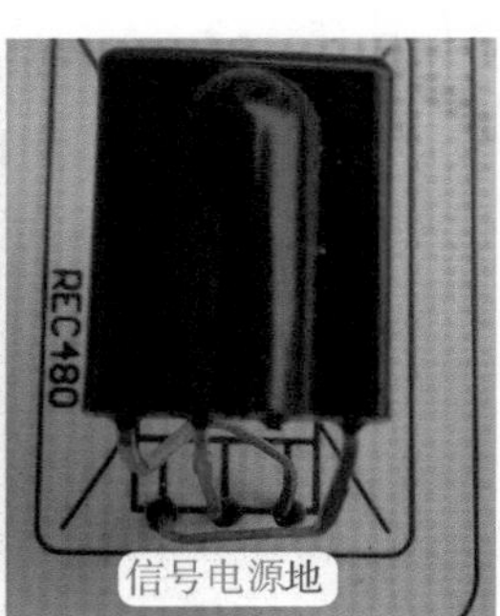

图 5-34　代换接收器

维修措施：使用0038接收器代换19GP接收器。代换后使用万用表直流电压挡，测量0038接收器电源引脚电压为4.8V，信号引脚静态电压为4.9V，见图5-35，按压遥控器发射信号，接收器接收信号即动态时信号引脚电压下降至约3V（约1s），然后上升至4.9V，同时蜂鸣器响一声，空调器开始运行，故障排除。

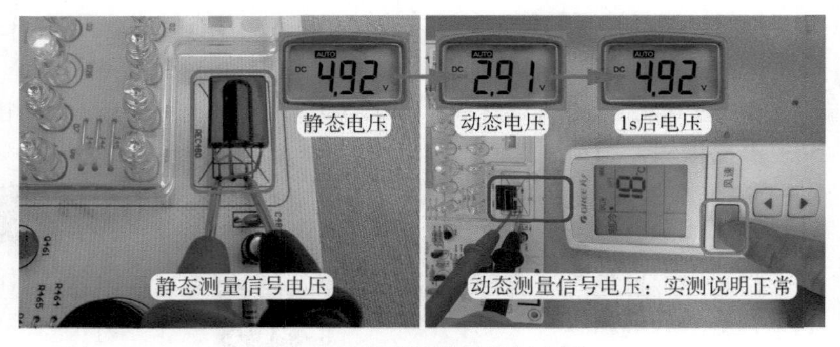

图 5-35　测量接收器信号电压

四、接收器受潮，不接收遥控器信号

故障说明：格力某型号挂式空调器，遥控器不起作用，使用手机摄像功能检查遥控器正常，按压应急开关按键，按“自动模式”运行，说明室内机主板电路基本工作正常，判断故障在接收器电路。

1. 测量接收器信号和电源引脚电压

使用万用表直流电压挡，黑表笔接接收器地引脚（或表面铁壳），红表笔接信号引脚测量电压，实测约为3.5V，见图5-36左图，而正常约为5V，确定接收器电路有故障。

红表笔接电源引脚测量电压，实测约为3.6V，见图5-36右图，和信号引脚电压基本相等，常见原因有两个，一是5V供电电路有故障，二是接收器漏电。

2. 测量5V供电电路

接收器电源引脚通过限流电阻R3接直流5V，见图5-37左图，黑表笔接地（接收器

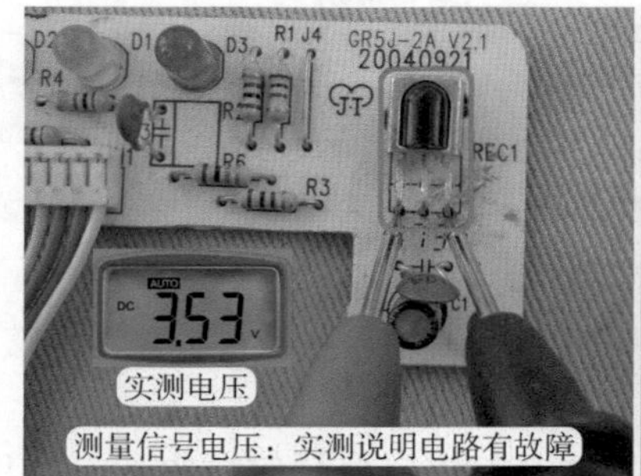

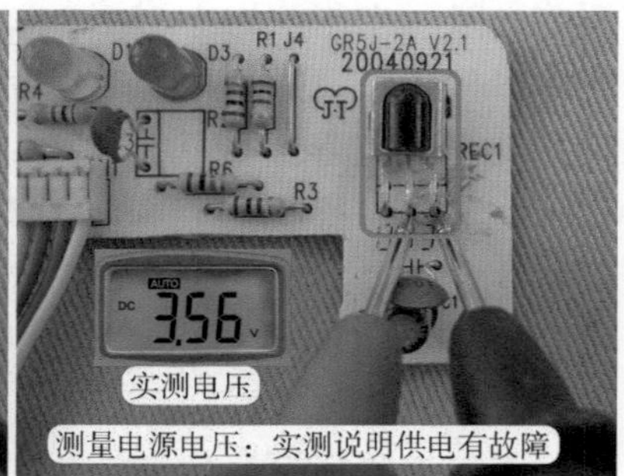

图 5-36　测量接收器信号和电源引脚电压

铁壳），红表笔接电阻R3上端，实测电压约为5V，说明5V电压正常。

断开空调器电源，见图5-37右图，使用万用表电阻挡测量R3阻值，实测约为100Ω，和标注阻值相同，说明电阻R3阻值正常，为接收器受潮漏电故障。

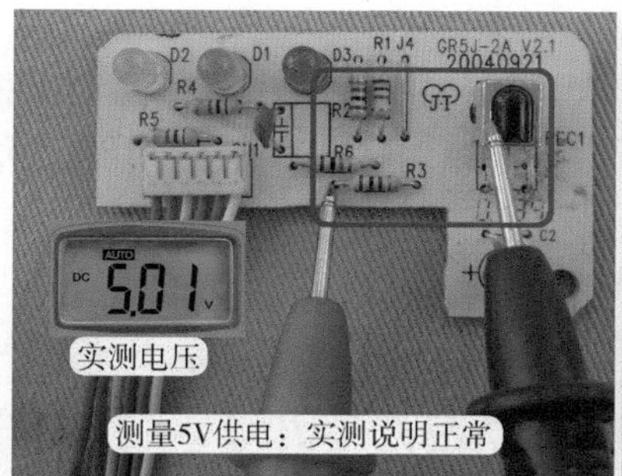

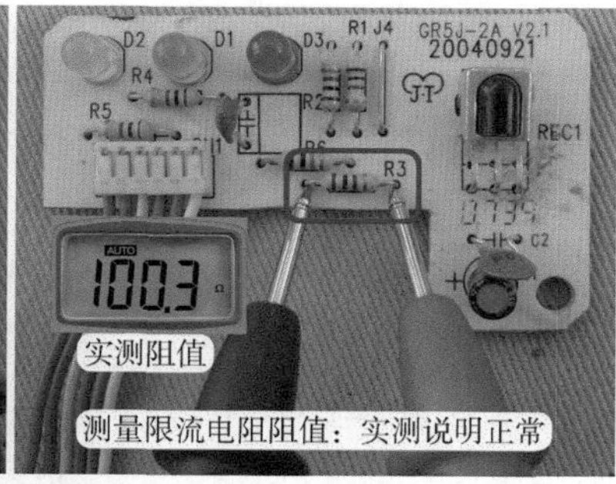

图 5-37　测量 5V 电压和限流电阻阻值

3. *加热接收器*

使用电吹风热风挡，风口直吹接收器约1min，见图5-38，当手摸接收器表面烫手时不再加热，待2min后接收器表面温度下降，再将空调器通上电源，使用万用表直流电压挡，再次测量电源引脚电压为4.8V，信号引脚电压为5V，说明接收器恢复正常，按压遥控器开关按键，蜂鸣器响一声后，空调器按遥控器命令开始工作，不接收遥控器信号故障排除。

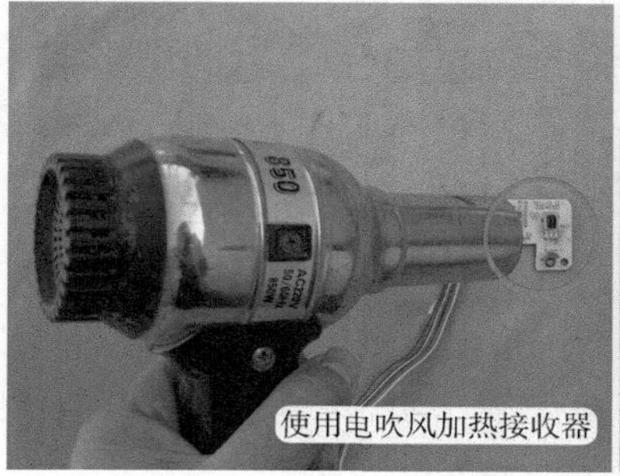

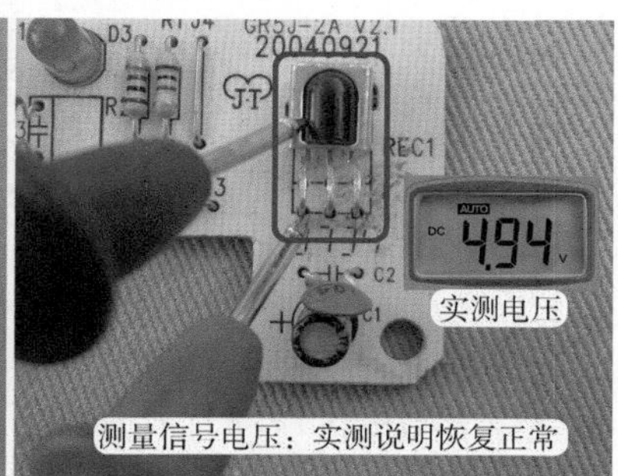

图 5-38　加热接收器和测量信号电压

维修措施：使用电吹风加热接收器。如果加热后依旧不能接收遥控器信号，需更换接收器或显示板组件。更换接收器后最好使用绝缘胶涂抹引脚，使之与空气绝缘，可降低此类故障的发生概率。

五、加长连接线接头烧断，格力 E1 代码

故障说明：格力KFR-72LW/NhBa-3柜式空调器，用户反映刚安装时制冷正常，使用一段时间以后，通上电源显示屏即显示E1代码，同时不能开机，E1代码含义为制冷系统高压保护。

1. *测量高压保护黄线电压*

为区分故障范围，在室内机接线端子处使用万用表交流电压挡，红表笔接L端子相线，黑表笔接方形对接插头中高压保护黄线测量电压，正常为交流220V，实测为交流0V，见图5-39左图，

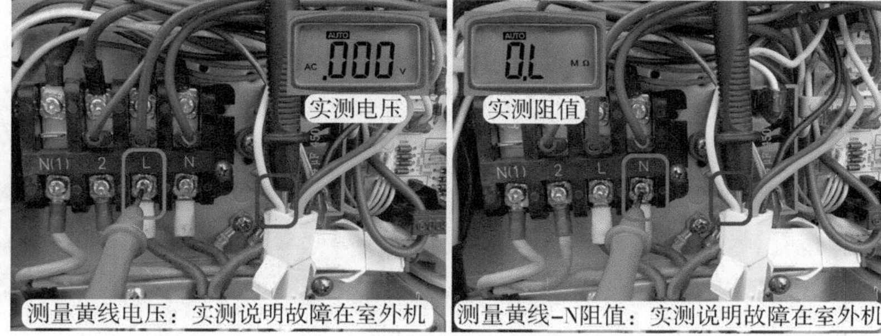

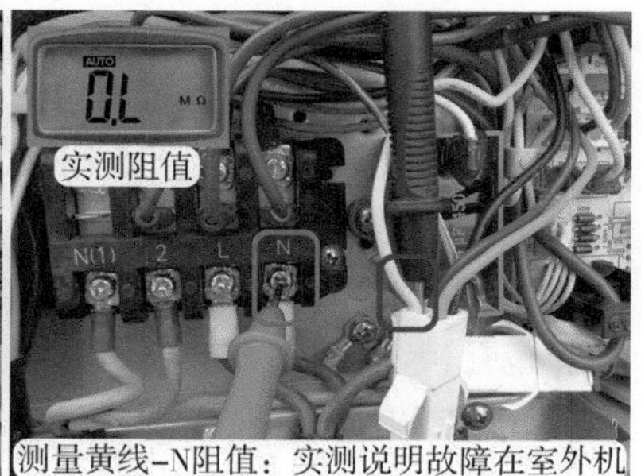

图 5-39　测量室内机黄线电压和黄线 -N 阻值

说明室内机正常，故障在室外机。

断开空调器电源，使用万用表电阻挡，测量N端零线和黄线阻值，由于3P单相柜机中室外机只有高压压力开关，正常阻值应为0Ω，而实测为无穷大，见图5-39右图，也说明故障在室外机。

2.测量室外机黄线电压和阻值

检查室外机，在接线端子处使用万用表电阻挡，红表笔接N（1）端子零线，黑表笔接方形对接插头中高压保护黄线测量阻值，实测为0Ω，见图5-40左图，说明高压压力开关正常。

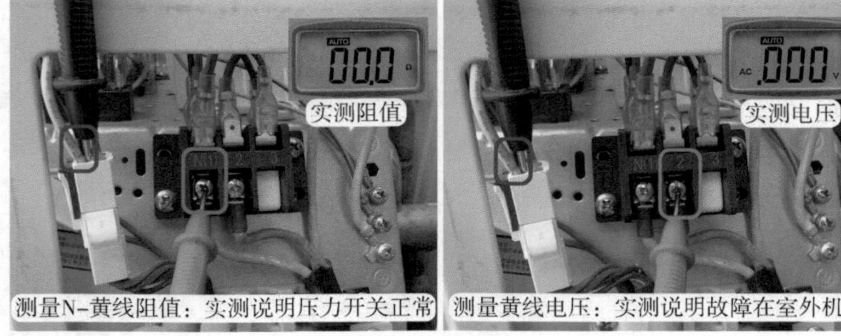

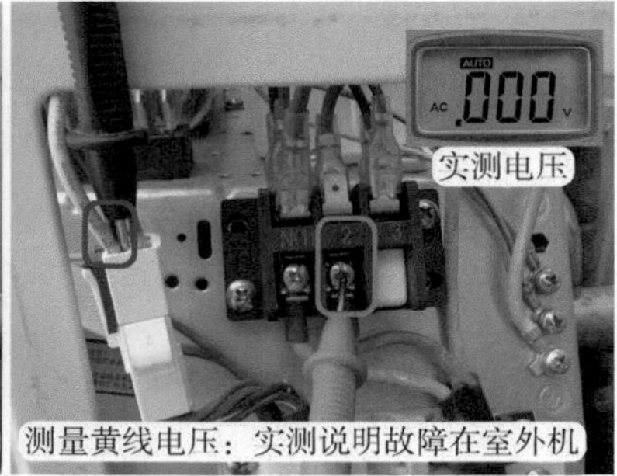

图 5-40　测量室外机黄线 -N 阻值和黄线电压

再将空调器通上电源，使用万用表交流电压挡，红表笔改接2号端子相线，黑表笔接黄线，实测电压仍为0V，见图5-40右图，这个结果也说明故障在室外机。

3.测量室外机和室内机接线端子电压

由于室外机只设有高压压力开关且测量阻值正常，而输出电压（黄线-2相线）为交流0V，应测量压力开关输入电压即接线端子上N（1）零线和2相线，使用万用表交流电压挡，实测为交流0V，见图5-41左图，说明室外机没有电源电压输入。

室外机N（1）和2端子由连接线与室内机N（1）和2端子相连，测量室内机N（1）和2端子电压，实测为交流221V，见图5-41右图，说明室内机已输出电压，应检查电源连接线。

4.检查加长连接线接头

本机室内机和室外机距离较远，加长约3m管道，同时也加长了连接线，检查加长连接线接头时，发现连接管道有烧黑的痕迹，见图5-42左图，判断加长连接线接头烧断。

断开空调器电源，剥开包扎带，发现3芯连接线中L和N线接头烧断，见图5-42右图，地线正常。

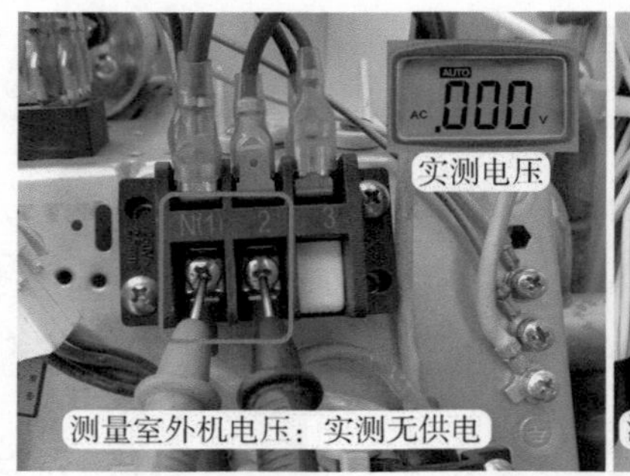

图 5-41　测量室外机和室内机接线端子电压

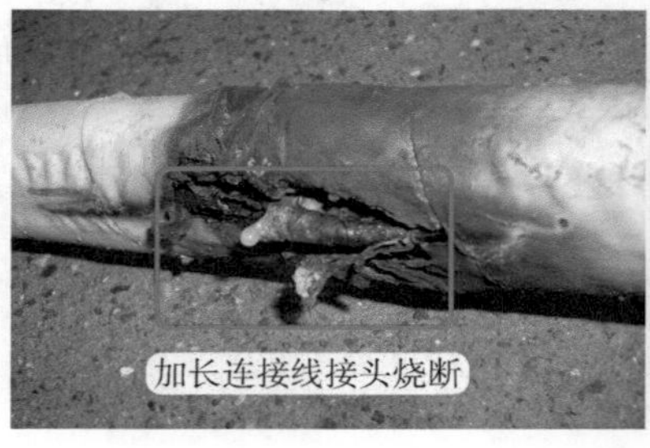

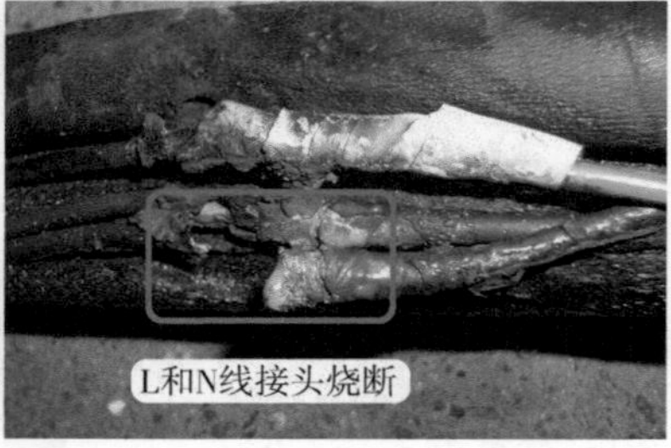

图 5-42　检查加长连接线接头

5.连接加长线接头

见图5-43，剪掉烧断的接头，将3根连接线L、N、地的接头分段连接，尤其是L和N的接头更要分开，并使用防水胶布包扎，再次上电试机，开机后室内机和室外机均开始运行，不再显示“E1”代码，制冷恢复正常。

维修措施：重接分段连接加长线中电源线L、N、地接头。

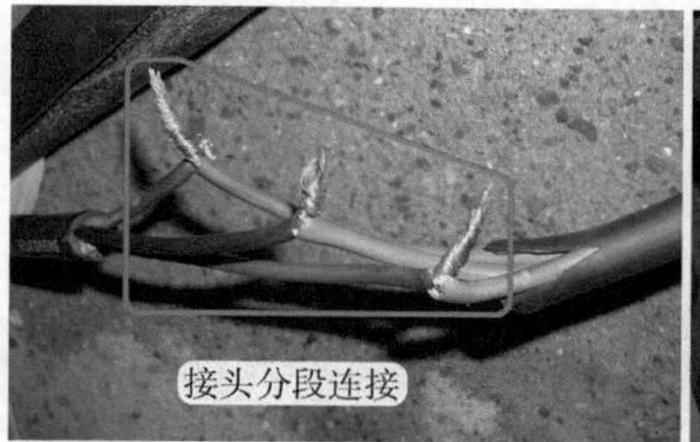

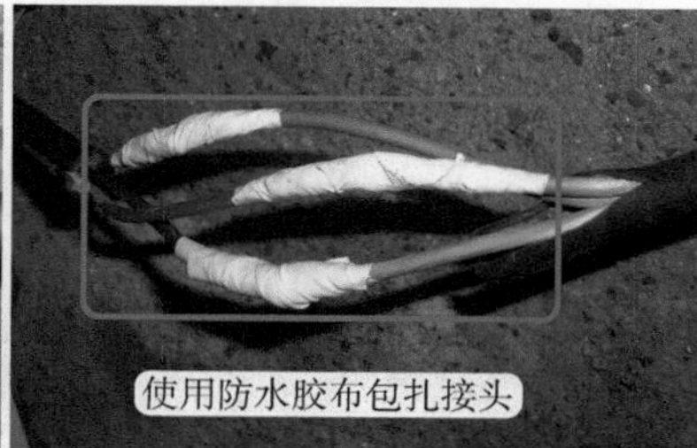

图 5-43　分段连接和包扎接头

由于单相3P柜式空调器运行电流较大，约为12A，接头发热量较大，而原机L、N、地接头处于同一位置，空调器运行一段时间后，L和N接头的绝缘烧坏，L线和N线短路，造成接头处烧断，而高压保护电路OVC黄线由室外机N端供电，所以高压保护电路中断，从而引发本例故障。

第6章 室内外风机电路故障

第1节 室内风机电路故障

一、室内风机电容引脚虚焊，格力H6代码

故障说明：格力KFR-50GW/K（50556）B1-N1挂式空调器，用户反映新装机，试机时室内风机不运行，显示屏显示H6代码，代码含义为无室内机电机反馈。

1. 触摸和拨动室内风扇

上门检查，重新上电，使用遥控器开机，导风板打开，室外风机和压缩机均开始运行，但室内风机不运行，将手从出风口伸入，手摸室内贯流风扇有轻微的振动感，见图6-1左图，

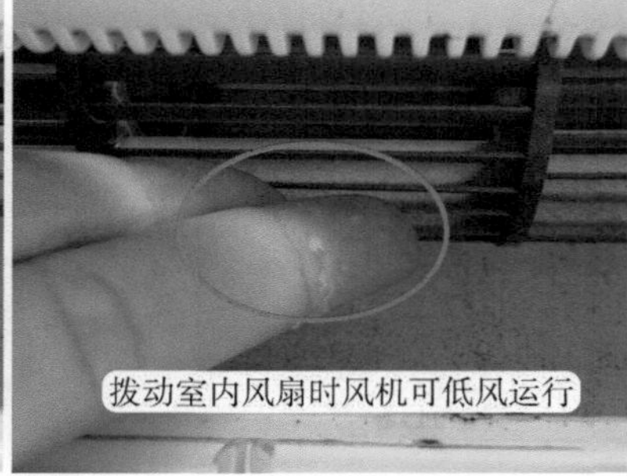

图6-1　触摸和拨动室内风扇

说明CPU已输出供电驱动光耦晶闸管，其次级已导通，并且交流电源已送至室内风机线圈供电插座，但由于某种原因室内风机启动不起来，约1min后室外风机和压缩机停止运行，显示H6代码。

断开空调器电源，用手拨动室内风扇，感觉无阻力，排除室内风扇卡死故障；再次上电开机，待室外机运行之后，手摸室内风扇有振动感时并轻轻拨动，见图6-1右图，增加启动力矩，室内风机启动运行，但转速很慢，就像设定风速为低风一样（遥控器设定为高风）。此时室内风机可一直低风运行，但不再显示H6代码，判断故障为室内风机启动绕组开路或电容有故障。

2. 室内风机电容虚焊

使用万用表交流电压挡，测量室内风机线圈供电插座电压约为交流220V，已为供电电压的最大值。使用万用表的交流电流挡，测量室内风机公共端白线电流，实测为0.37A，实测电压和电流均说明室内机主板已输出供电且室内风机线圈没有短路故障。

断开空调器电源，抽出室内机主板，准备测量室内风机线圈阻值时，观察到风机电容未紧贴主板，用手晃动发现引脚已虚焊，见图6-2左图。

再次上电开机，用手拨动室内风扇使室内风机运行，见图6-2右图，此时再用手按压电容使引脚接触焊点，室内风机立即由低风运行变为高风运行，并且线圈供电电压由交流220V下降至约为交流150V，但运行电流未变，恒定为0.37A。

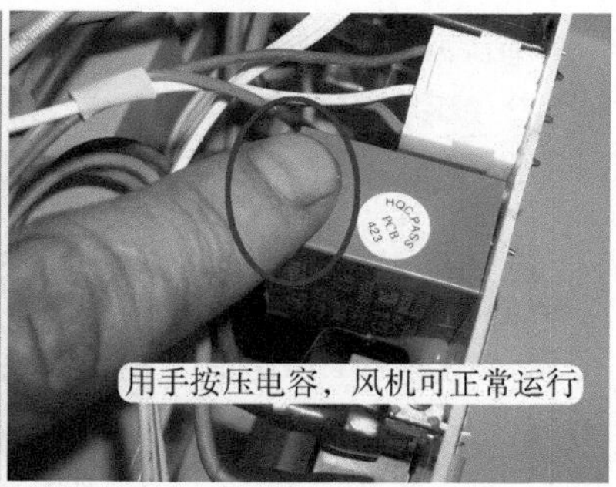

图 6-2　风机电容焊点虚焊和按压电容

维修措施：见图6-3，将风机电容安装到位，使用烙铁补焊两个焊点。再次上电开机，导风板打开后，室内风机立即高风运行，室外机运行后制冷恢复正常，同时不再显示H6代码，故障排除。

图 6-3　补焊风机电容焊点

总结

（1）本例中室内风机电容由于体积较大，涂在电容表面的固定胶较少，加之焊点镀锡较少，经长途运输后电容引脚焊点虚焊，室内风机启动不起来，室内机主板CPU因检测不到反馈的霍尔信号，约1min后停止室内机和室外机供电，显示H6代码。

（2）如空调器使用一段时间（6年以后），室内风机电容容量变小或无容量，室内风机启动不起来，故障现象和本例相同。

（3）如果室内贯流风扇由于某种原因卡死或室内风机轴承卡死，故障现象也和本例相同。

二、室内风机电容容量变小，美的E3代码

故障说明：美的KFR-35GW/BP2DN1Y-K（3）挂式直流变频空调器，用户反映不制冷，室内机显示屏显示E3代码，代码含义为室内风机失速故障。

1. 室内风扇不运行和故障代码

上门检查，空调器重新上电开机，将手放在出风口，感觉无风吹出，从出风口向里查看，发现室内风扇不运行。待约1min后，室内机显示屏不再显示设定温度，显示E3代码，结合室内风扇不运行，说明室内风机电路出现故障。

2. 触摸和拨动室内风扇

由于显示屏显示E3代码之后不再启动室内风机运行，断开空调器电源约1min后再次上电开机，导风板打开，将手从出风口伸入触摸室内风扇，感觉有轻微的振动感，见图6-4左图，说明室内机主板已输出供电，但由于某种原因不能运行。

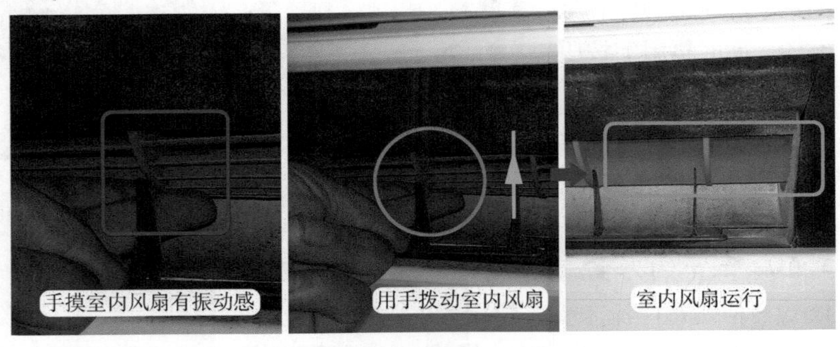

图6-4　触摸和拨动室内风扇

见图6-4中图和右图，按运行方向用手拨动室内风扇，室内风扇便运行起来，将手放在出风口感觉有风吹出，只是风量较弱，但可以一直运行，显示屏不再显示E3代码，也说明室内风机电路有故障，应检查线圈供电电压、线圈阻值、室内风机电容等部位。

3. 测量线圈供电电压

取下室内机外壳和电控盒盖板，见图6-5左图。室内风机共设有两个插头：大插头为线圈供电，小插头为霍尔反馈。线圈供电插头共有3根引线，从上到下顺序为：红线（R）为运行绕组、黑线（C）为公共端、白线（S）为启动绕组。

使用万用表交流电压挡，将表笔连接红线（R）和黑线（C）测量电压，将空调器接通电源但不开机，待机电压约为2V；使用遥控器开机，导风板打开，约10s时主板CPU输出供电驱动室内风机运行，电压上升至约160V，但室内风机不能启动运行，线圈供电电压也逐步上升；约30s时电压上升至182V；约60s时上升至最大值216V，但此时室内风机仍不能运行；约61s时主板CPU停止驱动室内风机，电压下降至待机状态约2V，见图6-5右图，同时显示屏显示E3代码。根据开机后电压逐步上升（160V至216V），说明室内机主板输出电压正常。

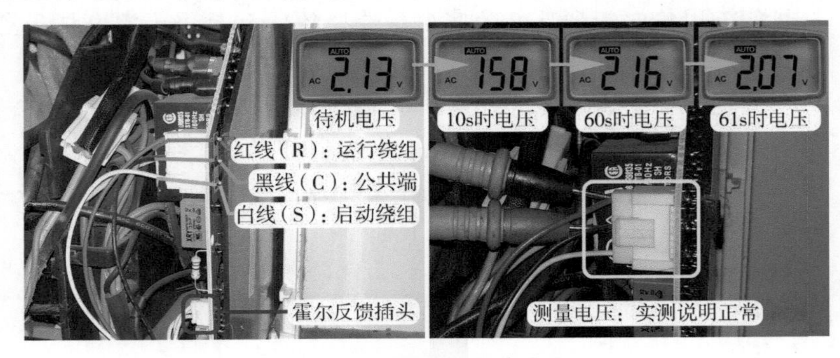

图6-5　测量线圈供电电压

4.测量线圈阻值

断开空调器电源，拔下室内风机线圈供电插头，使用万用表电阻挡，表笔接黑线（C）和红线（R）测量阻值，实测为505Ω；表笔接黑线（C）和白线（S）测量阻值，实测为455Ω，表笔接红线（R）和白线（S）测量阻值，实测为960Ω，见图6-6。根据3次测量结果（CR+CS=RS），说明线圈阻值正常，应检查室内风机电容容量。

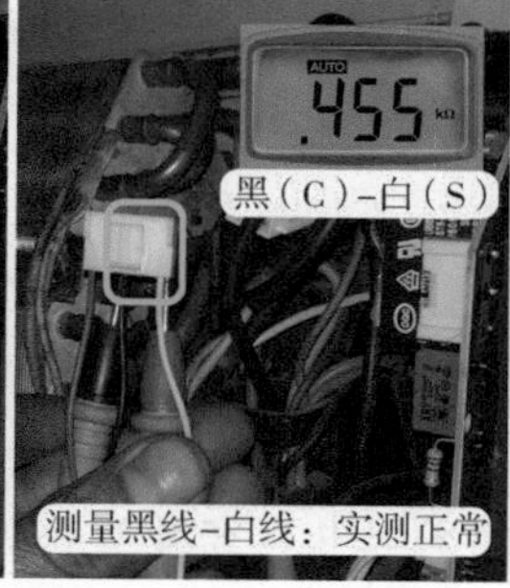

图 6-6　测量线圈阻值

5.在路测量室内风机电容容量

见图6-7左图，室内风机线圈供电插头安装在主板标识为FAN-IN的插座（CN3），紧靠插座体积较大的长方体元件即为室内风机电容，共有两个引脚，其上方引脚接电源N端，通过插座引针连接室内风机红线（运行绕组），下方引脚直接通过插座引针连接白线（启动绕组）。

电容最主要的参数为容量和耐压，见图6-7中图，本机电容标注容量为1.2μF（微法）。

使用具有电容测量功能的万用表，选择电容挡，见图6-7右图，表笔接主板上电容引脚的两个焊点测量容量，实测约为0.35μF，远低于标注容量1.2μF，说明室内风机电容容量变小损坏。

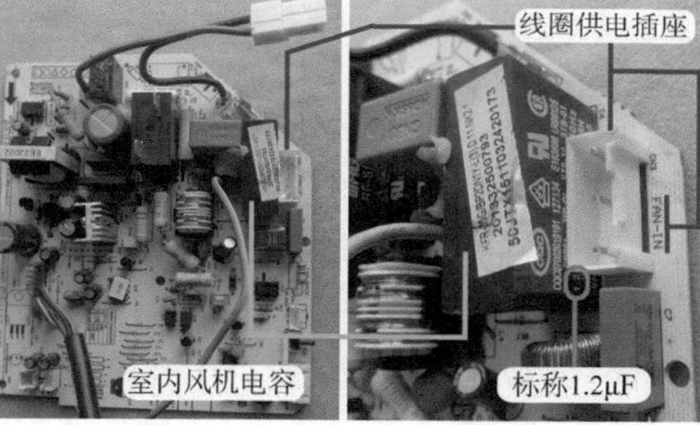

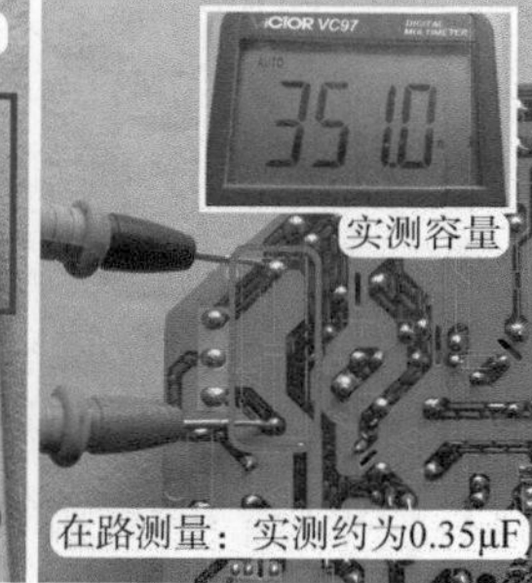

图 6-7　测量室内风机电容容量

6.单独测量容量

使用烙铁将电容从主板上取下，依旧使用万用表电容挡，表笔接电容的两个引脚测量容量，实测仍约为350nF，即0.35μF，见图6-8左图，确定容量变小损坏。

选择容量（1.2μF）和耐压（交流450V）等参数均相同的电容作为配件准备进行代换，使用电容挡测量该电容容量，实测约为1.2μF，见图6-8中图，和标注容量相同。

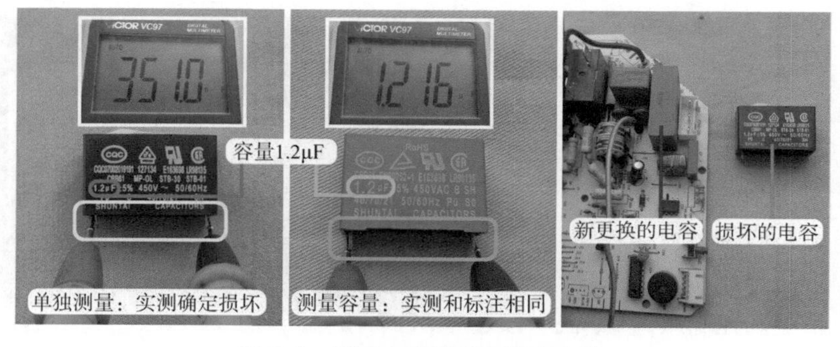

图 6-8　测量电容容量和更换电容

维修措施：见图6-8右图，更换室内风机电容。更换后上电开机，导风板打开后室内风机运行，用手在出风口感觉风量较强，同时室外风机和压缩机开始运行，制冷恢复正常，长时运行不再显示E3代码，故障排除。

总结

（1）电容的作用是使风机或压缩机在启动时提高启动力矩。单相电机接通电源时，首先对电容充电，使电机启动绕组中的电流超前运行绕组90º，产生旋转磁场，电机便运行起来。

（2）本例中室内风机电容容量变小，在室内机主板输出供电驱动室内风机运行时，由于启动力矩较小，室内风机不能运行，也就不能输出代表转速的霍尔反馈信号，主板CPU因检测不到霍尔信号，便逐步增加驱动电压，约50s时仍检测不到霍尔信号，便判断室内风机有故障，停机并显示E3代码。

（3）本例中室内风机电容容量变小，用手拨动室内风扇使室内风机运行后，只要空调器不断开电源，室内风机可以一直运行，此方法可作为维修时暂时没有配件更换、而用户着急使用空调器的应急措施。

三、室内风机电容容量变小，格力E2代码

故障说明：格力KFR-70LW/E1柜式空调器，使用约8年，用户反映制冷效果差，运行一段时间以后显示屏显示E2代码，代码含义为蒸发器防冻结保护。

1.查看三通阀

上门检查时，空调器正在使用。检查室外机，见图6-9左图，三通阀严重结霜；取下室外机外壳，发现三通阀至压缩机吸气管全部结霜（包括储液瓶），判断蒸发器温度过低，应到室内机检查。

2.查看室内风机运行状态

到室内机检查，将手放在出风口，感觉出风温度很低，但风量很小，且吹不远，只在出风口附近能感觉到有风吹出。取下室内机进风格栅，观察过滤网干净，无脏堵现象，用户介绍，过滤网每年清洗，排除过滤网脏堵故障。

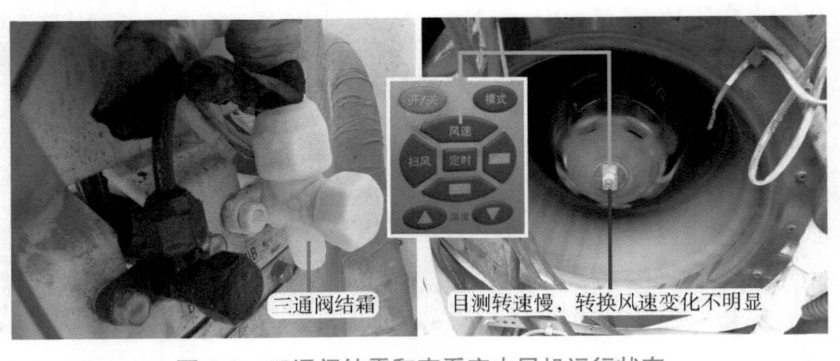

图6-9　三通阀结霜和查看室内风机运行状态

室内机出风量小。在过滤网干净的前提下，通常为室内风机转速慢或蒸发器反面脏堵，见图6-9右图，目测室内风机转速较慢，按压显示板上“风速”按键，在高风-中风-低风转换时，室内风机转

速变化也不明显（应仔细观察由低风转为高风的瞬间转速），判断故障为室内风机转速慢。

3.测量室内风机公共端红线电流

室内风机转速慢常见原因有电容容量变小或线圈短路。为区分故障，使用万用表交流电流挡，钳头夹住室内风机红线N端（即公共端）测量电流，实测低风挡约为0.5A、中风挡约为0.53A、高风挡约为0.57A，见图6-10，接近正常电流值，排除线圈短路故障。

图 6-10　测量室内风机电流

室内风机型号为LN40D（YDK40-6D），功率为40W、电流为0.65A、6极电机、配用4.5μF电容。

变频空调室内机单元电路

4.代换室内风机电容和测量电容容量

室内风机转速慢而运行电流接近正常值时，通常为电容容量变小损坏，本机使用4.5μF电容，见图6-11左图，使用一个相同容量的电容代换，代换后上电开机，目测室内风机的转速明显变快，将手放在出风口感觉风量很大，吹风距离也增加很多，长时间开机运行不再显示E2代码，手摸室外机三通阀温度较低，但不再结霜，改为结露，确定室内风机电容损坏。

使用万用表电容挡测量拆下来的电容，标注容量为4.5μF，而实测容量约为0.6μF，见图6-11右图，确定容量变小损坏。

维修措施：更换室内风机电容。

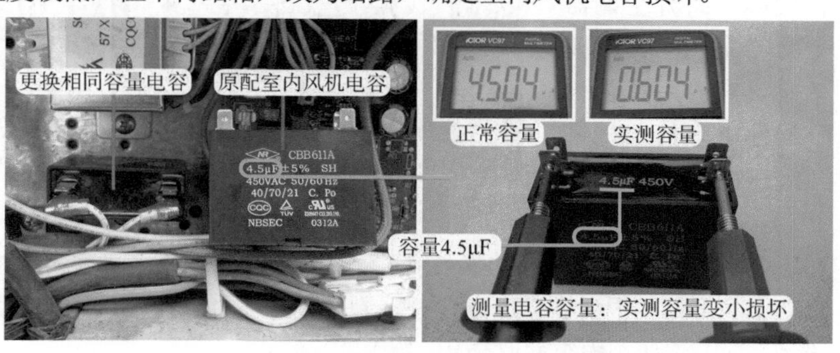

图 6-11　代换室内风机电容和测量电容容量

室内风机电容容量变小，室内风机转速变慢，出风量变小，蒸发器表面冷量不能及时吹出，蒸发器温度越来越低，引起室外机三通阀和储液瓶结霜；显示板CPU检测到蒸发器温度过低，停机并报出E2代码，以防止压缩机液击损坏。

四、室内风机电容代换方法

故障说明：海尔KFR-120LW/L（新外观）柜式空调器，用户反映制冷效果差。

1.查看风机电容

上门检查时，用户正在使用空调器，室外机三通阀处结霜较为严重，测量系统运行压力约为0.4MPa（本机使用R22制冷剂），查看室内机，室内机出风口为喷雾状，用手感觉出风口温度很凉，但风量较弱；取下室内机的进风格栅，发现过滤网干净。

检查室内风机转速，目测风速较慢，使用遥控器转换风速时，室内风机驱动室内风扇（离心风扇）转换不明显，同时在出风口感觉风量变化不大，说明室内风机转速慢；使用万用表交流电流挡测量室内风机电流约为1A，排除线圈短路故障，初步判断风机电容容量变小，见图6-12，查看本机使用的电容容量为8μF。

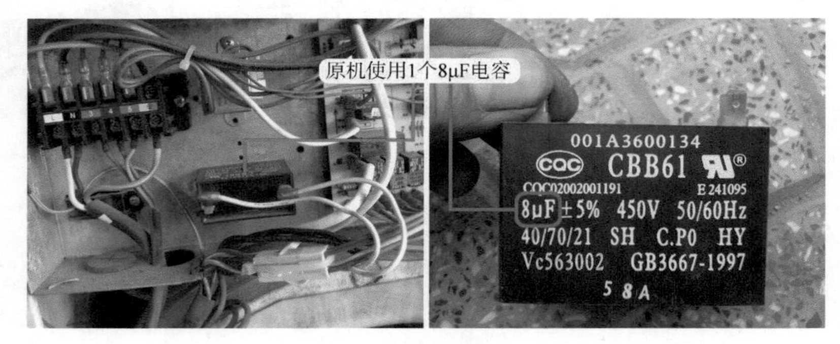

图 6-12　查看风原机电容

2.使用两个 4μF 电容代换

由于暂时没有同型号的电容更换试机，决定使用两个4μF电容代换，断开空调器电源，见图6-13，取下原机电容后，将一个配件电容使用螺钉固定在原机电容位置（实际安装在下方），另一个固定在变压器下端的螺丝孔（实际安装在上方），将室内风机电容插头插在上方的电容端子，再将两根引线合适位置分别剥开绝缘层并露出铜线，使用烙铁焊在下方电容的两个端子上，即将两个电容并联使用。

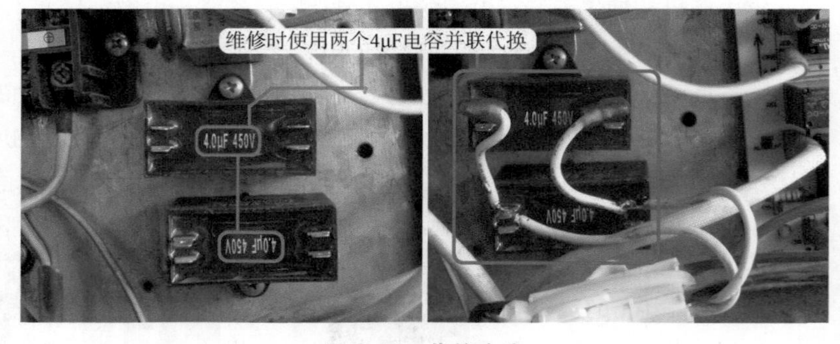

图 6-13　代换电容

焊接完成后上电试机，室内风机转速明显变快，在出风口感觉风量较大，并且吹风距离较远，说明原机电容容量减小损坏，引起室内风机转速变慢故障。

维修措施：使用两个4μF电容并联代换原机8μF电容。

五、室内风机线圈短路，上电无反应

故障说明：美的KFR-50LW/DY-GA（E5）柜式空调器，用户反映前一段时间室内机有煳味和焦味，但能制冷，又使用一段时间后空调器上电无反应，使用遥控器和按键均不能开启空调器。

1.测量供电和变压器一次绕组插座电压

使用万用表交流电压挡，测量室内机电控盒接线端子上L-N即空调器输入电压，实测为220V，见图6-14左图，说明电源供电正常。

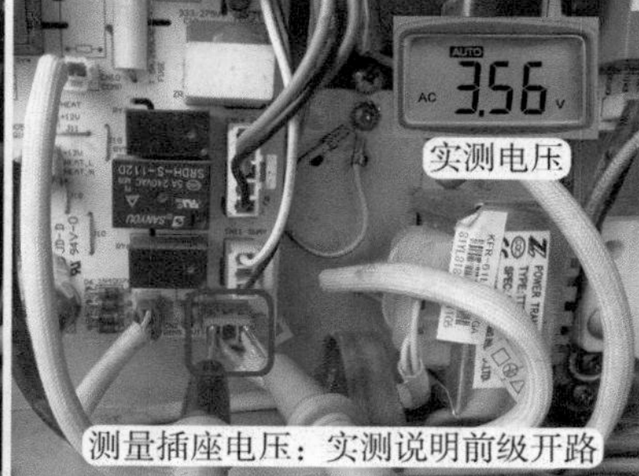

图 6-14　测量供电电压和变压器一次绕组插座电压

依旧使用万用表交流电压挡，测量变压器一次绕组插座电压，实测约为0V（3.56V），见图6-14右图，说明前级供电出现开路故障。

2.测量熔丝管和变压器一次绕组阻值

变压器一次绕组前级供电主要有熔丝管（俗称保险管），断开空调器电源，见图6-15左图和中图。使用万用表电阻挡，测量熔丝管阻值，实测为无穷大，说明开路损坏；使用万用表表笔尖拨开表面套管，查看内部熔丝已爆裂，说明负载有短路故障。熔丝管负载主要有变压器、室内风机（离心电机）、室外风机、四通阀线圈等。

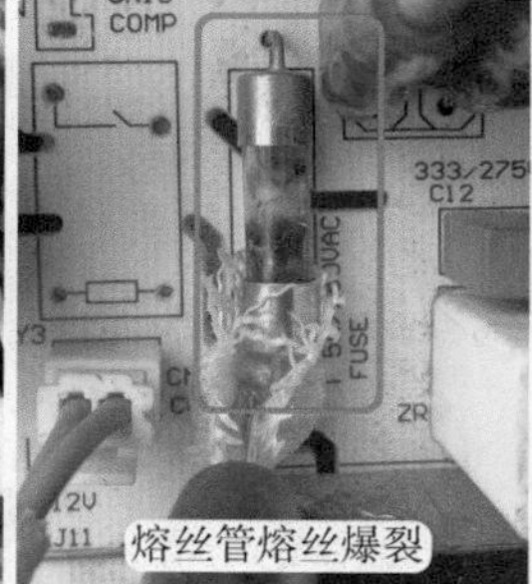

图 6-15　测量熔丝管和变压器一次绕组阻值

拔下变压器一次绕组插头，见图6-15右图，使用万用表电阻挡测量阻值，实测结果为357Ω，说明正常，排除变压器一次绕组短路损坏。

3.测量室外风机和四通阀线圈与N端阻值

将红表笔接室内机主板黑线（即零线N端），黑表笔接室外风机端子白线测量阻值，实测结果为103Ω，见图6-16左图，说明室外风机线圈基本正常，排除短路故障。

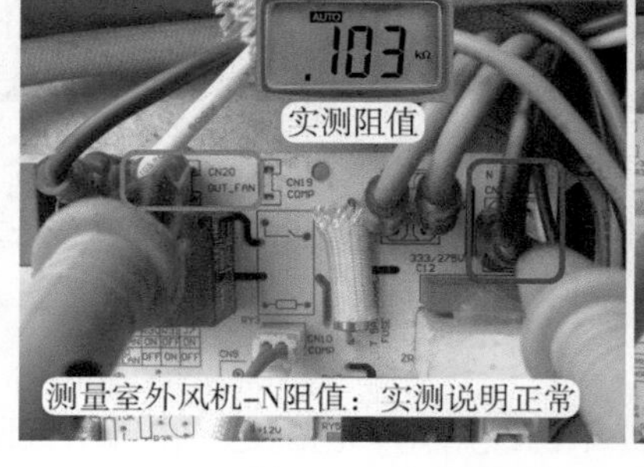

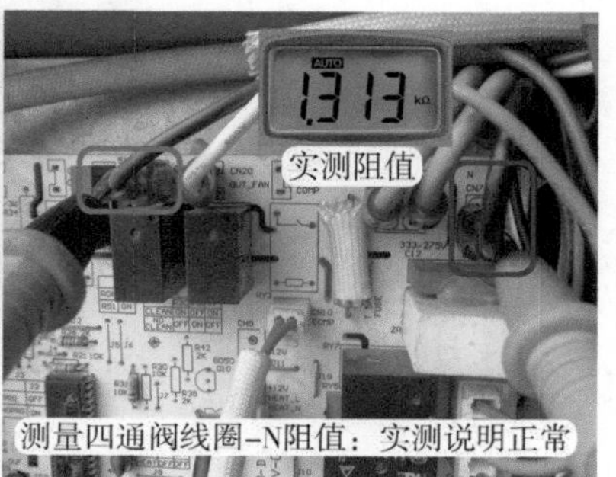

图 6-16　测量室外风机和四通阀线圈与 N 阻值

红表笔接零线N端不动，黑表笔接四通阀线圈端子蓝线测量阻值，实测结果约为1.3kΩ，见图6-16右图，说明四通阀线圈正常，排除短路故障。

4.测量室内风机线圈阻值

见图6-17左图和中图，依旧使用万用表电阻挡，表笔接室内风机（离心电机）N公共端黑线和H高风抽头灰线测量阻值，实测约为10Ω；表笔接N黑线和L低风抽头红线测量阻值，实测约为40Ω，而正常阻值应均为200Ω，根据用户反映故障前室内机有煳味，判断室内风机线圈出现短路故障。

为准确判断，拔下室内风机插头，单独测量N黑线和H高风抽头灰线阻值，实测仍约为10Ω，见图6-17右图，确定室内风机线圈出现短路故障。

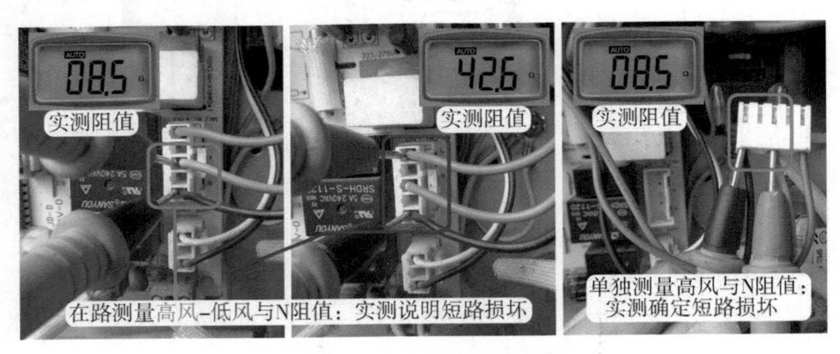

图 6-17　测量室内风机线圈阻值

5.更换熔丝管上电试机

见图6-18，取下损坏的熔丝管，并更换为同型号5A的熔丝管，恢复主板引线，但断开室内风机插头不再安装，上电试机，遥控器开机后室外机开始运行，手摸连接管道表明开始制冷，说明空调器基本正常，只有室内风机损坏。

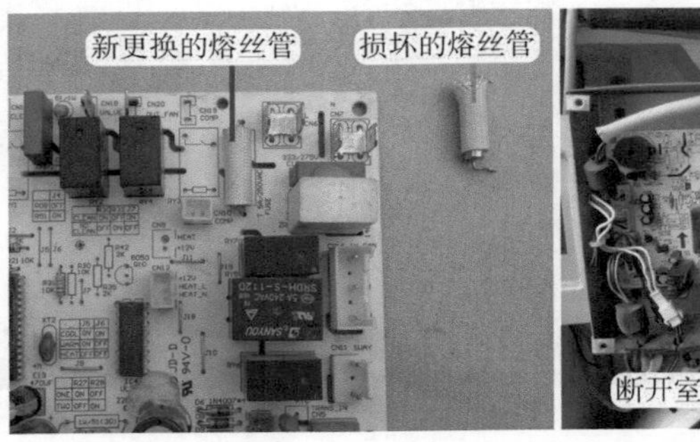

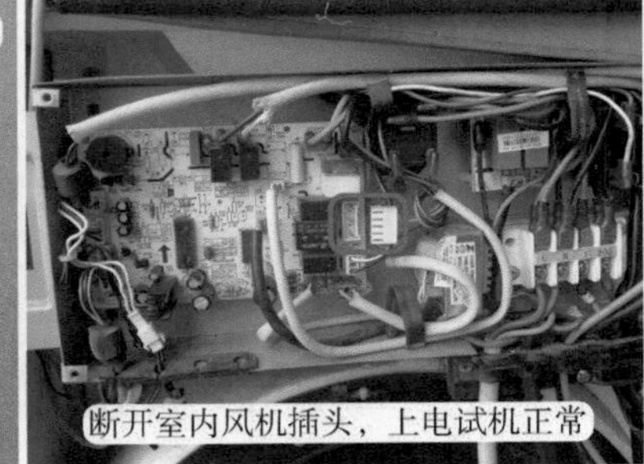

图 6-18　更换熔丝管和断开室内风机插头试机

维修措施：更换室内风机，更换后上电开机，制冷恢复正常。打开损坏的室内风机外壳，查看定子上线圈时，见图6-19，发现运行绕组中线圈已经烧毁发黑，可以看出线圈绝缘纸已经熔化，也确定室内风机线圈短路损坏。

图 6-19　室内风机线圈短路

第 2 节　室外风机电路故障

一、室外风机电容无容量，美的 PA 代码

故障说明：美的KFR-26GW/BP2DN1Y-IA(3)挂式直流变频空调器，用户反映不制冷，一段时间以后显示屏显示PA代码，代码含义为冷凝器高温保护关压缩机。

1. 测量压力和电流

根据代码含义，首先检查室外机，在三通阀检修口接上压力表，测量系统静态平衡压力约为1.7MPa（本机使用R410A制冷剂），见图6-20左图。

使用万用表交流电流挡，钳头夹住L号相线端子下方棕线测量室外机电流，再将空调器上电开机，室外风机和压缩机开始运行，查看电流约为0.8A，见图6-20右图，同时系统压力逐步下降至约为0.8MPa，手摸细管二通阀感觉较凉，在室内机出风口感觉吹出的风也有凉意。约3min时再查看室外机，此时运行电流约为3.5A，运行压力约为0.9MPa，手摸细管二通阀为常温，手摸冷凝器表面感觉温度较高，在室内机出风口感觉吹出风的温度稍微低于房间温度。约6min时查看运行电流约为4.7A，运行压力约为1.0MPa，手摸冷凝器温度很高，有烫手的感觉，随即压缩机停止运行，电流下降至约为0.1A，压力则逐步上升至静态压力。

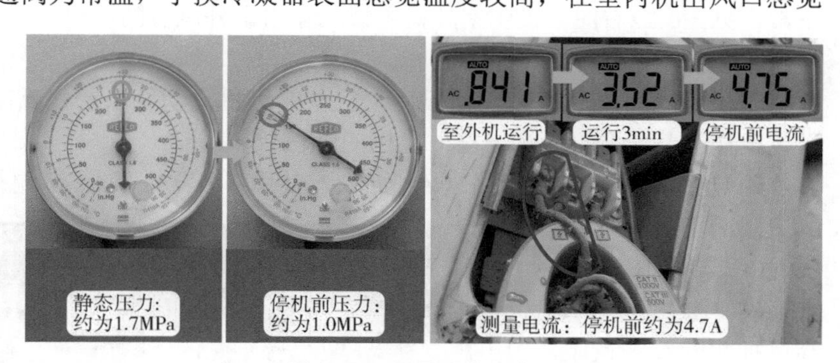

图 6-20　测量压力和电流

2. 感觉出风口温度和室外风扇不运行

在压缩机运行，手摸冷凝器感觉温度较高时，将手放在室外机出风口位置感觉无风吹出，见图6-21左图。

取下室外机上盖，见图6-21中图，发现室外风扇不运行，没有异物卡住扇叶。

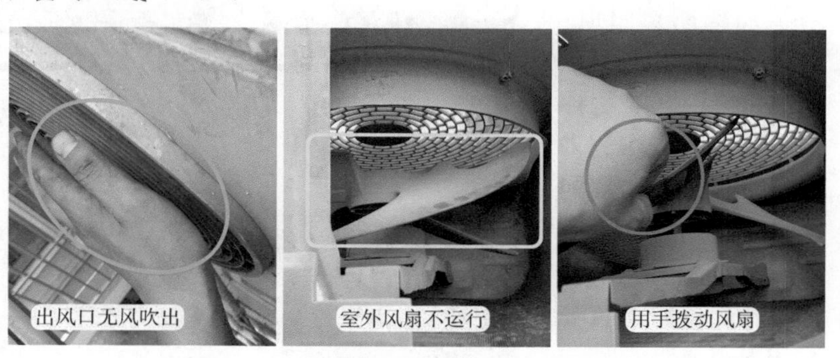

图 6-21　感觉出风口温度和室外风扇不运行

见图6-21右图，用手触摸室外风扇，感觉有轻微的振动感，初步判断室外机主板已输出供电；按运行方向用手拨动室外风扇，查看室外风扇转速很慢接近于不运行，说明

室外风机电路出现故障。

3.测量室外风机电压

室外风机插座（FAN）共设有5个引针，均标识有英文字母对应连接线的功能：C为电容对应棕线、N为公共端对应黑线、H为高风抽头对应红线、L为低风抽头对应白线、C为电容对应蓝线。

为确定室外机主板输出供电是否正常，使用万用表交流电压挡，黑表笔接N公共端黑线，红表笔接H高风抽头红线测量高风电压，实测为224V，见图6-22左图，正常。

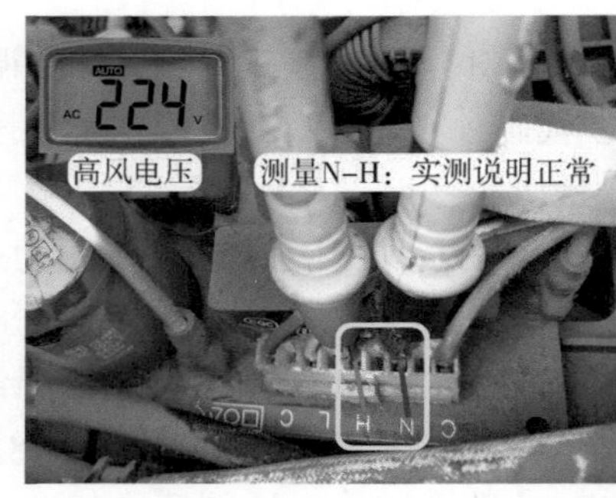

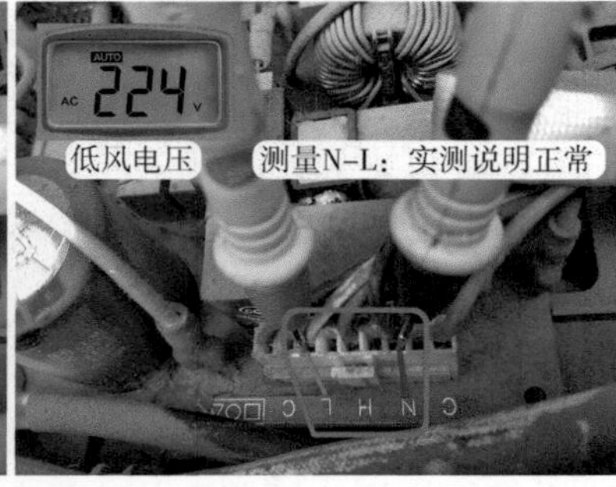

图 6-22　测量室外风机电压

黑表笔接N公共端黑线不动，红表笔改接L低风抽头白线测量低风电压，实测为224V正常，见图6-22右图，说明室外机主板已输出室外风机的供电。

4.测量室外风机线圈阻值

由于拨动室外风扇时转速很慢，应主要测量启动绕组的线圈阻值是否正常，根据室外风机插座英文字母分辨出室外风机的5根引线功能。

断开空调器电源，拔下室外风机插头，使用万用表电阻挡，表笔接C电容蓝线和L低风抽头白线测量阻值，实测为152Ω，见图6-23；表笔接C电容蓝线和H高风抽头红线测量阻值，实测为235Ω；表笔接C电容蓝线和N公共端黑线测量阻值，实测为716Ω；表笔接C电容蓝线和C电容棕线测量阻值，实测为716Ω。根据以上实测结果，说明室外风机线圈阻值正常。

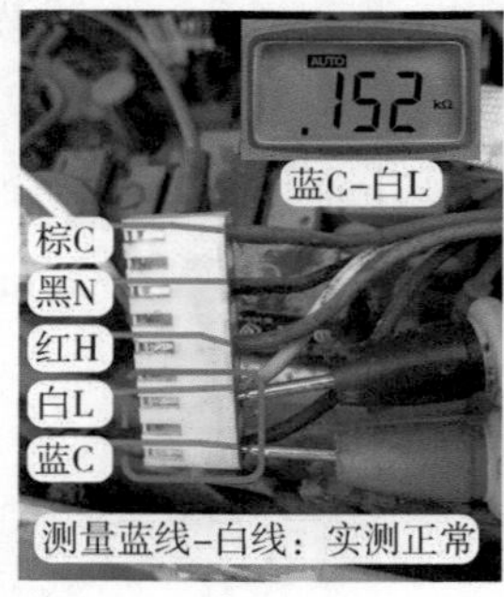

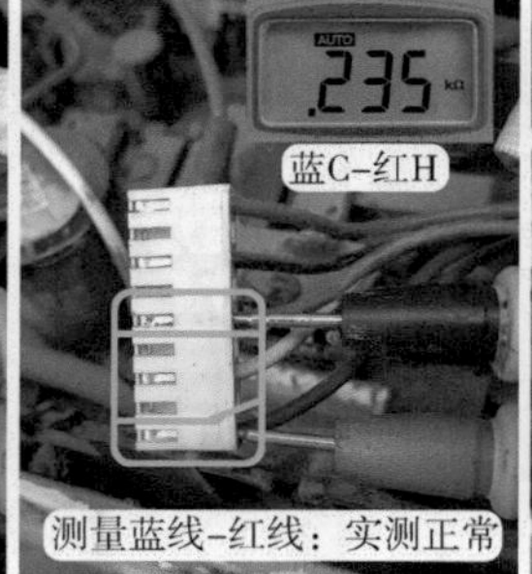

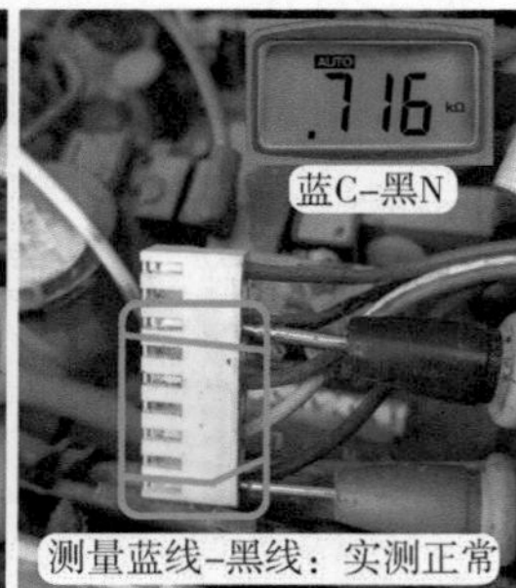

图 6-23　测量室外风机线圈阻值

5.电容安装位置和测量容量

见图6-24左图，室外风机线圈插头安装在主板标识为FAN

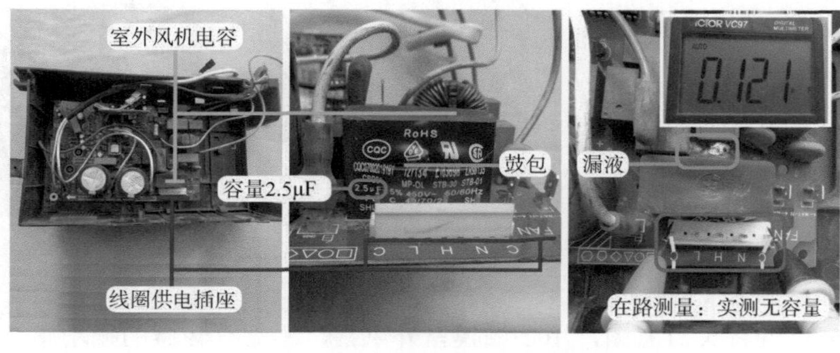

图 6-24　风机电容安装位置和测量容量

的插座（CN5），紧靠插座体积较大的长方体元件即为室外风机电容，共有两个引脚，均和插座左右两侧的C引针直接相连。

电容最主要的参数为容量和耐压。本电容标注容量为2.5μF（微法）、耐压为450V，查看发现室外风机电容已经鼓包和漏液，见图6-24中图，初步判断电容无容量损坏。

使用具有电容测量功能的万用表，选择电容挡，表笔接室外机主板插座左右两侧标注C对应的两个引针（相当于直接测量电容的两个引脚）测量容量，实测约为0.1nF（毫微法），见图6-24右图，说明室外风机电容无容量损坏。

6. **配件电容容量测量和更换电容**

使用容量（2.5μF）和耐压（交流450V）等参数均相同的电容作为配件，见图6-25左图，配件电容为蓝色外观，参数标识位于上方。

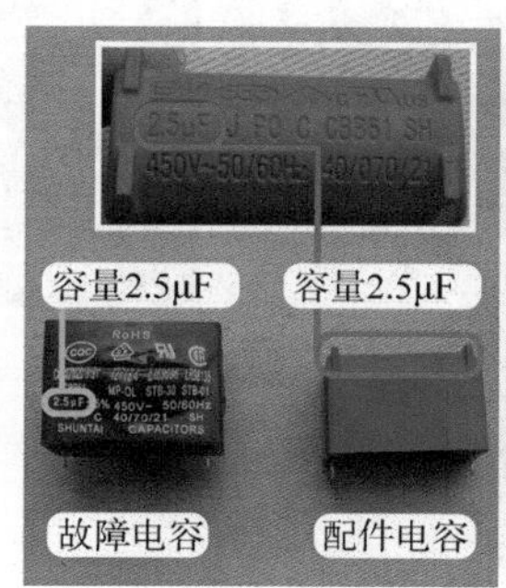

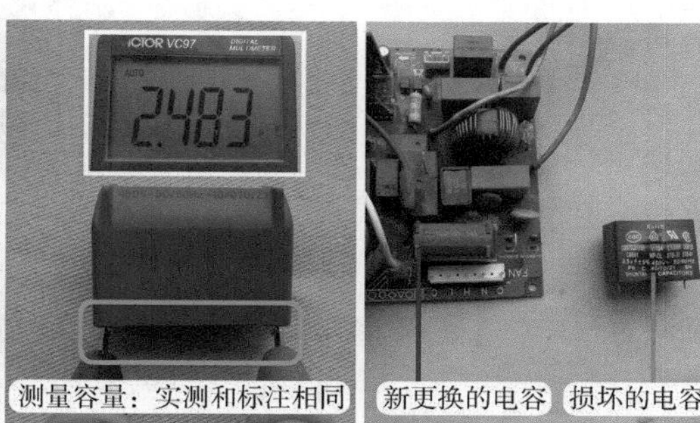

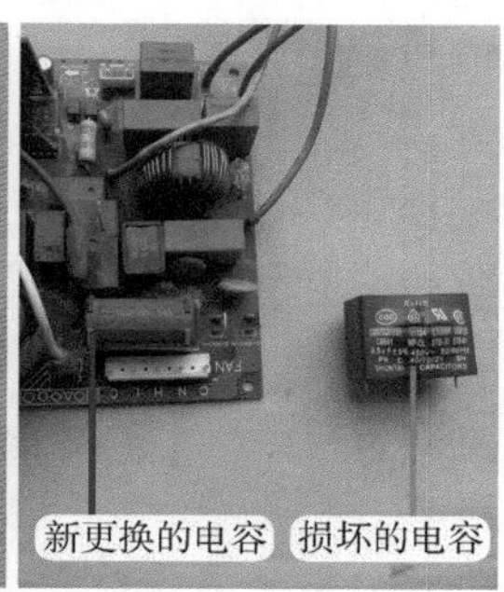

图 6-25　配件电容容量测量和更换电容

依旧使用万用表电容挡测量容量，表笔接配件电容的两个引脚，实测约为2.5μF，见图6-25中图，和标注容量相同。

维修措施：见图6-25右图，更换室外风机电容。更换后将室外机主板安装至电控盒，再安装电控盒至室外机并恢复连接线，再次上电后使用遥控器开机，室外风机和压缩机均开始运行，用手在室外机出风口感觉风量较强，手摸细管二通阀和粗管三通阀均开始变凉，一段时间后查看运行压力约为0.9MPa，运行电流约为3.8A，均接近额定值，室内机出风口温度较凉，长时间运行室外机不再停机，说明故障排除。

总结

（1）本例中室外风机电容鼓包、漏液导致无容量损坏，室外风机不能运行，使得冷凝器温度迅速上升，室外机主板CPU检测后控制压缩机降频运行，因而室外机电流不是很大；但冷凝器温度继续上升，室外机主板检测室外管温超过65℃后，则控制压缩机停机进行保护，室内机显示PA代码。

（2）在室外风机不运行，上电开机时用手触摸室外风扇可区分故障部位：如果有轻微振动感说明主板已输出供电，只是由于某种原因启动不起来，应检查线圈启动绕组阻值、电容容量、轴承是否卡死；如果没有感觉则说明主板未输出供电，应检查供电电压、线圈运行绕组和公共端阻值。

（3）在室外风机不运行，上电开机时手摸室外风扇有振动感，用手拨动室外风扇可区分故障部位：如果室外风机开始运行，一般为风机电容容量减小损坏；如果仍旧不能运行，一般为电容无容量损坏或启动绕组开路。

二、室外风机轴承损坏，制冷效果差

故障说明：海尔KFR-120LW/6302柜式空调器，用户反映制冷效果差，长时间开机后有时不制冷。

1.查看室内机和室外机

上门检查时，用户正在使用空调器，将手放在出风口感觉温度，有凉风但不是很凉，见图6-26。检查室外机，发现室外风扇运行不正常，此机室外机使用两个室外风扇，上面的室外风扇运行，但下面的室外风扇不运行。手摸冷凝器检查温度，上部略高于室外温度，但下部高于室外温度很多，说明冷凝器散热不好。

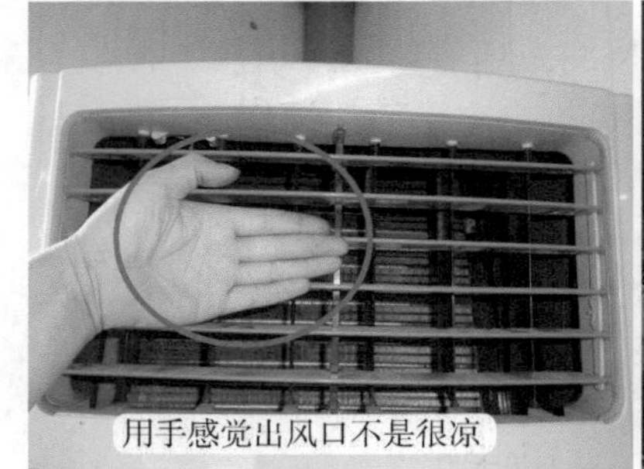

图 6-26　感觉出风口的风和查看下部室外风扇

2.测量室外风机电压和电流

室外风扇由室外风机驱动，使用万用表交流电压挡，测量室外风机供电电压，实测为交流218V，见图6-27左图，且两个室外风机线圈插头处电压相同，说明室外机主板已输出供电，故障在不运行的室外风机。

使用交流电流挡测量两个室外风机的公共端白线电流，实测正在运行的风机电流约为0.5A，不运行的风机电流也约为0.5A，说明室外风机线圈已通电运行，排除开路损坏，故障为轴承卡死或风机电容损坏。

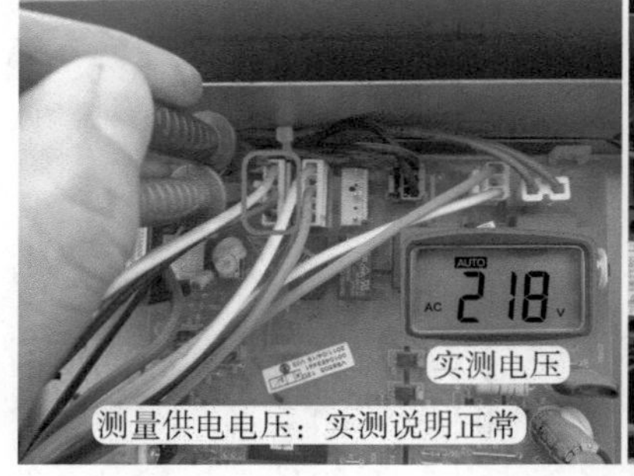

图 6-27　测量室外风机电压和电流

3.晃动室外风扇扇叶

使用螺钉旋具（俗称螺丝刀）从出风框伸入，拨动扇叶，感觉阻力很大，于是取下下部的出风框，见图6-28左图，用手拨动室外风扇时感觉很沉重且有很大的“嗡嗡”声。

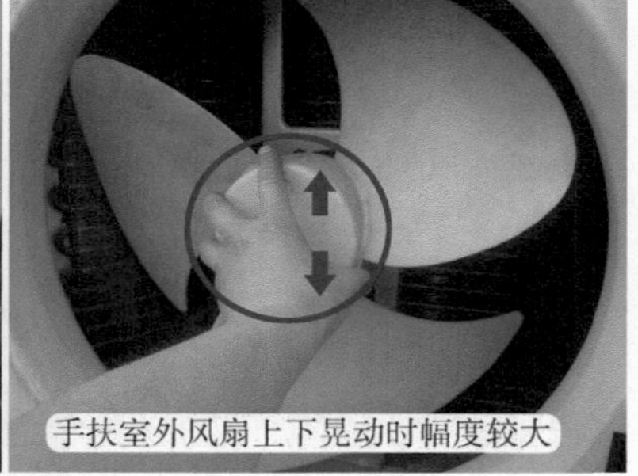

图 6-28　拨动和晃动室外风扇扇叶

在室外机主板插

座拔下室外风机线圈插头，室外风机停止供电，拨动室外风扇时阻力明显下降，能慢慢拨动，见图6-28右图，手扶室外风扇上下晃动时幅度较大，说明室外风机内部轴承损坏。此时再将室外风机线圈插头插入室外机主板插座，只见室外风扇转了约半圈，便又卡在某一部位停止转动了。

4. 晃动风机轴头

再次拔下室外风机线圈插头，并取下室外风扇，用手上下晃动室外风机轴头，感觉幅度依旧很大，见图6-29左图，确定室外风机损坏。

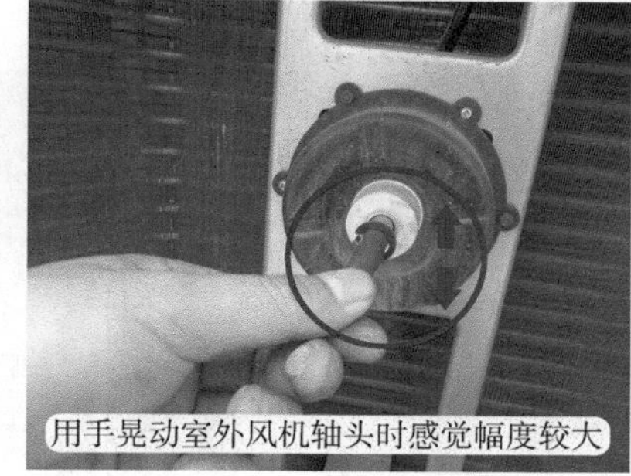

图 6-29　晃动风机轴头和更换室外风机

维修措施：见图6-29右图，更换室外风机。更换后上电开机，室外机上部和下部的风扇均开始运行，运行一段时间后在室内机出风口感觉温度很凉，制冷恢复正常。

变频空调器单元电路

本例由于下面的室外风机不运行，冷凝器散热效果变差，因而制冷效果也明显下降，引起制冷效果差的故障。如果长时间运行或室外温度较高，冷凝器散热更差，压缩机运行在过载状态，运行电流变大，室外机主板检测后停止室外机供电，因而空调器不制冷，并在室内机显示故障代码。

三、室外风机线圈开路，空调器不制冷

故障说明：海尔KFR-26GW/03GCC12挂式空调器，用户反映不制冷，长时间开机室内温度不下降。

1. 检查室内机出风口温度和室外机

上门检查时，用户正在使用空调器，将手放在室内机出风口，见图6-30左图，感觉为自然风，接近房间温度，查看遥控器设定为制冷模式，温度设定为16℃，说明设定正确，应进行

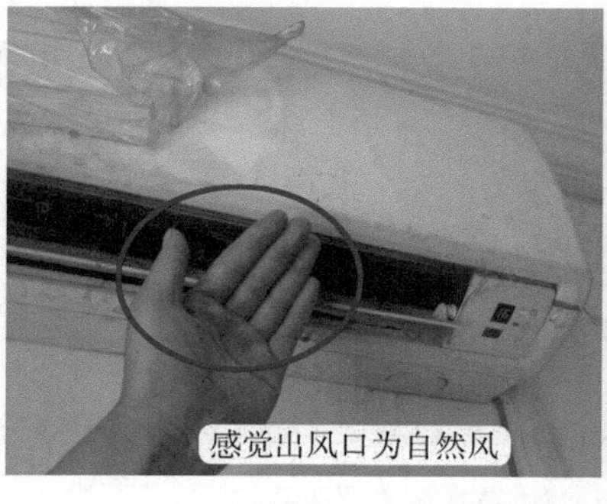

图 6-30　检查室内机出风口温度和室外风机

室外机检查。

检查室外机，手摸二通阀和三通阀均为常温，见图6-30右图，查看室外风机和压缩机均不运行，用手摸压缩机对应的室外机外壳温度很高，判断压缩机过载保护。

2. 测量压缩机和室外风机电压

使用万用表交流电压挡，测量室外机接线端子上2（N）零线和1（L）压缩机电压，实测为交流221V，见图6-31左图，说明室内机主板已输出压缩机供电。

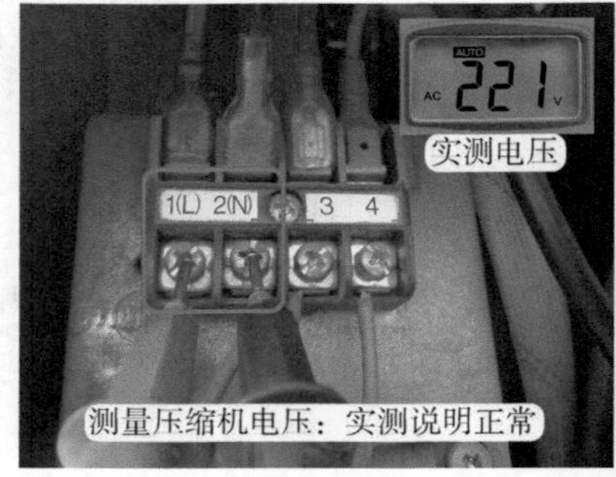

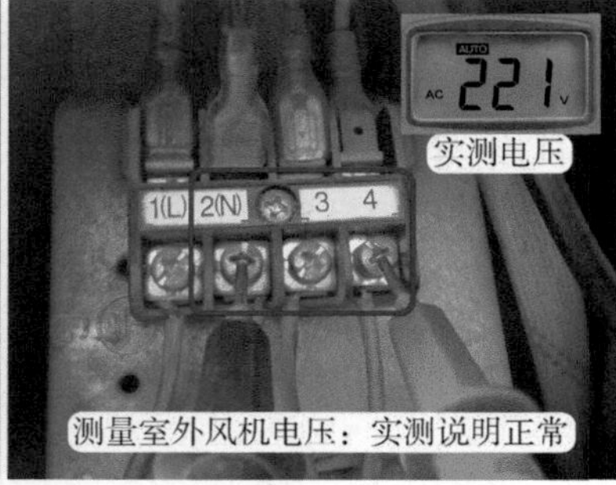

图 6-31　测量压缩机和室外风机电压

测量2（N）零线和4（室外风机）端子电压，实测为交流221V，见图6-31右图，室内机主板已输出室外风机供电，说明室内机正常，故障在室外机。

3. 拨动室外风扇和测量线圈阻值

将螺钉旋具从出风框伸入，见图6-32左图，按室外风扇运行方向拨动室外风扇，感觉无阻力，排除室外风机轴承卡死故障，拨动后室外风扇仍不运行。

断开空调器电源，使用万用表电阻挡，表笔接2（N）端子（接公共端）和1（L）端子（接压缩机运行绕组）测量阻值，实测结果为无穷大，考虑到压缩机对应的外壳烫手，确定压缩机内部过载保护器触点断开。

见图6-32右图，表笔接2（N）端子上黑线（接公共端）和4端子上白线（接室外风机运行绕组）测量阻值，正常应约为300Ω，而实测结果为无穷大，初步判断室外风机线圈开路损坏。

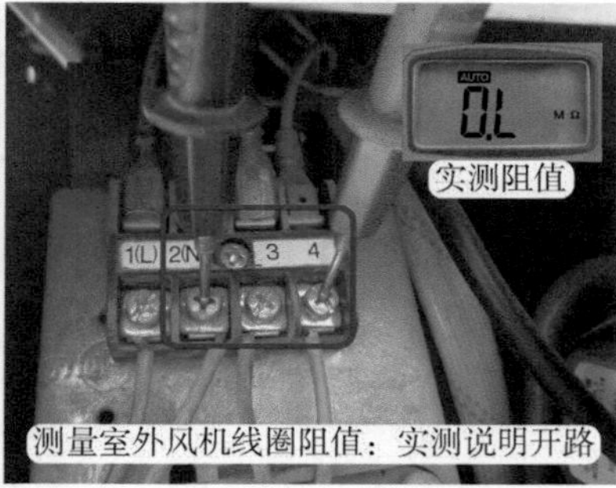

图 6-32　拨动室外风扇和测量线圈阻值

4. 测量室外风机线圈阻值

取下室外机上盖，手摸室外风机表面为常温，排除室外风机因温度过高而过载保护，依旧使用万用表电阻挡，见图6-33，

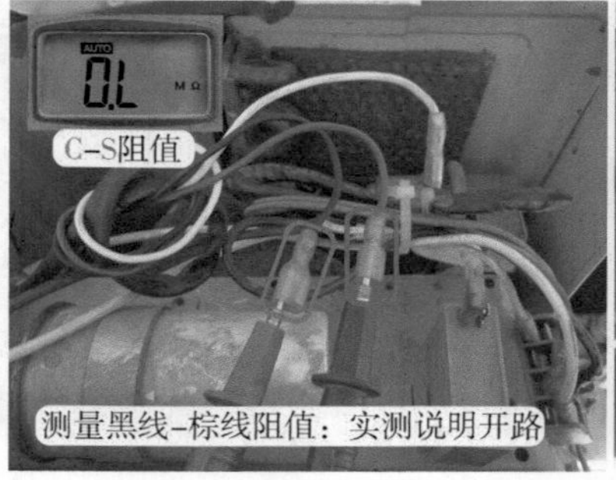

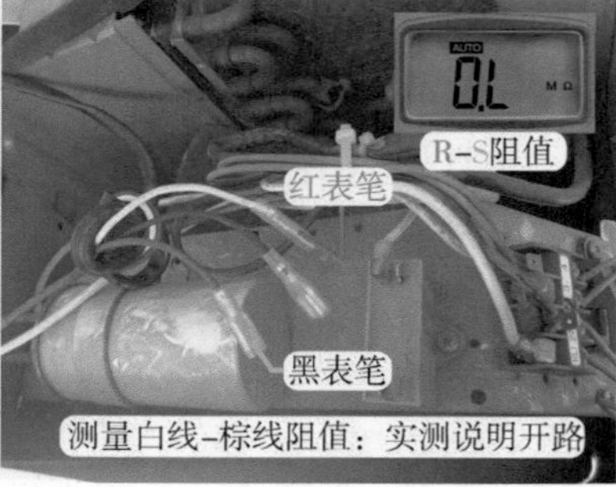

图 6-33　测量室外风机线圈阻值

一个表笔接公共端（C）黑线、一个表笔接启动绕组（S）棕线测量阻值，实测结果为无穷大；将万用表一个表笔接S棕线、一个表笔接R白线测量阻值，实测结果为无穷大，根据测量结果确定室外风机线圈开路损坏。

维修措施：见图6-34，更换室外风机。更换后使用万用表电阻挡，测量2（N）端子（公共端黑线）和4端子（运行绕组白线）阻值为332Ω，上电开机，室外风机和压缩机均开始运行，制冷正常，长时间运行压缩机不再过载保护。

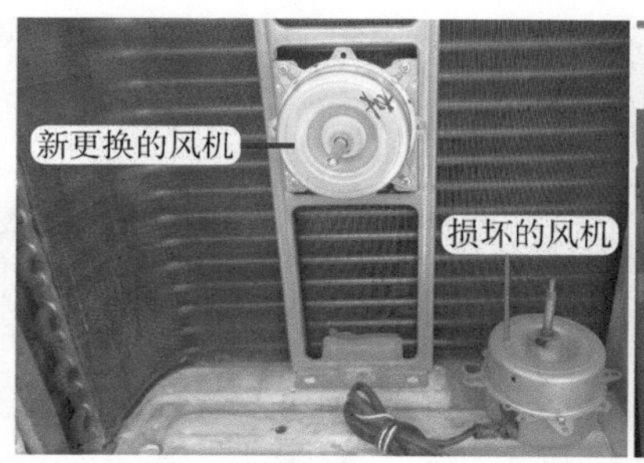

图 6-34　更换室外风机和测量线圈阻值

（1）本例由于室外风机线圈开路损坏，室外风机不能运行，制冷开机后冷凝器热量不能散出，运行压力和电流均直线上升，约4min后压缩机因内置过载保护器触点断开而停机保护，因而空调器不再制冷。

（2）本机室外风机型号为KFD-40MT，6极、27W，黑线为公共端（C）、白线为运行绕组（R）、棕线为启动绕组（S），实测C-R阻值为332Ω、C-S阻值为152Ω、R-S阻值为484Ω。

四、室外风机线圈开路，海尔 F1 代码

故障说明：海尔KFR-35GW/01（R2DBP）-S3挂式直流变频空调器，用户反映不制冷，开机一段时间以后显示屏显示F1代码，代码含义为模块故障。

1. 测量室外机电流和查看室外机主板

上门检查，使用遥控器开机，使用万用表交流电流挡，钳头卡在室外机1号N端零线测量室外机电流，室内机主板向室外机供电，约30s后电流由0.5A逐渐上升，空调器开始制冷，手摸室外机开始振动且连接管道中细管开始变凉，说明压缩机正在运行，用手在室外机出风口感觉无风吹出，说明室外风机不运行。

在室外机运行5min之后，测量电流约6A时，见图6-35左图，压

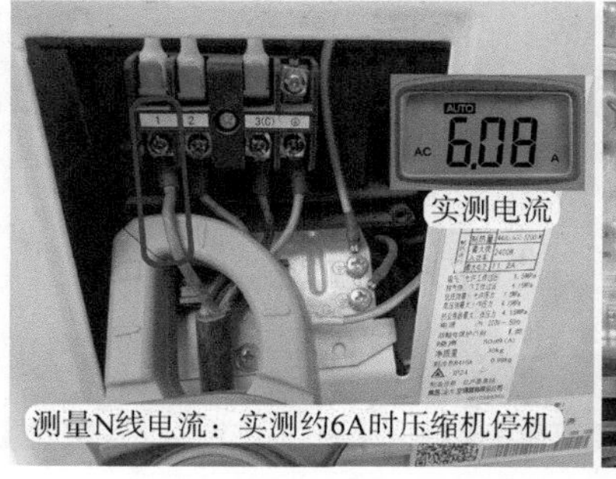

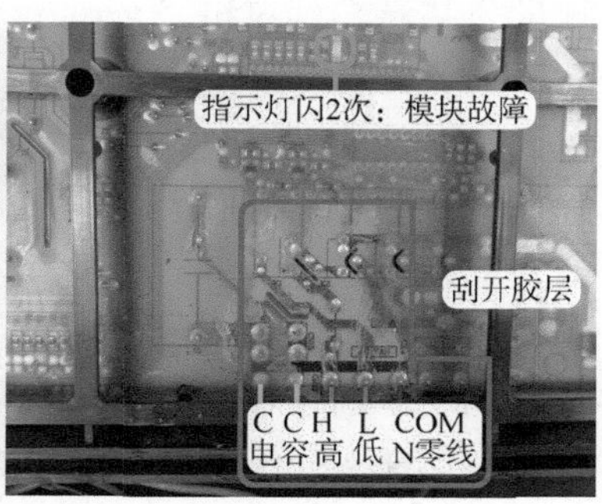

图 6-35　测量室外机 N 线电流和室外风机电路

缩机停止运行，查看室外机主板指示灯闪2次，代码含义为模块故障。

约3min后压缩机再次运行，但室外风机仍然不运行，手摸冷凝器烫手，判断室外风机或室外机主板单元电路出现故障，应先检查室外风机的供电电压是否正常，因室外机主板表面涂有一层薄薄的绝缘胶，见图6-35右图，应使用万用表的表笔尖刮开涂层，以便使用万用表测量。

2. 测量室外风机供电

使用万用表交流电压挡，黑表笔接零线N端，红表笔接高风端子测量高风电压，实测约为220V，见图6-36左图。

黑表笔不动（接N端），红表笔改接低风端子测量低风电压，实测仍约为220V，见图6-36右图，说明室外机主板已输出供电，排除供电电路故障。

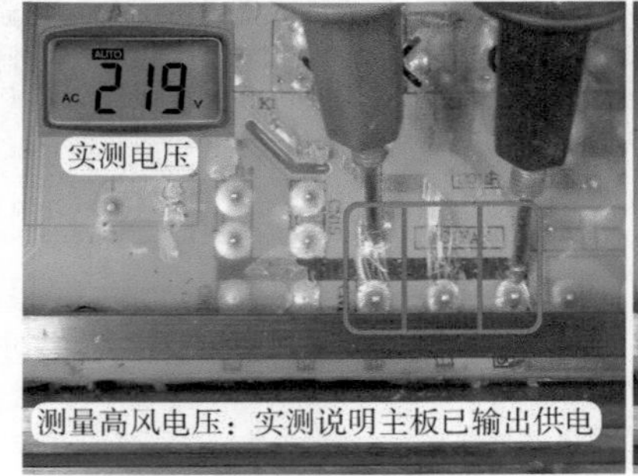

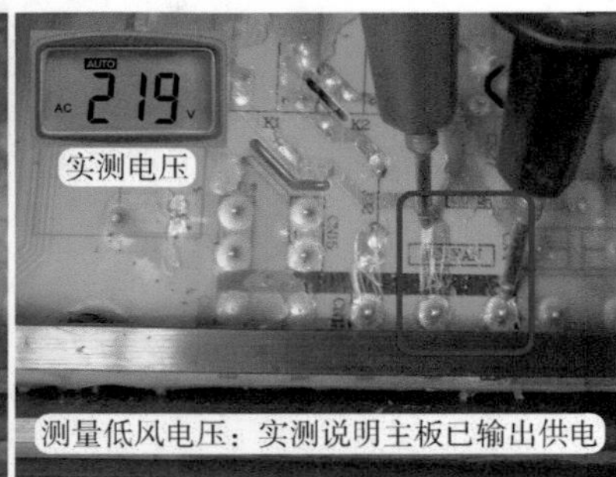

图 6-36　测量室外风机高风和低风电压

3. 触摸和拨动室外风扇

由于风机电容损坏也会引起室外风机不能运行的故障，见图6-37左图，用手触摸室外风扇时，感觉没有振动。

见图6-37右图，按运行方向用手拨动室外风扇，室外风机仍不能运行，从而排除风机电容故障。

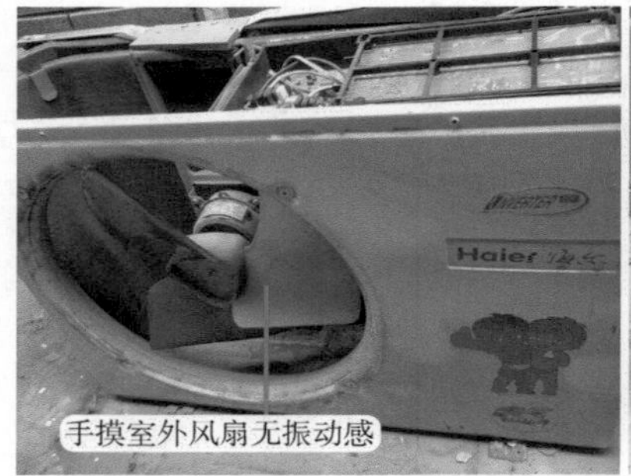

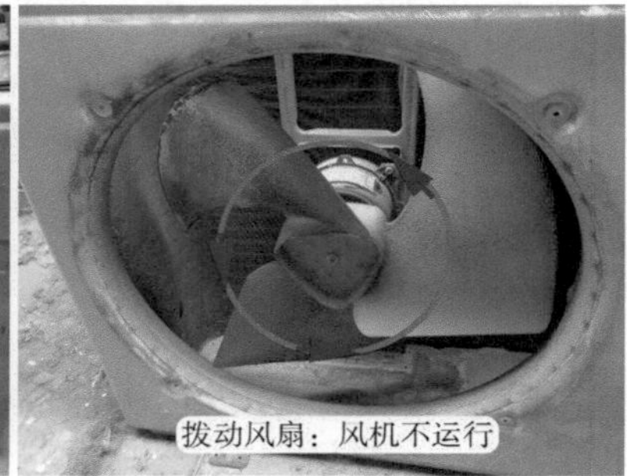

图 6-37　触摸和拨动室外风扇

4. 测量室外风机线圈阻值

断开空调器电源，见图6-38，使用万用表电阻挡测量室外风机线圈阻值，结果见表6-1，测量公共端白线N和高风抽头H黑线阻值为无穷大，白线N和低风抽头L黄线阻值也为无穷大，说明室外风机内部的线圈开路损坏，可能为白线N串接的温度保险开路。

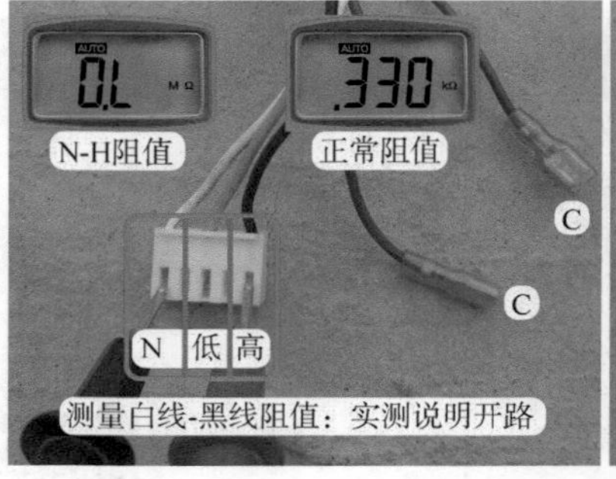

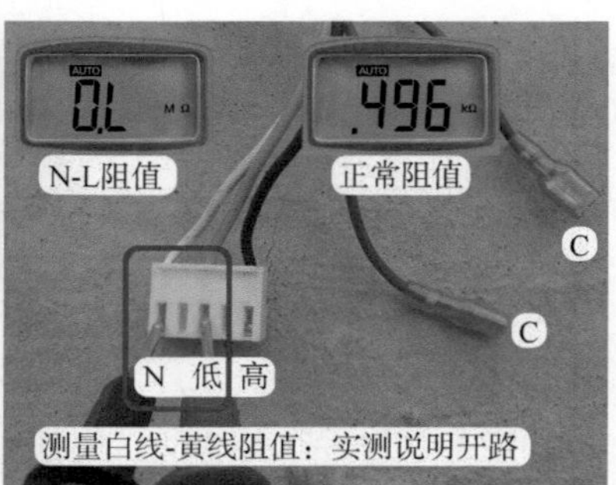

图 6-38　测量室外风机线圈阻值

表 6-1　　测量室外风机引线阻值

红表笔和黑表笔	白线-黑线 N-H 公共-高风	白线-黄线 N-L 公共-低风	白线-棕线 N-C 公共-电容	白线-蓝线 (内部相通)	黄线-黑线 L-H 低风-高风	黄线-棕线 L-C 低风-电容	黑线-棕线 H-C 高风-电容
结果	无穷大	无穷大	无穷大	无穷大	166Ω	174Ω	339Ω

维修措施：见图6-39，更换室外风机。更换后上电开机，室外风机和压缩机均开始运行，制冷恢复正常。

图 6-39　更换室外风机

变频空调室外单元电路

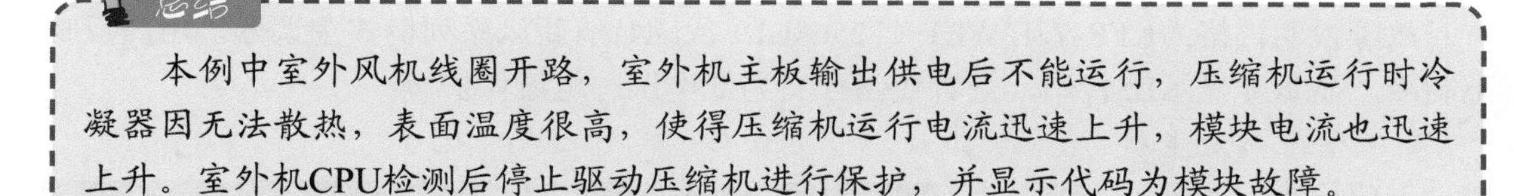

总结

本例中室外风机线圈开路，室外机主板输出供电后不能运行，压缩机运行时冷凝器因无法散热，表面温度很高，使得压缩机运行电流迅速上升，模块电流也迅速上升。室外机CPU检测后停止驱动压缩机进行保护，并显示代码为模块故障。

第 7 章 单相压缩机和三相空调器中存在的故障

第 1 节　单相压缩机故障

一、电源电压低，格力 E5 代码

故障说明：格力KFR-72LW/E1（72568L1）A1-N1清新风系列柜式空调器，用户反映不制冷，显示屏显示E5代码，查看代码含义为低电压过电流保护。

1. *测量压缩机电流*

上门检查，重新上电开机，检查室外机，见图7-1左图，压缩机发出嗡嗡声但启动不起来，室外风机转一下就停机。

图 7-1　检查压缩机和测量室外机电流

使用万用表交流电流挡，见图7-1右图，测量室外机接线端子上N端电流，待3min后室内机主板再次为压缩机交流接触器线圈供电，交流接触器触点闭合，但压缩机依旧启动不起来，实测电流最高约50A，由于是刚购机3年左右的空调器，压缩机电容通常不会损坏，应着重检查电源电压是否过低和压缩机是否卡缸损坏。

2. *测量电源电压*

使用万用表交流电压挡，黑表笔接室外机接线端子的N（1）端子，红表笔接3端子测量电压，在压缩机和室外风机未运行（静态）时，实测约为交流200V，见图7-2左图，低于正常值220V；待3min后室内机主板控制压缩机和室外风机运行（动态）时，电压直线下降至约为140V，见图7-2右图，同时压缩机启动不起来；3s后室外机停机，由于压缩机启动时电压下降过多，说明电源电压供电线路有故障。

检查室内机电源插座，测量墙壁中为空调器提供电源的引线，实测电压在压缩机启动时仍约为交流140V，初步判断空调器正常，故障为电源电压低引起，于是让用户找物业电工来查找电源供电故障。

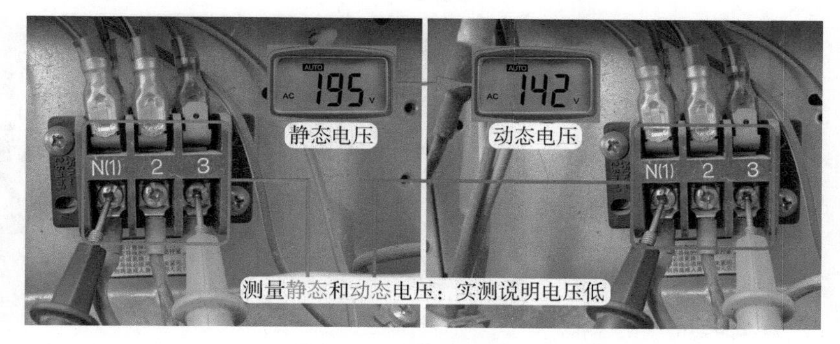

图 7-2　测量电源电压

室外机接线端子上2号端子为压缩机交流接触器线圈的供电引线。

维修措施：经小区物业电工排除电源供电故障，再次上电但不开机，待机电压约为交流220V，压缩机启动时动态电压下降至约200V但马上又上升至约220V，同时压缩机运行正常，制冷也恢复正常。

交流接触器

总结

（1）空调器中压缩机功率较大，对电源电压值要求相对比较严格一些，通常在压缩机启动时，电压低于交流180V便容易引起启动不起来故障，而正常的电源电压即使在压缩机卡缸时也能保证约为交流200V。

（2）家用电器中如电视机、机顶盒等物品，其电源电路基本上为开关电源宽电压供电，即使电压低至交流150V也能正常工作，对电源电压值要求相对较宽，因此不能因为电视机等电器能正常工作便确定电源电压正常。

（3）测量电源电压时，不能以待机（静态）电压为准，而是以压缩机启动时（动态）电压为准，否则容易引起误判。

二、压缩机电容无容量，格力 E5 代码

故障说明：格力KFR-72LW/NhBa-3柜式空调器，用户反映不制冷，一段时间后显示屏显示E5代码，代码含义为低电压过电流保护，根据用户描述和故障代码内容，初步判断压缩机启动不起来。

1. 测量压缩机电流和电源电压

上门检查，使用万用表交流电流挡，钳头夹住室内机主板穿入电流互感器的棕线，用遥控器开机后室外机未运行时电流约为0.9A（室内风机电流），室内机主板为室外机

供电，实测电流约为48A，见图7-3左图，说明压缩机启动不起来。

检查室外机，将万用表挡位转换到交流电压挡，表笔接接线端子的N（1）端子和2号端子测量电压，压缩机未启动时即待机电压约为交流223V，3min后压缩机再次启动（动态），电压下降至交流208V，见图7-3右图，说明电源电压正常，但压缩机仍启动不起来。

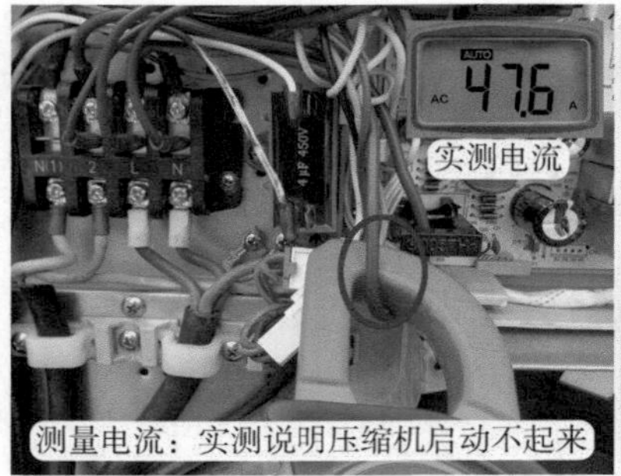

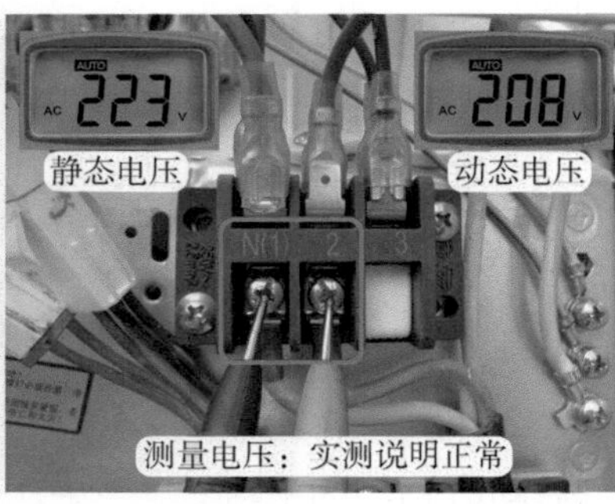

图 7-3　测量压缩机电流和电源电压

2.故障部件

在电源电压正常的前提下，压缩机启动不起来，见图7-4，常见故障原因有压缩机电容无容量或容量减小损坏、或压缩机（卡缸、线圈短路等）损坏，其中压缩机电容损坏所占的比例较大，约占到压缩机启动不起来故障中的70%。

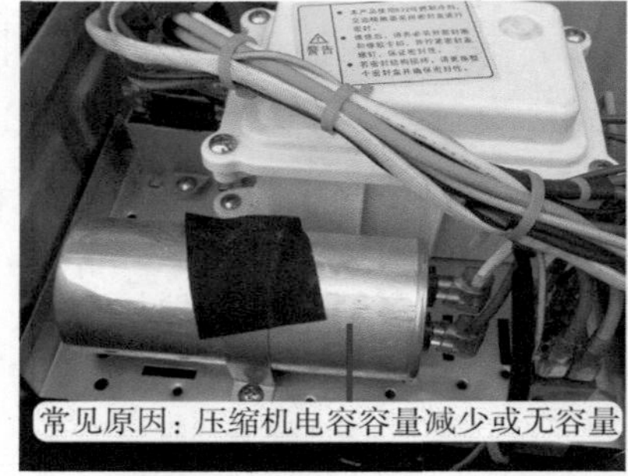

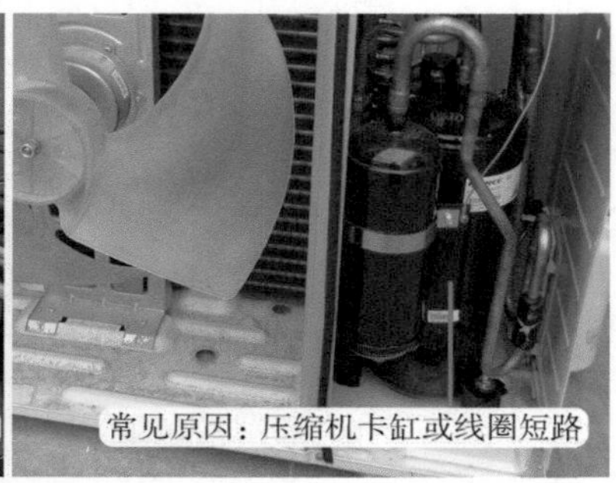

图 7-4　压缩机启动不起来常见故障原因

3.代换压缩机电容

查看压缩机原配电容容量为50μF，使用相同容量电容代换后，再次上电试机，同时测量压缩机电流，在交流接触器触点吸合为压缩机供电的瞬间，电流约为50A，但约1s后随即下降至约10A，见图7-5；供电的同时听到“铛”的一声后，压缩机随即开始运行，手摸排气管变热、吸气管变凉，室内机开始吹凉风，说明空调器已恢复正常。运行一段时间后，压缩机电流上升至约12A，也在正常范围内。

维修措施：更换压缩机电容。

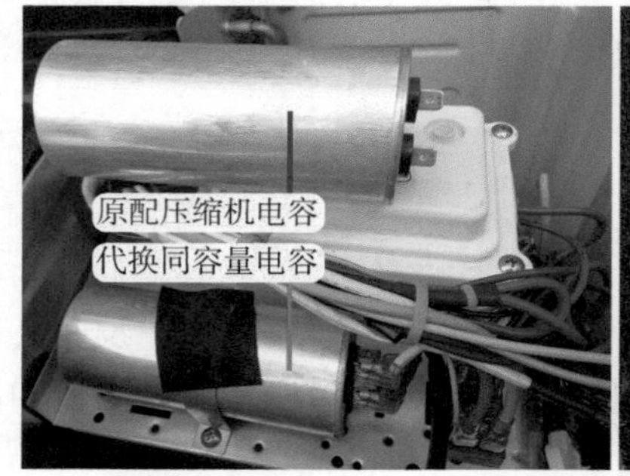

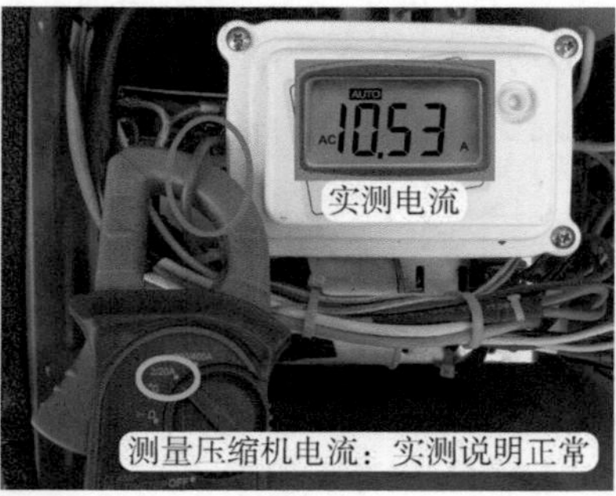

图 7-5　代换压缩机电容和测量电流

（1）压缩机启动不起来故障原因中，70%为压缩机电容损坏、25%为压缩机损坏、5%为电源电压低。

（2）家庭用户通常为压缩机电容损坏，6年之内的商业用户（尤其是旅馆或饭店等场所）通常为压缩机损坏，农村用户未电改前通常为电源电压低。

三、压缩机卡缸，格力 E5 代码

故障说明：格力KFR-72LW/E1（72d3L1）A-SN5柜式空调器，用户反映不制冷，室外风机一转就停，一段时间后显示屏显示E5代码，查看代码含义为低电压过电流保护。

1. 测量压缩机电流和代换压缩机电容

检查室外机，首先使用万用表交流电流挡，钳头夹住室外机接线端子上N端引线，测量室外机电流，在压缩机启动时实测电流约65A，见图7-6左图，说明压缩机启动不起来。在压缩机启动时测量接线端子处电压约为交流210V，说明供电电压正常，初步判断压缩机电容损坏。

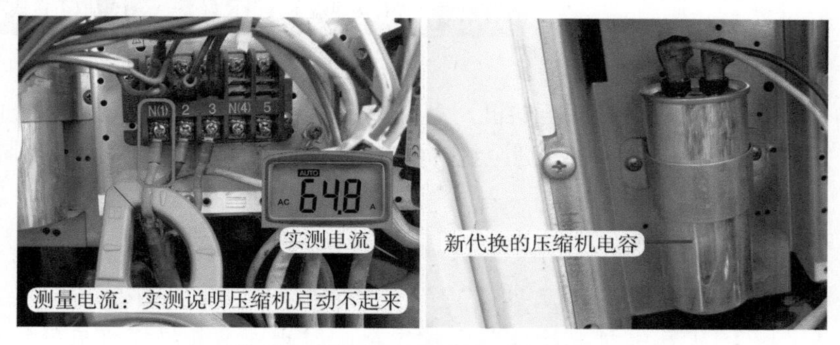

图 7-6　测量压缩机电流和代换电容

见图7-6右图，使用同容量的新电容代换试机，故障依旧，N端电流仍约为65A，从而排除压缩机电容故障，初步判断为压缩机损坏。

2. 测量压缩机引线阻值

为判断压缩机是线圈短路损坏还是卡缸损坏，断开空调器电源，使用万用表电阻挡，测量压缩机引线（线圈）阻值：实测红线公共端（C）与蓝线运行绕组（R）的阻值为1.1Ω，红线C与黄线启动绕组（S）的阻值为2.3Ω，蓝线R与黄线S的阻值为3.3Ω，见图7-7，根据3次测量结果判断压缩机线圈正常。

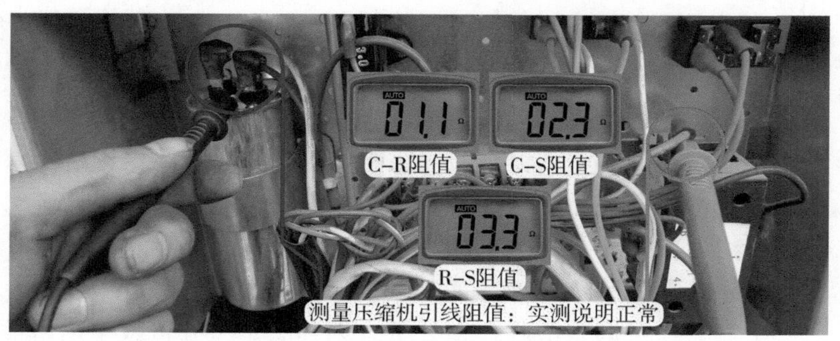

图 7-7　测量压缩机线圈阻值

3.查看压缩机接线端子

压缩机的接线端子或连接线烧坏，也会引起启动不起来或无供电的故障，因此在确定压缩机是否损坏前应查看接线端子引线，见图7-8左图，本例中接线端子和引线均良好。

松开室外机二通阀螺母，将制冷剂R22全部放空，再次上电试机，压缩机仍启动不起来，依旧是3s后室内机停止压缩机和室外风机供电，从而排除系统脏堵故障。

见图7-8右图，拔下压缩机线圈的3根引线，并将接头包上绝缘胶布，再次上电开机，室外风机一直运行不再停机，但空调器不制冷，也不报E5代码，从而确定为压缩机卡缸损坏。

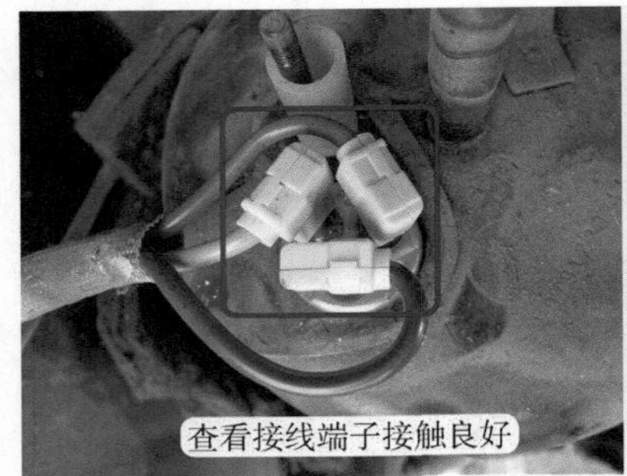

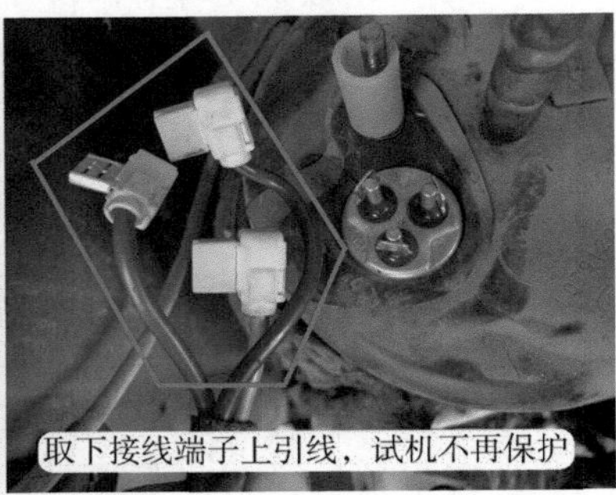

图 7-8　查看压缩机接线端子和取下引线

维修措施：更换压缩机，型号为三菱LH48VBGC。更换后上电开机，压缩机和室外风机运行，顶空加制冷剂至约为0.45MPa后制冷恢复正常，故障排除。

总结

（1）压缩机更换过程比较复杂，因此确定其损坏前应仔细检查是否由电源电压低、电容无容量、接线端子烧坏、系统加注的制冷剂过多等原因引起，在全部排除后才能确定压缩机线圈短路或卡缸损坏。

（2）新压缩机在运输过程中禁止倒立。压缩机出厂前内部充有气体，尽量安装至室外机时再把吸气管和排气管的密封塞取下，可最大限度地防止润滑油流动。

四、压缩机线圈漏电，断路器跳闸

故障说明：格力KFR-23GW挂式空调器，用户反映将电源插头插入电源，断路器（俗称空气开关）立即跳闸。

1.测量电源插头N与地阻值

上门检查，将空调器电源插头刚插入插座，断路器便跳闸保护，为判断是空调器还是断路器故障，使用万用表电阻挡，测量电源插头N与地阻值，正常应为无穷大，而实测阻值约为13.5Ω，见图7-9，确定空调器存在漏电故障。

2.断开室外机接线端子连接线

空调器常见漏电故障在室外机。为判断是室外机或室内机故障，见图7-10，在室外机接线端子处取下除地线外的4根连接线，使用万用表电阻挡，一个表笔接接线端子上N

端，一个表笔接地端固定螺钉，实测阻值仍约为13.5Ω，从而确定故障在室外机。

3. 测量压缩机引线对地阻值

室外机常见漏电故障在压缩机。见图7-11，拔下压缩机线圈的3根引线共4个插头（N端蓝线与运行绕组蓝线并联），使用万用表电阻挡测量公共端黑线与地阻值（实接四通阀铜管），正常阻值应为无穷大，而实测阻值仍约为13.5Ω，说明漏电故障由压缩机引起。

4. 测量压缩机接线端子与地阻值

压缩机引线绝缘层熔化对地短路，也会引起上电跳闸故障。于是取下压缩机接线盖，查看压缩机引线正常，拔下压缩机接线端子上连接线插头，使用万用表电阻挡测量接线端子公共端（C）与地（实接压缩机排气管）阻值，实测仍约为13.5Ω，见图7-12，从而确定压缩机内部线圈对地短路损坏。

维修措施：更换压缩机。

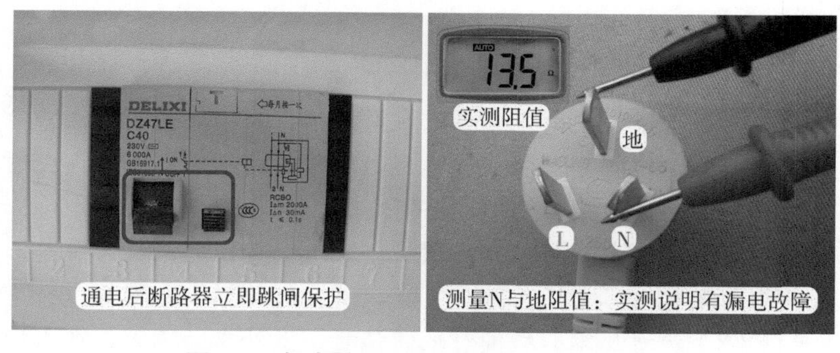

图 7-9　断路器跳闸和测量插头 N 与地阻值

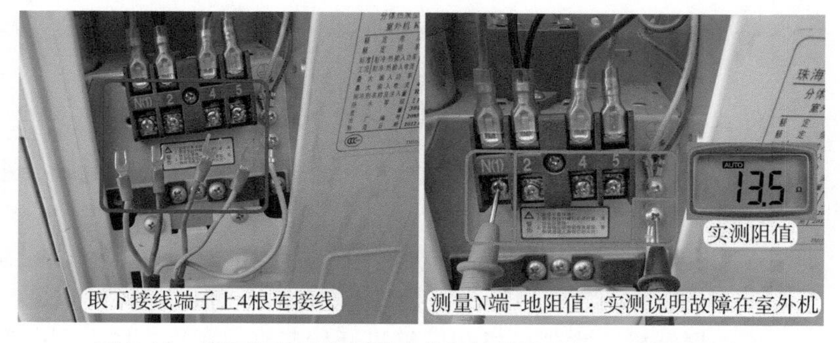

图 7-10　取下连接线和测量室外机接线端子处 N 端与地阻值

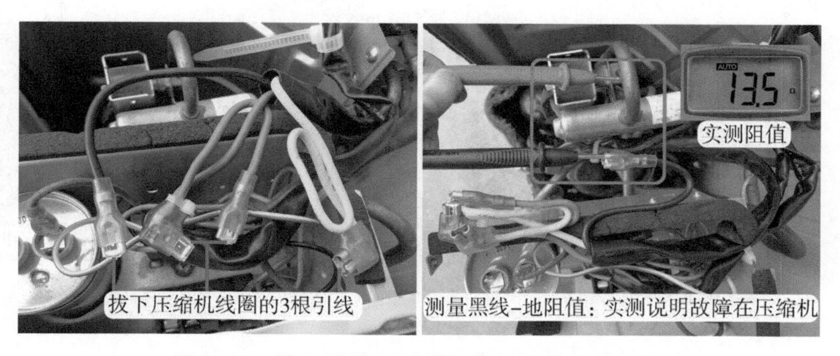

图 7-11　拔下引线和测量压缩机黑线与地阻值

图 7-12　拔下连接线和测量压缩机端子与地阻值

（1）空调器上电跳闸或开机后跳闸，如为漏电故障，通常是压缩机线圈对地短路引起。其他如室内外机连接线之间短路或绝缘层脱落、压缩机引线绝缘层熔化对地短路、断路器损坏等所占比例较小。

（2）空调器开机后断路器跳闸故障，若因电流过大引起，常见原因为压缩机卡缸或压缩机电容损坏。

（3）测量压缩机线圈对地阻值时，室外机的铜管、铁壳均与地线直接相连，实测时可测量待测部位与铜管阻值。

五、压缩机窜气，空调器不制冷

故障说明：格力KFR-23GW挂式空调器，用户反映开机后室外机运行，但不制冷。

1.测量系统压力

上门检查，待机状态即室外机未运行时，在三通阀检修口接上压力表，见图7-13左图，查看系统静态压力约为1MPa，说明系统内有制冷剂R22且比较充足。

遥控器开机，室外风机和压缩机开始运行，见图7-13右图，查看系统压力保持不变，仍约为1MPa并且无抖动迹象，此时使用活动扳手轻轻松开二通阀螺母，立即冒出大量的制冷剂R22，查看二通阀和三通阀阀芯均处于打开状态，说明制冷系统存在故障。

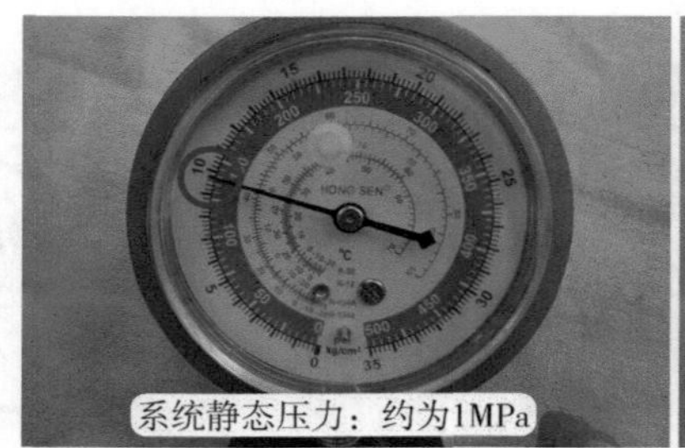

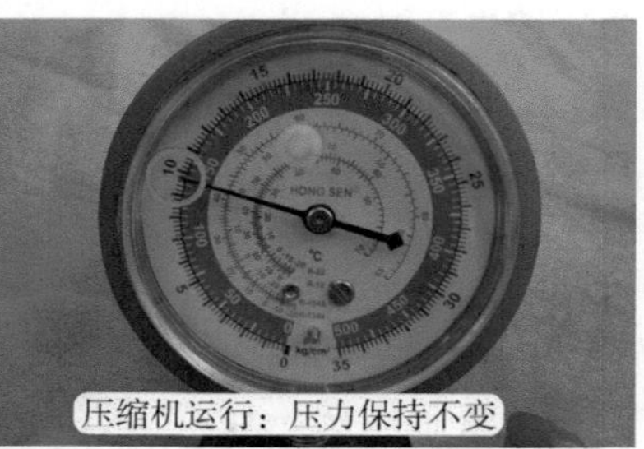

图 7-13　测量系统静态和运行压力

2.测量压缩机电流和细听声音

使用万用表交流电流挡，钳头夹住室外机接线端子上2号压缩机黑线测量电流，实测约为1.8A，见图7-14，低于额定值（约4.2A）较多，说明压缩机未做功。手摸压缩机在振动，但运行声音很小。

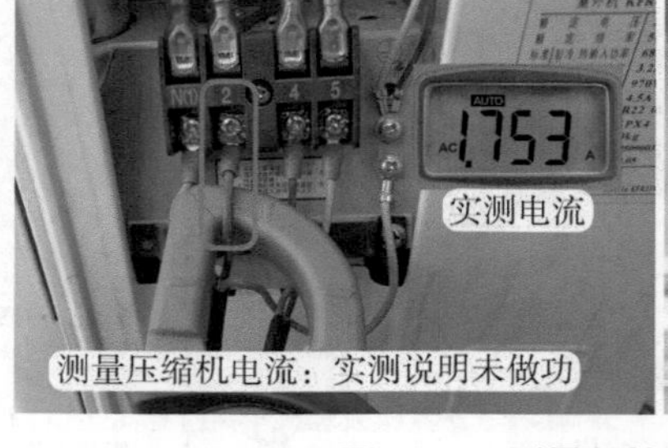

图 7-14　测量压缩机电流和细听声音

3. 手摸压缩机吸气管和排气管感受温度

见图7-15，用手摸压缩机吸气管感觉不凉，接近常温；手摸压缩机排气管不热，也接近常温。

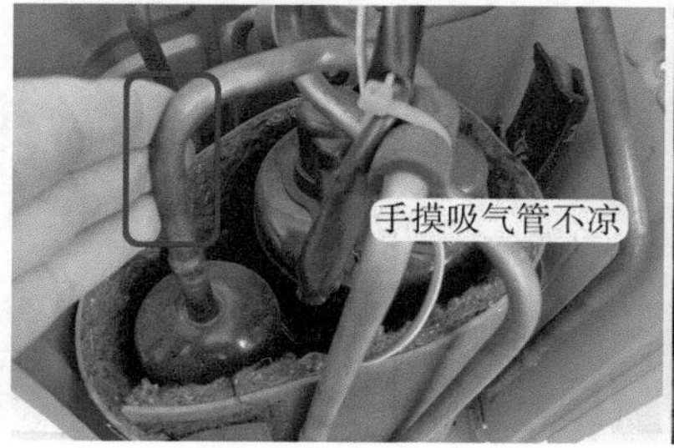

图 7-15　手摸压缩机吸气管和排气管

4. 分析故障

综合检查内容：系统压力压待机状态和开机状态相同、运行电流低于额定值较多、压缩机运行声音很小、手摸吸气管不凉且排气管不热，判断为压缩机窜气。

为确定故障，在二通阀和三通阀处放空制冷剂R22，使用焊枪取下压缩机吸气管和排气管铜管，再次上电开机，压缩机运行，手摸排气管无压力即没有气体排出、吸气管无吸力即没有气体吸入，从而确定压缩机窜气损坏。

维修措施：更换压缩机。

第 2 节　三相空调器故障

一、三相供电空调器特点

三相供电

1. 三相供电

1～3P空调器通常为单相220V供电，见图7-16左图，供电引线共有3根：1根相线（棕线）、1根零线（蓝线）、1根地线（黄绿线），相线和零线组成单相（单相L-N）供电，即交流220V。

部分3P或全部5P空调器为三相380V供电，见图7-16右图，供电引线共有5根：3根相线、1根零线、1根地线。3根相线组成三相（L1-L2、L1-L3、L2-L3）供电，即交流380V。

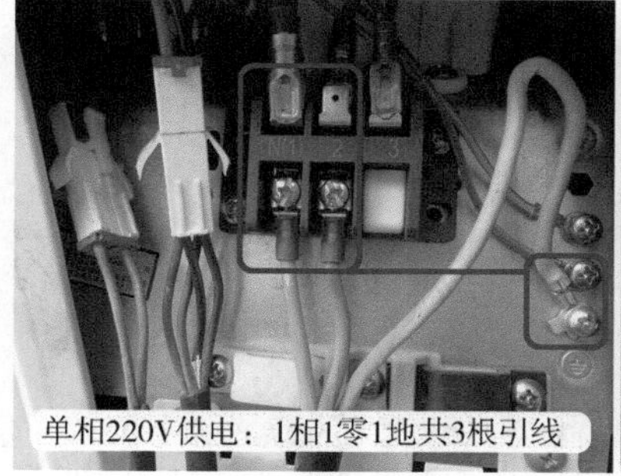

图 7-16　供电方式

2. 压缩机供电和启动方式

见图7-17左图，单相供电空调器1～2P压缩机通常由室内机主板上继电器触点供电、3P压缩机由室外机单触点或双触点交流接触器（交接）供电，压缩机均由电容启动运行。

见图7-17右图，三相供电空调器均由三触点交流接触器供电，且为直接启动运行，不需要电容辅助启动。

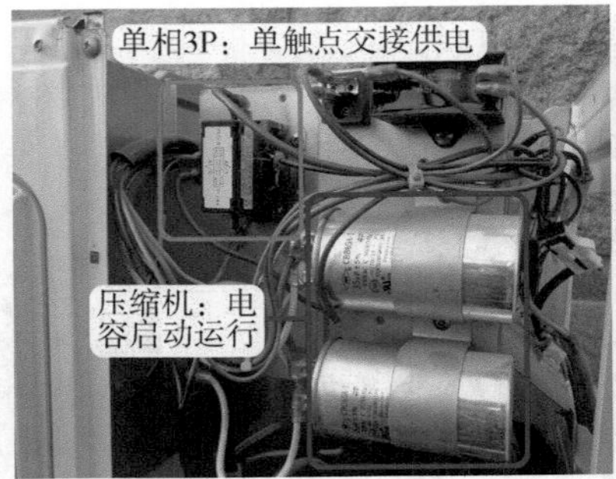

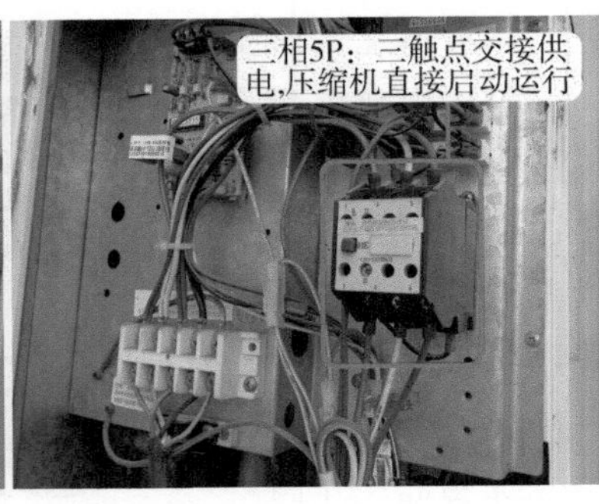

图 7-17　供电和启动方式

3. 三相压缩机

（1）实物外形

部分3P和5P柜式空调器使用三相电源供电，对应压缩机有活塞式和涡旋式两种，实物外形见图7-18，活塞式压缩机只使用在早期的空调器，目前空调器基本上全部使用涡旋式压缩机。

图 7-18　活塞式和涡旋式压缩机

（2）端子标号

见图7-19，三相供电的涡旋式压缩机及变频空调器的压缩机，线圈均为三相供电，压缩机引出3个接线端子，标号通常为T1-T2-T3、U-V-W、R-S-T或A-B-C。

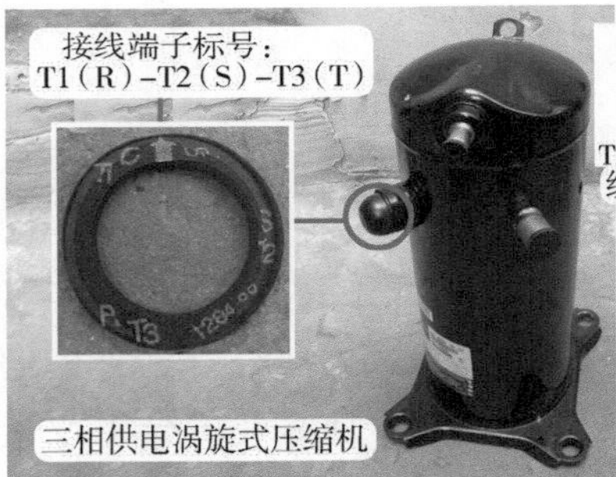

图 7-19　三相压缩机

（3）测量接线端子阻值

三相供电压缩机线圈内置3个绕组，3个绕组的线径和匝数相同，因此3个绕组的阻值相等。

使用万用表电阻挡测量3个接线端子之间阻值，见图7-20，T1-T2、T1-T3、T2-T3阻值相等，即T1-T2=T1-T3=T2-T3，阻值均约为3Ω。

图 7-20　测量接线端子阻值

三相供电检测

4. 相序电路

因涡旋式压缩机不能反转运行，电控系统均设有相序保护电路。

5. 保护电路

由于三相供电空调器压缩机功率较大，为使其正常运行，通常在室外机设计了很多保护电路。

（1）电流检测电路

电流检测电路的作用是为了防止压缩机长时间运行在大电流状态，见图7-21左图，品牌不同，设计方式也不相同：如格力空调器通常检测2根压缩机引线，美的空调器检测1根压缩机引线。

图 7-21　电流检测和查看压力开关

（2）压力保护电路

压力保护电路的作用是为了防止压缩机运行时高压压力过高或低压压力过低，见图7-21右图，品牌不同，设计方式也不相同：如格力或目前海尔空调器同时设有压缩机排气管压力开关（高压开关）和吸气管压力开关（低压开关），美的空调器通常只设有压缩机排气管压力开关。

（3）压缩机排气温度开关或排气传感器

见图7-22，压缩机排气温度开关或排气传感器的作用是为了防止压缩机在温度过高时长时间运行，不同品牌的设计方式也不相同：早期美的空调器通常使用压缩机排气温度开关，在排气管温度过高时，其触点断开进行保护；格力空调器通常使用压缩机排气传感器，CPU可以实时监控排气管实际温度，在温度过高时进行保护。

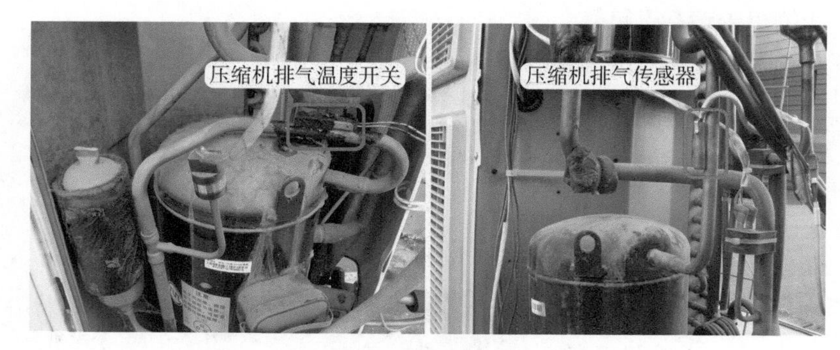

图 7-22　排气管温度开关和排气传感器

6. 室外风机形式

室外机通风系统中，见图7-23，1～3P空调器通常使用单风扇吹风为冷凝器散热；5P空调器通常使用双

图 7-23　室外风机形式

三相供电空调器电控系统常见形式

风扇散热，但部分品牌的早期5P空调器室外机也有使用单风扇散热的。

二、交流接触器线圈开路，空调器不制冷

故障说明：美的KFR-120LW/K2SDY柜式空调器，用户反映不制冷，室内机吹自然风。

1. 测量室内机主板电压和查看室外机

上门检查，使用遥控器开机，电源和运行灯点亮，室内风机开始运行，将手放在出风口感觉为自然风，没有凉风吹出。

取下室内机电控盒盖板，使用万用表交流电压挡，黑表笔接室内机接线端子的N端，红表笔接主板COMP端子红线测量压缩机电压，实测为221V，见图7-24左图；黑表笔接N端不动，红表笔接主板OUT FAN端子白线测量室外风机电压，实测为220V，说明室内机主板已输出供电，故障在室外机。

图 7-24　测量压缩机电压和查看室外机

查看室外机，见图7-24右图，发现室外风机运行，但压缩机不运行，说明不制冷故障由压缩机未运行引起。

2. 查看按压交流接触器按钮

见图7-25，查看发现压缩机供电的交流接触器（交接）按钮未吸合，说明触点未导通；用手按压交流接触器按钮，强制使触点导通，压缩机开始运行，手摸排气管迅速变热、吸气管迅速变凉，说明供电相序和压缩机均正常，故障在交流接触器电路。

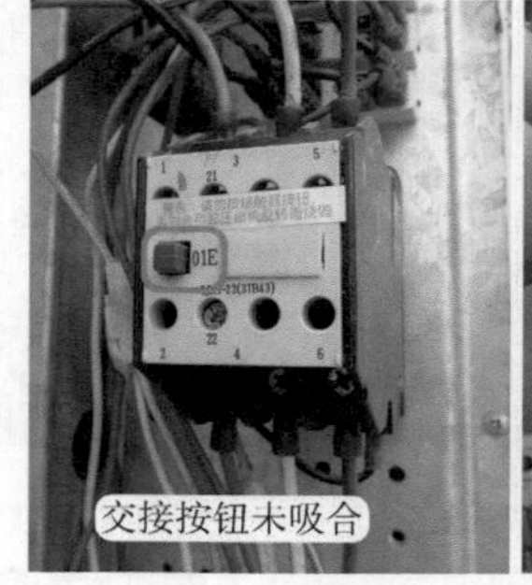

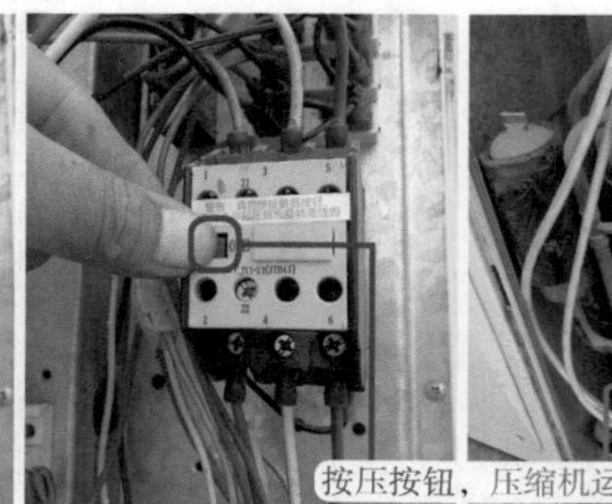

图 7-25　查看交流接触器按钮

3. 测量交流接触器线圈电压

依旧使用万用表交流电压挡，见图7-26左图，黑表笔接室外机接线端子的N端，红表笔接对接插头中红线测量压缩机电压，实测为221V，说明室内机主板输出的供电已送至室外机。

见图7-26右图，用万用表直接测量交流接触器线圈引线，即红线和黑线，实测仍为交流221V，说明室内机主板输出的供电已送至交流接触器线圈，初步判断故障为交流接

触器线圈开路损坏。

4. 测量交流接触器线圈阻值

断开空调器电源，使用万用表电阻挡，直接测量交流接触器线圈阻值，正常约为300Ω，实测为无穷大。为准确判断，取下交流接触器的线圈引线即输入和输出的触点引线，再取下固定螺钉后取下交流接触器，见图7-27左图，使用万用表电阻挡测量线圈阻值，实测仍为无穷大，确定交流接触器线圈开路损坏。

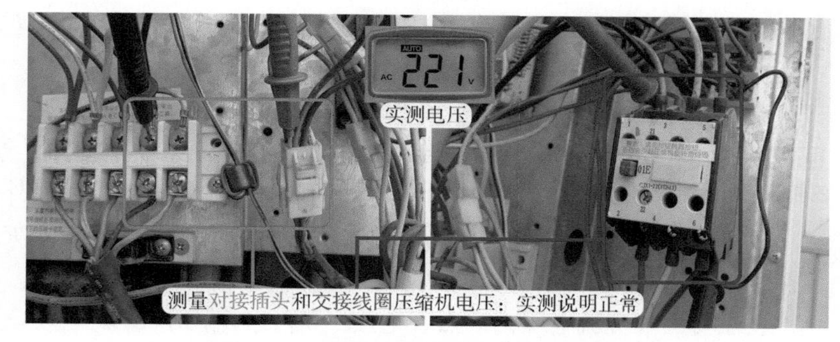

图 7-26　测量对接插头和交接线圈电压

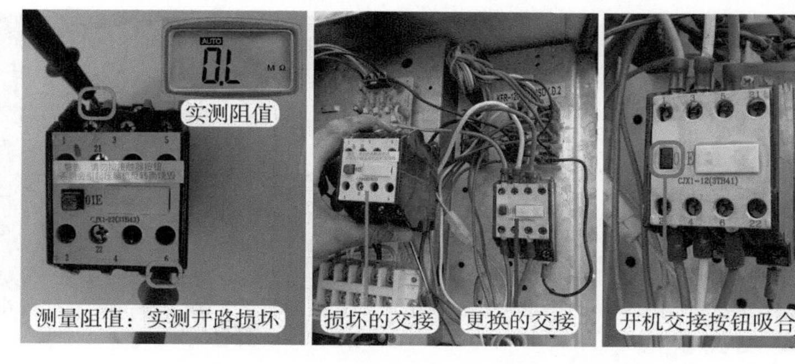

图 7-27　测量线圈阻值和更换交流接触器

维修措施：见图7-27中图和右图，使用备件交流接触器更换，恢复连接线后上电试机，交流接触器按钮吸合，说明交流接触器触点导通，压缩机和室外风机均开始运行，同时空调器开始制冷，故障排除。

三相压缩机单元电路

三、相序板损坏，空调器不制冷

故障说明：海尔KFR-120LW/L（新外观）柜式空调器，用户反映不制冷，室内机吹自然风。

上门检查，遥控器开机，电源和运行指示灯亮，室内风机运行，但吹风为自然风，查看室外机，发现室外风机运行，但压缩机不运行。

1. 测量电源电压

压缩机由接线端子的三相电源供电，见图7-28左图，首先使用万用表交流电压挡测量三相电源电压是否正常，分3次测量，实测室外机接线端子上R-S、R-T、S-T电压均约为交流380V，初步判断三相供电正常。

为准确判断三相供电，依旧使用万用表交流电压挡测量三

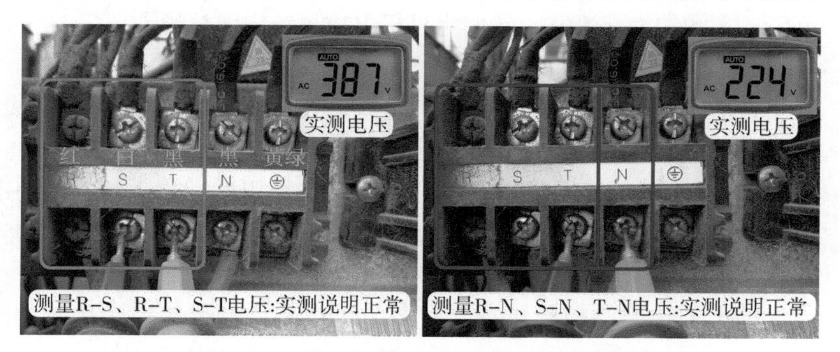

图 7-28　测量三相相线之间电压和三相 -N 电压

三相压缩机不运行时检修流程

相供电与零线N电压，见图7-28右图，分3次测量，实测R-N、S-N、T-N电压均约为交流220V，确定三相供电正常。

2. 测量压缩机和室外风机电压

室外机6根连接线的接线端子连接室内机，1号白线为相线L、2号黑线为零线N、6号黄绿线为地，共3根连接线由室外机电源向室内机供电；3号红线为压缩机、4号棕线为四通阀线圈、5号灰线为室外风机，共3根连接线由室内机主板输出，去控制室外机负载。

使用万用表交流电压挡，黑表笔接2号零线N端子，红表笔接3号压缩机端子测量电压，实测约为交流220V，见图7-29左图，说明室内机主板已输出压缩机供电，故障在室外机。

黑表笔不动接2号零线N端子，红表笔接5号室外风机端子测量电压，实测约为交流220V，见图7-29右图，也说明室内机主板已输出室外风机供电。

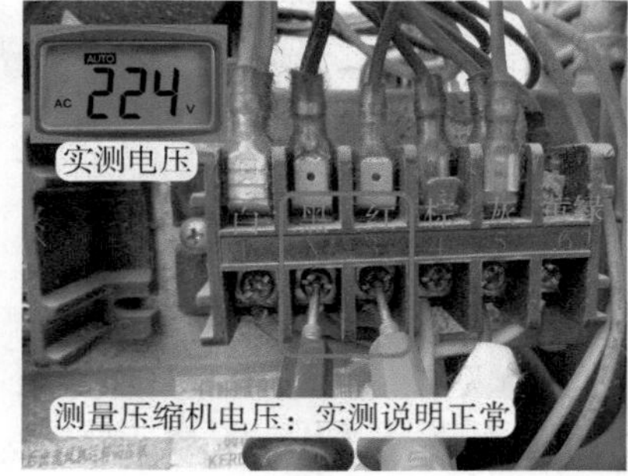

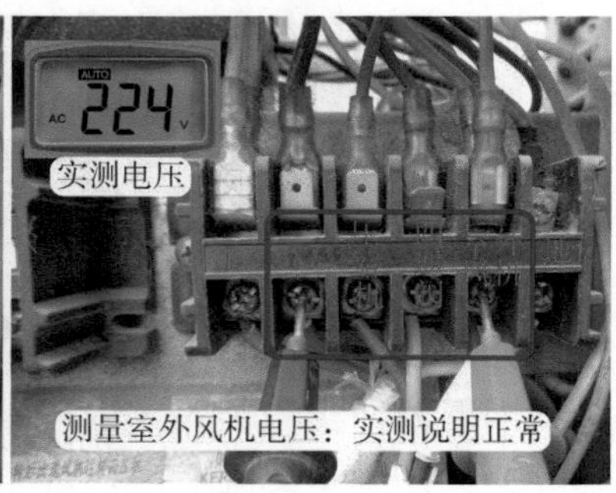

图 7-29　测量压缩机和室外风机电压

3. 按压交流接触器按钮和测量线圈电压

取下室外机顶盖，见图7-30左图，发现压缩机供电的交流接触器（交接）按钮未吸合，说明其触点未导通，用手按压按钮，强制使触点导通，此时压缩机开始运行，手摸排气管发热、吸气管变凉，说明制冷系统和供电相序均正常。

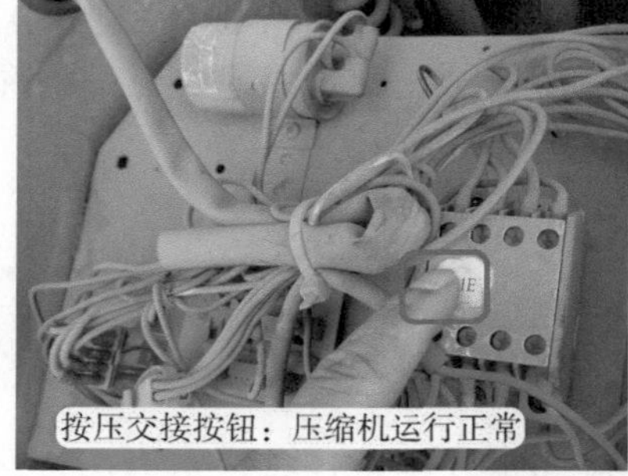

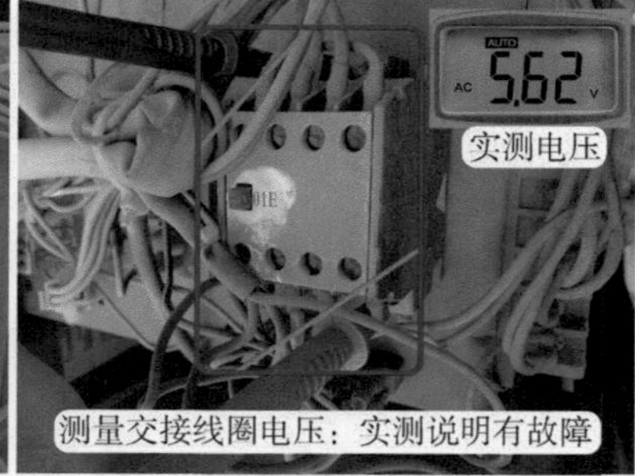

图 7-30　按压交流接触器按钮和测量线圈电压

使用万用表交流电压挡，见图7-30右图，红、黑表笔接交流接触器线圈的两个端子测量电压，实测约为交流0V，说明室外机电控系统出现故障。

4. 测量相序板电压

查看室外机接线图或实际连接线，发现交流接触器线圈引线一端经相序板接零线、一端经3号端子接室内机主板相线，原理和格力空调器相同。

相序板实物外形见图7-31左图，共有5根引线：输入端有3根引线，为三相相序检测，连接室外机接线端子R、S、T端子；输出端共两根引线，连接继电器触点的两个端子：一根接零线N、一根接交流接触器线圈。

使用万用表交流电压挡，红表笔接交流接触器线圈相线L（相当于接3号端子压缩机引线）、黑表笔接相序板零线引线测量电压，实测约为交流220V，见图7-31中图，说明零线已送至相序板。

红表笔不动依旧接相线L，黑表笔接相序板上连接交流接触器线圈引线测量电压，实测约为交流0V（5.62V），见图7-31右图，说明相序板继电器触点未导通，由于三相供电电压和相序均正常，判断相序板损坏。

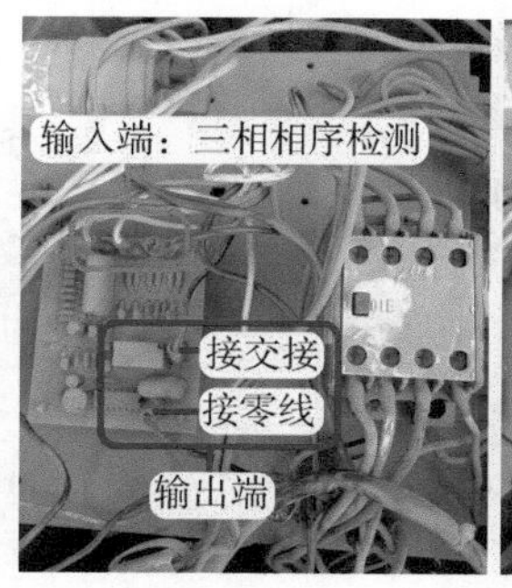

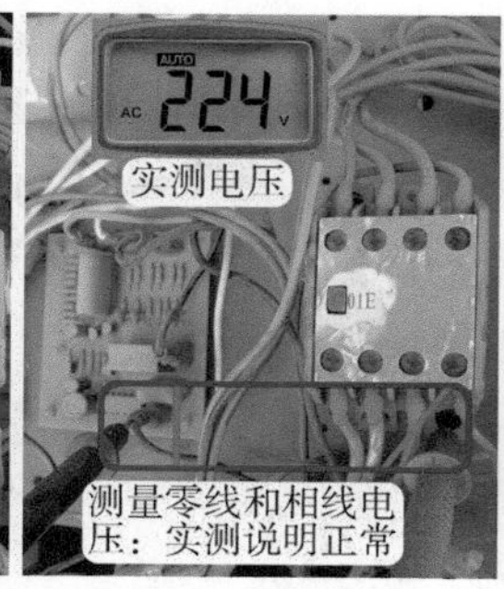

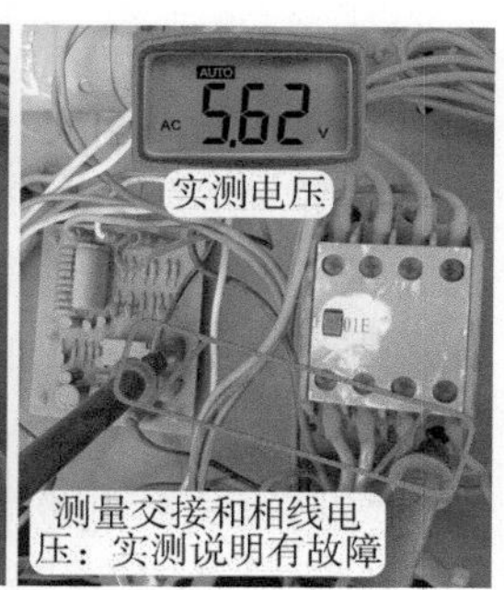

图 7-31　测量相序板电压

5. 使用通用相序保护器代换原机相序板

由于暂时配不到原机相序板，由于其只有相序检测功能，决定使用通用相序保护器进行代换，代换步骤如下。

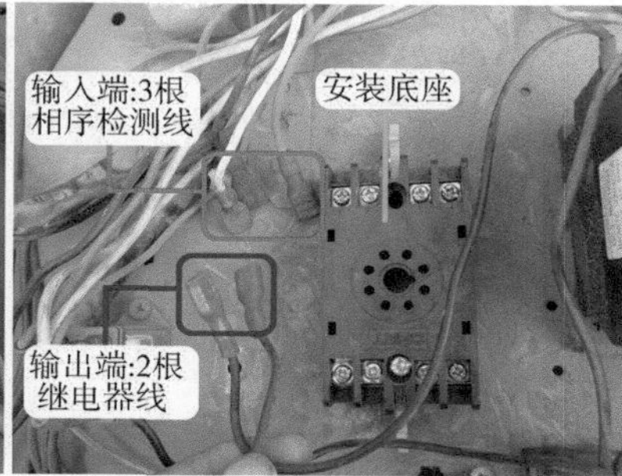

图 7-32　取下原机相序板和安装底座

代换时，断开空调器电源，见图7-32，拔下相序板的5根引线，并取下原机相序板，再将通用相序保护器的接线底座固定在室外机合适的位置。

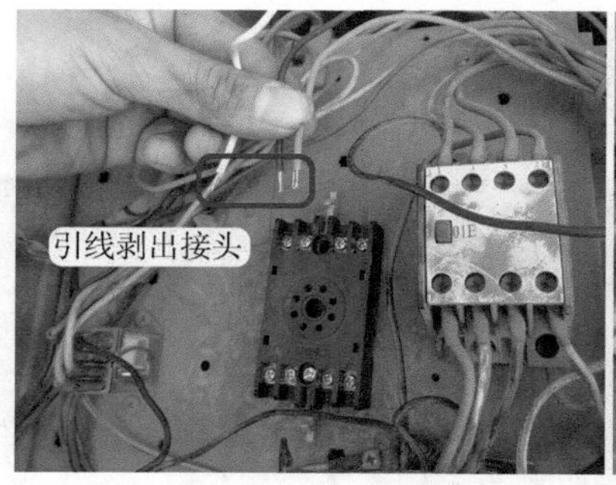

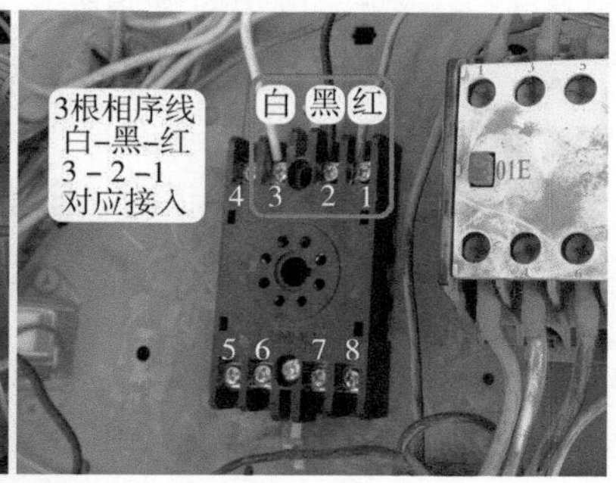

图 7-33　安装输入端引线

原机相序板使用接线端子，引线使用插头，而接线底座使用螺钉固定，见图7-33，因此剪去引线插头，并剥出适当长度的接头，将3根相序检测线接入底座1-2-3端子。

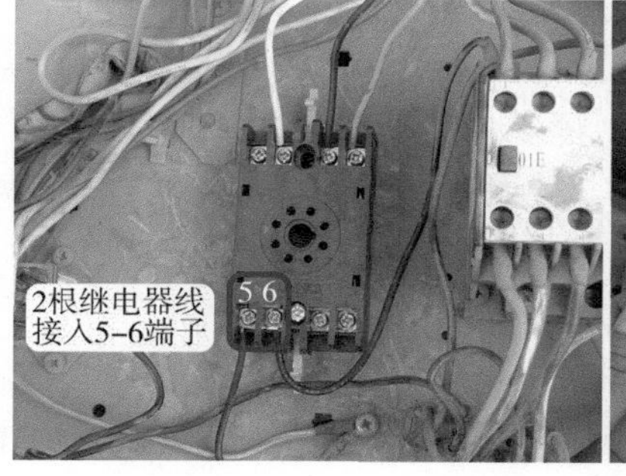

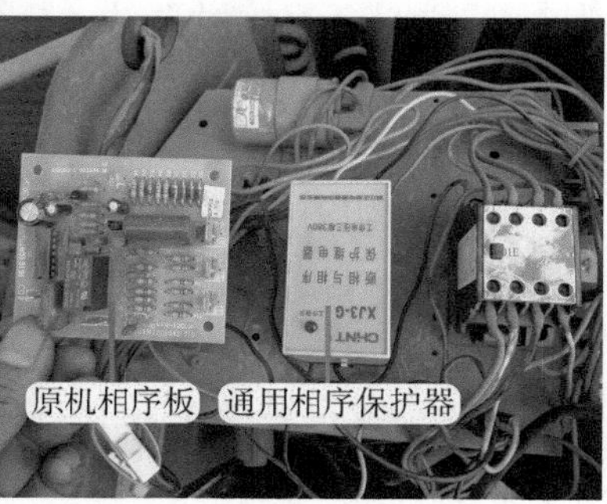

图 7-34　安装输出引线

见图7-34，把原机相序板两根输出端的继电器引线不分反正接入5-6端子，再将相序保护器的控制盒安装在底座上并锁紧，完成使用通用相序保护器代换原机相序板的接线。

6. 对调输入侧引线

将空调器通上电源，见图7-35左图，查看通用相序保护器的工作指示灯不亮，判断其相序检测与电源相序不相同，使用遥控器开机后，交流接触器触点未导通，不能为压缩机供电，压缩机依旧不运行，只有室外风机运行。

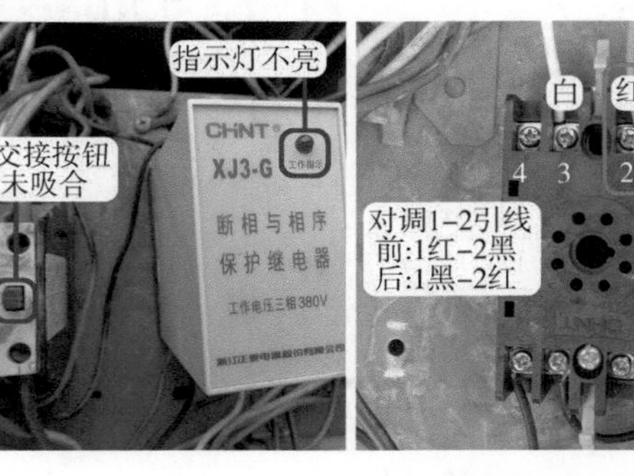

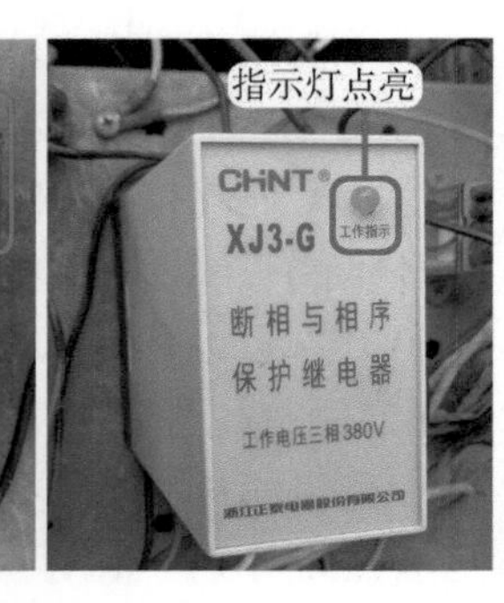

图 7-35　查看通用相序保护器和对调输入侧引线

由于原机电源相序符合压缩机运行要求，只是通用相序保护器上相序不相同，因此断开空调器电源，见图7-35中图和右图，取下控制盒，对调接线底座上1-2端子引线，安装后上电试机，通用相序保护器工作指示灯已经点亮，用遥控器开机后，压缩机和室外风机均开始运行，故障排除。

维修措施：使用通用相序保护器代换原机相序板。

三相、单相柜式空调器电控系统对比

四、三相供电相序错误，空调器不制冷

故障说明：格力KFR-120LW/E（12568L）A1-N2柜式空调器，用户反映第一年制热正常，但等到第二年入夏使用制冷模式时，发现不制冷，室内机吹自然风。

1. 按压交流接触器强制按钮

首先检查室外机，室外风机运行但压缩机不运行，查看交流接触器的强制按钮，发现未吸合，见图7-36左图，说明触点未导通。

使用万用表交流电压挡，见图7-36右图，测量交流接触器线圈端子电压，正常为交流220V，实测约为0V，说明交流接触器线圈的控制电路有故障。

图 7-36　查看交流接触器按钮和测量线圈电压

2. 测量黑线电压和按压交流接触器按钮

依旧使用万用表交流电压挡，见图7-37左图，一个表笔接室外机接线端子N端，一个表笔接方形对接插头中黑线（即压缩机引线）测量电压，实测约为交流220V，说明室内机主板已输出电压，故障在室外机。

由于交流接触器线圈N端中串接有相序保护器，当相序错误或缺相时其触点断开，也会引起此类故障。使用万用表交流电压挡，测量三相供电L1-L2、L1-L3、L2-L3电压均为交流380V，三相供电与N端即L1-N、L2-N、L3-N电压均为交流220V，说明三相供电正常。

见图7-37右图，使用螺钉旋具头按住按钮，强行接通交流接触器的三路触点，此时压缩机运行，但声音沉闷，手摸吸气管和排气管均为常温，说明三相供电相序错误。

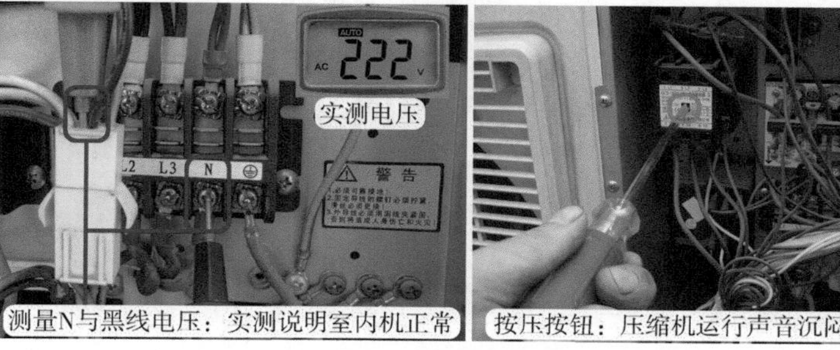

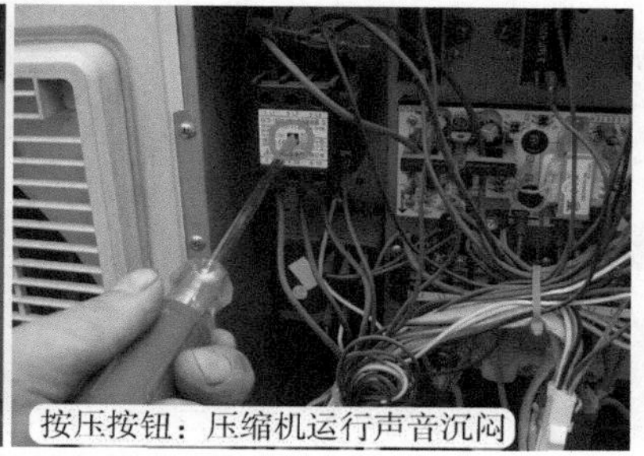

图 7-37　测量电压和按压交流接触器按钮

3. 区分电源供电连接线

室外机接线端子上共有两束相同的5芯电源连接线，一束为电源供电连接线，接供电处的断路器；另一束为室内机供电，接室内机。

两束连接线作用不同，如果调整连接线时调反，即对调后的连接线为室内机供电，开机后故障依旧，因此应首先区别两束连接线的功能。方法是断开空调器电源，依次取下左侧接线端子上的L1连接线和右侧接线端子上的L1连接线。

使用万用表电阻挡，见图7-38，一个表笔接N端，另一个表笔依次接两个L1连接线测量阻值，因电源供电连接线接断路器，而室内机供电连接线中L1端和N端并联有变压器一次绕组，因此测量阻值为无穷大的一束连接线为电源供电，调整相序时即对调这束连接线；测量阻值约为80Ω的一束连接线接室内机。根据测量结果可判断为右侧接线端子的连接线为电源供电。

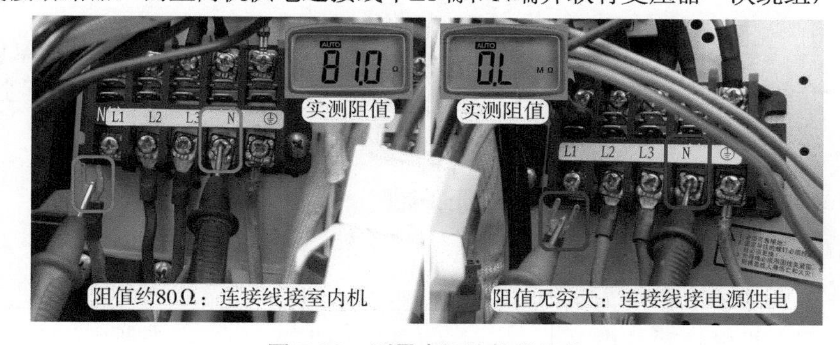

图 7-38　测量电源连接线阻值

维修措施：调整相序。方法是任意对调三相供电连接线中的两根连接线的位置，见图7-39，本例对调L1和L2端子连接线的位置。

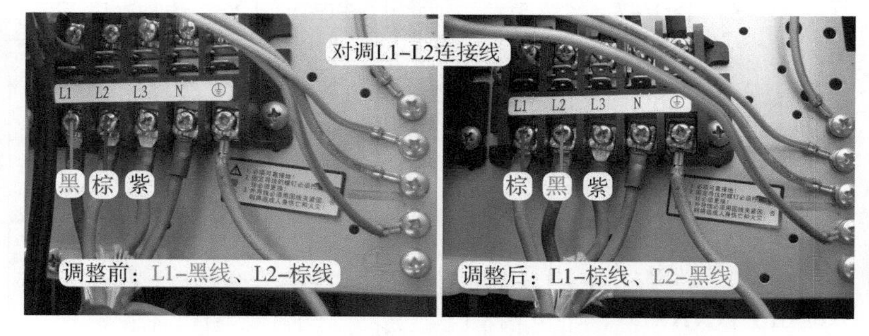

图 7-39　对调电源连接线的位置

总结

电源供电相序错误，常见于刚安装的空调器、长时间不用而在此期间供电部门调整过电源连接线（电线杆处）、房间因装修调整过电源连接线（断路器处）等。

第 8 章 变频空调器电控基础

第1节 电控系统组成

本节以格力KFR-32GW/（32556）FNDe-3直流变频空调器室内机和室外机为基础，介绍室内机和室外机电控系统组成。如本节中无特别注明，所有空调器型号均默认为格力KFR-32GW/（32556）FNDe-3。

一、室内机电控系统基础

1. 电控系统组成

图8-1所示为室内机电控系统电气接线图，图8-2所示为室内机电控系统实物外形和作用（不含辅助电加热等）。

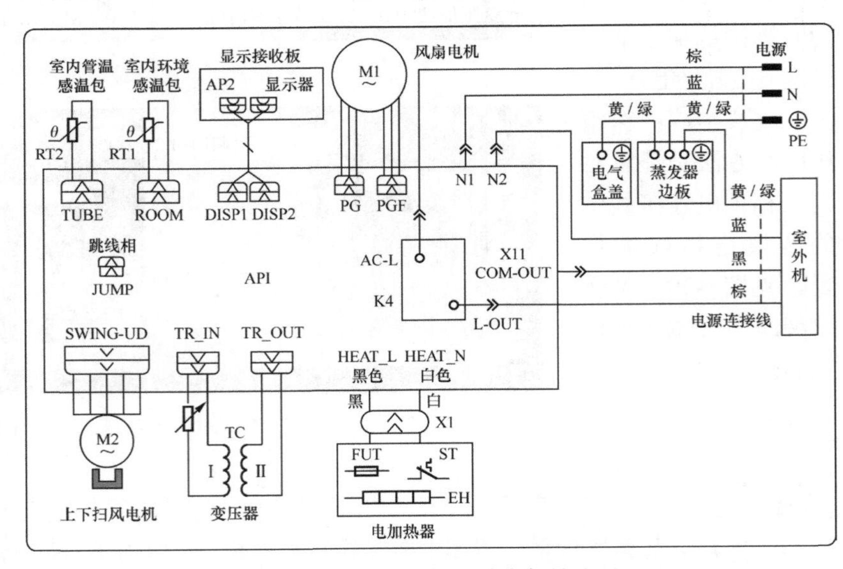

图 8-1 室内机电控系统电气接线图

从图8-1中可以看出，室内机电控系统由主板（AP1）、室内环温传感器（室内环境感温包）、室内管温传感器（室内管温感温包）、显示板组件（显示接收板）、室内风机（风扇电机）、步进电机（上下扫风电机）、变压器、辅助电加热（电加热器）等组成。

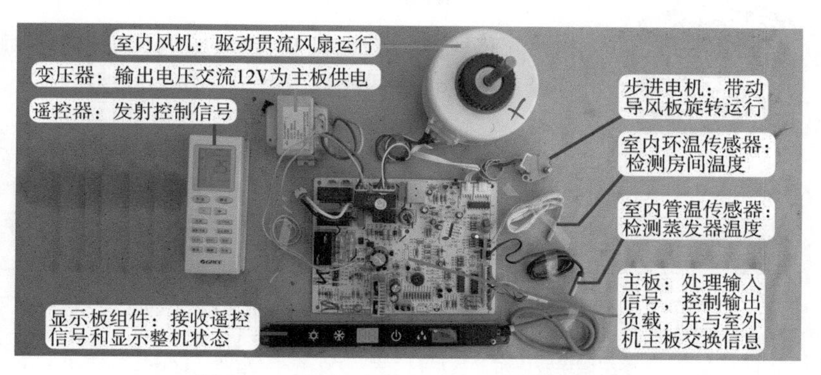

图 8-2　室内机电控系统实物外形和作用

2. 室内机主板方框图

图8-3所示为室内机主板电路方框图，由方框图可知，主板主要由5部分电路组成，即电源电路、CPU三要素电路、输入部分电路、输出部分电路和通信电路。

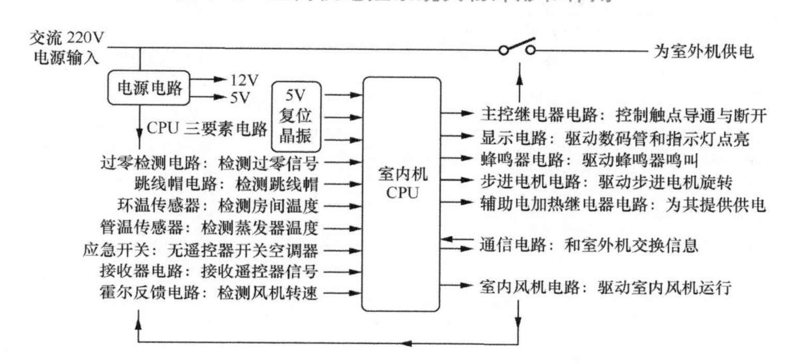

图 8-3　室内机主板电路方框图

3. 主板插座和电子元件

表8-1所示为室内机主板与显示板组件的插座和电子元件明细，图8-4所示为室内机主板插座和电子元件实物图，图8-5所示为显示板组件电子元件实物图。在图8-4和图8-5中，插座和接线端子的代号以英文字母表示，电子元件以阿拉伯数字表示。

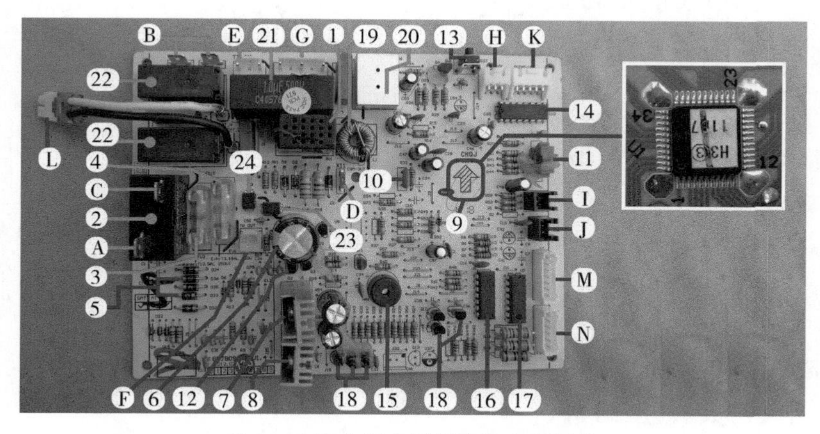

图 8-4　室内机主板插座和电子元件

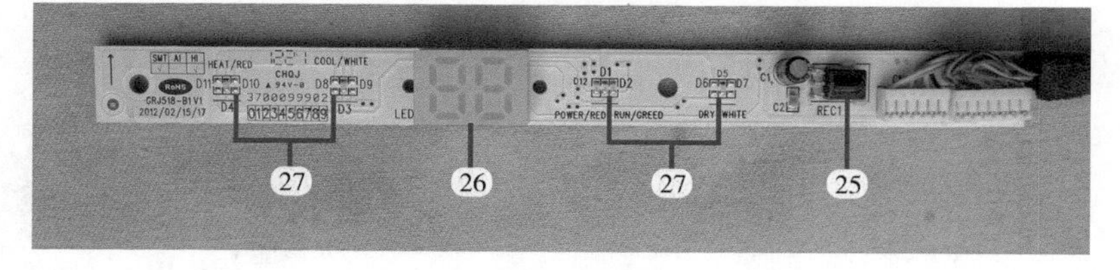

图 8-5　显示板组件电子元件

主板有供电才能工作，为主板供电有电源L端输入和电源N端输入两个端子；由于室内机主板还为室外机供电和与室外机交换信息，因此还设有室外机供电端子和通信线；输入部分设有变压器、室内环温和管温传感器，主板上设有变压器一次绕组和二次绕组插座、室内环温和管温传感器插座；输出负载有显示板组件、步进

晶振

电机、室内风机（PG电机），相对应地在主板上有显示板组件插座、步进电机插座、室内风机线圈供电插座、霍尔反馈插座。

表 8-1　室内机主板与显示板组件的插座和电子元件明细

标号	名称	标号	名称	标号	名称
A	电源相线输入	1	压敏电阻	15	蜂鸣器
B	电源零线输入和输出	2	主控继电器	16	串行移位集成电路
C	电源相线输出	3	12.5A熔丝管	17	反相驱动器
D	通信端子	4	3.15A熔丝管	18	晶体管（俗称三极管）
E	变压器一次绕组	5	整流二极管	19	扼流圈
F	变压器二次绕组	6	主滤波电容	20	光耦晶闸管
G	室内风机	7	12V稳压块7812	21	室内风机电容
H	霍尔反馈	8	5V稳压块7805	22	辅助电加热继电器
I	室内环温传感器	9	CPU（贴片型）	23	发送光耦
J	室内管温传感器	10	晶振	24	接收光耦
K	步进电机	11	跳线帽	25	接收器
L	辅助电加热	12	过零检测晶体管	26	2位数码管
M	显示板组件1	13	应急开关	27	指示灯（发光二极管）
N	显示板组件2	14	反相驱动器		

二、室外机电控系统基础

1.电控系统组成

图8-6所示为室外机电控系统电气接线图，图8-7所示为室外机电控系统实物外形和作用（不含压缩机、室外风机、端子排等）。

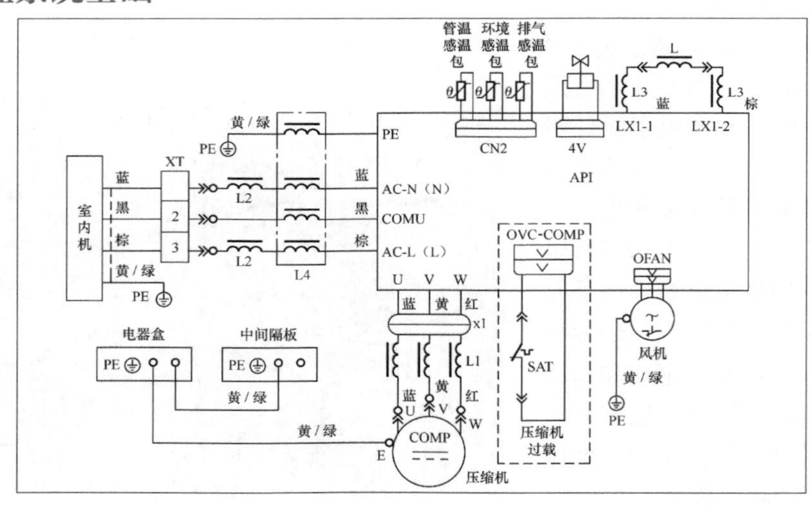

图 8-6　室外机电控系统电气接线图

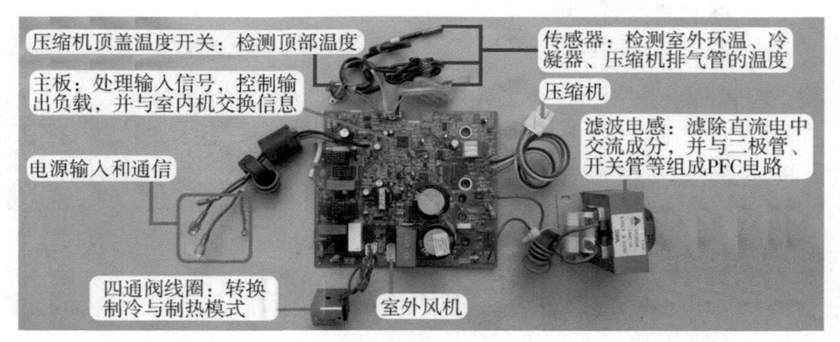

图 8-7　室外机电控系统实物外形和作用

从图8-6中可以看出，室外机电控系统由主板（AP1）、滤波电感（L）、压缩机、压缩机顶盖温度开关（压缩机过载）、室外风机（风机）、四通阀线圈（4V）、室外环温传感器（环境感温包）、室外管温传感器（管温感温包）、压缩机排气传感器（排气感温包）、端子排

（XT）组成。

2. 室外机主板电路方框图

图8-8所示为室外机主板电路方框图，由方框图可知，主板主要由5部分电路组成，即电源电路、输入部分电路、输出部分电路、模块电路和通信电路。

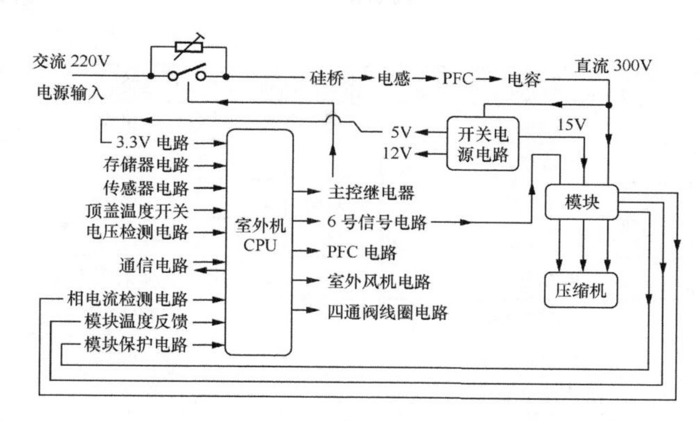

图 8-8 室外机主板电路方框图

3. 室外机主板插座

图8-9所示为室外机主板插座实物图，表8-2所示为室外机主板插座明细，插座引线的代号以英文字母表示。由于将室外机CPU和弱电信号电路及模块等电路均集成在一块主板，因此主板的插座较少。

图 8-9 室外机主板插座

室外机主板有供电才能工作，为其供电的有电源L端输入、电源N端输入、地线3个端子；为了和室内机主板通信，设有通信线；输入部分设有室外环温传感器、室外管温传感器、压缩机排气传感器、压缩机顶盖温度开关，设有室外环温-室外管温-压缩机排气传感器插座、压缩机顶盖温度开关插座；直流300V供电电路中设有外置滤波电感，外接有滤波电感的两个插头；输出负载有压缩机、室外风机、四通阀线圈，相对应地设有压缩机对接插头、室外风机插座、四通阀线圈插座。

表 8-2 室外机主板插座明细

标号	名称	标号	名称	标号	名称
A	棕线：相线L端输入	E	滤波电感输入	I	室外风机
B	蓝线：零线N端输入	F	滤波电感输出	J	压缩机温度开关
C	黑线：通信COM	G	压缩机	K	室外环温-管温-压缩机排气传感器
D	黄绿色：地线	H	四通阀线圈		

4. 室外机主板电子元件

表8-3所示为室外机主板电子元件明细，图8-10所示为室外机主板电子元件实物图，电子元件以阿拉伯数字表示。

表 8-3　　室外机主板电子元件明细

标号	名称	标号	名称	标号	名称
1	15A熔丝管	13	室外风机电容	25	模块保护集成电路
2	压敏电阻	14	四通阀线圈继电器	26	PFC取样电阻
3	放电管	15	3.15A熔丝管	27	模块电流取样电阻
4	滤波电感（扼流圈）	16	开关变压器	28	电压取样电阻
5	PTC电阻	17	开关电源集成电路	29	PFC驱动集成电路
6	主控继电器	18	TL431	30	反相驱动器
7	整流硅桥	19	稳压光耦	31	发光二极管
8	快恢复二极管	20	3.3V稳压电路	32	通信电源降压电阻
9	IGBT开关管	21	CPU	33	通信电源滤波电容
10	滤波电容（两个）	22	存储器	34	通信电源稳压二极管
11	模块	23	相电流放大集成电路	35	发送光耦
12	室外风机继电器	24	PFC取样集成电路	36	接收光耦

压敏电阻

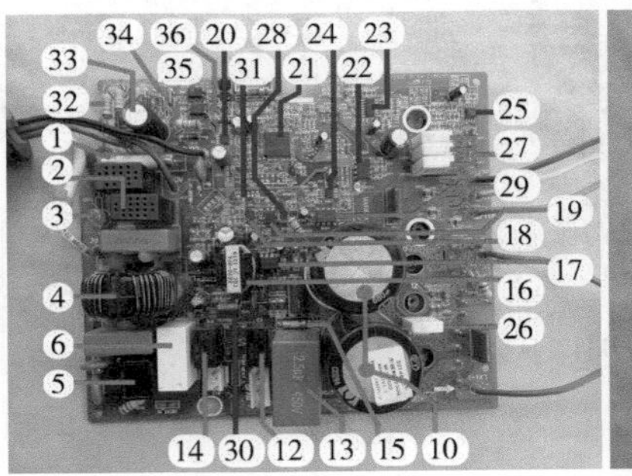

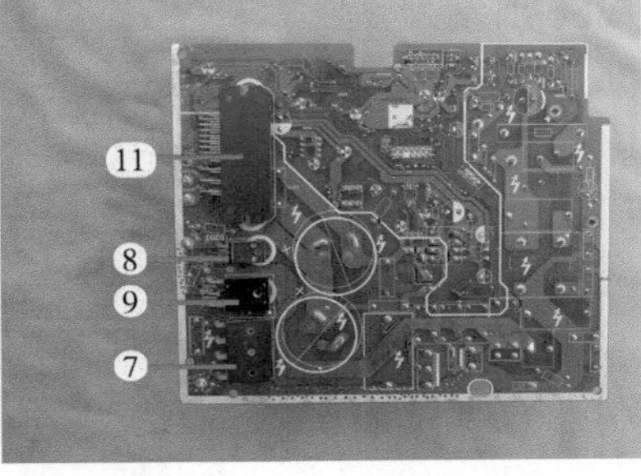

图 8-10　室外机主板电子元件

第 2 节　主要元器件

一、电子膨胀阀

1. 基础知识

（1）电子膨胀阀的安装位置

电子膨胀阀通常是垂直安装在室外机，见图8-11。其在制冷系统中的作用和毛细管相同，即降压节流和调节制冷剂流量。

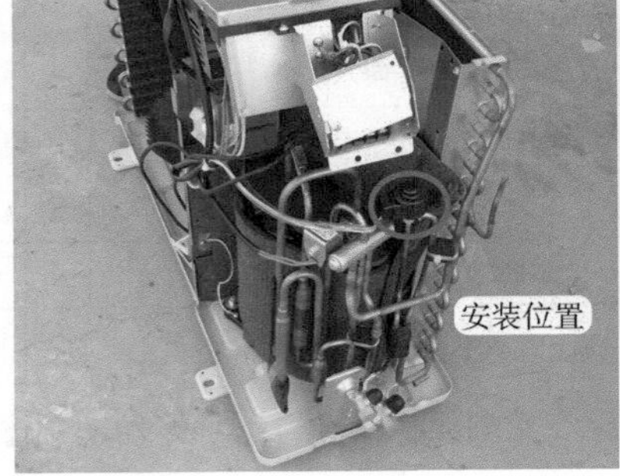

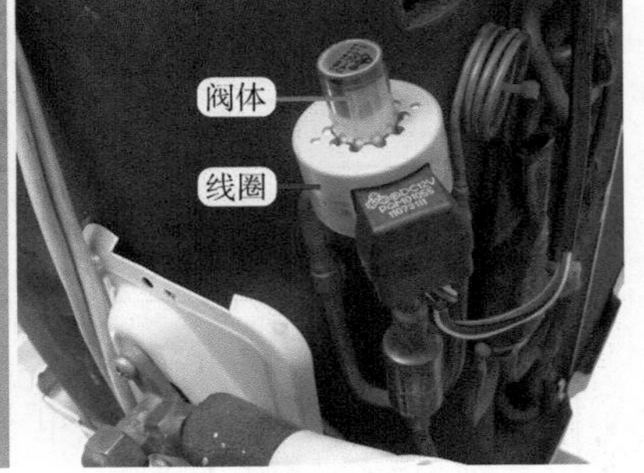

图 8-11　电子膨胀阀的安装位置

（2）电子膨胀阀组件

见图8-12，电子膨胀阀组件由线圈和阀体组成，线圈连接室外机电控系统，阀体连接制冷系统。其中，线圈通过卡箍卡在阀体上面。

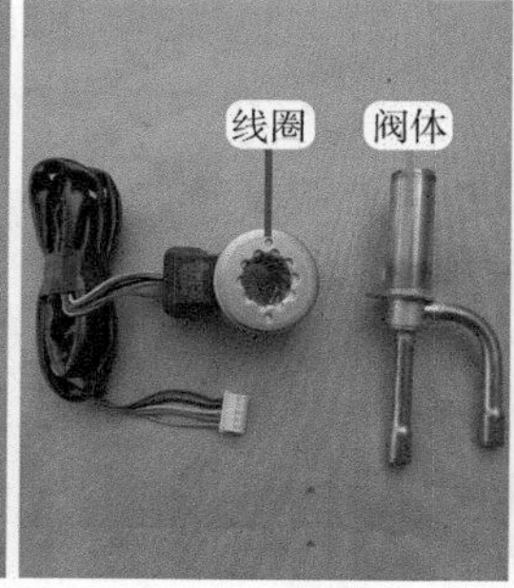

图 8-12　电子膨胀阀组件

（3）电子膨胀阀的主要部件

阀体主要由转子、阀杆、底座组成，见图8-13，和线圈一起称为电子膨胀阀的四大部件。

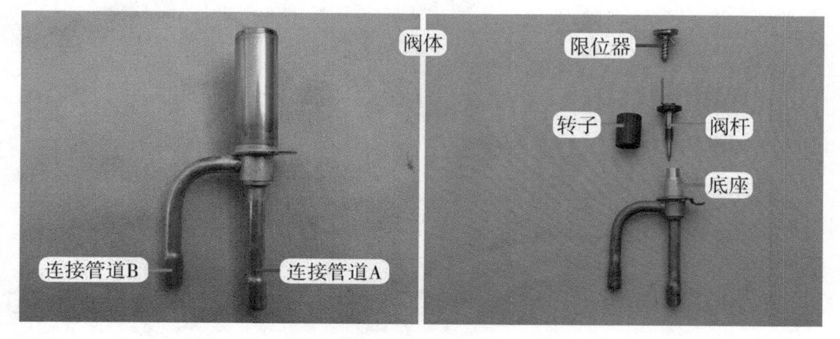

图 8-13　阀体和内部结构

线圈：相当于定子，将电控系统输出的电信号转换为磁场，从而驱动转子转动。

变频空调电子膨胀阀

转子：由永久磁铁构成，顶部连接阀杆，工作时接受线圈的驱动，做正转或反转的螺旋回转运动。

阀杆：通过中部的螺钉（俗称螺丝）固定在底座上面。由转子驱动，工作时转子带动阀杆做上行或下行的直线运动。

底座：主要由黄铜组成，上方连接阀杆，下方引出两个管道连接制冷系统。

辅助部件设有限位器和圆筒铁皮。

（4）制冷剂流向

示例电子膨胀阀连接管道为h形，共有两根铜管与制冷系统连接。假定正下方的竖管称为A管，其连接二通阀；横管称为B管，其连接冷凝器出管。

制冷模式：制冷剂流动方向为B→A，见图8-14左图，冷凝器流出低温高压液体，经毛细管和电子膨胀阀双重节流后变为低温低压液体，再经二通阀由连接管道送至室内机的蒸发器。

制热模式：制冷剂流动方向为A→B，见图8-14右图，蒸发器（此时相当于冷凝

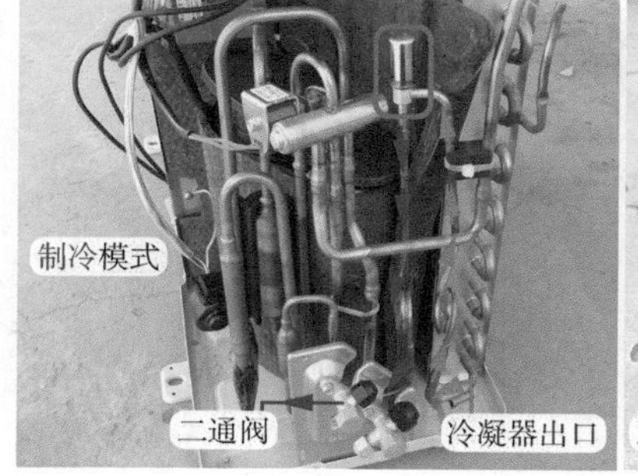

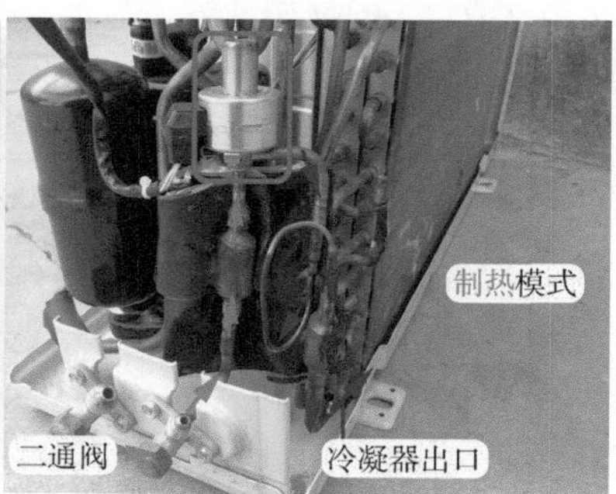

图 8-14　制冷剂流向

器出口）流出低温高压液体，经二通阀送至电子膨胀阀和毛细管双重节流，变为低温低压液体，送至冷凝器出口（此时相当于蒸发器进口）。

2.测量线圈阻值

线圈根据引线数量可分为两种：一种为6根引线，其中有2根引线连在一起为公共端接直流12V电源，余下4根引线接CPU；另一种为5根引线，见图8-15，1根为公共端接直流12V电源（示例为蓝线），余下4根接CPU（黑线、黄线、红线、橙线）。

测量电子膨胀阀线圈的方法和测量步进电机线圈的方法相同，使用万用表电阻挡，黑表笔接公共端蓝线，红表笔测量4根控制引线，见图8-16，蓝与黑、蓝与黄、蓝与红、蓝与橙的阻值均为47Ω。

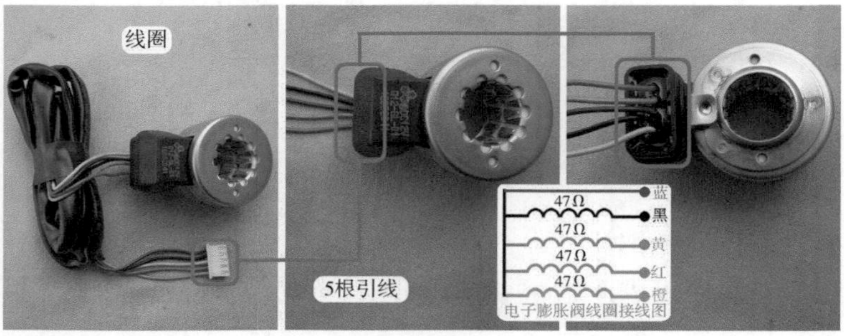

4根接驱动控制的引线之间的阻值应为公共端与4根引线阻值的2倍，实测黑与黄、黑与红、黑与橙、黄与红、黄与橙、红与橙阻值相等，均为94Ω。

图 8-15 线圈

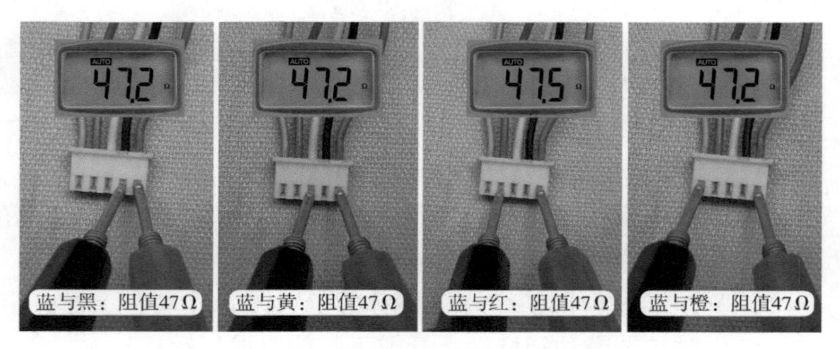

图 8-16 测量公共端和驱动引线阻值

二、PTC 电阻

1.PTC 电阻的作用

PTC电阻为正温度系数热敏电阻，阻值随温度上升而变大，与室外机主控继电器触点并联。室外机初次通电，主控继电器因无工作电压触点断开，交流220V电压通过PTC电阻对滤波电容充电，PTC电阻通过电流时由于温度上升阻值也逐渐变大，从而限制充电电流，防止由于电流过大造成损坏硅桥等故障。在室外机供电正常后，CPU控制主控继电器触点导通，PTC电阻便不再起作用。

2.PTC 电阻的安装位置

PTC电阻安装在室外机主板主控继电器附近，见图8-17，引脚与继电器触点并联，外观为黑色的长方体电子元件，共有2个引脚。

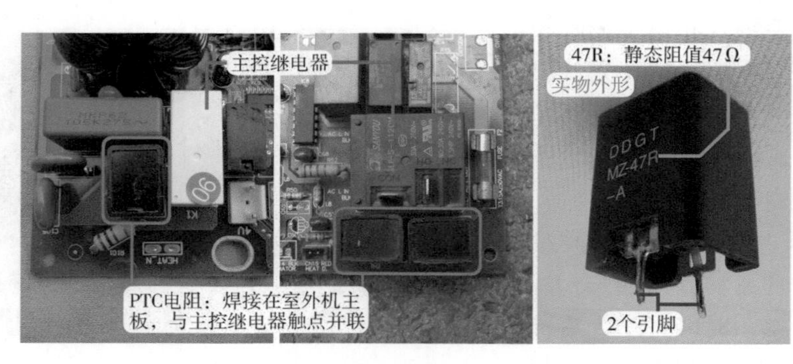

图 8-17 安装位置和实物外形

3. 外置式PTC电阻

早期空调器使用外置式PTC电阻，没有安装在室外机主板上面，见图8-18，安装在室外机电控盒内，通过引线和室外机主板连接。外置式PTC电阻主要由PTC元件、绝缘垫片、接线端子、外壳、顶盖等组成。

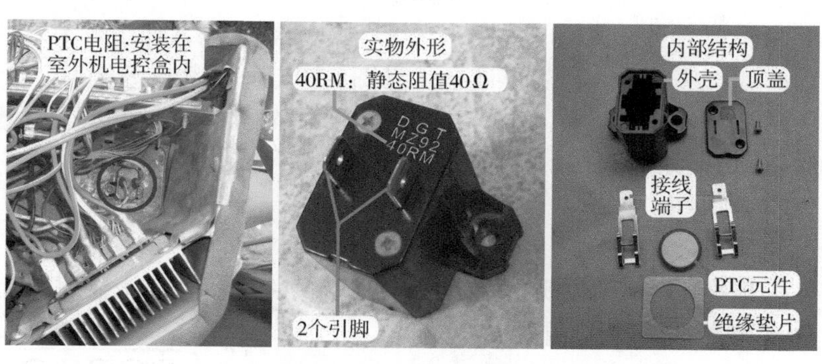

图 8-18　PTC 电阻安装位置和内部结构

4. 测量阻值

PTC电阻使用型号通常为25℃/47Ω，见图8-19左图，常温下测量阻值为50Ω左右，表面温度较高时测量阻值为无穷大。常见故障为开路，即常温下测量阻值为无穷大。

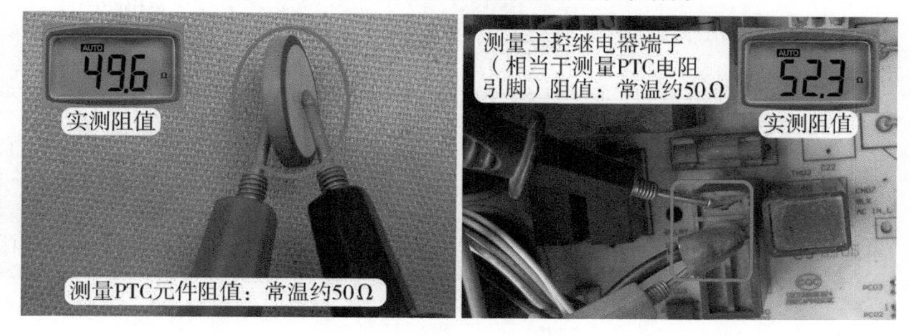

图 8-19　测量 PTC 电阻阻值

由于PTC电阻2个引脚与室外机主控继电器两个触点并联，使用万用表电阻挡，见图8-19右图，测量继电器的2个端子（触点）就相当于测量PTC电阻的2个引脚，实测阻值约为50Ω。

三、硅桥

PTC电阻

1. 硅桥的作用

硅桥内部为4个整流二极管组成的桥式整流电路，将交流220V电压整流成为脉动的直流300V电压。

由于硅桥工作时需要通过较大的电流，功率较大且有一定的热量，因此通常与模块一起固定在大面积的散热片上。

2. 硅桥引脚的作用和辨认方法

硅桥共有4个引脚，分别为2个交流输入端和2个直流输出端。2个交流输入端接交流220V，使用时没有极性之分。2个直流输出端中的正极经滤波电感接滤波电容正极，负极直接与滤波电容负极相连。

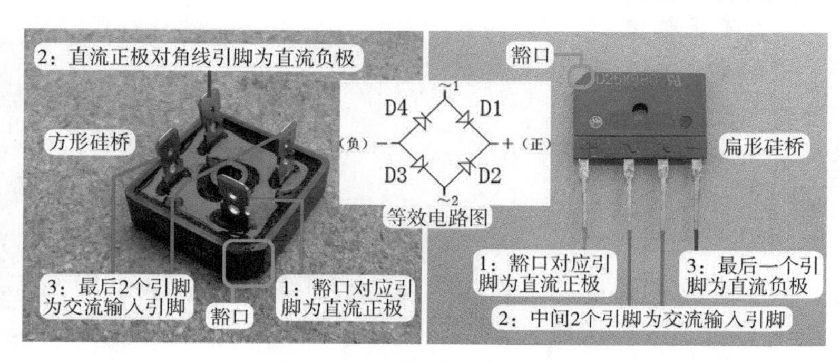

图 8-20　引脚功能辨认方法

方形硅桥：见图8-20左图，其中的一角有豁口，对应引脚为直流正极，对角线引脚为直流

变频空调硅桥

负极，其他2个引脚为交流输入端（使用时不分极性）。

扁形硅桥：见图8-20右图，其中一侧有一个豁口，对应引脚为直流正极，中间2个引脚为交流输入端，最后一个引脚为直流负极。

四、滤波电感

1.滤波电感的作用和实物外形

根据电感线圈“通直流、隔交流”的特性，滤波电感可阻止由硅桥整流后直流电压中含有的交流成分通过，使输送到滤波电容的直流电压更加平滑、纯净。

滤波电感的实物外形见图8-21，将较粗的电感线圈按规律绕制在铁芯上，即组成滤波电感。只有两个接线端子，没有正反之分。

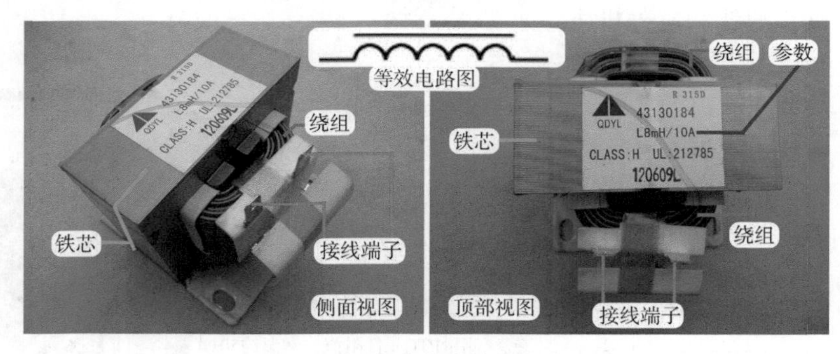

图 8-21　滤波电感的实物外形

2.滤波电感的安装位置

滤波电感通电时会产生电磁波且自身较重容易产生噪声，为防止对主板控制电路产生干扰，见图8-22左图，早期的空调器通常将滤波电感设计在室外机底座上面。

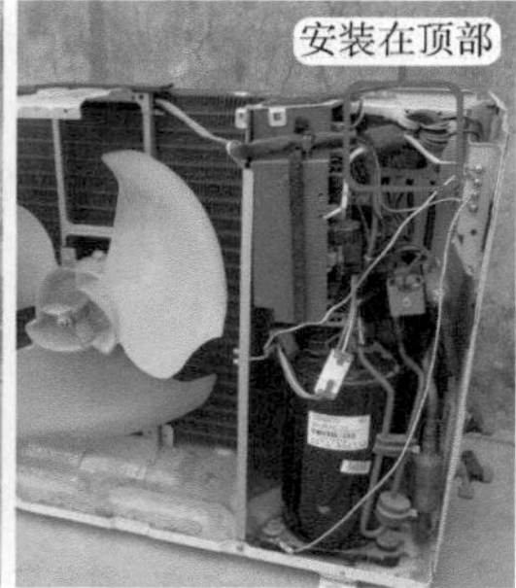

图 8-22　安装位置

由于滤波电感安装在底座上容易因化霜水浸泡出现漏电故障，见图8-22中图和右图，目前的空调器通常将滤波电感设计在挡风隔板的中部或电控盒的顶部。

3.测量阻值

测量滤波电感阻值时，使用万用表电阻挡测量，阻值约为0Ω（0.3Ω），见图8-23左图。

早期空调器因滤波电感位于室外机底部，且外部有铁壳包

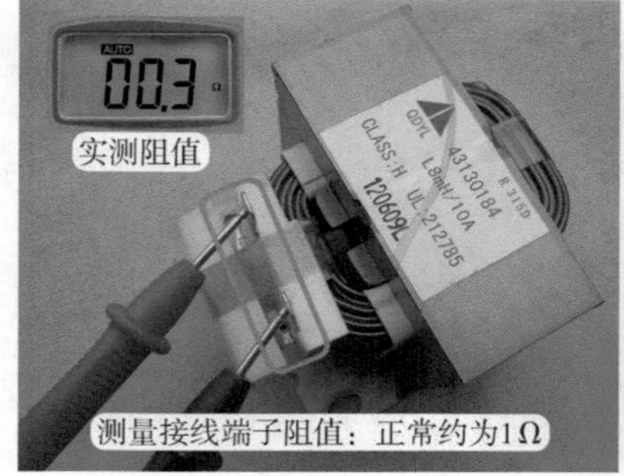

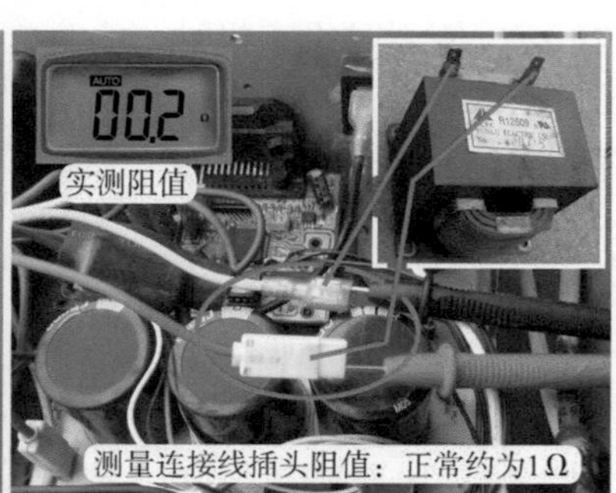

图 8-23　测量阻值

裹，直接测量其接线端子不是很方便，检修时可以测量两个连接线的插头阻值，实测约1Ω，见图8-23右图。如果实测为无穷大，应检查滤波电感连接线插头是否正常。

变频空调滤波电感

五、滤波电容

1. 滤波电容的作用

滤波电容为容量较大（约2000μF）、耐压较高（约直流400V）的电解电容。根据电容“通交流、隔直流”的特性，对滤波电感输送的直流电压再次滤波，将其中含有的交流成分直接入地，使供给模块P、N端的直流电压平滑、纯净，不含交流成分。

2. 滤波电容引脚的作用

变频空调滤波电容

滤波电容共有两个引脚，分别是正极和负极。正极接模块P端子、负极接模块N端子，负极引脚对应有“O”状标志。

3. 滤波电容的分类

按电容个数分类，有两种形式：即单个电容或几个电容并联组成。

（1）单个电容

单个电容见图8-24，这是一个耐压400V（或450V）、容量2500μF的电解电容，对直流电压滤波后为模块供电，常见于早期生产的挂式变频空调器或目前的柜式变频空调器，电控盒内设有专用安装位置。

图 8-24　单个电容

（2）多个电容并联

多个电容并联见图8-25，由2～4个耐压450V、容量680μF左右的电解电容并联组成，对直流电压滤波后为模块供电，总容量为单个电容标注容量相加。多个电容并联常见于目前生产的变频空调器，直接焊在室外机主板上。

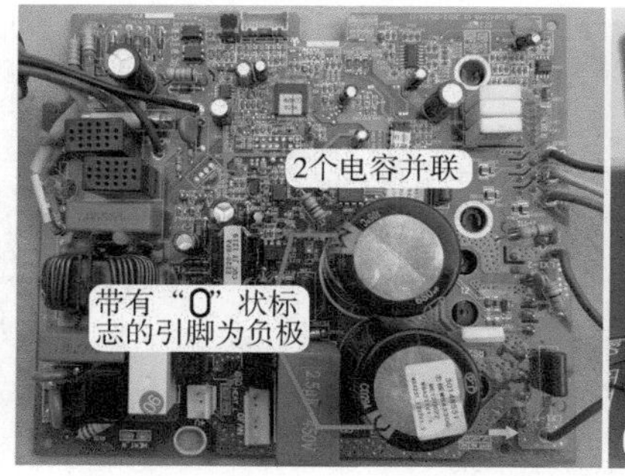

图 8-25　电容并联

六、直流风机

1. 直流风机的作用

直流风机应用在全直流变频空调器的室内风机和室外风机，见图8-26，作用与安装位置和普通定频空调器的室内风机（PG电机）、室外风机（轴流电机）相同。

室内直流风机带动室内风扇（贯流风扇）运行，制冷时将蒸发器产生的冷量输送到室内，降低房间温度。

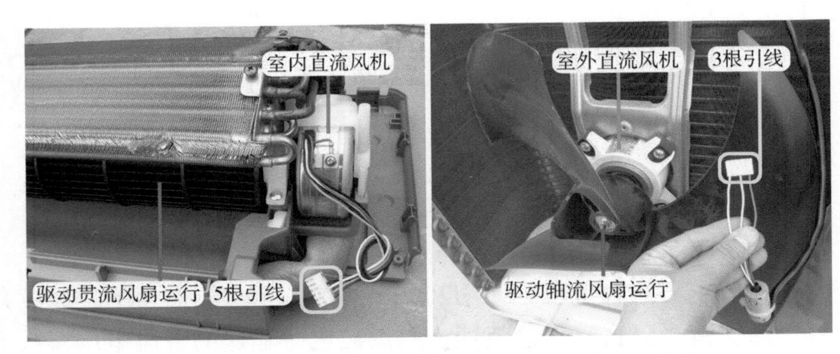

图 8-26　全直流变频空调器的室内和室外直流风机

变频空调直流电机

室外直流风机带动室外风扇（轴流风扇）运行，制冷时将冷凝器产生的热量排放到室外，吸入自然空气为冷凝器降温。

2. 直流风机的分类

直流风机和交流风机最主要的区别有两点，一是直流风机供电电压为直流300V；二是转子为永磁铁，直流风机也称为无刷直流风机。

目前直流风机根据引线常常分为两种类型，一种为5根引线，另一种为3根引线。5根引线的直流风机应用在早期和目前的全直流变频空调器，3根引线的直流风机应用在目前的全直流变频空调器。

3. 剖解 5 根引线直流风机

（1）实物外形和内部结构

由于5根引线室内直流风机和室外直流风机的内部结构基本相同，本小节以室内风机使用的直流风机为例，介绍内部结构等知识。

见图8-27左图，示例风机为松下公司生产，型号为ARW40N8P30MS，8极（实际转速约为750 r/min），功率为30W，供电为直流280～340V。

见图8-27右图，直流风机由上盖、转子（含上轴承、下轴承）、定子（内含线圈和下盖）、控制电路板（主板）组成。

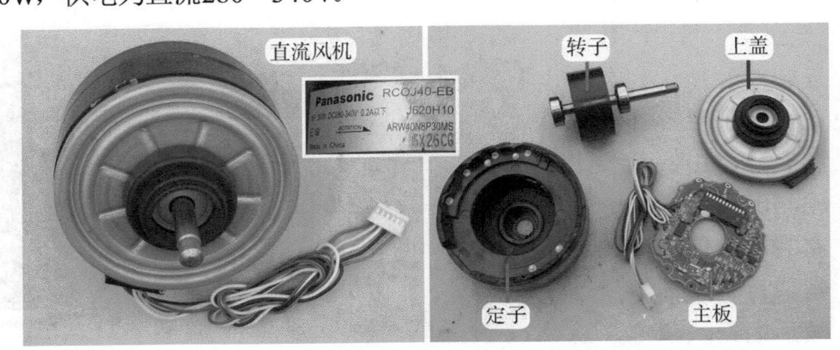

图 8-27　直流风机的实物外形和内部结构

（2）5根连接线功能

无论是室内直流风机或室外直流风机，插头均只有5根连接线，插头一端连接风机内部的主板，插头另一端和室内机或室外机主板相连，为电控系统构成通路。

插头引线作用见图8-28。

①号红线V_{DC}：直流300V电压正极引线和②号黑线直流地组合成为直流300V电压，为主板内模块供电，模块输出电压驱动风机线圈。

②号黑线GND：直流电压300V和15V的公共端地线。

③号白线V_{CC}：直流15V电压正极引线，和②号黑线直流地组合成为直流15V电压，为主板的弱信号控制电路供电。

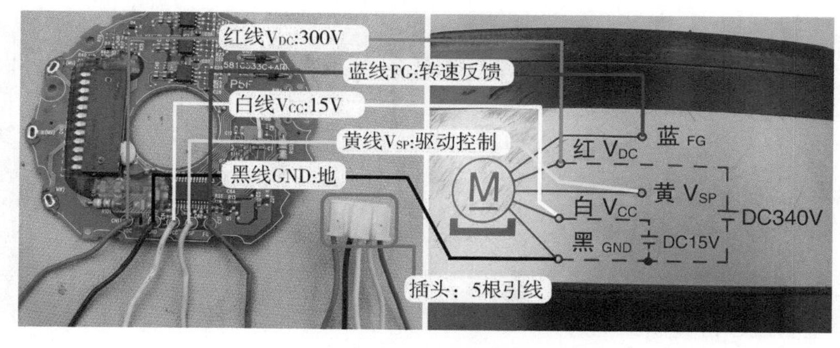

图 8-28　连接线作用

④号黄线V_{SP}：驱动控制引线，室内机或室外机主板CPU输出的转速控制信号，由驱动控制引线送至风机内部控制电路，控制电路处理后驱动模块可改变风机转速。

⑤号蓝线FG：转速反馈引线，直流风机运行后，内部主板输出实时的转速信号，由转速反馈引线送到室内机或室外机主板，供CPU分析判断，并与目标转速相比较，使实际转速和目标转速相对应。

4. 3 根引线直流风机

（1）实物外形和铭牌

目前全直流变频空调器还有一种形式，就是使用3根引线的直流风机，用来驱动室内或室外风扇。见图8-29，示例风机由通达电机有限公司生产（空调风扇无刷直流电动机），型号为WZDK34-38G-W，供电为直流280V（驱动线圈的模块）、功率为34W、8极，理论转速为1000r/min，其连接线只有3根，分别为蓝线U、黄线V、白线W，引线功能标识为U-V-W，和压缩机连接线功能相同，说明风机内部只有线圈（绕组）。

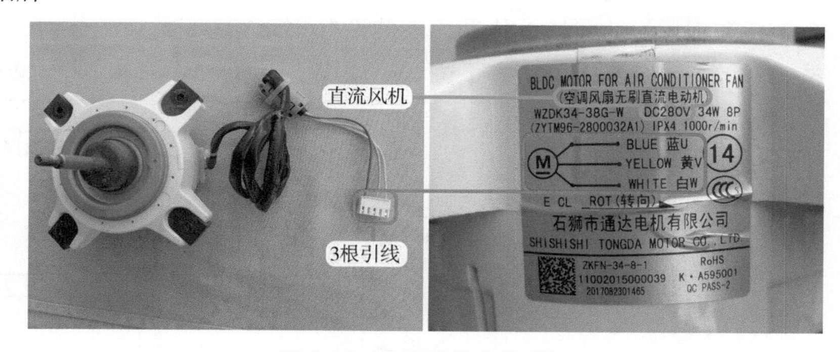

图 8-29　3 根引线直流风机

（2）风机模块设计位置

由于风机内部只有线圈（绕组），见图8-30，将驱动线圈的模块设计在室外机主板上，风机模块可分为单列或双列封装（根据型号可分为无散热片自然散热和散热片散热），相对应

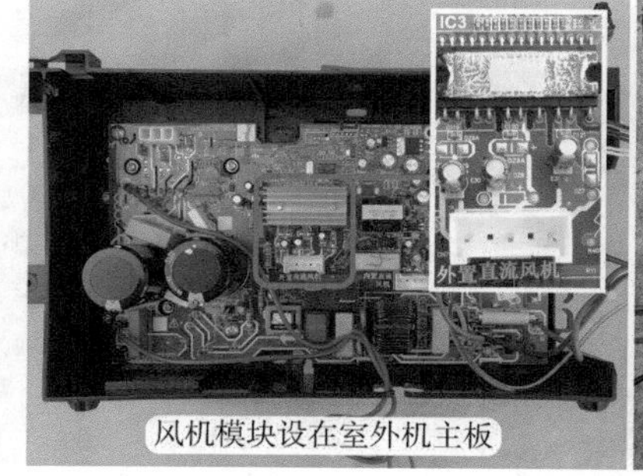

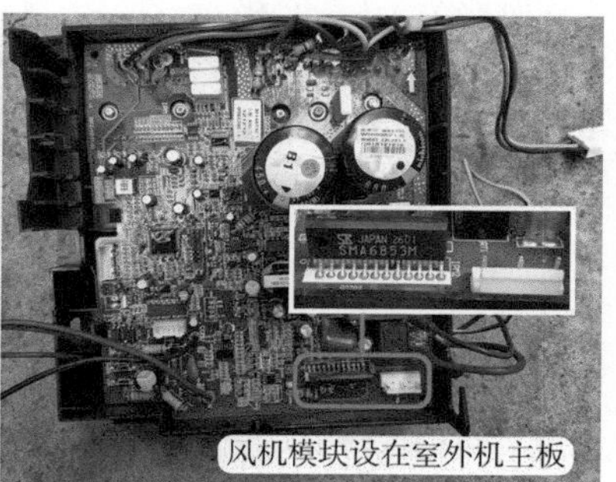

图 8-30　风机模块设计位置

的驱动电路也设计在主板上。

（3）测量线圈阻值

使用万用表电阻挡，测量3根引线直流风机线圈阻值，实测蓝引线U和黄引线V约为66Ω、蓝引线U和白引线W约为66Ω、黄引线V和白引线W约为66Ω，见图8-31。3次测量阻值结果相等，与测量变频压缩机线圈方法相同。

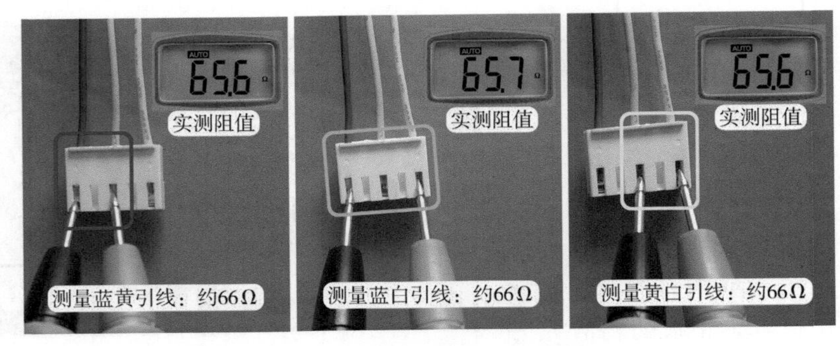

图 8-31 测量直流风机线圈阻值

变频空调与定频空调硬件异同

七、模块

1. 模块的内部结构

模块内部开关管方框简图见图8-32。模块最核心的部件是IGBT开关管，压缩机有3个接线端子，模块需要3组独立的桥式电路，每组桥式电路由上桥和下桥组成，因此模块内部共设有6个IGBT开关管，分别称为U相上桥（U+）和下桥（U−）、V相上桥（V+）和下桥（V−）、W相上桥（W+）和下桥（W−），由于工作时需要通过较大的电流，6个IGBT开关管固定在面积较大的散热片上面。

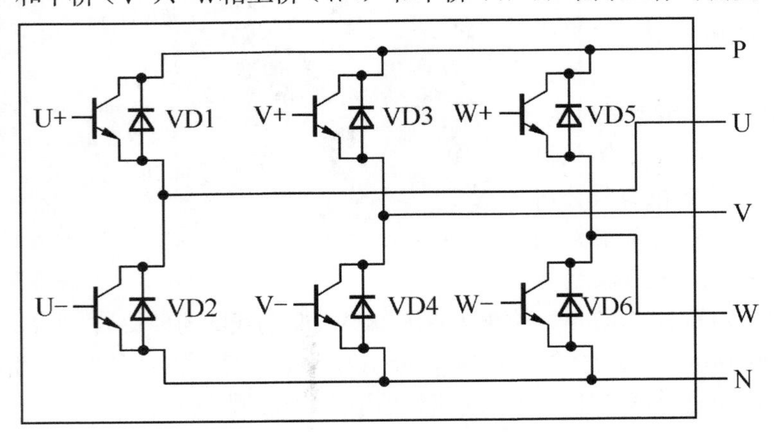

图 8-32 内部开关管方框简图

图8-33中IGBT开关管的型号是东芝GT20J321，为绝缘栅双极型晶体管，共有3个引脚，从左到右依次为G（控制极）、C（集电极）、E（发射极），内部C极和E极并联有续流二极管。

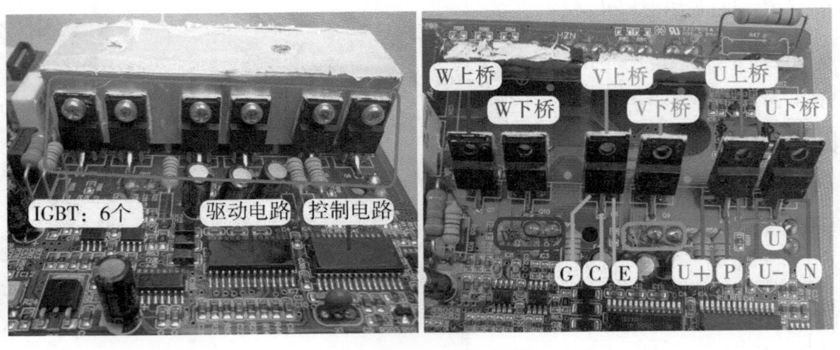

图 8-33 IGBT 开关管

室外机CPU（或控制电路）输出的6路信号（弱电），经驱动电路放大后接6个IGBT开关管的控制极，3个上桥的集电极接直流300V的正极P端子，3个下桥的发射极接直流300V的负极N端子，3个上桥的发射极和3个下桥的集电极相通为中点输出，分别为U、V、W接压缩机线圈。

2.IPM 模块

由于分离元件形式的IGBT开关管故障率和成本均较高，体积较大，如果将6个IGBT开关管、驱动电路、电流检测、多种保护等电路单独封装在一起，即组成常见的IPM智能模块，见图8-34，从而简化了设计、减小了体积，并提高了稳定性。IPM模块只有固定在外围电路的控制基板上，才能组成模块板组件。

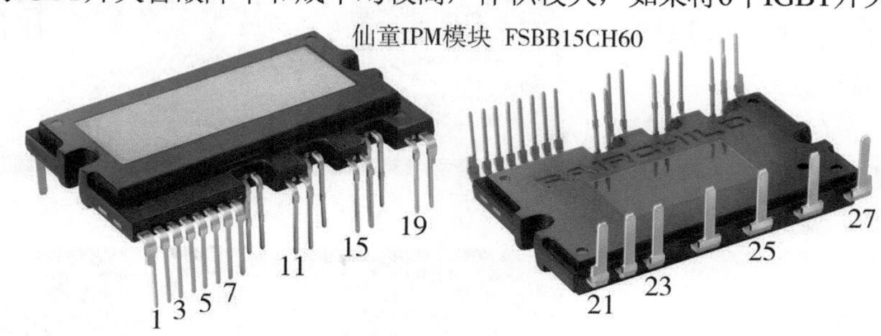

图 8-34　IPM 智能模块

3.工作原理

模块可以简单地看作是电压转换器。室外机主板CPU输出6路信号，经模块内部驱动电路放大后控制IGBT开关管的导通与截止，将直流300V电压转换成与频率成正比的模拟三相交流电（交流30～220V、频率15～120Hz），驱动压缩机运行。

三相交流电压越高，压缩机转速及输出功率（即制冷效果）也越高；反之，三相交流电压越低，压缩机转速及输出功率（即制冷效果）也就越低。三相交流电压的高低由室外机CPU输出的6路信号决定。

4.测量模块

使用万用表测量任何类型的模块时，内部控制电路工作是否正常均不能判断，只能对内部6个开关管做简单的检测。

从图8-32所示的模块内部IGBT开关管方框简图可知，万用表显示值实际为IGBT开关管并联6个续流二极管的测量结果，因此应选择二极管挡，且P、N、U、V、W端子之间应符合二极管的特性。

各个空调器的模块测量方法基本相同，本小节以测量海信空调器一款模块为例介绍模块的测量方法，模块实物外形和接线端子见图8-35。

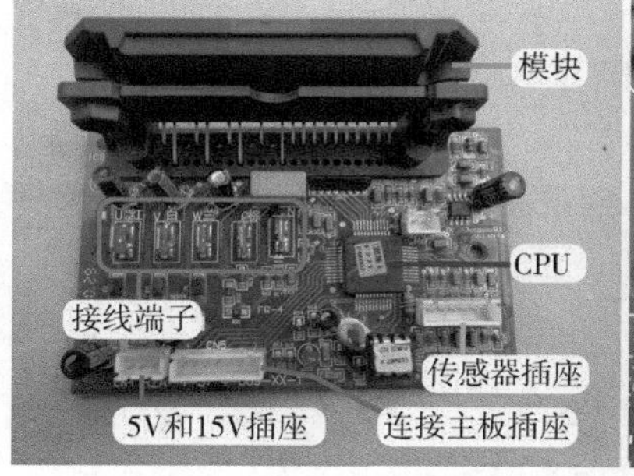

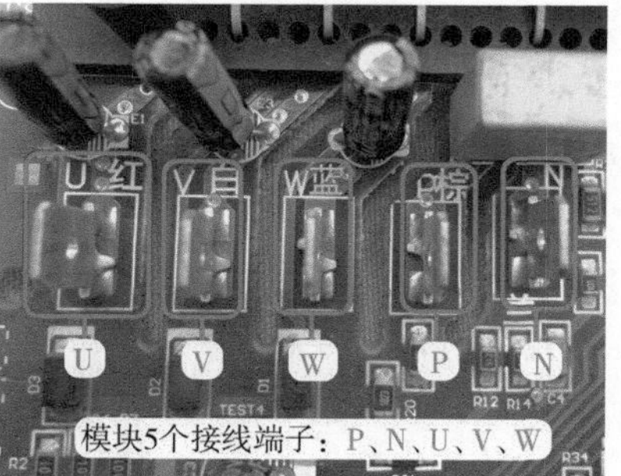

图 8-35　模块实物外形和接线端子

（1）测量P、N端子

测量P、N端子相当于VD1和VD2（或VD3和VD4、VD5和VD6）进行串联。

红表笔接P端，黑表笔接N端，为反向测量，见图8-36左图，结果为无穷大。

红表笔接N端，黑表笔接P端，为正向测量，见图8-36右图，结果为817mV。

如果正反向测量结果均为无穷大，为模块P、N端子开路；如果正反向测量结果均接近0mV，为模块P、N端子短路。

（2）测量P与U、V、W端子

测量P与U、V、W端子相当于测量VD1、VD3、VD5。

红表笔接P端，黑表笔依次接U、V、W端子，为反向测量，测量过程见图8-37，3次结果相同，均应为无穷大。

红表笔依次接U、V、W端子，黑表笔接P端，为正向测量，测量过程见图8-38，3次结果相同，均为450mV。

如果反向测量或正向测量时，P与U、V、W端子结果接近0mV，则说明模块PU、PV、PW击穿，实际上则有可能是PU、PV正常，只有PW击穿。

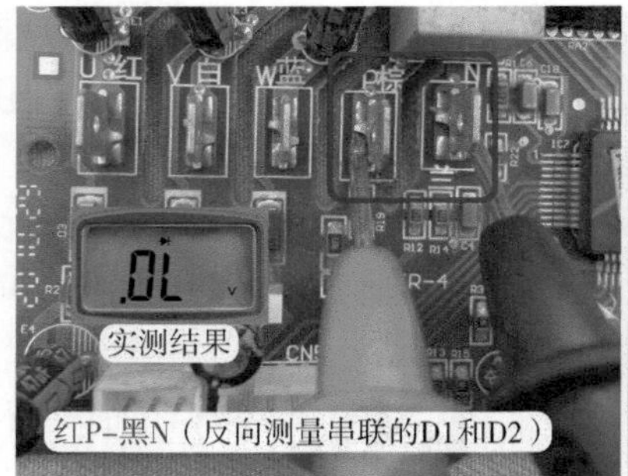

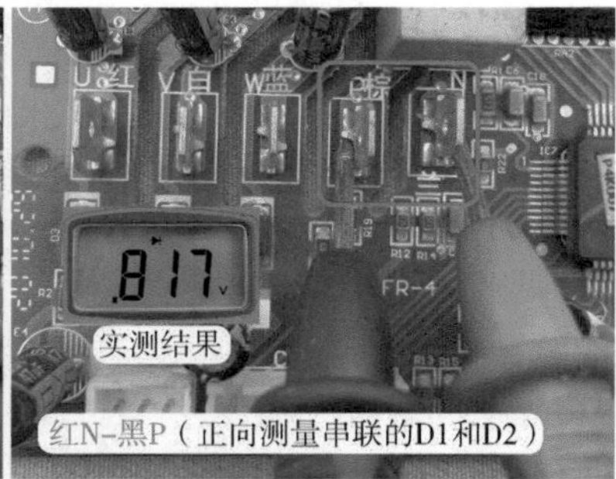

图 8-36　测量 P、N 端子

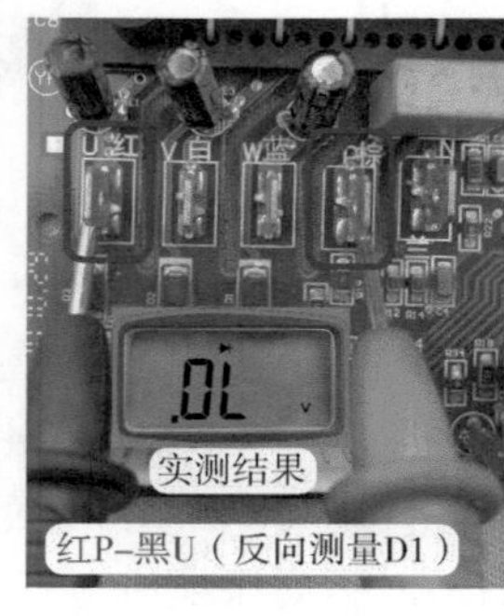

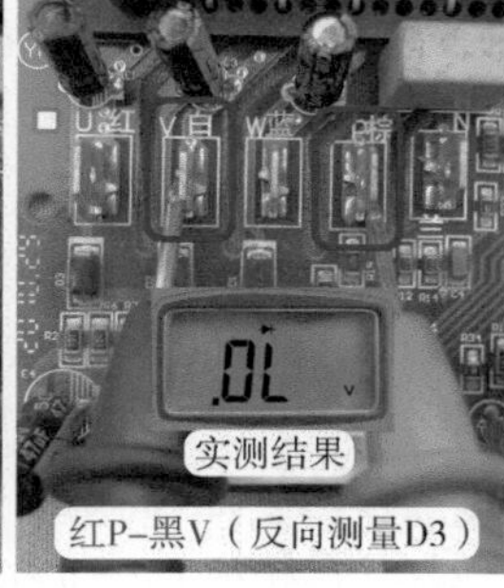

图 8-37　反向测量 P 与 U、V、W 端子

图 8-38　正向测量 P 与 U、V、W 端子

（3）测量N与U、V、W端子

测量N与U、V、W端子相当于测量VD2、VD4、VD6。

红表笔接N端，黑表笔依次接U、V、W端子，为正向测量，测量过程见图8-39，3次结果相同，均为451mV。

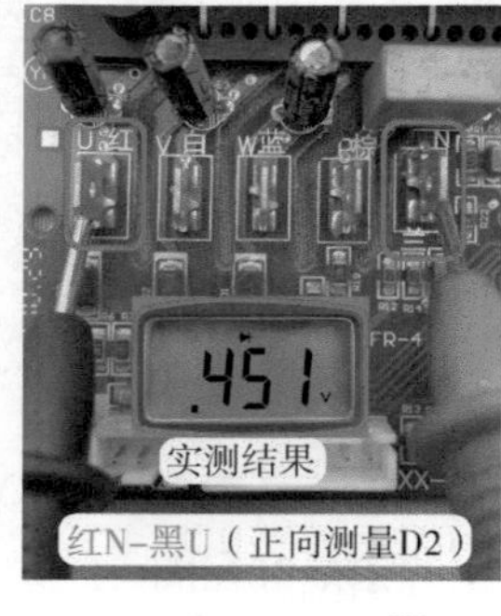

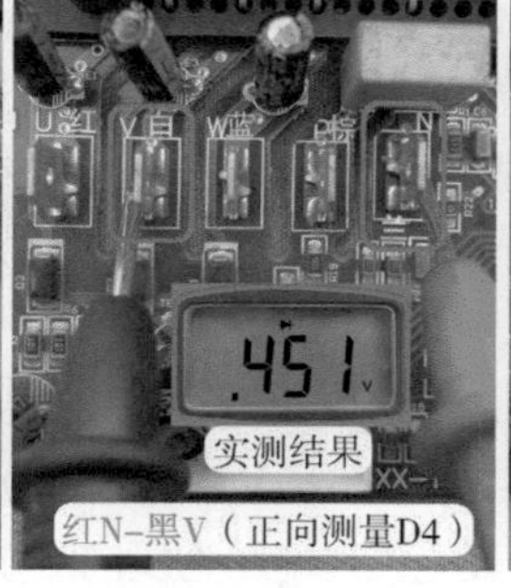

图 8-39　正向测量 N 与 U、V、W 端子

红表笔依次接U、V、W端子，黑表笔接N端，为反向测量，测量过程见图8-40，3次结果相同，均应为无穷大。

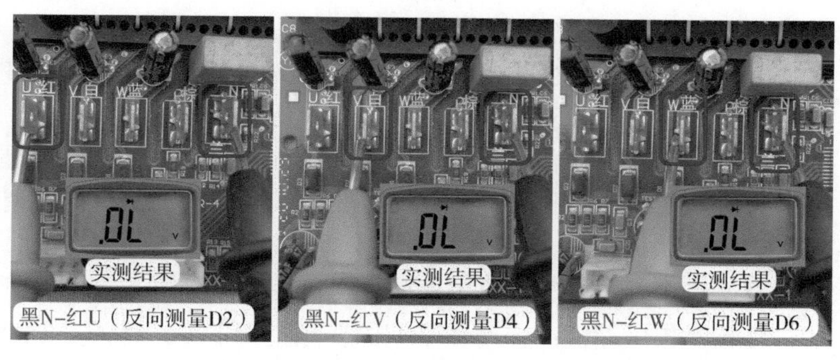

图 8-40　反向测量 N 与 U、V、W 端子

如果反向测量或正向测量时，N与U、V、W端子结果接近0mV，则说明模块NU、NV、NW击穿，实际损坏时有可能是NU、NW正常，只有NV击穿。

（4）测量U、V、W端子

测量过程见图8-41，由于模块内部无任何连接，U、V、W端子之间无论正向或反向测量，结果应均为无穷大。

如果实测结果接近0mV，则说明UV、UW、VW击穿，实际维修时U、V、W端子之间击穿损坏比例较少。

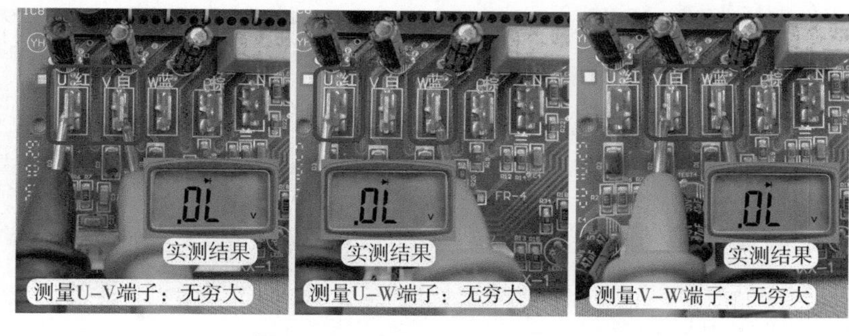

图 8-41　测量 U、 V、 W 端子

八、压缩机

1. 压缩机的安装位置

压缩机安装在室外机右侧，见图8-42，也是室外机中重量最大的器件，其管道（吸气管和排气管）连接制冷系统，接线端子上引线（U-V-W）连接电控系统中的模块。

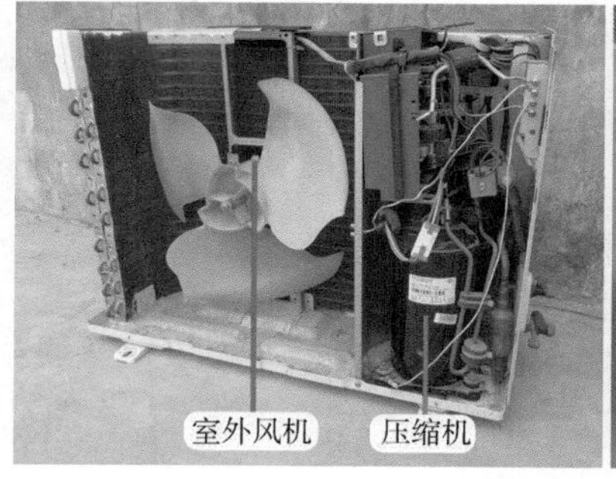

图 8-42　安装位置和系统引线

2. 压缩机的实物外形

变频压缩机实物外形见图8-43，其为制冷系统的心脏，通过运行使制冷剂在制冷系统保持流动和循

图 8-43　实物外形

环，其外观和定频压缩机基本相同。

压缩机由三相感应电机和压缩系统两部分组成，模块输出频率与电压均可调的模拟三相交流电为三相感应电机供电，电机带动压缩系统工作。

模块输出电压变化时，电机转速也随之变化，转速变化范围1500～9000r/min，压缩系统的输出功率（即制冷量）也发生变化，从而达到在运行时调节制冷量的目的。

3. 压缩机的分类

根据工作方式，压缩机主要分为交流变频压缩机和直流变频压缩机。

交流变频压缩机：应用在早期的变频空调器中，使用三相感应电机。见图8-44左图，示例为西安庆安公司生产的交流变频压缩机铭牌，其为三相交流供电，工作电压为交流60～173V，频率为30～120Hz，使用R22制冷剂。

直流变频压缩机：应用在目前的变频空调器中，使用无刷直流电机，工作电压为连续但极性不断改变的直流电。见图8-44右图，示例为三菱直流变频压缩机铭牌，其为直流供电，工作电压为27～190V，频率为30～390Hz，功率为1245W，制冷量为4100W，使用R410A制冷剂。

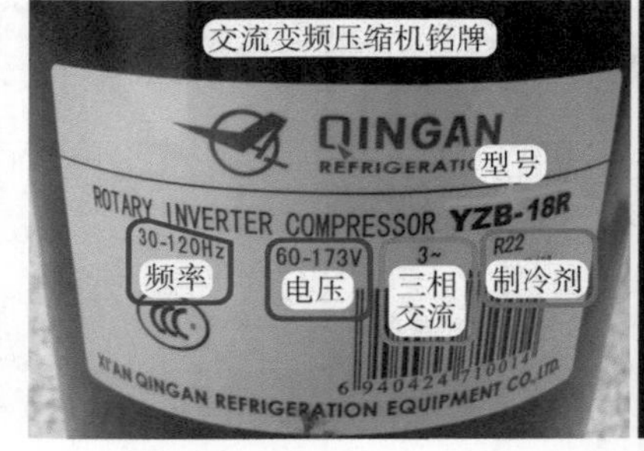

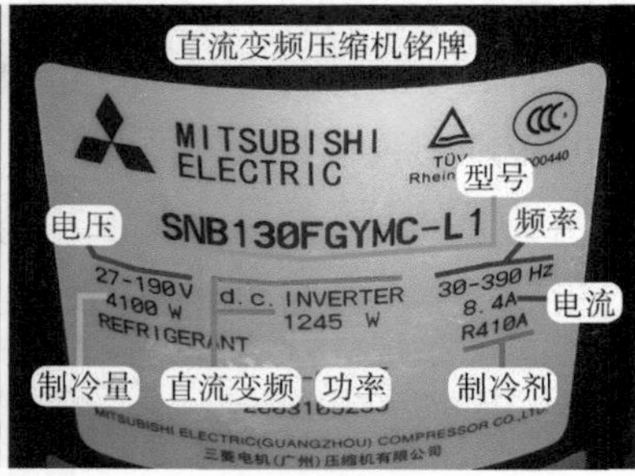

图 8-44　压缩机铭牌

4. 剖解变频压缩机

本小节以上海日立SGZ20EG2UY交流变频压缩机为例，介绍内部结构、实物外形、工作原理等。

（1）变频压缩机的组成和内部结构

见图8-45左图，从外观上看，压缩机由外置储液瓶和本体组成。

见图8-45右图，压缩机本体由壳体（上盖、外壳、下盖）、压缩组件、电机共3大部分组成。

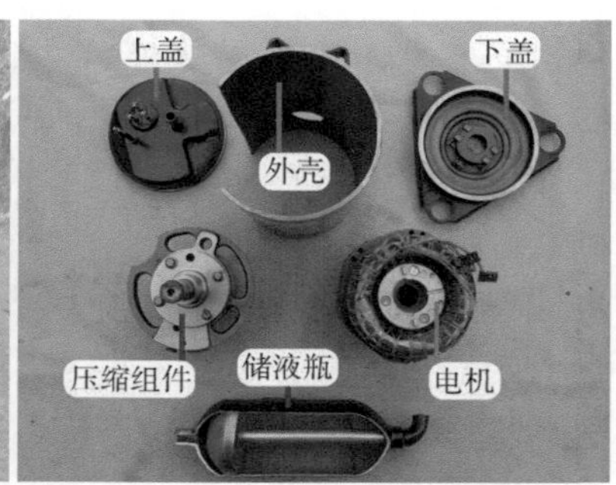

图 8-45　变频压缩机的组成和本体

取下外置储液瓶后，见图8-46左图，吸气管和位于下部的

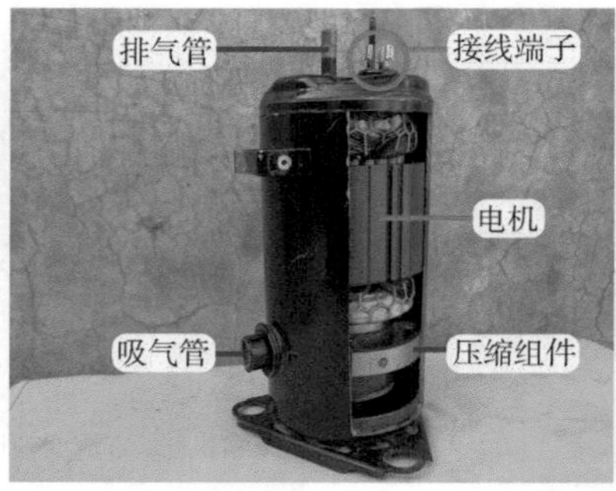

图 8-46　压缩机储液瓶结构和组成

压缩组件直接相连，排气管位于顶部；电机组件位于上部，其引线和顶部的接线端子直接相连。

（2）储液瓶

储液瓶是为防止液体的制冷剂进入压缩机的保护部件，见图8-47左图，主要由过滤网和虹吸管组成。过滤网的作用是防止杂质进入压缩机，虹吸管底部设有回油孔，可使进入制冷系统的润滑油顺利地再次回流到压缩机内部。

图 8-47　储液瓶

储液瓶工作示意图见图8-47右图，储液瓶顶部的吸气管连接蒸发器，如果制冷剂没有完全汽化即含有液态的制冷剂进入储液瓶后，因液态制冷剂本身比气态制冷剂重，将直接落入储液瓶底部，气态制冷剂则经虹吸管进入压缩机内部，从而防止压缩组件吸入液态制冷剂而造成液击损坏。

（3）电机

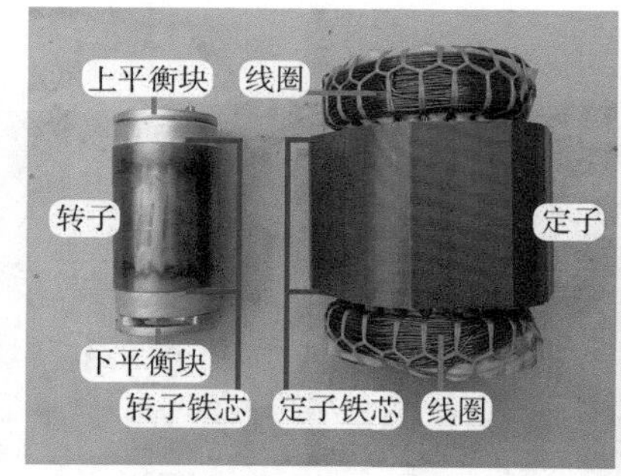

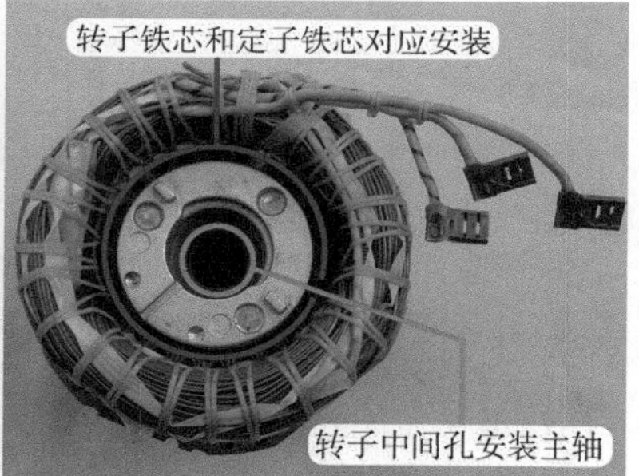

图 8-48　转子和定子

见图8-48，电机部分由转子和定子2部分组成。

转子由铁芯和平衡块组成。转子的上部和下部均安装有平衡块，以减少压缩机运行的振动；中间部位为鼠笼式铁芯，由硅钢片叠压而成，其长度和定子铁芯相同，安装时定子铁芯和转子铁芯相对应；转子中间部分的圆孔安装主轴，以带动压缩组件工作。

定子由铁芯和线圈组成，线圈镶嵌在定子槽里面。在模块输出三相供电时，经连接线至线圈的3个接线端子，线圈中通过三相对称的电流，在定子内部产生旋转磁场，此时转子铁芯与旋转磁场之间存在相对运动，切割磁力线而产生感应电动势，转子中有电流通过，转子电流和定子磁场相互作用，使转子中形成电磁力，转子便旋转起来，通过主轴带动压缩部分组件工作。

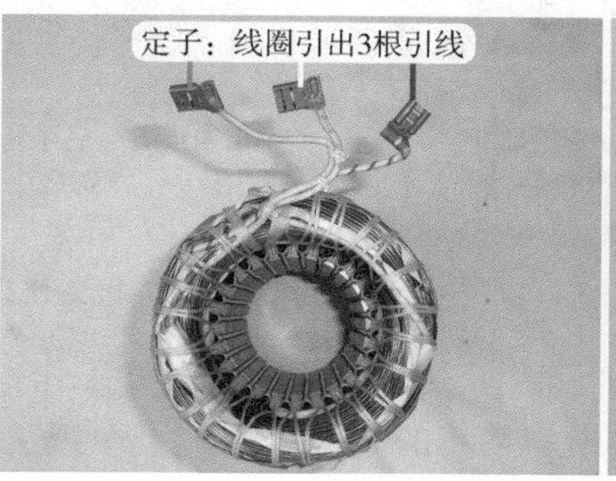

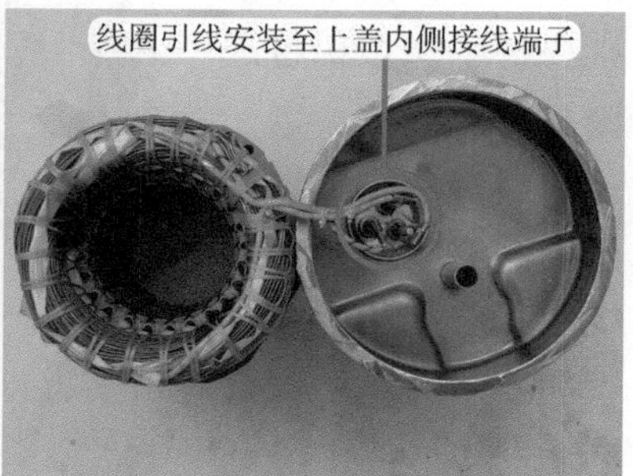

图 8-49　电机连接线

（4）电机引线

见图8-49，电机的线圈引出3根引线，

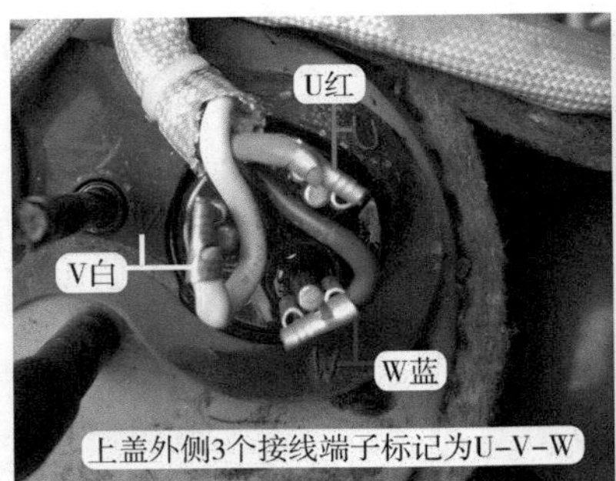

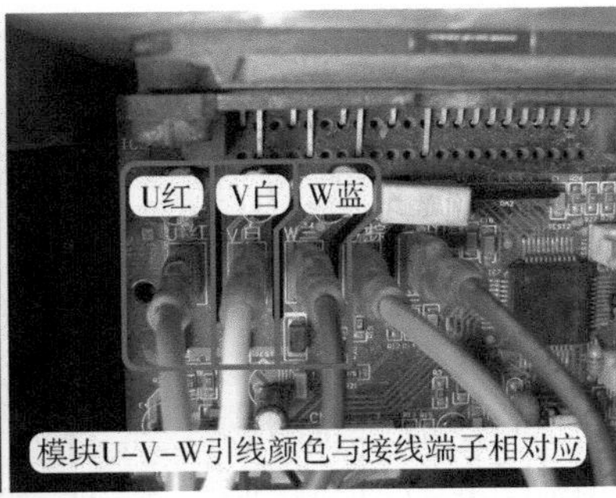

图 8-50　变频压缩机引线

安装至上盖内侧的3个接线端子上面。

上盖外侧也只有3个接线端子，标号为U、V、W，连接至模块的引线也只有3根，引线连接压缩机端子标号和模块标号应相同，见图8-50，示例机型U端子为红线、V端子为白线、W端子为蓝线。

说明

无论是交流变频压缩机还是直流变频压缩机，均有3个接线端子，标号分别为U、V、W，和模块上的U、V、W3个接线端子对应连接。

（5）测量线圈阻值

使用万用表电阻挡，测量3个接线端子之间阻值，U-V、U-W、V-W阻值相等，实测约为1.2Ω，见图8-51。

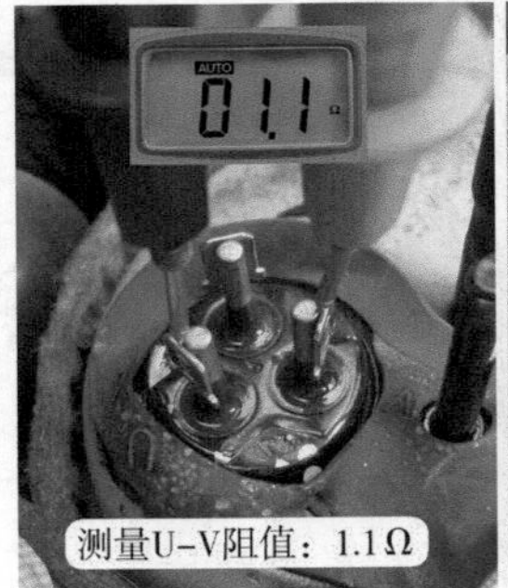

图 8-51　测量线圈阻值

（6）工作原理

压缩机工作原理示意图见图8-52，当需要控制压缩机运行时，室外机CPU输出6路信号使模块U、V、W输出三相均衡的交流电，经顶部的接线端子送至电机线圈的3个端子，定子产生旋转磁场，转子产生感应电动势，与定子相互作用，转子转动起来，转子转动时带动主轴旋转，主轴带动压缩组件工作，吸气口开始吸气，压缩成高温高压的气体后由排气口排出，系统的制冷剂循环工作，空调器开始制冷或制热。

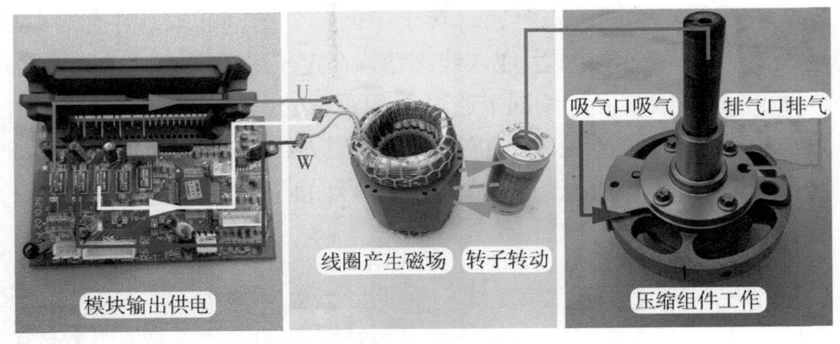

图 8-52　压缩机工作原理

第 9 章 更换空调器主板和通用电控盒

第 1 节 更换室内机主板

本节以美的KFR-35GW/BP3DN1Y-DA200(B2)E全直流变频空调器室内机为基础，介绍美的空调器更换室内机主板的过程。

一、取下主板和配件实物外形

1.取下原机主板

断开空调器电源，掀开前面板（进风格栅），取下过滤网和右侧盖板，再取下环温传感器探头。见图9-1左图和中图，此机显示板组件位于前面板，使用对接插头和室内机主板连接。

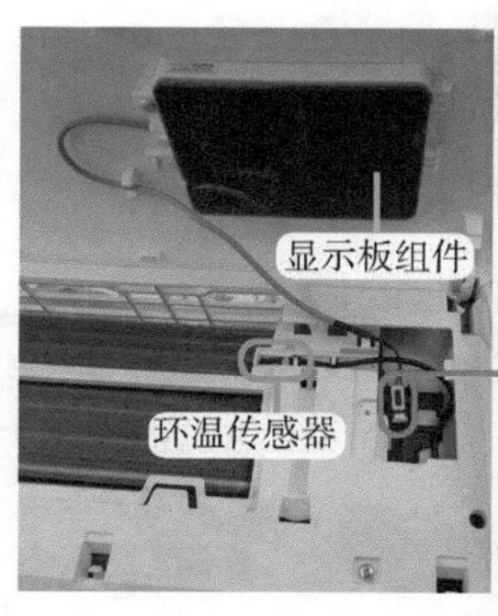

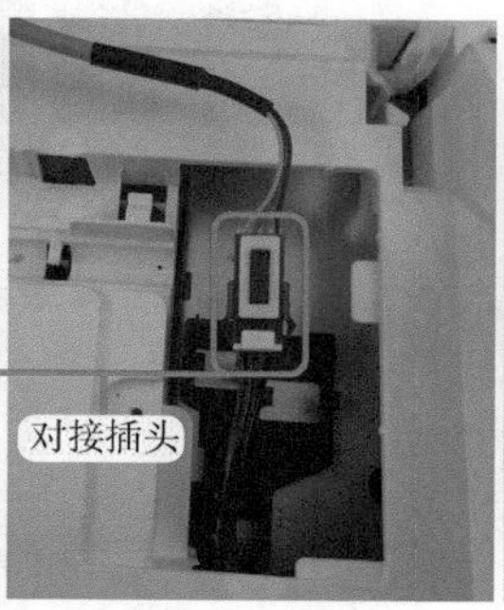

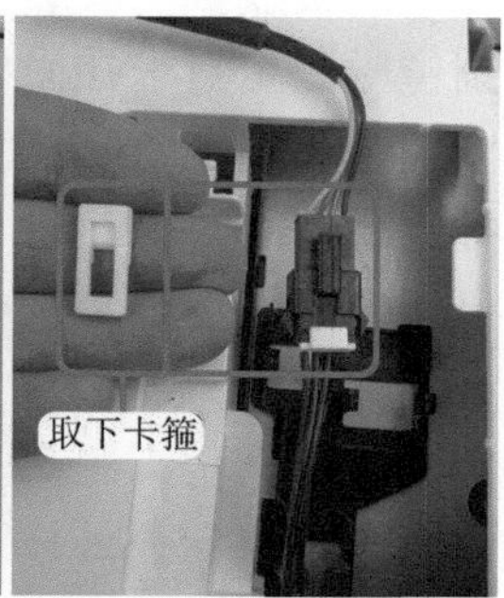

图 9-1　对接插头和取下卡箍

为防止对接插头松动，使用卡箍进行固定，见图9-1右图，取下对接插头前应先取下卡箍。

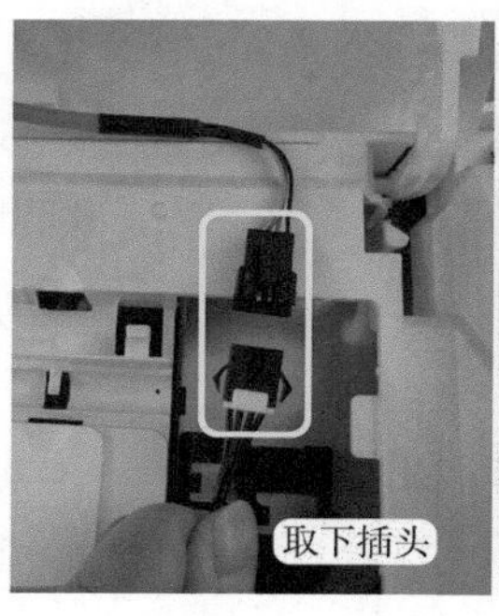

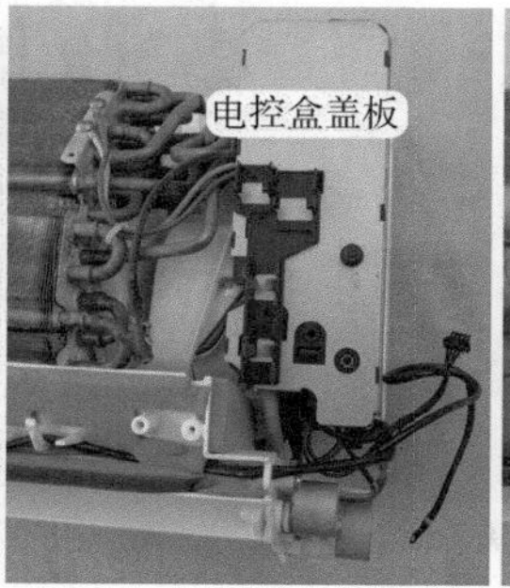

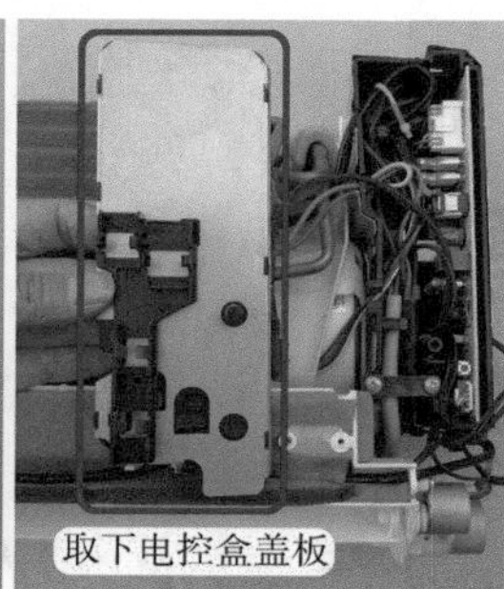

图 9-2　取下插头和电控盒盖板

见图9-2左图，取下显示板组件的对接插头。使用螺钉旋具

（俗称螺丝刀）取下固定螺钉（俗称螺丝）及外侧导风板，取下室内机外壳。

见图9-2中图和右图，电控盒位于室内机右侧，上面设计有盖板，松开卡扣后取下电控盒盖板。

取下室内风机和辅助电加热等插头时，直接按压卡扣向外拔插头时取不下来，见图9-3左图，这是由于为防止插头在运输或使用过程中脱落，卡扣部位安装有卡箍。

见图9-3中图和右图，使用一字螺钉旋具等工具取下卡箍，再按压插头上卡扣并向往外拔，即可轻松取下插头。

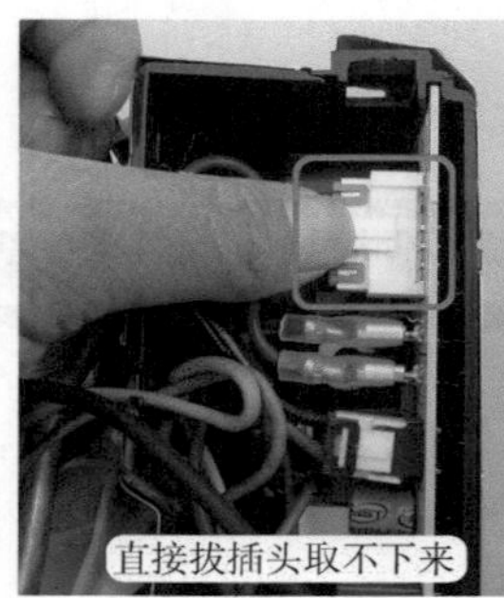

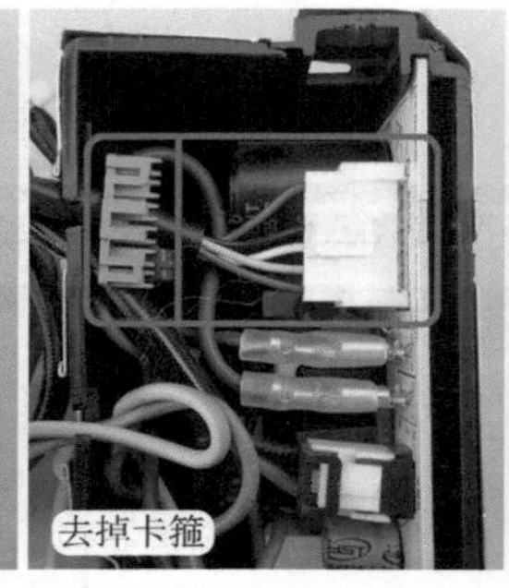

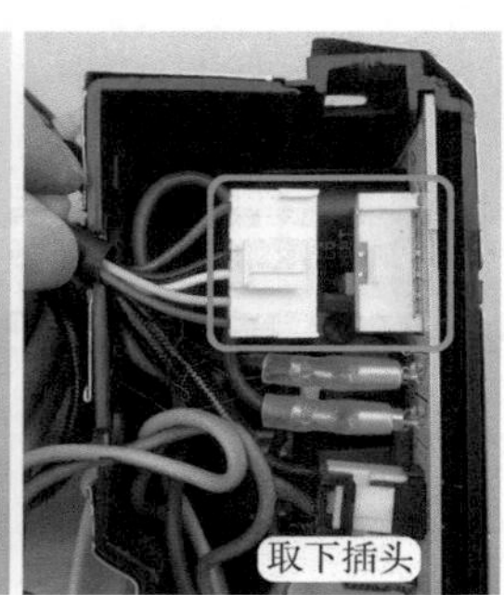

图 9-3　取下室内风机插头

取下电源供电和室内外机连接线等插头时，见图9-4左图，直接向往外拔即使用力也取不下来。

见图9-4中图，这是由于连接线插头中设有固定点，在主板的端子上设有固定孔，连接线插头安装到位时固定点卡在固定孔中，因此直接拔插头时不能取下。

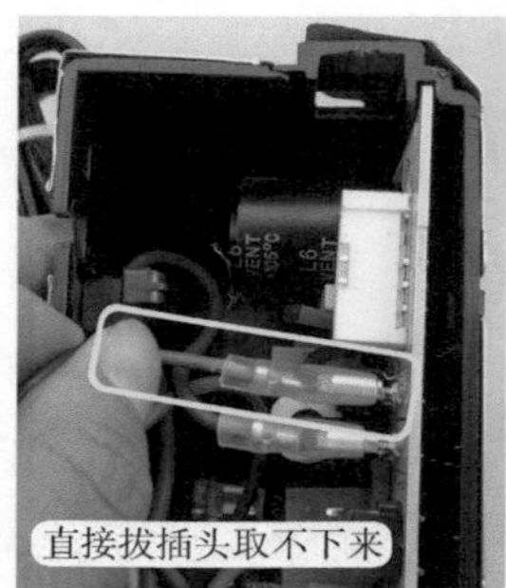

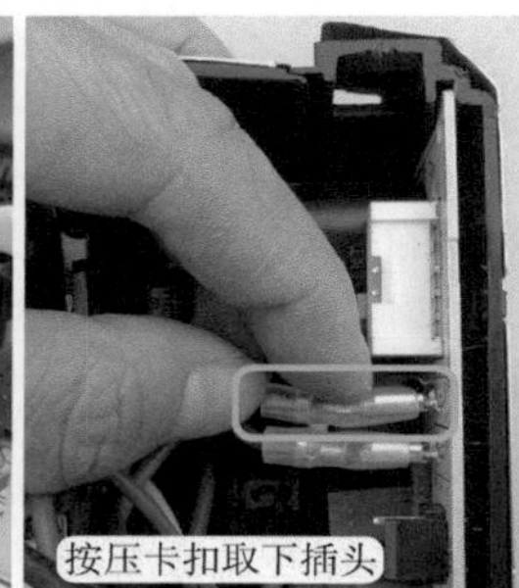

图 9-4　取下连接线插头

向里按压插头顶部的卡扣，见图9-4右图，使固定点脱离固定孔，再向往外拔连接线插头，即可轻松取下。

同样为防止脱落或接触不良，见图9-5左图，环温和管温传感器插头设有热熔胶，使用尖嘴钳子慢慢去掉热熔胶。注意，不要将插座引针的焊点从主板上拔下。

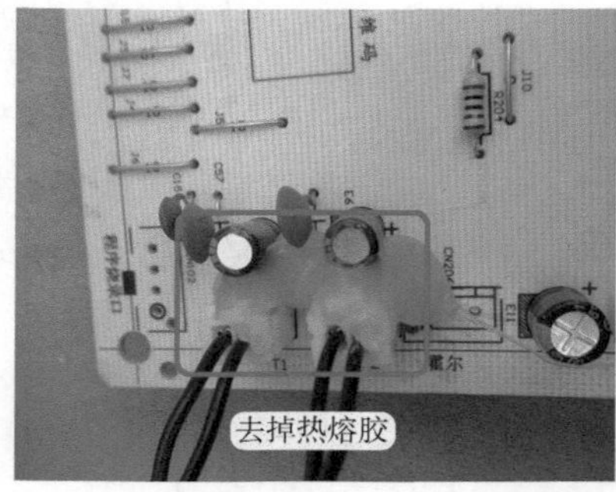

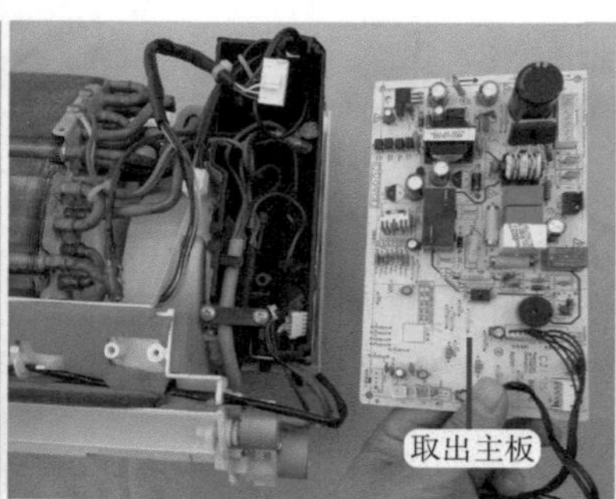

图 9-5　去掉热熔胶和取出主板

取下主板上插头和连接线及对接插头后，见图9-5右图，取出主板。

2. 室内机插头和电气接线图

取下主板后，电控盒剩余的插头见图9-6左图，安装过程就是将这些插头安装到主板的对应位置。

安装插头到主板常用两种安装方法，如果对电路板不是很熟悉，可以使用第一种方法，见图9-6右图，根据粘贴于室内机外壳内部或前面板的电气接线图安装插头，也可完成安装主板的过程。

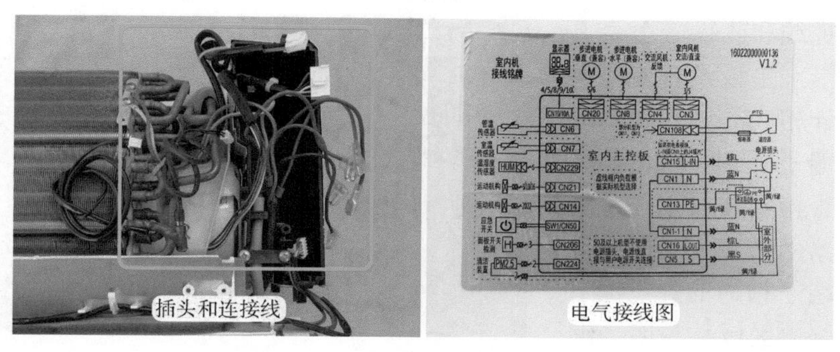

图 9-6 电控系统插头和电气接线图

本节着重介绍第二种方法，即根据主板插座或端子的特征及外围元器件的特点进行安装。原因是各个厂家的空调器大同小异，熟练掌握一种空调器机型后，再遇到其他品牌的空调器机型，也可以触类旁通，完成更换室内机主板（室外机主板）或室外机电控盒的安装过程。

3. 配件主板实物外形

配件主板实物外形见图9-7，根据工作区域可分为强电区域和弱电区域。强电区域指工作电压为交流220V或直流300V，插座或端子使用红线连接；弱电区域指工作电压为直流12V或5V，插座使用蓝线连接。

由图9-7可知，传感器、继电器端子等插头位于主板内侧，应优先安装这些插头，否则会由于引线不够长而不能安装至主板插座或端子。

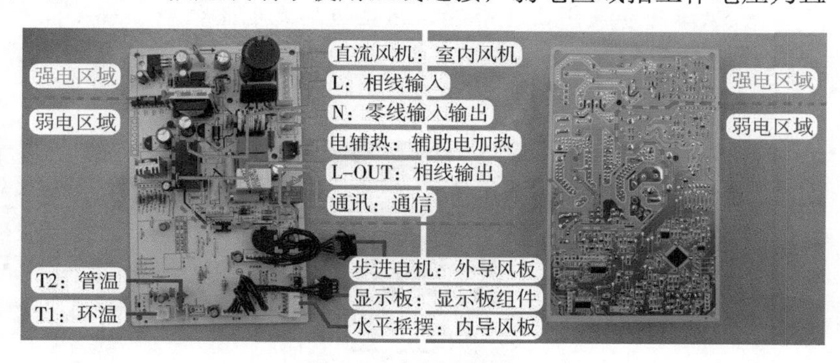

图 9-7 主板实物外形

说明

本机为全直流变频空调器，室内风机使用直流电机，将供电、驱动控制、转速反馈集中在1个插头，未设计室内风机转速反馈的插座；主板使用开关电源电路供电，不再使用变压器，未设计一次绕组和二次绕组的插座。

二、安装过程

1. 电源输入连接线

电源输入连接线共设有3根，见图9-10左图，棕线为相线L、蓝线为零线N、黄绿线为地线，其中黄绿线地线直接固定在蒸发器上面，在更换主板时不用安装，只需要安装棕线和蓝线。

主板没有专门设计相线的输入和输出端子，见图9-8，而是直接安装在主控继电器上方的两个端子，端子相通的焊点位于强电区域。说明：继电器线圈焊点位于弱电区域。

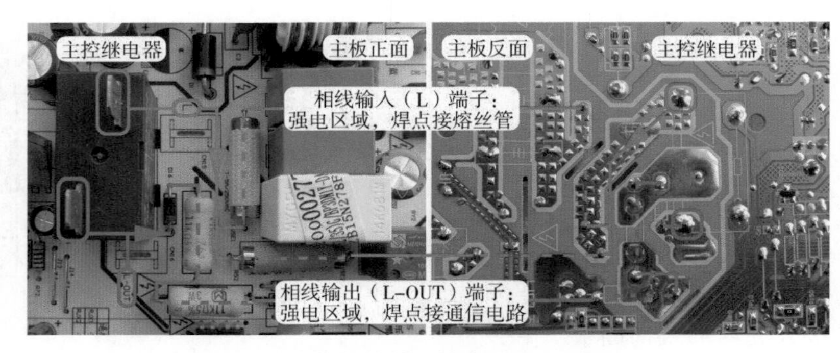

图 9-8　主板相线输入输出端子正面和反面

标识为L（CN15）的端子为相线输入，下方焊点和两个熔丝管（5A和16A）相通为主板提供L端供电，端子接电源输入连接线中的棕线；标识为L-OUT（CN16）的端子为相线输出，下方焊点接通信电路的元件（或为空脚），端子接室内外机连接线中的棕线（相线）。

5A熔丝管使用白色套管，为主板单元电路供电；16A熔丝管使用黄色套管，为辅助电加热供电。

主板强电区域中标识N（CN1-蓝、CN1-1-蓝）的端子共有2片相通，为零线输入和输出端子，见图9-9，端子连接电源输入连接线中的蓝线和室内外机连接线中的蓝线，焊点连接滤波电感和辅助电加热插座焊点等。

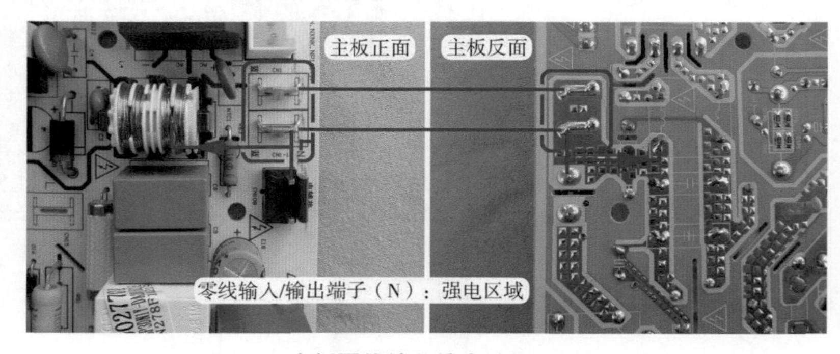

图 9-9　主板零线输入输出端子正面和反面

见图9-10中图，将电源输入连接线中的棕线插在主控继电器上方对应为L的端子，为主板提供相线L端供电。

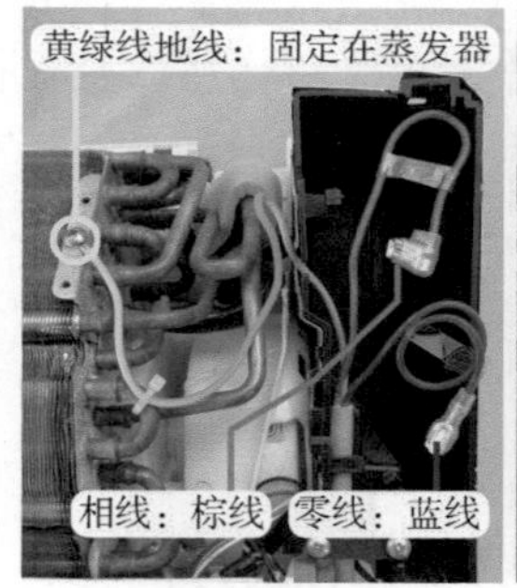

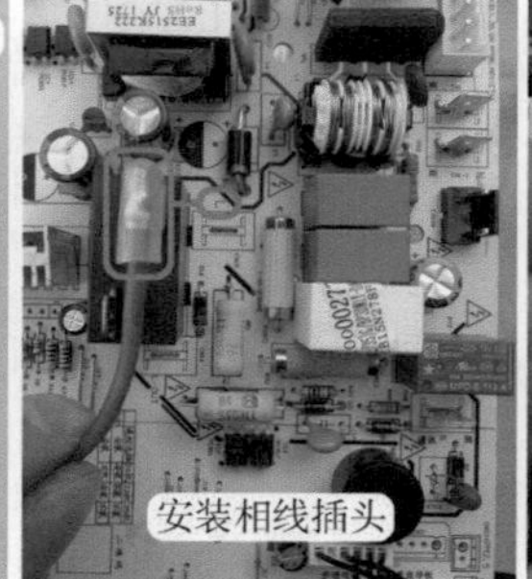

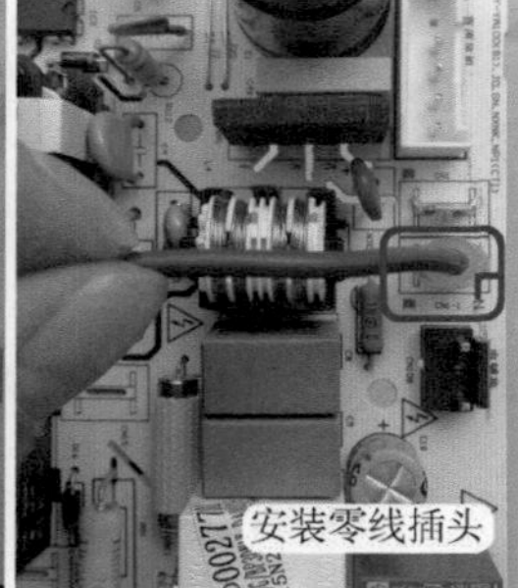

图 9-10　电源输入连接线和安装插头

见图9-10右图，将

蓝线插在N端子一侧，为主板提供零线N端供电。

光电耦合器

2. 室内外机连接线

室内外机连接线共有4根引线，见图9-12左图，棕线为相线（套管标识L）、蓝线为零线（套管标识N）、黑线为通信（套管标识S）、黄绿线为地线。其中，黄绿线地线直接固定在蒸发器上面，在更换主板时不用安装，只需要安装棕线、蓝线和黑线。

通信端子位于强电区域，主板标识为通信-S（CN5-黑），端子焊点经二极管和电阻等电路元件连接至光耦和CPU引脚，见图9-11。

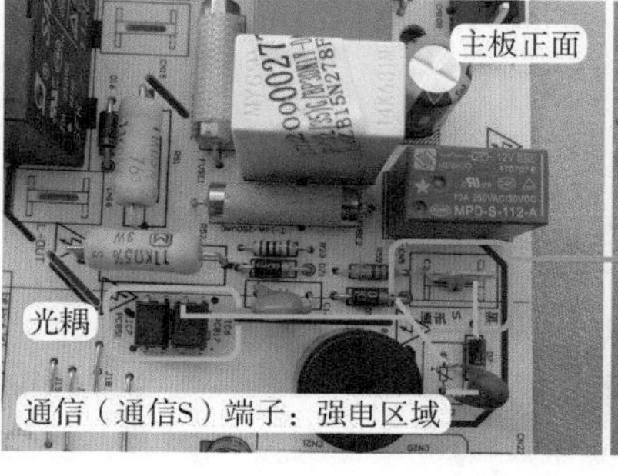

图 9-11　主板通信端子正面和反面

见图9-12右图，将棕线（L）插在主控继电器上方对应为L-OUT的端子，通过室内外机连接线为室外机提供相线L端供电。

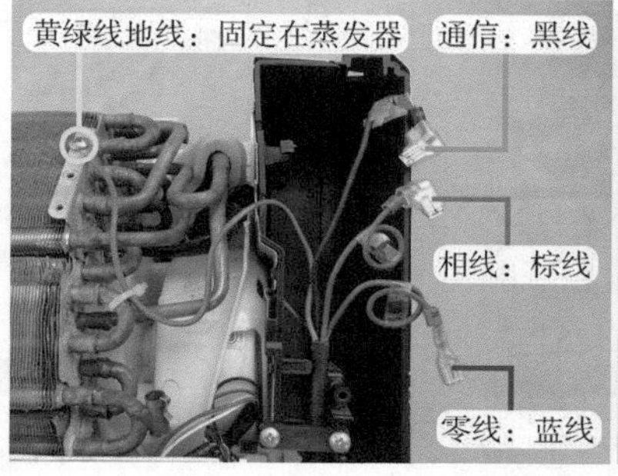

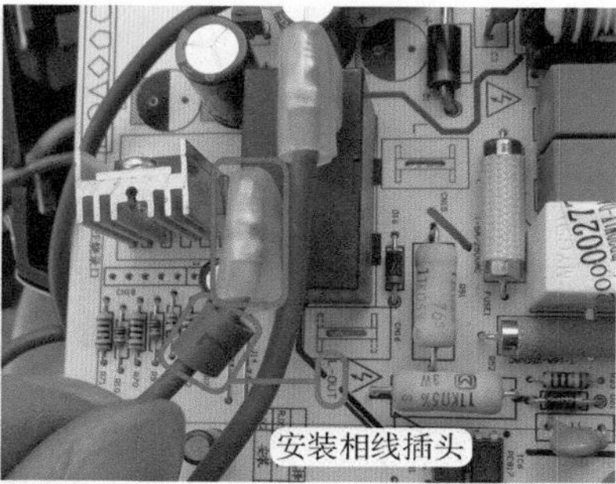

图 9-12　室内外机连接线和安装相线插头

将蓝线（N）插在主板上标识为N的端子另一侧，见图9-13左图，为室外机提供零线N端供电。

将黑线（S）插在主板上标识为通信-S的端子，见图9-13右图，为室内机和室外机提供通信回路。

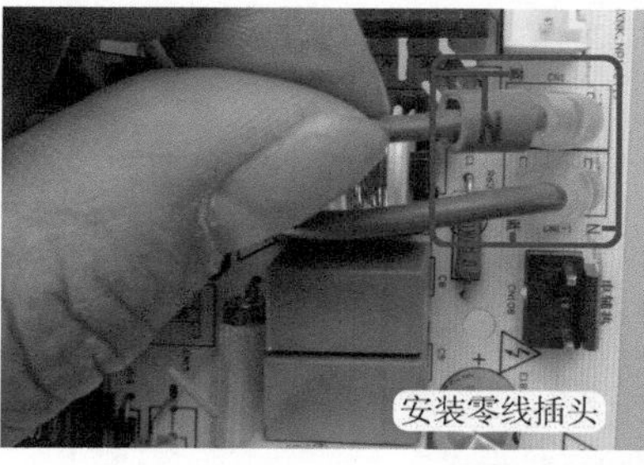

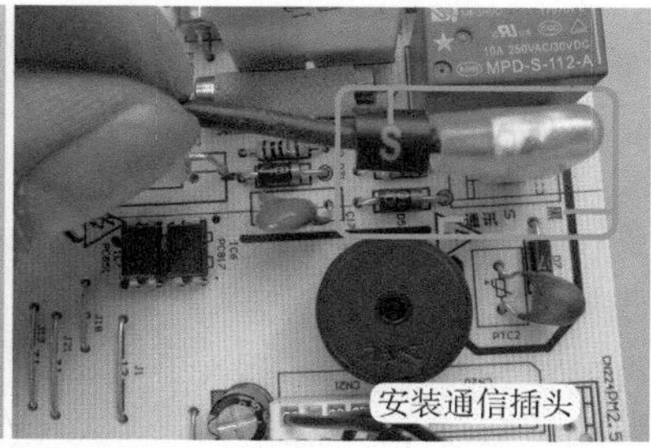

图 9-13　安装零线和通信插头

3. 环温和管温传感器

环温和管温传感器实物外形见图9-14左图，环温传感器使用塑封探头，管温传感器使用铜头探头，

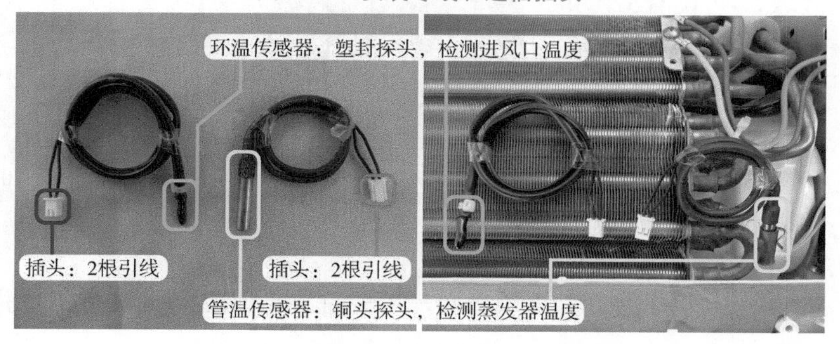

图 9-14　传感器实物外形和作用

均只有2根引线。

环温传感器探头安装在进风口位置，需要安装室内机外壳后才能固定，作用是检测进风口温度（相当于检测房间温度）；管温传感器探头安装的检测孔焊接在蒸发器管壁，作用是检测蒸发器温度，见图9-14右图。

环温和管温传感器插座均为2针设计，见图9-15左图，位于弱电区域。环温使用白色插座，主板标识为T1；管温使用浅灰色插座，主板标识为T2。

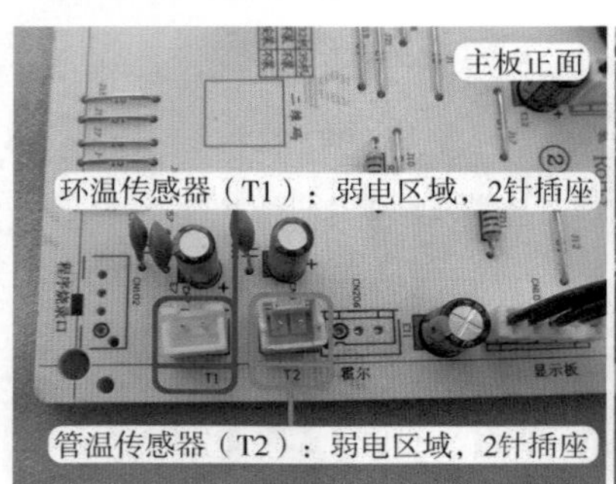

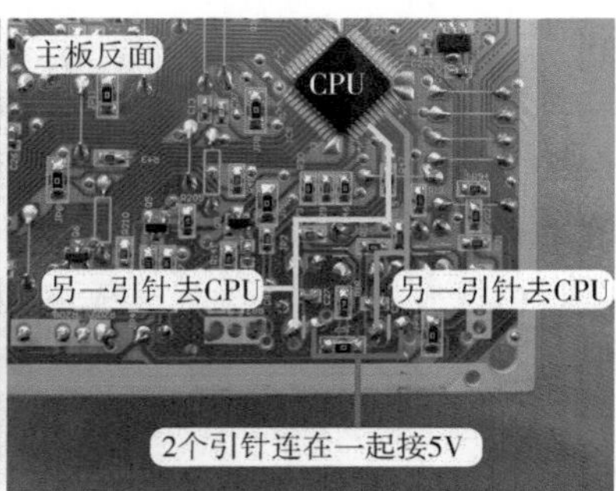

图 9-15 主板传感器插座正面和反面

查看主板反面，见图9-15右图，两个插座的其中一针连在一起接供电5V，另一针经电阻等元件接CPU引脚。

见图9-16，将环温传感器插头安装至T1插座，将管温传感器插头安装至T2插座。由于两个插头和插座形状不相同，插反时则不容易安装进去。

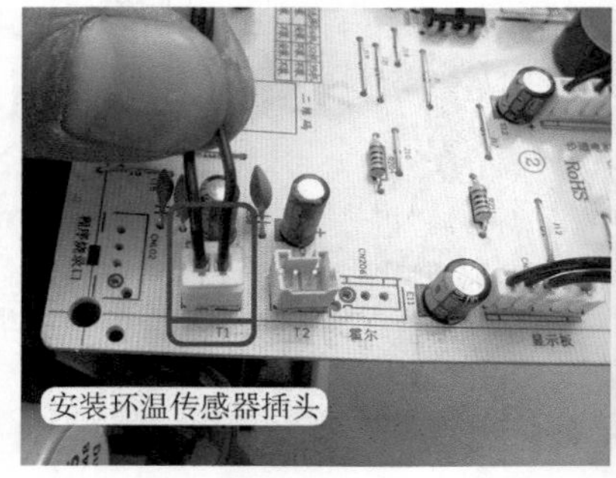

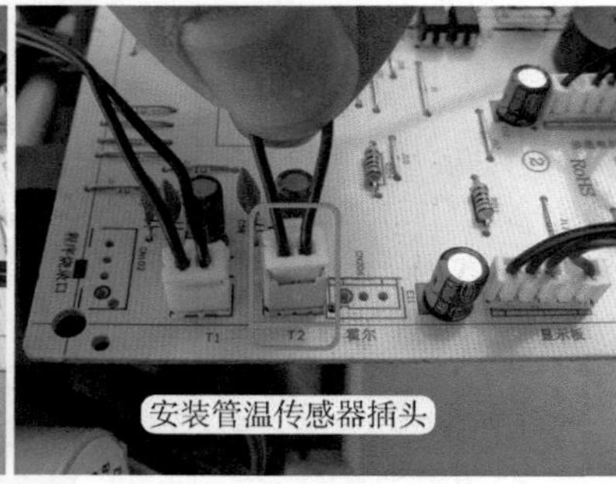

图 9-16 安装传感器插头

4. 室内直流风机

室内风机驱动贯流风扇运行，本机使用直流风机，见图9-18左图，位于室内机右侧，只设有1个插头的5根连接线，从右侧下方引出。

直流风机供电为直流300V，见图9-17左图，插座位于强电区域，共设有5个引针，主板标识为直流风机（CN3）。

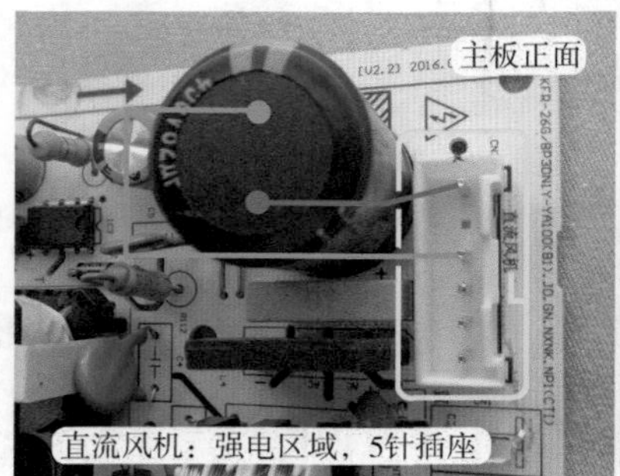

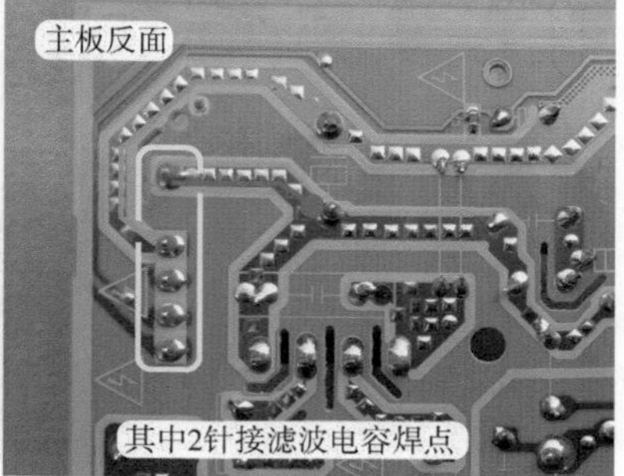

图 9-17 主板直流风机插座正面和反面

查看主板反面，见图9-17右图，其中2针接直流300V滤波电容的焊点，中间一针接15V供电7815稳压块的输出端，最后的2针经光耦等元件接CPU引脚。

见图9-18右图，将室内直流风机插头安装至主板标识为直流风机的插座。

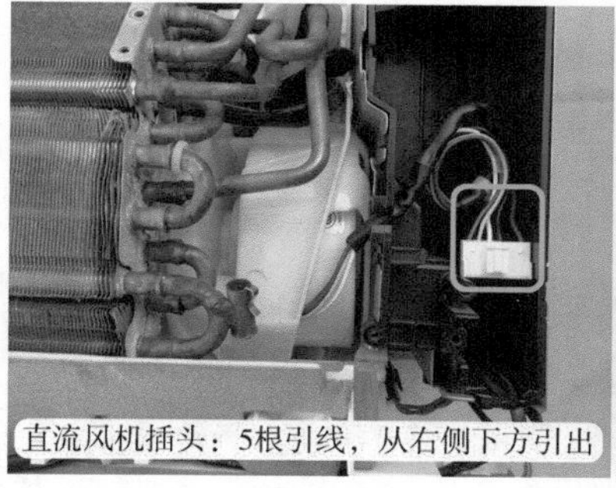

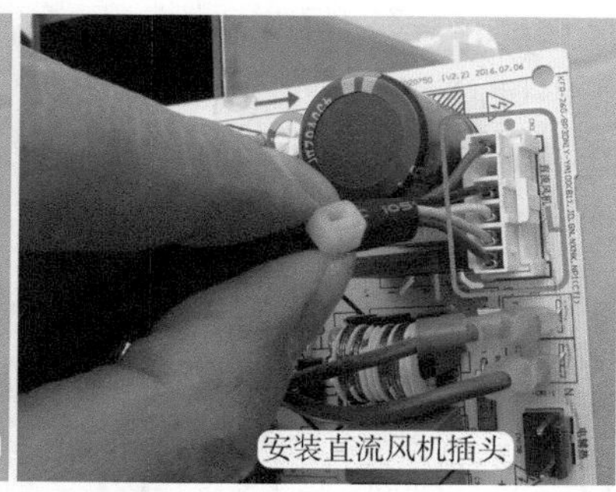

图 9-18　直流风机插头和安装插头

5. ***辅助电加热***

辅助电加热安装在蒸发器下部，长度较长，接近蒸发器的长度，作用是在制热模式下提高出风口的温度，见图9-20左图，引线从蒸发器右侧的中部引出。共设有1个插头，连接两根较粗的连接线（红线和黑线），并且连接线上面安装有防火的绝缘套管。

辅助电加热供电为交流220V，见图9-19左图，插座位于强电区域，共设有2个引针，主板标识为电辅热（CN108）。

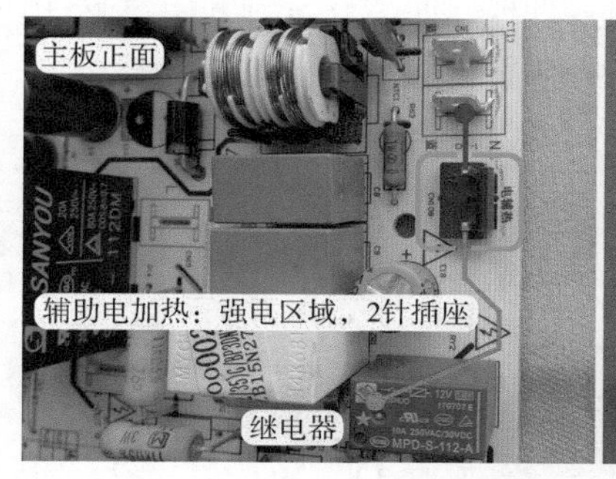

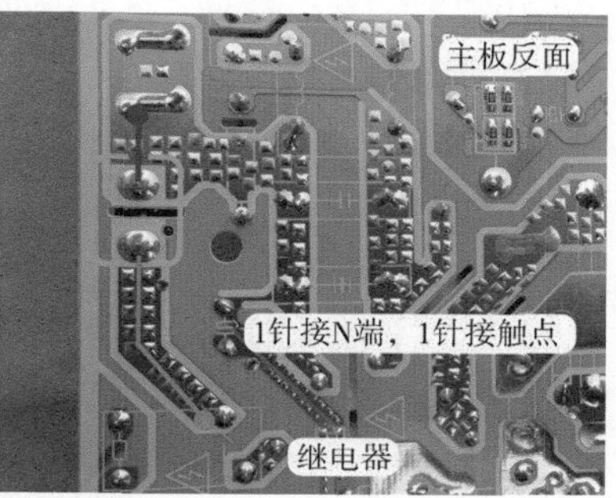

图 9-19　主板辅助电加热插座正面和反面

查看主板反面，见图9-19右图，一个焊点（对应黑线）直接连接零线N端、一个焊点（对应红线）经继电器触点和熔丝管（16A）接相线L端。

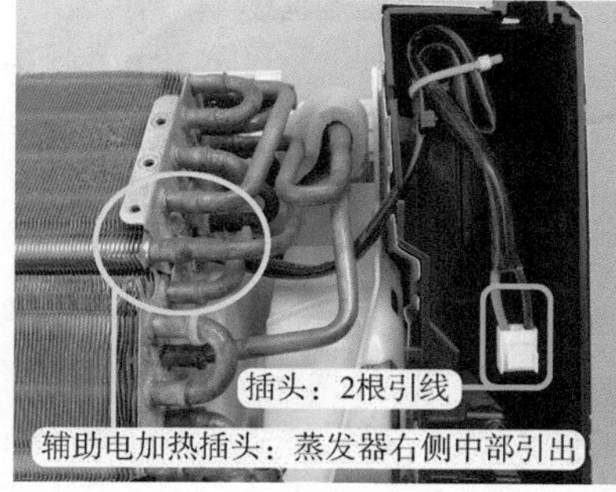

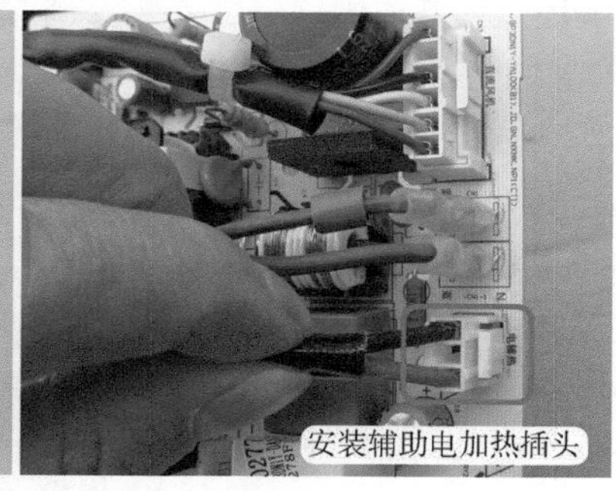

图 9-20　辅助电加热插头和安装插头

见图9-20右图，将辅助电加热插头安装至主板标识为电辅热的插座。

6. ***内侧导风板步进电机***

本机室内机设有内侧和外侧两个导风板，见图9-21左图。内侧的导风板位于上方且体积较小，用于水平位置的上下旋转运行，作用是调节出

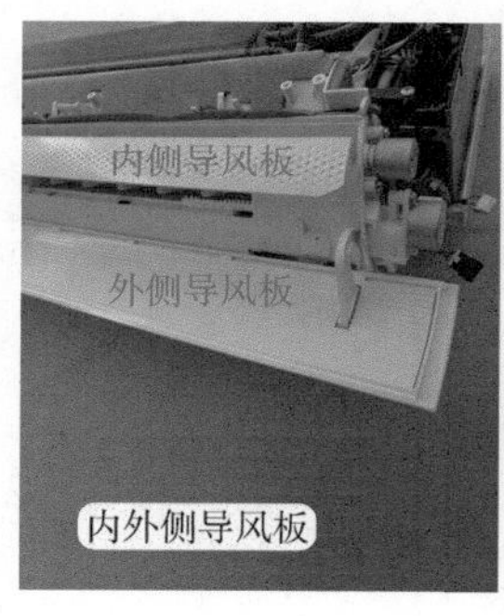

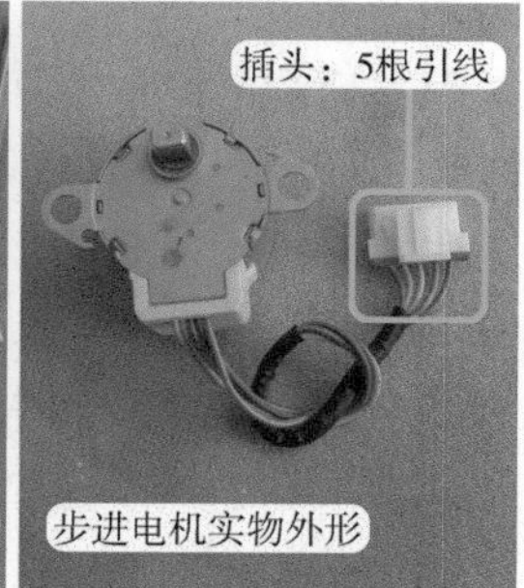

图 9-21　内外侧导风板和步进电机

风口的角度；外侧的导风板位于下方且体积较大，类似于“门”的作用，用于打开和关闭出风口。

见图9-21中图，内侧导风板由一个体积较小的步进电机驱动；实物外形见图9-21右图，共设有一个插头，插头为5根引线。

驱动内侧导风板的步进电机为直流12V供电，见图9-22左图，白色的5针插座位于弱电区域，主板标识为水平摇摆（CN8）。

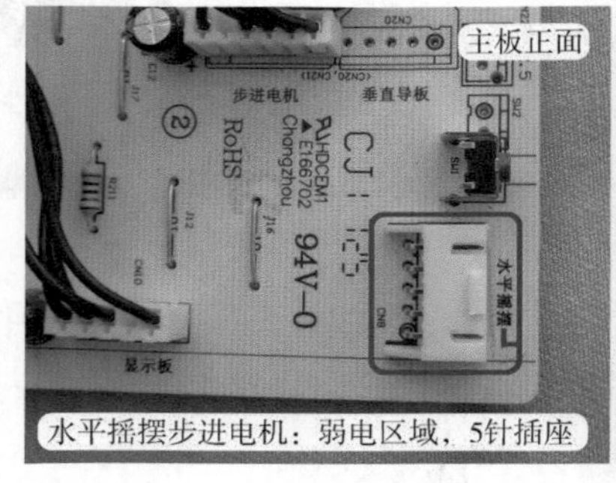

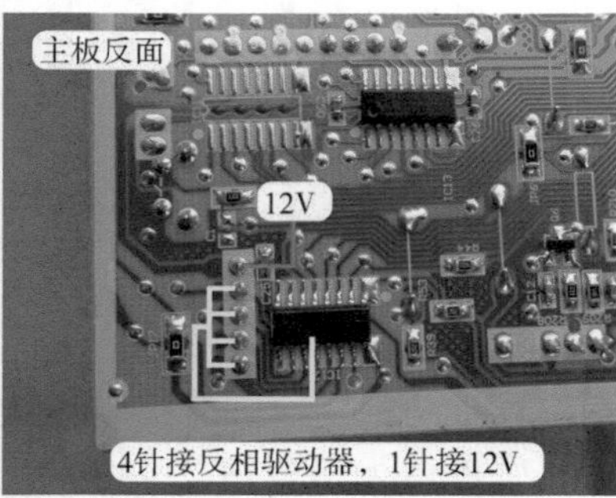

图 9-22　主板步进电机插座正面和反面

查看主板反面，见图9-22右图，插座的4针焊点均连接反相驱动器输出侧，1针接直流12V。

由于步进电机引线较短，主板未安装到位时插头不能直接安装至插座，见图9-23左图，将主板安装至电控盒内部卡槽。

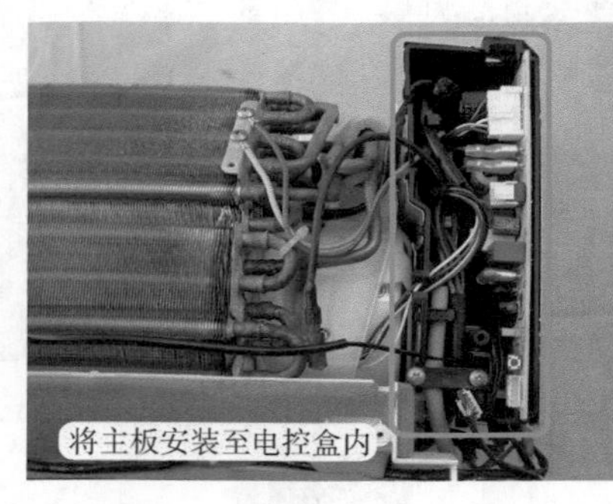

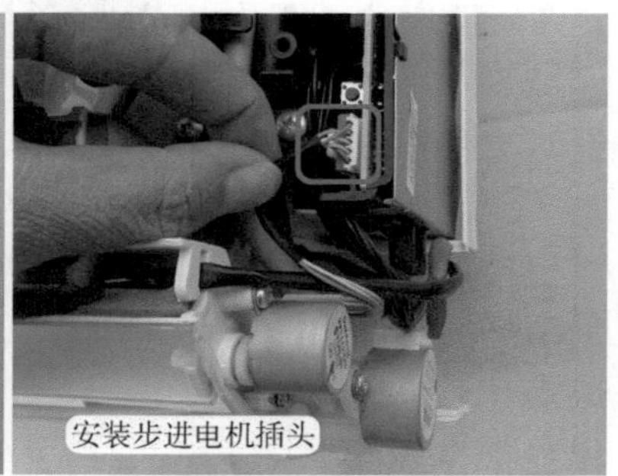

图 9-23　安装主板和步进电机插头

见图9-23右图，将驱动内侧导风板的步进电机插头安装至主板标识为水平摇摆的插座。

7. 外侧导风板步进电机

由于外侧导风板体积较大，如果使用一个步进电机驱动，使得导风板容易在步进电机的另一侧位置留有豁口（即未设置步进电机的一侧关不严，关闭时不在一个水平线上），见图9-24，本机使用左右两侧共两个体积较大的步进电机驱动外侧导风板。

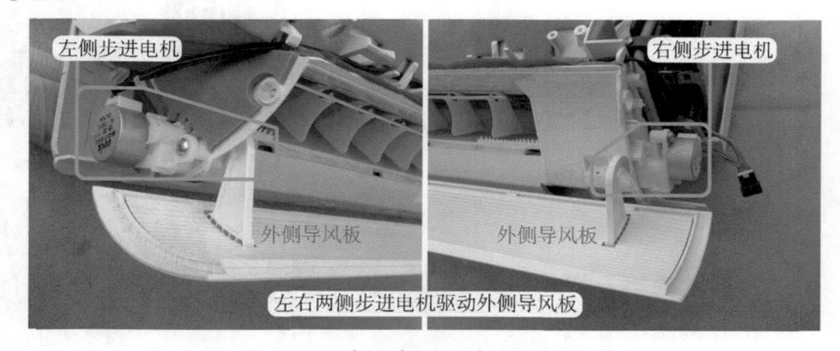

图 9-24　步进电机驱动外侧导风板

驱动外侧导风板的两个步进电机均为直流12V供电，见图9-25左图，使用黑色的5线对接插头，对应的5针插座位于弱电区域，主板标识为步进电机（CN21）。

查看主板反面，见图9-25右图，插座的4针焊点均连接反相驱动器输出侧，1针接直流12V。

见图9-26左图，左侧和右侧的步进电机均为5根连接线（左侧引线较长，右侧引线较短），两个步进电机引线按颜色对应并联使用一个对接插头。

见图9-26右图，将左侧和右侧的步进电机对接插头，对应安装至主板标识为步进电机的对接插头。

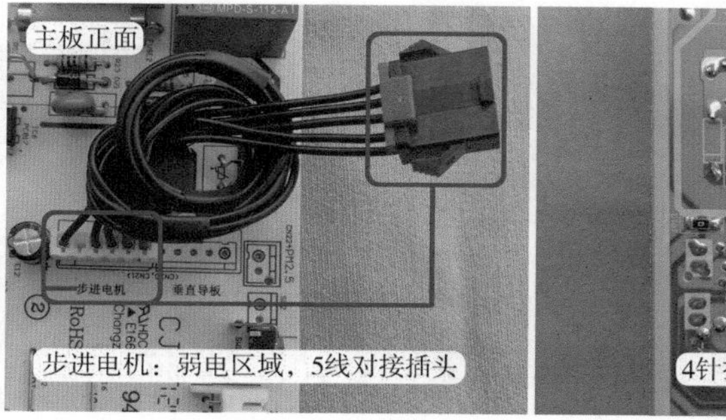

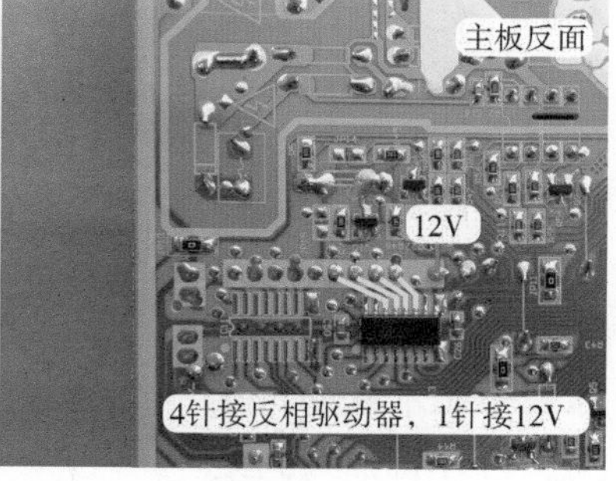

图 9-25　主板步进电机插头正面和插座反面

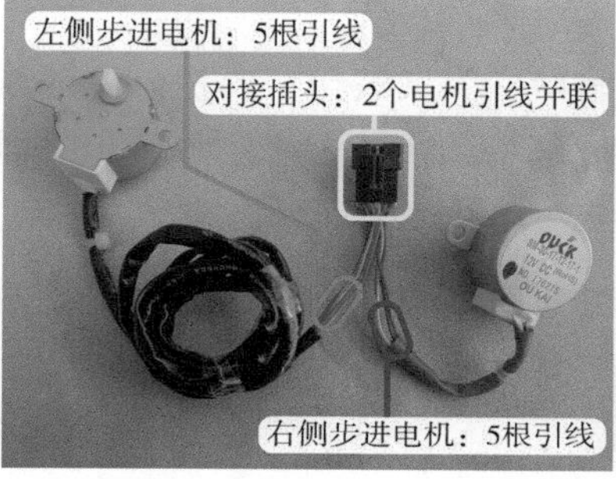

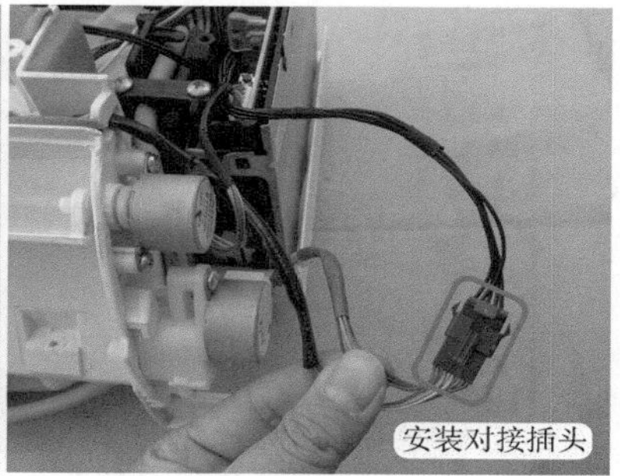

图 9-26　步进电机和安装对接插头

8. **显示板组件**

显示板组件安装在前面板右侧的中间位置，见图9-27左图，这是空调器与外界交换信息的窗口。

显示板组件外壳内只有一块单独的电路板，见图9-27右图，设有显示屏、WIFI模块、CPU、接收器等电路，用一束4根连接线的对接插头和室内机主板相连。

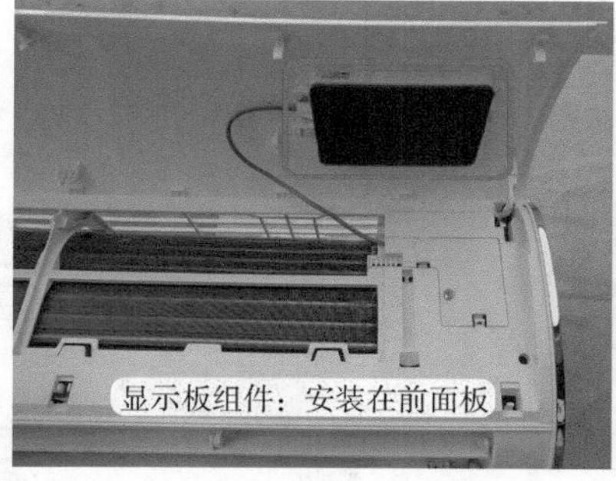

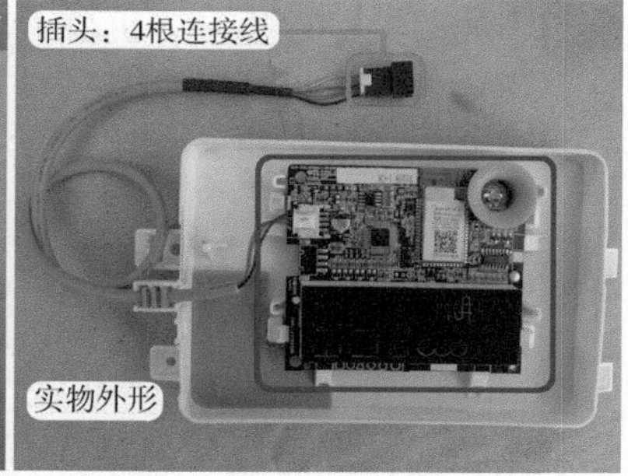

图 9-27　显示板组件安装位置和实物外形

显示板组件为直流5V供电，使用黑色的4线对接插头，见图9-28左图，对应的4针插座位于弱电区域，主板标识为显示板（CN10）。

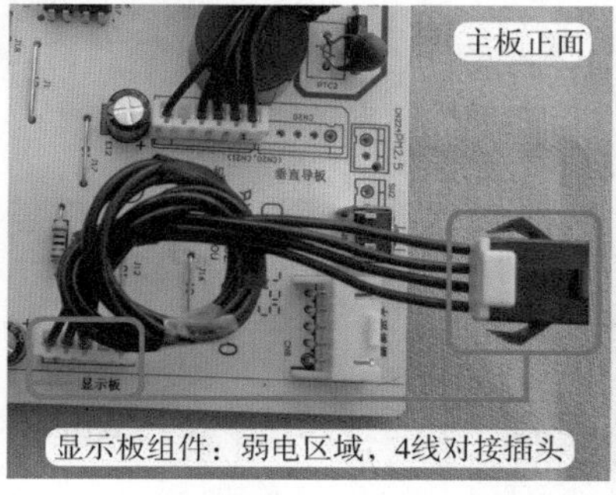

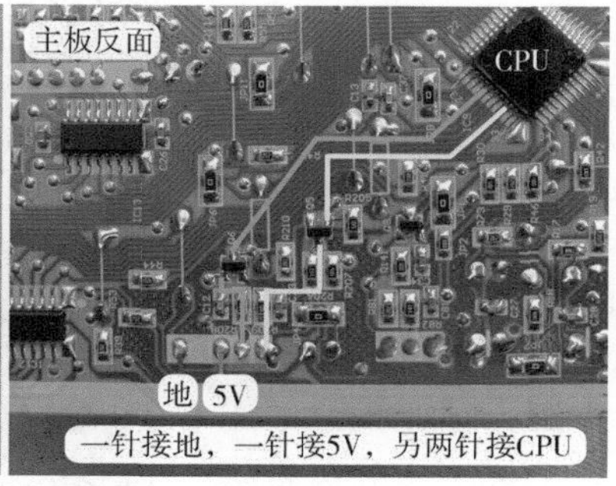

图 9-28　主板显示板组件正面插头和反面插座

查看主板反面，见图9-28右图，其中一针接直流地、一针接5V，另外两针经晶体管等元件接CPU引脚，和显示板组件交换信息。

由于显示板组件的对接插头引线较短，环温传感器探头固定在室内机外壳，见图9-29

左图，安装电控盒盖板，并安装室内机外壳。

见图9-29中图，将显示板组件的对接插头对应安装至主板标识为显示板的对接插头，并将插头固定在电控盒盖板的固定孔上面。

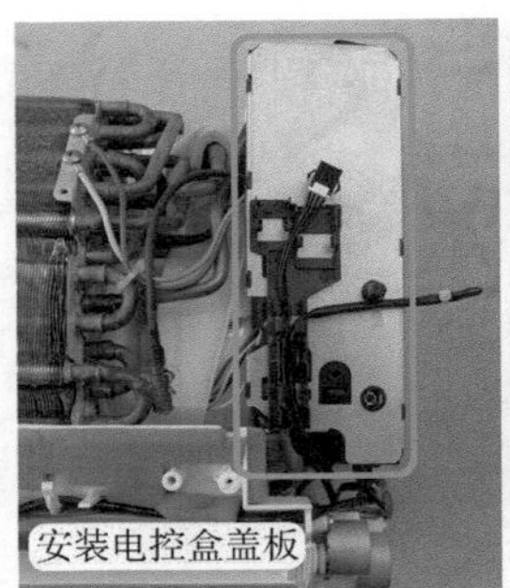

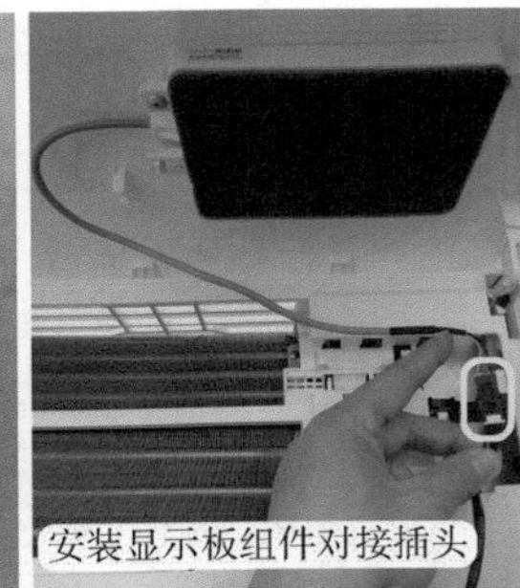

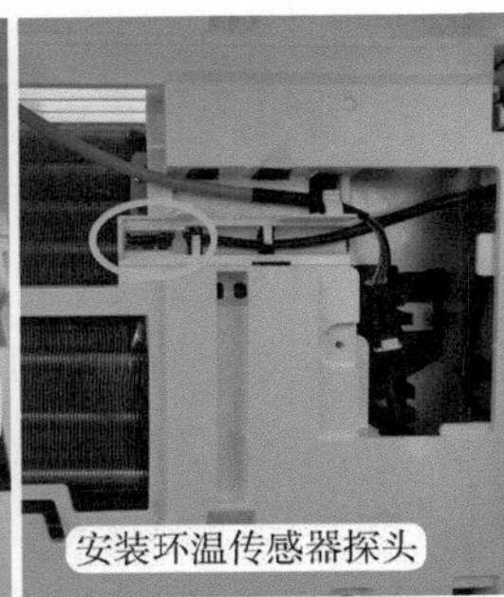

图 9-29　安装电控盒盖板和对接插头及探头

见图9-29右图，再将环温传感器探头安装至室内机外壳的原位置。至此，安装室内机主板的过程全部完成，将空调器通上电源，使用遥控器开机即可试机。

第 2 节　更换室外机通用电控盒

本节以美的KFR-35GW/BP3DN1Y-DA200（B2）E全直流变频空调器室外机为基础，介绍美的空调器更换室外机通用电控盒过程。

一、取下电控盒和配件实物外形

1.取下原机电控盒

取下室外机顶盖（前盖不用取下），见图9-30，使用螺钉旋具取下位于前盖的电控盒固定螺钉，再取下位于挡风隔板的固定螺钉，然后取下位于接线端子的连接线插头。

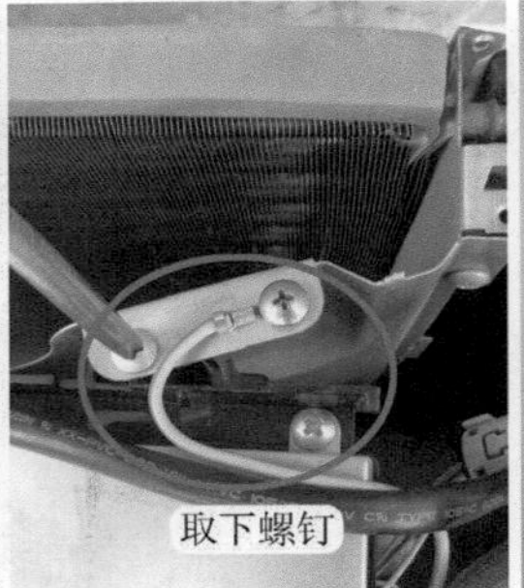

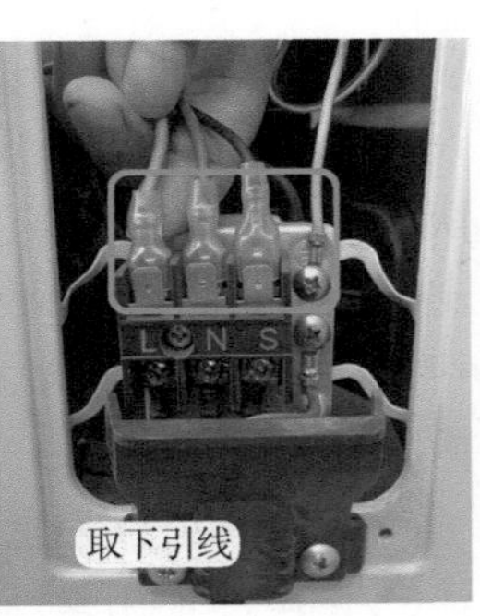

图 9-30　取下螺钉和连接线插头

见图9-31左图和中图，从电控盒的主板上拔下室外风机等插头；再取下压缩机等对接插头。

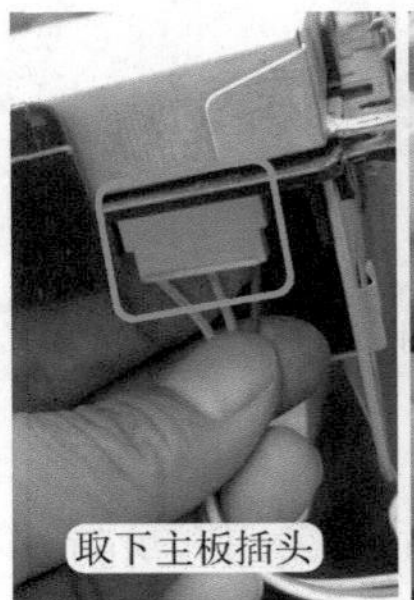

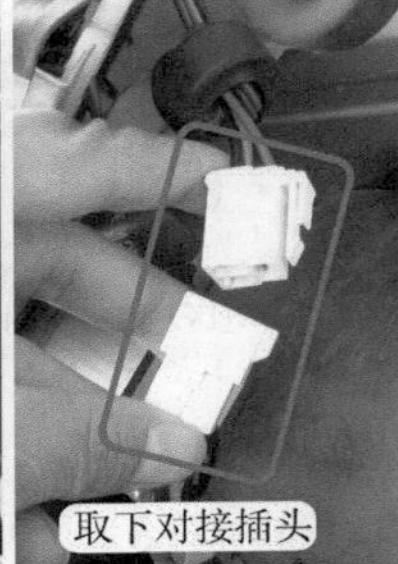

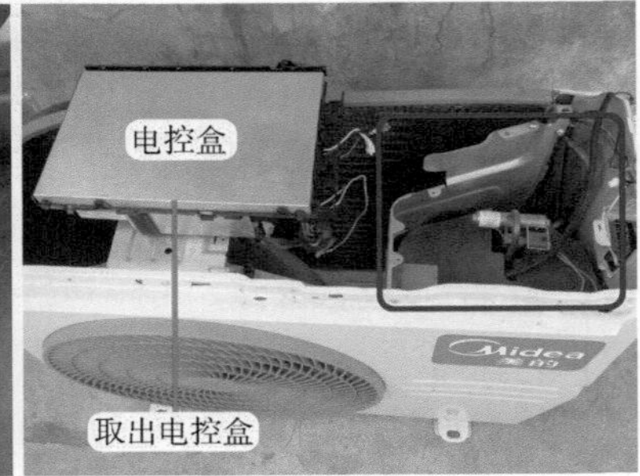

图 9-31　取下对接插头和取出电控盒

待电控盒的主板

上连接线插头、元器件插头、对接插头全部取下后，见图9-31右图，用手拿着电控盒向上提起即可取出。

取下电控盒后，见图9-32左图，查看室外机需要安装的插头或端子有：压缩机对接插头、室外风机插头、四通阀线圈插头、滤波电感端子、室外机接线端子、传感器插头。

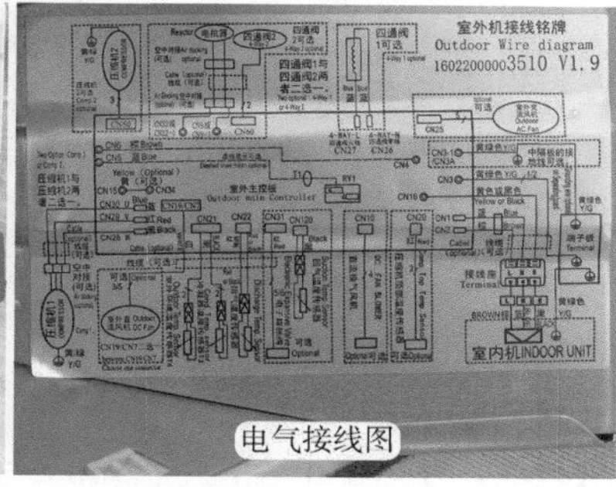

图 9-32　电控系统插头和电气接线图

图9-32右图所示为粘贴于接线盖内侧的电气接线图（室外机接线铭牌），根据电气接线图标识也可以完成电控盒的安装过程，但本节着重介绍根据电控盒插头或接线端子特征以及元器件的特点进行安装。

2. 原机电控盒倒扣安装

查看原机电控盒，取下上部的盖板，见图9-33左图，电控盒只设有一块一体化设计的室外机主板（将CPU、硅桥、模块等全部电路设计在一块电路板上面），并且主板为倒扣安装，上方没有插头或端子，只有铜箔走线。

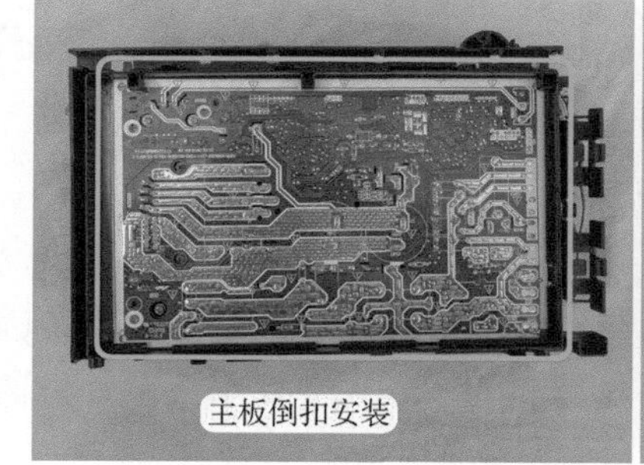

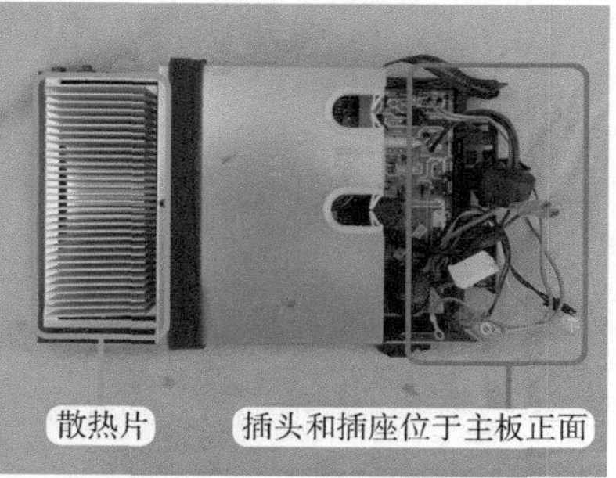

图 9-33　原机电控盒正面和反面

翻开电控盒至反面，见图9-33右图，连接线插头和元器件（包括模块和硅桥）均位于主板正面，散热片位于下方。

步进电机

3. 配件电控盒实物外形

根据空调器型号申请室外机电控盒，发过来的配件为第三代变频分体有源通用电控盒，实物外形见图9-34左图，室外机主板同样为一体化设计但为正立安装，电子元器件、连接线插头和插座位于主板正面，包含压缩机、室外风机、四通阀线圈的插座，以及室外

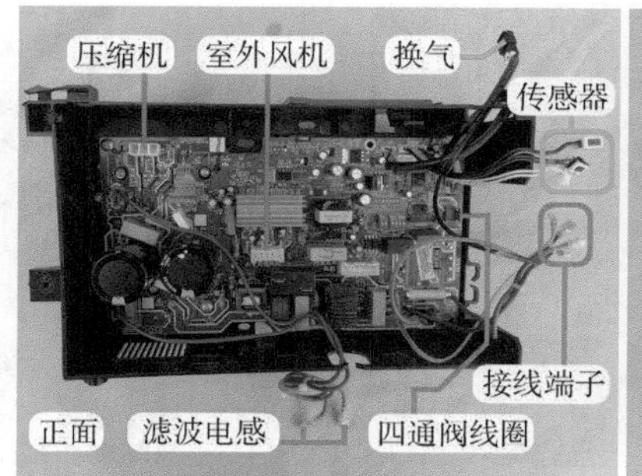

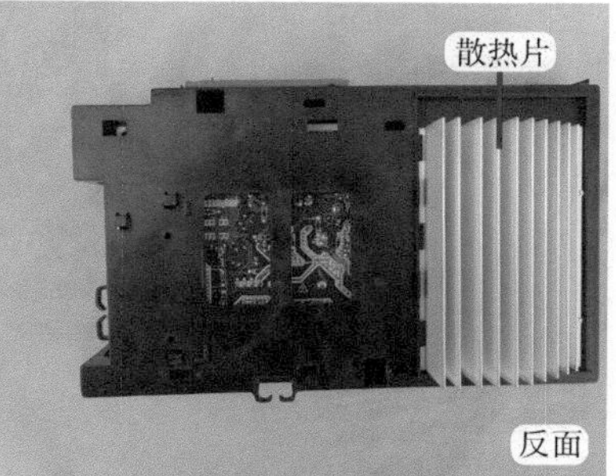

图 9-34　配件电控盒正面和反面

机接线端子、滤波电感、传感器的连接线。

见图9-34右图，查看电控盒反面，只有模块和硅桥的散热片。

根据工作电压分类，见图9-35，主板可分为强电区域和弱电区域，交流220V和直流300V为强电区域，直流12V、5V、3.3V为弱电区域。

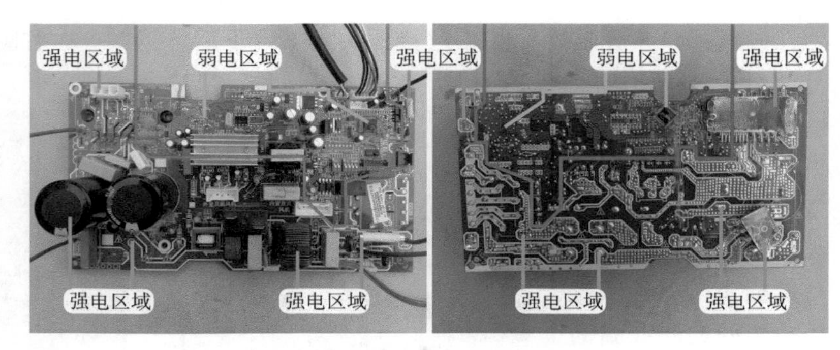

图 9-35　主板强电和弱电区域

说明

变频空调器的室外机电控系统均为热地设计，即强电区域直流300V的地和弱电区域直流5V的地是相通的，弱电区域和强电区域没有隔离，维修时严禁触摸，否则将造成触电事故。

二、安装过程

原机电控盒为倒扣安装，插头和插座位于下面，需要安装插头后再固定电控盒。而配件电控盒虽然为正立安装，插头和插座位于正面，但如果直接固定电控盒再安装插头，滤波电感和压缩机对接插头将不容易安装（或者需要取下室外机前盖），因此应首先安装这两个元器件的连接线插头。

1. 压缩机对接连接线

电控盒主板模块输出（压缩机端子）设有插座和接线端子两种方式，而本机压缩机引出的连接线为对接插头，连接线较短且不能安装至主板插座，见图9-36左图，应使用电控盒配备的3根连接线，一侧为3个插头，蓝线安装有U套管标识、红线安装有V标识、黑线安装有W标识，对应安装至主板端子；一侧为对接插头，与压缩机连接线的对接插头连接。

见图9-36右图，将连接线中蓝线U插头安装至主板标识为蓝U的端子（CN30）。

见图9-37，将连接线中红线V插头安装至主板标识为红 V的端子（CN29），将黑线 W安装至主板

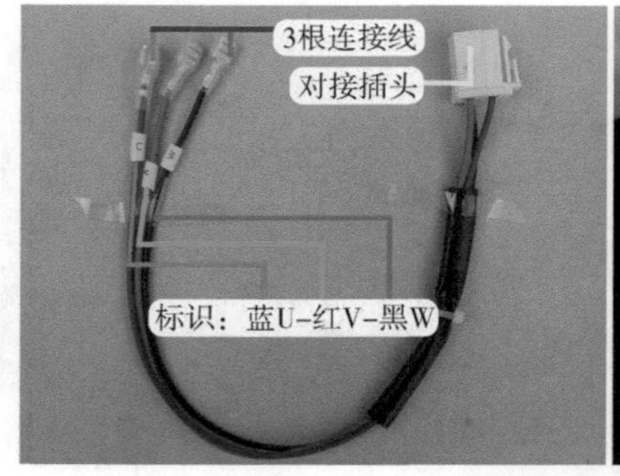

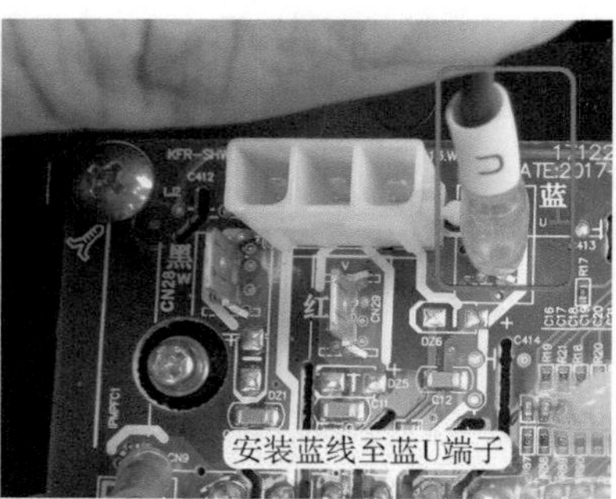

图 9-36　连接线和安装 U 端插头

标识为黑 W的端子（CN28）。

2. **放置电控盒**

3根连接线全部安装完成后，整理压缩机和滤波电感的连接线，见图9-38，放入电控盒中部的卡槽，再将电控盒放置在室外机上方。

3. **滤波电感**

滤波电感连接直流300V，连接线或端子位于强电区域，见图9-39，本机电感的两根蓝线一侧直接焊在电控盒主板上面，主板只标识连接线的颜色：蓝（CN32）位于硅桥附近、蓝（CN9）位于模块附近。查看主板反面，蓝线（CN32）焊点连接硅桥正极、蓝线（CN9）焊点连接模块引脚。

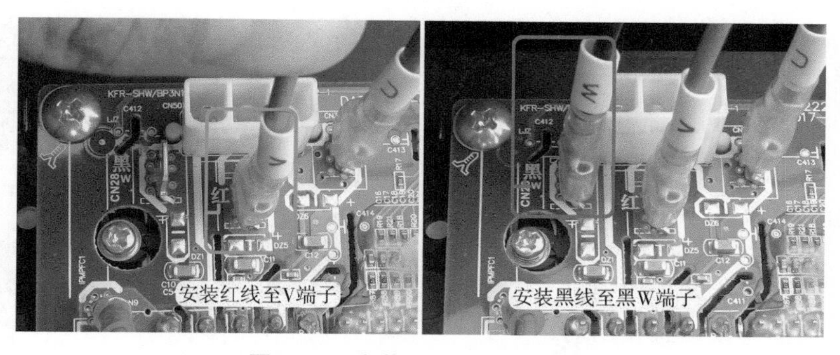

图 9-37　安装 V 端和 W 端插头

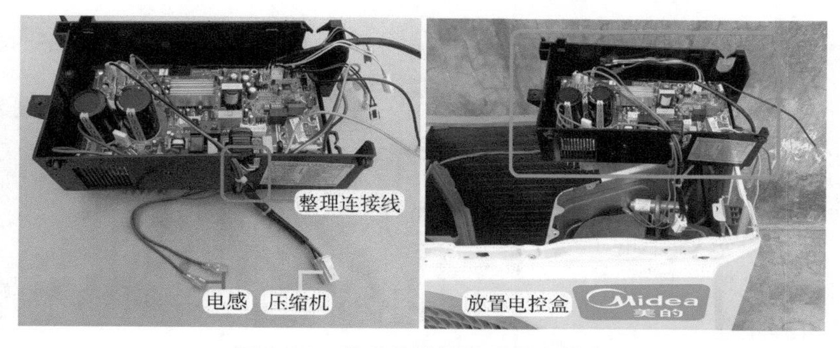

图 9-38　整理连接线和放置电控盒

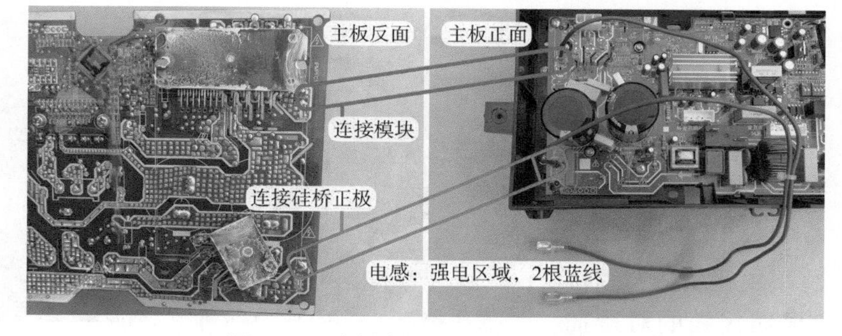

图 9-39　主板电感连接线正面和反面

说明

本机模块主板标识为IPM PFC1，即将驱动压缩机的模块电路和提高功率因数的PFC电路集成在一块模块内，因此滤波电感连接线才能连接模块引脚。

滤波电感安装在挡风隔板中部位置，见图9-40左图，共有两个插头端子。

见图9-40右图，将主板的2根电感连接线（蓝线和蓝线）插头安装至电感的两个端子，安装时不分正负。

4. **压缩机**

为压缩机线圈供电的元器件为模块，模块供电为直流300V，因此模块输出的压缩机端子位于强电区域，见图9-41左图，主板标识为U、V、W。由于为通用电控盒，连接压缩机线圈设有两种方式：插座和端子。如果压缩机连接线够长且使用插头，可以直接安装至主板插座，不再使用配备的连接线；如果压缩机连接线较短且使用对接插头，应使用配备的连接线，并依次安装在U、V、W的3个端子。

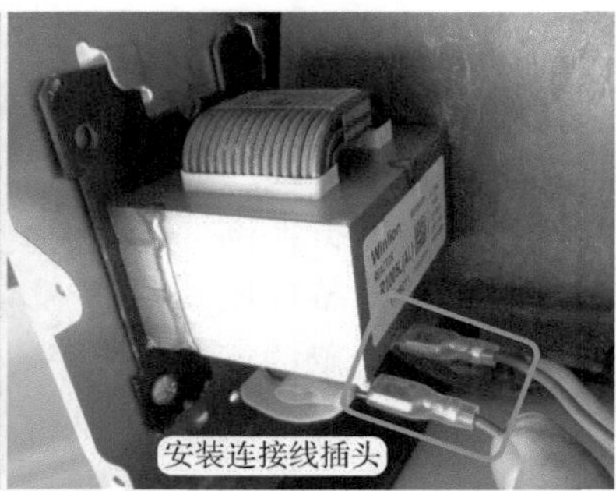

图 9-40　滤波电感和安装连接线插头

查看主板反面，见图9-41右图，压缩机插座或端子的3个焊点，均直接和模块引脚相连。

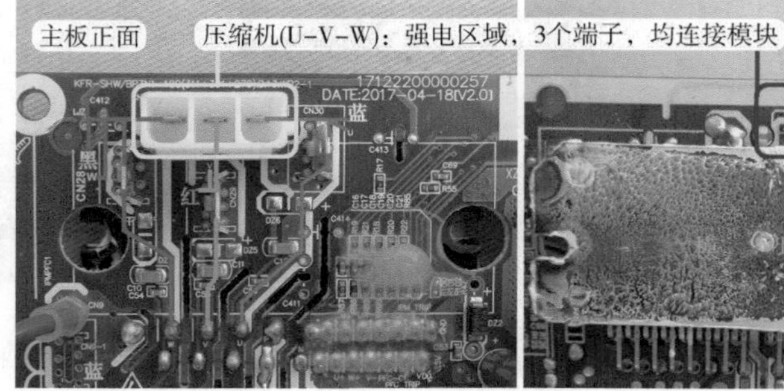

图 9-41　主板压缩机端子正面和反面

压缩机共使用3根连接线，见图9-42左图，一端连接位于接线盖内侧的接线端子，另一端为对接插头。

见图9-42右图，将模块输出的压缩机3根连接线的对接插头和压缩机的对接插头安装到位。

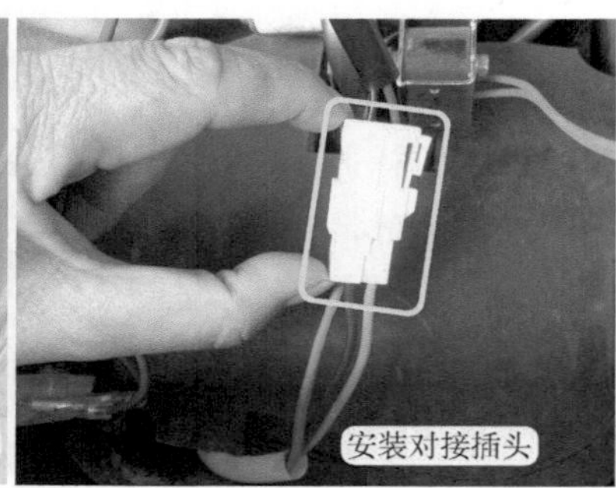

图 9-42　压缩机的对接插头和安装对接插头

5. 固定电控盒

安装滤波电感和压缩机插头后，其余连接线和插座均位于主板正面，见图9-43，将电控盒安装至电控系统的合适位置，并安装室外机前盖部位的两个固定螺钉。

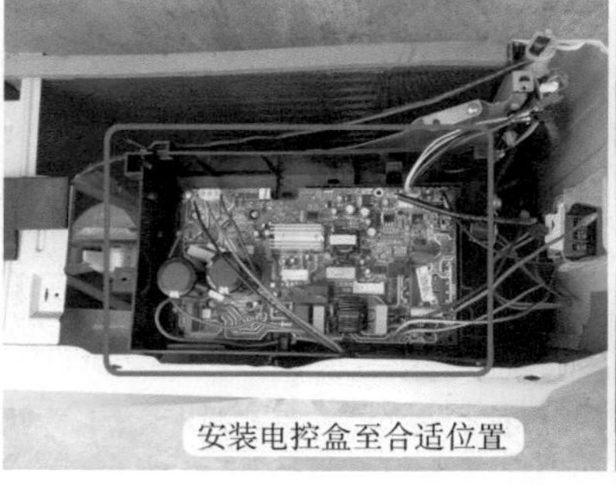

图 9-43　固定电控盒

由于电控盒为通用型，原挡风隔板的螺丝孔不能对应安装，但前盖的两个螺钉依然可使电控盒牢牢地固定在室外机。

6. 室内外机连接线

室内外机的4根连接线连接室内机和室外机，提供交流220V供电和通信回路，见图9-44，连接线或接线端子位于强电区域。

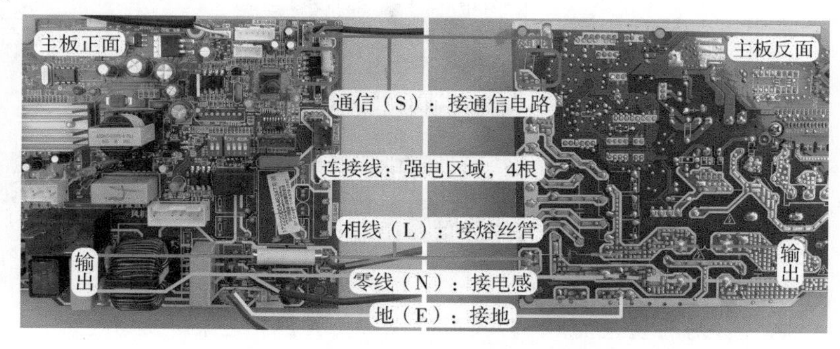

图9-44 主板室内外机连接线接线端子正面和反面

主板标识L-IN（棕、CN2）的棕线为相线L端输入，焊点经15A熔丝管和电感后输出为负载供电。

主板标识N-IN（蓝、CN1）的蓝线为零线N端输入，焊点经电感后输出为负载供电（电感输出的L和N组合电压为交流220V）。

主板标识S（黑、CN16）的黑线为通信，焊点经电阻和二极管等元件连接通信电路的光耦至CPU引脚。

主板标识Earth（CN3、CN3-1）的黄绿线为地线，共有2根，焊点连接防雷击电路。

室内外机共有4根连接线，见图9-45中图，其中1根黄绿线为地线、固定在铁壳上，3根位于接线端子下方：L棕线为相线L端、N蓝线为零线N端、S黑线为通信。

见图9-45左图，相对应地在电控盒的主板也设有4根连接线和接线端子相连：黄绿线E为地线，安装在接线端子右侧地线位置；棕线为相线L端，接L端子上方；蓝线为零线N端，接N端子上方；黑线为通信S端，接S端子上方。

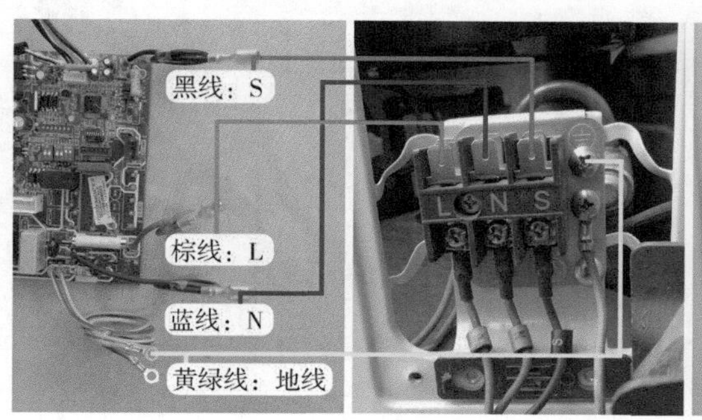

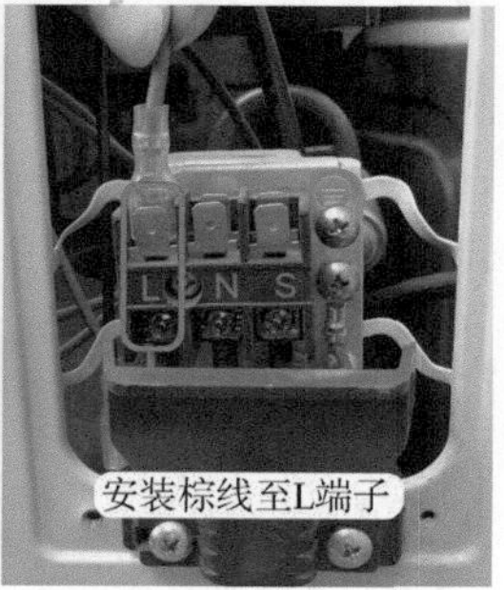

图9-45 主板连接线及接线端子和安装棕线

见图9-45右图，将主板连接线中的棕线插头安装在接线端子的L端子上方。

见图9-46，将主板连接线中的蓝线插头安装在接线端子的N端子上方，黑线插头安装在S端子上方，黄绿线安装在右侧地线位置并拧紧螺钉。

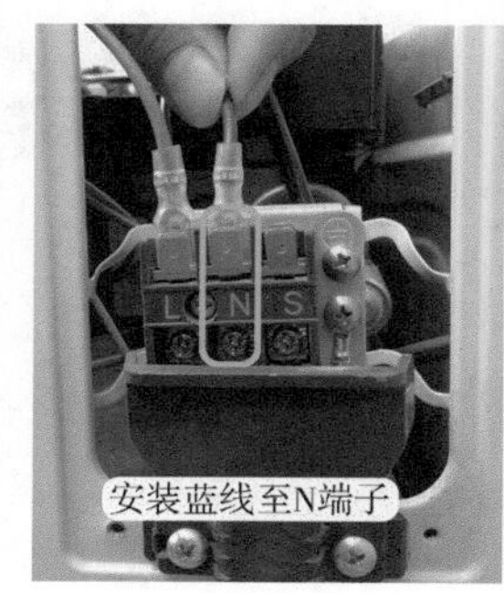

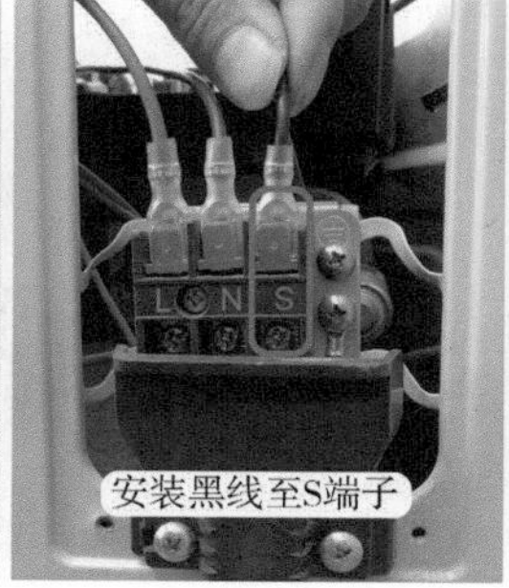

图9-46 安装蓝线、黑线和地线

7. 室外风机

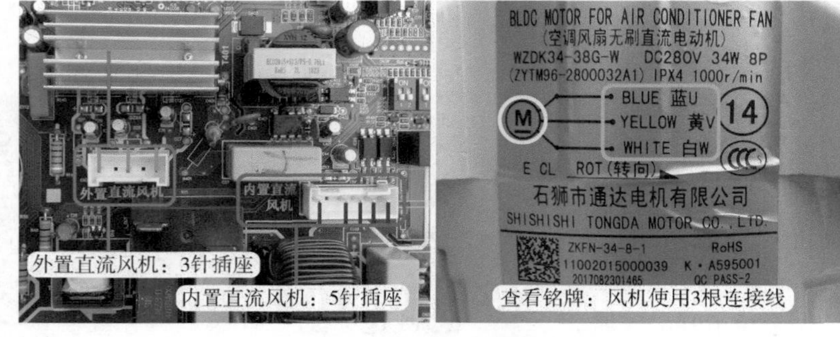

图 9-47 直流风机插座和铭牌

由于电控盒为售后通用型，为适应更多空调器型号的室外机，见图9-47左图，设有两个直流风机的插座，一个标识为外置直流风机（CN7），是3针的白色插座；一个标识为内置直流风机（CN37），是5针的白色插座。

室外风机的作用是驱动室外风扇运行，查看本机室外风机铭牌，见图9-47右图，共设有3根连接线，标识为U、V、W，说明本机使用3针插座的外置直流风机。

外置直流风机是指驱动线圈绕组的模块等电路设计在室外机主板，直流风机内部只有线圈绕组；内置直流风机是指驱动线圈绕组的模块等电路组成的电路板，和线圈绕组一起封装在直流风机内部（见图8-27）。

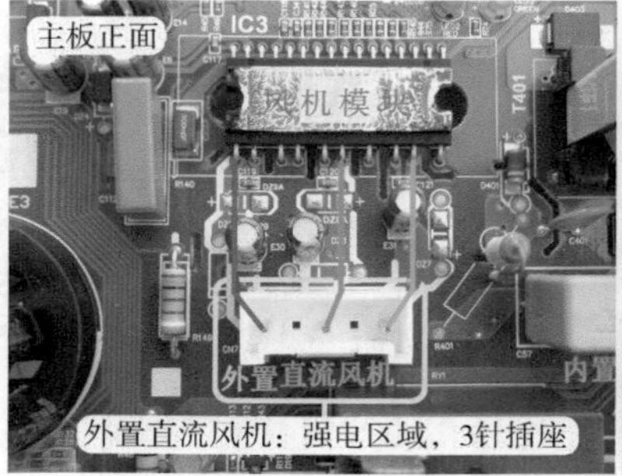

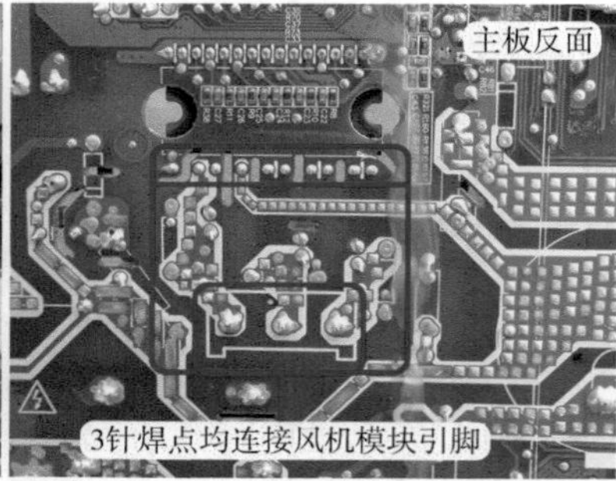

图 9-48 主板室外风机插座正面和反面

直流风机由风机模块提供电源，模块供电为直流300V，见图9-48，插座位于强电区域，3个引针的白色插座，焊点均连接至风机模块引脚。

风机模块正常工作时，由于热量较高，安装有散热片。

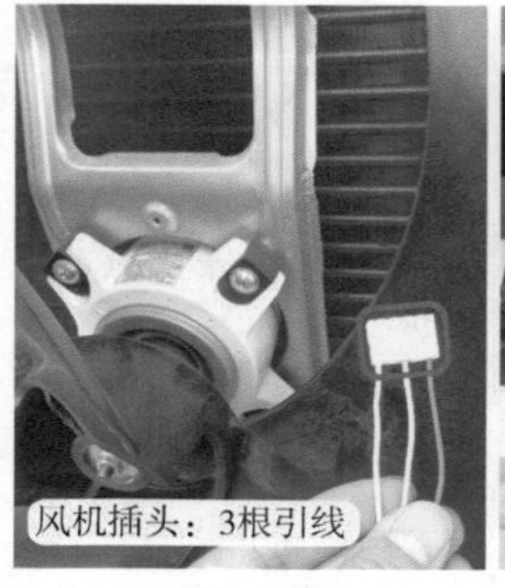

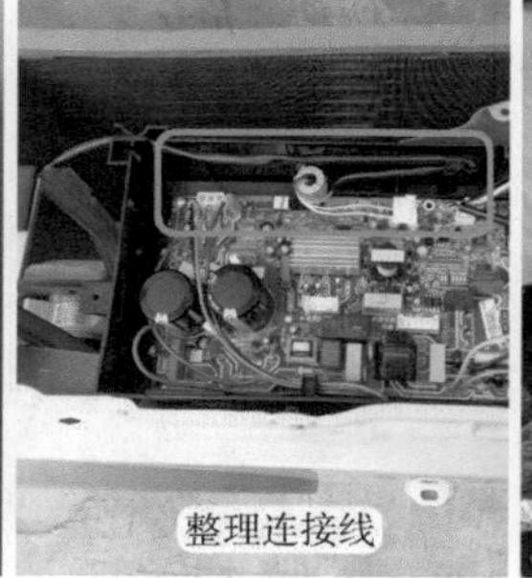

图 9-49 室外风机连接线和安装插头

查看室外风机连接线，见图9-49左图，只设有一个插头，共有3根引线；整理室外风机连接线至电控盒内部合适位置，见图9-49中图。

见图9-49右图，将室外风机插头安装至主板标识为外置直流风机的插座。

8.四通阀线圈

四通阀线圈供电为交流220V，见图9-50左图，蓝色的2针插座位于强电区域，主板标识为四通阀（CN60）。同时，为使电控盒适配更多型号的空调器，还设有四通阀接线端子，以配套使用两根连接线的单独插头，标识为CN27的端子和插座CN60上方引针相通、标识为CN26的端子和下方引针相通，安装时根据四通阀线圈插头的形状可选择插座或接线端子。

查看主板反面，见图9-50右图，插座中的上方引针焊点经继电器触点接相线L端，下方引针焊点直接接零线N端。

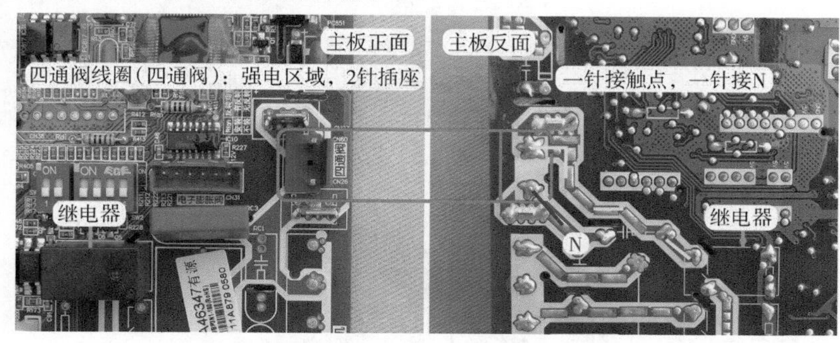

图 9-50　主板四通阀线圈插座正面和反面

四通阀的作用是转换制冷和制热模式，线圈安装在四通阀上面，见图9-51左图，只设有一个插头，共有2根连接线（蓝线）。

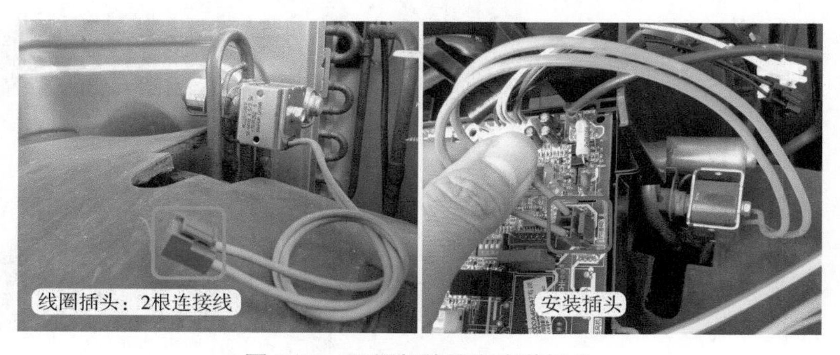

图 9-51　四通阀线圈和安装插头

见图9-51右图，将四通阀线圈插头安装至主板标识为四通阀的插座。

9.传感器

见图9-52左图，室外环温传感器探头固定在冷凝器的进风面，作用是检测室外温度，使用白色插头；室外管温传感器探头安装在冷凝器的管壁上面，作用是检测冷凝器温度，使用黑色插头。

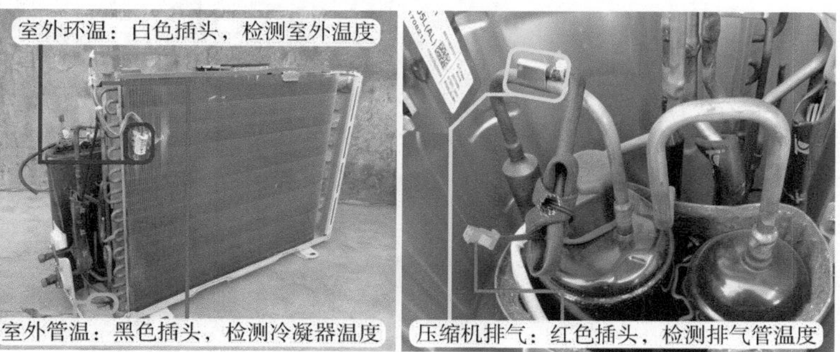

图 9-52　传感器安装位置和作用

压缩机排气传感器探头固定在压缩机排气管上面，见图9-52右图，作用是检测排气管温度，使用红色插头。

室外机3个传感器使用3个独立的插头，见图9-55左图，室外环温为塑封探头（白色插头）、室外管温为铜头探头（黑色插头）、压缩机排气传感器为铜头探头（红色插头）。

传感器的作用是检测温度，见图9-53左图，对应白色的6针插座位于弱电区域，主板标识为温度传感器（CN21、CN22）。

查看主板反面，见图9-53右图，插座的3个引针焊点连在一起接电源（直流5V），另外3针焊点经电阻等元件接CPU引脚。

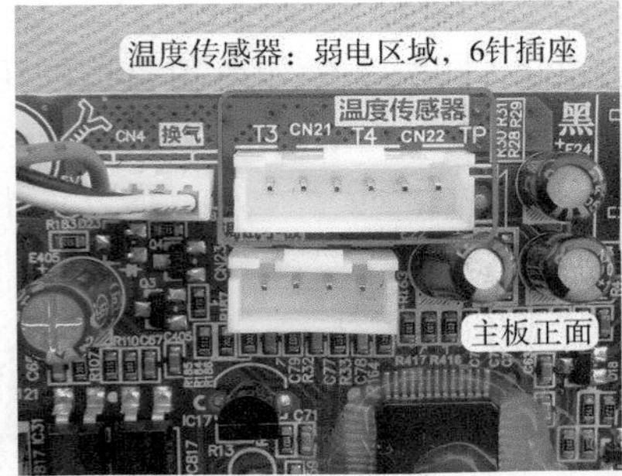

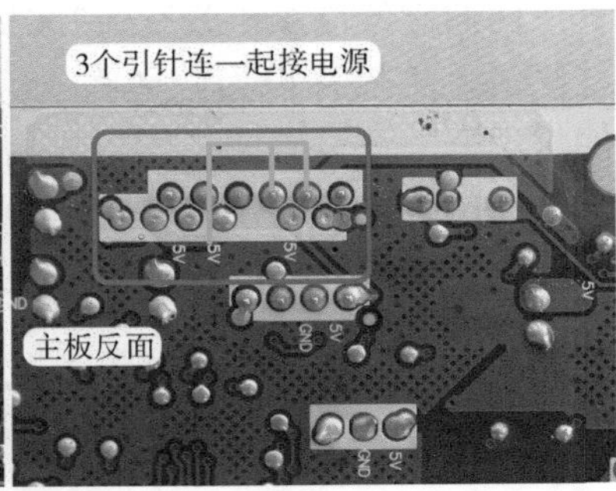

图 9-53　主板传感器插座正面和反面

电控盒出厂时配备有一束6根的连接线，见图9-54，一侧安装至主板标识为温度传感器的插座，另一侧为3个对接插头，黑色插头（2根引线）对应主板T3（室外管温传感器）、白色插头对应主板T4（室外环温传感器）、红色插头对应主板TP（压缩机排气传感器）。

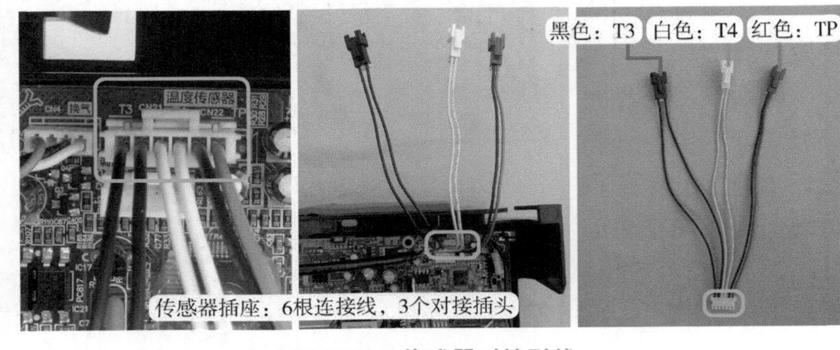

图 9-54　传感器对接引线

见图9-55右图，将黑色的室外管温传感器对接插头安装至主板温度传感器插座对应为T3的黑色插头。

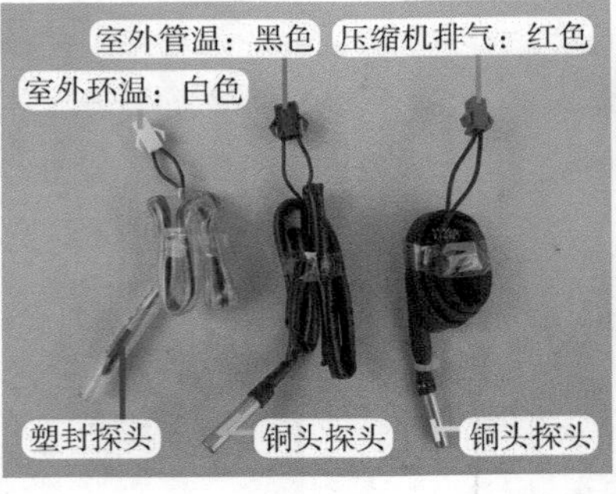

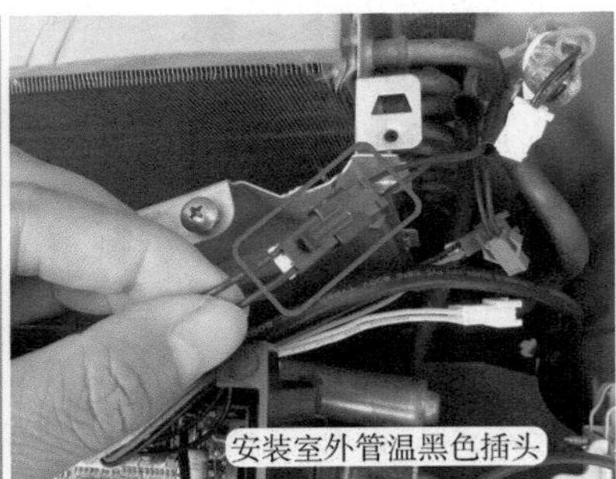

图 9-55　传感器实物外形和安装室外管温插头

见图9-56，将白色的室外环温传感器对接插头安装至主板对应为T4的白色插头；将红色的压缩机排气传感器对接插头安装至主板对应为TP的红色插头。

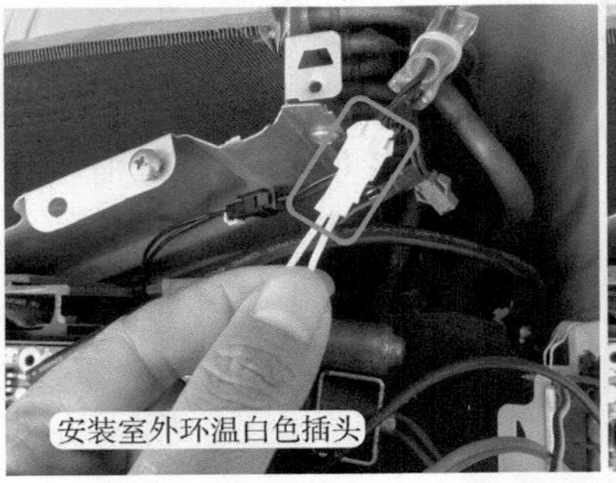

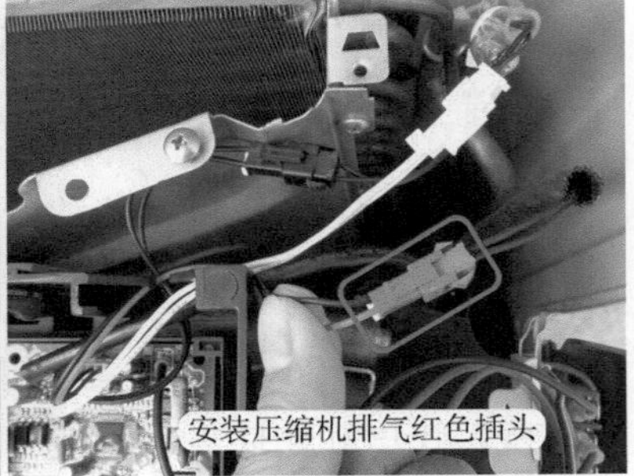

图 9-56　安装室外环温和压缩机排气传感器插头

10. 拨码开关

格力空调器的第二代通用电控盒通过检测室内机主板的跳线帽来自动区分室外机的机型；而美的空调器第三代通用电控盒，需要人工拨码来适配室外机机型。

图9-57左图所示为粘贴于电控盒外侧的拨码开关说明，图9-57右图为位于弱电区域的拨码开关实物外形。主板的拨码开关共设有两个：SW1和SW2。SW1为两位开关，用于区分制冷量和能效等级，SW2为4位开关，用于区分压缩机型号。

每位拨码开关共分为两个位置，位于上方为ON（开），用1表示；位于下方为OFF（关），用0表示；出厂时均默认位于下方（0）位置，表示为00 0000。

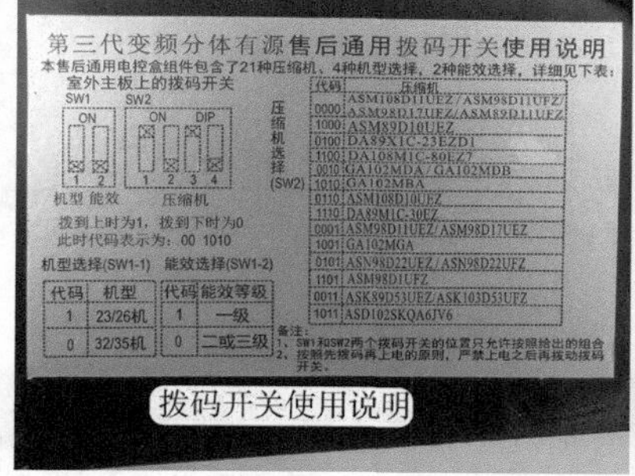

第三代变频分体有源售后通用拨码开关使用说明

本售后通用电控盒组件包含了21种压缩机、4种机型选择，2种能效选择，详细见下表：

室外主板上的拨码开关

SW1　SW2

ON　ON　DIP

1 2　1 2 3 4

机型 能效　压缩机

拨到上时为1，拨到下时为0

此时代码表示为：00 1010

机型选择(SW1-1)

代码	机型
1	23/26机
0	32/35机

能效选择(SW1-2)

代码	能效等级
1	一级
0	二或三级

压缩机选择(SW2)

代码	压缩机
0000	ASM108D11UEZ/ASM98D11UFZ/ASM98D17UEZ/ASM89D11UFZ
1000	ASM89D10UEZ
0100	DA89X1C-23EZD1
1100	DA108M1C-80EZ7
0010	GA102MDA/GA102MDB
1010	GA102MBA
0110	ASM108D10UEZ
1110	DA89M1C-30EZ
0001	ASM98D11UEZ/ASM98D17UEZ
1001	GA102MGA
0101	ASN98D22UEZ/ASN98D22UFZ
1101	ASM98D1UFZ
0011	ASK89D53UEZ/ASK103D53UFZ
1011	ASD102SKQA6JV6

备注：

1、SW1和SW2两个拨码开关的位置只允许按照给出的组合

2、按照先拨码再上电的原则，严禁上电之后再拨动拨码开关。

图 9-57　拨码开关说明和实物外形

SW1的1号开关区分制冷量，位于上方（1）位置时，制冷量为2300W或2600W，即1P空调器；位于下方（0）位置时，制冷量为3200W或3500W，即1.5P空调器。

SW1的2号开关区分能效等级，位于上方（1）位置时为一级能效，位于下方（0）位置时为二级或三级能效。

SW2的1号、2号、3号、4号开关位置的组合，用来区分压缩机的型号。

调整拨码开关位置时应按照“先拨码后上电”的原则进行，严禁空调器通上电源之后再调整拨码开关位置。

见图9-58左图，查看粘贴于室内机前面板的“中国能效标识”图标，示例空调器制冷量为3500W、能效等级为2极。

根据拨码开关规则，SW1的1号和2号应均位于下方0位置，见图9-58右图，但电控盒出厂时拨码开关均默认为0位置，因此SW1开关不用拨动。

图 9-58　能效标识和 SW1 位置

为使售后服务人员更换电控盒时方便查找室外机的信息，见图9-59，在电控盒的外侧、滤波电容顶部、室外风机电容顶部、空闲位置等处粘贴有原机电控盒的标签。

示例空调器位于原机电控盒外侧的标签见图9-60左图，可显示压缩机的型号（ASK103D53UFZ）、室外机型号（KFR-35W/BP3N1-B26）、配件编码（17222000024428）等信息，在更换通用电控盒时根据标签信息调整拨码开关的位置。

如果更换电控盒时找不到标签，制冷量和能效等级可参见室内机或室外机铭牌，压缩机型号只能取下室外机前盖、压缩机保温棉，直接查看压缩机的铭牌标识来确认，见图9-60右图，可见压缩机实际型号和电控盒标签标示的压缩机型号相同。

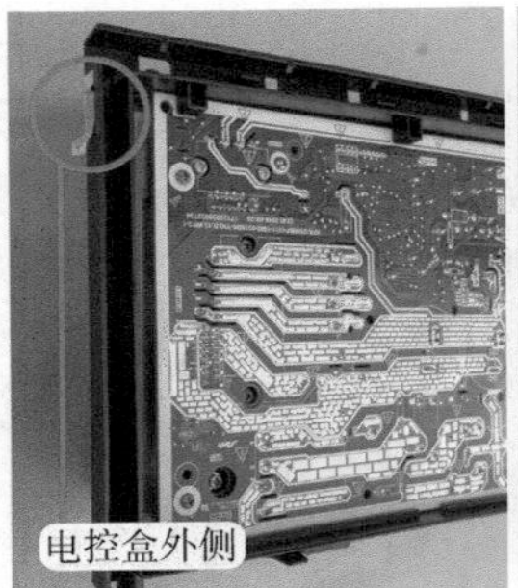

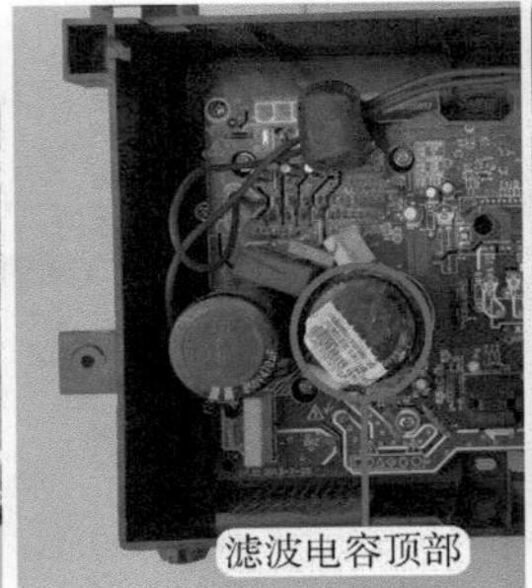

图 9-59　标签粘贴位置

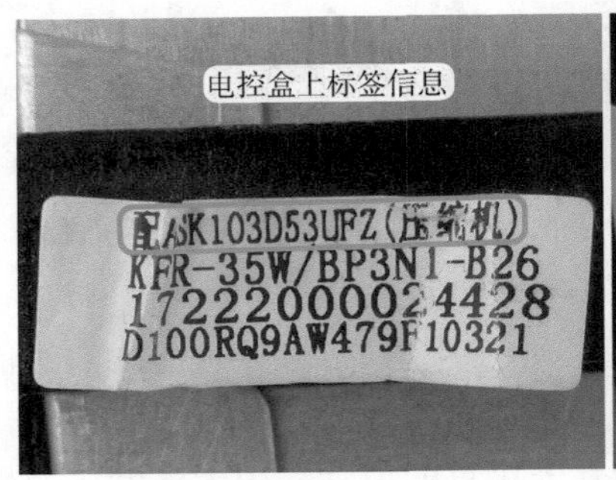

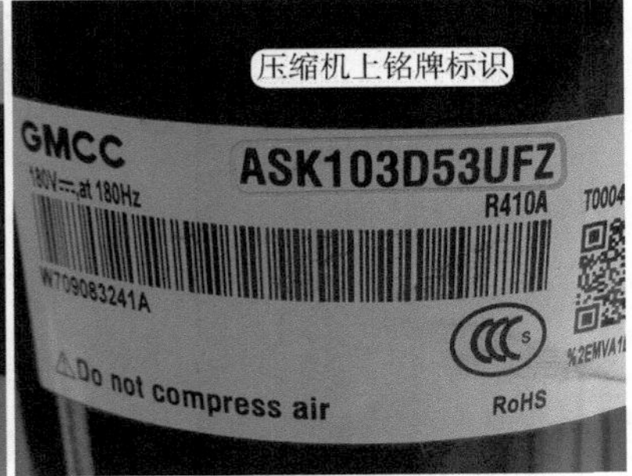

图 9-60　标签信息和压缩机铭牌

查看粘贴于电控盒外侧的拨动开关说明或随电控盒附带的说明书，查找到压缩机型号ASK103D53UFZ的SW2拨码开关代码为0 0 1 1，由于SW2的1号和2号均默认为0位置，见图9-61，使用螺钉旋具头或用手向上推动SW2的3号和4号拨码至ON（1）位置，使SW2实际设置为0 0 1 1，和说明书上压缩机型号代码相同。

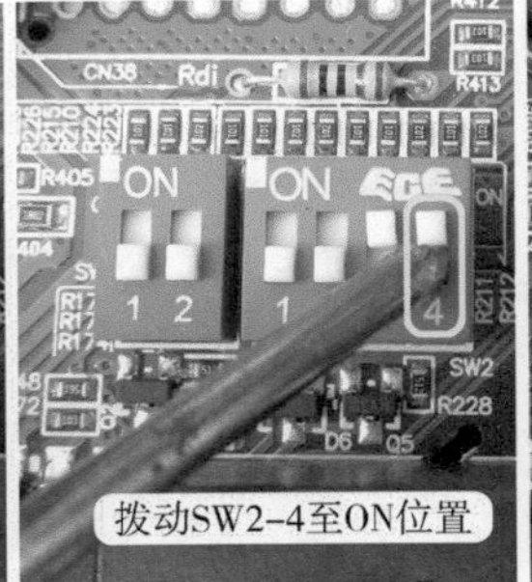

图 9-61　拨动 SW2 开关

11. 安装完成

将电控盒上主板输入连接线的另一根地线固定在挡风隔板上方的地线安装孔（其中一个已经固定在接线端子的右侧），见图9-62，再整理引

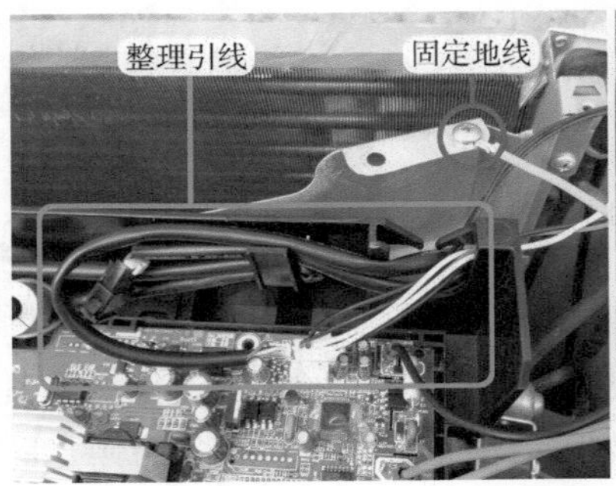

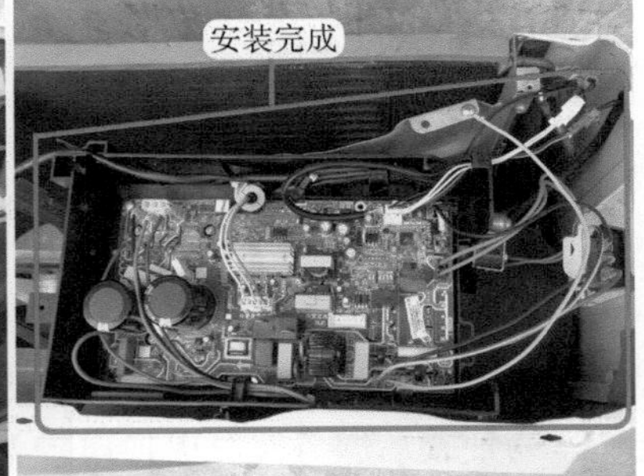

图 9-62　整理引线和安装完成

线并安装在各自的卡槽内，完成更换通用电控盒的过程，试机完成后再安装室外机顶盖。

12. 未使用插座

由于电控盒为售后通用型，设计较多的插座以适应更多型号的空调器，根据机型设计不同，有些插座在电控盒安装完成后处于空置状态，即不需要安装插头。

示例机型制冷系统使用毛细管作为节流元件，未使用电子膨胀阀元器件，见图9-63左图，位于弱电区域的红色5针、主板标识为电子膨胀阀的电子膨胀阀插座（CN31）为空置状态。

本机未使用换气设备，见图9-63中图，位于弱电区域的白色3线、主板标识为换气的插座（CN4）所相通的连接线及对接插头为空置状态。

见图9-63右图，位于弱电区域的白色4针、主板标识为调试小板的插座（CN23），用于连接美的变频检测仪，因此为空置状态。

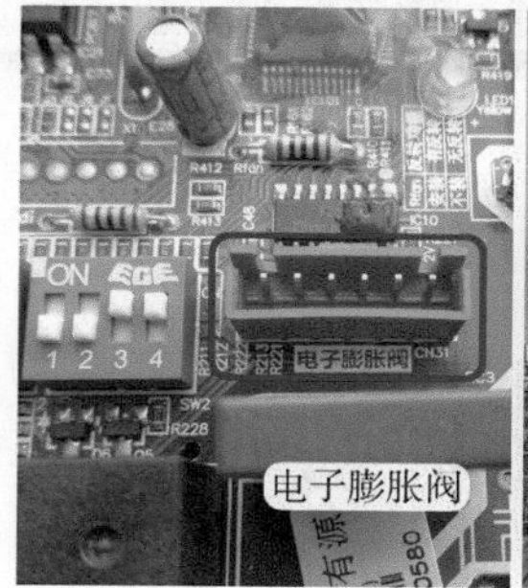

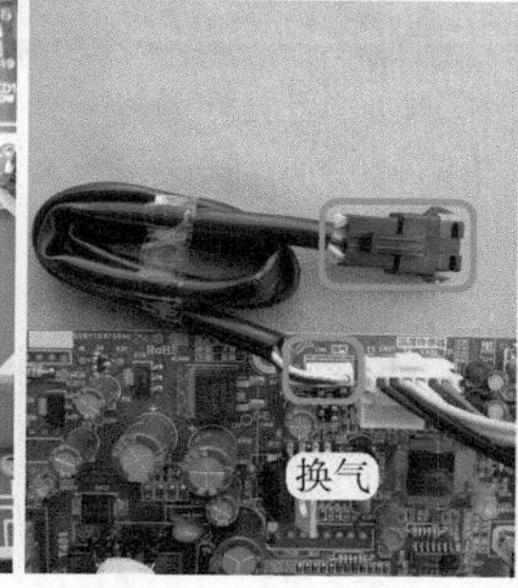

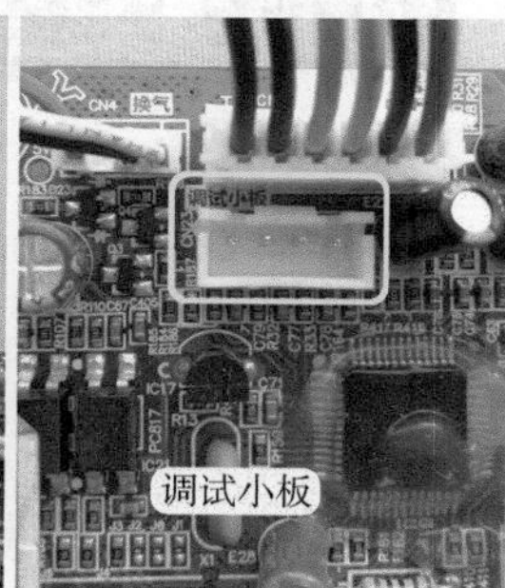

图 9-63　未使用插座

第10章 通信故障

第1节 连接线故障

一、连接线接错，美的E1代码

故障说明：美的KFR-35GW/BP2DN1Y-M(4)变频空调器，用户反映移机后不制冷，室内机显示屏显示E1代码，含义为室内外机通信故障。

1.测量供电和通信电压

上门检查，使用遥控器开机，室内风机运行，但出风口为自然风；检查室外机，室外风机和压缩机均不运行。使用万用表交流电压挡，表笔接L号和N号端子测量供电电压，实测约为交流220V，见图10-1左图，说明室内机主板已输出供电。

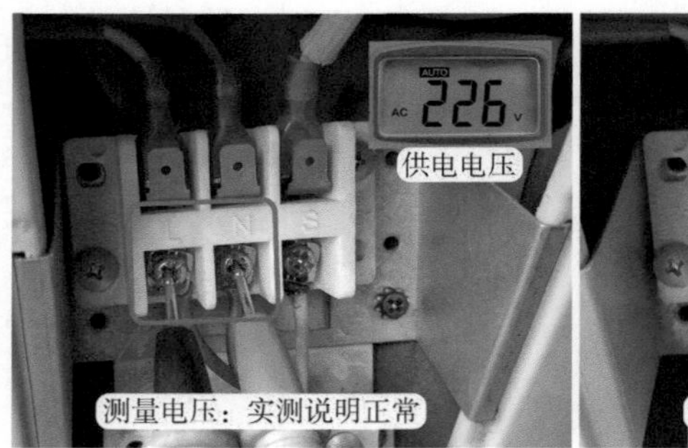

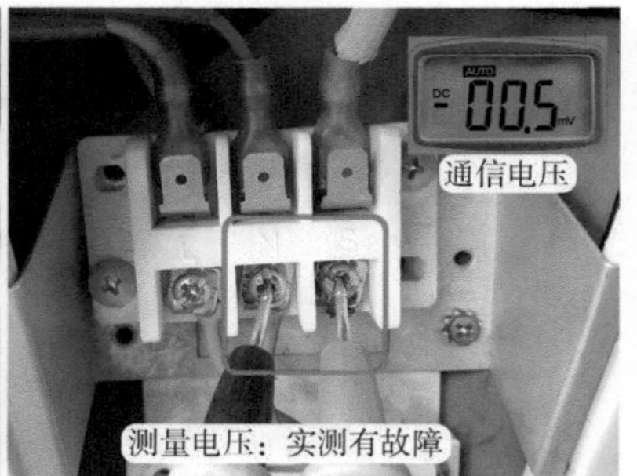

图10-1　测量供电和通信电压

将万用表挡位改为直流电压挡，黑表笔接N号端子、红表笔接S号端子测量通信电压，实测约为0V，见图10-1右图，也说明通信电路出现故障。

查看室外机接线端子处为加长连接线而不是原装连接线，并且室外机的4个固定底脚为新螺钉，连接管道使用新包扎带包裹，说明此空调器移动过位置，经询问得知由于房间内装修，整机拆下来后重新安装，拆机前正常，但安装后室外机不运行，初步判断故障可能为室内外机的连接线接错。

2.查看连接线

断开空调器电源，剥开包扎带，找到原机连接线和加长连接线接头，见图10-2，查看原机使用一束4根连接线，而加长连接线使用两束（一束3根、一束2根）共有 5根，但室外机接线端子处只有一束3根的连接线，未见一束2根的连接线。

经仔细查看连接线对应的颜色发现：原机连接线中L号相线为棕线，经一束3根加长连接线中的红线接室外机的L号端子下方，此线正常；原机连接线中N号零线为蓝线，经一束3根加长连接线的绿线接室外机的N号端子下方，此线正常；原机连接线中的S号通信为黑线，接一束2根加长连接线中的红线，但此线未连接至室外机端子，此线错误；原机连接线中黄绿色为地线，经一束3根加长连接线的黄线接室外机的S号端子下方，此线错误；一束2根加长连接线中蓝线未用。

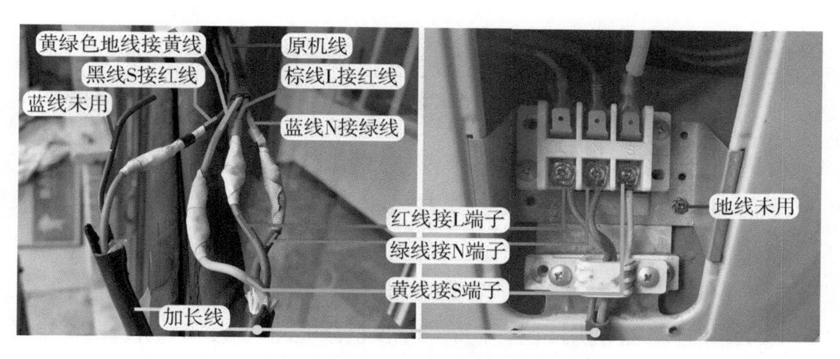

图 10-2 查看连接线

3. 调整连接线和测量通信电压

在室外机接线端子处，将一束3根连接线中的红线和绿动不动，黄线改接在地线位置，将一束2根连接线中的红线接在S号端子的下方，蓝线不用直接剪断即可，见图10-3左图。

调整位置后使接线端子下方的连接线功能和原机连接线相对应，再次上电开机，室外风机和压缩机均开始运行，再次使用万用表直流电压挡测量通信电压，实测为跳变电压（–12V～40V），见图10-3右图，说明通信电路恢复正常，长时间试机后，室内机显示屏不再显示E1代码，故障排除。

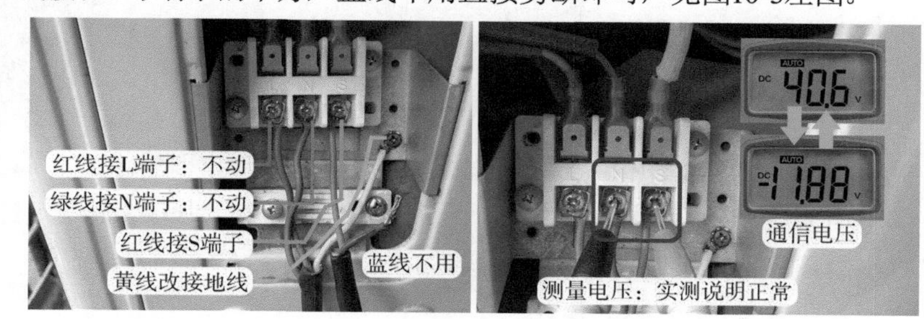

图 10-3 调整连接线和测量通信电压

维修措施：见图10-3左图，调整连接线位置，使端子下方连接线和原机连接线的功能相对应。

总结

（1）本机客户拆机时未记录端子下方连接线的位置，在安装时其根据端子上方的连接线颜色确定加长连接线的位置，导致连接线接错，通信电路中断，室外机不运行，室内机显示屏显示E1的故障代码。

（2）如果空调器拆机后再重新安装，通常会更换室外机的4个底脚固定螺钉、室外机支架的膨胀螺钉、使用新包扎带包裹连接管道等，只要细心观察，就可以分辨出空调器是否移动过位置，并确定首先要检查的部位：未移动过检查电路部分，移动过检查连接线是否接错。

二、连接线断路，格力 E6 代码

故障说明：格力KFR-32GW/（32557）FNDe-A3挂式直流变频空调器（凉之静），用户反映安装在机房，使用制冷模式时突然断路器（俗称空气开关）跳闸保护，重新合上断路器按钮，遥控器开机，室内风机运行但不制冷，显示屏显示E6代码，代码含义为通信故障。

1.查看室外机接线和测量电压

变频空调器使用过程中断路器跳闸断开，故障一般在室外机。上门检查，首先查看室外机，取下接线盖，见图10-4左图，发现接线端子上连接线不是原装线，说明此机室内机和室外机距离较远，原机管道不够长，加长了连接管道。

查看接线端子共有3根连接线，N（1）号为零线，2号为通信，3号为相线，N（1）号和3号组合为室外机提供供电电压，N（1）号和2号组合为室内机和室外机提供通信回路，地线固定在下方的铁壳螺钉上。

使用万用表交流电压挡，见图10-4右图，表笔接N（1）号和3号端子测量室外机供电电压，实测约为0V，正常应为交流220V，说明室内机主板未输出供电或输出供电但未提供至室外机，故障在室内机或室内外机连接线。

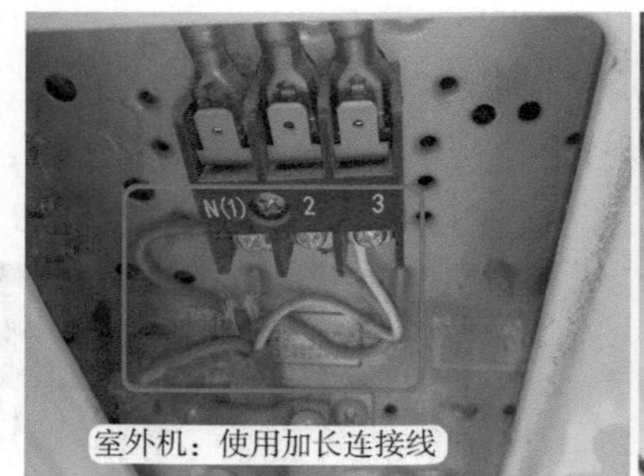

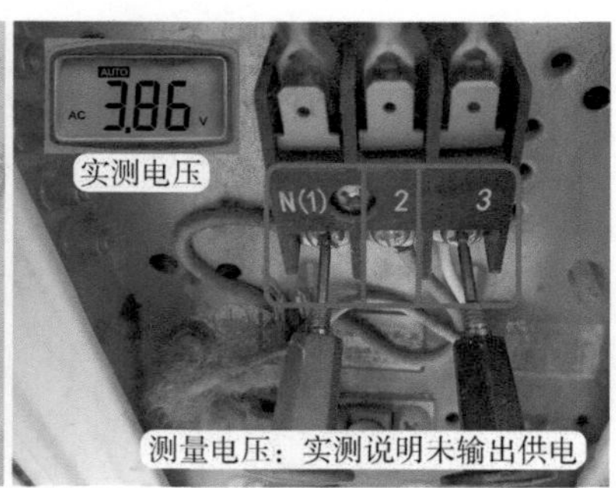

图 10-4　加长连接线和测量电压

2.查看室内外机连接线

检查室内机，室内风机正在运行，直接拔掉空调器电源插头，同时细听室内机主板发出继电器触点“啪”的响声，待约1min后再次通上电源，使用遥控器开机的同时，细听室内机主板又发出继电器触点“啪”的响声，初步判断室内机主板已输出供电，同时机房使用的空调器通常为24h不间断运行，使用工况较为恶劣，而此机又使用加长连接管道（同时也加长了连接线），应查看室内外机连接线的接头部位，原机配管长度一般为3m，因此在距离室内机管口3m左右查看连接管道。本机查看时发现管道部分包扎带表面熔化，有烧煳的痕迹。

断开空调器电源，解开包扎带，原机连接线和加长连接线接头部分粘在一起，绝缘层已经脱落露出铜线。

3.连接线烧坏和准备一段连接线

见图10-5左图，用手一摸接头便断开分为两截，连接线很长的一部分绝缘层已经硬化，查看接头处有打火的痕迹，说明空调器长时间运行，接头处发热量大，而安装时使用的加长连接线线径较细，且接头未分开，使用包扎带包裹在一起，温度较高导致接头处绝缘层脱落，连接线短路造成断路器跳闸，且连接线短路时因电流较大，又使得接头处断开，重新上电开机后室外机没有供电。

因原机连接线接头处已经烧断需要更换，现场维修时没有携带长度足够的引线用于更换加长连接线，而用户又着急使用空调器，使用一段长度较短的3芯连接线当作对接线更换接头部分，见图10-5右图。

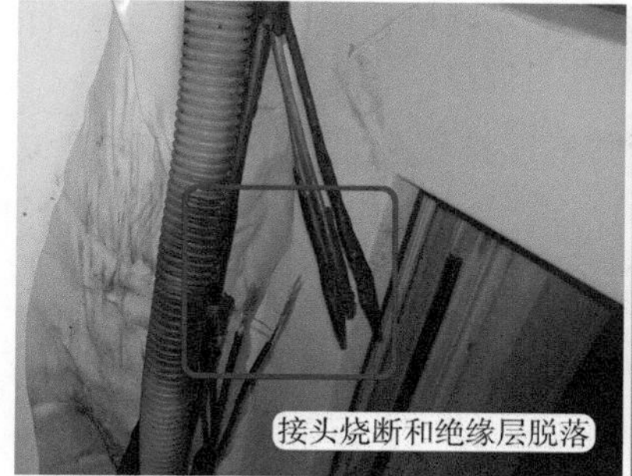

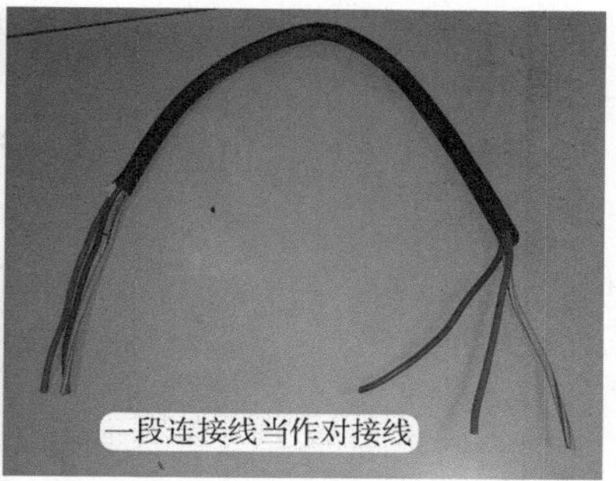

图 10-5　接头烧断和连接线

4. 对接连接线接头

由于接头部分已经烧煳，分辨不出加长连接线颜色对应的原机连接线颜色，因此剪去对接接头两端的连接线，注意要剪掉由于热量较大使得绝缘层硬化部分的连接线。

原机连接线中的蓝线为零线接室外机接线端子上1号端子，黑线为通信线接2号端子，棕线为相线接3号端子，黄绿线为地线接铁壳地线螺钉，使用的对接线只有3根连接线，因此地线不再使用。

见图10-6，原机室内机连接线中的蓝线经对接线中蓝线接加长连接线中浅蓝线，相当于1号线；原机黑线经对接线中黄绿线接加长连接线中白线，相当于2号线；原机棕线经对接线中红线接加长连接线中橙线，相当于3号线；原机黄绿色地线和加长连接线中绿线均不再使用，记录连接线颜色功能后使用防水胶布包扎接头。

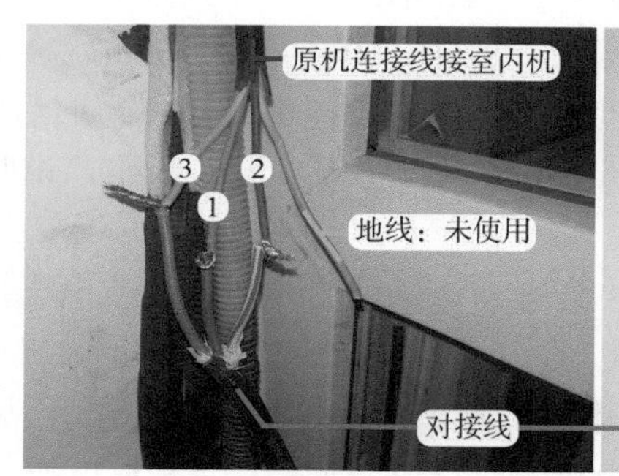

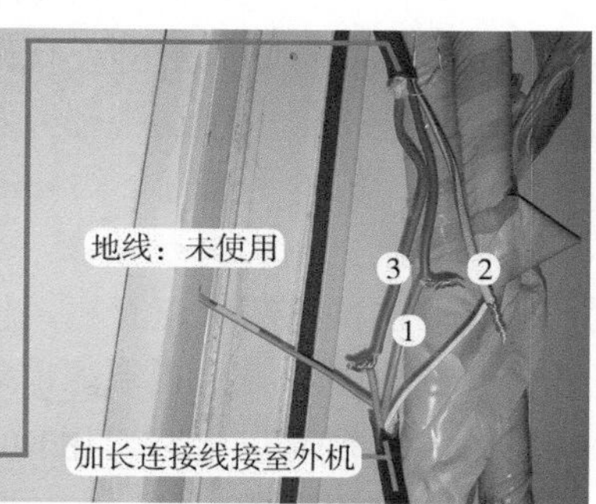

图 10-6　对接线连接原机和加长连接线

5. 对调连接线和测量电压

查看室外机接线端子上1号为浅蓝线、2号为橙线、3号为白线，与使用对接线后的颜色不对应，对调2号和3号连接线，使连接线功能和接线端子功能相对应，见图10-7左图。

将空调器通上电源后用遥控器开机，使用万用表交流电压挡，测量1号和3号端

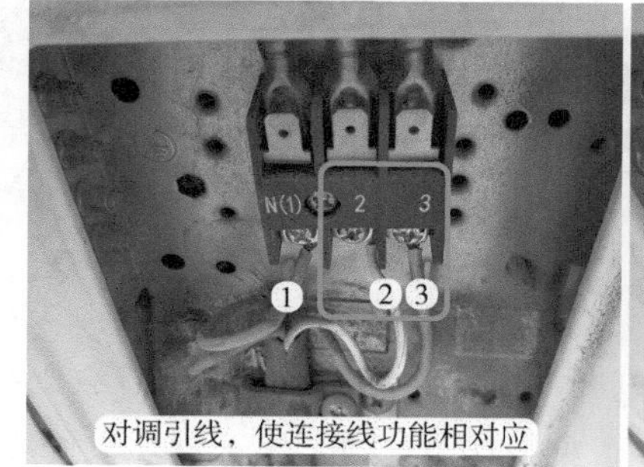

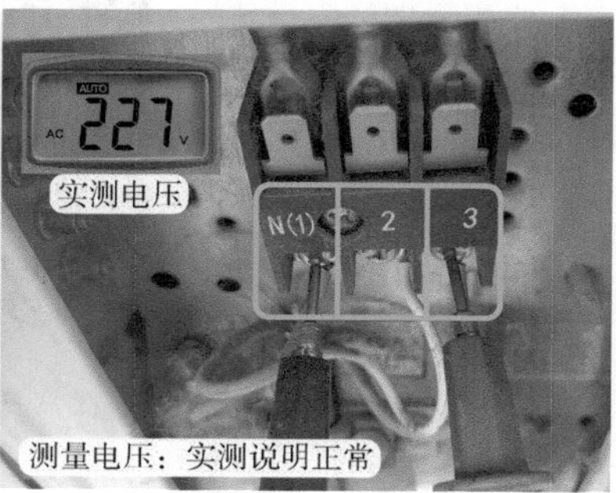

图 10-7　对调连接线和测量电压

子电压为交流220V，见图10-7右图，室外风机和压缩机均开始运行，同时室内机显示屏不再显示E6代码，制冷恢复正常。

维修措施：使用对接线更换原机连接线和加长连接线的接头。

（1）机房使用的空调器，一般只使用制冷模式，通常为24h不间断运行，因此在维修断路器断开或室外机无供电故障，应首先检查连接线接头部分。

（2）新装机加长连接管道时，连接线最好使用整根的，中间无接头。如果没有整根连接线，需要加长时，应使用线径较粗的连接线，且接头处要分段连接。

（3）使用包扎带包扎连接管道时，应将连接线接头彼此分开、不重叠，这样即使运行时产生热量，也只会将接头断开，不会引起短路故障。

三、加长连接线断路，海尔E7代码

故障说明：海尔KFR-35GW/01（R2DBP）-S3挂式直流变频空调器，用户反映不制冷，室内机显示屏显示E7，代码含义为通信故障（连续4min后确认）。

上门检查，使用遥控器开机，室内机主控继电器触点导通后向室外机供电，但室外风机和压缩机均不运行，约4min后室内机显示屏显示E7代码，说明通信电路出现故障。

1.测量室外机通信电压

将空调器重新上电开机，检查室外机，使用万用表交流电压挡，黑表笔接1号零线N端、红表笔接2号相线L端测量电压，实测约为220V，说明室内机已向室外机输出供电。

由于本机通信电路专用140V直流电源设在室外机，将万用表挡位改为直流电压挡，黑表笔不动依旧接1号零线N端、红表笔接3号通信C端测量电压，实测约为130V，见图10-8左图，初步判断室外机基本正常。

为准确判断，取下3号C端的通信红线，黑表笔依旧接1号零线N端，红表笔接3号通信C端测量电压，实测约为134V，见图10-8右图，也确定室外机正常，故障在室内机或连接线。

图10-8 测量室外机通信电压

2.测量室内机通信电压

检查室内机，依旧使用万用表直流电压挡，黑表笔接1号零线N端，红表笔接3号通信C端测量电压，实测约为120V，见图10-9左图，低于室外机接线端子N-C电压。

为准确判断，在室内机接线端子上取下3号C端通信红线，黑表笔不动接1号零线N端，红表笔接红线测量电压，实测仍约为120V，见图10-9右图，初步判断故障在室内外机连接线。

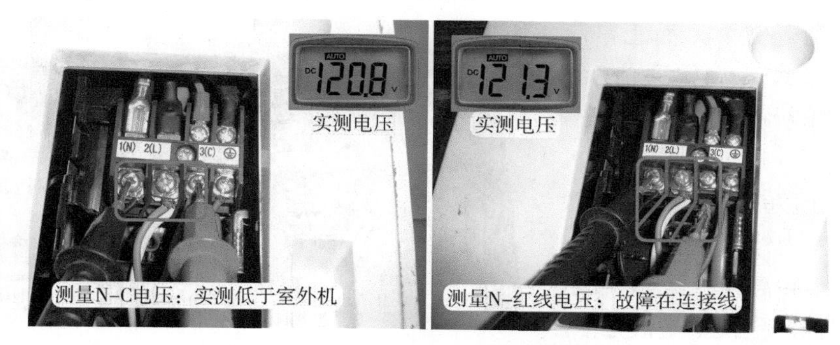

图 10-9　测量室内机通信电压

3. 测量室内机 L- 红线和地 - 红线电压

依旧使用万用表直流电压挡，红表笔不动接红线，黑表笔分别接2号相线L端和4号地端测量电压，实测均约为120V，见图10-10，和N-C端子电压接近，而正常应为0V，初步判断室内外机连接线的通信红线断路。

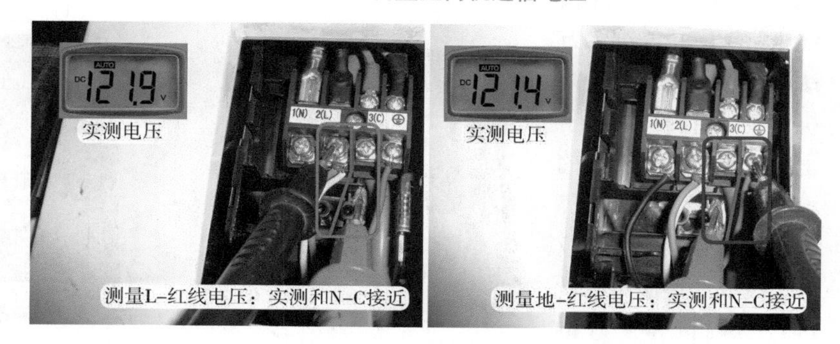

图 10-10　测量 L- 红线和地 - 红线电压

4. 并联连接线和测量阻值

本机室内机和室外机距离较长，加长了连接管道，同时没有使用原装连接线，即连接线全部使用自购的白皮护套线，由于本机管线有很长一段位于箱柜内部，且放置有杂物，清理不是很方便。

判断室内外机连接线是否断路时，比较简单的方法是，断开空调器电源，见图10-11左图，将室内机接线端子的1号N端、2号L端、3号C端全部并联接到4号地端，再测量室外机接线端子阻值，连接线正常时1号N端、2号L端、3号C端应均和4号地端相通，即阻值应为0Ω，当测量阻值较大或无穷大时，说明此线断路。

使用万用表电阻挡，红表笔接室外机接线端子上4号地端，黑表笔接1号N端测量阻值，实测约为0Ω，见图10-11右图，说明1号N端零线正常。

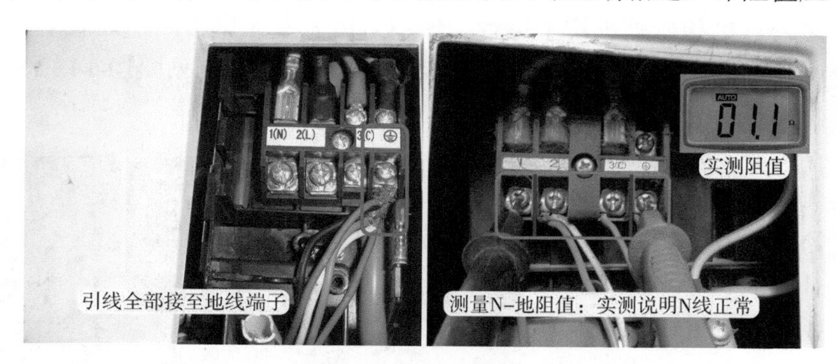

图 10-11　连接线接至地线端子和测量 N- 地阻值

见图10-12左图，红表笔不动依旧接4号地端，黑表笔接2号L端测量阻值，实测约为0Ω，说明2号L端相线正常。

见图10-12右图，红表笔不动依旧接4号地端，黑表笔接3号通信C端测量阻值，实测为无穷大，而正常应为0Ω，确定通信C红线断路。

维修措施：本机正常的维修措施是更换室内外机连接线，但由于距离较长且有杂物阻挡，更换不是很方便，但此机4号地端的连接线正常，应急的维修方法见图10-13，在室内机和室外机的接线端子上，同时将4号地端的连接线（绿线）并在3号通信C端子上，即取消了地线。再次上电开机，室内机和室外机开始运行，制冷恢复正常。

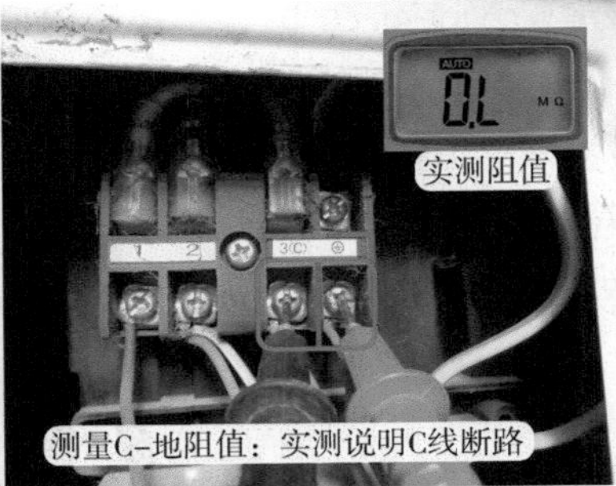

图 10-12　测量 L- 地和 C- 地阻值

图 10-13　地端绿线并在通信 C 端

四、连接线短路，美的 E1 代码

故障说明：美的KFR-35GW/BP3DN1Y-LC（2）全直流变频空调器（蓝丝月），用户反映不制冷，室内机显示屏显示E1代码，代码含义为室内外机通信故障。

1. 测量室外机接线端子电压

上门检查，将空调器重新上电，使用遥控器开机，室内风机运行，出风口为自然风，室外风机和压缩机均不运行。使用万用表交流电压挡，红表笔接室外机接线端子上L号棕线，黑表笔接N号蓝线测量电压，实测为222V，见图10-14左图，说明室内机主板已向室外机供电。

将万用表挡位改为直流电压挡，黑表笔不动依旧接N号端子蓝线，红表笔改接S号端子黑线测量通信电压，实测为−10～−17V跳变电压，见图10-14右图，跳动范围明显低于正常值（0～24V），说明通信电路出现故障。

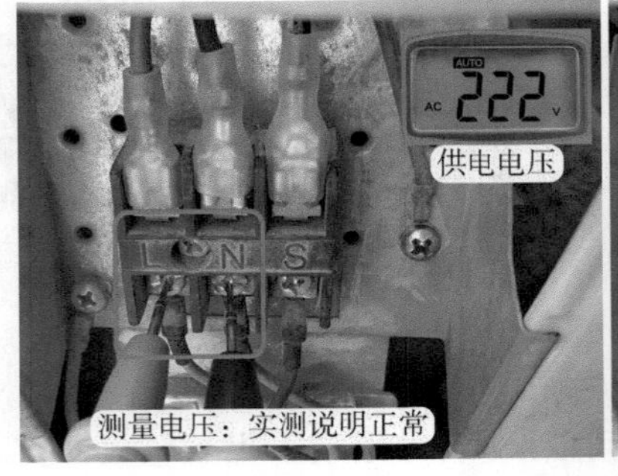

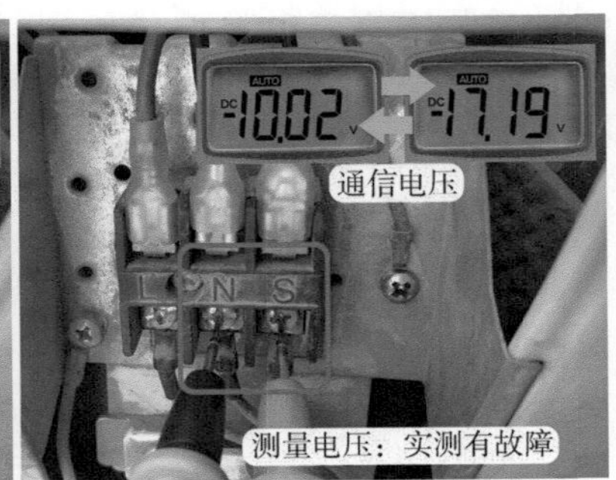

图 10-14　测量供电和通信电压

取下室外机上盖，查看室外机主板指示灯，刚上电时黄灯慢闪，约30s后变为黄灯快闪、绿灯常亮、红灯熄灭；约1min后室内机主板停止供电，室内机显示屏显示设定温度，未显示E1代码；约3min后室内机主板再次供电，供电1min后再次停止供电，一段时间之后室内机显示屏才显示E1代码。

2. 取下通信线测量电压

为区分故障部位，断开空调器电源，拔下室外机接线端子S号上方的通信黑线，即断开室外机通信电路，依旧使用万用表直流电压挡，红表笔接N号蓝线，黑表笔接通信S号黑线，将空调器接通电源但不开机，实测约为0V，使用遥控器开机后，室内机主板向室外机供电，实测为10～43V跳变电压，见图10-15，而正常应在24V左右轻微跳动变化（19～24V），说明室内机主板或室内外机连接线有故障。

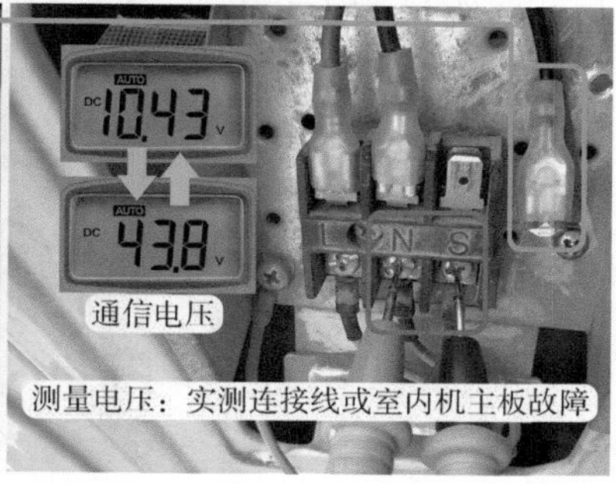

图 10-15 取下通信线和测量电压

3. 测量室内机通信电压

取下室内机外壳，抽出室内机主板，依旧使用万用表直流电压挡，红表笔接零线N端蓝线，黑表笔接通信S端黑线，实测电压和室外机N-S端子相同，仍为10～43V跳动变化，见图10-16左图。

为区分故障部位，在室内机主板上取下室内外机连接线中的通信黑线，红表笔不动接N 端蓝线，黑表笔接主板通信S端，实测电压为19～24V跳动变化，见图10-16右图，说明室内机主板正常，故障可能在室内外机连接线。

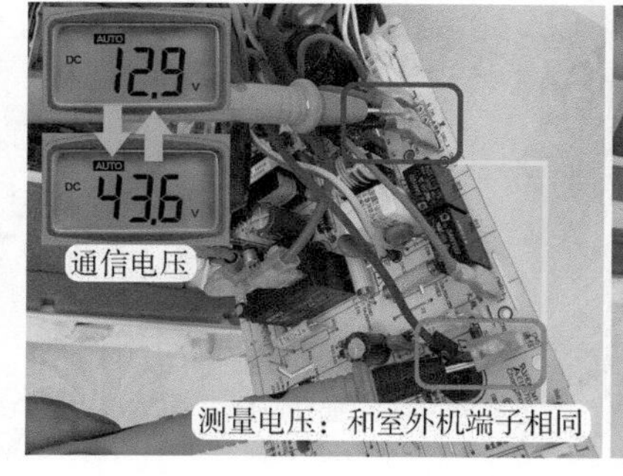

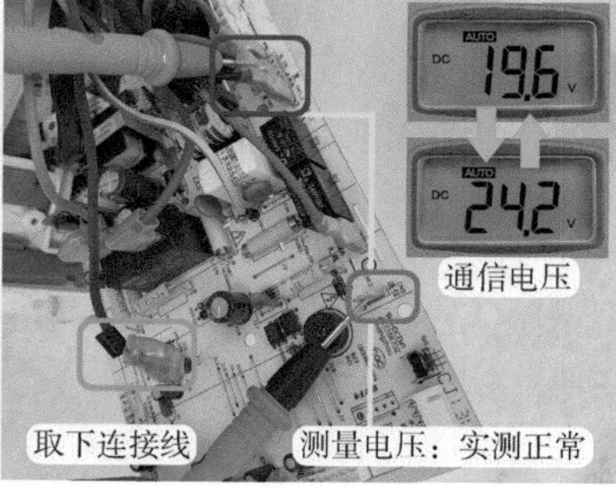

图 10-16 测量室内机通信电压

4. 断开室内外机连接线

断开空调器电源，见图10-17左图，在室内机主板上取下室内外机连接线中的相

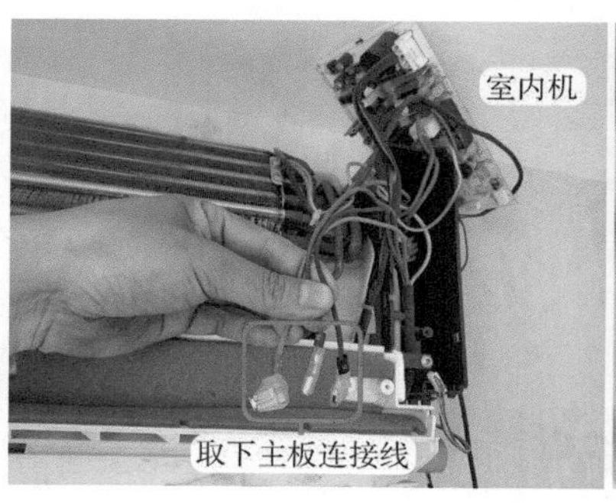

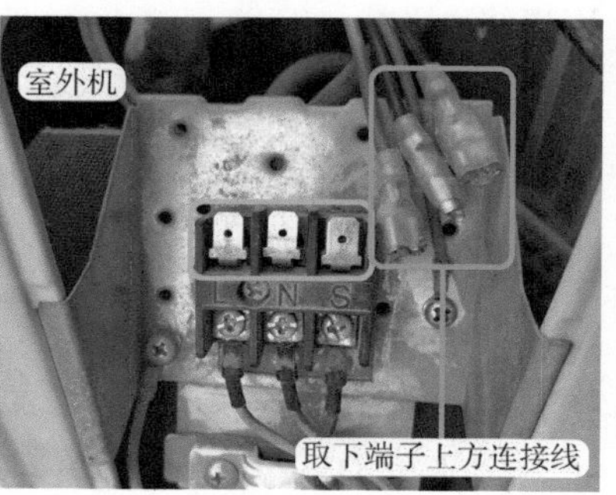

图 10-17 断开室内机主板和室外机主板连接线

线L棕线、零线N蓝线、通信S黑线，并使接头彼此分开且与蒸发器翅片互不相连，从而断开室内机主板上的连接线，固定在蒸发器上的地线螺钉不用取下。

见图10-17右图，取下室外机接线端子上方的L号棕线、N号蓝线、S号黑线，并使接头彼此分开且与外壳铁皮不相连，从而断开室外机主板上的连接线，固定在接线盖左侧的地线螺钉不用取下。

5. 测量接线端子阻值

使用万用表电阻挡，在室外机接线端子处测量4根连接线的阻值。实测L号棕线和N号蓝线阻值约为497kΩ、L号棕线和S号黑线阻值约为1.23MΩ、L号棕线和地线阻值约为1.14MΩ、N号蓝线和S号黑线阻值约为439kΩ、N号蓝线和地线阻值约为248kΩ、S号黑线和地线阻值约为228kΩ，图10-18列出了测量中的3个数值。而正常阻值应均为无穷大，实测结果说明连接线绝缘下降，有短路漏电故障。

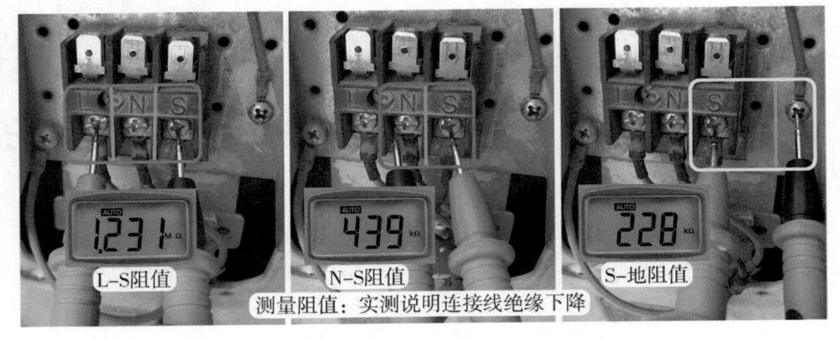

图 10-18　测量阻值

6. 剪断原机连接线和更换配件连接线

见图10-19左图，维修时申请长度约3m的配件连接线，外部有防水的护套包裹。

室内外机连接线漏电故障通常在室外侧，而室内侧连接线直接固定在主板上面，没有专门的接线端子，见图10-19右图，在室内连接管道的合适位置剥开包扎带，使用尖嘴钳子剪断原机的连接线。

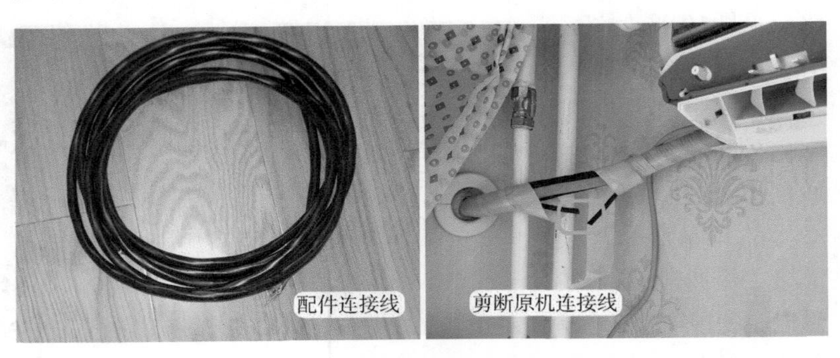

图 10-19　配件连接线和剪断原机连接线

7. 连接室内机主板和室外机主板

在室内侧将原机连接线中连接室外机的部分舍弃不用，见图10-20左图，连接室内机主板的部分保留，并剥开适当长度

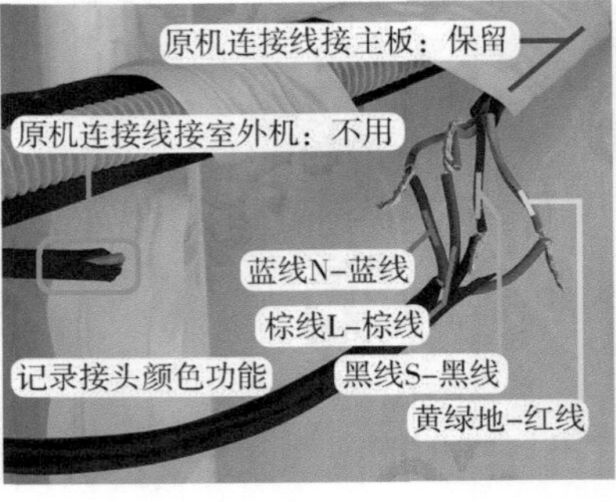

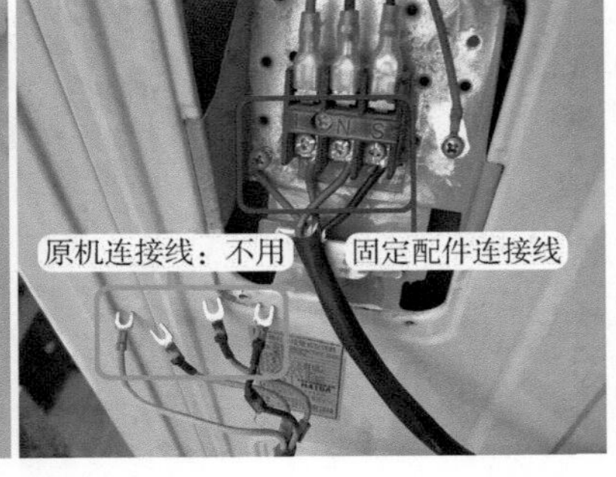

图 10-20　更换连接线

的接头，和配件连接线连接，棕线、蓝线、黑线均可按颜色对应连接，配件连接线中的红线接原机连接线中的黄绿色地线。

从室外机接线端子取下下方的原机连接线和地线，并舍弃不用，见图10-20右图，将配件连接线中棕线接入L号端子下方、蓝线接入N号端子下方、黑线接入S号端子下方、红线固定在地线螺钉位置，再将室外机主板的3根连接线对应安装在接线端子上方。

再次将空调器上电开机，室内风机运行后，室外机风机和压缩机均开始运行，室内机出风口较凉，长时间运行显示屏不再显示E1代码，说明故障排除。

8. 调整冷凝水管走向

本机维修时没有下过大雨，室内外机连接线为原装线，质量较好；没有加长连接管道，因而中间没有接头；空调器安装在高层，又不存在积水淹没连接管道，原装连接线如何绝缘阻值下降引起漏电的呢？仔细查看连接管道，原来是冷凝水管包扎方式不对，见图10-21左图，水管几乎包扎到根部，只露出很短的一段，管口不能随风移动且在内侧。制冷时，蒸发器产生的冷凝水向下滴落时，直接滴至连接管道上面，顺着包扎带边缘进入内部，由于包扎带包裹较严实，室外机后部管道为水平走向且位置较低，因此冷凝水出不来，一直在包扎带内积聚，长时间浸泡连接线和铜管的保温棉，连接线外部黑色绝缘皮逐渐起泡膨胀，冷凝水进入连接线内部，使得绝缘下降，引起通信信号传送不畅，室外机不运行，室内机显示屏显示E1代码。

见图10-21右图，维修时将水管从连接管道的包扎带抽出一部分，并且将管口移到外侧，使得冷凝水向下滴落时直接滴向下方，不会滴至连接管道，故障才彻底排除。

图 10-21　水管接头和调整管口

由于原机的连接线由包扎带包裹，不容易抽出，因此废弃不用。断开空调器电源，将配件连接线从出墙孔穿出，并顺着连接管道送至室外机接线端子，处理好接头后再使用包扎带包裹连接线。

维修措施：见图10-20，更换室内外机连接线，并调整冷凝水管管口位置。

总结

本例连接线绝缘下降接近短路，通信信号传送不正常，最明显的现象是通信电压跳变范围不正常，这也说明在检修通信故障时，若测量通信电压变低，在排除室外机故障的前提下，应把连接线绝缘下降漏电短路当作重点部位检查。

第2节　通信单元电路故障

一、通信电路降压电阻开路，海信36代码

故障说明：海信KFR-26GW/08FZBPC(a)挂式直流变频空调器，制冷模式开机后室外机不运行，测量室内机接线端子上L和N电压为交流220V，说明室内机主板已向室外机输出供电，但一段时间以后室内机主板主控继电器触点断开，停止向室外机供电，按压遥控器上高效键4次，显示屏显示代码为36，代码含义为通信故障。

1.测量通信电压和24V电压

将空调器接通电源但不开机，使用万用表直流电压挡，见图10-22左图，黑表笔接室内机接线端子上1号零线N端，红表笔接4号通信S端测量电压，正常为轻微跳动变化的直流24V，实测约为0V，由于本机24V专用通信电压电路设在室内机主板，说明室内机主板有故障（注：此时已将室内外机连接线去掉）。

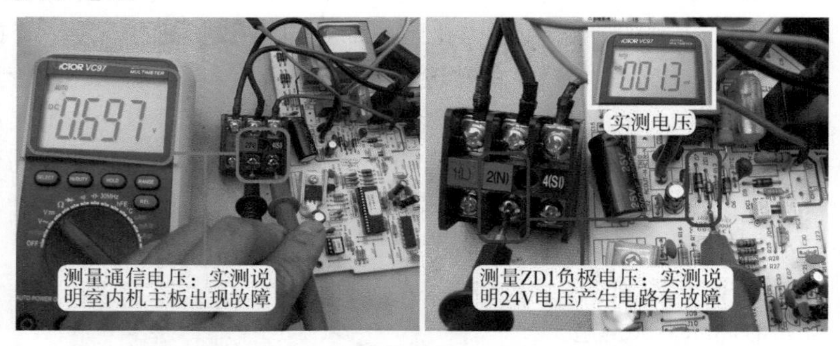

图10-22　测量室内机接线端子通信电压和24V电压

见图10-22右图，黑表笔不动接N端，红表笔接24V稳压二极管ZD1负极测量电压，实测仍为0V，判断直流24V电压产生电路出现故障。

2.直流24V电压产生电路的工作原理

海信KFR-26GW/08FZBPC(a)室内机和室外机通信电路原理图见图10-23，直流24V电压产生电路实物图见图10-24，交流220V电压中L端经电阻R10降压、二极管VD6整流、电解电容E02滤波、稳压二极管（稳压值24V）ZD1稳压，与电源N端组合在E02两端形成稳定的直流24V电压，为通信电路供电。

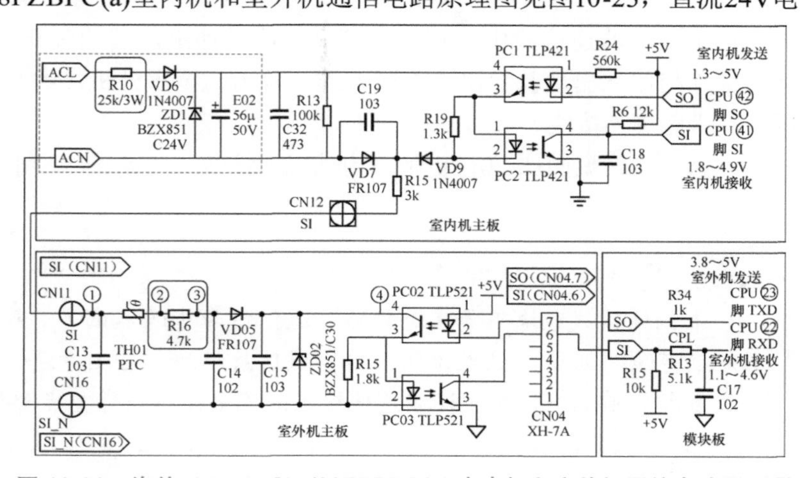

图10-23　海信KFR-26GW/08FZBPC(a)室内机和室外机通信电路原理图

3. 测量降压电阻两端电压

由于降压电阻为通信电路供电，使用万用表交流电压挡，黑表笔不动依旧接零线N端，红表笔接降压电阻R10下端测量电压，实测约为0V（1.7V）；红表笔接R10上端测量电压，实测约为220V，等于供电电压，初步判断R10开路，见图10-25。

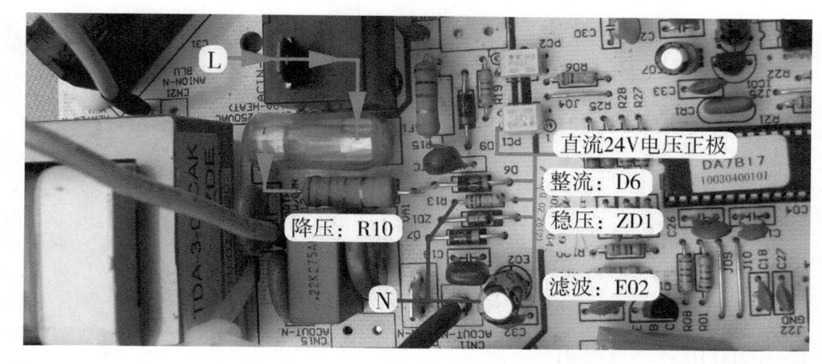

图 10-24　海信 KFR-26GW/08FZBPC(a) 直流 24V 通信电压产生电路实物图

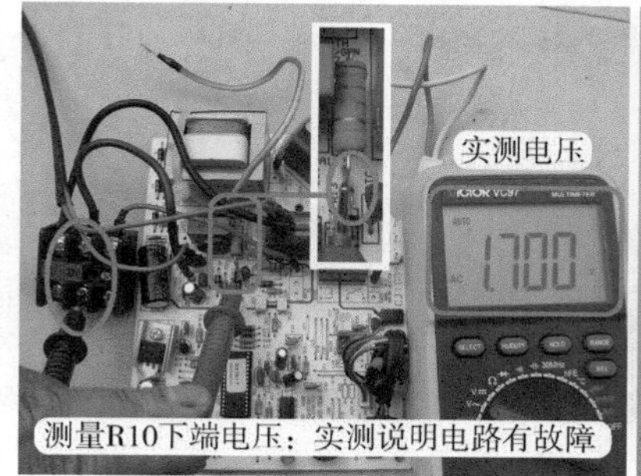

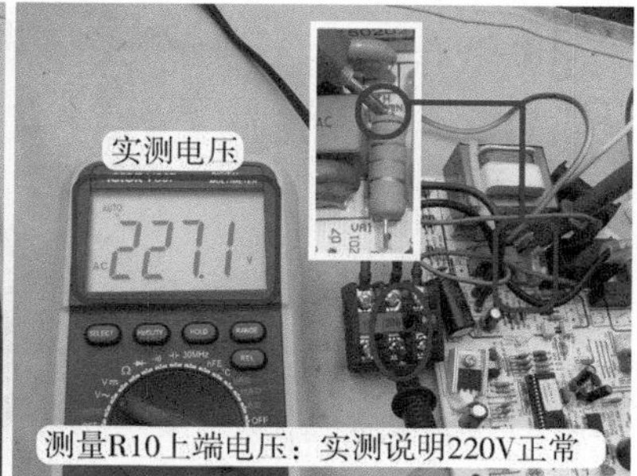

图 10-25　测量降压电阻 R10 下端和上端电压

4. 测量 R10 阻值

断开空调器电源，使用万用表电阻挡，测量电阻R10阻值，见图10-26，正常为25kΩ，在路测量阻值为无穷大，说明R10开路损坏；为准确判断，将其取下后，单独测量阻值仍为无穷大，确定开路损坏。

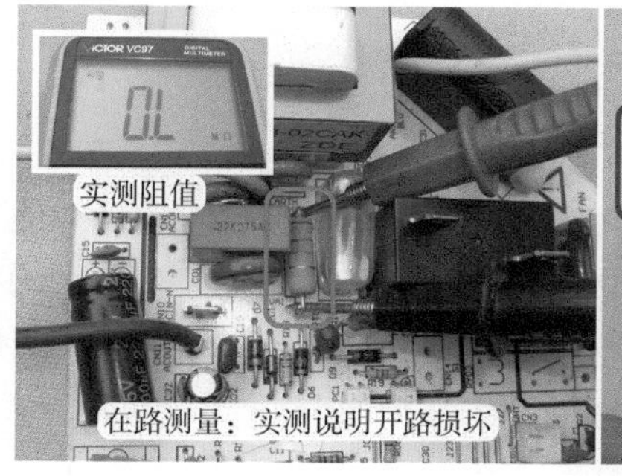

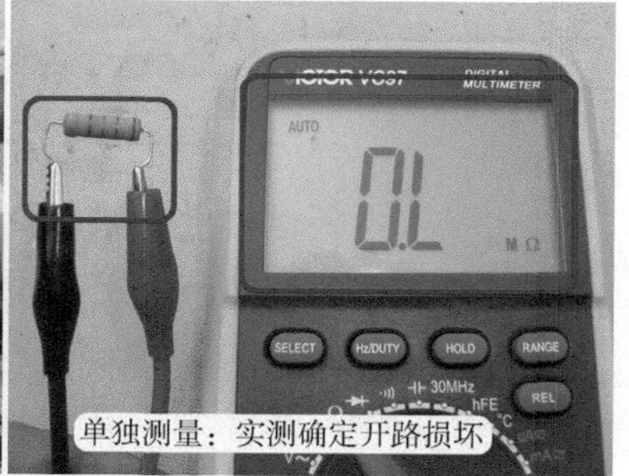

图 10-26　测量 R10 阻值

5. 更换电阻

电阻R10参数为25kΩ/3W，由于没有相同型号的电阻更换，见图10-27和图10-28，实际维修时选用2个电阻串联代替，一个为15kΩ/2W，一个为10kΩ/2W，串联后安装在室内机主板上面。

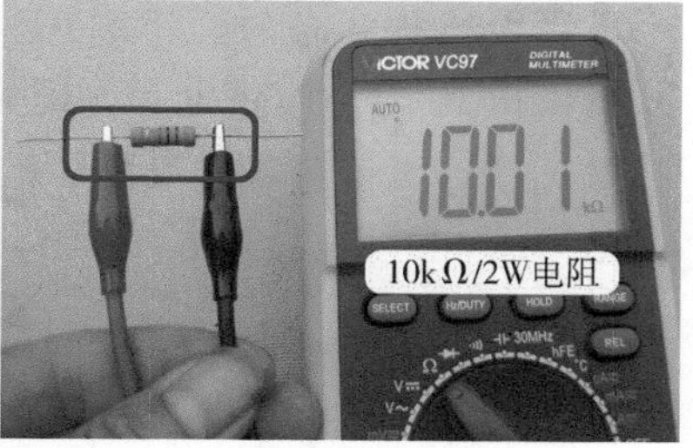

图 10-27　测量 15kΩ 和 10kΩ 电阻

6. 测量通信电压和 R10 下端电压

将空调器接通电源，使用万用表直流电压挡，见图10-29左图，黑表笔接室内机接线

端子上1号零线N端，红表笔接4号通信S端测量电压，实测约为24V，说明通信电压恢复正常。

万用表改用交流电压挡，黑表笔不动依旧接N端，红表笔接电阻R10下端测量电压，实测约为135V，见图10-29右图。

维修措施：见图10-28右图，代换降压电阻R10。代换后恢复线路试机，遥控器开机后室外风机运行，约10s后压缩机开始运行，制冷恢复正常。

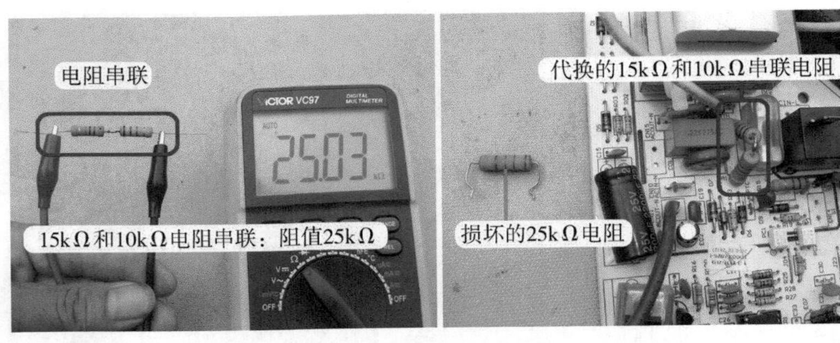

图 10-28　电阻串联和代替电阻

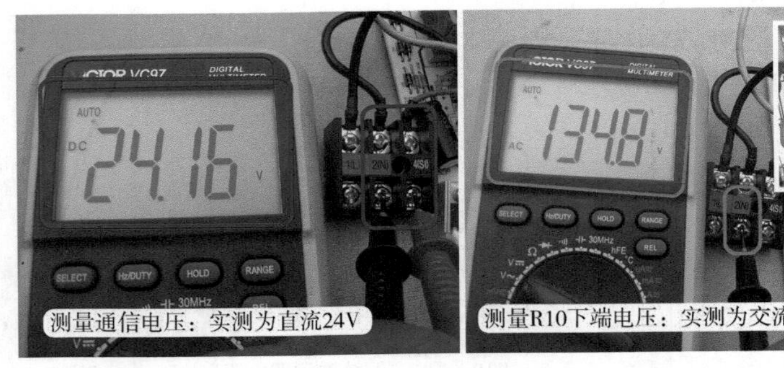

图 10-29　测量室内机接线端子通信电压和 R10 下端交流电压

总结

（1）本例通信电路供电电路的降压电阻开路，使得通信电路没有工作电压，室内机和室外机的通信电路不能构成回路，室内机CPU发送的通信信号不能传送到室外机CPU，室外机CPU也不能接收和发送通信信号，室外风机和压缩机均不能运行。室内机CPU因接收不到室外机CPU传送的通信信号，约2min后停止向室外机供电，并给出“通信故障”故障代码。

（2）遥控器开机后，室外机得电工作，在通信电路正常的前提下，N与S端的电压，由待机状态的直流24V，立即变为0～24V跳动变化的电压。如果室内机向室外机输出交流220V供电后，通信电压不变，仍为直流24V，说明室外机CPU没有工作或室外机通信电路出现故障，应首先检查室外机的直流300V和5V电压，再检查通信电路元件。

二、通信电路分压电阻开路，海信通信故障

故障说明：海信KFR-26GW/11BP挂式交流变频空调器，遥控器开机后，室外风机和压缩机均不运行，同时不制冷。

1.测量室内机接线端子通信电压

使用万用表交流电压挡，测量室内机接线端子上1号L相线和2号N零线电压为交流220V，说明室内机主板已向室外机供电。

将万用表挡位改为直流电压挡，黑表笔接室内机接线端子上2号N端零线，红表笔接4号通信S端测量电压，实测待机状态为24V，见图10-30。遥控器开机后，室内机主板向室外机供电，通信电压仍为24V不变，说明通信电路出现故障。

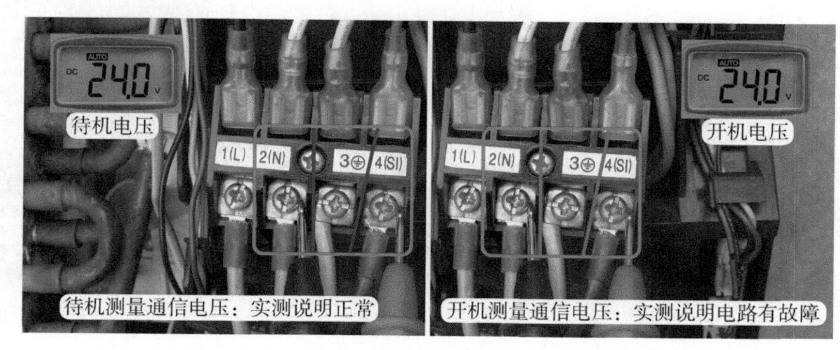

图 10-30 测量室内机接线端子通信电压

2.故障代码

取下室外机外壳，观察到室外机主板上直流12V电压指示灯常亮，初步判断直流300V和12V电压均正常，使用万用表直流电压挡测量直流300V、12V、5V电压均正常。

查看模块板上指示灯闪5次，故障代码含义为“通信故障”；按压遥控器上“传感器切换”键2次，室内机显示板组件上指示灯显示故障代码为“运行（蓝）、电源”灯亮，代码含义为“通信故障”。

室内机CPU和室外机CPU均报“通信故障”的代码，说明室内机CPU已发送通信信号，但室外机CPU未接收到通信信号，同时开机后，通信电压为直流24V不变，判断通信电路中有开路故障，重点检查室外机通信电路。

3.测量室外机通信电路电压

在空调器接通电源但不开机即处于待机状态时，使用万用表直流电压挡，测量通信电路电压，电路原理图参见图10-23。测量过程见图10-31，黑表笔接电源N零线，红表笔接室外机主板上通信S线（①处）测量电压，实测为24V，和室外机接线端子上电压相同。

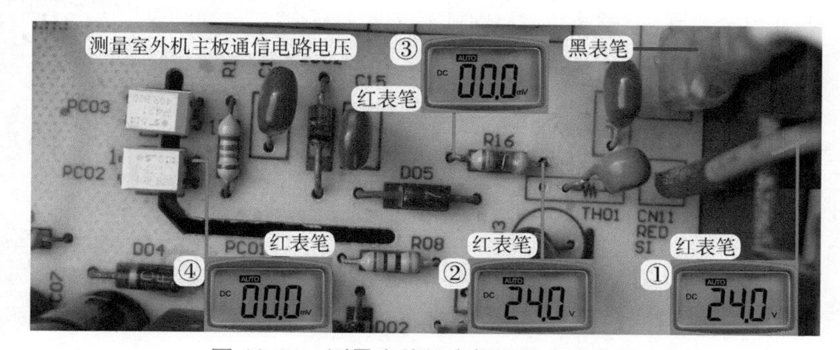

图 10-31 测量室外机主板通信电路电压

红表笔接分压电阻R16上端（②处）测量电压，实测为24V，说明PTC电阻TH01阻值正常。

红表笔接分压电阻R16下端（③处）测量电压，正常应和②处电压相同，而实测为0V，初步判断R16开路。

红表笔接发送光耦PC02次级侧集电极引脚（④处）测量电压，实测为0V，和③处电压相同。

4.测量R16阻值

R16上端（②处）电压为直流24V，而下端（③处）电压为0V，可大致说明R16开路损坏。断开空调器电源，待直流300V电压下降至约为0V时，使用万用表电阻挡测量R16阻值，正常为4.7kΩ，实测为无穷大，见图10-32，确定开路损坏。

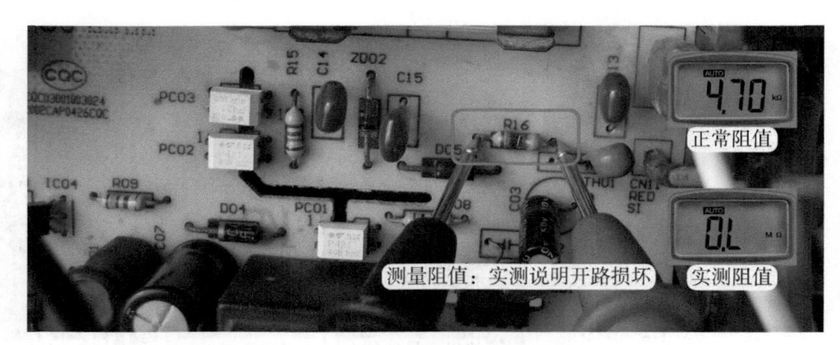

图 10-32　测量 R16 阻值

5.更换R16电阻

见图10-33，本机室外机主板通信电路分压电阻使用的参数为4.7kΩ/0.25W，在设计时由于功率偏小，容易出现阻值变大甚至开路故障，因此在更换电阻时，应选用加大功率、阻值相同的电阻，本例在更换时选用4.7kΩ/1W的电阻。

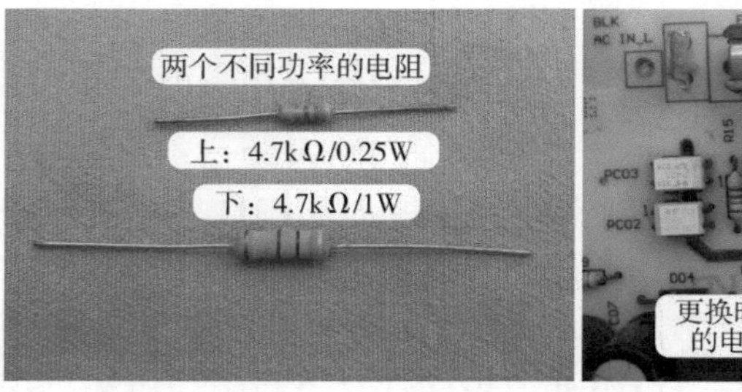

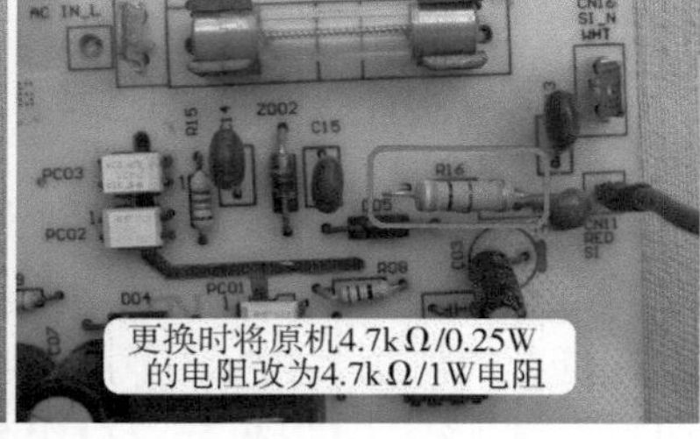

图 10-33　更换 R16 电阻

维修措施：更换室外机主板通信电路分压电阻R16，见图10-33右图，参数由原4.7kΩ/0.25W，更换为4.7kΩ/1W。更换后在空调器接通电源但不开机即处于待机状态时，测量室外机通信电路电压，实测结果见图10-34。

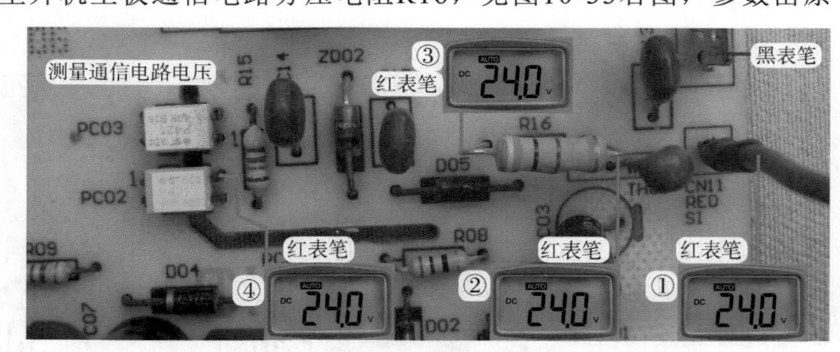

图 10-34　待机状态测量室外机主板通信电路电压

本例由于分压电阻开路，通信信号不能送至室外机接收光耦，使得室外机CPU接收不到室内机CPU发送的通信信号，因此通过模块板上指示灯显示“通信故障”，并不向室内机CPU反馈通信信号；而室内机CPU因接收不到室外机CPU反馈的通信信号，2min后停止室外机的交流220V供电，并显示“通信故障”。

三、通信电阻开路，格力 E6 代码

故障说明：格力KFR-26GW/（26556）FNDe-3挂式直流变频空调器（凉之静），用户反映上电开机不制冷，显示屏显示E6代码，代码含义为通信故障。

1. 测量通信电压和用检测仪检测故障

上门检查，使用遥控器制冷模式开机，导风板打开，室内风机运行但为自然风，听到室内机主板继电器触点“啪”的响声后，说明室内机已向室外机输出供电，但约15s后显示屏由显示设定温度改为显示E6代码。检查室外机，发现室外风机和压缩机均不运行。使用万用表交流电压挡，表笔接N（1）号端子蓝线和3号端子棕线测量电压，实测约为交流220V，说明室内机输出的供电已送至室外机。

将万用表挡位改为直流电压挡，红表笔接2号端子黑线，黑表笔接N（1）端子蓝线，测量通信电压，实测为19～35V的跳变电压，见图10-35左图，和正常值基本接近。

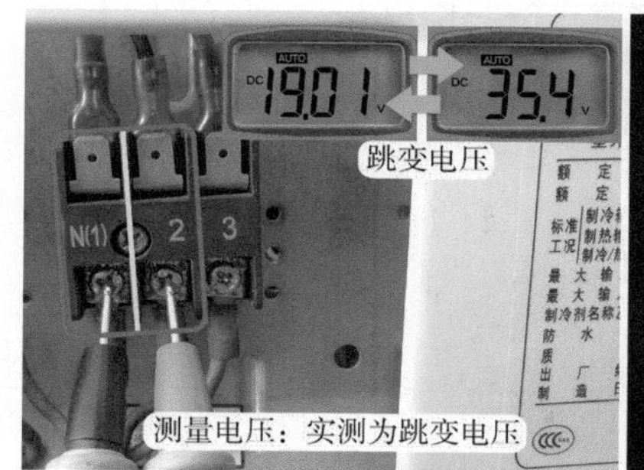

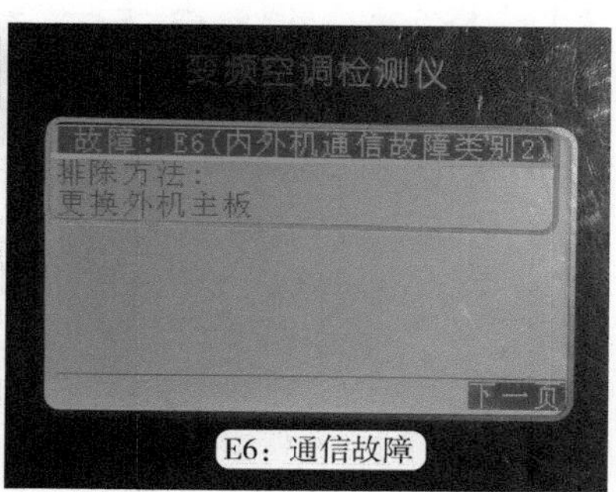

图 10-35　测量通信电压和检测仪故障

断开空调器电源，在室外机接线端子接上格力变频空调器专用检测仪，再次上电开机，选择第1项数据监控，见图10-35右图，约30s时显示“故障：E6”，排除方法为更换外机主板，说明检测仪判断出现通信故障，且故障部位在室外机主板。

2. 查看指示灯和通信电路主要元件

取下室外机外壳，查看室外机主板指示灯，见图10-36左图，绿灯D2持续点亮，红灯D1和黄灯D3均不亮，绿灯D2正常为持续闪烁，现持续点亮说明通信电路出现故障。

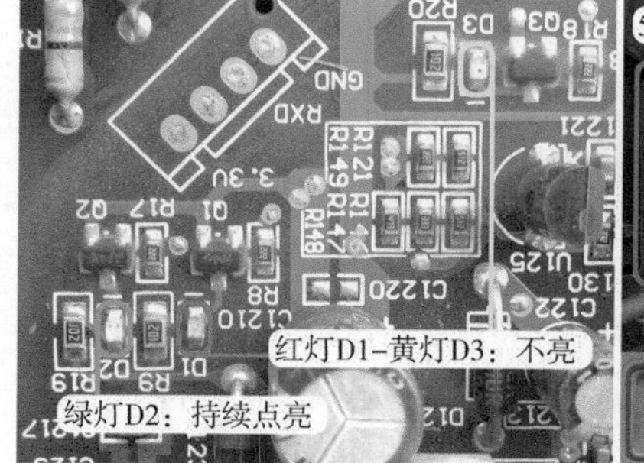

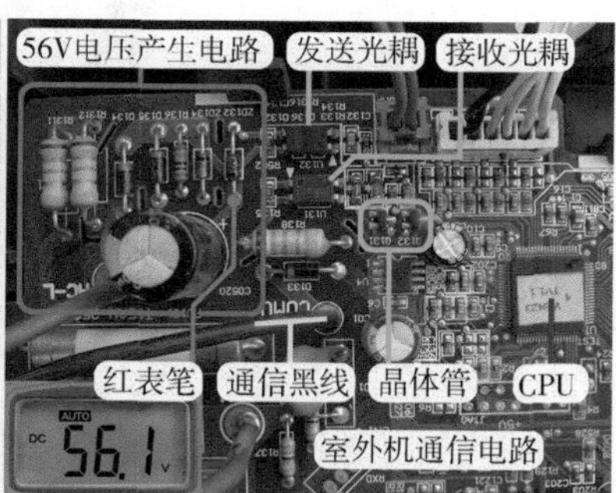

图 10-36　指示灯状态和通信电路主要元件

图10-36右图为室外机通信电路主要元件，图10-37为通信电路原理图，主要由CPU发送和接收引脚、驱动光耦的2个晶体管（俗称三极管）、发送和接收光耦、为通信电路提供专用电源的56V电压产生电路（电阻降压、二极管整流、电容滤波、稳压管稳压）以及连接室内机主板的通信黑线等组成。

使用万用表直流电压挡，测量通信电路电压。首先测量通信电路专用56V电压，黑表笔

接N（1）号零线端子蓝线，红表笔接稳压管ZD132负极测量电压，实测约为56V，正常。

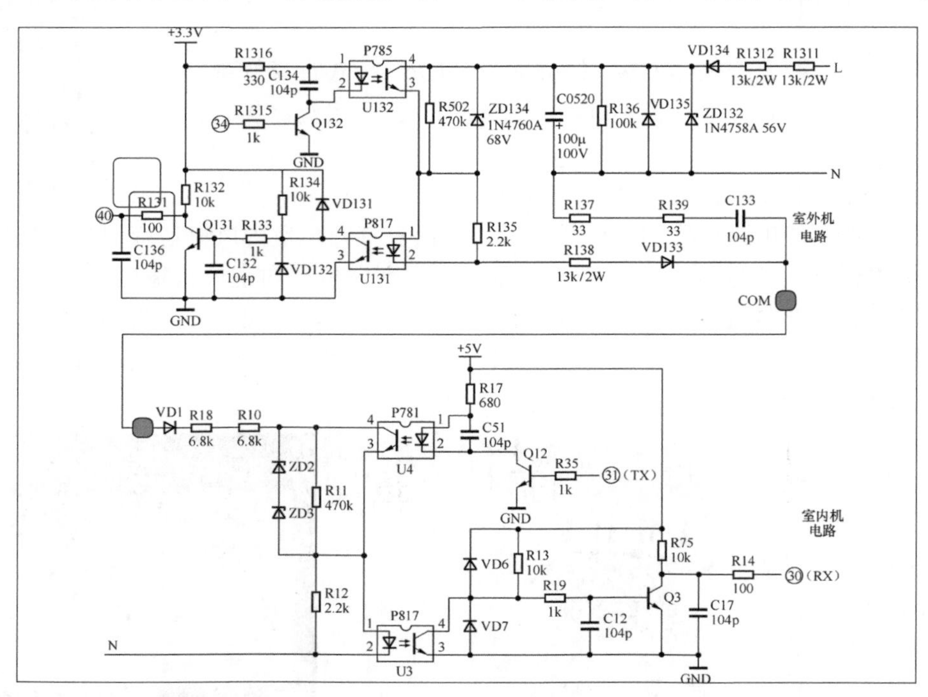

图 10-37　通信电路原理图

3. 测量 CPU 接收和发送引脚电压

依旧使用万用表直流电压挡，黑表笔改接电容C01附近的GND1地测量点，红表笔接R131下端，相当于测量CPU接收（40）脚电压，见图10-38左图，实测约为3.3V且一直稳定不变，说明室外机CPU没有接收到室内机CPU发送的通信信号，故障在接收信号电路。

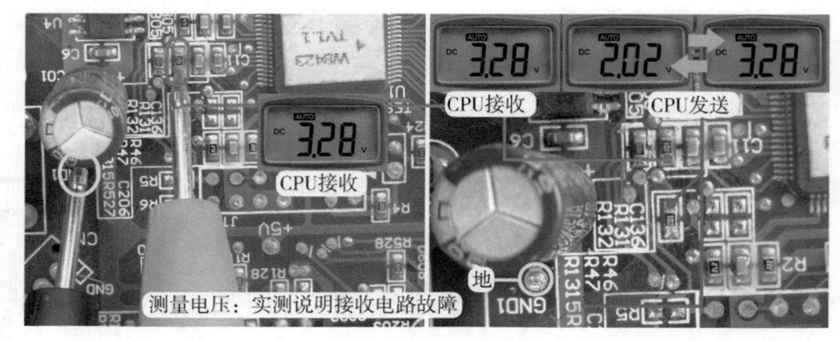

图 10-38　测量 CPU 接收和发送引脚电压

见图10-38右图，黑表笔不动依旧接地，红表笔接R1315上端，相当于测量CPU发送（34）脚电压，实测正常，为2～3.3V跳变电压，说明CPU已发送通信信号。

4. 测量接收光耦初级和次级电压

通信电路设有2个光耦，其中位于上方的U132为发送光耦，位于下方的U131为接收光耦。光耦设有4个引脚，分为初级侧（①脚正极和②脚负极）和次级侧（④脚集电极C和③脚发射极E），带有圆点标志的一侧为初级侧，且对应的引脚为正极，另一侧为次级侧，和圆点平行的引脚为内部光电晶体管的集电极。

使用万用表直流电压挡，见图10-39左图，红表笔接光耦U131初级侧正极（圆点对应的引脚），黑表笔接负极测量电压，实测电压正常，为0.3～0.9V跳变电压，说明室内机发送的通信信号已通过通信电路传送至室外机接收光耦的初级侧。

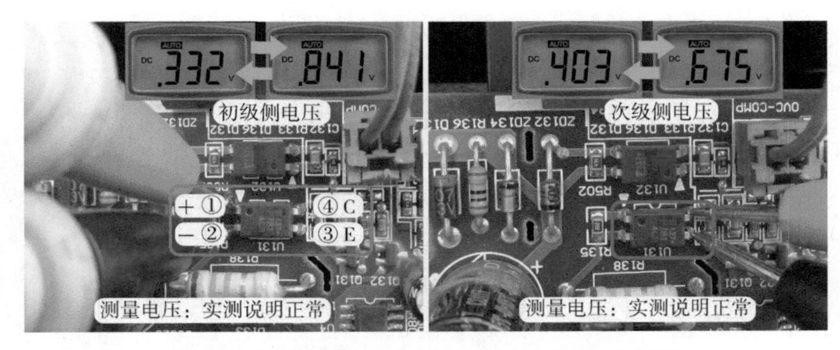

图 10-39　测量接收光耦 U131 初级和次级电压

见图10-39右图，将红表笔改接U131次级侧集电极C，黑表笔接发射极E测量电压，实测电压正常，为0.4～0.7V跳变电压，说明光耦正常，已将初级侧跳变电压耦合至次级侧。

5.测量晶体管基极和集电极电压

通信电路设有两个NPN型晶体管，Q132用于驱动发送光耦U132初级侧二极管，Q131用于放大接收光耦U131次级侧输出的通信信号。本机使用贴片型晶体管，共有3个引脚，上方为集电极C，下方设有两个引脚，左侧为基极B、右侧为发射极E。

U4为3.3V电压稳压块，其①～④脚均为地脚，见图10-40左图，将黑表笔接U4的②脚（相当于接地），红表笔接Q131基极B测量电压，实测电压正常，为0.3～0.5V跳变电压，说明接收光耦U131次级侧输出的电压已送至晶体管基极。

见图10-40右图，黑表笔不动依旧接地，红表笔改接Q131集电极C测量电压，实测电压正常，为1～2V跳变电压，说明晶体管正常，已将基极的跳变电压进行放大。

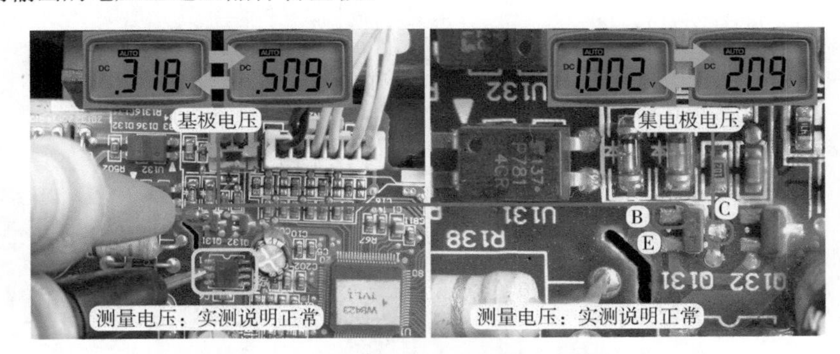

图 10-40　测量晶体管基极和集电极电压

说明

测量晶体管电压时，黑表笔可实接电容C01附近的GND1地测量点，图10-40中为使图片清晰才改接至U4的②脚。

6.测量 R131 上端电压和阻值

Q131集电极C输出的电压经电阻R131送至CPU的接收信号（40）脚，顺着集电极C的铜箔走线，查看电阻R131上端接集电极C，下端接CPU接收引脚。见图10-41左图，将黑表笔依旧接GND1地测量点，红表笔接R131上端测量电压，实测电压正常，为1～2V跳变电压，和Q131集电极C相同，说明集电极C至R131上端的铜箔走线正常。

R131上端电压正常，为1～2V跳变电压，而下端即CPU接收引脚为稳定的3.3V，应测量R131阻值。断开空调器电源，使用PTC电阻泄放滤波电容储存的直流300V电压至约为0V，再使用万用表电阻挡测量，表笔接R131两端测量阻值，实测约13MΩ，初步判断开路损坏，见图10-41右图。

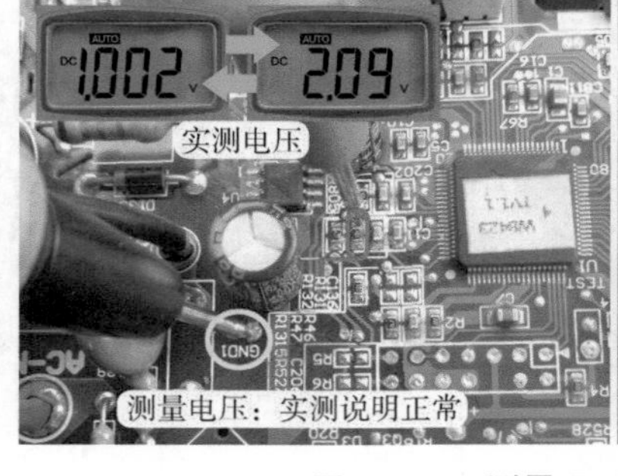

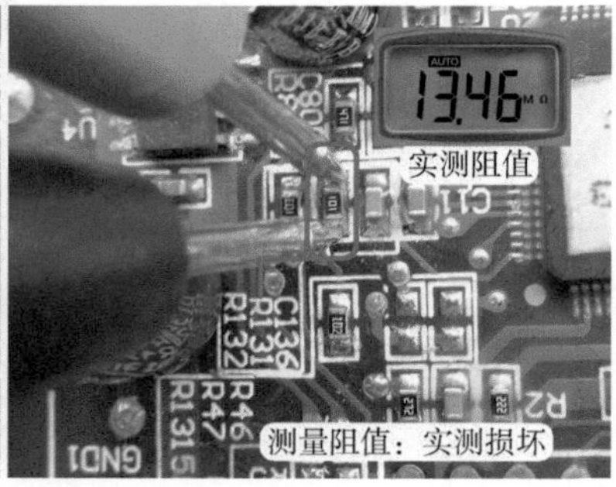

图 10-41　测量 R131 上端电压和阻值

7. 单独测量阻值

电阻R131标号101，见图10-42左图，第1位1和第2位0为数值，第3位1为0的个数，101表示阻值为100Ω。

见图10-42中图，使用万用表电阻挡，单独测量阻值，实测为无穷大，确定开路损坏。

见图10-42右图，测量阻值相同的电阻，实测为100Ω。

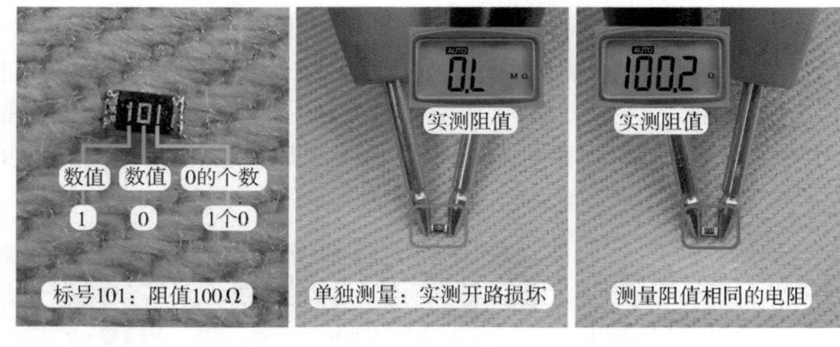

图 10-42　101 电阻和单独测量阻值

8. 更换电阻和测量电压

见图10-43左图，配件阻值100Ω的贴片电阻标号为01A，未使用3位或4位的数字标识法，而是使用数字和字母组合的方式，01表示100，A表示为10的零次方（$10^0=1$），01A=100×1=100Ω。

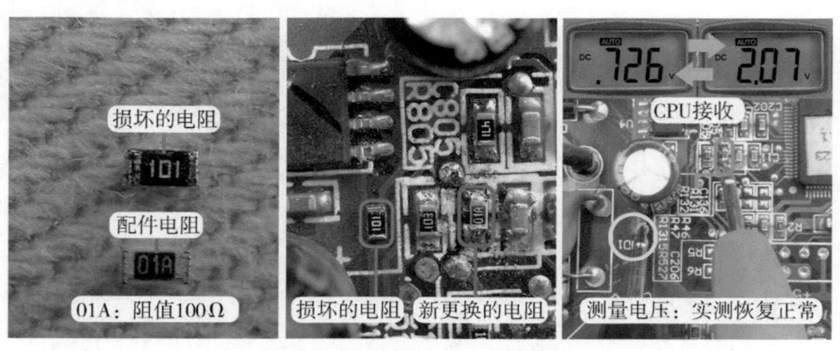

图 10-43　更换电阻和测量电压

见图10-43中图，使用标号01A（阻值100Ω）的配件贴片电阻，更换标号为101的贴片电阻。

更换电阻后上电试机，见图10-43右图，室外机主板上绿灯D2由持续点亮改为持续闪烁（通信正常），红灯D2闪烁8次（达到开机温度）、黄灯D3闪烁1次（压缩机启动），室外风机和压缩机也开始运行，空调器制冷也恢复正常，再次测量电阻R131下端即CPU接收引脚电压，实测电压正常，为0.7～2.1V跳变电压。

变频空调室内机电源电路

维修措施：更换电阻R131（阻值100Ω）。

总结

（1）本例电阻R131开路损坏，CPU接收不到室内机传送的通信信号，绿灯D2持续点亮表示通信电路出现故障，同时红灯D1和黄灯D3均不亮。

（2）测量通信电路电压时，只能通过跳变电压大致判断硬件电路的故障范围，而不能根据电压值判断通信信号传送的含义。

（3）通信电路的跳变电压由于转换非常快，不同的万用表、不同的挡位（直流电压挡的自动量程或10V挡量程等），显示的电压数值也会不相同。

（4）本例中通信电路专用直流56V电源设计在室外机主板，上电开机室外机主板得到供电后，CPU就一直在发送信号，室内机CPU接收到信号后也在反馈信号（即向室外机发送信号），只是由于R131开路不能将信号传送至室外机CPU，但由于通信电路中光耦一直处于正常的工作状态，因此在室外机接线端子处测量的通信电压和正常值相接近。

第 11 章 室内外机电路故障

第 1 节　室内机电路故障

一、光电开关损坏，格力 FC 代码

故障说明：格力KFR-50LW/（50579）FNAa-A3柜式直流变频空调器（T派），用户反映不能开机，显示屏显示FC代码。

1. 故障现象

上门检查，室内机出风口滑动门处于半关闭（或半打开）的位置，重新将空调器接通电源，室内机主板和显示板上电复位，见图11-1左图，滑动门开始向上移动准备关闭，但约10s时停止移动，显示屏显示FC代码，再使用遥控器开机，室内机和室外机均不能运行。

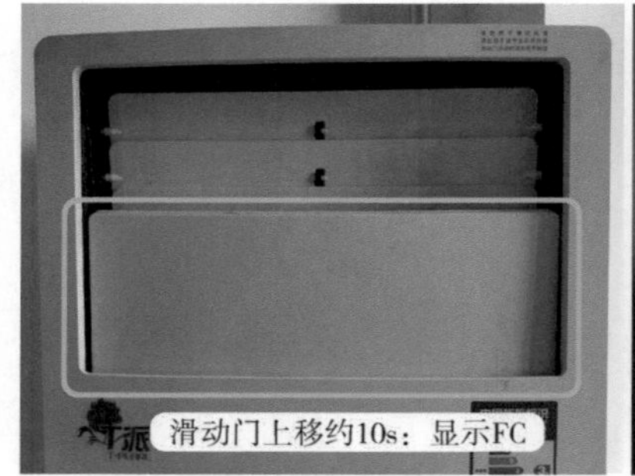

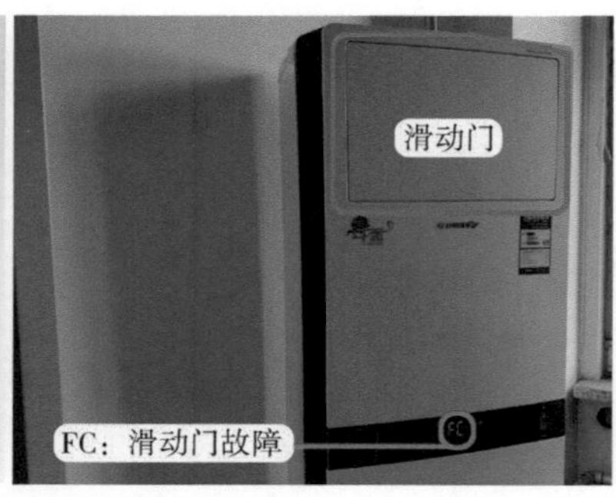

图 11-1　滑动门故障和显示代码

见图11-1右图，查看FC代码含义为滑动门故障或导风机构故障。根据上电时不能完全关闭，也判断滑动门出现故障。正常上电复位时滑动门应完全关闭。

2. 滑动门机构

（1）机构组成

滑动门由机械机构和电路两部分组成。

机械机构见图11-2左图，主要由驱动部分（减速齿轮、连杆）、滑道、道轨、滑动门等组成。

电路部分的元件见图11-2右图，主要由用于驱动旋转的电机、检测位置的上下光电开关、室内机主板单元电路等组成。

（2）电机线圈供电插头

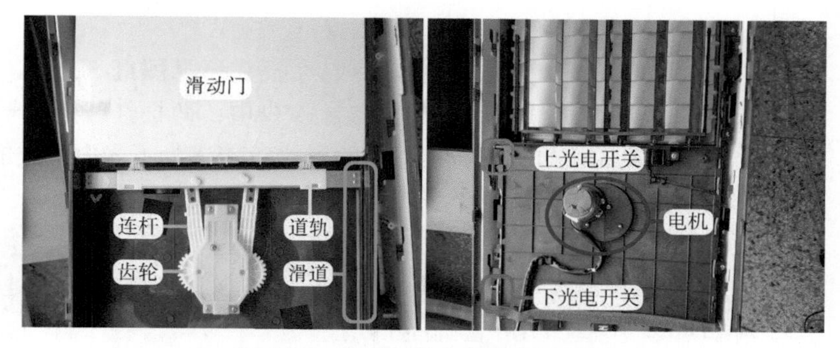

图 11-2　机械机构和电路主要元件

滑动门机构共有两个插头，见图11-3左图，相对应地在室内机主板上有两个插座，即滑动门电机和光电开关插座。

电机用于驱动滑动门向上或向下移动，见图11-3右图，插头共有3根引线，安装在主板CN1插座，插座标识为SLIPPAGE（滑动门）；其中白线为公共端，接电源零线N端；红线为电机正向旋转，接继电器触点L端供电，滑动门向上移动（UP）；黑线为电机反向旋转，接继电器触点L端供电，滑动门向下移动（DOWN）。

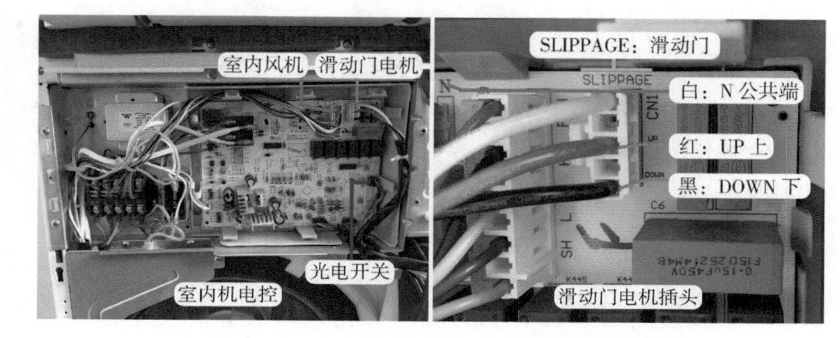

图 11-3　室内机主板插头和电机线圈插头

（3）光电开关安装位置

见图11-4，滑道设计有两个，外侧为滑动门道轨滑道，用于道轨上下移动，从而带动滑动门向上关闭或向下打开；内侧为位置检测滑道，在上方和下方各安装一个光电开关。

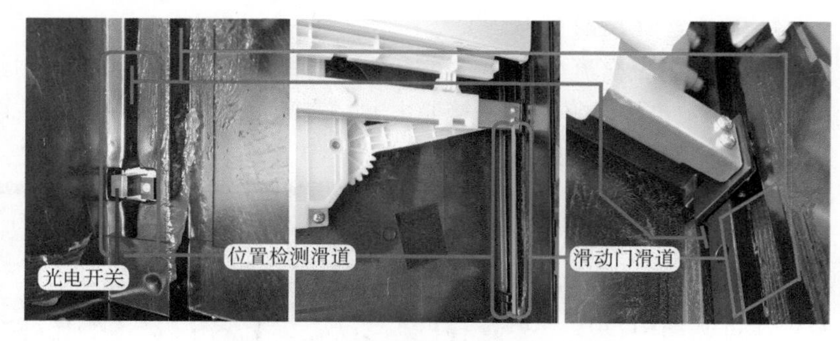

图 11-4　光电开关安装位置和滑道

（4）光电开关实物外形和插头

光电开关设有上和下共两个，实物外形见图11-5左图，用于检测道轨的位置，

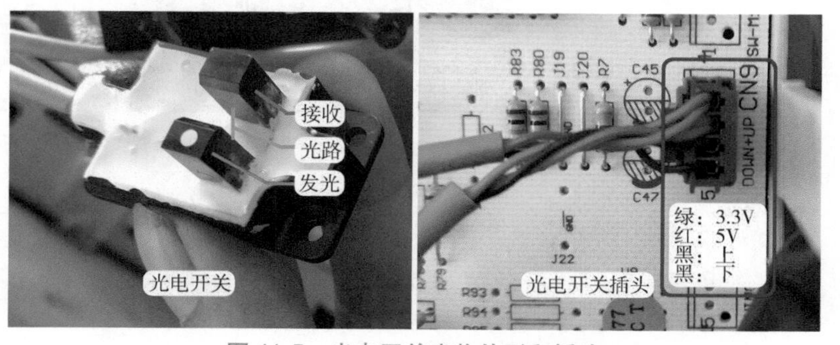

图 11-5　光电开关实物外形和插头

其功能近似于触点的接通和断开。

本机将上和下两个光电开关合并成1个插头，见图11-5右图，安装在主板CN9插座，共有4个引针。两根绿线连在一起，接3.3V供电；两根红线连在一起，接5V供电；黑线UP为上光电开关的信号输出，最下方的黑线DOWN为下光电开关的信号输出。

（5）光电开关工作原理

使用万用表直流电压挡，黑表笔接主板直流地，红表笔接黑线测量电压，见图11-6左图，在光电开关中间位置无遮挡，即光路相通时，黑线实测约为4.4V高电平电压，相当于触点开关导通。

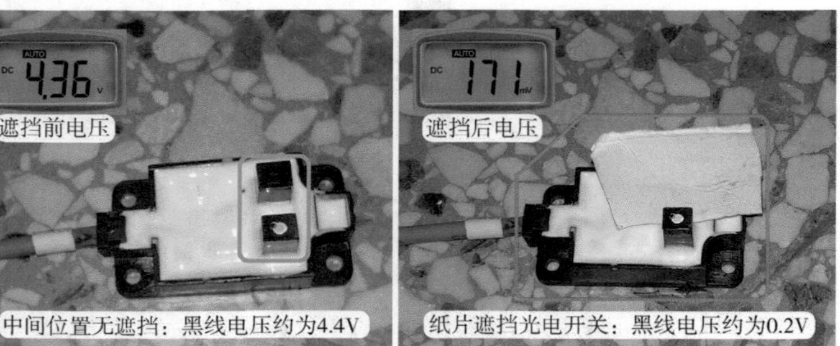
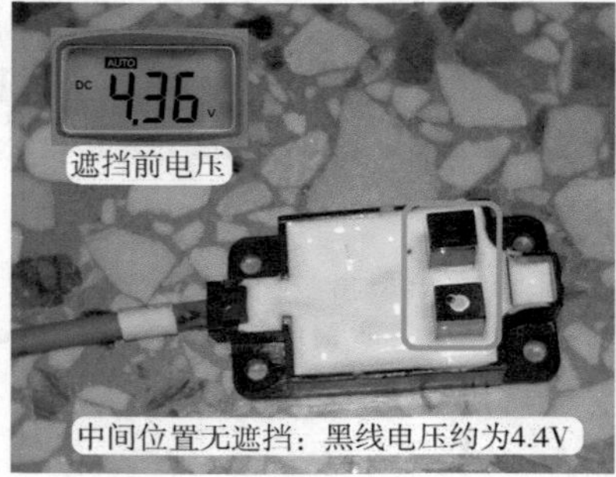

图 11-6　不遮挡和遮挡光电开关时测量黑线电压

见图11-6右图，找一个面积合适的纸片，放在光电开关中间位置，纸片遮挡使光路断开，黑线实测约为0.2V（171mV）低电平电压，相当于触点断开。

当道轨在最上方位置（滑动门完全关闭）和最下方位置（滑动门完全打开）时，道轨连接的黑色塑料支撑板位于光电开关中间位置，光路断开，黑线电压约为0.2V；当道轨位于其他位置，光电开关的光路相通，黑线电压约为4.4V；CPU根据时间和黑线的高电平或低电平电压，来判断道轨位置，如有异常停机显示FC代码进入保护。

3. 测量电机线圈供电

使用万用表交流电压挡，红表笔接电机线圈插头中公共端白线N端，黑表笔接红线（向上）测量电压，将空调器接通电源，实测为223V，见图11-7左图，室内机主板已输出滑动门关闭的电压，说明正常。

红表笔不动（依旧接白线），黑表笔改接黑线（向下）测量电压，实测约为0V（3.11V），见图11-7右图，由于电机不可能同时向上或向下移动，说明正常。

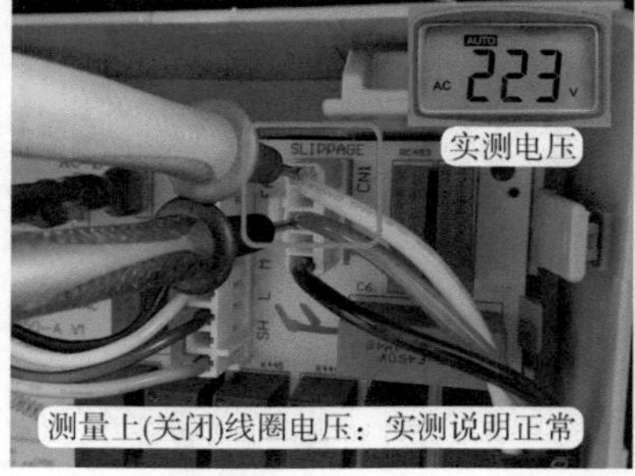

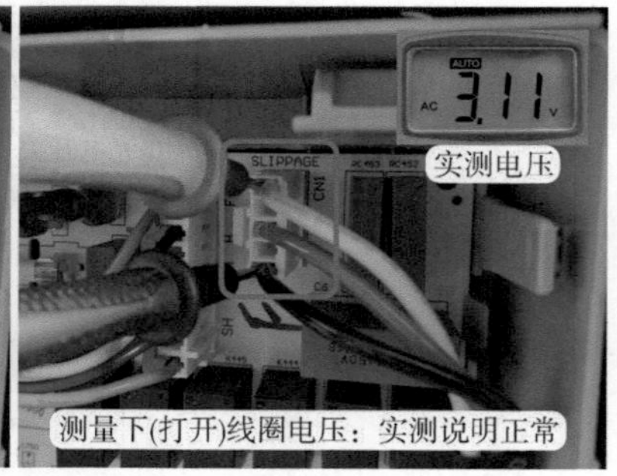

图 11-7　测量电机线圈供电

说明

由于滑动门向上移动时只有10s的时间，测量电机线圈电压时应先接好表笔再通电测量。

4. 测量电机线圈阻值

在室内机主板上拔下电机线圈插头，使用万用表电阻挡，红表笔接公共端白线，黑表笔接红线测量阻值，实测约为6.9kΩ，见图11-8左图。

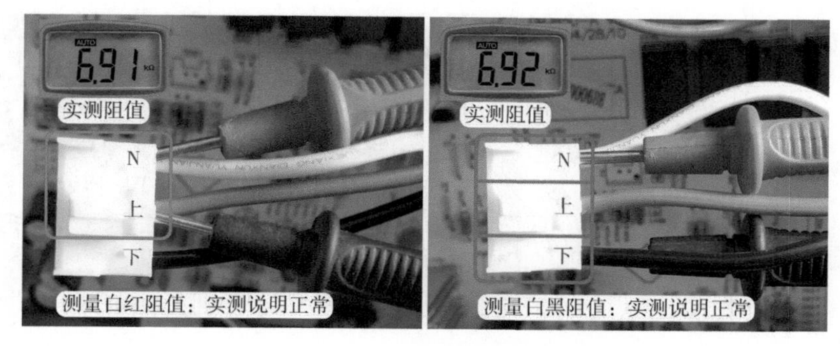

图 11-8　测量电机线圈阻值

见图11-8右图，红表笔不动依旧接公共端白线，黑表笔接黑线测量阻值，实测约为6.9kΩ，测量结果说明电机线圈正常。

继电器

5. 强制为电机线圈供电

为判断电机和机械机构是否正常，简单的方法是强制供电。从电机线圈插头中抽出红线，并将插头安装至主板插座（公共端白线接零线N），见图11-9左图，再将红线接主板熔丝管外壳，相当于为红线强制连接相线L端，电机线圈获得220V交流电压，其正向旋转，滑动门一直向上移动，直至完全关闭。

拔下电机线圈插头，将红线安装至插头中间位置，抽出黑线，并安装插头至主板插座，见图11-9右图，再将黑线接熔丝管外壳，电机反向旋转，滑动门一直向下移动直至完全打开，根据两次强制供电滑动门可以完全关闭或打开，判断电机和机械机构正常，光电开关或主板有故障。

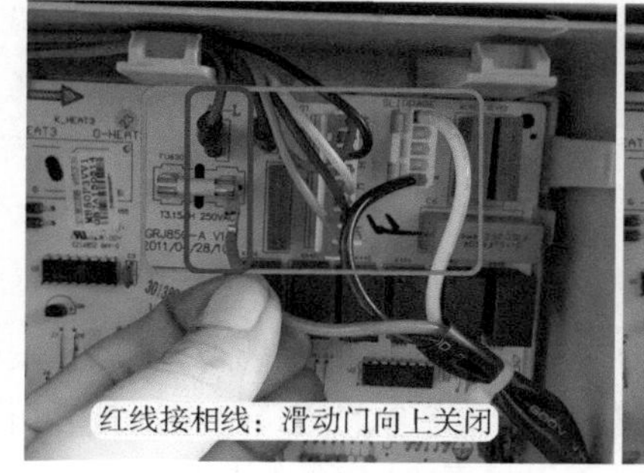

图 11-9　强制为电机线圈供电

说明

在强制为电机供电时，应注意用电安全，防止触电。

6. 测量光电开关插头电压

使用万用表直流电压挡，黑表笔接7805稳压块铁壳（相当于接地），红表笔接CN9光电开关插头引线测量电压，红表笔接绿线实测为3.3V说明正常，红表笔接红线实测为5V说明正常。

将红表笔接UP（上）对应的黑线测量电压，滑动门位于中间位置和最下方（打开）位置时，实测均约为4.4V；滑动门位于最上方（关闭）位置时，实测电压由约4.4V变为约0V（12mV），见图11-10左图，说明上方的光电开关正常。

将红表笔接DOWN（下）对应的黑线（位于插头最下方）测量电压，滑动门位于中间和最上方（关闭）位置时，实测均约为2.5V；滑动门位于最下方（打开）位置时，实测电压由约2.5V变为约0V（16mV），见图11-10右图，说明光电开关转换时正常，但滑动门在中间位置时电压约为2.5V，明显低于正常的约4.4V电压，判断下方的光电开关损坏。

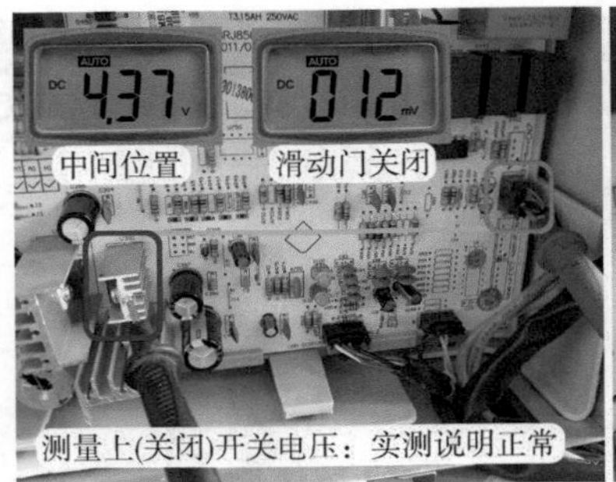

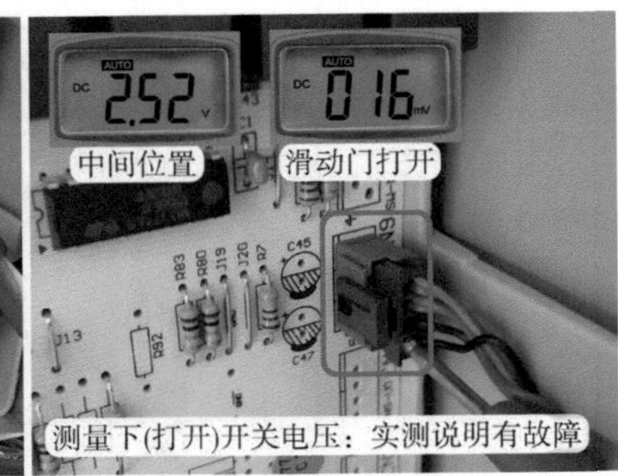

图 11-10 测量光电开关插头电压

7.更换光电开关

根据空调器型号和室内机条码申请同型号光电开关组件，见图11-11左图，发过来的配件为上和下两个光电开关，和原机损坏的光电开关实物外形相同。

两个光电开关一个引线长、一个引线短，见图11-11右图，引线长的光电开关安装在上方（检测滑动门是否关闭），引线短的光电开关安装在下方（检测滑动门是否打开）。安装完成后顺好引线，再次上电试机，复位时滑动门向上移动直至完全关闭。使用遥控器开机，滑动门向下移动直至完全打开，室内风机开始运行，不再显示FC代码。使用遥控器关机，并断开空调器电源，将前面板组件安装至室内机外壳，再次上电试机，制冷恢复正常。

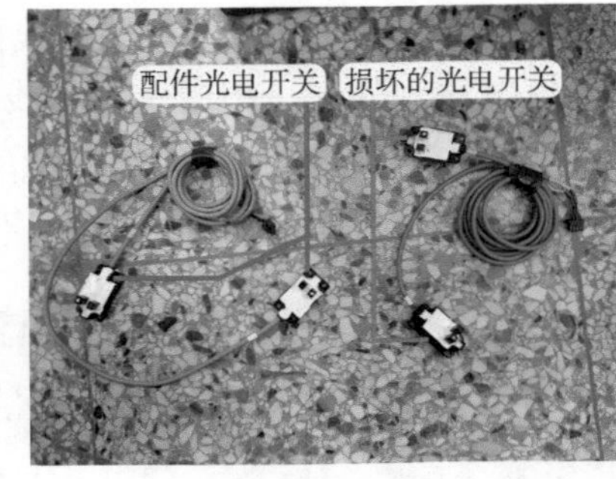

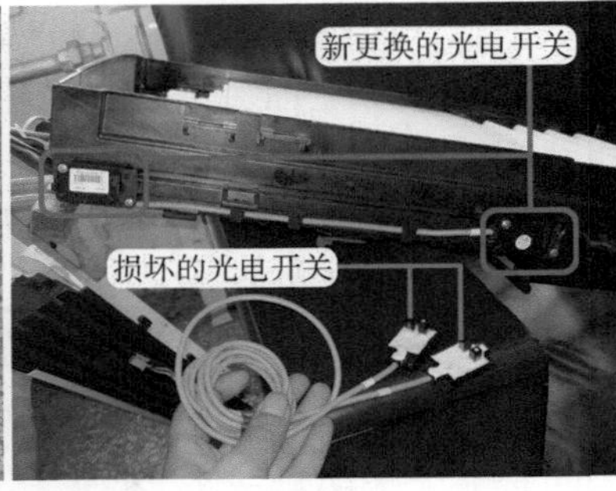

图 11-11 配件和更换光电开关

维修措施：更换光电开关。

（1）本例下方的光电开关损坏，滑动门位于中间位置时，黑线电压较低，CPU检测后判断滑动门位于最下方位置即打开位置，输出电机向上移动的交流电压，约10s后检测仍位于最下方位置。CPU判断为滑动门机构出现故障，停止电机供电，并显示代码为FC。

（2）室内机上电复位时，滑动门关闭流程：上下导风板（直流12V供电的步进电机驱动）向上旋转收平（一条直线），左右导风板向右侧旋转，约8s时滑动门由最下方位置向上移动，约23s时移动至最上方位置完全关闭，电机运行15s后停止供电。若CPU输出滑动门电机向上移动供电35s后，检测上方光电开关黑线仍为高电平4.4V电压（正常最多15s就转换为低电平0.2V电压），也判断为滑动门机构有故障，显示FC代码。

（3）遥控器制冷模式开机后滑动门打开流程：滑动门向下移动直至最下方位置（完全打开），上下导风板向下旋转处于水平状态（或根据遥控器角度设定），左右导风板向左侧旋转处于中间位置，室内风机开始运行，出风口有风吹出，进入正常运行流程。若CPU输出滑动门电机向下移动供电35s后，检测下方的光电开关仍为高电平4.4V电压（相当于滑动门没有向下移动到位），则停机显示FC代码。

二、继电器线圈焊点虚焊，美的 E1 代码

故障说明：美的KFR-35GW/BP3DN1Y-KB（B1）全直流变频空调器（尚弧），用户反映不制冷，一段时间后显示屏显示E1代码，含义为室内外机通信故障。

1. 显示 E1 故障代码和查看室外机连接线

上门检查，使用遥控器制冷模式开机，室内风机运行，但吹出的风为自然风，室外风机和压缩机均不运行，空调器不制冷，见图11-12左图，一段时间后室内机显示屏显示E1的代码。

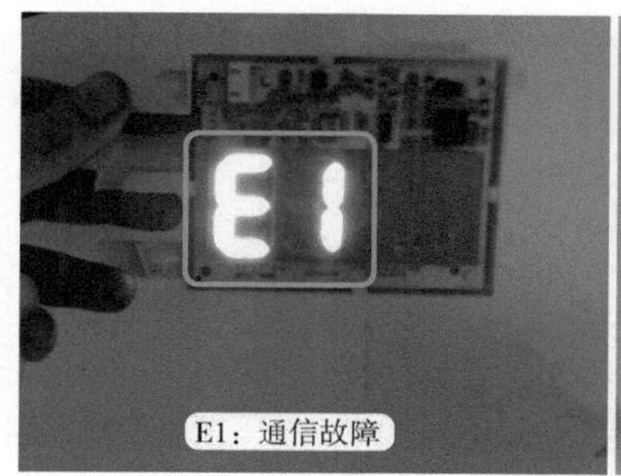

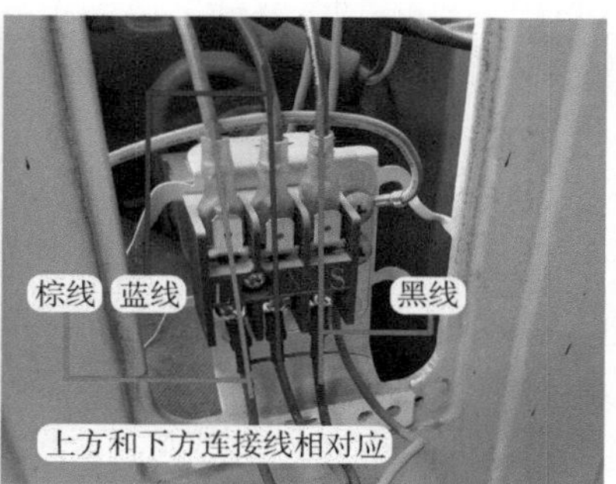

图 11-12　故障代码和连接线接线正常

此机室内机和室外机距离较近，中间没有加长连接管道，也没有加长连接线，检查室外机，取下接线盖，见图11-12右图，查看接线端子连接线，L号端子上方和下方均为棕线、N号端子上方和下方均为蓝线、S号端子上方和下方均为黑线，说明连接线相对应，询问用户得知最近没有移过机，排除室内外机连接线接错的可能性。

2. 测量通信和供电电压

使用万用表直流电压挡，红表笔接N号端子蓝线，黑表笔接S号端子黑线测量通信电压，实测约为0V，见图11-13左图，正常为跳动变化的电压，也说明通信电路

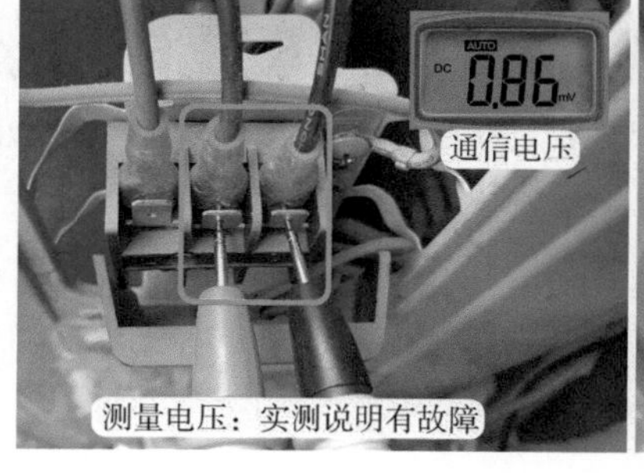

图 11-13　测量通信和供电电压

出现故障。

将万用表挡位改为交流电压挡，红表笔和黑表笔接L号棕线和N号蓝线端子，测量供电电压，实测约为0V，见图11-13右图，此电压由室内机主板输出，正常为交流220V，初步判断故障在室内机。

3.测量主控继电器输出和输入电压

检查室内机，取下室内机外壳，抽出室内机主板，依旧使用万用表交流电压挡，黑表笔接主板上N端蓝线，红表笔接主控继电器上左侧棕线（连接室内外机连接线）测量电压，实测仍约为0V，见图11-14左图，和室外机接线端子电压相同，确定故障在室内机主板。

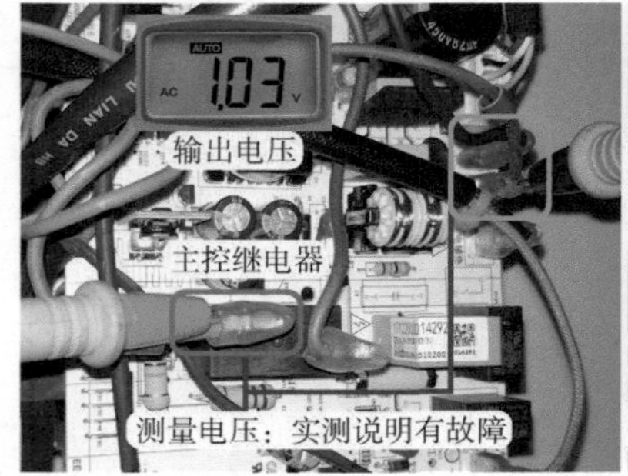

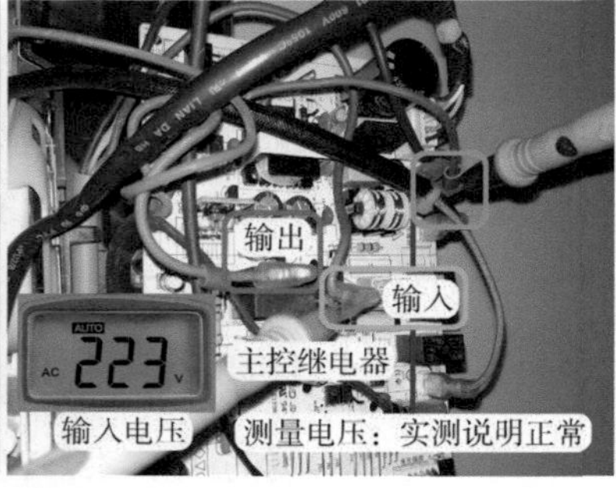

图 11-14　测量主控继电器输出和输入电压

黑表笔不动依旧接N端，红表笔改接主控继电器右侧棕线（连接电源线插头）测量电压，见图11-14右图，实测为223V，说明正常。

室内机主板向室外机供电，在未收到室外机传送的通信信号时，约1min后会断开室外机供电，约2min后再次恢复供电，连续2次供电断电后才显示E1代码，因此测量电压时速度要快一些，以防止误判。

4.测量主控继电器端子和线圈电压

依旧使用万用表交流电压挡，红、黑表笔分别接主控继电器的输入和输出端子测量电压，实测为222V，见图11-15左图，也说明继电器触点断开，触点导通时正常电压约为0V。

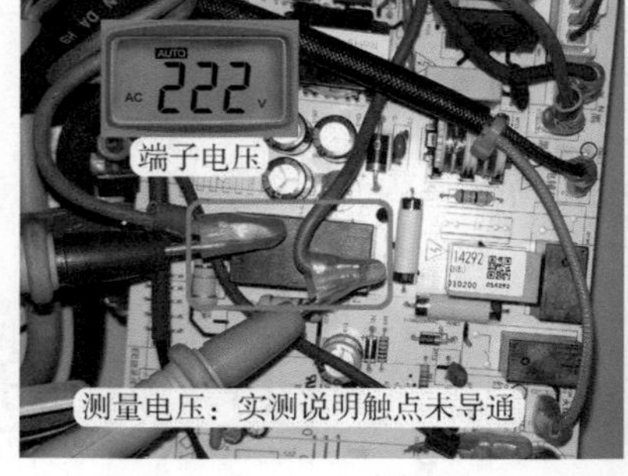

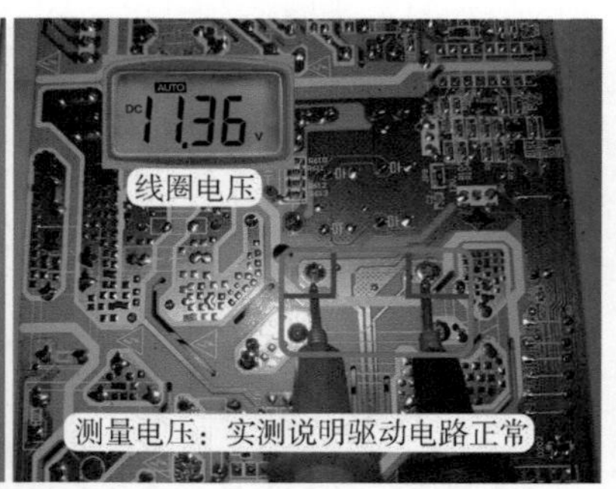

图 11-15　测量端子电压和线圈电压

把室内机主板翻到反面，将万用表挡位改为直流电压挡，表笔接主控继电器上方的两个线圈焊点，实测为11.4V，见图11-15右图，说明CPU已输出向室外机供电的驱动电压，故障在主控继电器，可能为线圈开路或触点锈蚀。

图11-15右图测量线圈电压时，红表笔实接12V的焊点，黑表笔实接驱动的焊点，万用表显示为正电压数值，如果表笔接反，万用表显示数值相同，只是有负数标志（–11.36V）。

5.焊点虚焊和补焊焊点

继电器共有4个焊点，见图11-16左图，上方两个焊点的间距较小接线圈（左侧接12V、右侧接反相驱动器），下方两个焊点的间距较大接触点（左侧为输入、右侧为输出），查看线圈的驱动焊点和触点的右侧输出焊点均出现裂纹，继电器的引脚和主板的焊盘为虚接状态，说明焊点虚焊。

断开空调器电源，按压主板正面的主控继电器使其安装到位，见图11-16右图，再使用烙铁将4个引脚的焊点全部焊接一遍以避免虚焊。使用万用表电阻挡测量线圈焊点阻值，实测约为156Ω，排除线圈开路故障。

维修措施：见图11-16右图，补焊继电器引脚焊点。补焊后将空调器接通电源并开机，听到继电器“啪”的一声，触点已导通向室外机供电，手摸蒸发器感觉逐渐变凉，说明室外机已经开始运行，长时间试机不再显示E1代码，制冷恢复正常。

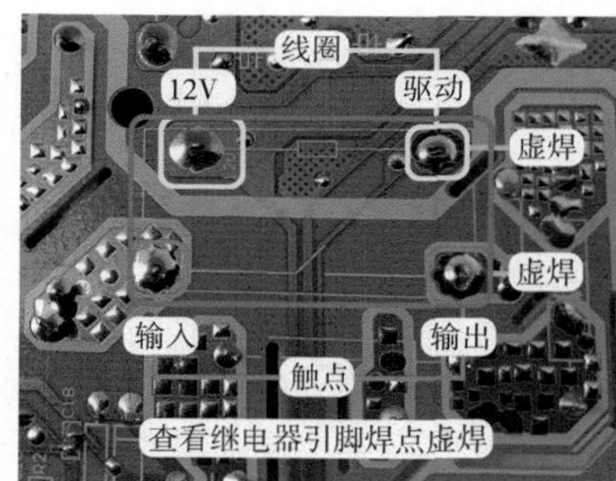

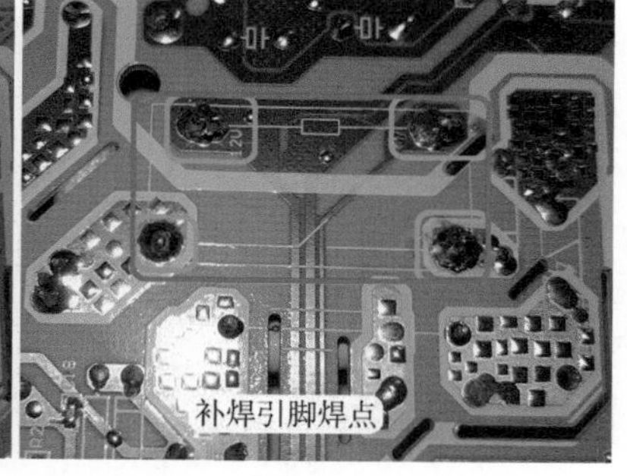

图 11-16　查看焊点虚焊和补焊焊点

反相驱动器

总结

（1）本例室内机主板继电器引脚焊点虚焊，不能向室外机供电，室外机主板CPU不能工作，所以不能向室内机主板CPU反馈通信信号，通信电路中断，一段时间后显示屏显示E1代码。

（2）E1代码含义为室内外机通信故障，室内机、室外机、室内外机连接线任何一部分出现问题均有可能出现E1代码。

第2节　室外机电路故障

一、电压检测电路中电阻开路，室外机不运行

故障说明：海信KFR-26GW/18BP挂式交流变频空调器，用遥控器开机后，室外风机运行，模块板上3个指示灯同时闪，表示无任何限频因素，待压缩机运行约5s后，室外风机和压缩机均停机；见图11-17，模块板上指示灯报故障代码为LED1和LED2指示灯亮、LED3指示灯闪，代码含义为“过欠压”故障。

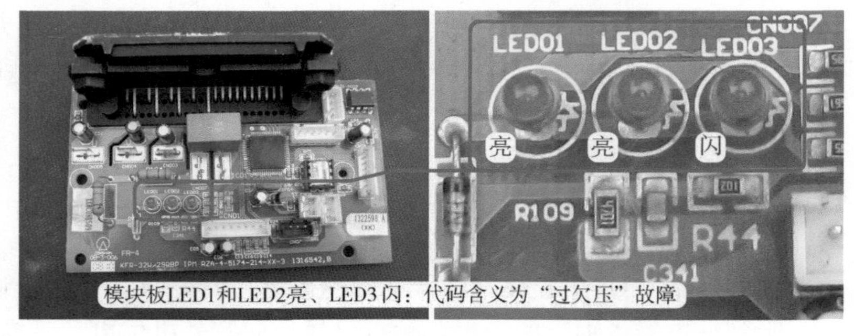

图 11-17　故障代码为“过欠压”故障

1. 电压检测电路工作原理

图11-18为室外机电压检测电路原理图，图11-19所示为实物图，本机电压检测电路检测直流300V电压，由CPU引脚计算，通过检测直流电压达到检测输入交流电压的目的。电路由检测电阻R104、R105，分压电阻R109，钳位二极管VD172，电容C341，电阻R44组成。R104和R105为上分压电阻，R109为下分压电阻，在中点形成与直流300V成比例的电压，经R44送至CPU，由CPU通过引脚电压计算出直流300V实际电压值，从而计算出交流输入电压值，VD172钳位二极管防止CPU输入电压过高。

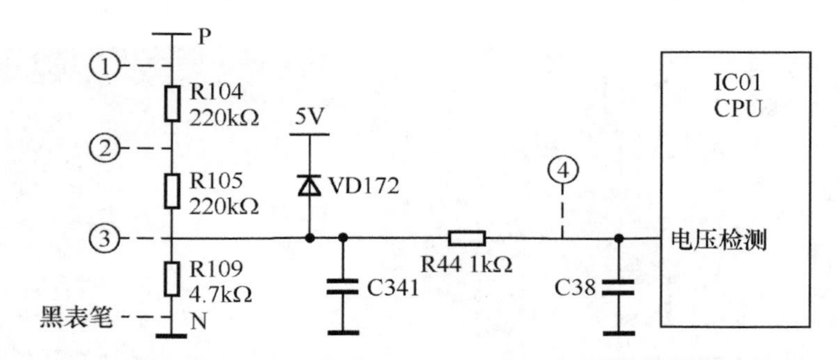

图 11-18　海信 KFR-26GW/18BP 室外机电压检测电路原理图

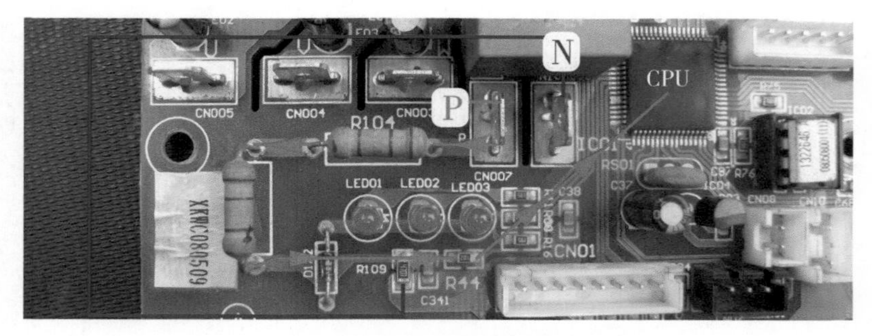

图 11-19　电压检测电路实物图

CPU引脚正常电压为直流2～3.5V。

2. 测量电压检测电路电压

见图11-20，使用万用表直流电压挡，黑表笔接模块N端子，红表笔接R104上端（①处）即P端子，正常电压应为直流300V，实测为309V，说明交流220V经硅桥整流后的直流电压正常。

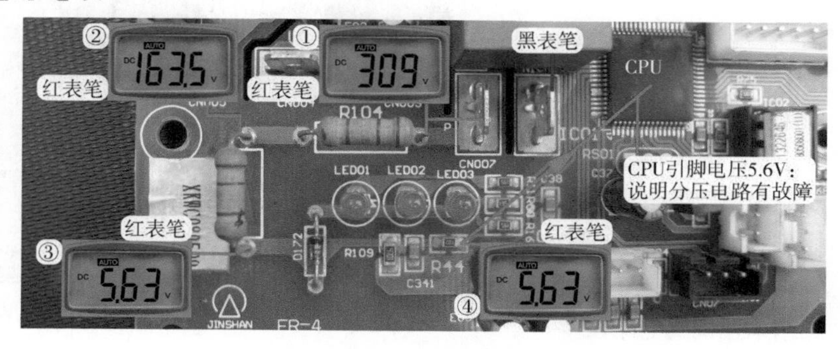

图 11-20　测量电压检测电路电压

红表笔接R104下端（②处）即R105上端测量电压，实测约为直流164V。

红表笔接R105下端（③处）即R104-R105和R109分压点测量电压，实测约为直流5.6V，正常电压约3V，判断分压电路出现故障。

红表笔接R44下端（④处）即CPU引脚测量电压，实测约为直流5.6V，和分压点电压相等，说明电阻R44阻值正常。

3. 测量分压电路电阻阻值

断开空调器电源，待室外机主板开关电源电路停止工作后，见图11-21，使用万用表电阻挡，测量分压电阻阻值，实测R104和R105阻值均为220kΩ，说明上分压电阻阻值正常，测量下分压电阻R109时阻值为无穷大，其标注参数为4701，正常时阻值为4.7kΩ，判断R109开路损坏。

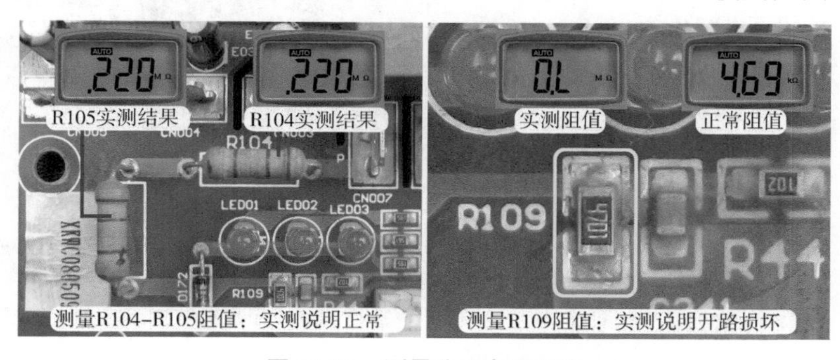

图 11-21　测量分压电阻阻值

维修措施：见图11-22，代换贴片电阻R109。原电阻使用贴片电阻，型号为4701，阻值为4.7kΩ，由于无相同型号的贴片电阻更换，使用相同阻值的普通四环电阻代换。

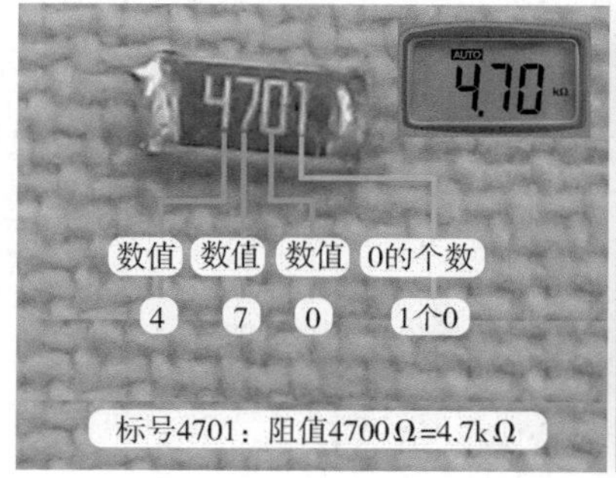

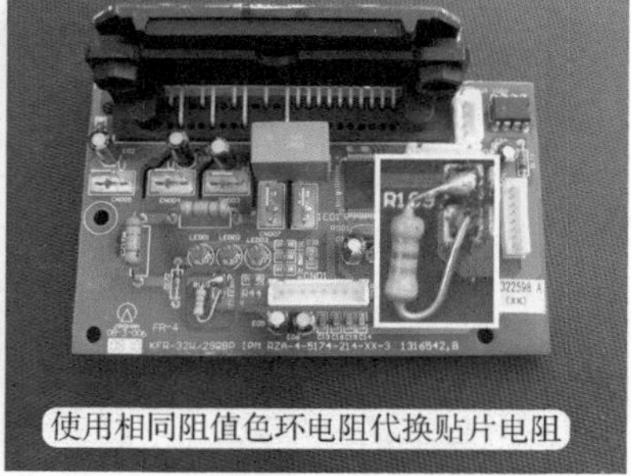

图 11-22　故障贴片电阻和代换

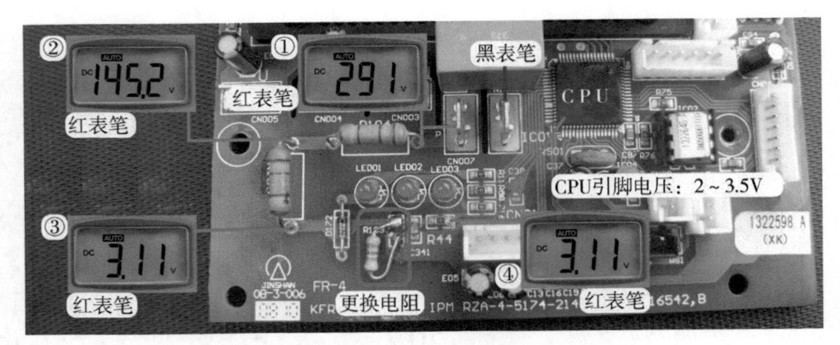

图 11-23　测量正常的电压检测电路的电压

更换后再次将空调器接通电源，遥控器开机后压缩机和室外风机均开始运行，制冷正常，故障排除。再次使用万用表直流电压挡测量电压检测电路的电压，见图11-23，实测结果也说明电路恢复正常。

二、电流互感器二次绕组开路，海尔 F24 代码

电流互感器

故障说明：海尔KFR-36GW/（BPJF）挂式变频空调器，用户反映不制冷，室内机显示屏显示F24，代码含义为CT断线保护。

1. 测量室外机电流和查看室外机电控系统

上门检查，使用遥控器制冷模式开机，室内机主板向室外机供电，室外风机和压缩机均开始运行，但运行约10s后压缩机停止运行，室内机显示F24代码，室外风机延时30s后停止运行。

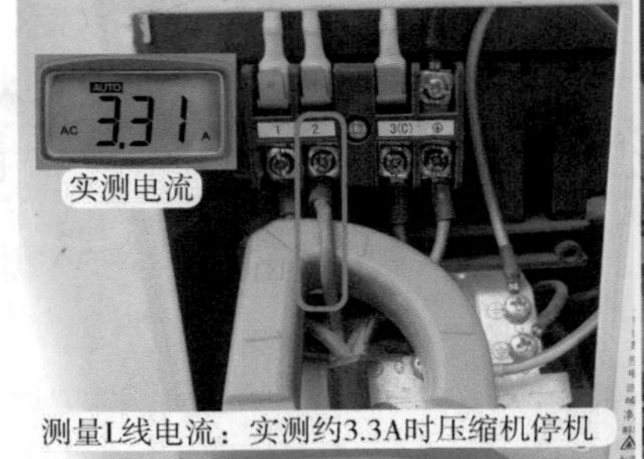

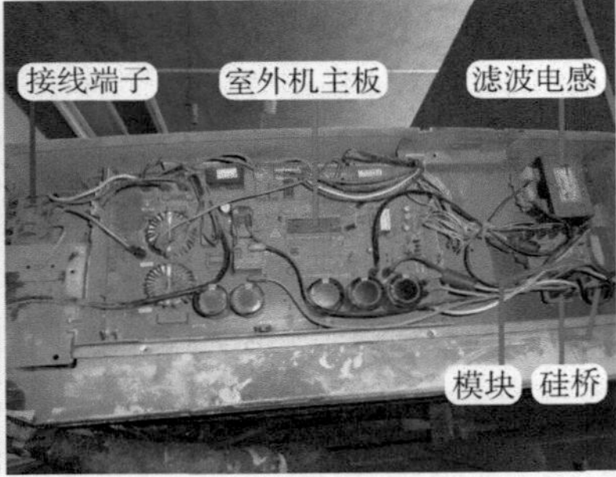

图 11-24　测量室外机电流和查看室外机电控系统

见图11-24左图，使用万用表交流电流挡，钳头卡在室外机接线端子上2号L端相线，测量室外机电流，断开空调器电源，待2min后再次上电开机，室内机主板向室外机供电后，压缩机立即运行，同时室外风机也开始运行，室外机电流由0A→0.5A→1A逐渐上升，并迅速升至3.3A左右，此过程约有10s，然后压缩机停止运行，室内机显示F24代码。在压缩机运行时，手摸室内外连接管道中的细管已经变凉，初步判断制冷系统工作正常，故障在电控系统，应着重检查电流检测电路。

取下室外机上盖，查看室外机电控系统，见图11-24右图，主要由主板、模块、硅桥、滤波电感等元件组成。

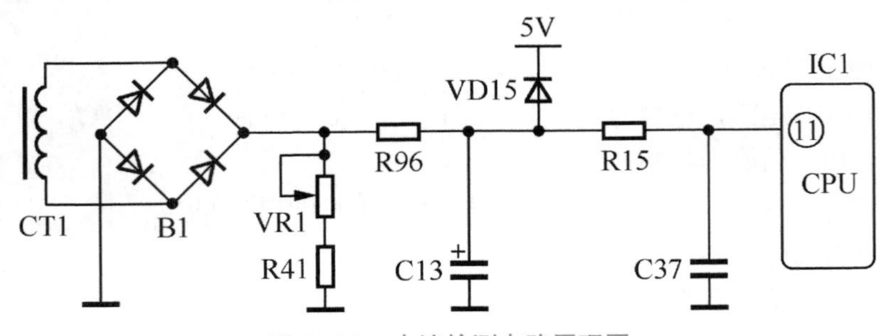

图 11-25　电流检测电路原理图

2. 电流检测电路工作原理

图11-25为电流检测

电路原理图，图11-26左图所示为主板实物图正面，图11-26右图为主板实物图反面。电路主要由电流互感器CT1、整流硅桥B1、电位器VR1等组成。

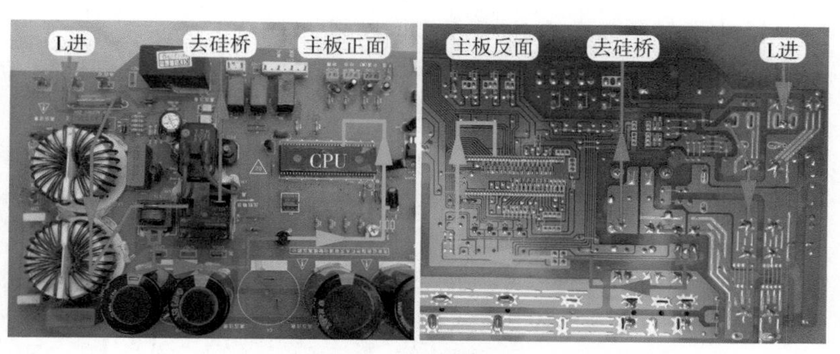

图 11-26　电流检测电路实物图主板正面和反面

室外机接线端子2号L端相线经连接线送至室外机主板，经20A熔丝管FUSE1至滤波电感L1、L2，再经电流互感器CT1的一次绕组送至由主控继电器和PTC电阻组成的延时防瞬间大电流电路后，送至硅桥的交流输入端，和N端零线组合为室外机提供直流300V母线电压，经模块后为压缩机提供电源，因此CT1相当于检测室外机总电流。

电流互感器CT1一次绕组通过的电流，在二次绕组输出相应的取样电压，经整流硅桥B1整流、电位器VR1和电阻R41分压、电容C13滤波，作为室外机总电流的参考信号，送至CPU（11）脚。

3. 测量 CPU 和二次绕组电压

见图11-27左图，使用万用表直流电压挡，黑表笔接电容C13负极地，红表笔接电阻R15下端，相当于测量CPU（11）脚电压。再次上电开机，在压缩机从运行到停止的过程中，R15下端电压一直约为0V（6.1mV），说明电流检测电路出现故障。

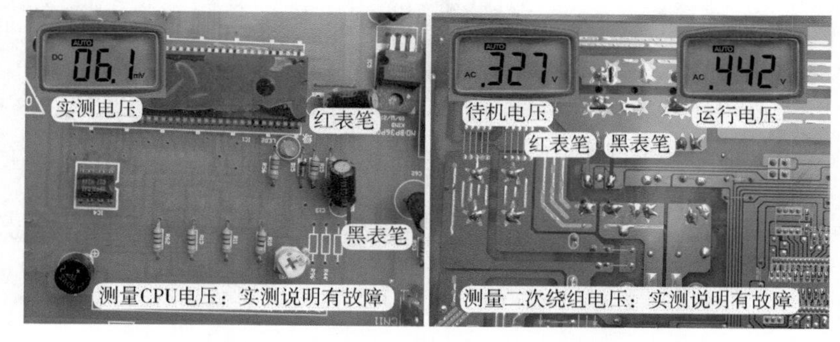

图 11-27　测量 CPU 和二次绕组电压

见图11-27右图，将万用表挡位转换为交流电压挡，黑表笔和红表笔接电流互感器CT1二次绕组焊点，再次上电开机，刚上电时电压约0.3V，压缩机运行，室外机电流升至3.3A时，CT1二次绕组电压约为0.4V，也说明电流检测电路有故障。

由于压缩机运行时间较短，因此应在开机前接好万用表表笔。如果查找CPU引脚不是很方便，直接测量滤波电容（本例标号C13）的两端电压，也近似于CPU引脚电压。

4.测量电位器和电流互感器二次绕组阻值

电流检测电路相对比较简单，常见故障有电位器VR1开路、滤波电容C13无容量、整流硅桥B1内部二极管开路或短路、电流互感器（CT1）二次绕组开路等。

断开空调器电源，使用万用表电阻挡，首先测量故障率最高的电位器VR1阻值，见图11-28左图，黑表笔和红表笔测量两端引脚，正常阻值约100Ω，实测约为112Ω，说明电位器正常。

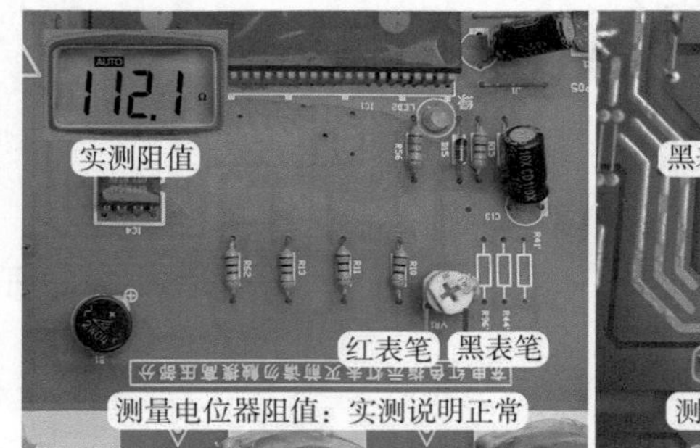

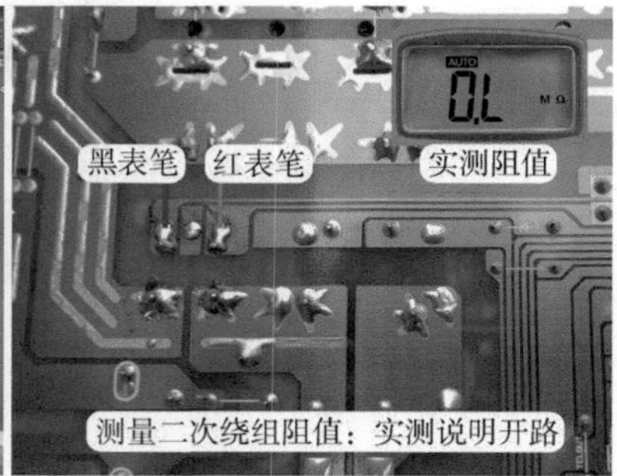

图 11-28　测量电位器和 CT1 二次绕组阻值

依旧使用万用表电阻挡，见图11-28右图，黑表笔和红表笔接电流互感器二次绕组焊点测量阻值，实测为无穷大，初步判断二次绕组开路损坏。

5.单独测量二次绕组阻值

电流互感器实物外形见图11-29左图。使用万用表电阻挡，单独测量二次绕组引脚阻值，实测仍为无穷大，而正常阻值约为750Ω，见图11-29右图，从而确定电流互感器损坏。

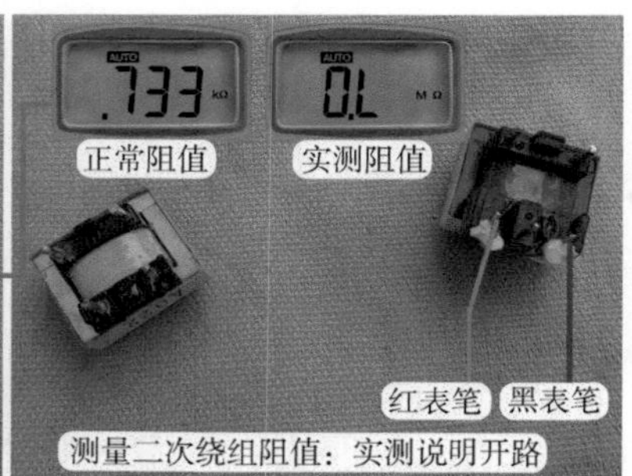

图 11-29　电流互感器实物外形和测量二次绕组阻值

电流互感器一次绕组为较粗的铜线，其开路损坏的故障率较低。

维修措施：见图11-30，从同型号的旧主板上拆下电流互感器作为配件，并更换至故障主板。恢复线路后再次上电开机，测量室外机电流由0A上升至3.4A时，电流互感

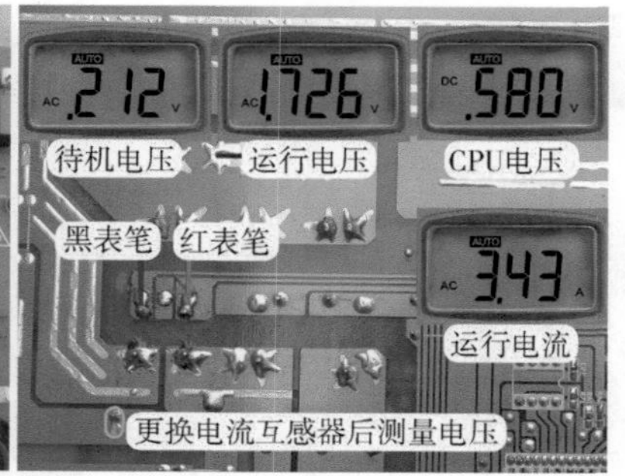

图 11-30　更换电流互感器和测量电路电压

器二次绕组的交流电压由0.2V上升至1.7V，CPU（11）脚的直流电压由0V上升至约0.6V，压缩机和室外风机一直运行，不再停机，制冷恢复正常，故障排除。

变频空调室内机CPU及其三要素电路

三、存储器电路电阻开路，海信 11 代码

故障说明：海信KFR-28GW/27FZBPH挂式直流变频空调器，用遥控器开机后室内风机运行，但压缩机和室外风机均不运行。按压遥控器上“高效”键4次，室内机显示屏显示“11”的代码，代码含义为“室外机存储器故障”。

室内机能够显示室外机的故障代码，说明室外机主板直流300V、15V、12V、5V电压正常，并且通信电路正常工作。图11-31为室外机存储器电路原理图。

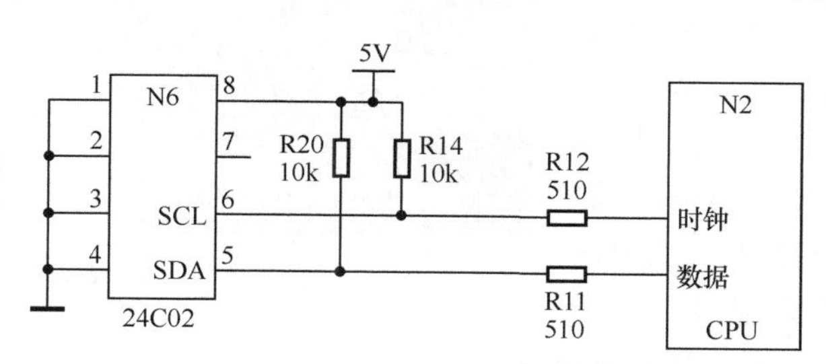

图 11-31　海信 KFR-28GW/27FZBPH 室外机存储器电路原理图

1.查看室外机故障代码

使用遥控器开机，室内机主板向室外机供电，检查室外机，室外机主板开关电源电路工作，输出直流5V电压，室外机CPU工作后，见图11-32，主板上3个指示灯立即常亮显示代码，代码含义为“室外机存储器故障”，和室内机显示代码内容相同。

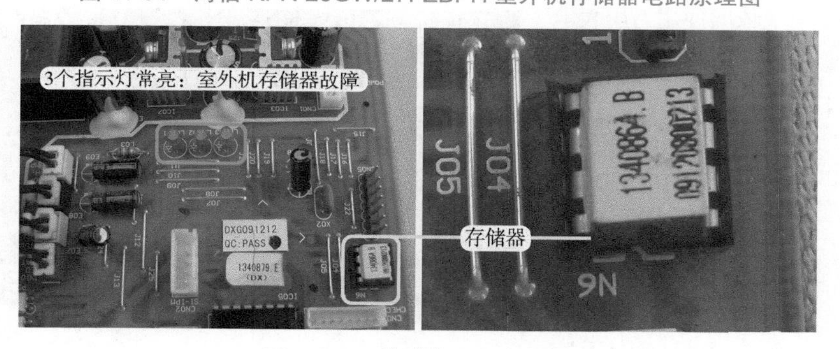

图 11-32　故障代码和存储器

2.更换存储器

室外机存储器故障的原因一般为内部数据损坏或丢失，导致CPU在上电检测数据时失败或错误，因此立即报出故障代码，控制室外机不再运行，并将故障代码通过通信电路传送到室内机主板CPU。

本机存储器板号为N6，型号为24C02，见图11-33，使用一块写有相同数据的存储器更换，上电后室外机主板3个指示灯依旧常亮，说明原存储器

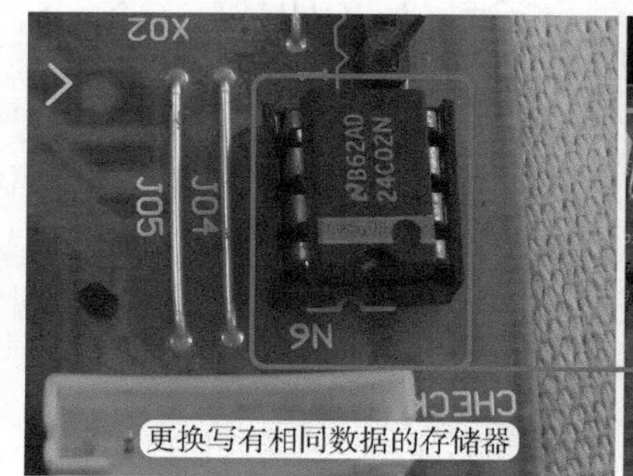

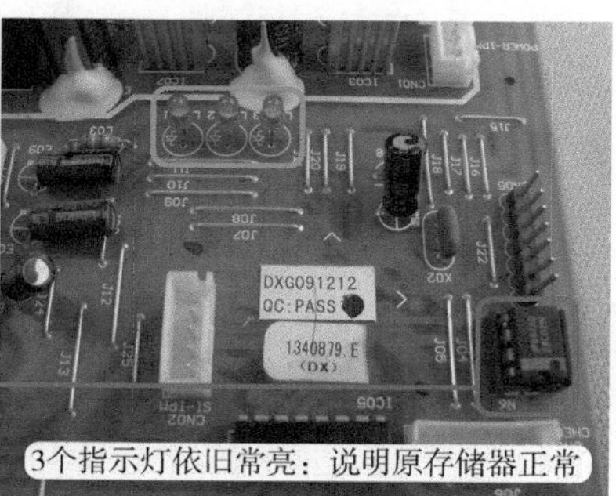

图 11-33　更换存储器和试机故障依旧

及内部数据正常，故障在存储器电路硬件部分。

3.测量供电电压和电阻阻值

见图11-34左图，使用万用表直流电压挡，黑表笔接存储器N6的④脚地（此机①/②/③/④脚相连，实接①脚），红表笔接⑧脚测量供电电压，结果约为直流5V，说明供电正常。

由于存储器电路较为简单，使用万用表电阻挡测量外围元件阻值。断开空调器电源，待室外机开关电源电路停止工作后，见图11-34右图，测量存储器与CPU引脚连接的电阻R11和R12阻值，其均为贴片电阻，标号511表示阻值为510W，实测均为510W，说明R11和R12阻值正常。

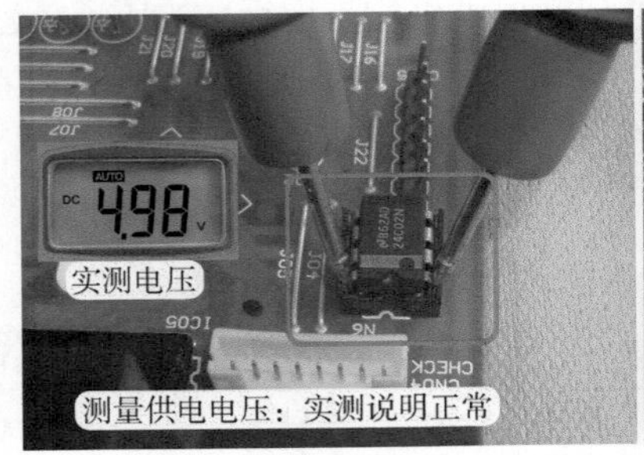

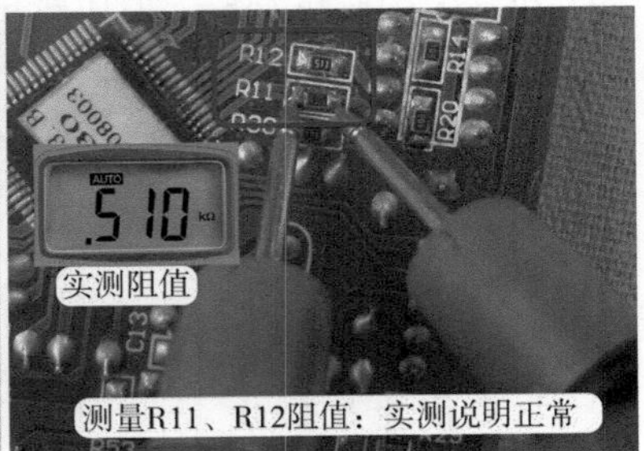

图 11-34　测量供电电压和电阻阻值

4.测量上拉电阻阻值

依旧使用万用表电阻挡，见图11-35，测量存储器数据⑤脚外接上拉电阻R20、时钟⑥脚上拉电阻R14阻值，标号均为103表示阻值为10kΩ，实测R14阻值约为9.8kΩ，说明正常；实测R20阻值为无穷大，说明开路损坏。

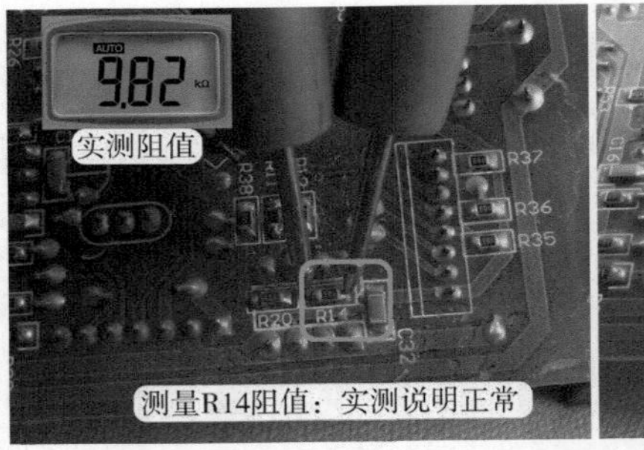

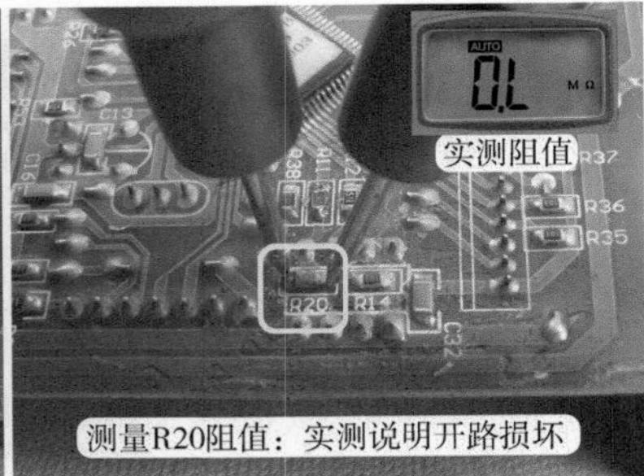

图 11-35　测量上拉电阻阻值

5.贴片电阻和色环电阻

见图11-36，原机使用标号为103的贴片电阻，由于无相同型号的贴片电阻，因此使用相同阻值的普通四环电阻代换。

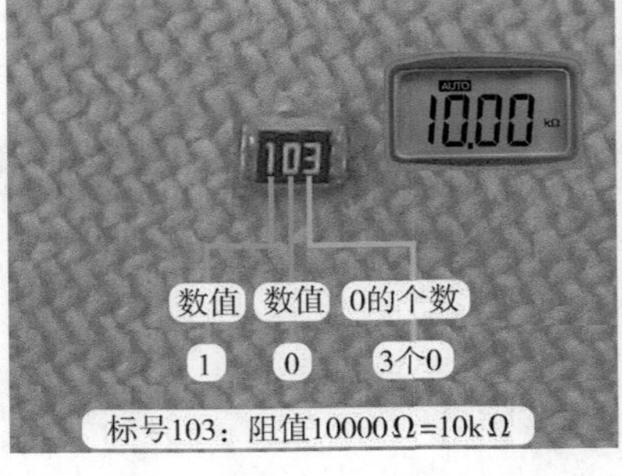

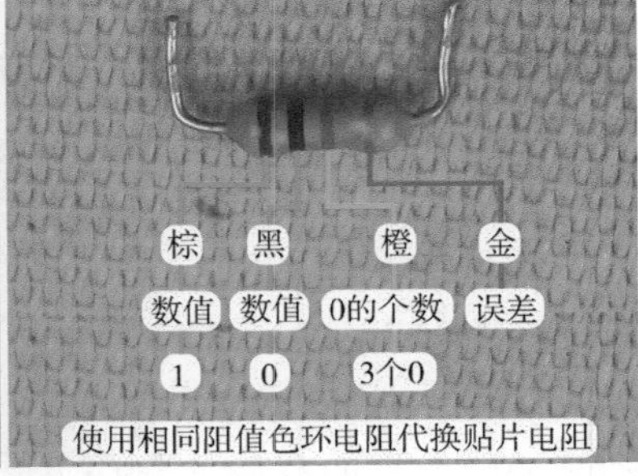

图 11-36　10kΩ 贴片电阻和普通电阻

维修措施：更换电阻R20。见图11-37，剪短引脚后焊在室外机主板反面，再次上电开机，主板3个指示灯不再亮起，不再报故障代码，室外风机和压缩机均开始运行，制冷正常，故障排除。

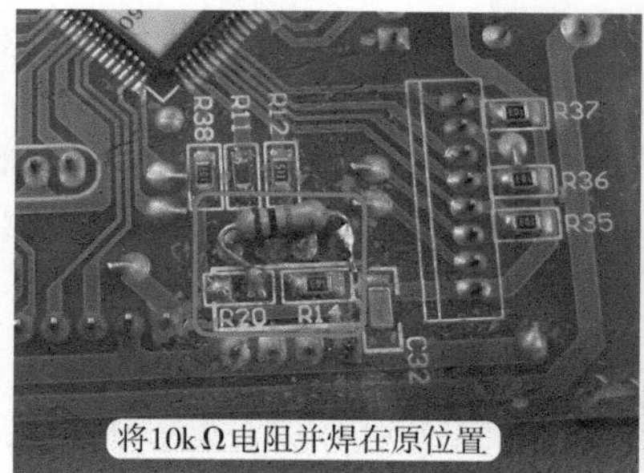

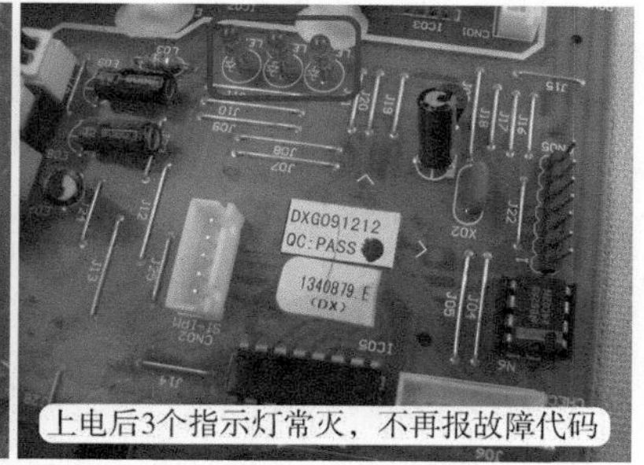

图 11-37　更换电阻和试机正常

四、室外风机继电器触点锈蚀，海尔 F1 代码

变频空调功率模块

故障说明：海尔KFR-26GW/08QDW23挂式直流变频空调器，用户反映不制冷，显示F1代码，代码含义为“IPM功率模块故障”（10min内3次确认）。

1.检查室外机和查看室外风机电路

上门检查，使用万用表交流电流挡，钳头夹住室外机接线端子L端测量室外机电流，再使用遥控器制冷模式开机，室内机主板向室外机供电，电流约为0.5A，约30s后电流由1A逐渐上升，手摸连接管道中细管已经变凉，说明压缩机已启动运行，排除模块击穿故障。仔细查看室外风机不运行，室外机运行约5min后，见图11-38左图，手摸冷凝器烫手（约70℃），室外机电流约7A时，压缩机停机，室外机主板指示灯闪2次，含义为“IPM功率模块故障”，和室内机显示F1内容相同。

本机室外风机使用交流电机，不运行时的常见故障部位有室外机主板的室外风机电路、室外风机、风机电容损坏等。图11-38右图所示为室外机主板的室外风机电路。

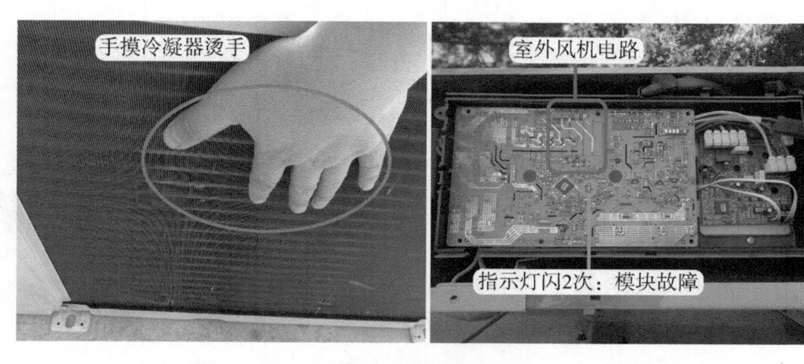

图 11-38　手摸冷凝器烫手和室外风机电路

2.测量室外风机线圈阻值

本机室外风机使用两速的抽头交流电机，共有5根引线，见图11-39左图。蓝线和橙线为电容C引线，使用接线插，插在主板标有C的端子；白线为

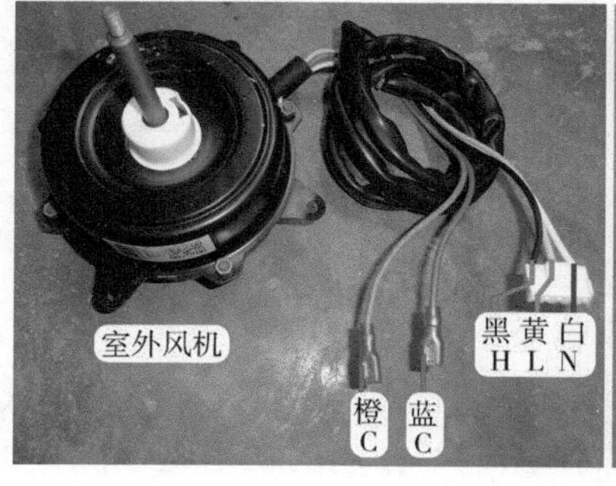

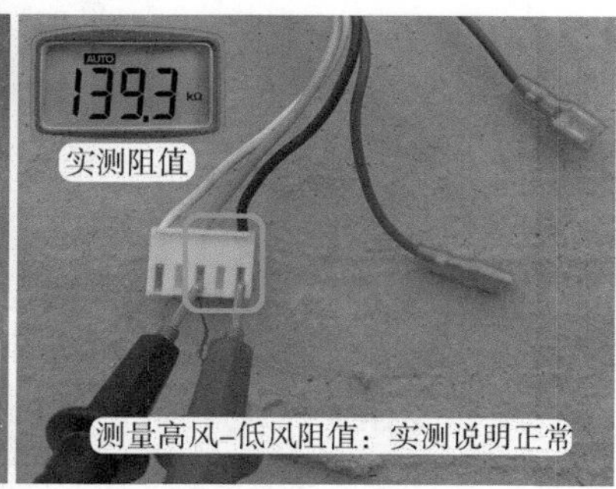

图 11-39　室外风机和测量线圈阻值

公共端COM接零线N、黑线为高风抽头H、黄线为低风抽头L，3根引线使用一个插头，插在主板标有AC FAN的3针插座。

断开空调器电源，使用万用表电阻挡，见图11-39右图，测量室外风机引线阻值，结果见表11-1，实测说明室外风机线圈正常，故障在室外风机单元电路或风机电容损坏。

白线和蓝线在电机内部相通。

表 11-1　　测量室外风机线圈阻值

红表笔和黑表笔	白线-黄线 N-L 公共-低风	白线-黑线 N-H 公共-高风	白线-棕线 N-C 公共-电容	白线-蓝线 (内部相通)	黄线-黑线 L-H 低风-高风	黄线-棕线 L-C 低风-电容	黑线-棕线 H-C 高风-电容
结果	489Ω	350Ω	700Ω	0Ω	139Ω	211Ω	350Ω

3. 室外风机单元电路

图11-40所示为室外风机单元电路原理图，图11-41左图所示为主板实物图正面，图11-41右图为主板实物图反面。

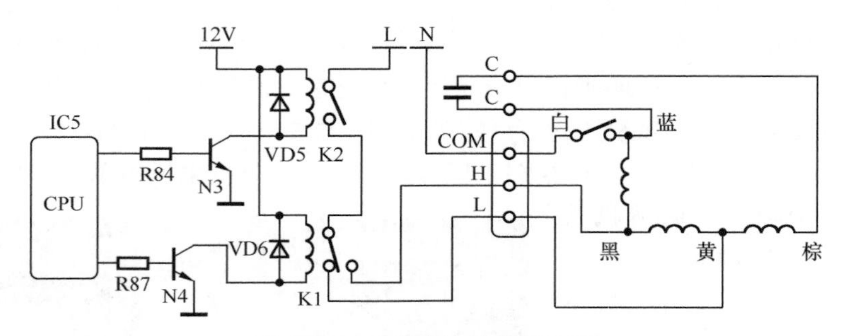

图 11-40　室外风机电路原理图

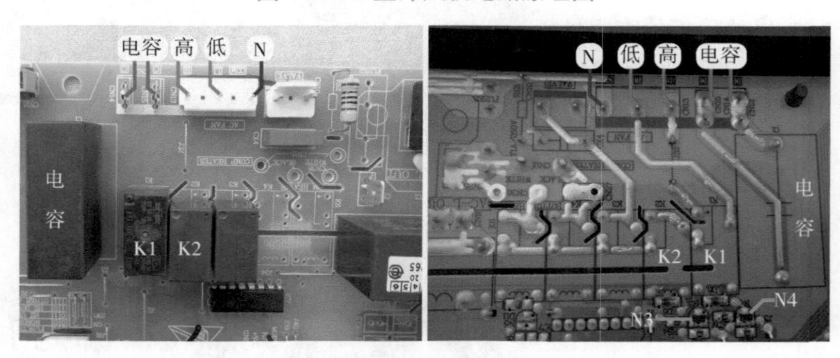

图 11-41　室外风机电路主板正面和反面

室外机主板CPU共使用两个引脚、两个贴片晶体管N3和N4、两个继电器K1和K2等主要元件组成单元电路。

与常规风机电路不同的是，继电器K1负责调速，其使用常开和常闭触点，常开触点接高风抽头、常闭触点接低风抽头；继电器K2负责交流220V供电的接通和断开，其只使用常开触点。

4. 测量室外风机高风和低风端子电压

空调器重新上电开机，待压缩机运行后，见图11-42左图，使用万用表交流电压挡，黑表笔接N端零线，红表笔接和高风H端子相通的铜箔走线测量电压（K1常开触点），实测约为0V。

见图11-42右图，黑表笔不动依旧接N端零线，红表笔改接和低风L端子相通的铜箔走线测量电压（K1常闭触点），实测仍约为0V，说明室外机主板未输出交流供电，故障在室外风机单元电路。

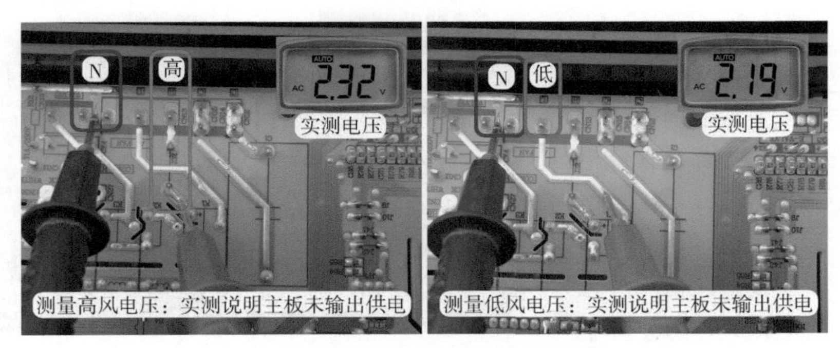

图 11-42 测量室外风机高风和低风电压

5. 测量供电输出和输入电压

见图11-43左图，依旧使用万用表交流电压挡，黑表笔不动接N端，红表笔接继电器K2的输出端触点测量电压，实测约为0V。

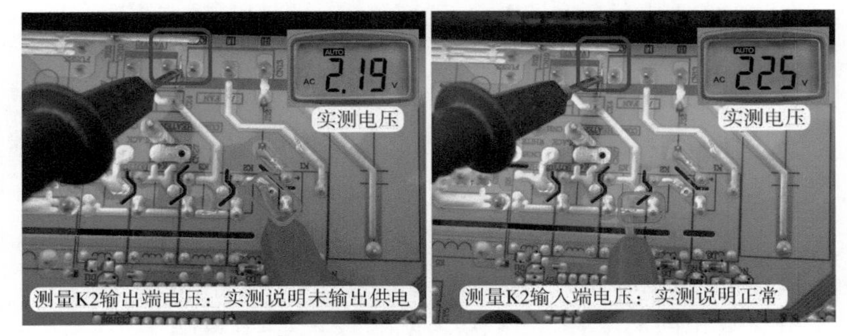

图 11-43 测量继电器 K2 输出端和输入端电压

见图11-43右图，黑表笔不动依旧接N端，红表笔改接继电器K2的输入端即L端测量电压，实测约为交流220V。两次测量结果说明为室外风机供电的继电器K2触点未导通。

6. 测量 CPU 输出电压和集电极电压

见图11-44左图，将万用表挡位改为直流电压挡，黑表笔接直流电源地（实接2003反相驱动器的⑧脚地），红表笔接电阻R84上端，即相当于测量CPU引脚电压，实测约5V，说明CPU输出正常。

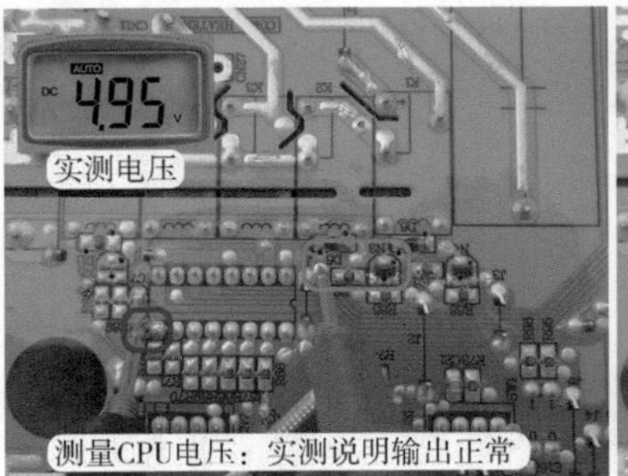

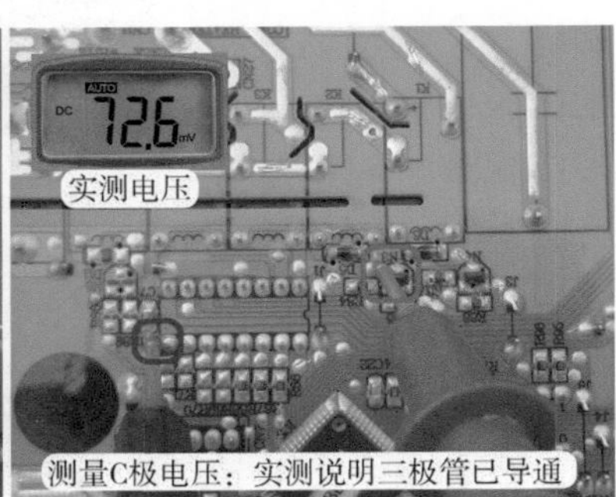

图 11-44 测量 CPU 电压和集电极电压

黑表笔不动依旧接直流电源地，红表笔接晶体管N3基极B测量电压，实测正常约为0.7V。见图11-44右图，再将红表笔改接集电极C测量电压，实测为72mV（0.07V），说明晶体管N3集电极和发射极已深度导通，故障在继电器。

7. 测量继电器线圈电压和阻值

见图11-45左图，依旧使用万用表直流电压挡，测量继电器K2线圈电压，红表笔接供电端直流12V（并联在二极管的负极），黑表笔接驱动端（接晶体管的集电极C），实测约为12.8V，说明控制电压已经送至继电器线圈，也说明晶体管已导通，故障在继电器。

断开空调器电源，待滤波电容直流300V放电完毕后，使用万用表电阻挡，测量继电器线圈阻值，实测约为340Ω，见图11-45右图，说明线圈正常，故障为继电器触点锈蚀损坏。

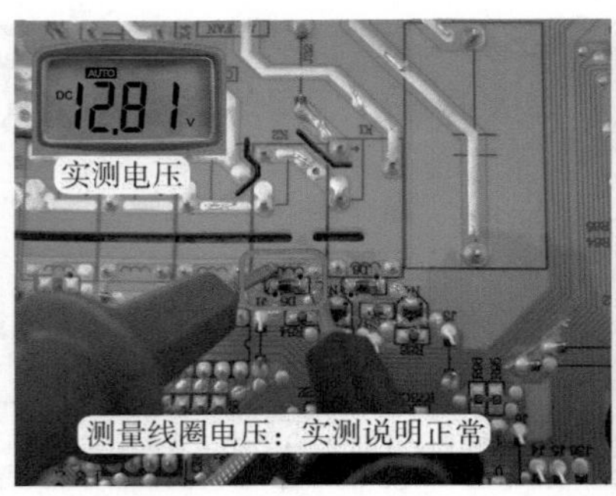

图 11-45　测量继电器线圈电压和阻值

图11-45左图中，如果红表笔和黑表笔接反，显示值为负数即–12.81V。

维修措施：见图11-46，原机主板使用的继电器型号为JZC-32F，线圈工作电压为直流12V、触点电流5A，使用参数相同的配件继电器进行代换，型号为0JE-SS-112DM，代换后上电试机，室外风机和压缩机均开始运行，制冷恢复正常，长时间运行不再停机保护，说明故障排除。

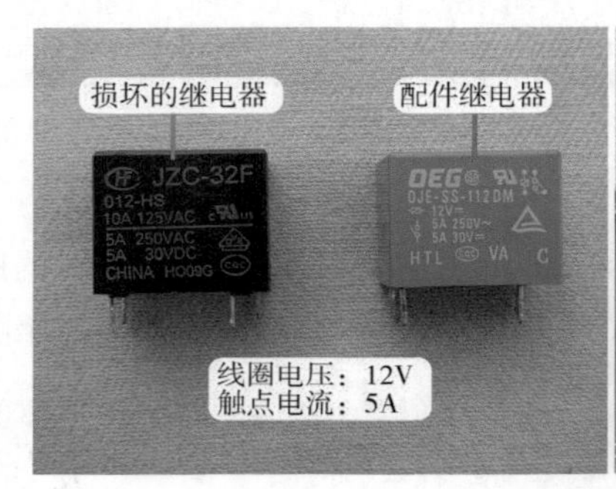

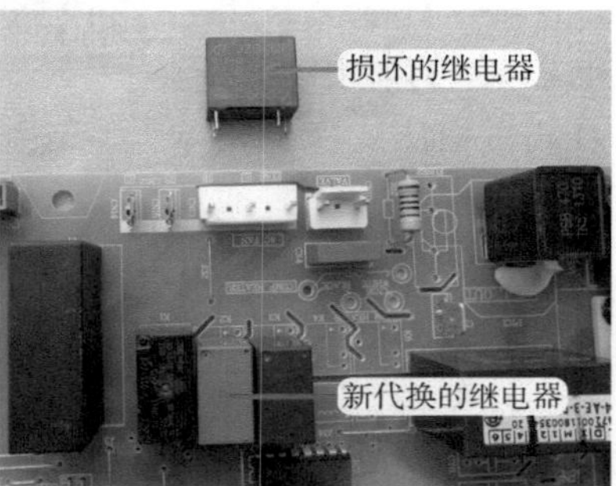

图 11-46　继电器实物外形和代换继电器

本例中继电器损坏，不能为室外风机供电，室外风机不能运行。压缩机在运行时，冷凝器热量由于不能及时吹出导致温度很高，使得系统压力升高，压缩机运行电流也相应增加，超过CPU保护值或触发模块保护电路工作，模块输出保护信号至室外机CPU，CPU判断为模块保护，因而停机进行保护；待3min后室外机主板再次控制压缩机运行，当检测到电流过大或模块输出保护信号则再次停机保护；如果10min内连续3次检测到电流过大或模块保护，则停机不再启动，室内机显示屏显示F1代码。

第 12 章 电源电路故障和格力 H5 代码

第 1 节 电源电路故障

一、电路损坏，海尔通信故障代码

故障说明：海尔KFR-26GW/（BP）2挂式交流变频空调器，用户反映不制冷。

上门检查，用遥控器开机，电源指示灯亮，运转指示灯不亮，同时室内风机运行，但室外机不运行，约2min后，室内机显示板组件以“电源-定时指示灯灭、运转指示灯闪”报出故障代码，代码含义为“通信故障”。

1. 测量室内机和室外机通信电压

将空调器重新上电开机，使用万用表交流电压挡，黑表笔接1号零线N端，红表笔接2号相线L端测量电压，实测约为220V，说明室内机已向室外机输出供电。将万用表挡位改为直流电压挡，黑表笔不动依旧接1号零线N端，红表笔改接3号通信C端测量电压，实测约为0V，而正常应为0～70V跳动变化的电压，说明通信电路出现故障。

由于本机通信电路直流140V电源设计在室外机主板，为判断是室内机故障还是室外机故障，见图12-1左图，将室内外机连接线中的红线从3号通信C端取下，黑表笔不动依旧接零线N端，红表笔接红线测量电压，实测仍约为0V，说明故障在室外机或室内外机连接线。

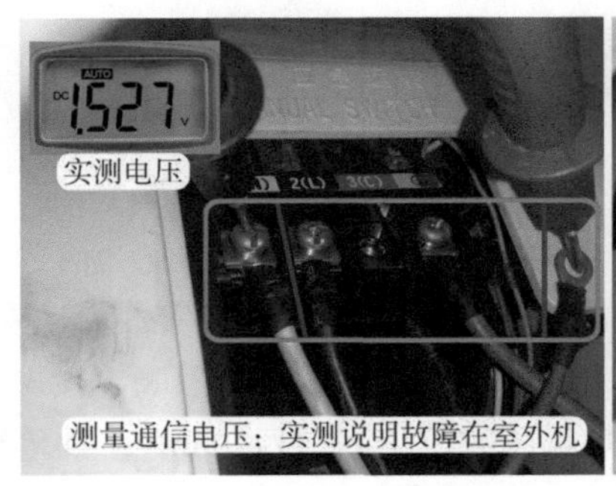

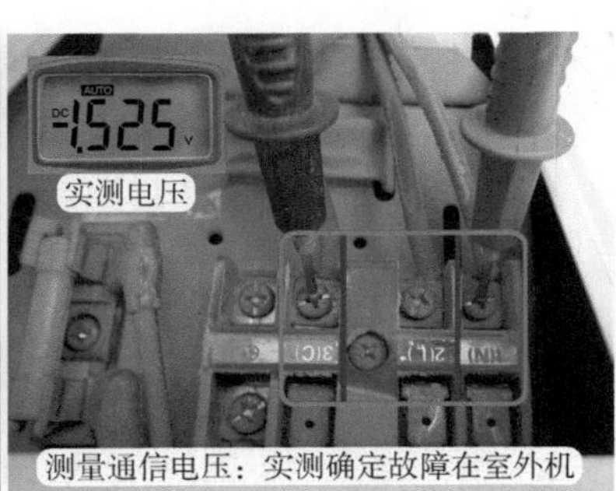

图 12-1 测量室内机和室外机通信电压

检查室外机，使用万用表交流电压挡，测量1号L端和2号N端电压为220V，说明室内机输出的供电已送至室外机。将万用表挡位改为直流电压挡，见图12-1右图，测量1号零线N端和3号通信C端电压，实测仍约为0V，确定故障在室外机。

2. 室外机电控和指示灯

取下室外机上盖，室外机电控系统主要由主板和模块组成，其中主控继电器、PTC电阻、滤波电容、硅桥均为外置元件，未设计在室外机主板上，见图12-2左图。

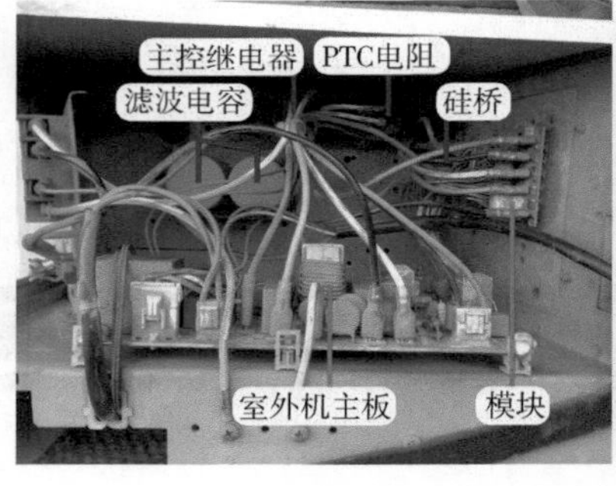

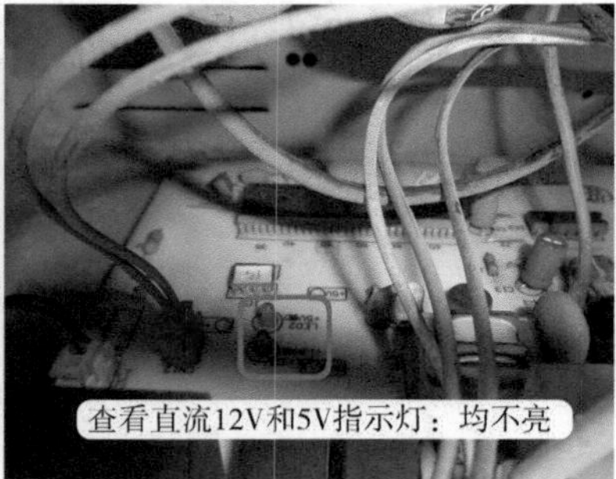

图 12-2　查看室外机电控系统和指示灯

本机室外机主板设有直流12V和5V指示灯，见图12-2右图，在室外机接线端子交流220V电压供电正常时，2个指示灯均不亮，说明室外机电控系统有故障。

3. 测量直流 300V 电压和手摸 PTC 电阻

直流12V和5V指示灯均不亮，说明开关电源电路没有工作，应首先测量其直流300V工作电压，见图12-3左图，使用万用表直流电压挡，黑表笔接模块上N端黑线，红表笔接P端红线测量电压，正常应为300V，实测约为0V，判断强电电路开路或直流300V负载有短路故障。

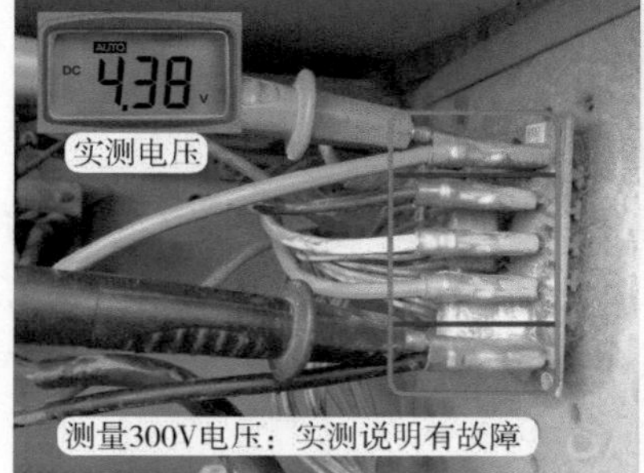

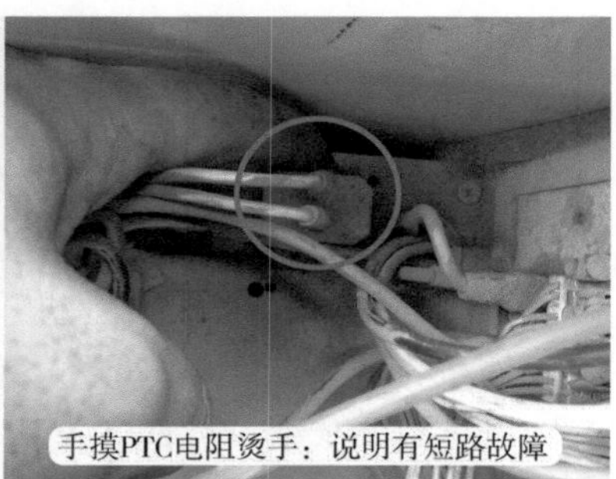

图 12-3　测量 300V 电压和手摸 PTC 电阻

为区分是开路或短路故障，见图12-3右图，使用手摸PTC电阻，感觉表面温度很烫，说明直流300V负载有短路故障。

如果PTC电阻表面为常温，通常为强电电路开路故障。

4. 测量模块

直流300V主要为模块和开关电源电路供电，而模块在实际维修中故障率较高。断开空调器电源，见图12-4，拔下模块P端红线、N端黑线、U端黑线、V端白线、W端红线共5根引线，使用万用表二极管挡测量5个端子，红表笔接N端，黑表笔接P端，实测为734mV；红表笔接N端，黑表笔分别接U、V、W端子时，实测均为408mV；黑笔表接P端，红表笔分别接U、V、W端子时，实测均为408mV；根据测量结果判断模块正常。

5.测量开关电源电路供电插座阻值

直流300V的另一个负载为开关电源电路，见图12-5，拔下为其供电的插头（设有红线和黑线共2根引线），使用万用表电阻挡，直接测量插座引针阻值，实测约为0Ω（3.97Ω），说明开关电源电路短路损坏。

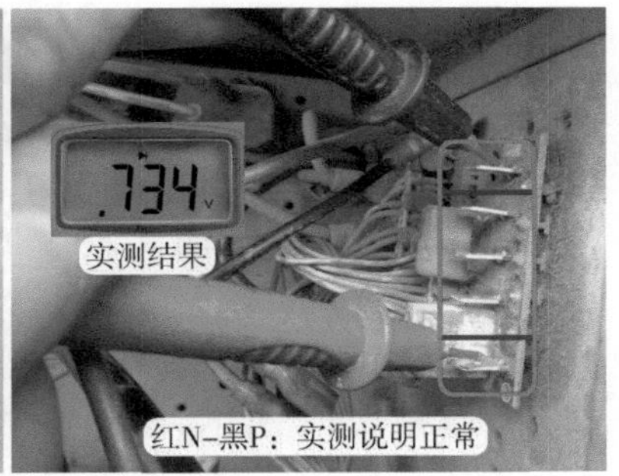

图 12-4　拔下模块引线和测量模块

图 12-5　拔下 300V 供电插头和测量插座阻值

图 12-6　更换主板和测量 300V 电压

维修措施：见图12-6左图，申请同型号的室外机主板进行更换。更换后将空调器插头插入插座，室外机主板的直流12V和5V指示灯立即点亮，说明开关电源电路已经工作。见图12-6右图，使用万用表直流电压挡，黑表笔接模块N端黑线，红表笔接P端红线测量电压，实测为309V。恢复室内外机连接线中通信红线至室内机3号端子，使用遥控器制冷模式开机，室外风机和压缩机均开始运行，制冷恢复正常，故障排除。

总结

（1）本机室内机主板未设置主控继电器，空调器插头插入电源插座，室内机上电后即向室外机供电，开关电源电路一直处于工作状态，故障率相对较高，通常为开关管的集电极C和发射极E短路，造成直流300V电压为0V，室外机主板不能工作，室内机报出通信故障的代码。

（2）本机制冷系统使用的四通阀比较特别，四通阀线圈上电时为制冷模式，线圈断电时为制热模式，和常规空调器不同。

二、铜箔烧断，格力E6代码

故障说明：格力KFR-35GW/（35556）FNDc-3挂式直流变频空调器（凉之静），用户反映不制冷，室内机显示屏显示E6代码。

1.显示屏代码和测量通信电压

上门检查，重新上电开机，室内风机运行但不制冷，见图12-7左图，约15s后显示屏显示E6代码，其含义为通信故障。通信故障中室外机故障率较高，检查室外机，使用万用表交流电压挡，测量接线端子N(1)号和3号端子电压，实测为228V，说明室内机已向室外机输出供电。

将万用表档位改为直流电压挡，见图12-7右图，黑表笔接N(1)号端子，红表笔接2号端子测量通信电压，实测约为2V，由于通信电路专用56V直流电源由室外机提供，说明故障在室外机。

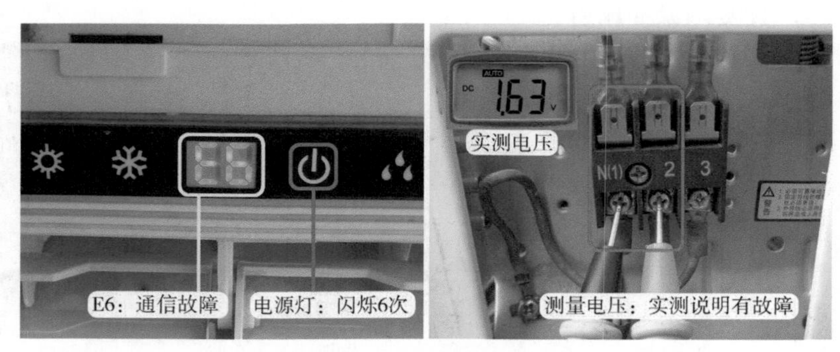

图 12-7　显示代码和测量电压

2.使用检测仪检测代码

在室外机接线端子接上格力变频空调器专用检测仪，再次上电开机，查看检测仪显示屏点亮，说明室内机主板已向室外机输出供电。见图12-8左图，待机界面共有4项功能，选择第1项数据监控，按确认键后显示：信息检测中，请不要进行按键操作。

等待约1min 30s后显示如下内容，见图12-8右图，故障：外机异常，说明检测仪判断故障在室外机。

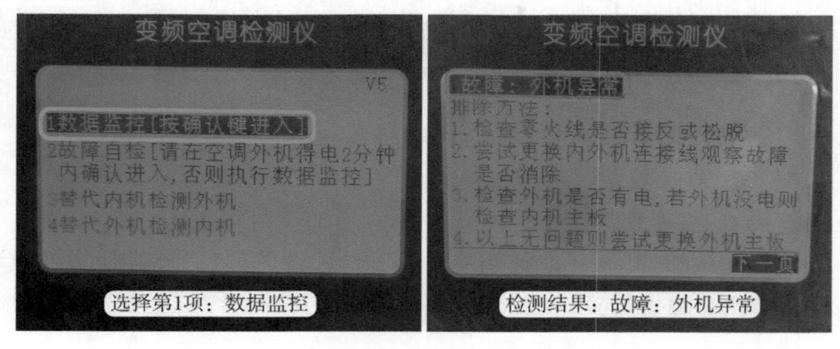

图 12-8　检测仪选项和显示故障

3.测量300V电压和电源电路

取下室外机外壳，查看主板上绿灯D2、红灯D1、黄灯D3均不亮，也说明故障在室外机主板，故障可能为强电通路开路（如熔丝管）、硅桥（模块、开关管）等负载短路、开关电源电路不工作、CPU故障等引起。

为区分故障，见图12-9左图，使用万用表直流电压挡，黑表笔接滤波电容负极、红表笔接正极测量电压，实测为325V，可排除强电通路开路或负载短路故障，故障可能为开关电源电路或CPU故障引起。

图12-9右图所示为开关电源电路主要元器件，图12-10所示为开关电源电路原理图，其

中滤波电容提供直流300V电压，集成电路和开关变压器组成振荡电路、熔丝管（俗称保险管），以及检测电路为保护电路、光耦合TL431组成稳压电路、二极管VD123-VD124-VD125整流输出为负载供电。

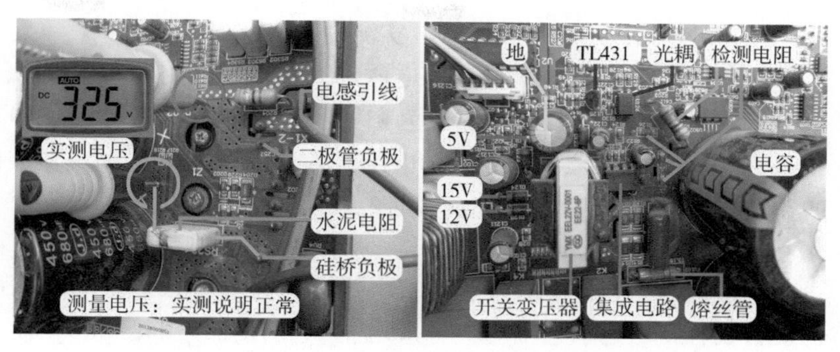

图 12-9　测量 300V 电压和开关电源电路主要元件

变频空调通信电路

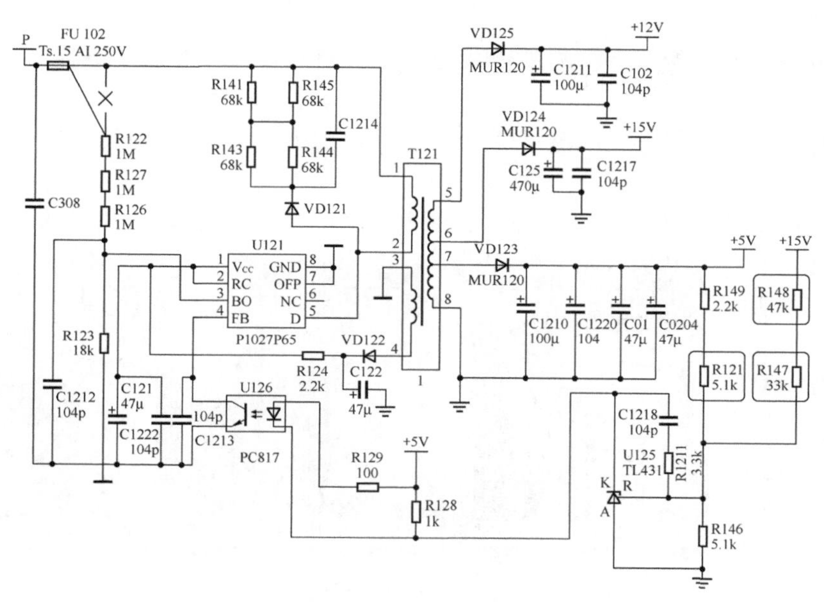

图 12-10　开关电源电路原理图

4. 测量输出电压

指示灯由CPU驱动，指示灯不亮有可能为CPU不工作，CPU正常工作的前提是供电电压正常，应使用万用表直流电压挡，测量开关电源电路3路输出电压，黑表笔接与5V滤波电容C1210负极相通的焊点。

VD123整流输出5V电压，一路为指示灯、放大器（模块电流电路）等弱电电路供电，另一路经电压转换块U4后输出稳定的3.3V电压为CPU及弱电电路供电。见图12-11左图，测量时红

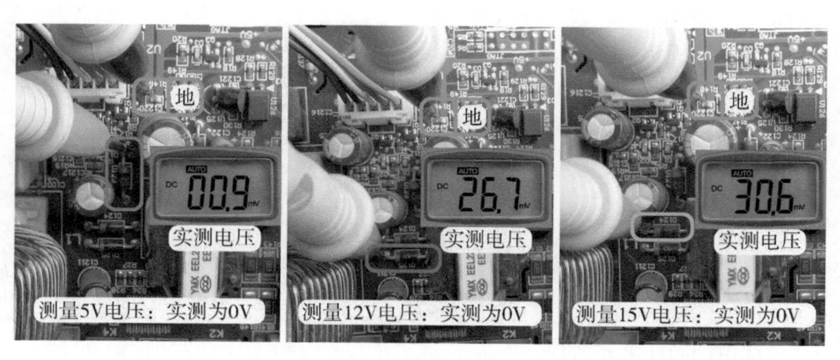

图 12-11　测量输出电压

表笔接VD123负极，正常应为5V，实测约为0V。

二极管VD124整流输出15V电压，为模块内部15V电路供电。见图12-11中图，测量时红表笔接VD124负极，正常应为15V，实测约为0V。

二极管VD125整流输出12V电压，为反向驱动器、继电器线圈、电子膨胀阀线圈等负载供电。见图12-11右图，测量时红表笔接VD125负极，正常应为12V，实测约为0V。

5. 测量开关电源电路电压

3路输出电压均为0V，说明开关电源电路没有振荡工作。本机集成电路U121型号为P1027P65，8脚双列设计，其中⑤脚经开关变压器绕组接300V正极、⑧脚为地接负极（⑦脚和⑧脚相通）、①脚为电源供电（②脚和①脚相通）、③脚为电压检测、④脚接稳压控制（接输出电压反馈）、⑥脚为空脚。测量时依旧使用万用表直流电压挡，黑表笔接集成电路U121的⑧脚。

见图12-12左图，红表笔接⑤脚测量300V电压，实测为325V，和滤波电容电压相同，说明正常。

见图12-12中图，红表笔接①脚测量供电电压，正常应为8.6V，实测约为7.7V，电压基本接近，也说明正常。

见图12-12右图，红表笔接③脚测量电压检测电压，正常应为2.2V，实测为0V，初步判断故障在③脚电路。

红表笔接④脚测量反馈电压，正常应约0.6V，实测为2.8V，和正常值相差较多，但由于输出电压为0V时④脚也相应变化，因此应重点检查③脚电路的电阻阻值。

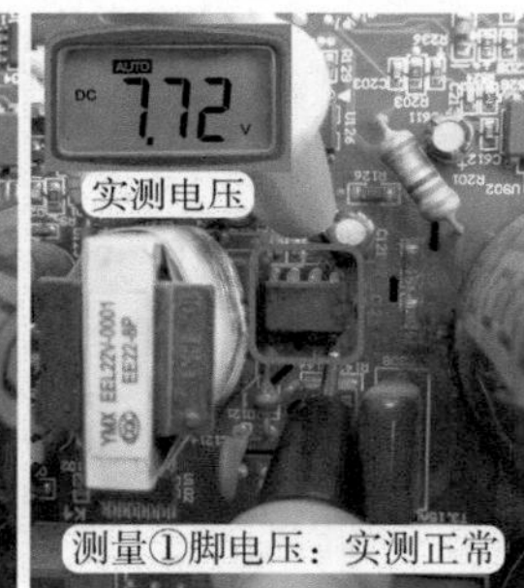

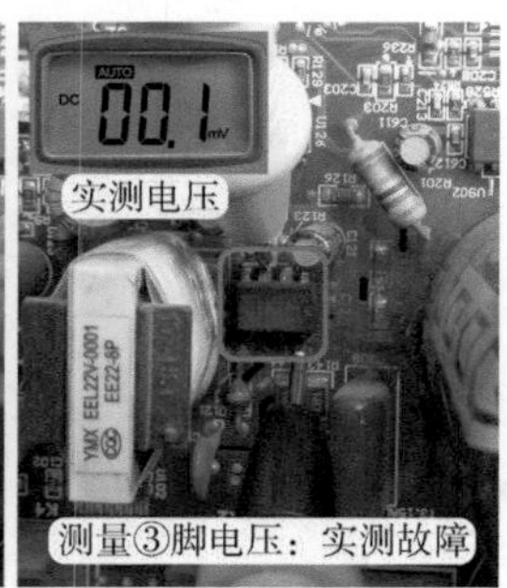

图 12-12　测量开关电源集成电路引脚电压

6. 为滤波电容放电和测量电阻阻值

拔下空调器电源插头，室外机主板失去供电，但由于开关电源电路没有工作，滤波电容的直流300V电压没有负载，将维持很长时间，如果此时直接测量阻值，容易损坏万用表，因此应为电容提供放电回路，可使用变压器一次绕组、电烙铁线圈、PTC电阻等并联在电容两端。见图12-13左图，找一个阻值约为50Ω的PTC电阻，两端焊上表笔，将表笔尖接触电容正极和负极焊点，直流300V电压立即下降至约0V。

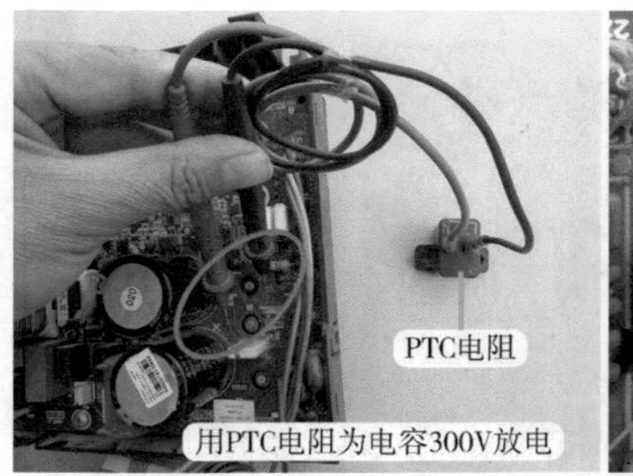

图 12-13　为电容放电和测量阻值

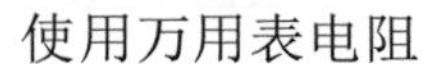

使用万用表电阻

挡，见图12-13右图，测量U121的③脚外置电压检测电阻，板号R122、R127、R126为上偏置电阻，表面印有105，其中第1位1和第2位0为数值，第3位5为0的个数，其阻值为1000000Ω=1000kΩ=1MΩ，在路测量实测均约为1MΩ；板号R123为下偏置电阻，表面印有183，其阻值为18000Ω=18kΩ，在路测量实测为18kΩ，说明电阻阻值均正常，无开路故障。

7.测量电压检测电阻电压

再次将空调器接通电源，使用万用表直流电压挡，见图12-14左图，黑表笔接地，红表笔接R122上端测量电压，正常应和电容电压相同，实测为0V，说明300V电压未提供至U121的③脚电压检测电阻。

见图12-14右图，黑表笔不动依旧接地，红表笔改接CPU的电压检测电阻R201上端测量电压，正常应和电容两端电压相同（300V），实测也为0V，说明300V电压未提供至电压检测电路。

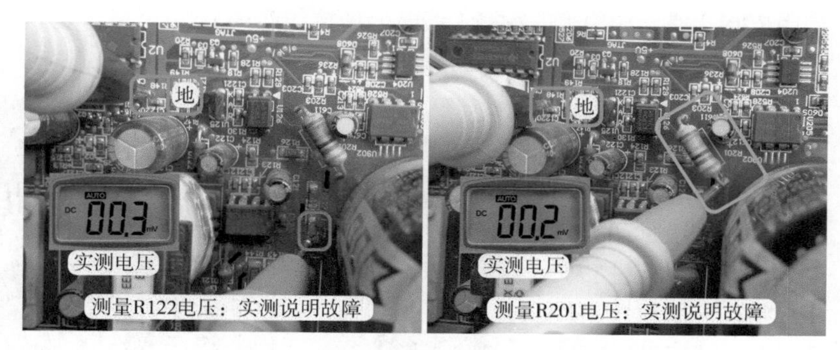

图 12-14　测量电压检测电阻的电压

8.测量阻值和查看开路点

再次拔下空调器电源插头，使用PTC电阻对滤波电容放电，将两端300V电压下降至0V，使用万用表电阻挡，见图12-15左图，一个表笔（黑）接开关电源电路的熔丝管FU102，一个表笔（红）接R122上端测量阻值，正常应为0Ω，实测为无穷大，说明熔丝管至电压检测电阻供电处有开路故障。

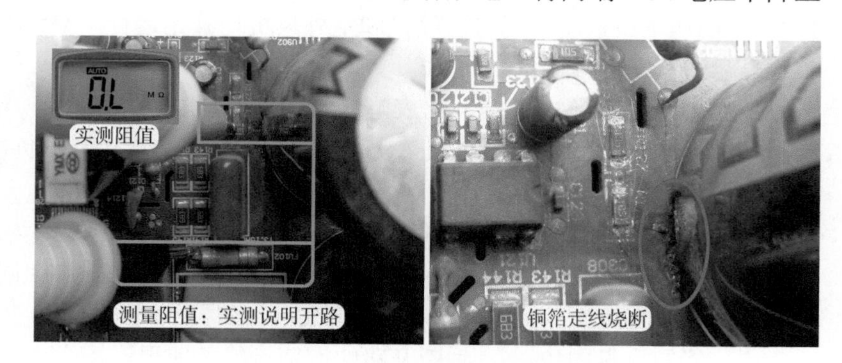

图 12-15　测量阻值和查看开路点

仔细查看开关电源电路，见图12-15右图，发现300V电压的铜箔走线烧断，部位在300V电容负极和300V电压铜箔走线的最近位置，说明由于位置过近，300V电压正极（铜箔走线）和负极绝缘下降引起打火，长时间运行使得铜箔走线烧断。

9.划断走线和焊接引线

见图12-16左图，使用螺钉旋具头（尖状物体）划断300V的铜箔走线，使300V电压正极尽可能远离电容负极，以避免300V正极和负极绝缘下降再次引起打火。

查看原铜箔走线只连接电阻R122和R201，维修时找一段引线，见图12-16右图，一端连接熔丝管FU102，在引线中间合适部位剥开绝缘层后焊接在贴片电阻R122上端，另一端焊接在电阻R201上端，由原来的铜箔走线改为连接线连接。

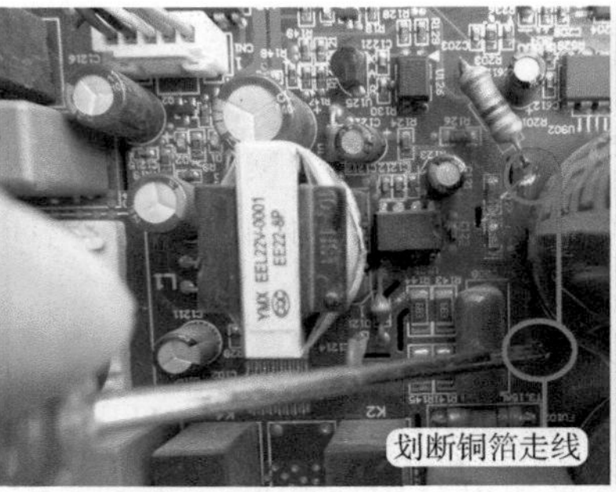

图 12-16　划断走线和焊接引线

10.查看指示灯和测量电压

再次上电开机，室内机主板向室外机主板供电后，约3s时听到继电器触点的声音，说明CPU已控制主控继电器触点导通，同时指示灯开始闪烁，见图12-17左图，查看绿灯D2持续闪烁，说明通信电路正常；红灯D1闪烁8次，表示达到开机温度；约50s时黄灯D3闪烁1次，表明压缩机启动，同时压缩机和室外风机均开始运行，空调器也开始制冷，显示屏不再显示E6代码。

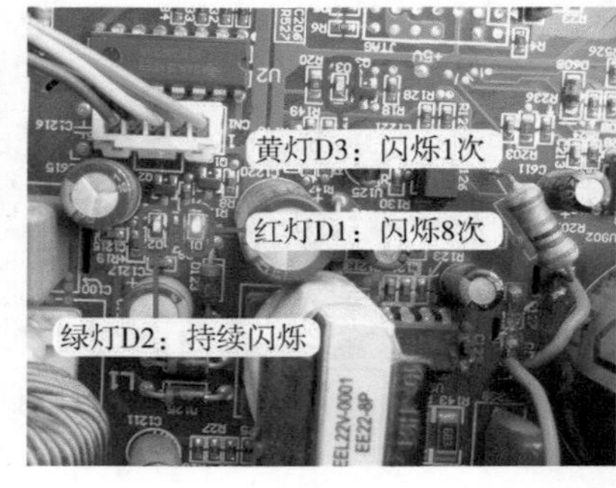

图 12-17　指示灯状态和测量集成电路电压

使用万用表直流电压挡，黑表笔接集成电路U121的⑧脚地，红表笔接VD123负极，实测为5V；红表笔接VD124负极，实测为15V；红表笔接VD125负极，实测为12V，说明开关电源电路工作恢复正常。

再次测量U121引脚电压，见图12-17右图，实测⑤脚电压约为300V、①脚电压约为8.6V、③脚电压约为2.2V、④脚电压约为0.6V，和正常电压均相同，也说明开关电源电路恢复正常。

维修措施：见图12-16，划断开路的铜箔走线，使用连接线连接。

（1）本机主板设计时由于300V电压正极铜箔走线和电容300V负极距离过近，绝缘下降引起打火，正极走线烧断，开关电源集成电路U121的③脚电压检测电路电压为0V，U121判断为输入的直流电压过低，控制内部振荡电路停止工作，开关管处于停止状态，开关电源电路也不工作，输出电压均为0V，CPU不能工作，不能发送和接收通信信号，室内机CPU检测不到反馈的通信信号，显示屏显示E6代码。

（2）选择格力变频空调器专用检测仪的第1项数据监控时，如果空调器通信电路正常，按确认键后约3s即可进入数据显示或故障显示；但如果通信电路出现故障时，按确认键需要等待约1min 30s后才会显示检测内容。

（3）若故障为室外机主板未供电使得CPU没有工作，检测仪显示故障为“外机异常”，而不是“E6通信故障”，虽然此时室内机显示屏显示E6代码。

（4）图12-9左图中，硅桥负极经水泥电阻连接滤波电容负极，硅桥正极经电感的引线接PFC电路中二极管正极，其负极接滤波电容正极，因此测量直流300V电压时，黑表笔接与水泥电阻相通的焊点，红表笔接与二极管负极相通的焊点。

（5）目前的变频空调器室外机主板基本上为热地设计，即强电直流300V的地和弱电直流5V的地是相通的，弱电部分（CPU控制等电路）的地与强电部分没有隔离，弱电控制部分的地也是不安全的，人接触到会触电！因此，检测变频空调器带电运行时，人体严禁接触弱电部分电路（强电部分更不允许触碰）。格力空调器出厂时室外机电器盒设有黄色标签警告：室外机控制器整体均带强电，未确认完全断电前切勿触摸。

三、取样电阻损坏，格力 E6 代码

故障说明：格力KFR-26GW/（26556）FNDe-3挂式直流变频空调器（凉之静），用户反映开机后不制冷，显示屏显示E6代码，查看代码含义为通信故障。

1. 查看指示灯状况和测量通信电压

上门检查，使用遥控器开机，室内风机运行但吹出的风为自然风，检查室外机，室外风机和压缩机均不运行，使用万用表交流电压挡，测量N（1）号端子和3号端子供电电压为交流220V；改用直流电压挡，红表笔接2号端子，黑表笔接N（1）号端子测量通信电压，实测约为0V，由于通信电路电源设在室外机主板，判断故障在室外机。

取下室外机顶盖，查看室外机主板指示灯，见图12-18左图，绿灯D2、红灯D1、黄灯D3均不亮，说明CPU没有工作或者通信电路有故障。

见图12-18右图，使用万用表直流电压挡，红表笔接通信电路中56V稳压二极管ZD132负极，黑表笔接蓝线零线AC-N测量电压，实测约为56V，说明电压产生电路正常，测量室外机接线端子N（1）和2号端子通信电压为0V的原因应为发送光耦次级侧未导通，并且在室外机主板上电时并没有听到主控继电器触点“啪”（导通）的声音，初步排除通信电

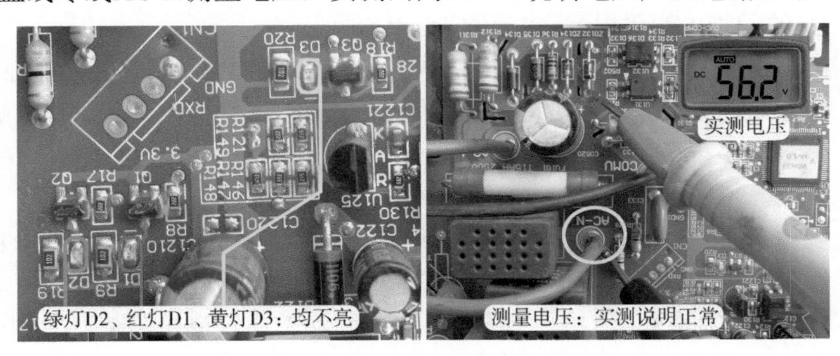

图 12-18　指示灯状态和测量通信电压

路故障，故障在电源电路或CPU电路。

2. 测量300V电压和电源电路主要元件

开关电源电路的300V供电由滤波电容提供，使用万用表直流电压挡，见图12-19左图，红表笔接与快恢复二极管负极相通的电容正极，黑表笔接与硅桥负极相通的电容负极测量300V电压，实测为313V，说明正常，初步判断故障为电源电路损坏。

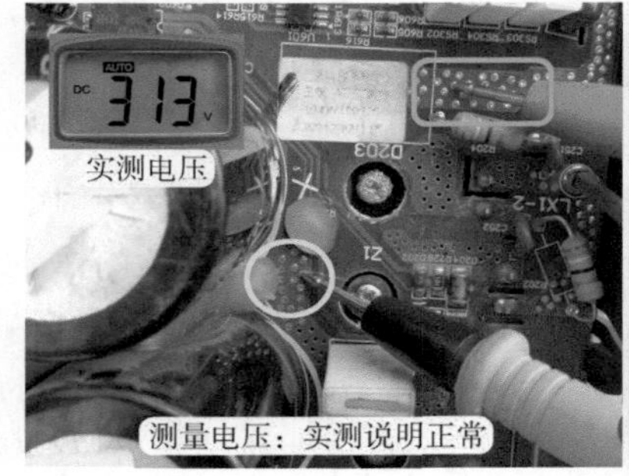

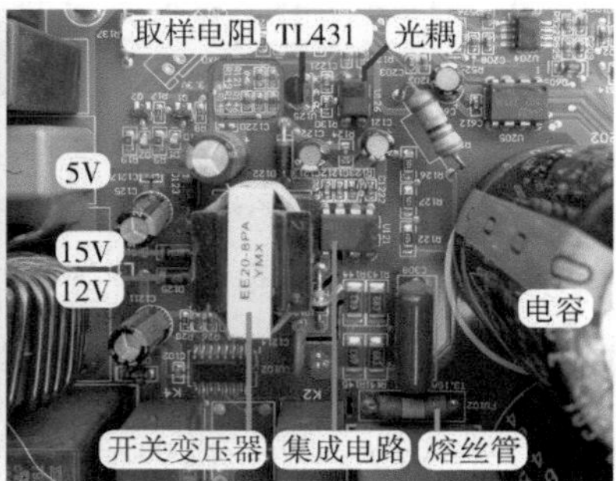

图 12-19　测量 300V 电压和电源电路主要元件

图12-10所示为电源电路原理图，图12-19右图为主要元件，由熔丝管FU102、集成电路U4（P1027P65）、开关变压器T121、5V整流二极管VD123、15V整流二极管VD124、12V整流二极管VD125、光耦U126、稳压取样电路U125（TL431）、取样电阻等组成。

3. 测量输出端电压

见图12-20，使用万用表直流电压挡，测量电源电路输出端电压。黑表笔接电容C01附近的GND1地测量点，红表笔接VD123负极测量5V电压，实测约为1.2V，5V电压经3.3V稳压电路U4转换后为CPU供电，指示灯不亮和接线端子通信电压为0V，均为CPU没有得到供电不能工作引起。

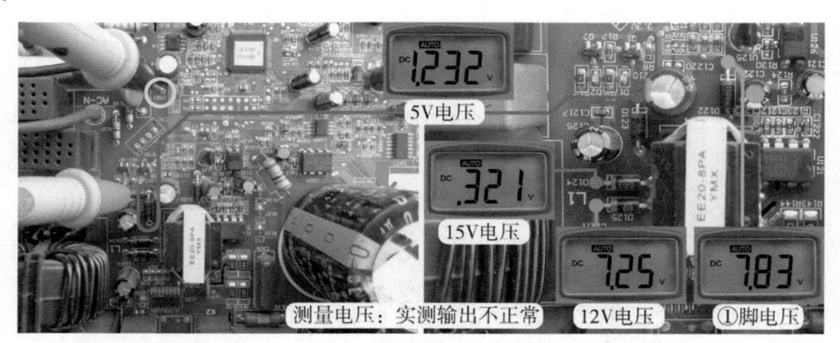

图 12-20　测量输出端电压

黑表笔不动依旧接地，红表笔接VD124负极测量15V电压，实测约为0.3V；红表笔接VD124负极测量12V电压，实测约为7.3V；红表笔接VD122负极测量电压（为集成电路U4的①脚电源供电），实测约为7.8V。

如果3路输出电压（5V、15V、12V）均为0V，说明开关电源电路没有工作，应检查集成电路是否起振等；而实测12V和U4的①脚供电低于正常值，说明集成电路U4已经工作，只是由于某种原因引起输出电压低，应检查相应输出支路的对地阻值。

4. 测量输出电压支路对地阻值

断开空调器电源，待直流300V电压下降至约0V，或者使用PTC电阻直接泄放电容储存的300V电压至0V，见图12-21左图，使用万用表电阻挡，一个表笔接地（图中红表笔实接GND1地测量点），另一个表笔接二极管负极测量阻值，实测5V整流二极管VD123负极对地阻值约为20kΩ，正常；15V整流二极管VD124负极对地阻值约为0Ω，说明对地短路；12V整流二极管负极VD125对地阻值为无穷大，说明正常。测量结果说明15V电压支路出现短路故障。

15V电压只为模块内部控制电路提供电源，顺着主板铜箔走线查看，15V直接送至模块引脚，外部设有过压保护二极管VD205，见图12-21中图，使用万用表电阻挡测量VD205的两端阻值，实测约为0Ω。

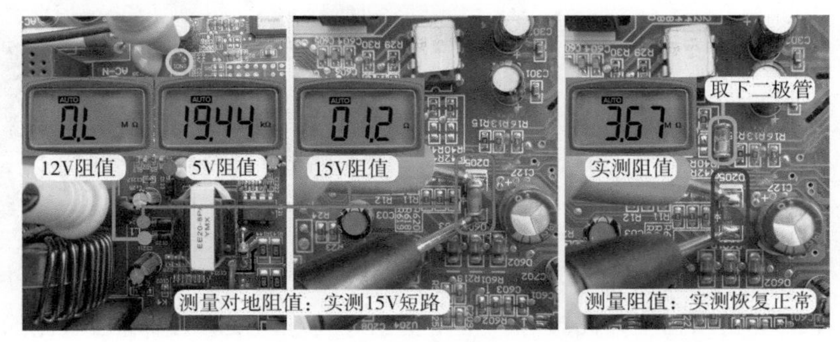

图 12-21　测量输出电压支路对地阻值和取下二极管

为判断是VD205短路还是模块内部电路短路，见图12-21右图，使用烙铁取下VD205，再使用万用表电阻挡测量VD205焊点阻值，实测约3.7MΩ，说明主板已排除短路，故障在保护二极管。

5. 测量原机和配件二极管

本机过压保护二极管使用贴片型，即没有引脚，直接焊在主板上面，带有圆圈标记的一侧为负极。使用万用表二极管挡测量拆下来的原机二极管，见图12-22左图，实测正向结果约为0mV，说明击穿短路损坏。

依旧使用万用表二极管挡，测量同型号的配件二极管，见图12-22中图和右图，红表笔接正极，黑表笔接负极为正向测量，实测结果为646mV；红表笔接负极，黑表笔接正极为反向测量，实测结果为无穷大。

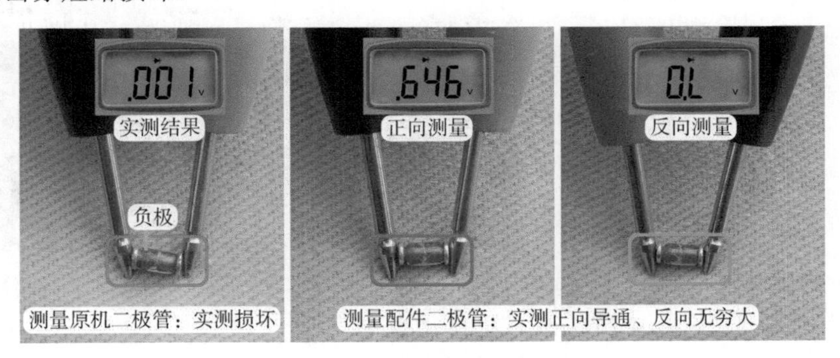

图 12-22　测量原机和配件二极管

6. 更换二极管和上电试机

见图12-23左图，将测量正常的配件二极管正极和负极对应焊接在室外机主板的VD205焊点位置。

更换后上电试机，室内机主板向室外机主板供电，见图12-23中图，查看3个指示灯（绿灯D2、红灯D1、黄灯D3）同时闪烁两次后便熄灭，同时也没有听到主控继电器触点“啪”（导通）的声音，判断开关电源电路仍没有正常工作。

使用万用表直流电压挡测量输出端电压，见图12-23右图，黑表笔依旧接电容C01附近的GND1地测量点，红表笔接整流二极管VD123负极测量5V电压，实测约为1.4V；红表笔接整流二极管VD124负极测量15V电压，实测约为0.3V；红表笔接整流二极管VD125

测量12V电压，实测约为20V。

断开空调器电源，待直流300V电压下降至约为0V时，使用万用表电阻挡再次测量15V整流二极管VD124负极对地阻值，实测约为0Ω，说明VD205再次击穿短路损坏，根据指示灯闪烁两次和12V电压实测约为20V，判断开关电源电路在更换VD205上电后已经开始工作，但输出电压过高，再次击穿VD205过压保护二极管，5V电压输出依旧为约1V，CPU不能工作，室内机显示E6代码。

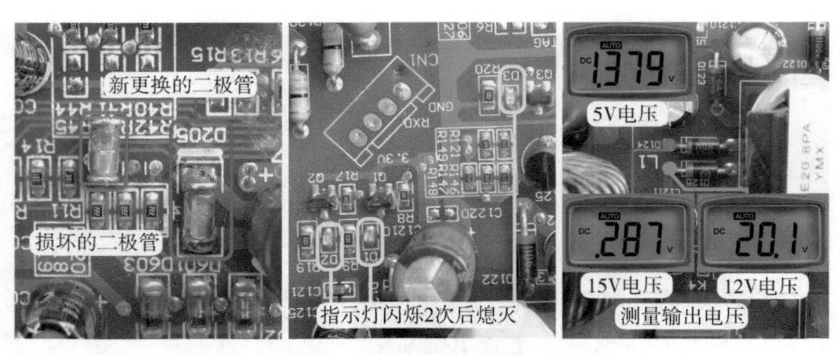

图 12-23　更换二极管后上电试机和测量输出端电压

7. 测量集成电路电压

在不更换VD205（即15V输出端短路）的情况下，再次上电试机，见图12-24，使用万用表直流电压挡，测量集成电路U121电压，测量时黑表笔接⑧脚（相当于接地），红表笔接引脚测量电压。

红表笔接⑤脚测量300V电压，实测为312V，正常；红表笔接①脚测量U121供电电压，实测约为7.7V，正常；红表笔接③脚测量电压检测电路电压，实测约为2.2V，正常；红表笔接④脚测量稳压反馈电压，实测约为2.8V，而正常应约为0.6V，判断稳压反馈电路出现故障。

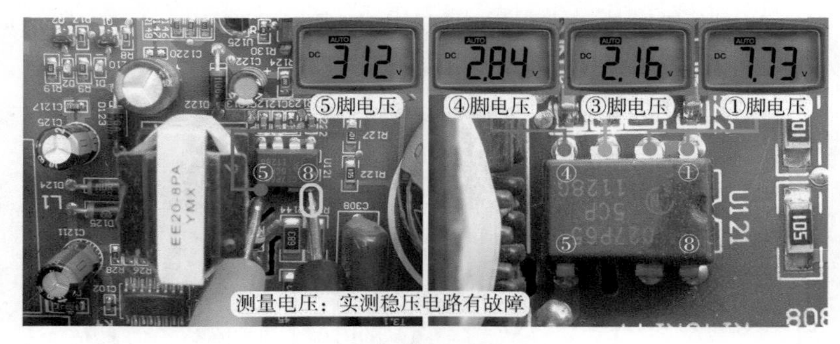

图 12-24　测量集成电路电压

8. 测量光耦初级侧和次级侧电压

集成电路U121的④脚连接光耦U126次级侧光电三极管，见图12-25，使用万用表直流电压挡测量U126引脚电压。

红表笔接次级侧④脚集电极引脚C，黑表笔接③脚发射极引脚E测量电压，实测约为2.8V，和集成电路U121④脚电压相等，说明U126次级侧未导通。

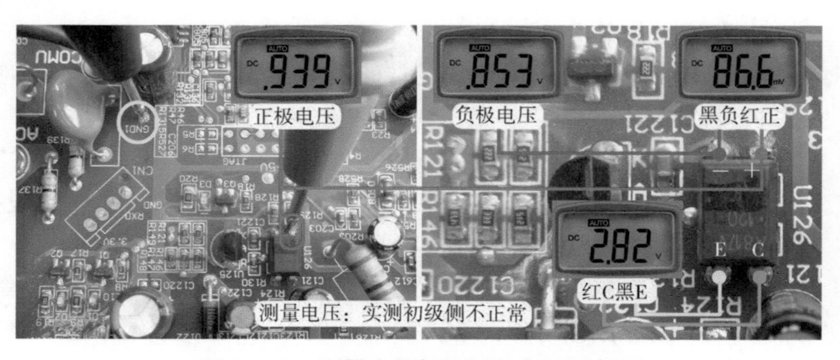

图 12-25　测量光耦初级侧和次级侧电压

将红表笔改接在

初级侧①脚（正极），黑表笔接②脚（负极）测量电压，实测约为0.1V（86mV），说明初级侧没有得到供电。

9. 测量 TL431 电压

U125稳压取样集成块的型号为TL431，内部设有2.5V基准稳压电路，共有3个引脚，参考极R接取样电阻、阳极A接地、阴极K接光耦U126初级侧②脚负极。

测量时依旧使用万用表直流电压挡，黑表笔接GND1地测量点，红表笔接TL431的K引脚测量阴极电压，实测约为0.8V；红表笔接R引脚测量参考极电压，实测约为0V，说明取样电路出现故障，见图12-26。

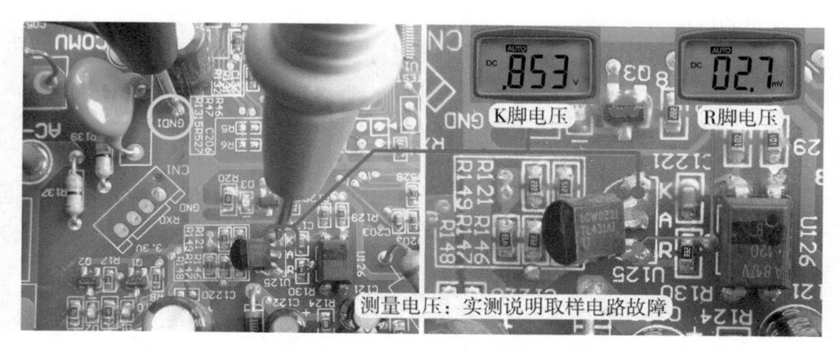

图 12-26　测量 TL431 电压

10. 在路测量电阻阻值

取样电阻共设有5个，15V取样电阻为R148（47kΩ）和R147（33kΩ），5V取样电阻为R149（2.2kΩ）和R121（5.1kΩ），下偏置电阻为R146（5.1kΩ）。

断开空调器电源，待室外机主板上直流300V电压下降至约为0V时，见图12-27，使用万用表电阻挡，表笔接取样电阻两端测量阻值，实测R148阻值约为22MΩ，说明开路损坏；R149阻值约为2.2kΩ，正常；R121阻值约为7.3kΩ，说明有故障；R146阻值约为5.1kΩ，正常；R147阻值约为16MΩ，说明开路损坏。

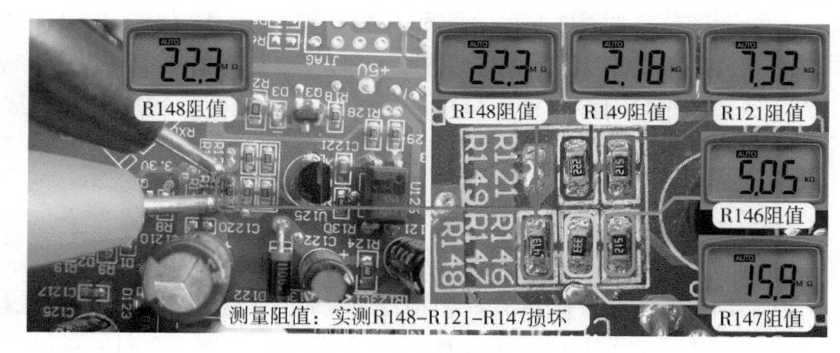

图 12-27　在路测量电阻阻值

11. 单独测量阻值

电阻R147标号333，见图12-28左图，第1位3和第2位3为数值，第3位3为0的个数，阻值为330000Ω=33kΩ；电阻R121标号512，阻值

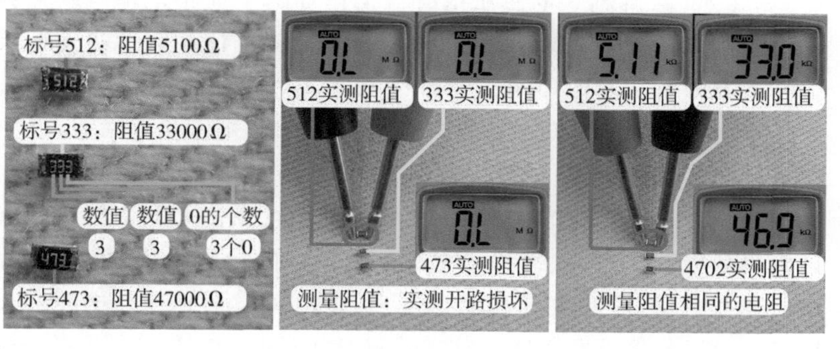

图 12-28　单独测量电阻阻值

为5.1kΩ；电阻R148标号473，阻值为47kΩ。

使用万用表电阻挡，逐个测量拆下的贴片电阻阻值，见图12-28中图，R121（标号512）、R147（标号333）、R148（标号473）实测阻值均为无穷大，说明开路损坏。

见图12-28右图，测量阻值相同的配件贴片电阻阻值。标号512电阻，实测约为5.1kΩ；标号333电阻，实测为33kΩ；标号4702电阻，实测约为47kΩ。

12.更换电阻和二极管

见图12-29左图，标号512和333的贴片电阻，均使用同型号的配件电阻代换；标号473的电阻，使用标号为4702的电阻代换，其第1位4、第2位7、第3位0均为数值，第4位2为0的个数，4702表示阻值为47000Ω=47kΩ，和标号473阻值相同。

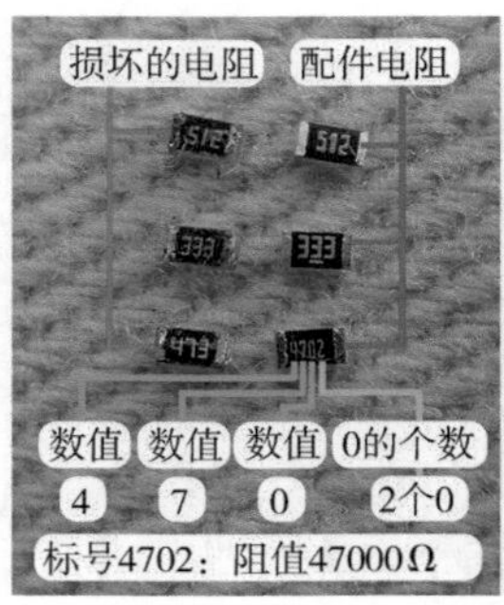

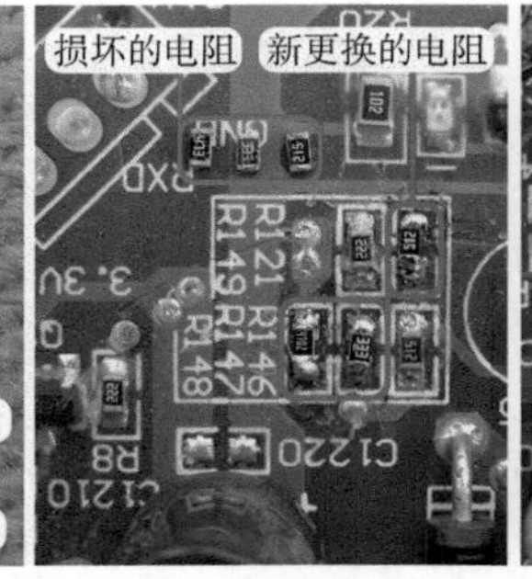

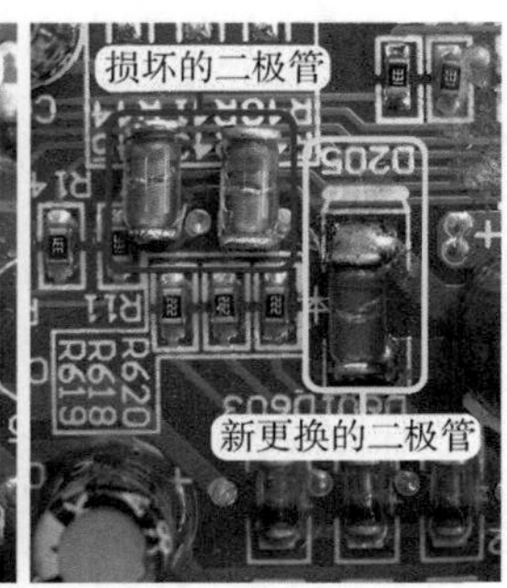

图 12-29　更换电阻和二极管

见图12-29中图，将标号512配件电阻焊入R121位置、将标号333电阻焊入R147位置、将标号4702电阻焊入R148位置。

由于过压保护二极管已击穿损坏，见图12-29右图，使用型号相同的配件二极管代换，按正极和负极焊入VD205焊点。

维修措施：见图12-29中图和右图，更换电阻R148、R121、R147和二极管VD205。更换完成后上电试机，室外机主板上电后约3s听到主控继电器触点“啪”（导通）的声音，指示灯开始闪烁，室外风机和压缩机开始运行，制冷恢复正常。

总结

（1）本例由于开关电源电路的稳压支路中取样电阻开路，引起3路输出电压过高，15V支路过压保护二极管VD205击穿，相当于15V支路对地短路，开关电源电路不能工作，室外机CPU不能发送和接收通信信号，因而室内机显示屏显示E6代码。

（2）在路测量电阻阻值时，由于电路中电子元件串联或并联的原因，实测阻值一般小于或等于标称阻值，如果大于标称阻值，则说明该电阻有故障，可能为阻值变大或开路损坏。

（3）直流12V只为继电器线圈和反相驱动器供电（以及电子膨胀阀线圈），因此对地阻值实测为无穷大。

（4）本例在更换VD205过压保护二极管但未更换取样电阻时，上电试机开关电源电路开始工作，3路输出电压均较高，随后由于VD205再次击穿开关电源电路又停止工作，3路输出电压均降低，但因12V支路对地阻值为无穷大没有放电回路，测量12V支路电压为较高值，实测时随时间延长12V支路电压也会逐渐下降。

第 2 节　格力 H5 代码

一、电阻开路，格力 H5 代码之一

故障说明：格力KFR-32GW/（32556）FNDe-3挂式直流变频空调器（凉之静），用户反映不制冷，室内机显示屏显示H5代码，查看代码含义为IPM（模块）电流保护。

1. 测量压力和手摸管道

上门检查时，用户正在使用空调器，查看显示屏显示H5代码，感觉室内机出风为自然风，说明不制冷，将室外机三通阀检修口接上压力表，使用万用表交流电流挡，钳头夹住接线端子N（1）蓝线测量室外机电流，断开电源等待约2min重新上电开机，室内风机运行，室外机主板得到供电后约15s时室外风机运行。查看室外机电流，由待机刚上电时约0.1A上升至约0.4A。查看系统压力，室外机未上电时静态压力约为1.8MPa（本机使用R410A制冷剂），室外风机运行后压力一直保持不变，和静态压力相同（约为1.8MPa），见图12-30，手摸二通阀和三通阀均为常温，根据电流、压力、温度判断压缩机未启动运行。

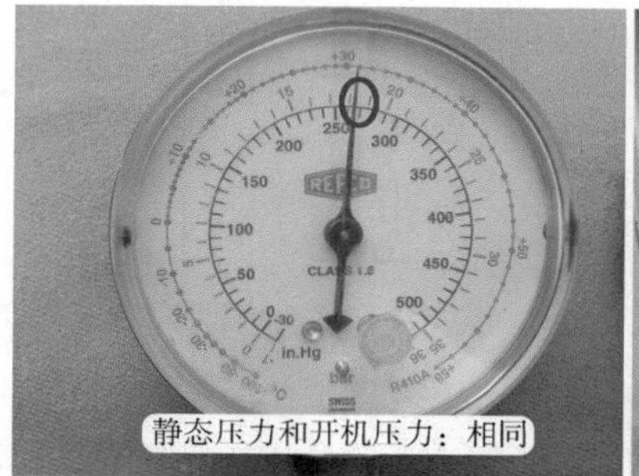

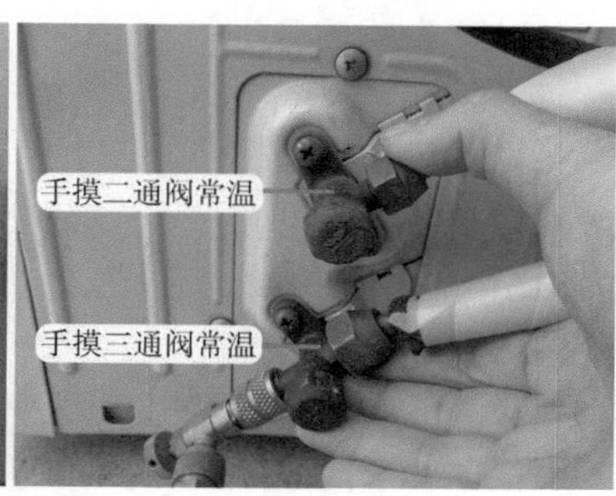

图 12-30　测量压力和手摸二通阀及三通阀

室外风机运行30s后停止，间隔2min 30s再次运行30s后停止，再间隔2min 30s开始运行，室外机主板上电后约6min 20s时室内机显示屏显示H5代码，制热指示灯闪烁5次，室外风机不再运行，只要不关机，室内机主板一直向室外机供电。

2. 查看指示灯和相电流检测电路

在室外机主板得到供电约15s时室外风机运行，查看室外机主板指示灯，见图12-31左图，黄灯D3闪烁4次，含义为IPM（模块）过电流保护，和H5代码含义相同。室外机主板上电即显示模块过电流保护，常见原因有相电流检测电路故障或模块保护电路起作用。

相电流检测电路和模块保护电路实物图见图12-31右图，相电流检测电路原理图

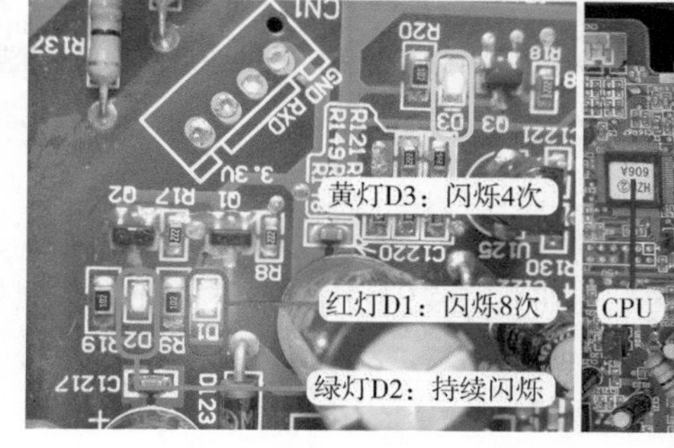

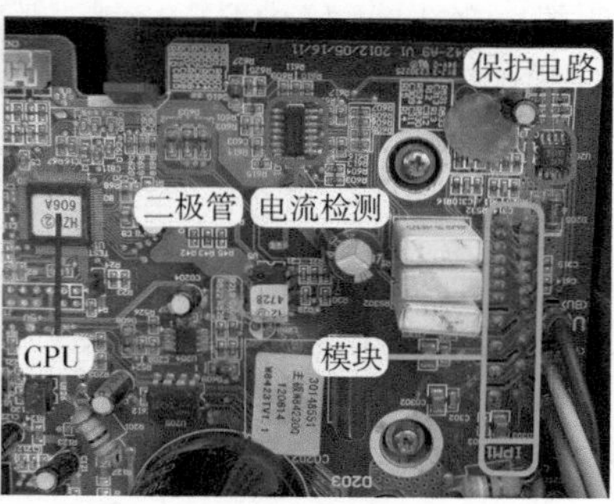

图 12-31　指示灯状态和相电流检测及模块保护电路

参见图12-32，模块保护电路原理图参见图12-33。相电流检测电路主要由模块相关引脚、电流检测放大集成电路U601（OPA4374）、二极管、CPU电流检测引脚等组成，模块保护电路主要由模块相关引脚、保护集成电路U206（10393）、CPU的模块保护引脚等组成。

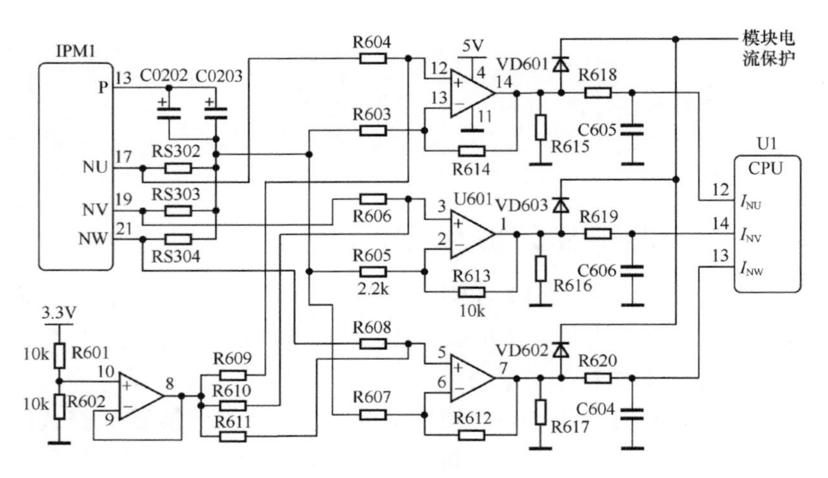

图 12-32 相电流检测电路原理图

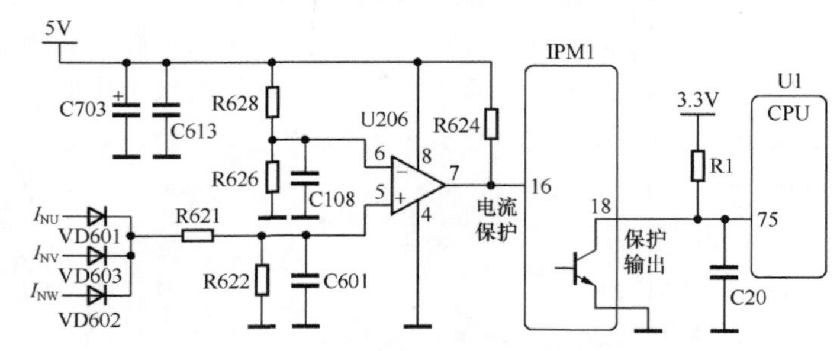

图 12-33 模块保护电路原理图

3. 测量模块引脚电压

本机模块（板号IPM1）使用的型号为IRAM136-1061A2，单列封装，标称29个引脚（实际共设有21个引脚）。其18脚为故障保护输出，接CPU引脚；16脚为电流保护输入，接U206集成电路。测量模块引脚电压时，使用万用表直流电压挡，黑表笔接15V过压保护二极管VD205正极地相通的焊孔。

见图12-34左图，红表笔接模块18脚测量故障保护输出电压，正常时为高电平约3.1V，实测为低电平约为0.1V（68.5mV），说明模块输出故障电压至CPU，CPU检测后控制压缩机不运行进行保护。

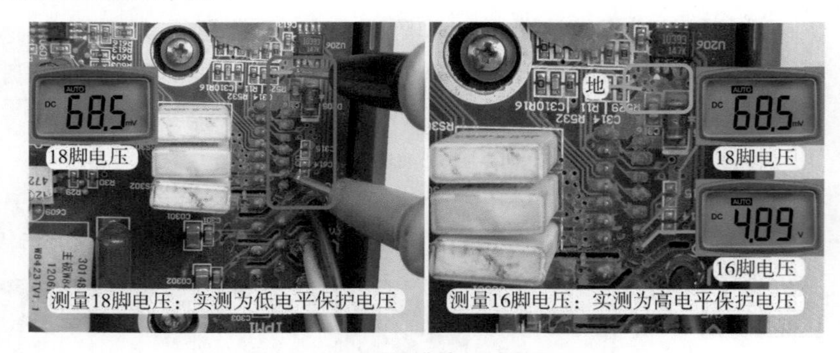

图 12-34 测量模块保护引脚电压

向前级检查，见图12-34右图，红表笔接模块16脚测量电流保护电压，正常时为低电平约0V（73.5 mV），实测为高电平约为4.9V，说明模块18脚输出低电平是由于16脚为高电平所致。

4. 测量模块保护集成电路电压

模块保护集成电路U206的型号为10393，双列8个引脚，⑧脚接5V电源、④脚接地。

内部设有两个相同的电压比较器。比较器1A（①脚、②脚、③脚）本机未使用，只使用比较器2B，⑤脚为同相输入，⑥脚为反相输入，⑦脚为输出端接模块16脚。测量时，依旧使用万用表直流电压挡，黑表笔不动接地，见图12-35。

红表笔接⑧脚测量电源电压，实测约为4.9V，正常。

红表笔接⑦脚测量输出端电压，正常为低电平约0V（73.7mV），实测为高电平约4.9V，说明U206检测到电流过大。

红表笔接⑥脚测量反相输入即基准电压，正常为1.5V，实测约为1.5V，正常。

红表笔接⑤脚测量同相输入即电流检测取样电压，正常约为0.8V即低于⑥脚基准电压，实测约2V，高于⑥脚电压，说明⑦脚输出高电平是由于⑤脚电压过高引起，间接说明U206正常。

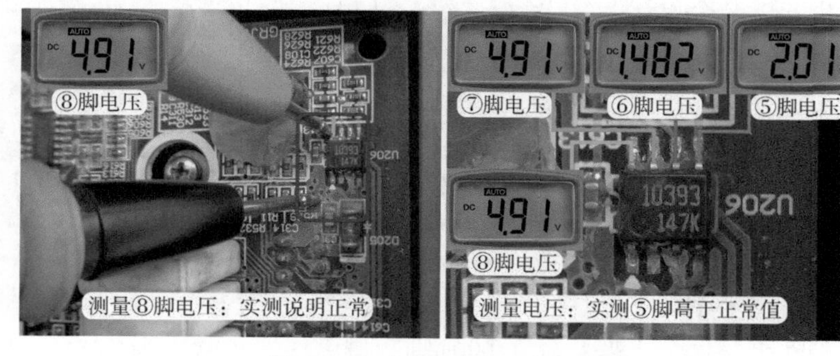

图 12-35　测量 U206 引脚电压

5. 测量二极管电压

U206的⑤脚电压由电流检测放大集成电路U601输出端经二极管负极提供，见图12-36，依旧使用万用表直流电压挡，测量二极管电压，黑表笔接地（实接U5存储器①脚地）。

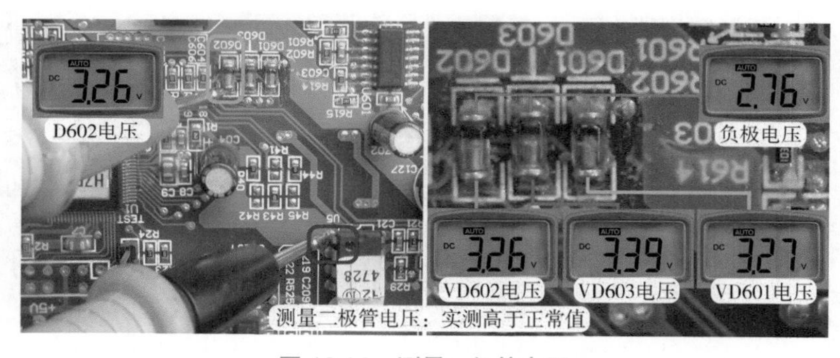

图 12-36　测量二极管电压

红表笔接负极（VD602、VD603、VD601的负极相通）测量电压，正常约为1.1V，实测约为2.8V，说明U206的⑤脚电压值较高，是由于二极管负极电压较高输出所致。

红表笔接VD602正极、VD603正极、VD601正极测量电压，压缩机不运行时正常电压应相等，约为1.6V，实测均约为3.3V，高于正常值很多，说明电流检测放大集成电路U601出现故障。

测量二极管电压时，黑表笔可实接VD205正极相通焊孔（地）不动，此处改接U5存储器的①脚地是为使图片清晰。

6.测量U601引脚电压

依旧使用万用表直流电压挡，黑表笔接公共端地，测量U601引脚电压。见图12-37左图，红表笔分别接放大器1（A）输出端①脚、放大器2（B）输出端⑦脚、放大器4（D）输出端14脚测量电压，正常约为1.6V，实测均约为3.3V，和二极管VD602、VD603、VD601正极相等。压缩机U、V、W相电流支路（放大器1、2、4）输出电压均较高，应检查提供基准电压的放大器3（C）。

见图12-37右图，红表笔接放大器3（C）输出端⑧脚（⑧脚和⑨脚相通）测量电压，正常约为1.6V，实测约为3.3V，说明放大器3（C）输出的基准电压高，使得放大器1、2、4输出电压均较高。

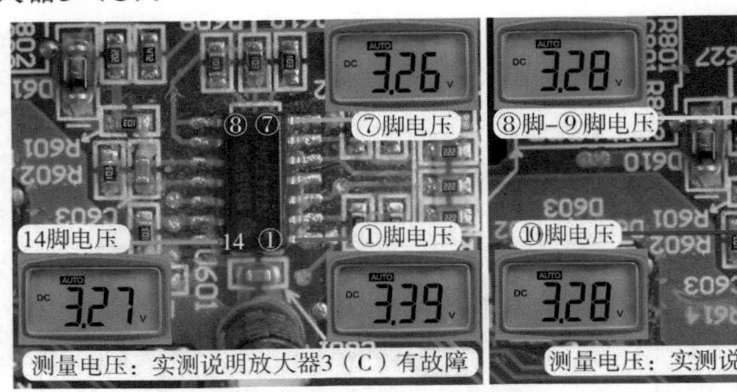

图12-37　测量U601引脚电压

红表笔接放大器3（C）的⑩脚测量电压，正常应为1.65V，即CPU供电3.3V的一半，实测约为3.3V，和供电电压相同，说明⑩脚电路有故障。

7.在路测量阻值

断开空调器电源，使用PTC电阻或等待约1min使直流300V电压下降至约0V，使用万用表电阻挡，测量放大器3（C）⑧脚、⑩脚外围电阻阻值，见图12-38。

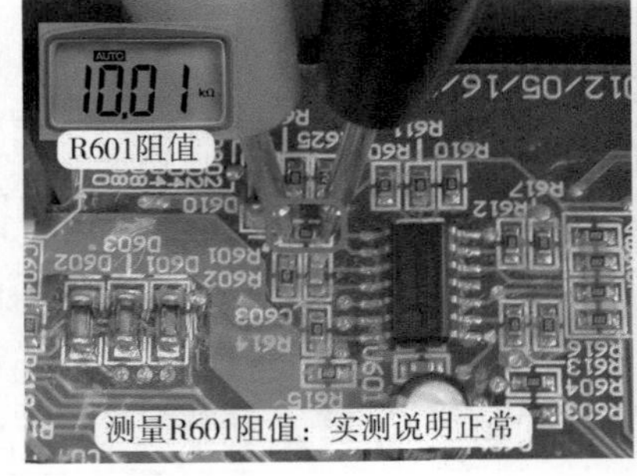

图12-38　在路测量阻值

表笔接电阻R601（标号103、10kΩ）两端测量阻值，实测约为10kΩ，判断正常。

R602（标号103、10kΩ）实测阻值约为17kΩ，大于标称值，判断有故障。

R609、R610、R611（标号103、10kΩ）实测阻值均约为4.5kΩ，判断正常。

8.单独测量阻值

R602为贴片电阻，标号103，见图12-39左图，第1位1和第2位0为数值，第3位3为0的个

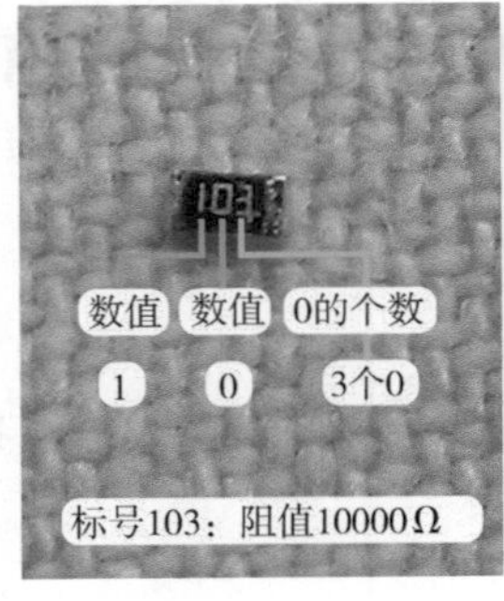

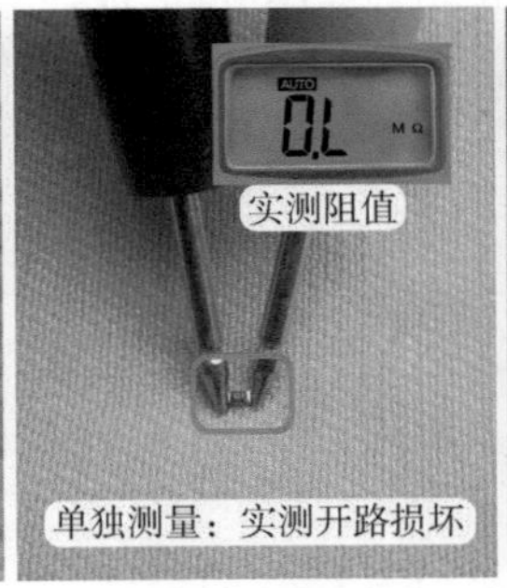

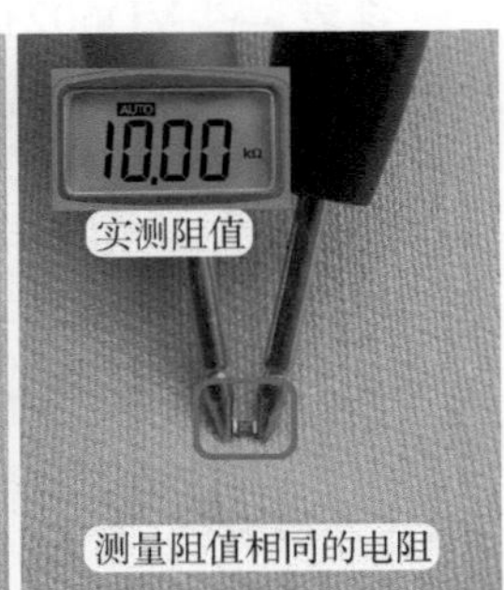

图12-39　单独测量阻值

数，103阻值为10000Ω，即10kΩ。

见图12-39中图，使用万用表电阻挡，单独测量阻值，实测仍为无穷大，确定开路损坏。

见图12-39右图，测量阻值相同的电阻，实测为10kΩ。

7805与7812稳压块

9. 更换电阻和测量电压

见图12-40左图，配件阻值10kΩ的贴片电阻标号为01C，未使用3位或4位的数字标识法，而是使用数字和字母组合的方式，01表示为100，C表示为10的二次方（10^2），01C表示阻值为100×100Ω=10000Ω=10kΩ。

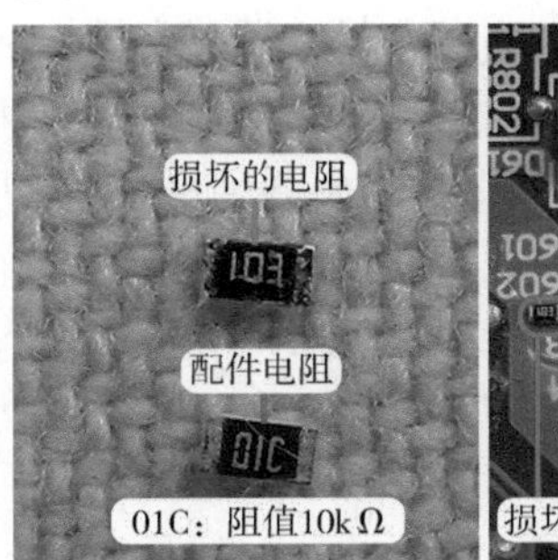

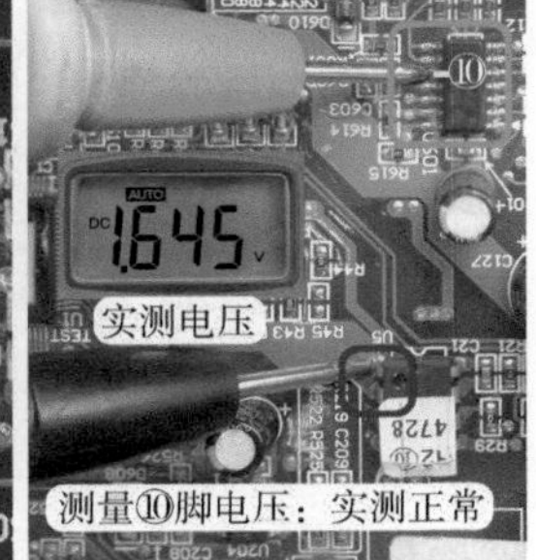

图 12-40　更换电阻和测量电压

见图12-40中图，使用标号01C（阻值10kΩ）的配件贴片电阻，更换标号为103的贴片电阻。

更换后上电试机，使用万用表直流电压挡，见图12-40右图，测量U601的⑩脚电压，实测约为1.6V，测量①脚、⑦脚、14脚电压均约为1.6V，和二极管正极VD602、VD603、VD601相同，二极管负极电压约为1.1V，U206的⑤脚电压约为0.8V，U206的⑦脚电压和模块16脚相同约为0.1V，模块18脚电压约为3.1V，均为正常值。室外风机和压缩机均开始运行，制冷恢复正常。

维修措施：见图12-40，使用配件电阻（标号01C）更换R602（标号103）。

（1）本例R602开路，使得电流检测放大集成电路U601的基准电压由约1.6V上升至3.3V，压缩机不运行时放大器输出端输出电压过高，使输送到二极管正极（相当于CPU电流检测引脚）也过高，二极管负极电压送至U206比较器2的同相输入⑤脚，高于反相输入的基准电压⑥脚，输出端⑦脚输出高电平约4.9V送至模块电流检测输入16脚，模块内部电路检测后判断电流过大，其18脚输出低电平送至CPU引脚，CPU检测后判断模块电流过大，控制压缩机不启动进行保护，室外风机运行间隔3次后室内机显示屏报出H5代码。

（2）本例测量模块18脚和16脚电压（图12-34）、U206比较器电压（图12-35）是为了叙述模块保护电路的检修流程，实际维修时可省略这些步骤，直接测量二极管VD601、VD602、VD603正极电压，也可判断出故障部位。

二、电阻开路，格力 H5 代码之二

故障说明：格力KFR-35GW/（32556）FNDe-3挂式直流变频空调器，用户反映不制冷，室内机显示屏显示H5代码，代码含义为模块电流保护。

1. 测量室外机电流和电流检测电路

上门检查，在室外机接线端子处接上格力变频空调器专用检测仪，重新上电开机，室内机吹风为自然风。检查室外机，见图12-42左图，使用万用表交流电流挡，钳头卡在3号端子棕线测量室外机电流，在三通阀检修口接上压力表测量系统静态压力约1.7MPa（本机使用R410A制冷剂），在室内机主板向室外机供电约15s时，室外风机运行，查看电流由上电时的约0.1A上升至0.4A，查看压力不变，依旧约为1.7MPa，手摸二通阀和三通阀均为常温，室外风机运行约30s后停止运行，室外机电流下降至约0.1A，根据压力、温度、电流判断压缩机未启动运行。

取下室外机外壳，查看室外机主板指示灯，绿灯持续闪烁含义为通信正常，红灯闪烁8次含义为达到开机温度，黄灯闪烁4次含义为IPM模块过电流，和H5代码内容相同，但此时室内机显示屏显示设定温度，未显示故障代码。室外风机停止后，间隔2min 30s后再次启动运行30s后停止，压缩机仍不运行；间隔2min 30s后室外风机再次运行，压缩机仍然不运行，见图12-41，室内机显示屏显示H5代码，同时检测仪显示“故障：H5（模块电流保护）”，室外风机运行30s后停止运行并不再启动。

2. 相电流检测电路实物图

室内机显示屏和室外机主板指示灯均报故障为IPM模块过电流，说明室外机CPU判断为压缩机相电流过大、3相电流不相等，或者模块输出故障信号（低电平电压），应检查相电流检测电路，电路原理图参见图12-32，实物图见图12-42右图，电路主要由IPM模块部分引脚、电流检测放大集成电路U601（OPA4374）、二极管、CPU电流检测引脚等组成。

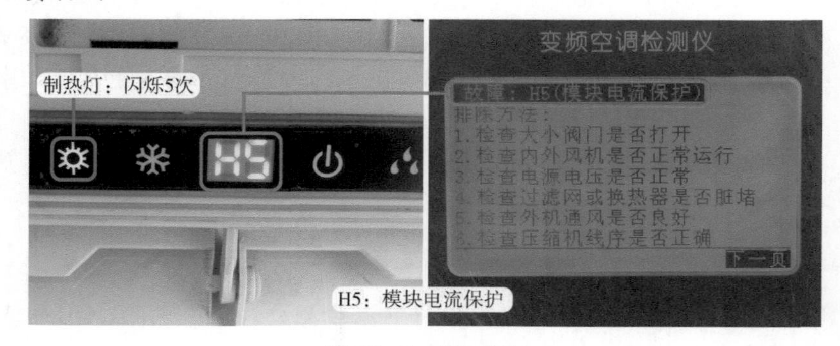

图 12-41　H5 代码

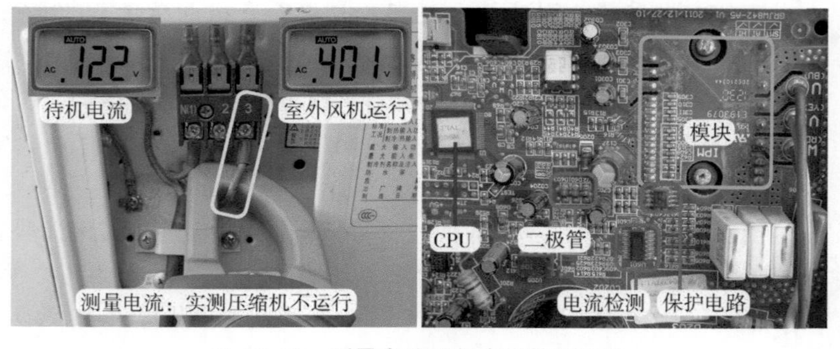

图 12-42　测量电流和相电流检测电路

3. 测量二极管电压和 U601 输出端电压

见图12-43左图，使用万用表直流电压挡，黑表笔接公共端地（实接15V过压保护二极管VD205正极），红表笔接二极管负极（VD603、VD601、VD602的负极相通）测量电压，

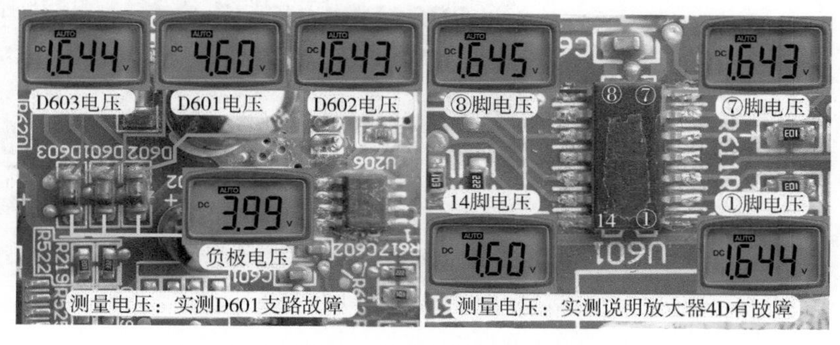

图 12-43　测量二极管电压和 U601 引脚电压

正常约为1.1V，实测约为4V，说明压缩机三相相电流检测放大电路有故障。红表笔接二极管VD603正极，测量V相电流基准电压，实测约为1.6V，正常；红表笔接二极管VD601正极，测量U相电流基准电压，实测约为4.6V，超过1.6V正常值较多，说明有故障；红表笔接二极管VD602正极，测量W相电流基准电压，实测约为1.6V，正常。

见图12-43右图，黑表笔接地不动，红表笔依次接U601的4个放大器输出端测量电压，实测放大器1（A）的①脚约为1.6V，正常；实测放大器2（B）的⑦脚约为1.6V，正常；放大器3（C）的⑧脚提供基准电压，实测约为1.6V，正常；实测放大器4（D）的14脚为4.6V，和VD601正极电压相等，说明放大器4（D）有故障。

4. 测量故障和正常的放大器电压

放大器4（D）的引脚为12脚、13脚、14脚，见图12-44左图，黑表笔不动依旧接地，测量放大器4（D）的引脚电压。红表笔接12脚同相输入，实测约为1.6V；红表笔接13脚反相输入，实测约为0.8V；已知14脚输出端电压为4.6V，初步判断12脚电路有故障。

图 12-44　测量故障和正常的放大器电压

测量正常的放大器1（A）电压作为对比，见图12-44右图，红表笔接③脚同相输入，实测约为0.3V；红表笔接②脚反相输入，实测约为0.3V；红表笔接①脚输出端，实测约为1.6V。

5. 在路测量阻值

断开空调器电源，待1min后滤波电容直流300V电压下降至约为0V时，见图12-45，使用万用表电阻挡，测量放大器4（D）（12脚、13脚、14脚）外围电阻阻值。

表笔接电阻R614（标号103、10kΩ）两端测量阻值，实测约为3kΩ，判断正常。

R615（标号222、2.2kΩ）实测阻值约为1.8kΩ，判断正常。

R604（标号222、2.2kΩ）实测阻值约为22kΩ，大于标称值，判断有故障。

R603（标号222、2.2kΩ）实测阻值约为1.8kΩ，判断正常。

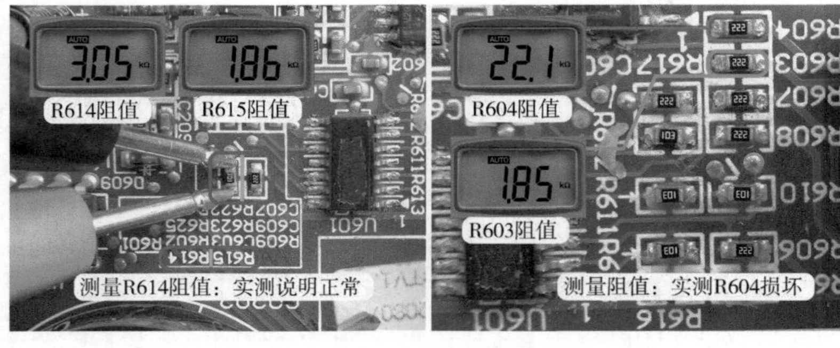

图 12-45　在路测量电阻阻值

6. 单独测量电阻和测量电压

使用烙铁取下R604贴片电阻，见图12-46左图，选择万用表电阻挡单独测量阻值，实测约为6MΩ，说明接近于开路损坏；正常的配件电阻，实测阻值约为2.2kΩ。

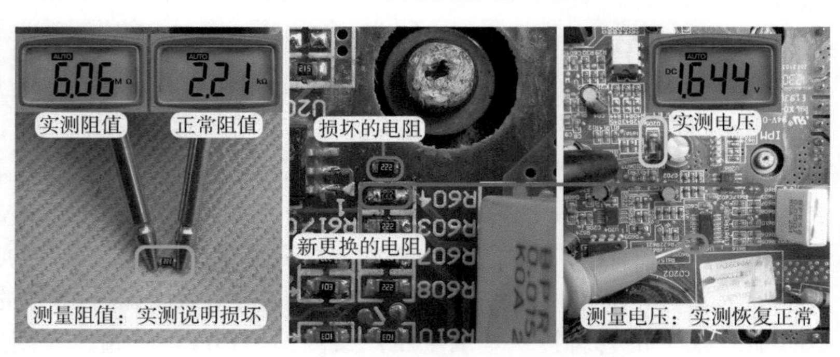

图 12-46　测量及更换电阻和测量电压

见图12-46中图，使用正常配件贴片电阻，焊至主板R604焊点，可以更换损坏的电阻。

更换后上电试机，在室外风机和压缩机均未运行时，使用万用表直流电压挡，见图12-46右图，黑表笔接地，红表笔接14脚测量电压，实测约为1.6V，说明已恢复正常。随即室外风机和压缩机开始运行，黄灯D3只闪烁1次，含义为压缩机启动，运行压力逐步下降至约为0.9MPa，同时制冷恢复正常。

维修措施：见图12-46，更换电阻R604。

本例由于R604接近开路，U601的14脚输出电压升高至约4.6V，对应的二极管VD601正极约为4.6V、二极管负极约为4V电压输送至保护电路U206（10393）的⑤脚，内部的比较器2翻转，⑦脚输出高电平约5V至模块电流输入保护引脚，模块内部电路检测后判断压缩机电流过大，其故障输出引脚接地，电压由高电平转换为低电平约为0V，室外机CPU检测后判断模块电流过大，因而控制压缩机不启动运行，同时室外机指示灯（黄灯D3闪烁4次）和室内机显示屏（显示H5）均显示IPM模块过电流的代码。

第13章 强电电路故障

第1节 熔丝管和电感故障

压缩机电容和风机电容

一、20A熔丝管开路，空调器不制冷

故障说明：海信KFR-60LW/29BP柜式交流变频空调器，遥控器开机后，室外风机和压缩机均不运行，空调器不制冷。

1.测量室内机接线端子电压

取下室内机进风格栅和电控盒盖板，将空调器接通电源但不开机，即处于待机状态，使用万用表直流电压挡，见图13-1，黑表笔接2号零线N端子、红表笔接4号通信S端子测量电压，实测为24V，说明室内机主板通信电压产生电路正常。

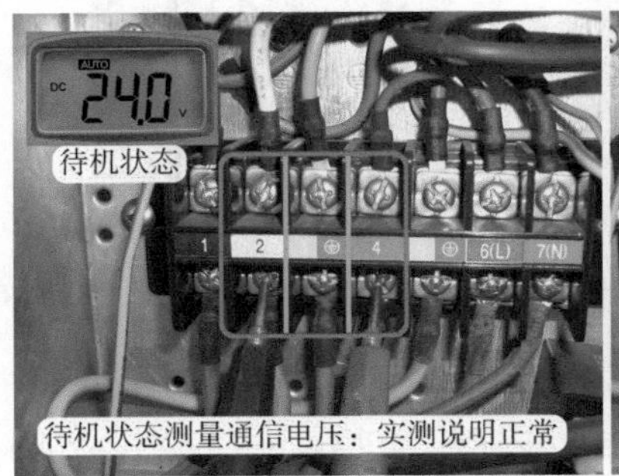

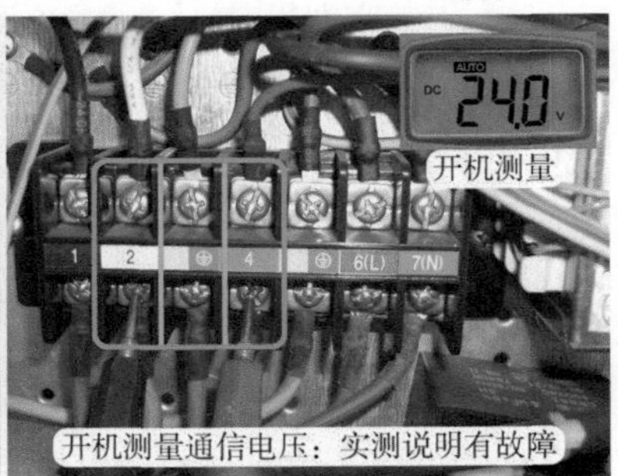

图13-1 测量室内机接线端子通信电压

万用表的表笔不动，使用遥控器开机，听到室内机主板继电器触点“啪”（导通）的声音，说明已向室外机供电，但实测通信电压仍为24V不变，而正常应为0～24V跳动变化的电压，判断室外机由于某种原因没有工作。

2.测量室外机接线端子电压

检查室外机，见图13-2左图，使用万用表交流电压挡，测量接线端子上1号L相线和2号N零线电压，实测为220V，正常。使用万用表直流电压挡，测量2号N零线和4号通信S线电压，实测为24V，说明室内机主板输出的交流220V和通信24V电压已送到室外机接线端子。

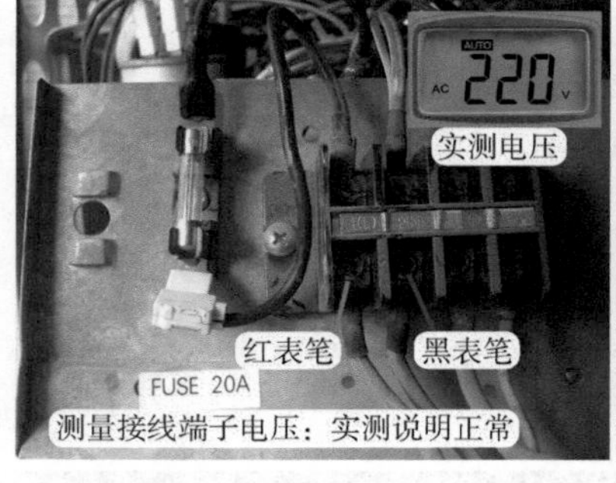

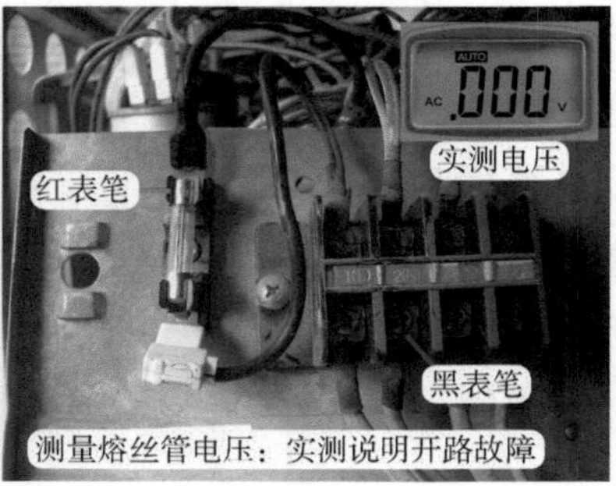

图 13-2　测量室外机接线端子和熔丝管后端电压

见图13-2右图，观察室外机电控盒上方设有20A熔丝管（俗称保险管），使用万用表交流电压挡，黑表笔接2号端子N零线，红表笔接熔丝管输出端引线测量电压，正常为220V，而实测为0V，判断熔丝管出现开路故障。

3. 查看熔丝管

断开空调器电源，取下熔丝管，见图13-3左图，发现熔丝管一端焊锡已经熔开，烧出一个大洞，使得内部熔丝与外壳金属脱离，表现为开路故障。

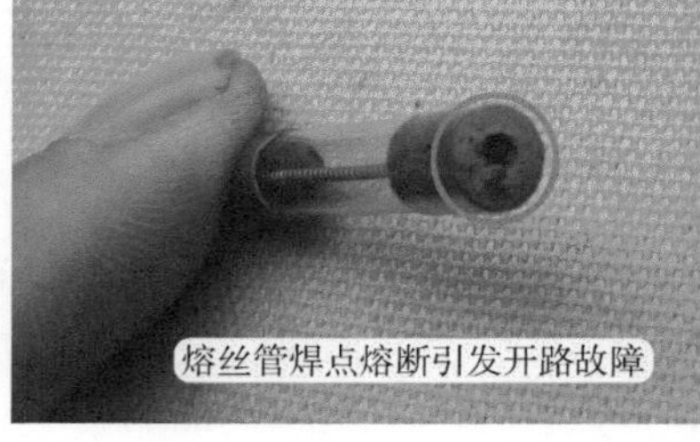

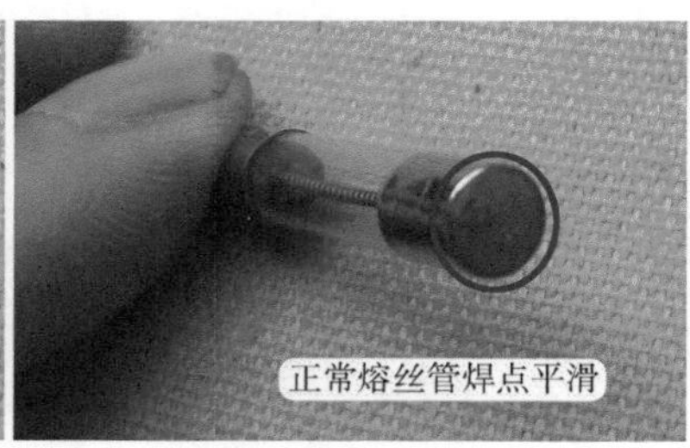

图 13-3　损坏和正常的熔丝管

正常的熔丝管接口处焊锡平滑，见图13-3右图，焊点良好，这也说明本例熔丝管开路为自然损坏，不是由于过流或短路故障引起。

4. 应急试机

为检查室外机是否正常，应急为室外机供电，见图13-4左图，将熔丝管管座的输出端子引线拔下，直接插在输入端子上，相当于短接熔丝管，再次上电开机，室外风机和压缩机均开始运行，空调器制冷良好，判断只是熔丝管损坏。

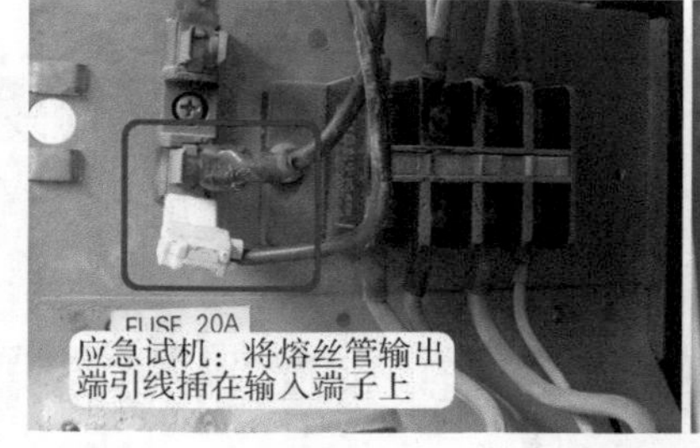

图 13-4　短接熔丝管试机和更换熔丝管

维修措施：见图13-4右图，更换熔丝管，更换后恢复线路，上电开机，制冷正常，故障排除。

熔丝管在实际维修中由于过流引发内部熔丝开路的故障很少出现，熔丝管常见故障如本例中由于空调器运行时电流过大，熔丝发热使得焊口部位焊锡开焊而引发的开路故障，并且多见于柜式空调器，也可以说是一种通病，通常出现在使用几年之后的空调器。

二、滤波电感线圈漏电，断路器跳闸

变频空调室外机电源及CPU三要素电路

故障说明：海信KFR-2601GW/BP×2一拖二挂式交流变频空调器，只要将电源插头插入插座，即使不开机，断路器（俗称空气开关）立即断开保护。

1.断路器断开和测量硅桥

上门检查，将空调器插头插入插座，见图13-5左图，断路器立即断开保护，此时并未开机但断路器立即断开保护，说明故障出现在强电通路上。

由于硅桥连接交流220V，其短路后容易引起断路器上电跳闸故障，使用万用表二极管挡，见图13-5右图，正向和反向测量硅桥的4个引脚，即测量内部4个整流二极管，实测结果说明硅桥正常，未出现击穿故障。

由于模块击穿有时也会出现跳闸故障，拔下模块上面的5根引线，使用万用表二极管挡测量P、N、U、V、W端，正向和反向结果均符合要求，说明模块正常。

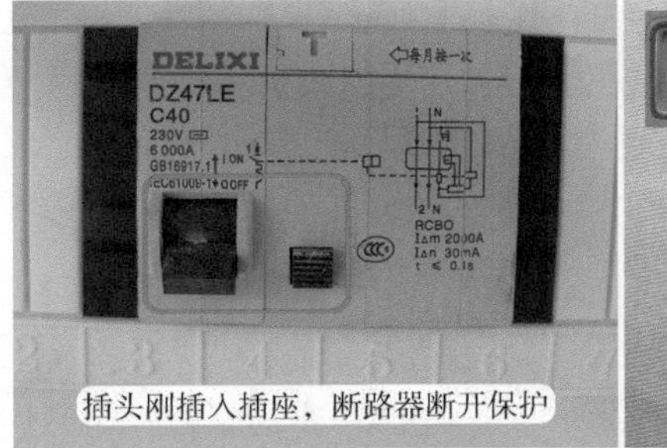

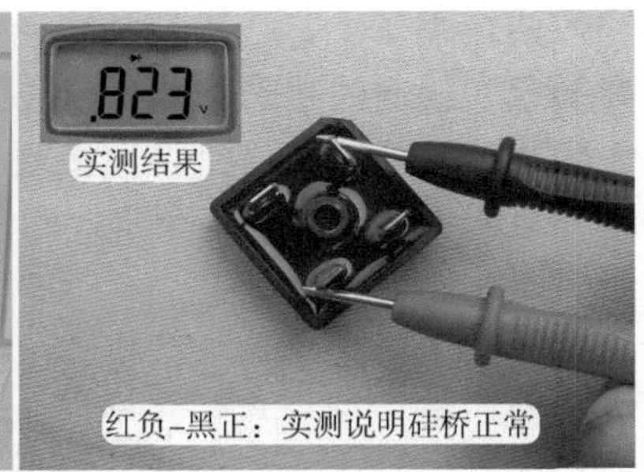

图 13-5　断路器跳闸和测量硅桥

测量硅桥时需要测量4个引脚之间正向和反向的结果，且测量时不用从室外机上取下，此处只是为使图片清晰才拆下，图中只显示了正向测量硅桥的正极和负极引脚结果。

2.测量滤波电感线圈阻值

此时交流强电回路中只有滤波电感未测量，拔下滤波电感的橙线和黄线，使用万用表电阻挡测量两根引线阻值，实测接近0Ω，说明线圈正常导通。

见图13-6左图，一个表笔接外壳地（本例红表笔实接冷凝器铜管），一个表笔接线圈（本例黑表笔接橙线），测量滤波电感线圈对地阻值，正常应为无穷大，实测约为300kΩ，说明滤波电

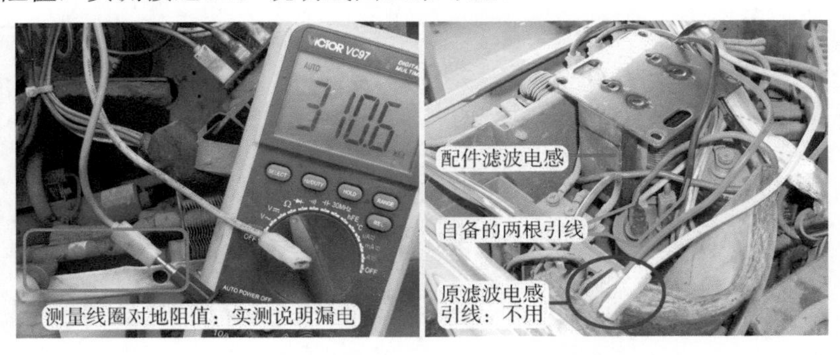

图 13-6　测量线圈对地阻值和使用滤波电感试机

感线圈出现漏电故障。

3. 短接滤波电感线圈试机

见图13-7左图，硅桥正极输出经滤波电感线圈后返回至滤波板上，再经过上面线圈送至滤波电容正极，然后再送至模块P端。

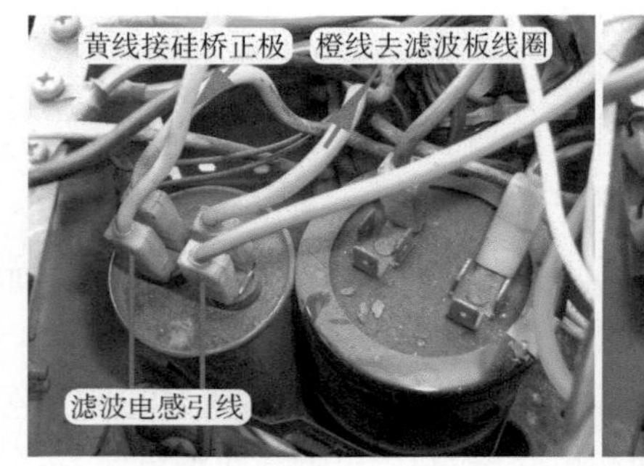

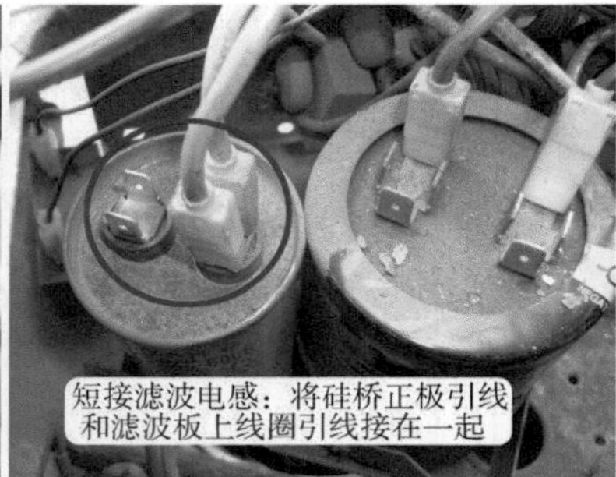

图 13-7　短接滤波电感

查看滤波电感的两根引线插在60μF电容的两个端子上，拔下滤波电感的引线后，见图13-7右图，将电容上的另外两根引线插在一起（相通的端子上），即硅桥正极输出经滤波板上线圈直接送至滤波电容正极，相当于短接滤波电感，将空调器接通电源，断路器不再跳闸保护，遥控器开机，室外风机和压缩机开始运行且制冷正常，确定为滤波电感漏电损坏。

4. 取下滤波电感

滤波电感位于室外机底座最下部，见图13-8左图，距离压缩机底脚很近。取下滤波电感时，首先拆下前盖，再取下室外风扇（防止在维修时损坏扇叶，并且扇叶不容易配到），再取下挡风隔板，即可看见滤波电感，将4个固定螺钉全部松开后，取下滤波电感。

图 13-8　滤波电感安装位置和取下

由于维修时刚下过大雨，见图13-8右图，可见室外机底座上面很潮湿。

5. 测量损坏的滤波电感并进行更换

见图13-9左图，使用万用表电阻挡，黑表笔接线圈端子，红表笔接铁芯测量阻值，正常为无穷大，实测约为360kΩ，从而确定滤波电感线圈对地漏电损坏。

见图13-9右图，更换型号相同的滤波电感试机，上电后断路器不再断开保护，遥控器开机，室外机运行，制冷恢复正常，故障排除。

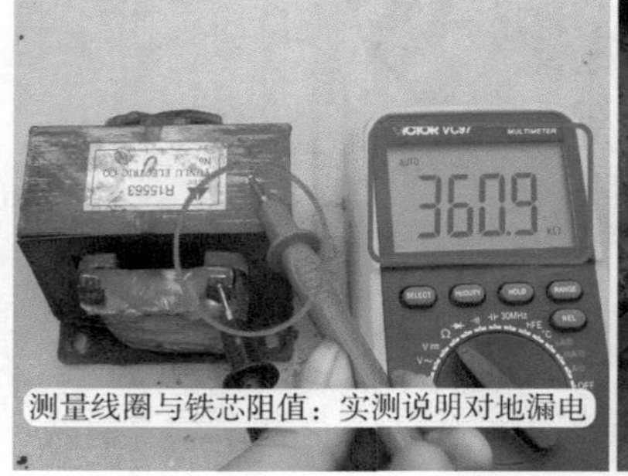

图 13-9　测量滤波电感对地阻值和更换滤波电感

维修措施：见图13-9右图，更换滤波电感。由于滤波电感不容易更换，在判断其出现故障之后，如果有相同型号的配件，见图13-6右图，可使用连接引线接在电容的两个端子上试机，在确定为滤波电感出现故障后，再拆壳进行更换，以避免无谓的工作。

（1）本例是一个常见故障，也是空调器的通病，很多品牌的空调器都会出现类似现象，原因有两个：一个是滤波电感位于室外机底座的最下部，因下雨或制热时化霜水将其浸泡，其经常被雨水或化霜水包围，导致线圈绝缘下降。另一个是早期滤波电感封口部位于下部，见图13-10左图，时间长了以后，封口部位焊点开焊，铁芯坍塌与线圈接触，引发漏电故障，出现上电后或开机后断路器断开保护的故障现象。

（2）目前生产的滤波电感将封口部位的焊点改在上部，见图13-10右图，这样即使下部被雨水包围，也不会出现铁芯坍塌和线圈接触而导致的漏电故障。

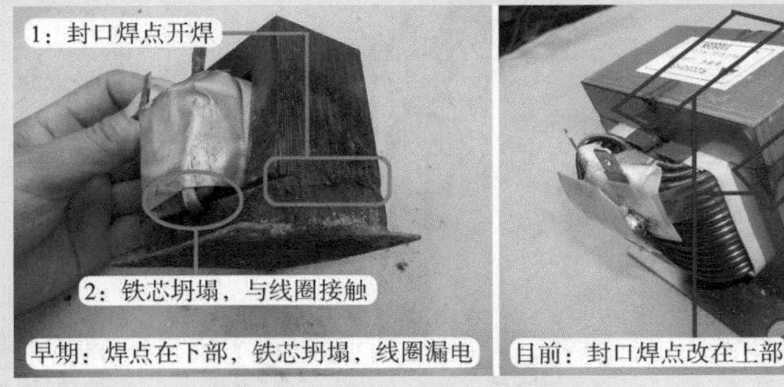

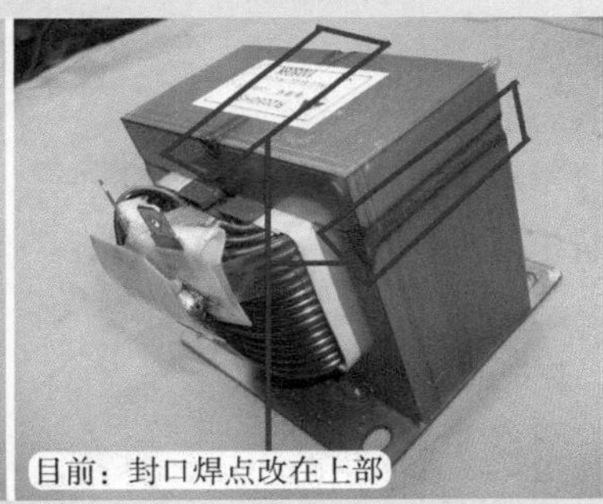

图 13-10 故障原因

（3）本例为早期变频空调器，滤波电感设计在室外机底座，而目前生产的变频空调器，滤波电感通常设在挡风隔板中间位置（海尔和美的机型）或电控盒顶部（格力机型），可从根本上避免本例故障。

（4）本例滤波电感的作用只是增加功率因数，使硅桥整流后输送至滤波电容的直流电压更加平滑纯净，因此短接后对电控系统基本没有影响；而目前空调器滤波电感除了增加功率因数，还和IGBT开关管、快恢复二极管、滤波电容等组成PFC电路，用于动态提升直流300V电压，若在维修时短接滤波电感线圈，即使正常的空调器开机后，IGBT开关管也会立即爆裂短路损坏，需要更换相关配件或室外机主板，所以较新的空调器一定不要短接滤波电感线圈。

第 2 节 硅桥和开关管故障

一、硅桥击穿，断路器跳闸

故障说明：海信KFR-2601GW/BP挂式交流变频空调器，上电正常，但开机后断路器（俗称空气开关）跳闸。

1. 开机后断路器跳闸

将电源插头插入插座，导风板（风门叶片）自动关闭，说明室内机主板5V电压正常，CPU工作后控制导风板自动关闭。

使用遥控器开机，导风板自动打开，室内风机开始运行，但室内机主板主控继电器触点导通向室外机供电时，断路器立即跳闸保护，说明空调器有短路或漏电故障。

2. 常见故障原因

开机后断路器跳闸保护，主要是向室外机供电时因电流过大或绝缘下降而跳闸，见图13-11，常见原因有硅桥击穿短路、滤波电感漏电（绝缘下降）、模块击穿短路、压缩机线圈与外壳短路等。

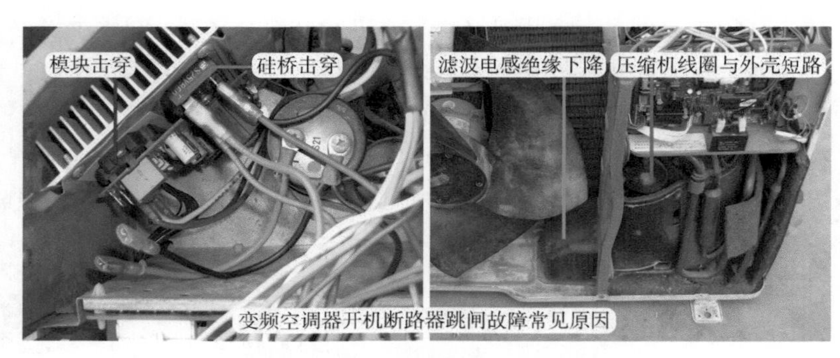

图 13-11　跳闸故障常见原因

3. 测量硅桥

开机后，断路器跳闸故障首先需要测量硅桥是否击穿。拔下硅桥上面的4根引线，使用万用表二极管挡测量硅桥，见图13-12，红表笔分别接两个交流输入端，黑表笔接正极端子时，正常时应为正向导通，而实测结果均为3mV。

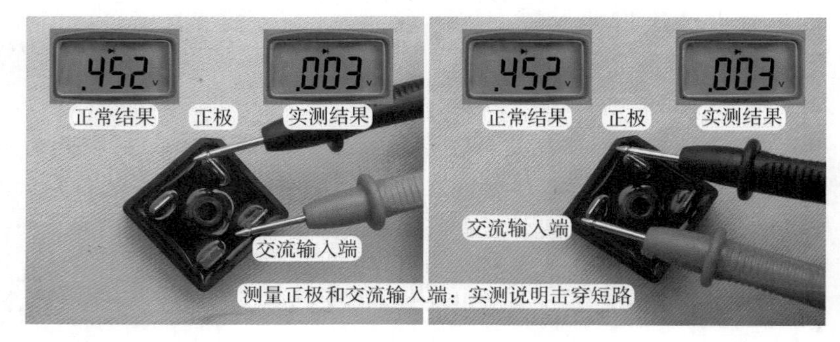

图13-12　测量硅桥1

红表笔和黑表笔分别接两个交流输入端，见图13-13，分两次测量，正常时应为无穷大，而实测结果均为0mV，根据实测结果判断硅桥击穿短路损坏。

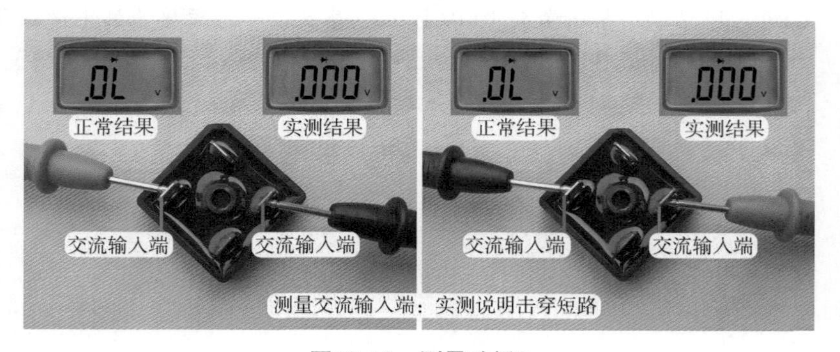

图13-13　测量硅桥2

维修措施：见图13-14，更换硅桥。再次将空调器接通电源，用遥控器开机，断路器不再跳闸保护，室外风机和压缩机均开始运行，制冷正常，故障排除。

图 13-14　更换硅桥

总结

（1）硅桥内部有4个整流二极管，有些品牌/型号的变频空调器如果击穿3个二极管，只有1个二极管未损坏，则有可能表现为室外机上电后断路器不会跳闸保护，但直流300V电压为0V，同时手摸PTC电阻发烫，其断开保护，故障现象和模块P-N端击穿相同，室内机显示故障代码为通信故障。

（2）有些品牌/型号的变频空调器，如硅桥只击穿内部1个二极管，而另外3个二极管正常，室外机上电时断路器也会跳闸保护。

（3）有些品牌/型号的变频空调器，如硅桥只击穿内部1个二极管，而另外3个二极管正常，也有可能表现为室外机刚上电时直流300V电压约为直流200V左右，而后逐渐下降至直流30V左右，同时PTC电阻烫手。

（4）同样为硅桥击穿短路故障，根据不同品牌型号的空调器、损坏的程度（即内部二极管击穿的数量）、PTC电阻特性、断路器容量大小，所表现的故障现象也各不相同，在实际维修时应加以判断。但总的来说，硅桥击穿一般表现为开机后断路器跳闸或直流300V电压下降至约为0V。

二、硅桥击穿，格力 E6 代码

故障说明：格力KFR-32GW/（32556）FNDe-3挂式直流变频空调器（凉之静），用户反映上电开机后，室内机吹自然风，显示屏显示E6代码，查看代码含义为通信故障。

1. 查看指示灯和测量 300V 电压

上门检查，重新上电开机，室内风机运行但不制冷，约15s后显示屏显示E6代码。检查室外机，室外风机和压缩机均不运行，使用万用表交流电压挡，测量接线端子N（1）号蓝线和3号棕线电压，实测约为220V，说明室内机主板已向室外机输出供电。使用万用表直流电压挡，黑表笔接N（1）号端子蓝线，红表笔接2号端子黑线测量通信电压，实测约为0V，由于通信电路工作电压由室外机提供，初步判断故障在室外机。

取下室外机外壳，查看室外机主板上指示灯，见图13-15左图，发现绿灯D2、红灯

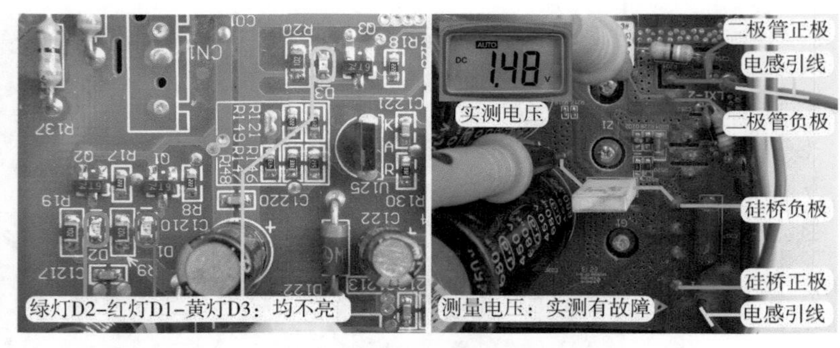

图 13-15　指示灯状态和测量 300V 电压

D1、黄灯D3均不亮，而正常时为闪烁状态，说明故障在室外机。

见图13-15右图，使用万用表直流电压挡，黑表笔接与硅桥负极水泥电阻相通的焊点即电容负极，红表笔接快恢复二极管的负极即电容正极测量300V电压，实测约为0V，说明强电通路出现故障。

2.测量硅桥输入端电压和手摸 PTC 电阻

硅桥位于室外机主板的右侧最下方位置，共有4个引脚，中间的两个引脚为交流输入端（1引脚接电源N端、2引脚经PTC电阻和主控继电器触点接电源L端），上方引脚接水泥电阻为负极（经水泥电阻连接滤波电容负极），下方引脚接滤波电感引线（图中为蓝线）为正极，经PFC升压电路（滤波电感、快恢复二极管、IGBT开关管）接电容正极。

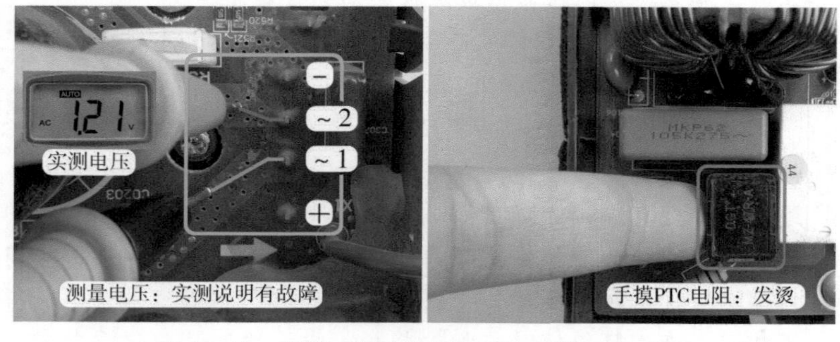

图 13-16　测量硅桥输入端电压和手摸 PTC 电阻

见图13-16左图，将万用表挡位改为交流电压挡，表笔接中间两个引脚测量交流输入端电压，实测约为0V，正常应为220V左右。

为区分故障部位，见图13-16右图，用手摸PTC电阻表面感觉很烫，说明其处于开路状态，判断强电负载有短路故障。

3.300V 负载主要部件

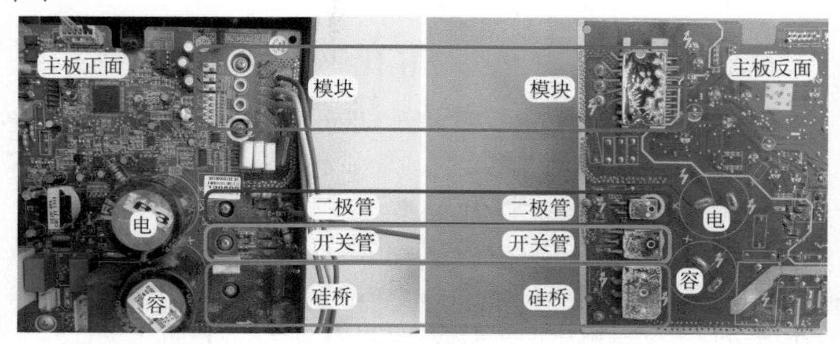

图 13-17　300V 负载主要部件

直流300V负载主要部件见图13-17，电路原理简图见图13-18，由模块IPM、快恢复二极管VD203、IGBT开关管Z1、硅桥G1、电容C0202和C0203等组成，安装在室外机主板上右侧位置，最上方为模块，向下依次为二极管和开关管，最下方为硅桥，两个滤波电容安装在靠近右侧的下方位置。

图 13-18　300V 负载电路原理简图

4.测量模块

断开空调器电源，使用万用表直流电压挡测量滤波电容300V电压，确认约为0V时，再使用万用表二极管挡，测量模块是否正常，测量前应拔下滤波电感的两根引线和压缩机的3根引线（或对接插头）。测量模块时主要测量P、N、U、V、W共5个引脚，若主板未标识引脚功能，可按以下方法判断。

P为正极，接300V正极，和电容正极引脚相通，比较明显的标识是与引脚相连的铜箔走线较宽且有很多焊孔（或者焊孔已镀上焊锡）；若铜箔走线在主板反面，可使用万用表电阻挡，与电容正极（或300V熔丝管）间阻值为0Ω的引脚即为P端。

N 为负极，接300V负极地，通常通过1个或3个水泥电阻接电容负极，因此和水泥电阻相通的引脚为N，目前模块通常设有3个引脚，只使用1个水泥电阻时3个N端引脚相通，使用3个水泥电阻时，3个引脚分别接3个水泥电阻，但测量模块时只接其中1个引脚即为N端。

U、V、W为负载输出，比较好判断，和压缩机引线或接线端子相通的3个引脚依次为U、V、W。

见图13-19左图，红表笔接N端，黑表笔接P端，实测为457mV（.475V）；表笔反接即红表笔接P端，黑表笔接N端，实测为无穷大，说明P、N端子正常。

见图13-19中图，红表笔接N端，黑表笔分别接U、V、W端子，3次实测均为446mV；表笔反接，即红表笔分别接U、V、W端子，黑表笔接N端，3次实测均为无穷大，说明N端和U、V、W端子正常。

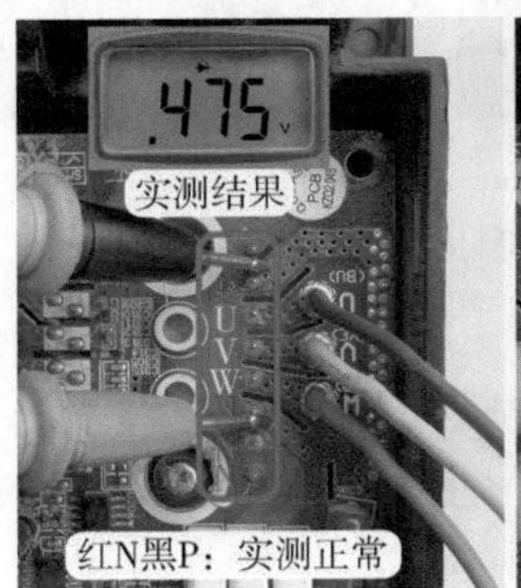

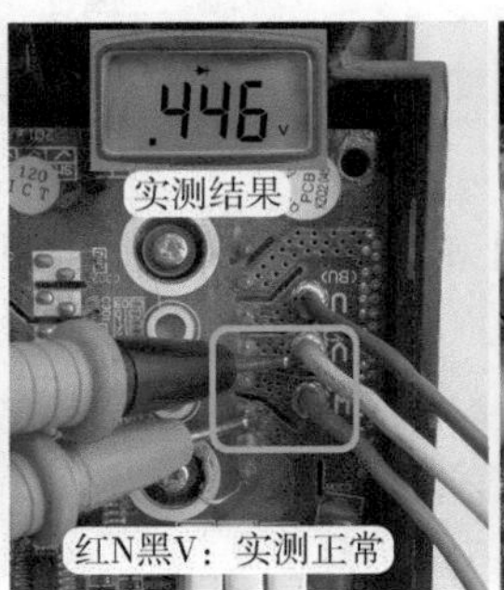

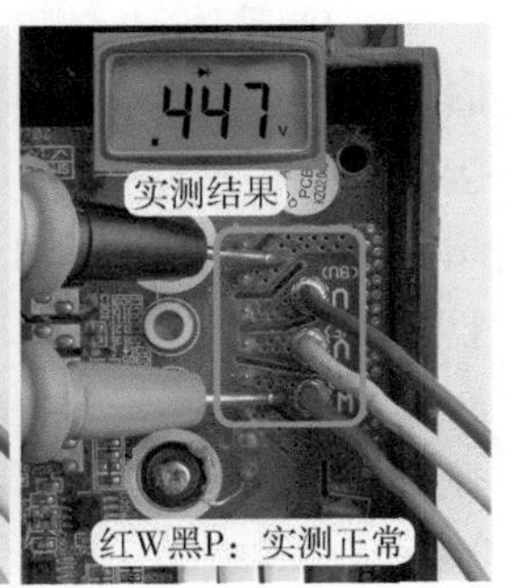

图 13-19　测量模块

见图13-19右图，红表笔分别接U、V、W端子，黑表笔接P端，3次实测均为447mV（实际显示446或447）；表笔反接即红表笔接P端，黑表笔分别接U、V、W端子，3次实测均为无穷大，说明P和U、V、W端子正常。

根据上述测量结果，判断模块正常，无短路故障。

5.测量开关管和二极管

IGBT开关管Z1共有3个引脚，源极S、漏极D和控制极G。S和D与直流300V并联，漏极D接与硅桥正极连接的滤波电感引线另一端（棕线），相当于接正极；源极S接电容负极。见图13-20左图，测量时使用万用表二极管挡，红表笔接D（电感棕线），黑表笔接S实测为无穷大；红表笔接S，黑表笔接D实测为无穷大，没有出现短路故障，说明开关管正常。

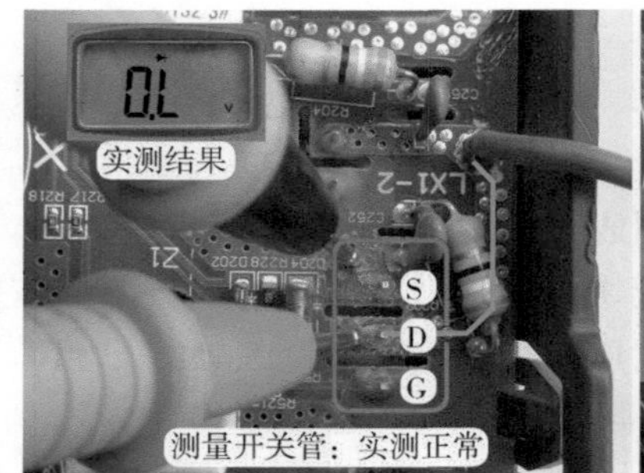

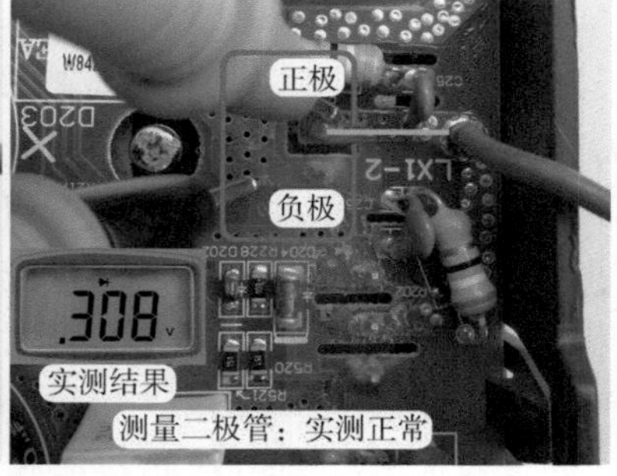

图 13-20 测量开关管和二极管

快恢复二极管VD203共有两个引脚，正极接与硅桥正极连接的滤波电感引线另一端（棕线），负极接电容正极。测量时使用万用表二极管挡，见图13-20右图，红表笔接正极（电感棕线），黑表笔接负极，正向测量实测为308mV；红表笔接负极，黑表笔接正极，反向测量实测为无穷大，两次实测说明二极管正常。

6.在路测量硅桥

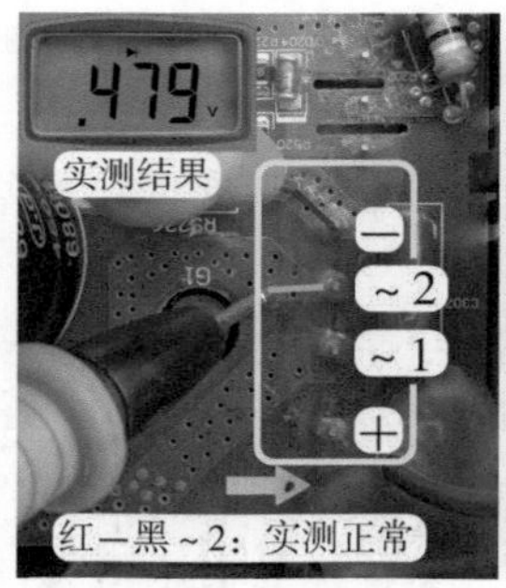

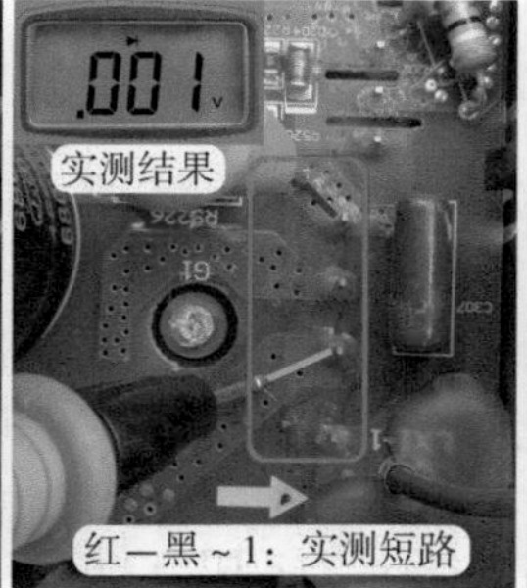

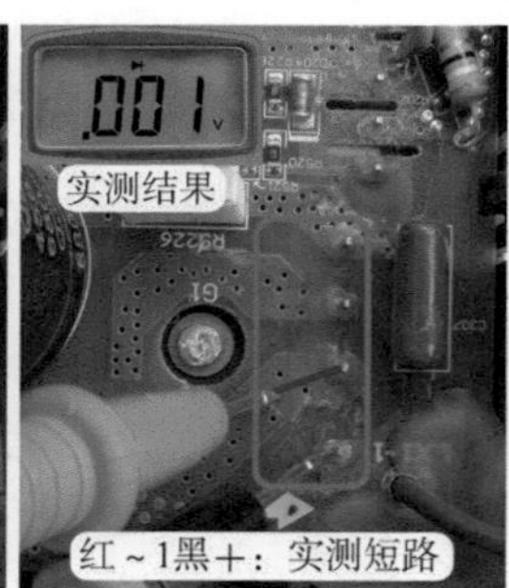

图 13-21 在路测量硅桥

测量硅桥G1依旧使用万用表二极管挡，见图13-21左图，红表笔接负极，黑表笔接交流输入端～2，实测为479mV，说明正常。

红表笔不动，依旧接负极，黑表笔接～1，见图13-21中图，实测接近0mV，正常时应正向导通，结果应和红表笔接负极，黑表笔接～2时相等，为479mV。

见图13-21右图，红表笔接～1，黑表笔接正极（+），实测接近0mV，正常时应正向导通，结果应和红表笔接负极（-），黑表笔接～2时相等，为479mV，2次实测结果约为0mV，说明硅桥击穿短路损坏。

7.单独测量硅桥

取下固定模块的2个螺钉（俗称螺丝）、快恢复二极管的1个螺钉、IGBT开关管的1个螺钉、硅桥的1个螺钉共5个安装在散热片的螺钉，以及固定室外机主板的自攻螺钉，在室外机电控盒中取下室外机主板，使用烙铁焊下硅桥，型号为GBJ15J，见图13-22左图，使用万用表二极管挡，单独测量硅桥，红表笔接负极，黑表笔接～1时，实测仍接近0mV，排除室外机主板短路故障，确定硅桥短路损坏。

测量型号为D15XB60的正常配件硅桥，红表笔接负极，黑表笔分别接～1和～2，2次实测均为480mV，见图13-22中图，表笔反接则为无穷大；红表笔接负极，黑表笔接正极，实测为848mV，见图13-22右图，表笔反接则为无穷大；红表笔分别接～1和～2，黑表笔接正极，两次实测均为480mV，表笔反接则为无穷大。

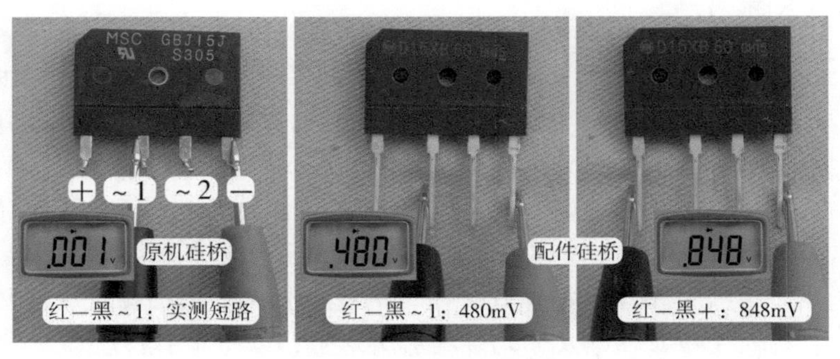

图 13-22　单独测量硅桥

8. 安装硅桥

参照原机硅桥引脚，见图13-23左图和中图，首先将配件硅桥的4个引脚掰弯，再使用尖嘴钳子剪除引脚过长的部分，使配件硅桥引脚长度和原机硅桥相接近。

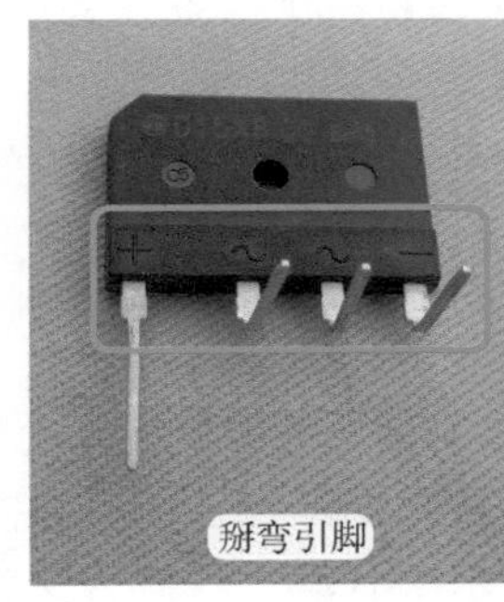

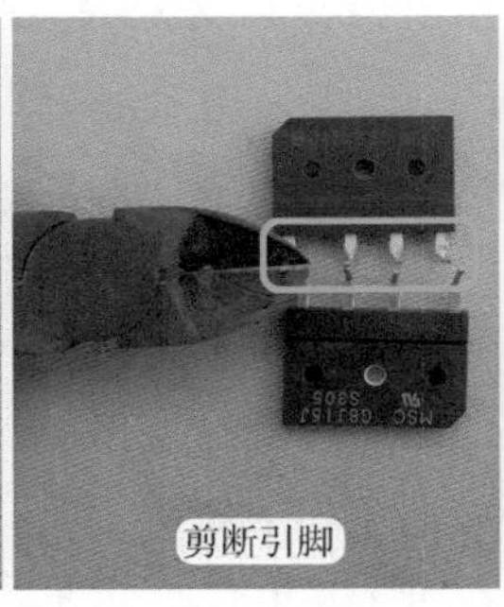

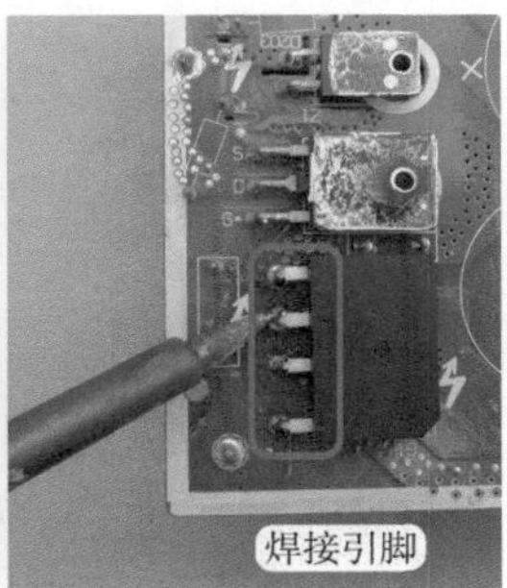

图 13-23　掰弯、剪断和焊接引脚

将硅桥引脚安装至室外机主板焊孔，调整高度使其和IGBT开关管等相同，见图13-23右图，使用烙铁搭配焊锡焊接4个引脚。

图13-24左图所示为损坏的硅桥和焊接完成的配件硅桥。

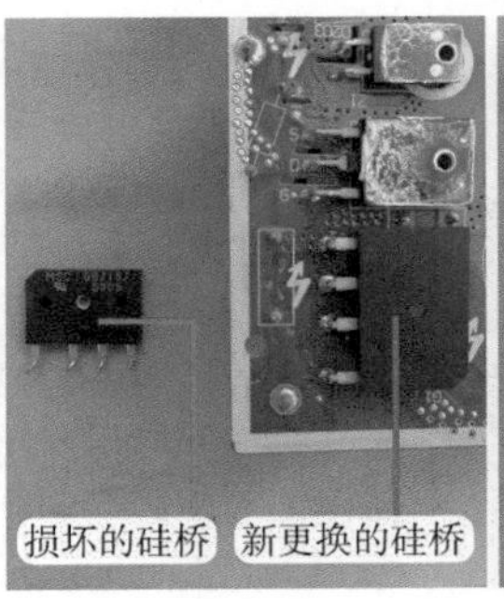

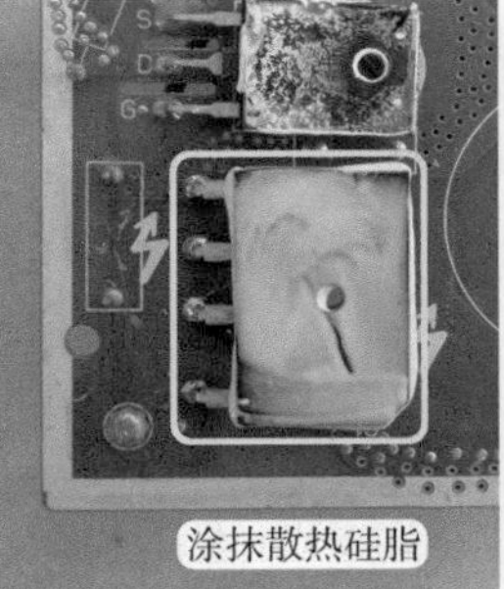

图 13-24　更换硅桥后涂抹散热硅脂和拧紧螺钉

由于硅桥运行时热量较高，见图13-24中图，应在表面涂抹散热硅脂，使其紧贴散热片，降低表面温度，减少故障率，并同时查看模块、开关管、二极管表面的硅脂，如已经干涸应擦掉，再涂抹新的散热硅脂至表面。

将室外机主板安装至电控盒，调整位置使硅桥、模块等螺钉眼对准散热片的螺丝孔，见图13-24右图，使用螺钉旋具安装螺钉并均匀地拧紧，再安装其他的自攻螺钉。

维修措施：见图13-24，更换硅桥。更换安装完成后上电开机，测量300V电压恢复正常，约为直流323V，3个指示灯按规律闪烁，室外风机和压缩机开始运行，空调器制冷恢复正常。

（1）硅桥内部设有4个大功率的整流二极管，本例部分损坏（即4个没有全部短路），在室外机主板上电时，因短路电流过大使得PTC电阻温度逐渐上升，其阻值也逐渐上升直至无穷大，输送至硅桥交流输入端的电压逐渐下降，直至约为0V，直流输出端电压约为0V，开关电源电路不能工作，因而CPU也不能工作，不能接收和发送通信信号，室内机主板CPU判断为通信故障，在显示屏显示E6代码。

（2）由于硅桥工作时通过的电流较大，表面温度相对较高，焊接硅桥时应在室外机主板正面和反面均焊接引脚焊点，以防止引脚虚焊。

（3）原机硅桥型号为GBJ15J，其最大正向整流电流为15A；配件硅桥型号为D15XB60，最大正向整流电流为15A，最高反向工作电压为600V，二者参数相同，因此可以进行代换。

三、IGBT开关管损坏，格力E6代码

故障说明：格力KFR-35GW/（35561）FNCa-2挂式全直流变频空调器（U雅），用户反映正在使用时突然断路器（俗称空气开关）跳闸，合上断路器按钮后使用遥控器开机，室内风机运行但不制冷，约1min后显示屏显示E6代码，代码含义为通信故障。

1.测量室外机供电和通信电压

变频空调器正在使用中断路器跳闸，故障一般在室外机。上门检查，首先查看室外机，使用万用表交流电压挡测量供电电压，见图13-25左图，表笔接接线端子上1号零线N和3号相线L，实测为229V，说明室内机主板已输出供电至室外机。

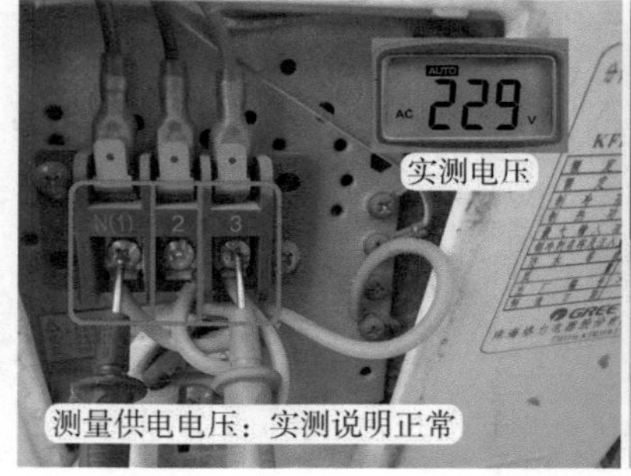

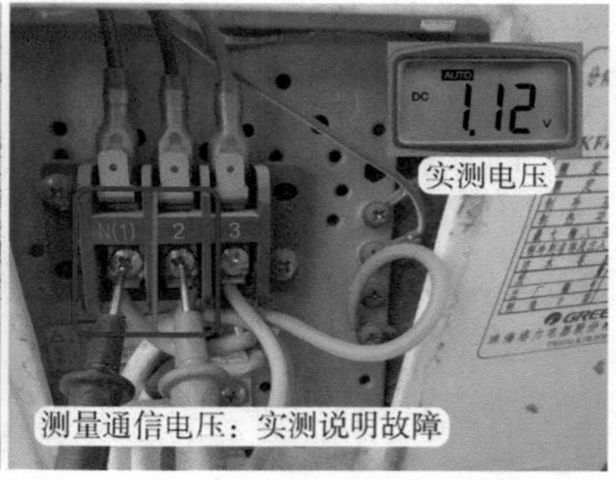

图 13-25　测量供电和通信电压

使用万用表直流电压挡测量通信电压，见图13-25右图，黑表笔接1号零线N、红表笔接2号通信端子，实测约为0V（1.12V），由于本机通信电路工作电源（直流56V）设在室外机主板，初步判断故障在室外机。

2.查看指示灯和室外机主板

取下室外机上盖，室外机主板设有3个指示灯显示室外机信息，D2绿灯以持续闪烁显示通信状态，D1红灯和D3黄灯以闪烁的次数显示工作状态和故障内容，见图13-26左图，查看3个指示灯均不亮，处于熄灭状态，说明室外机电控系统有故障。

本机室外机电控系统主要由室外机主板和外置滤波电感组成，室外机主板为一体化设计，

主要元器件和单元电路均集成在一块电路板上面，见图13-26右图，驱动压缩机的模块、PFC电路中的快恢复二极管和IGBT开关管、整流硅桥、电容、开关电源电路设计在左侧位置，驱动直流风机的风机模块、CPU、指示灯、PTC电阻、熔丝管等位于右侧位置。强电300V负载电路原理简图参见图13-18。

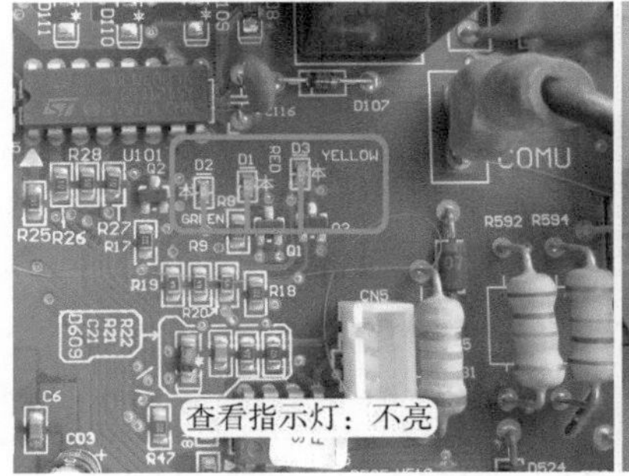

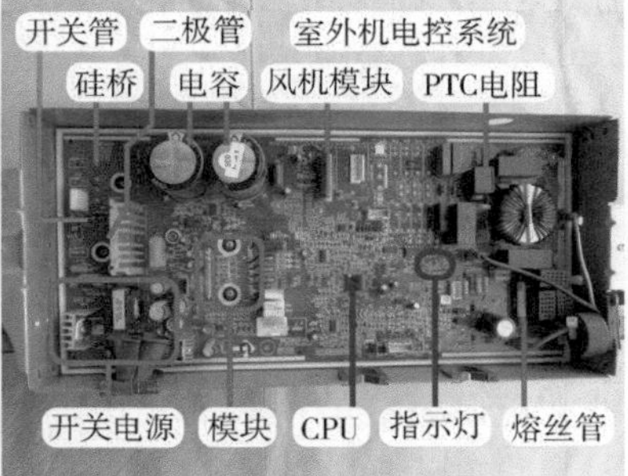

图 13-26　指示灯状态和室外机主板

3. 测量直流 300V 电压和手摸 PTC 电阻

见图13-27左图，使用万用表直流电压挡，黑表笔接滤波电容负极地铜箔，红表笔接滤波电感橙线（硅桥正极输出经滤波电感至PFC电路）相当于接正极，测量直流300V电压，实测约为0V，说明前级供电有开路或负载有短路故障。

为区分故障部位，用手摸PTC电阻（主板标号RT1）表面，感觉发烫，温度较高，见图13-27右图，说明通过电流过大，负载有短路故障，常见原因为模块、硅桥、IGBT开关管短路损坏。

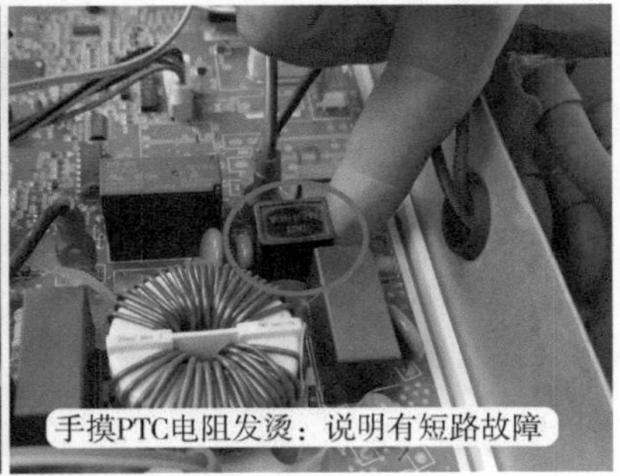

图 13-27　测量直流 300V 电压和手摸 PTC 电阻

4. 测量模块

断开空调器电源，拔下压缩机和滤波电感等引线，使用万用表二极管挡测量模块（主板标号IPM），3个水泥电阻连接的模块引脚为N端，滤波电容正极连接的引脚为P端。

将红表笔接N端，黑表笔分别接压缩机U、V、W端子，见图13-28左图，实测结果均为460mV；表笔反接即黑表笔接N端，红表笔分别接U、V、W端子，实测结果均为无穷大。

将红表笔接N端子不动，黑表笔接P端，见图13-28右图，实测结果为518mV；表笔反接即红表笔接P端，黑表笔接N端，实测结果为无穷大。

将红表笔接模块P端，黑表笔分别接U、

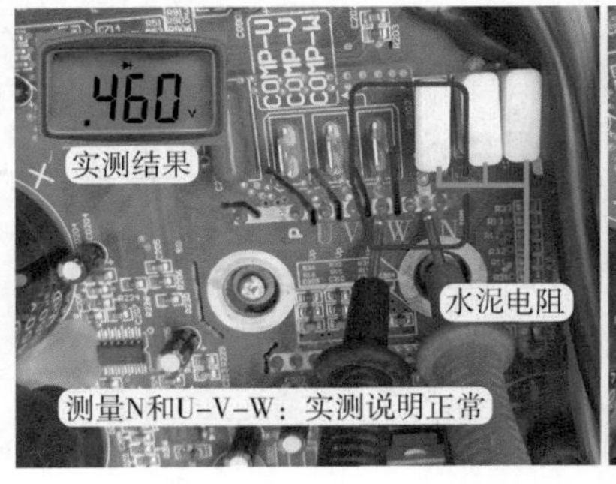

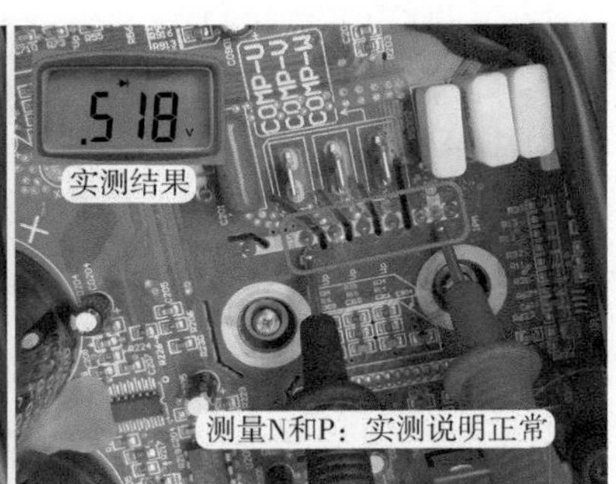

图 13-28　测量模块

V、W端子时，实测结果均为无穷大；表笔反接即黑表笔接P端，红表笔分别接U、V、W端子，实测结果均为460mV。

根据几次实测结果，判断模块正常。若测量时有任意一次结果接近0mV，说明模块短路损坏。

5. 测量硅桥

接水泥电阻的引脚为硅桥（主板标号DB1）负极、中间两个引脚为交流输入端、接滤波电感蓝线的引脚为正极，测量硅桥时依旧使用万用表二极管挡。

将红表笔接负极（–），黑表笔分别接两个交流输入端（～），见图13-29左图，实测结果均为504mV；表笔反接即黑表笔接负极，红表笔接两个交流输入端，实测结果为无穷大。

将红表笔接负极不动，黑表笔接正极（+），见图13-29右图，实测结果为937mV；表笔反接即红表笔接正极，黑表笔接负极，实测结果为无穷大。

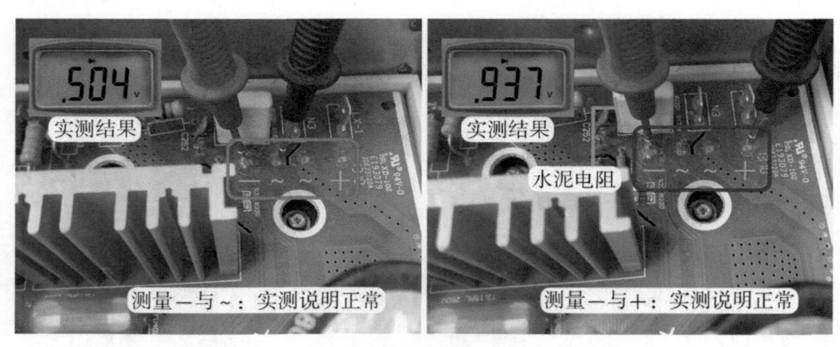

图 13-29　测量硅桥

将红表笔接正极，黑表笔分别接两个交流输入端，实测结果为无穷大；表笔反接即红表笔接两个交流输入端，黑表笔接负极，实测结果均为504mV。

根据几次实测结果，判断硅桥正常。若测量时有任意一次结果接近0mV，说明硅桥短路损坏。

6. 测量开关管

IGBT开关管（主板标号Z1）共有3个引脚，中间引脚漏极D接直流300V电压正极，实际上经滤波电感的输出橙线接硅桥正极，与快恢复二极管正极相通；右侧（上方）引脚源极S接负极即地，与滤波电容负极、硅桥负极相通；左侧（下方）引脚控制极G为控制，接CPU输出的驱动电路。

见图13-30，依旧使用万用表二极管挡，红表笔接S，黑表笔接D，实测结果为11mV；表笔反接即红表笔接D，黑表笔接S，实测结果仍为11mV；将红表笔接G，黑表笔接D，实测结果为0mV；将红表笔接G，黑表笔接S，实测结果为11mV。几次实测结果说明IGBT开关管短路损坏。

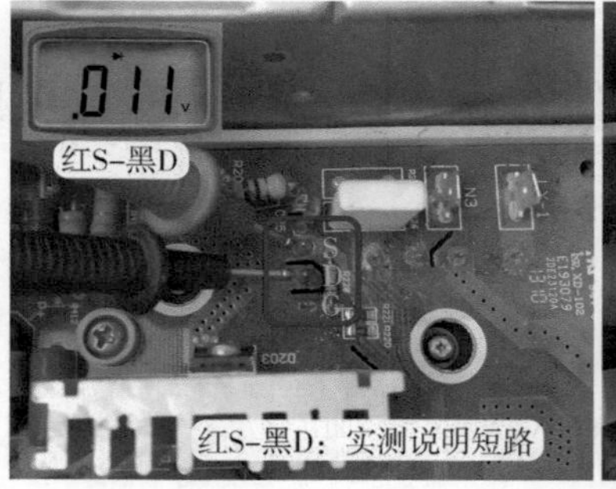

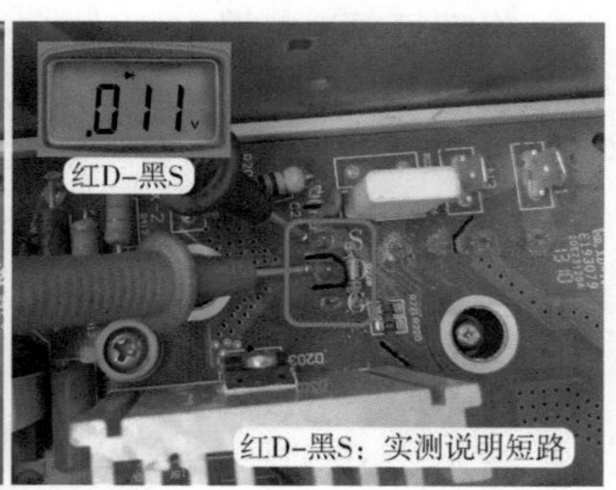

图 13-30　测量开关管

7.测量二极管

一般开关管损坏时，有时会附带将快恢复二极管（主板标号VD203）短路或开路损坏，二极管共有2个引脚，与开关管D极、滤波电感橙线相通的引脚为正极，接滤波电容正极的引脚为二极管负极。

见图13-31，测量时使用万用表二极管挡，红表笔接正极，黑表笔接负极为正向测量，实测结果为无穷大；表笔反接即红表笔接负极，黑表笔接正极，实测结果仍为无穷大。两次测量均为无穷大，判断开路损坏。

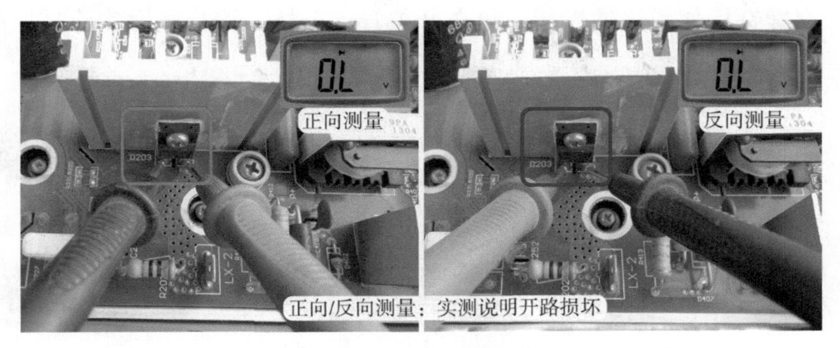

图 13-31　测量二极管

8.取下开关管单独测量

从室外机上取下室外机电控盒，再取出室外机主板，取下模块、硅桥、开关管的固定螺钉，拿掉散热片后，见图13-32左图，查看开关管引脚有熏黑的痕迹，也说明其已损坏。使用烙铁取下开关管，型号为东芝GT30J122，查看右下角已炸裂并轻微向上翘起。

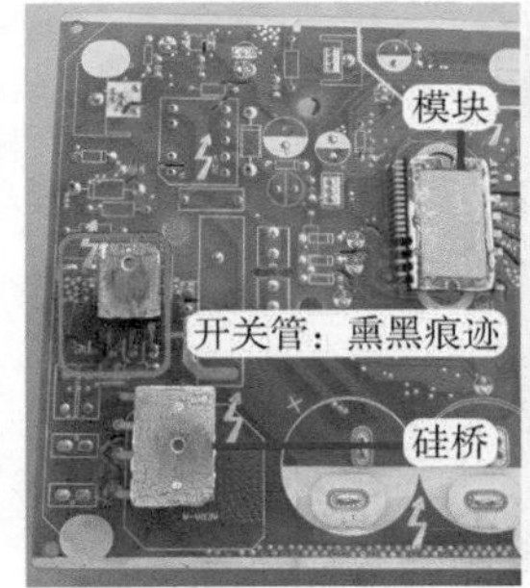

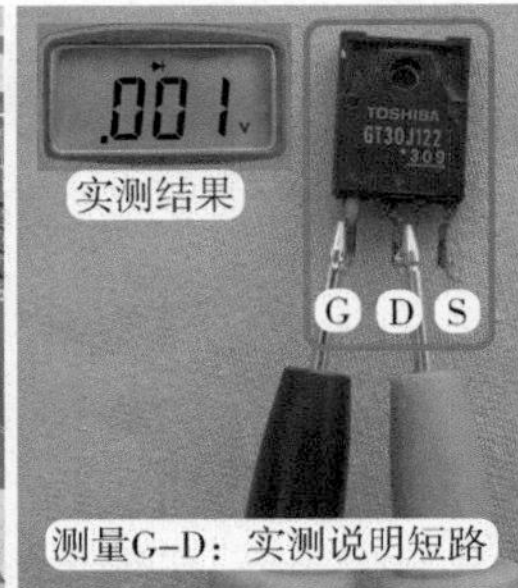

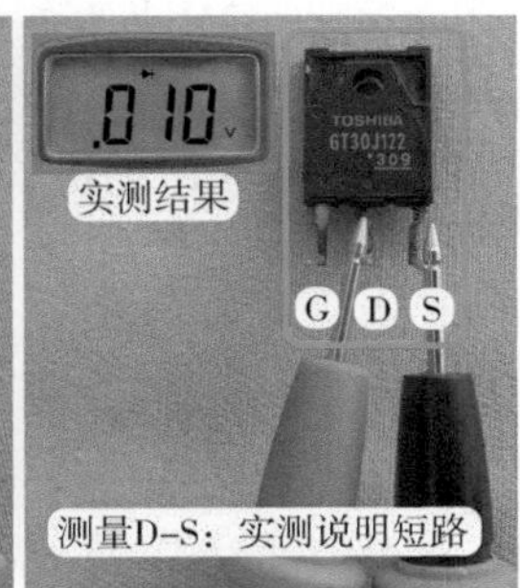

图 13-32　取下开关管和单独测量

使用万用表二极管挡，再次测量开关管，见图13-32中图，黑表笔接G，红表笔接D，实测结果为1mV；表笔反接即红表笔接G，黑表笔接D，实测结果仍为1mV。见图13-32右图，红表笔接D，黑表笔接S，实测结果为10mV；表笔反接即红表笔接S，黑表笔接D，实测结果仍为10mV，确定开关管短路损坏。

9.测量正常开关管和二极管

使用万用表二极管挡，测量正常的配件IGBT开关管GT30J122，见图13-33左图和中图，测量G和D、D和S、G和S引脚，实测均为无穷大，没有短路故障。

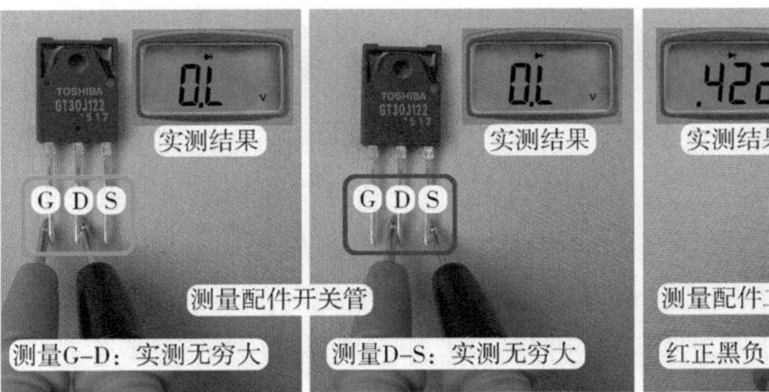

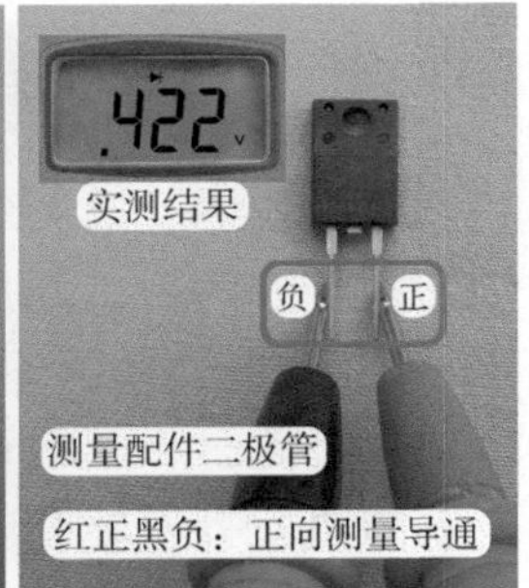

图 13-33　测量正常开关管和二极管

测量正常的配件快恢复二极管（BYC20X），

见图13-33右图，测量时红表笔接正极，黑表笔接负极为正向测量，实测约为422mV；表笔反接即红表笔接负极，黑表笔接正极为反向测量，实测为无穷大。

10.更换开关管和二极管

见图13-34左图和中图，将正常的配件IGBT开关管GT30J122引脚按原开关管的引脚掰弯，并焊至Z1焊孔，在配件二极管反面涂抹散热硅脂，引脚穿入VD203焊孔，拧紧固定螺钉后使用烙铁焊接；再在开关管、硅桥、模块表面均涂抹散热硅脂，将室外机主板安装至电控盒后，拧紧固定螺钉。

恢复线路后上电试机，测量直流300V电压已正常，见图13-34右图，查看绿灯D2持续闪烁说明通信正常，红灯D1闪烁8次表示已达到开机温度，黄灯D3闪烁1次表示压缩机启动，同时室外风机和压缩机均开始运行，制冷恢复正常，故障排除。

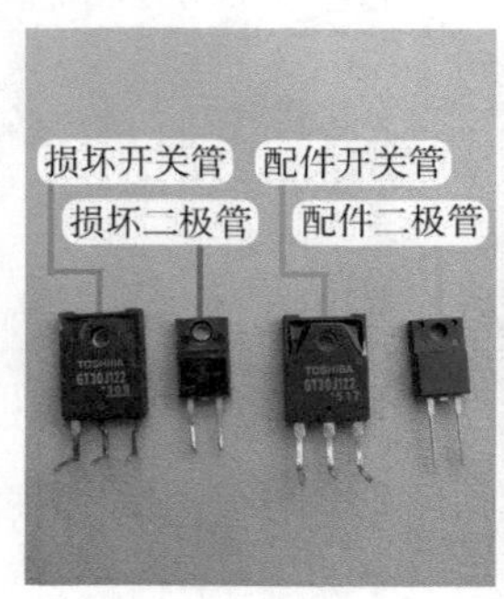

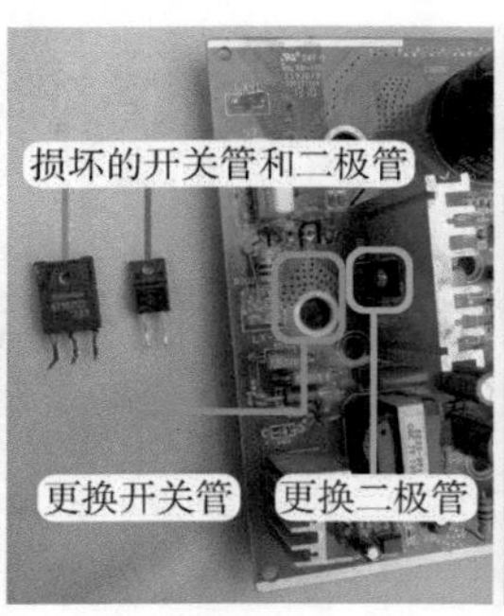

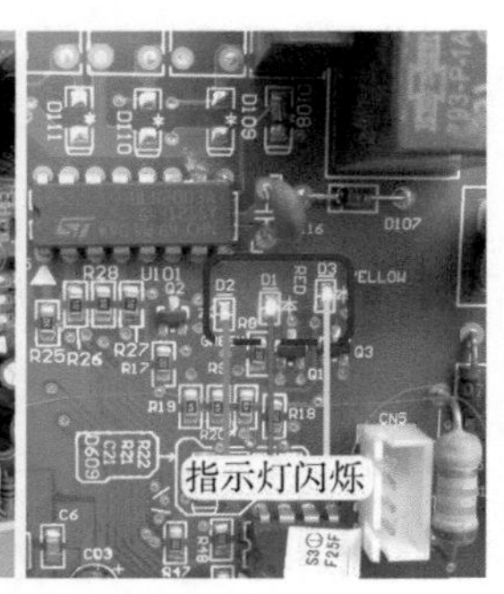

图 13-34　更换配件和指示灯状态

总结

（1）本机为全直流变频空调器，室外风机使用直流电机，驱动线圈的模块没有集成在电机内部，而是设计在室外机主板上面。

（2）维修时，当直流300V电压实测为0V时，可用手摸PTC电阻来区分故障部位：如果手摸为常温，说明PTC电阻中无电流通过，常为前级供电电路开路故障；如果烫手，说明通过电流较大，常为后级负载短路故障。

（3）目前的主板通常为一体化设计，滤波电容和模块均直接焊接在主板上面，且电容引脚和模块P/N引脚相通。因此在测量模块时，应测量直流300V电压，待其下降至约为0V再使用万用表二极管挡测量模块，以防止误判或者损坏万用表。

四、IGBT 开关管短路，三菱重工通信故障代码

故障说明：三菱重工KFR-35GW/QBVBp（SRCQB35HVB）挂式全直流变频空调器，用户反映不制冷。遥控器开机后，室内风机运行，但指示灯立即显示代码为“运行灯点亮，定时灯每8秒闪6次”，代码含义为通信故障。

1.测量室外机接线端子电压

检查室外机，发现室外机不运行。使用万用表交流电压挡，见图13-35左图，红表笔和黑表笔分别接接线端子上1号L端和2（N）端测量电压，实测为交流219V，说明室内机主板已输出供电至室外机。

见图13-35右图，将万用表挡位改为直流电压挡，黑表笔接2（N）端子，红表笔接3号通信S端子测量电压，实测约为直流0V，说明通信电路出现故障。

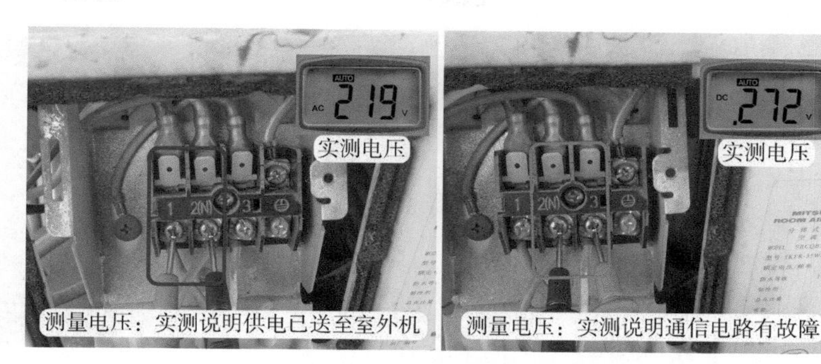

图 13-35　测量供电和通信电压

说明

本机室内机和室外机距离较远，中间加长了连接管道和连接线，其中加长连接线使用3芯线，只连接L端相线、N端零线、S端通信线，未使用地线。

2. 断开通信线测量通信电压

为区分是室内机故障还是室外机故障，断开空调器电源，见图13-36左图，使用螺钉旋具取下3号端子下方的通信线，依旧使用万用表直流电压挡，再次上电开机，同时测量通信电压，实测结果依旧约为直流0V，由于通信电路工作电源由室外机主板提供，确定故障在室外机。

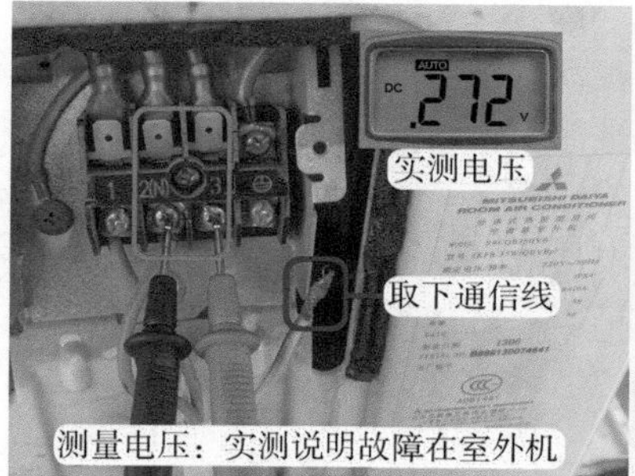

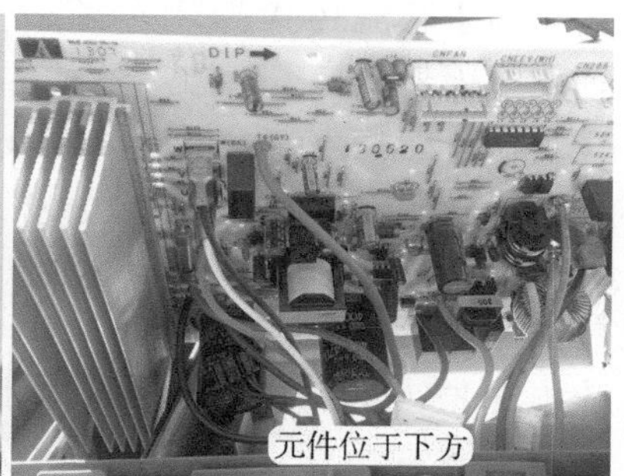

图 13-36　取下通信线后测量通信电压和室外机主板元件位置

3. 室外机主板

取下室外机顶盖和电控盒盖板，见图13-36右图，发现室外机主板为卧式安装，焊点在上面，元件位于下方。

室外机强电通路电路原理简图见图13-37，实物图见图13-38，主要由扼流圈L1、PTC电阻TH11、主控继电器52X2、电流互感器CT1、滤波电感、PFC硅桥DS1、IGBT开关管Q3、熔丝管F4（10A）、

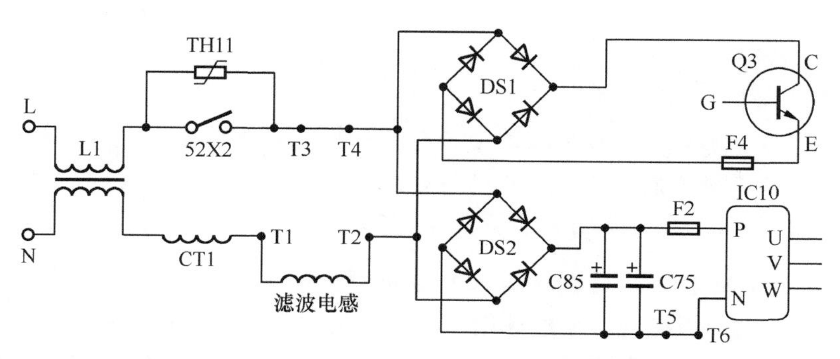

图 13-37　室外机强电通路电路原理简图

整流硅桥DS2、滤波电容C85和C75、熔丝管F2（20A）、模块IC10等组成。

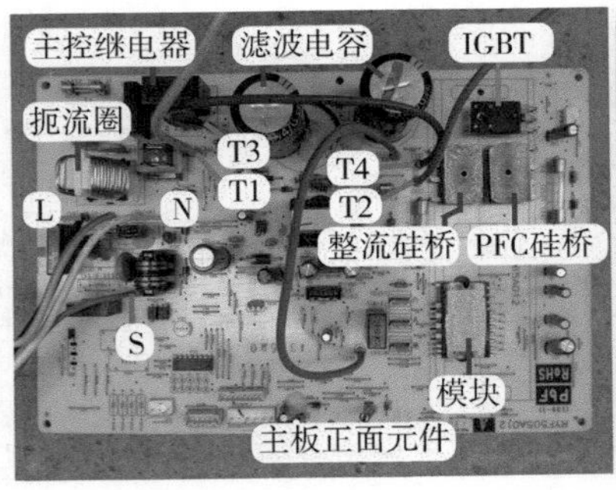

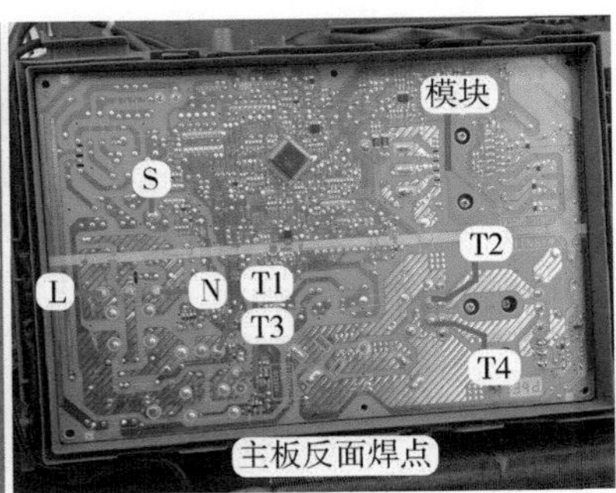

图 13-38 室外机主板正面元件和反面焊点

室外机接线端子上L端相线（黑线）和N端零线（白线）送至主板上扼流圈L1滤波，L端经由PTC电阻TH11和主控继电器52X2组成的防瞬间大电流充电电路，经由蓝色跨线T3-T4至硅桥的交流输入端。N端零线经电流互感器CT1一次绕组后，由接滤波电感的跨线（T1黄线-T2橙线）至硅桥的交流输入端。

L端和N端电压分为两路，一路送至整流硅桥DS2，整流输出直流300V经滤波电容滤波后为模块、开关电源电路供电，作用是为室外机提供电源；一路送至PFC硅桥DS1，整流后输出端接IGBT开关管，作用是提高供电的功率因数。

4.测量直流 300V 和硅桥输入端电压

由于直流300V为开关电源电路供电，间接为室外机提供各种电源，见图13-39左图，使用万用表直流电压挡，黑表笔接滤波电容负极（和整流硅桥负极相通的端子），红表笔接正极（和整流硅桥正极相通的端子）测量直流300V电压，实测约为0V，说明室外机强电通路有故障。

见图13-39右图，将万用表挡位改为交流电压挡，测量硅桥交流输入端电压，由于两个硅桥并联，测量时，表笔可接与T2-T4跨线相通的位置，正常电压为交流220V，实测约为0V，说明前级供电电路有开路故障。

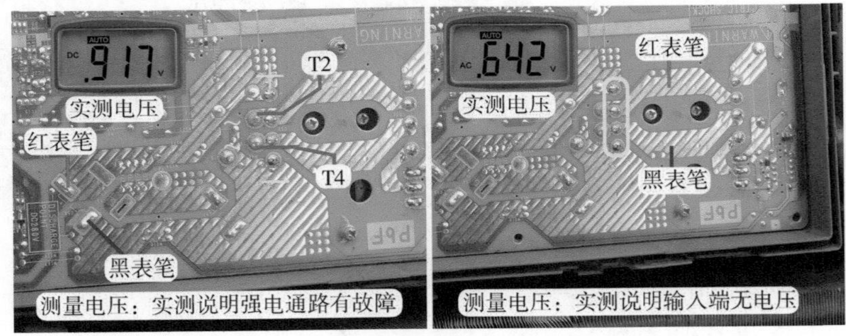

图 13-39 测量直流 300V 和硅桥输入端电压

本机室外机主板表面涂有防水胶，测量时应使用表笔尖刮开防水胶后，再测量与连接线或端子相通的铜箔走线。

5.测量主控继电器输入和输出端交流电压

向前级检查，依旧使用万用表交流电压挡，测量室外机主板输入L端相线和N端零线电压，红表笔和黑表笔接扼流圈L1焊点，实测为交流219V，见图13-40左图，和室外机接线端子相等，说明供电已送至室外机主板。

见图13-40右图，黑表笔接电流互感器后端跨线T1焊点，红表笔接主控继电器后端触点跨线T3焊点测量电压，实测约为交流0V，初步判断PTC电阻因电流过大断开保护，断开空调器电源，手摸PTC电阻发烫，也说明后级负载有短路故障。

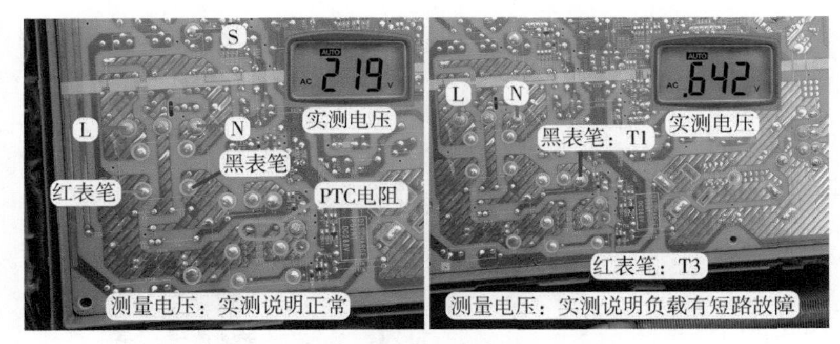

图 13-40 测量主控继电器输入和输出端交流电压

6. 测量模块和整流硅桥

引起PTC电阻发烫的主要原因为直流300V短路，后级负载主要有模块IC10、整流硅桥DS2、PFC硅桥DS1、IGBT开关管Q3、开关电源电路短路等。

断开空调器电源，由于直流300V电压约为0V，因此无须为滤波电容放电。拔下压缩机和滤波电感的连接线，见图13-41左图，使用万用表二极管挡，首先测量模块P、N、U、V、W共5个端子，红表笔接N端，黑表笔接P端时为471mV；红表笔不动接N端，黑表笔分别接U、V、W端子时均为462mV，说明模块正常，排除短路故障。

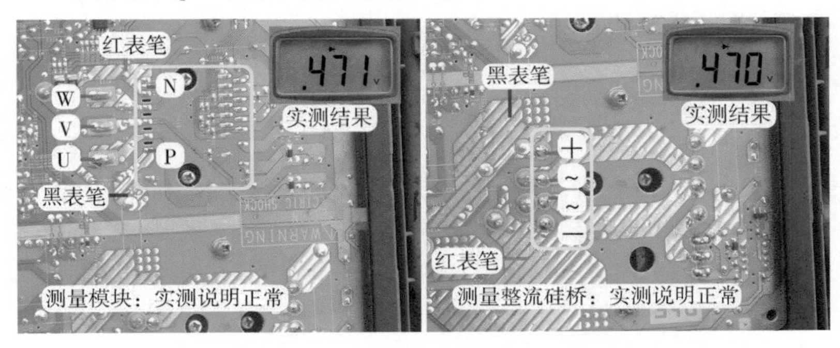

图 13-41 测量模块和整流硅桥

使用万用表二极管挡测量整流硅桥DS2，见图13-41右图，红表笔接负极，黑表笔接正极，实测结果为470mV；红表笔不动接负极，黑表笔分别接两个交流输入端，实测结果均为427mV，说明整流硅桥正常，排除短路故障。

7. 测量 PFC 硅桥

见图13-42，再使用万用表二极管挡测量PFC硅桥DS1，红表笔接负极，黑表笔接正极，实测结果为0mV，说明PFC硅桥有短路故障，查看PFC硅桥负极经F4熔丝管（10A）连接

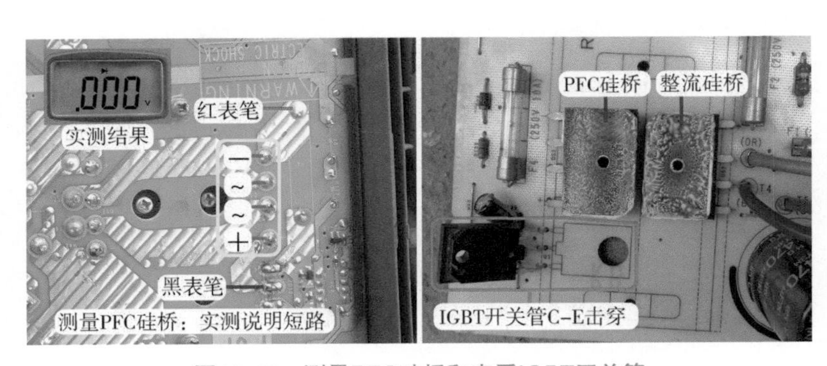

图13-42 测量PFC硅桥和查看IGBT开关管

IGBT开关管Q3的E极（相当于源极S）、硅桥正极接Q3的C极（相当于漏极D），说明硅桥正负极和IGBT开关管的CE极并联，由于IGBT开关管损坏的比例远大于硅桥，判断IGBT开关管的C-E极击穿。

维修措施：本机维修方法是更换室外机主板或IGBT开关管（型号为东芝RJP60D0），但由于暂时没有室外机主板和配件IGBT开关管更换，而用户又着急使用空调器，见图13-43，使用尖嘴钳子剪断IGBT的E极引脚（或同时剪断C极引脚，或剪断PFC硅桥DS1的2个交流输入端），这样相当于断开短路的负载，即使PFC电路不能工作，空调器也可正常运行为制冷模式或制热模式，待到有配件时再更换即可。

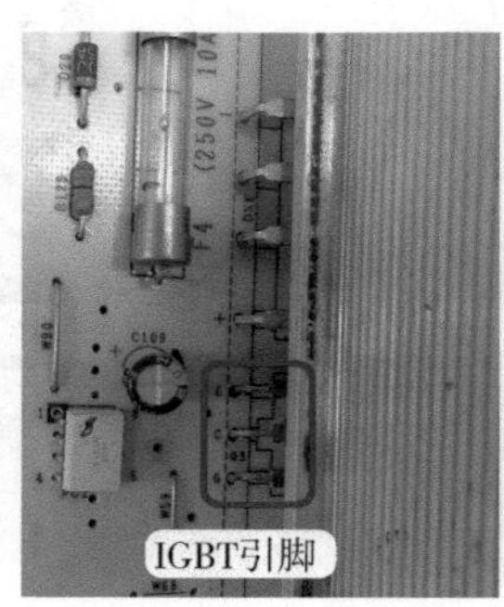

图 13-43　剪断 IGBT 开关管引脚

总结

本机设有两个硅桥，整流硅桥的负载为直流300V，PFC硅桥的负载为IGBT开关管，当任何负载有短路故障时，均会引起电流过大，PTC电阻在上电时阻值逐渐变大直至开路，后级硅桥输入端无电源，室外机主板CPU不能工作，引起室内机报故障代码为通信故障。

第14章 直流风机和电子膨胀阀故障

第1节 直流风机电路故障

一、15V熔丝管开路，三菱重工室外风机异常代码

故障说明：三菱重工KFR-25GW/QIBp（SRCQI25H）挂式全直流变频空调器，用户反映开机后不制冷。

1.检查室外风机和室外机主板

上门检查，将空调器重新接通电源，使用遥控器制冷模式开机，室内风机运行，但吹风为自然风，检查室外机，待室外机主板上电对电子膨胀阀复位后，压缩机开始运行，手摸细管已经开始变凉，见图14-1左图，但室外风机始终不运行，一段时间以后压缩机也停止运行。

再检查室内机，室内机依旧吹自然风，显示板组件报出故障代码：运转指示灯点亮，定时指示灯每8秒闪7次，代码含义为“室外风扇电机异常”。

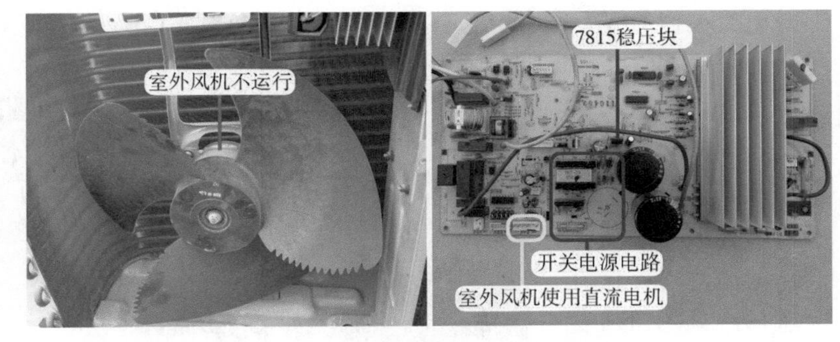

图 14-1　室外风机和室外机主板正面视图

取下室外机外壳，见图14-1右图，室外机主板为一体化设计，即室外机电控系统均集成在一块电路板上面，电源电路使用开关电源，输出部分设有7815稳压块。

2.检查室外风机引线

见图14-2，本机室外风机为直流电机，共设有5根引线，室外机主板设有1个5针的室外风机插座。风机引线和主板插座焊点的功能相对应：红线对应最左侧焊点为直流300V供电，黑线对应焊点为地，白线对应焊点为15V供电，黄线对应焊点为驱动控制，蓝线对应焊点为转速反馈。

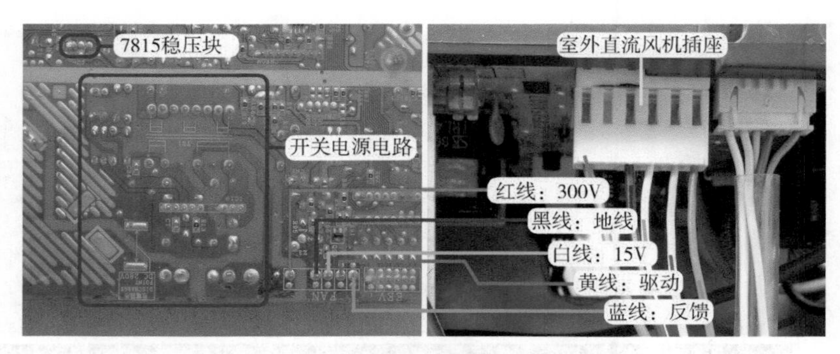

图 14-2 室外风机插座焊点和引线

3. 测量 300V 和 15V 电压

由于室外风机始终不运行，使用万用表直流电压挡测量插座焊点电压。见图14-3左图，黑表笔接黑线焊点地，红表笔接红线焊点测量300V电压，实测为315V，说明正常。

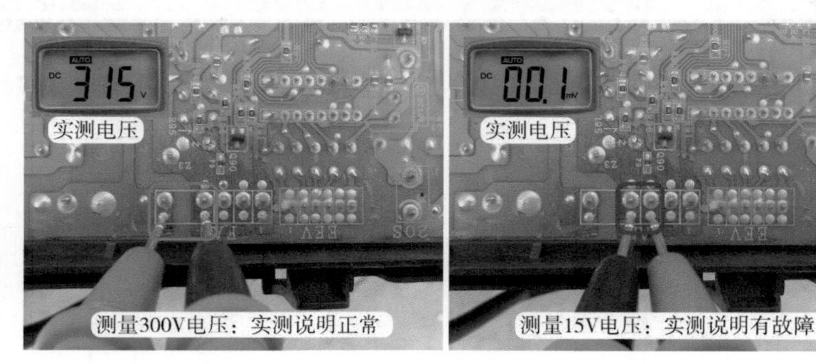

图 14-3 测量 300V 和 15V 电压

见图14-3右图，黑表笔不动，仍旧接黑线焊点地，红表笔改接白线焊点测量15V电压，正常应为15V，实测为0V，说明15V供电支路有故障。

4. 测量驱动和 7815 输出端电压

为判断室外机主板是否输出驱动电压，依旧使用万用表直流电压挡，见图14-4左图，黑表笔不动，接黑线焊点地，红表笔接黄线焊点，测量驱动电压，将空调器重新上电开机，室外机主板对电子膨胀阀复位结束后，驱动电压由0V逐渐上升至1V、2V，约40s时上升至最大值3.2V，再约10s后下降至0V。驱动电压由0V上升至3.2V，说明室外机主板已输出驱动电压，故障为15V供电支路故障。

室外风机15V供电由开关电源电路输出部分15V支路的15V稳压块7815输出端提供，使用万用表直流电压挡，见图14-4右图，黑表笔接7815中间引脚焊点地，红表笔接输出端焊点测量电压，实测为15V，说明开关电源电路正常。

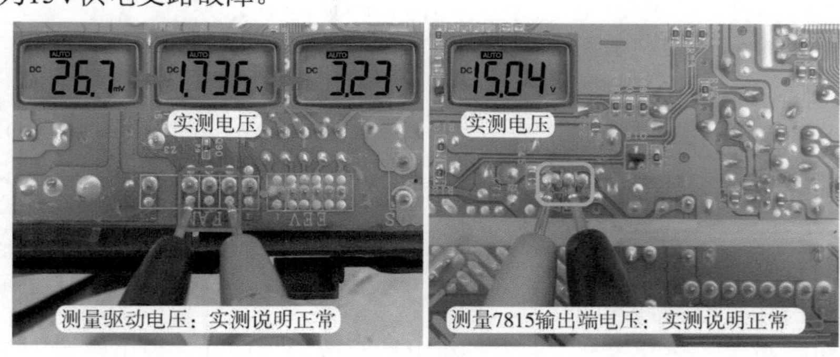

图 14-4 测量驱动电压和 7815 输出端电压

5. 测量 F9 前端电压和阻值

查看室外机主板上7815输出端15V至室外风机15V白线焊点的铜箔走线，只设有1个标号F9的贴片熔丝管（保险管）。使用万用表直流电压挡，黑表笔接黑线焊点地，红表笔接F9前端焊点测量电压，实测约为15V，见图14-5左图，说明15V电压已送至室外风机电路，故障可能为F9熔丝管损坏。

断开空调器电源，待室外机主板300V电压下降至约为0V时，使用万用表电阻挡，在路测量F9熔丝管阻值，正常应为0Ω，实测约为28kΩ，见图14-5右图，说明开路损坏。

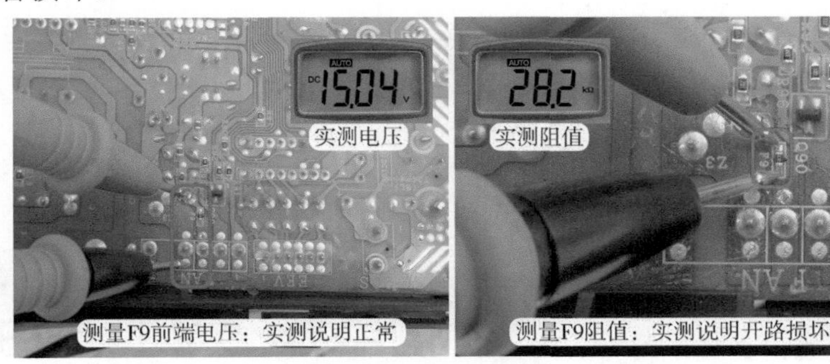

图 14-5　测量 F9 前端电压和阻值

维修措施：F9熔丝管表面标注CB，表示额定电流约为0.35A，由于没有相同型号的配件更换，见图14-6，维修时使用阻值为0Ω的电阻代换，代换后上电开机，使用万用表直流电压挡，黑表笔接黑线焊点地，红表笔接白线焊点测量15V电压，实测约为15V说明正常，同时室外风机和压缩机均开始运行，制冷恢复正常，故障排除。

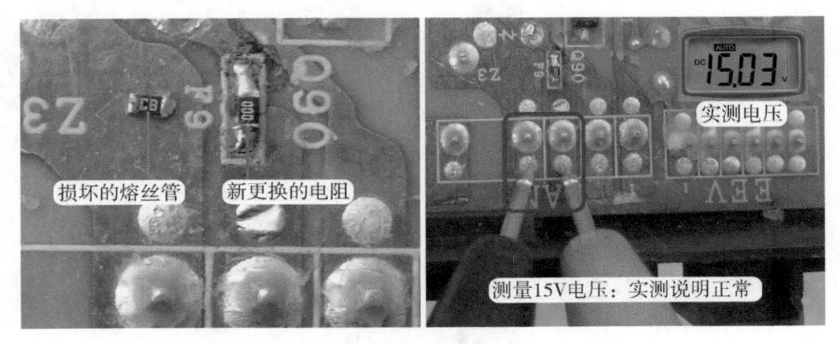

图 14-6　代换熔丝管和测量 15V 电压

二、直流风机损坏，海尔直流风机异常代码

故障说明：卡萨帝（海尔高端品牌）KFR-72LW/01B（R2DBPQXFC）-S1柜式全直流变频空调器，用户反映不制冷。

1. 查看室外机主板指示灯和直流风机插头

上门检查，使用遥控器开机，室内风机运行但不制冷，出风口为自然风。检查室外机，室外风机和压缩机均不运行，取下室外机外壳和顶盖，见图14-7左图，

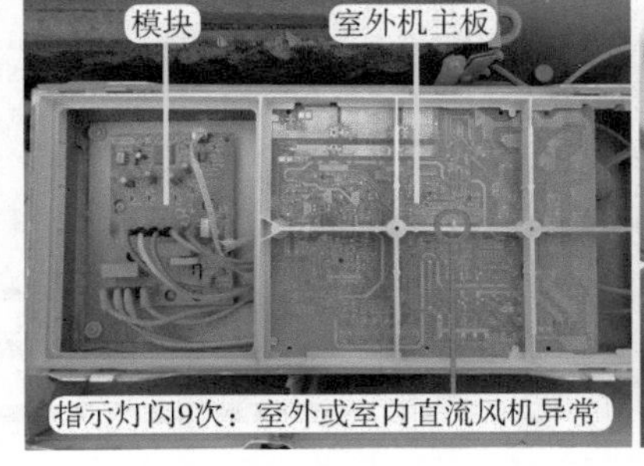

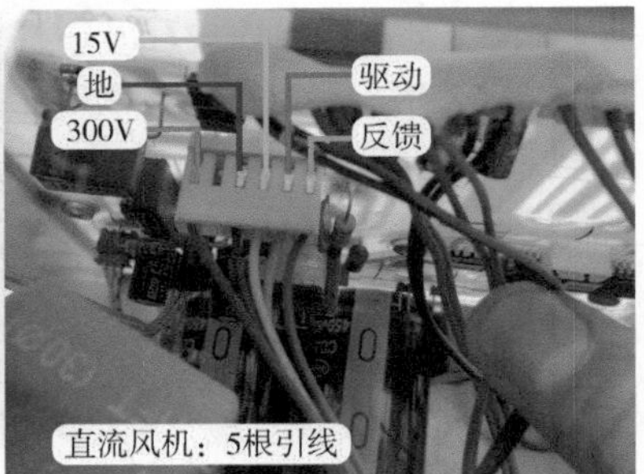

图 14-7　查看室外机主板和室外直流风机引线

查看室外机主板指示灯，闪9次，查看代码含义，为室外或室内直流电机异常。由于室内风机运行正常，判断故障在室外风机。

本机室外风机使用直流电机，用手转动室外风扇，感觉转动轻松，排除轴承卡死引起的机械损坏，说明故障在电控部分。

见图14-7右图，室外直流风机和室内直流风机的插头相同，均设有5根引线，其中红线为直流300V供电、黑线为地线、白线为直流15V供电、黄线为驱动控制、蓝线为转速反馈。

2. 测量 300V 和 15V 电压

见图14-8左图，使用万用表直流电压挡，黑表笔接黑线地线，红表笔接红线测量300V电压，实测为312V，说明主板已输出300V电压。

见图14-8右图，黑表笔不动，依旧接黑线地线，红表笔接白线测量15V电压，实测约为15V，说明主板已输出15V电压。

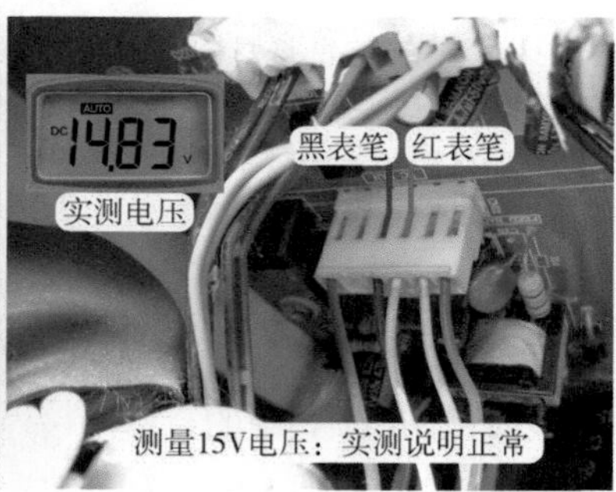

图 14-8　测量 300V 和 15V 电压

3. 测量反馈电压

见图14-9，黑表笔不动，依旧接黑线地线，红表笔接蓝线测量反馈电压，实测约为1V，慢慢用手转动室外风扇，同时测量反馈电压，蓝线电压约为1V～15V～1V～15V跳动变化，说明室外风机输出的转速反馈信号正常。

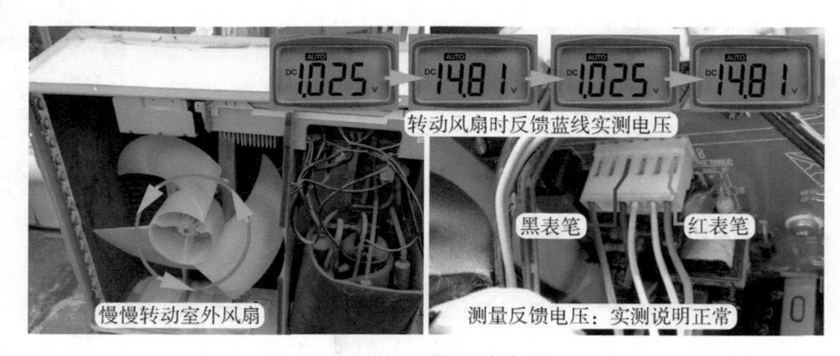

图 14-9　测量反馈电压

4. 测量驱动电压

将空调器重新上电开机，见图14-10，黑表笔不动，依旧接黑线地线，红表笔接黄线测量驱动电压，电子膨胀阀复位后，压缩机开机始运行，约1s后黄线驱动电压由0V上升至2V，再

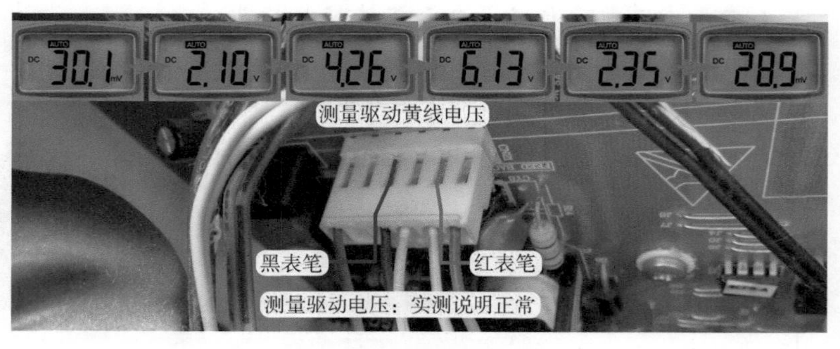

图 14-10　测量驱动电压

上升至4V，最高约为6V，再下降至2V，最后变为0V，但同时室外风机始终不运行，约5s后压缩机停机，室外机主板指示灯闪9次，报出故障代码。

根据上电开机后驱动电压由0V上升至最高约6V，同时在直流300V和15V供电电压正常的前提下，室外风机仍不运行，判断室外风机内部控制电路或线圈开路损坏。

由于空调器重新上电开机，室外机运行约5s后即停机保护，因此应先接好万用表表笔，再上电开机。

维修措施：本机室外风机由松下公司生产，型号为EHDS31A70AS，见图14-11，申请同型号风机，将插头安装至室外机主板，再次上电开机，压缩机运行，室外机主板不再停机保护，也确定室外风机损坏。更换室外风机后上电试机，室外风机和压缩机一直运行不再停机，制冷恢复正常。

在室外风机运行正常时，使用万用表直流电压挡，黑表笔接黑线地线，红表笔接黄线测量驱动电压为4.2V，红表笔接蓝线测量反馈电压为10.3V。

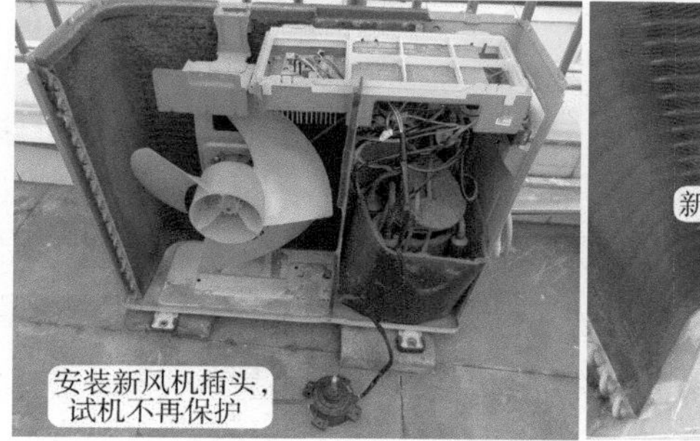

图 14-11　更换室外风机

本机如果不安装室外风扇，只将室外风机插头安装在室外机主板试机（见图14-11左图），室外风机运行时抖动严重，转速很慢且时转时停，但不再停机显示故障代码；将室外风机安装至室外机固定支架，再安装室外风扇后，室外风机运行正常，转速较快。

三、电机线束磨断，海尔直流风机异常代码

故障说明：海尔KFR-72LW/62BCS21柜式全直流变频空调器，用户反映不制冷，要求上门维修。

1.查看室外机代码和室外风机

上门检查，使用万用表交流电流挡，钳头卡在为空调器供电的断路器（俗称空气开关）相线上，重新上电使用遥控器开机，室内风机运行，最高电流约为0.7A，说明室外机没有运行。检查室外机，室外风机和压缩机均不运行，见图14-12左图，查看室外机主板指示灯，闪9次，代码含义为“室内直流风机异常”。

断开空调器电源，待3min后再次上电开机，电子膨胀阀复位后，压缩机启动运行，但约5s后随即停机，见图14-12右图，室外风机始终不运行，室外机主板指示灯闪9次，报出故障代码，同时室内机未显示故障代码。

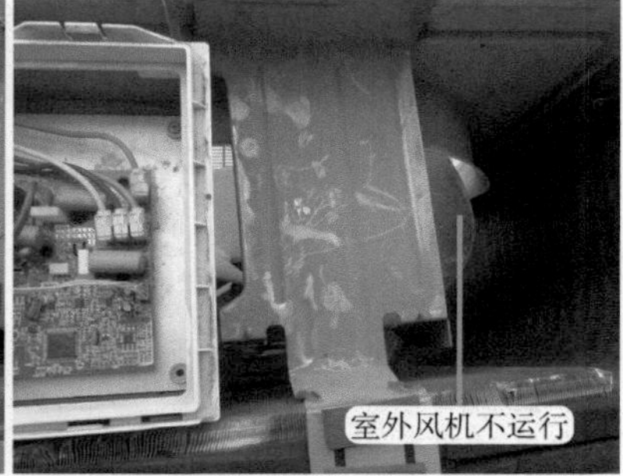

图 14-12　查看室外机电控系统和室外风机

2.检查门开关和更换室内机主板

检查室内机，掀开前面板，由于门开关保护，室内风机停止运行，导致无法检修空调器。解决方法见图14-13左图，用手将门开关向里按压到位后，再使用牙签顶住，使其不能向外移动，门开关触点一直处于导通状态，CPU检测前面板处于关闭的位置，控制室内风机运行，才能检修空调器。

本机室内风机（离心电机）使用直流电机，共设有5根引线，红线为直流300V供电、黑线为地线、白线为直流15V供电、黄线为驱动控制、蓝线为转速反馈。

使用万用表直流电压挡，黑表笔接黑线地线，红表笔接红线测量300V电压，实测约为300V；红表笔接白线测量15V电压，实测约为15V，两次测量说明供电正常。

在室内风机运行时，黑表笔不动，依旧接黑线地线，红表笔接黄线测量驱动电压，实测约为2.8V，红表笔接蓝线测量反馈电压，实测约为7.5V。使用遥控器关机，室内风机停止运行，红表笔接黄线测量驱动电压，实测为0V；红表笔接蓝线测量反馈电压，同时用手慢慢转动室内风扇（离心风扇），实测为0.2V～15V～0.2V～15V跳动变化，说明室内风机正常，故障为室内机主板损坏。

申请同型号室内机主板更换后，见图14-13右图，重新上电试机，依旧为室内风机运行正常，压缩机运行5s后停机，室外风机不运行，室外机主板指示灯依旧闪9次，报出故障代码，仔细查看故障代码本，发现闪9次故障代码含义包括“室外直流风机异常”，即闪9次代码的含义为室内或室外直流风机异常。

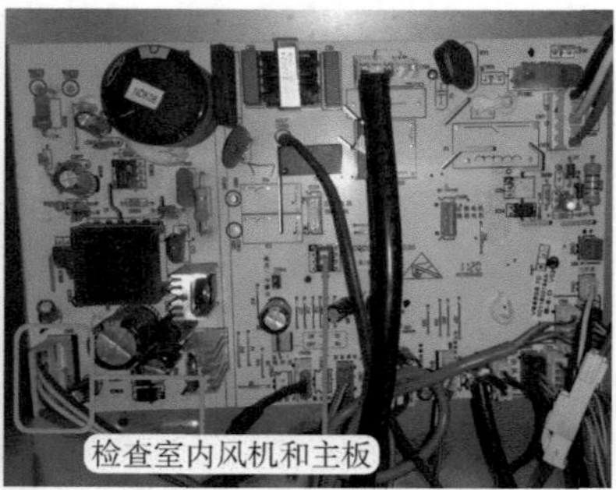

图 14-13　卡住门开关和检查室内机

3.测量室外风机

再次检查室外机，本机室外风机使用直流风机。见图14-14左图，使用万用表直流电压挡，黑表笔接室外风机插头中地线黑线，红表笔接红线测量300V电压，实测为304V，说明正常；黑表笔不动，红表笔接白线测量15V电压，实测约为15V，说明室外机主板已输出直流300V和15V电压。

首先接好万用表表笔，见图14-14右图，即黑表笔不动，依旧接黑线地线，红表笔接黄线测量驱动电压，然后重新上电开机，电子膨胀阀复位结束后，压缩机开始运行，同时黄线驱动电压由0V迅速上升至6V，再下降至约3V，最后下降至0V，但室外风机始终不运行，约5s后压缩机停机，室外机主板指示灯闪9次，报出故障代码。

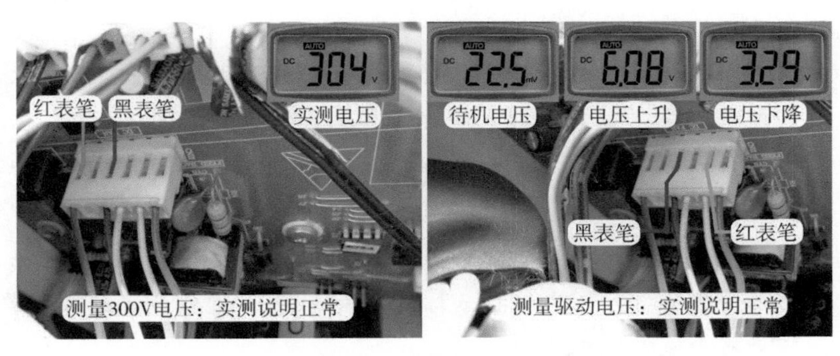

图 14-14 测量室外风机供电和驱动电压

4.查看室外风机引线磨断

室外机主板已输出直流300V、15V的供电电压和驱动电压，但室外风机仍不运行，用手拨动室外风扇，以判断是否因轴承卡死造成的堵转时，感觉有异物卡住室外风扇，见图14-15左图，仔细查看为室外风机的连接线束和室外风扇相摩擦，目测已有引线断开。

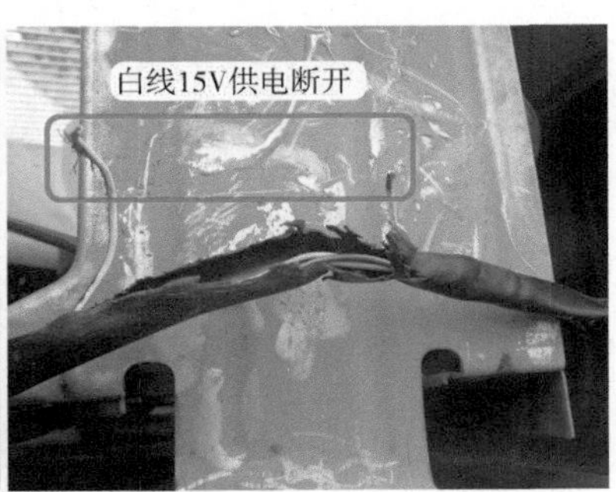

图 14-15 室外风机线束磨断

断开空调器电源，仔细查看引线，见图14-15右图，发现15V供电白线断开。

维修措施：见图14-16，连接白线，使用绝缘胶布包好接头，再将线束固定在相应位置，使其不能移动。再次上电开机，电子膨胀阀复位结束后，压缩机运行，约1s后室外风机也开始运行，长时间运行不再停机，制冷恢复正常。

在室外风机运行时，使用万用表直流电压挡，黑表笔接黑线地线，红表笔接红线测量300V供电约为300V；红表笔接白线测量15V供电约为15V；红表笔接黄线测量驱动电压为4.3V；红表笔接蓝线测量反馈电压为9.9V。

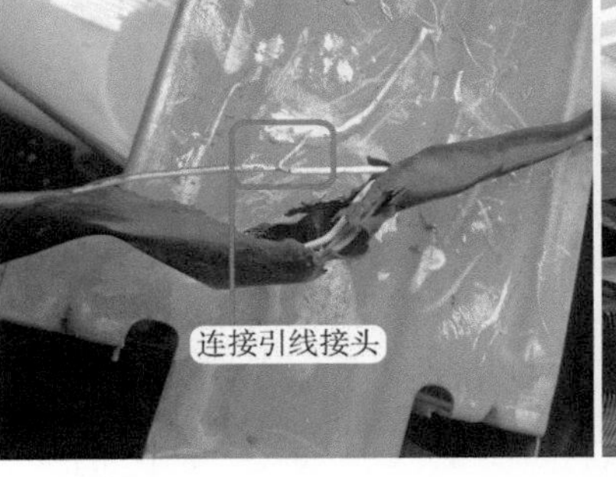

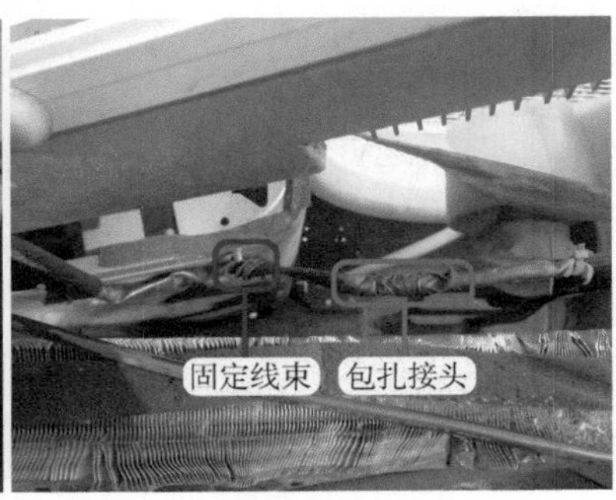

图 14-16 连接引线接头和固定线束

（1）本例在维修时走了弯路，查看故障代码时不细心以及太相信代码内容。代码本上“室内直流风机异常（室内机显示E14）”的序号位于上方，发现室外机主板指示灯闪9次时，在室内风机运行正常、室外风机不运行的前提下，判断室内风机出现故障，以至于更换室内机主板后仍不能排除故障时，才再次认真查看故障代码本，发现室外机主板指示灯闪9次也代表“室外直流风机异常（室内机显示F8）”，才去检查室外风机。

（2）本例在压缩机运行、室外风机不运行，未先检查室外风机的原因是，首次接触此型号的全直流变频空调器，误判为室外风机不运行是由于冷凝器温度低、室外管温传感器检测温度低才控制室外风机不运行，需要室外管温传感器温度高于一定值后才控制室外风机运行。但实际情况是压缩机运行后立即控制室外风机运行，未检测室外管温传感器的温度。

（3）本例室外风机线束磨损、引线断开的原因为，前一段时间维修人员更换压缩机，安装电控盒时未将室外风机的线束整理固定，线束和室外风扇相摩擦，导致15V供电白线断开，室外风机内部电路板的控制电路因无供电而不能工作，室外风机不运行，室外机主板CPU因检测不到室外风机的转速反馈信号，停机进行保护。

四、室外直流风机损坏，格力 L3 代码

故障说明：格力KFR-32GW/（32561）FNCa-2挂式全直流变频空调器（U雅），用户反映不制冷，显示屏显示L3故障代码。查看代码含义为直流风机故障或室外风机故障保护。

1.查看显示屏代码和检测仪故障

上门检查时，用户正在使用空调器，室内风机运行，但室外机不运行，显示屏处显示L3代码，见图14-17左图，同时“运行”指示灯间隔3s闪烁两三次，含义为室外直流风机故障。

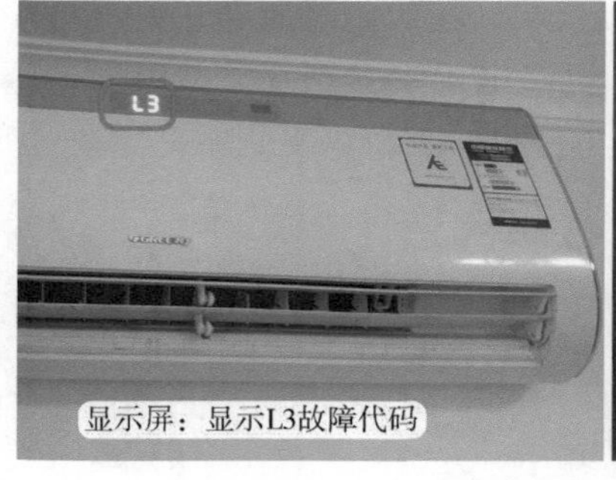

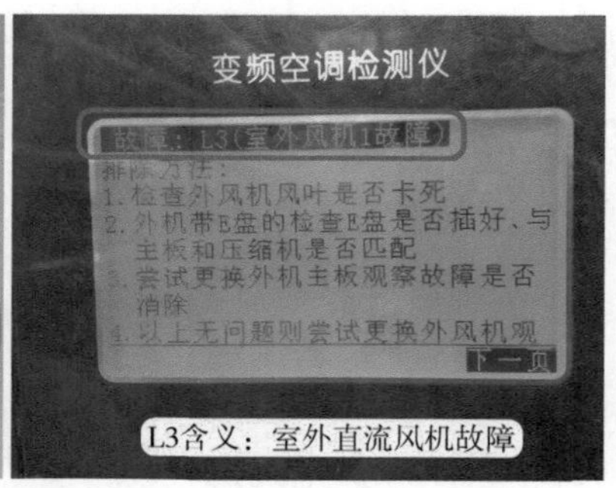

图 14-17　查看显示屏代码和检测仪故障

断开空调器电源，在室外机接线端子接上格力变频空调器专用检测仪的3根连接线，使用万用表交流电流挡，钳头卡住3号棕线测量室外机电流，再重新上电开机，室内风机运行，室内机主板向室外机主板供电后，先对电子膨胀阀进行复位，查看电流约为0.1A，约40s时压缩机启动运行，但室外风机不运行，电流逐渐上升，约1min 30s时电流

约为3.2A，压缩机停止（共运行约50s），室内机显示L3代码，查看检测仪显示信息“故障：L3（室外风机1故障）”，见图14-17右图。查看室外机主板指示灯状态，绿灯D3持续闪烁，表示通信正常；黄灯熄灭，表示压缩机停止；红灯闪烁8次，表示达到开机温度；3个指示灯含义，说明室外机主板未报出故障代码。

2. 转动室外风扇和查看室外风机铭牌

室内机显示屏和检测仪均显示故障为室外直流风机故障，说明室外风机电路有故障。在压缩机停止运行后，见图14-18左图，用手转动室外风扇，感觉很轻松没有阻力，排除异物卡住室外风扇或电机内部轴承卡死故障。

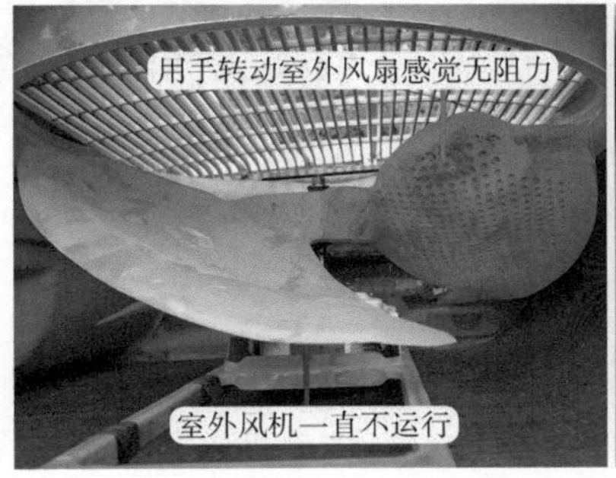

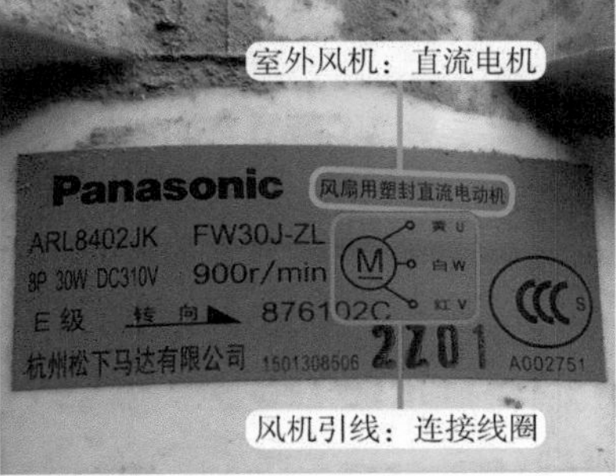

图 14-18　转动室外风扇和查看室外风机铭牌

见图14-18右图，查看室外风机铭牌，是松下公司生产的直流电机（风扇用塑封直流电动机），型号为ARL8402JK（FW30J-ZL），其连接线只设有3根，分别为黄线U、红线V、白线W，U-V-W为模块输出，说明电机内部未设置电路板，只有电机绕组的线圈。

3. 测量引线阻值

断开空调器电源，在室外机主板上拔下风机插头，和风机铭牌标识相同，只有黄、白、红3根引线。使用万用表电阻挡测量引线阻值，见图14-19，黄线和红线实测阻值为无穷大，黄线和白线实测阻值为无穷大，白线和红线实测阻值为无穷大，测量结果说明室外风机线圈开路损坏。

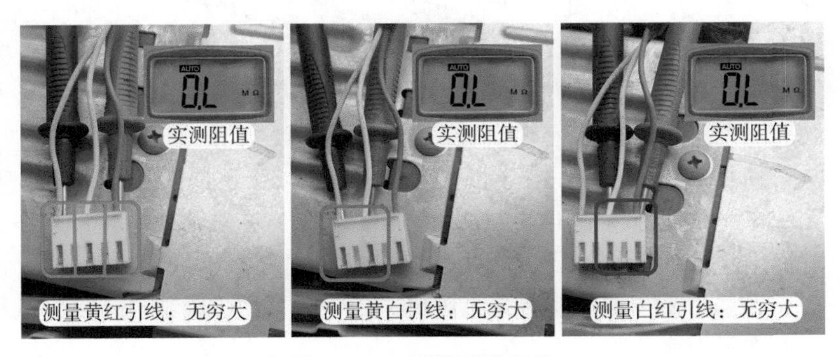

图 14-19　测量引线阻值

4. 查看配件电机和铭牌

按空调器型号和条码申请室外风机，发过来的配件实物外形和铭牌标识见图14-20，是由凯邦公司生产的直流电机（无刷直流

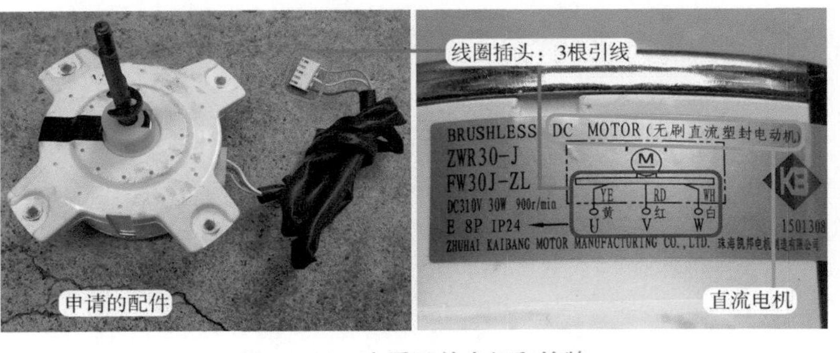

图 14-20　查看配件电机和铭牌

塑封电机动），型号为ZWR30-J（FW30J-ZL），共有3根引线，分别为黄线U、红线V、白线W，引线插头和原机相同。

5.测量配件电机引线阻值

使用万用表电阻挡，测量配件电机插头引线阻值，见图14-21，黄线和红线实测阻值约为82Ω、黄线和白线实测阻值约为82Ω、白线和红线实测阻值约为82Ω，测量结果说明直流风机内部只有绕组线圈，没有设计电路板，也确定原机直流风机线圈开路损坏。

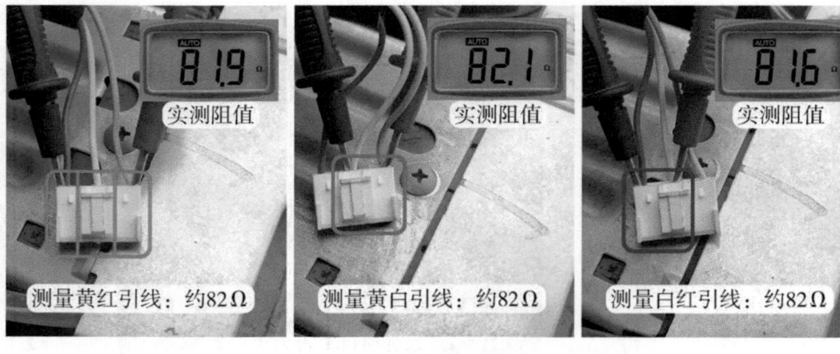

图 14-21　测量配件电机引线阻值

6.更换室外风机

见图14-22左图，将配件电机引线插头安装至室外机主板插座，再次上电试机，待电子膨胀阀复位过后，压缩机开始运行并逐渐升频，室外风机开始运行并逐渐增加转速，手摸冷凝器温度逐渐上升，同时室内机显示屏不再显示L3代码。

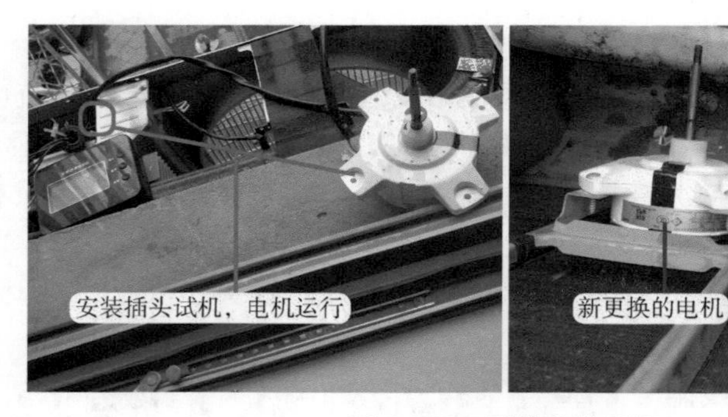

图 14-22　更换室外风机

使用遥控器关机，并断开空调器电源，由于室外机前方安装有防盗窗并且距离过近，无法取下前盖，见图14-22右图，维修时取下室外风扇后慢慢取下原机的直流风机，再将配件电机安装至固定支架，再安装室外风扇并拧紧螺钉。

维修措施：更换室外直流风机。更换后再次上电试机，室外风机和压缩机均开始运行，制冷恢复正常。

本例线圈开路，室外风机不能运行，室外机主板CPU检测后停止压缩机运行，并在室内机显示屏显示L3代码。

第 2 节　电子膨胀阀故障

一、线圈开路，空调器不制冷

故障说明：格力KFR-35GW/（35556）FNDc-3挂式直流变频空调器，用户反映不制冷，要求上门检查。

1.测量系统压力

上门检查，用遥控器制冷模式开机，室内风机运行，但不制冷，出风口为自然风。检查室外机，室外风机和压缩机均在运行，见图14-23左图，在三通阀检修口接上压力表，查看运行压力为负压，常见原因有系统缺少制冷剂或堵塞。

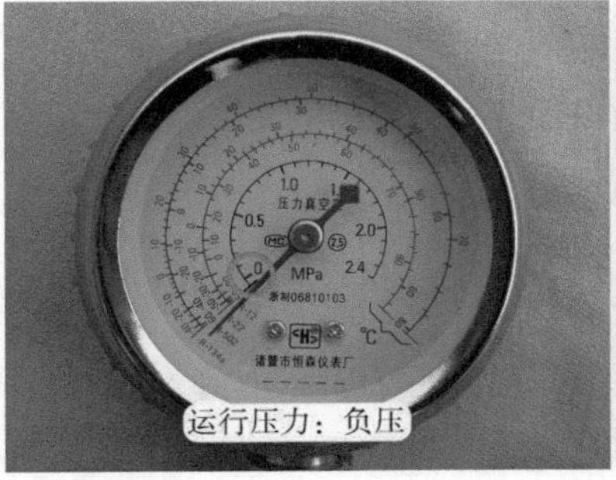

图 14-23　测量系统运行压力和静态压力

区分系统缺少制冷剂或堵塞的简单方法是，使用遥控器关机，室外风机和压缩机停止工作，查看系统的静态压力（本机制冷剂为R410A），如果为0.8MPa左右，说明系统缺少制冷剂；如果为2MPa左右，则故障可能为系统堵塞。本例压缩机停止工作后，见图14-23右图，系统压力逐渐上升至1.8MPa，初步判断为系统堵塞。

说明

用遥控器关机后压缩机停止运行，系统静态压力将逐步上升，如果为系统堵塞，恢复至静态（平衡）压力的时间较长，一般约为3min，为防止误判，需要耐心等待。

2.重新上电复位和手摸膨胀阀

断开空调器电源，约3min后再次上电开机，见图14-24左图，室外机主板CPU工作后先对电子膨胀阀进行复位，手摸阀体有振动的感觉，但没有

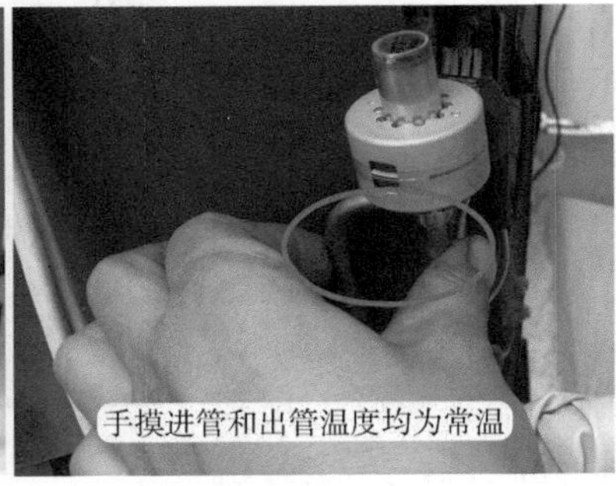

图 14-24　听膨胀阀声音和手摸进出管温度

“哒哒”的声音。

电子膨胀阀复位结束，压缩机和室外风机运行，系统压力由1.8MPa迅速下降直至负压，手摸二通阀为常温，没有冰凉的感觉，见图14-24右图。再手摸电子膨胀阀的进管和出管，也均为常温，判断系统制冷剂正常，故障为电子膨胀阀堵塞，即其阀针打不开，处于关闭位置。常见原因有线圈开路、阀针卡死、室外机主板驱动电路损坏等。

3. 测量线圈阻值

断开空调器电源，拔下电子膨胀阀的线圈插头，发现共有5根引线，其中蓝线为公共端，接直流12V供电；黑线、黄线、红线、橙线4根引线为驱动，接反相驱动器。

使用万用表电阻挡，测量线圈阻值，红表笔接公共端蓝线，黑表笔接黑线实测约为47Ω；黑表笔接黄线实测为无穷大；黑表笔接红线实测约为47Ω；黑表笔接橙线实测约为47Ω，测量结果说明黄线开路，见图14-25。

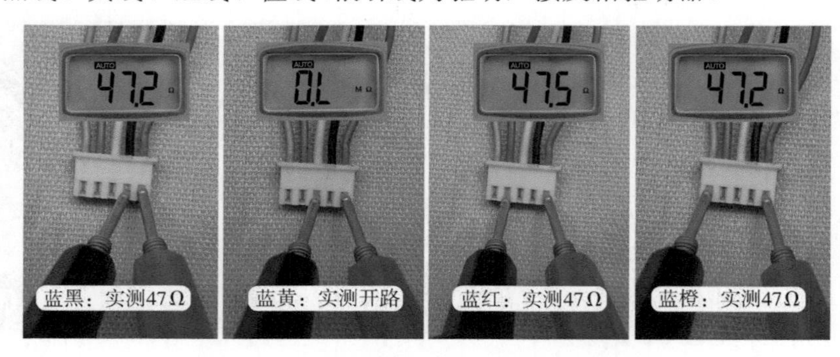

图 14-25　测量线圈公共端和驱动引线阻值

4. 测量驱动引线之间阻值

依旧使用万用表电阻挡，测量驱动引线之间阻值，实测黄线和红线阻值为无穷大，黄线和黑线阻值为无穷大，见图14-26，而正常阻值约为95Ω，也说明黄线开路损坏。

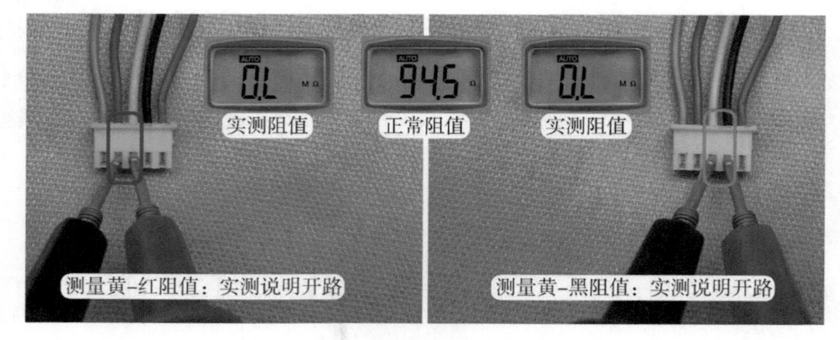

图 14-26　测量驱动引线之间阻值

5. 查看黄线

从电子膨胀阀阀体上取下线圈，翻到反面，见图14-27，查看连接线中黄线已从根部断开，断开的原因为连接线固定在冷凝器的管道上面，从固定端至线圈的引线距离较短，在室外机运行时因振动较大，导致线圈中黄线断开。

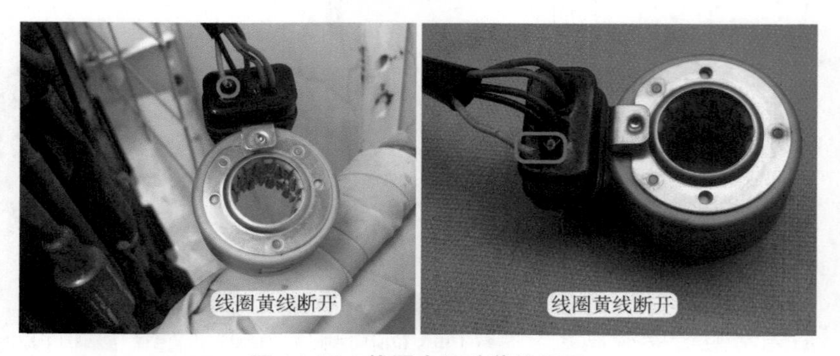

图 14-27　线圈中驱动黄线断开

维修措施：本机电子膨胀阀组件由三花公司生产，线圈型号为Q12-GL-09，申请配件的型号为PQM01055，见图14-28，将配件线圈安装在阀体上面，并将下部的卡扣固定到位，再整理好连接线的线束，使引线留有较长的距离。

再次上电开机，室外机主板对膨胀阀复位时，手摸阀体有振动感觉，同时能听到“哒哒”的声音，复位结束，室外风机和压缩机运行，系统压力由1.8MPa缓慢下降至约为0.85MPa，手摸电子膨胀阀的进管温度略高于常温、出管温度较凉，说明其正在节流降压，同时制冷也恢复正常。

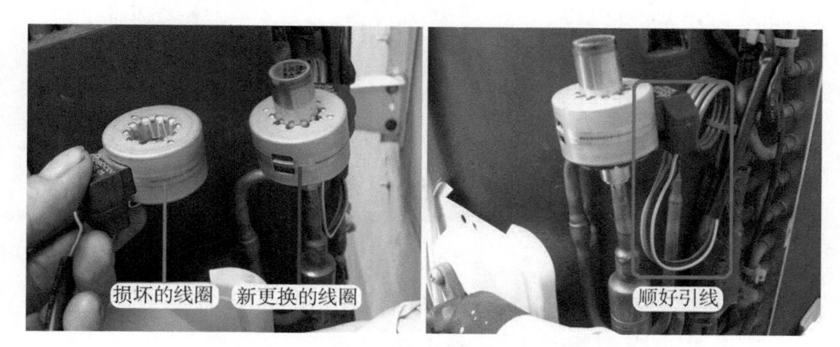

图 14-28　更换电子膨胀阀线圈和整理好引线

本例由于线圈引线和固定部位的距离过短，室外机运行时的振动导致引线断裂，再次开机压缩机运行后，系统运行压力由平衡压力直线下降至负压，此故障的表现和系统缺少制冷剂有相同之处，维修时应注意区分。

二、膨胀阀卡死，空调器不制冷

故障说明：格力KFR-72LW/（72522）FNAb-A3柜式直流变频空调器（鸿运满堂），用户反映不制冷，长时间运行房间温度不下降，室内风机一直运行，不显示故障代码。

1.感觉出风口温度和手摸二通阀、三通阀

上门检查，将空调器重新接通电源，使用遥控器开机，室内风机运行，见图14-29左图，将手放在出风口感觉为自然风。

检查室外机，室外风机和压缩机正在运行，见图14-29右图，用手摸二通阀和三通阀，温度均为常温，说明制冷系统出现故障，常见原因为缺少制冷剂。

图 14-29　感觉出风口温度和手摸二通阀、三通阀

2.测量系统压力

在三通阀检修口接上压力表测量系统运行压力，见图14-30左图，查看为负压

（本机使用R410A制冷剂），确定制冷系统有故障。询问用户故障出现时间，回答说是正常使用时突然不制冷，从而排除系统慢漏故障，可能为无制冷剂或系统堵。

为区分是无制冷剂还是系统堵，将空调器关机，压缩机停止运行，见图14-30右图，查看系统静态（待机）压力逐步上升，1min后升至约1.7MPa，说明系统制冷剂充足，初步判断为系统堵，随后发现本机使用电子膨胀阀作节流元件而不是毛细管。

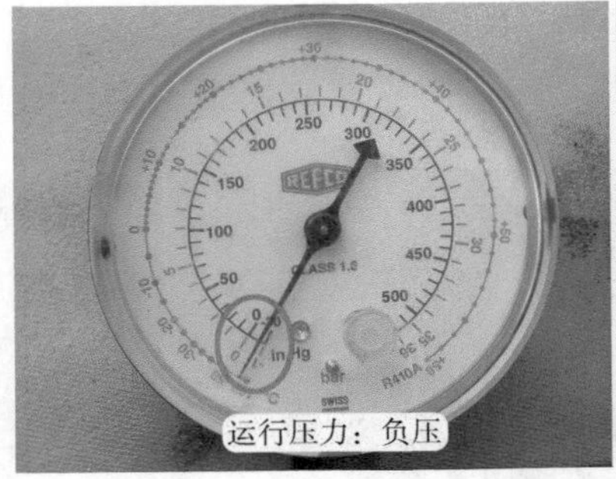

图 14-30　查看运行压力和待机静态压力

3.手摸膨胀阀阀芯和重新安装线圈

断开空调器电源，待2min后重新上电开机，见图14-31左图，在室外机上电时用手摸电子膨胀阀阀芯，感觉无反应，正常时应有轻微的振动感；同时细听也没有发出轻微的"哒哒"声，说明膨胀阀出现故障。

在室外机上电时开始复位，主板上4个指示灯D5（黄）、D6（橙）、D16（红）、D30（绿）同时点亮，35s时室外风机开始运行，45s时压缩机开始运行，再次查看系统运行压力直线下降，由1.7MPa直线下降至负压，同时空调器不制冷，室外机运行电流为3.1A，2min 55s时压缩机停止运行，电流下降至0.7A，系统压力逐步上升，主板上指示灯D5亮、D6闪、D16亮、D30亮，但故障代码表没有此项内容，3min 10s时室外风机停机，此时室内风机一直运行，出风口为自然风，显示屏不显示故障代码。

为判断故障是否由电子膨胀阀线圈在室外机运行时振动引起移位，见图14-31右图，取下线圈后再重新安装，同时断开空调器电源2min后再次上电开机，室外机主板复位时手摸膨胀阀阀芯仍旧没有振动感，压缩机运行后系统压力由1.7MPa直线下降至负压，排除线圈移位造成的阀芯打不开故障。

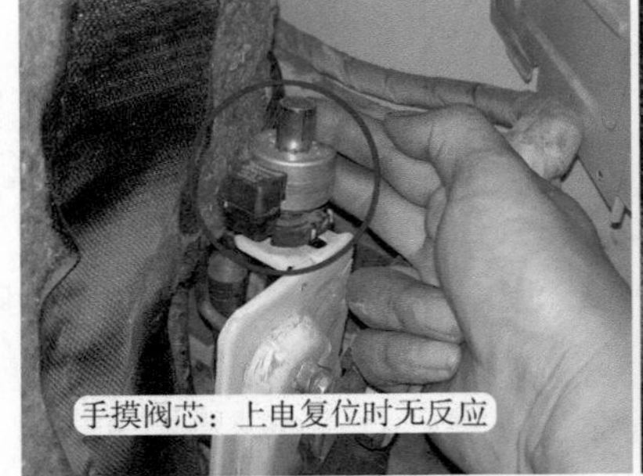

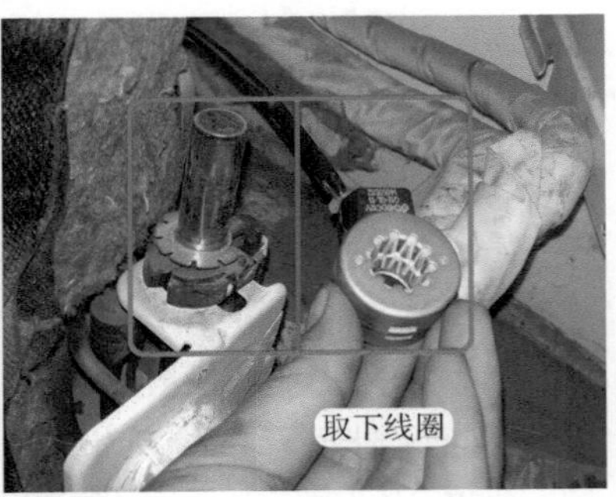

图 14-31　手摸阀芯和取下线圈

4.测量线圈阻值和驱动电压

为判断电子膨胀阀线圈是否开路损坏，拔下线圈插头，使用万用表电阻挡测量阻值。线圈共有5根引线：蓝线为公共端接直流12V，黑线、黄线、红线、橙线为驱动，接反相驱动器。见图14-32左图，红表笔接公共端蓝线，黑表笔分别接4根驱动，结果均约为48Ω，4根驱动引线之间阻值均约为96Ω，说明线圈阻值正常。

再将插头安装至室外机主板，使用万用表直流电压挡，表笔接驱动引线，见图14-32右图，红表笔接黄线，黑表笔接橙线，在室外机上电主板CPU复位时测量驱动电压，主板刚上电时为直流0V，约5s时变为–5V～5V跳动变化的电压，约45s时电压变为0V，说明室外机主板已输出驱动线圈的脉冲电压，故障为电子膨胀阀阀芯卡死损坏。

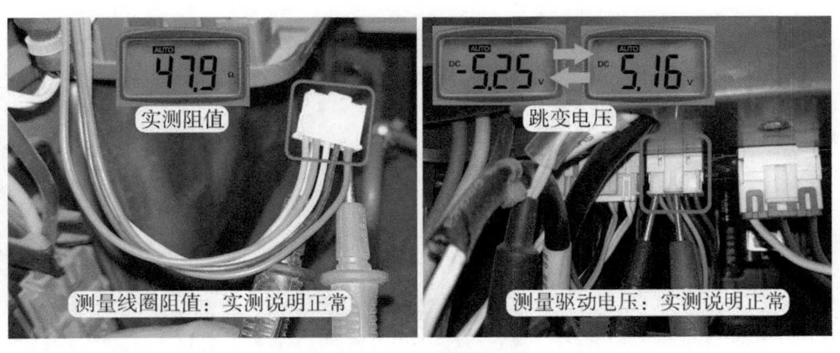

图 14-32　测量线圈阻值和驱动电压

5. 取下膨胀阀

再次断开空调器电源，慢慢松开二通阀上细管螺母和压力表开关，系统的制冷剂R410A从接口处向外冒出，等待一段时间使制冷剂放空后，取下膨胀阀线圈，见图14-33左图，松开膨胀阀的固定卡扣，扳动膨胀阀使连接管向外移动。

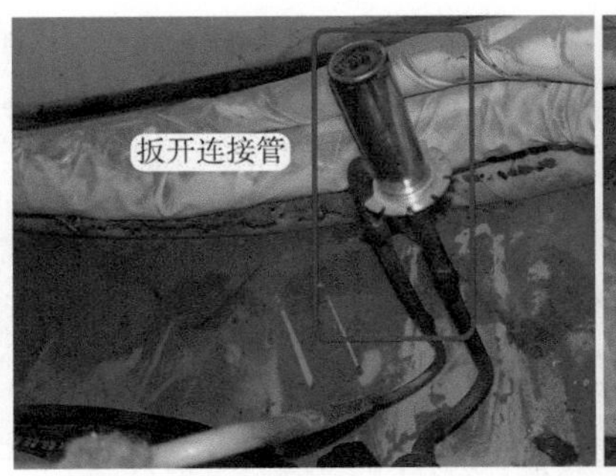

图 14-33　扳开连接管和取下膨胀阀

松开细管螺母和打开压力表开关后，由于系统内仍存有制冷剂R410A，在焊接膨胀阀管口时，有毒气体（异味）将向外冒出，此时可将细管螺母拧紧，在压力表处连接真空泵，抽净系统内的制冷剂，在焊接时管口不会有气体冒出，见图14-33右图，可轻松取下膨胀阀阀体。

6. 更换膨胀阀阀芯

见图14-34左图，查看取下的损坏的膨胀阀，由三花公司生产，型号为Q0116C105，申请的新膨胀阀由盾安（DunAn）公司生产，型号为DPF1.8C-B053。

取下旧膨胀阀时，应记录管口对应的管道，以防止安装新膨胀阀时管口装反。见图14-34右图，将膨胀阀管口对应安装到管道，本例膨胀阀横管（侧方管口）经过滤器连接冷凝器、竖管

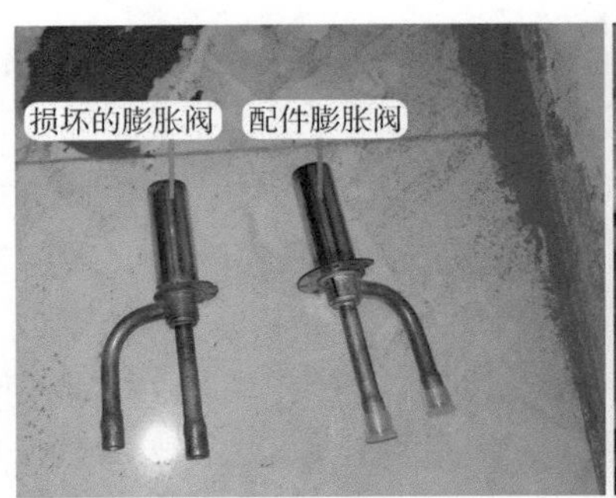

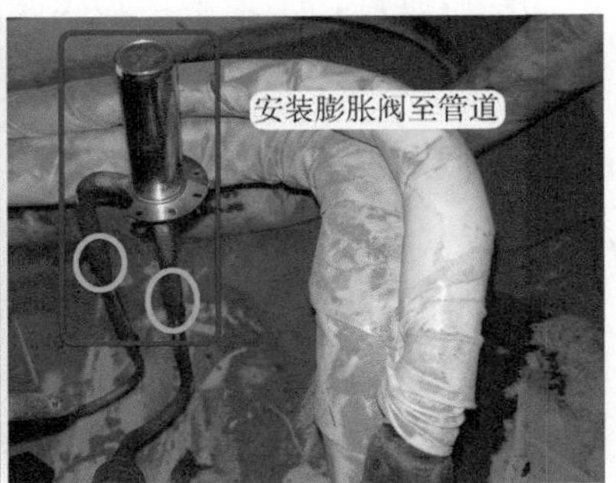

图 14-34　安装膨胀阀

（下方管道）经过滤器连接二通阀。

将膨胀阀管口安装至管道后，见图14-35左图，再找一块湿毛巾，以不向下滴水为宜，包裹在膨胀阀阀体表面，以防止焊接时由于温度过高损坏内部器件。

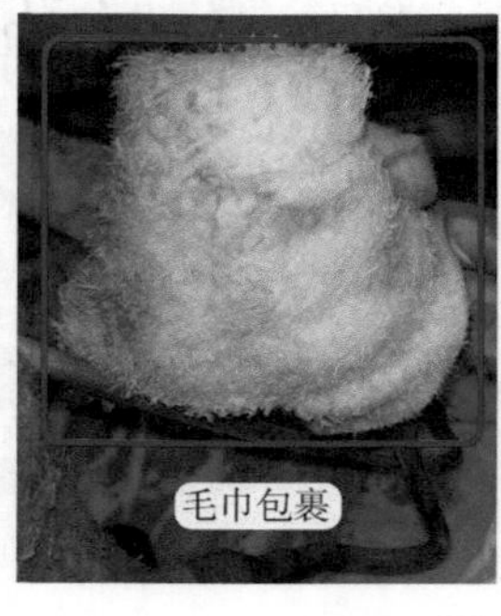

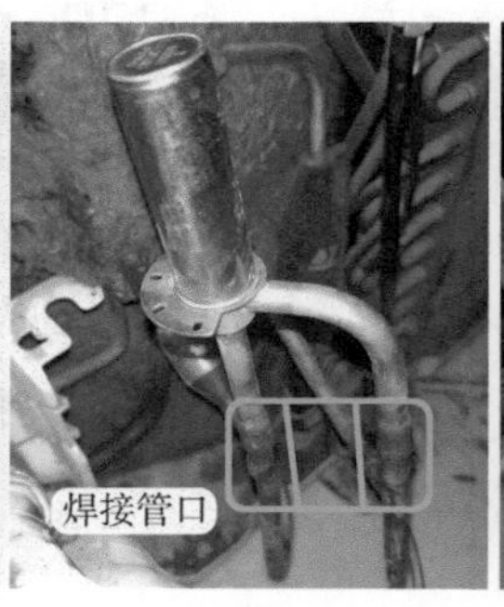

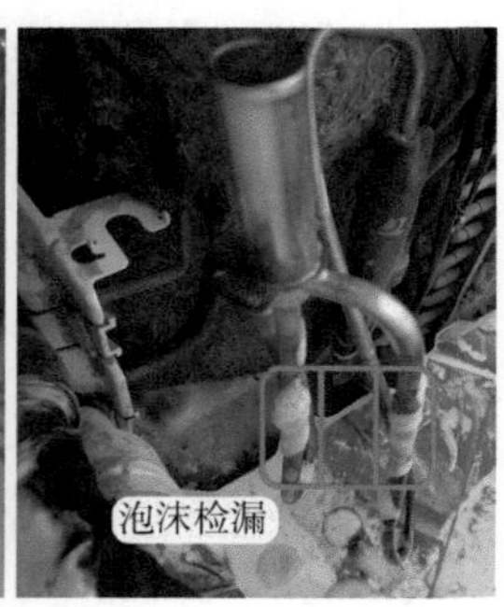

图 14-35　焊接管口和泡沫检漏

见图14-35中图，使用焊炬焊接膨胀阀的两个管口，焊接时速度要快，焊接后再将自来水倒在毛巾表面，毛巾向下滴水时为管口降温，待温度下降后，取下毛巾。

向系统充入制冷剂，提高压力以用于检查焊点，见图14-35右图，再使用洗洁精泡沫涂在管道焊点，仔细查看接口处，如无气泡冒出则说明焊接正常。

7. **上电试机**

将膨胀阀阀体固定在原安装位置，安装线圈后上电开机，见图14-36左图，室外机主板复位时手摸膨胀阀有振动感，同时能听到阀体发出的“哒哒”声，说明新膨胀阀内部阀针可上下移动，测试膨胀阀正常后断开空调器电源。

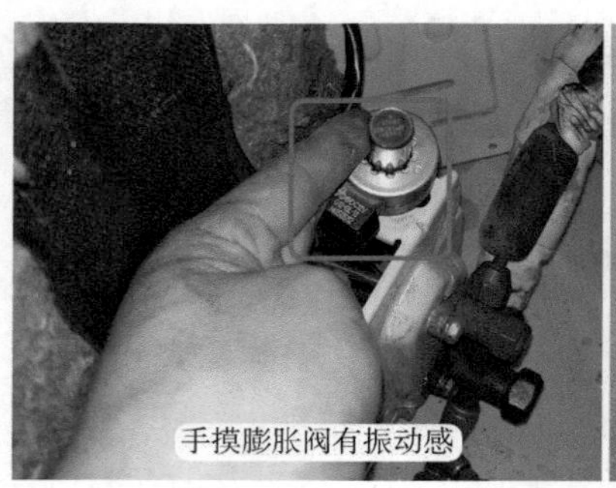

图 14-36　手摸膨胀阀和查看运行压力

使用活动扳手拧紧细管螺母，再使用真空泵对系统抽真空约20min，定量加注制冷剂R410A约1.8kg，系统压力平衡后再上电试机，见图14-36右图，查看系统运行压力逐步下降至约为0.9MPa时保持稳定，手摸二通阀和三通阀温度也开始变凉，运行一段时间后在室内机出风口感觉吹出的风较凉，说明制冷恢复正常，故障排除。

维修措施：更换电子膨胀阀阀体。

（1）电子膨胀阀损坏常见原因有线圈开路和膨胀阀卡死。其中，膨胀阀卡死故障率较高，故障现象为正在制冷时突然不制冷；或者关机时正常，再开机时不制冷。

（2）膨胀阀阀芯卡死故障导致压缩机运行时压力为负压，和系统无制冷剂表现相同，应注意区分故障部位。方法是关机查看静态压力，如压力仍旧较低（0.1~0.8MPa），为系统无制冷剂故障；如压力较高（约为1.8MPa），为膨胀阀阀芯卡死故障。

三、更换膨胀阀阀体步骤

本小节以海尔KFR-35GW/09QDA22A挂式直流变频空调器为基础，介绍电子膨胀阀阀体损坏时，更换阀体的操作步骤。

1.取下线圈和胶泥

由于更换阀体有一定的难度，如果室外机外挂在墙壁上，更换不是很方便，因此更换阀体时（见图14-37左图），最好将室外机取下，放空系统内的制冷剂，并放置在平坦的地面上。

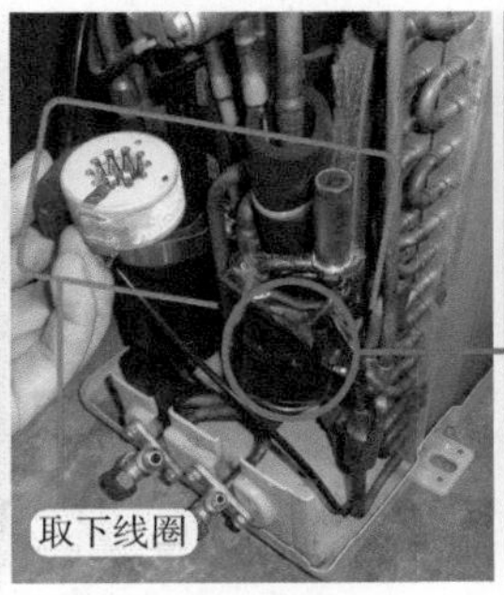

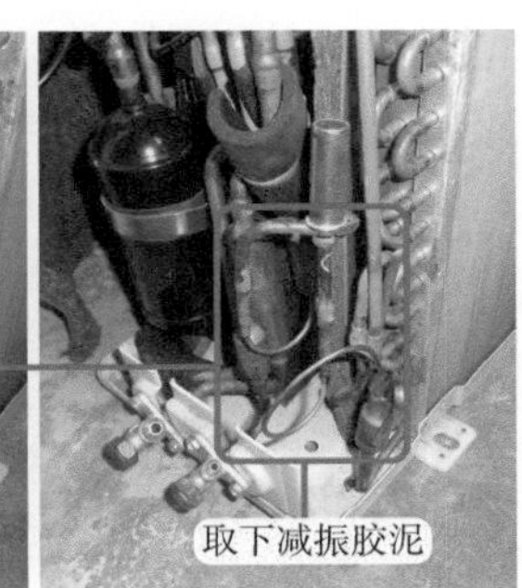

图 14-37　取下线圈和减振胶泥

取下室外机顶盖和前盖，即可看到电子膨胀阀组件，见图14-37中图，再取下位于阀体上部的线圈。

阀体下部使用由黑色沥青材料为主要原料制成的减振胶泥，用于减少阀体的振动，增强保温效果，见图14-37右图，取下减振胶泥。

2.取下阀体

再次确认室外机制冷系统内的制冷剂已经放空，并且二通阀和三通阀的阀芯均已经处于全开的位置。

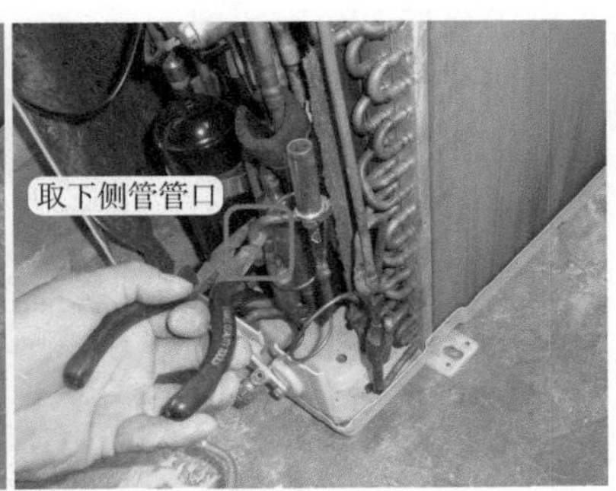

图 14-38　加热和取下侧管管口

见图14-38，使用焊炬（焊枪）加热阀体下方侧管（B管）的接口，待接口烧红时，使用尖嘴钳子取下插在侧管管口的管道，即取下侧管管口。

再使用焊炬加热阀体下方直管（A管）的接口，见图14-39，待管口烧红时，使用尖嘴钳子向上提起阀体，使管口和管道分离，即可取下阀体。

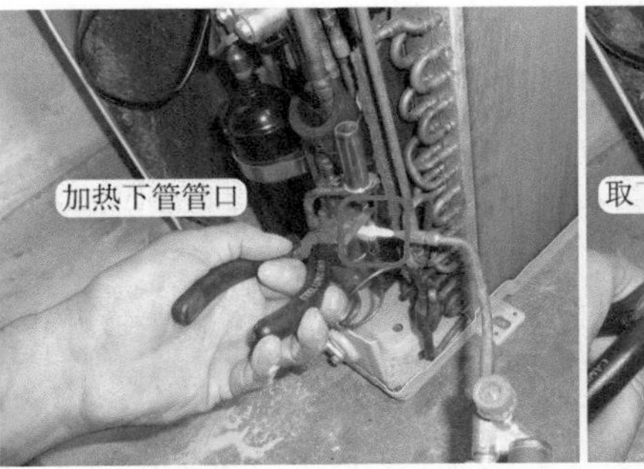

图 14-39　取下下管管口和阀体

3. 包裹阀体

由于焊接阀体温度较高，为防止损坏内部部件，在焊接时需要降温，使用一块淋湿的毛巾，以不向下滴水为宜。

见图14-40，将毛巾的一个角包裹配件新阀体的侧管根部，再用毛巾的另一个角包裹下方直管的根部，最后剩下的毛巾将整个阀体包裹结实，使毛巾紧贴管道根部和阀体表面。

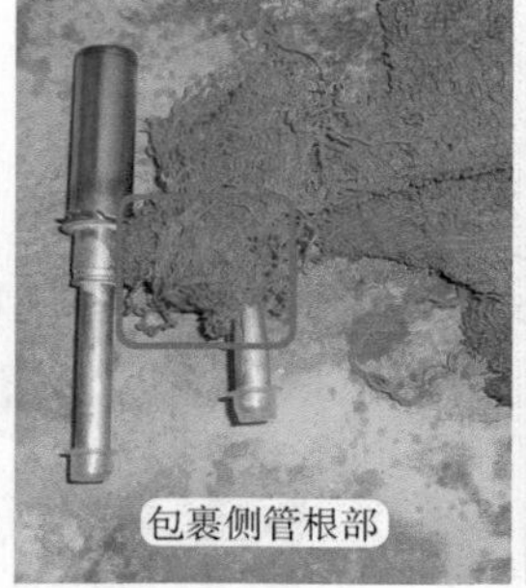

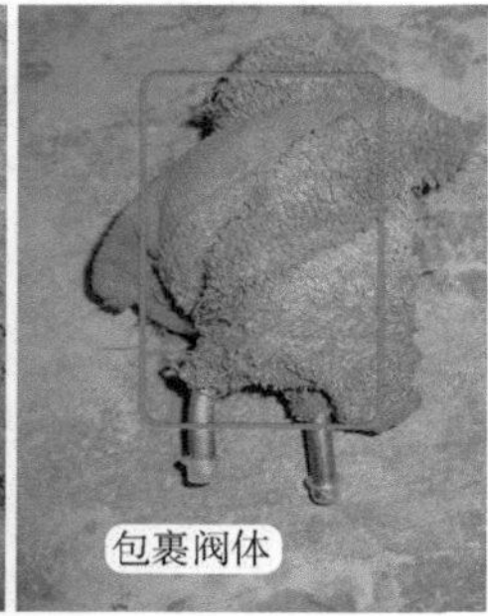

图 14-40　毛巾包裹阀体

4. 安装阀体

使用焊炬加热室外机管道接口，见图14-41左图，表面的焊渣向下流动，使管口干净，以便安装阀体接口。

待室外机管道接口温度下降后，按原位置安装阀体，见图14-41右图，并使管口安装正确，注意不要将阀体下方的管道安装错误。

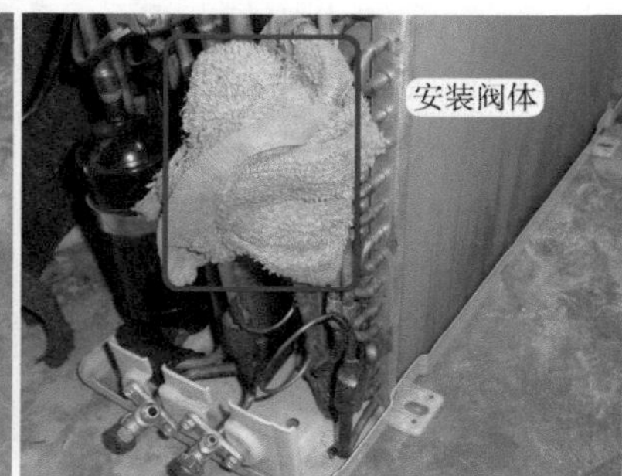

图 14-41　加热管口和安装阀体

5. 焊接阀体

见图14-42，使用焊炬加热阀体的侧管接口，待管口烧红时，用焊条焊接管口，再使用同样方法焊接下方的直管接口。

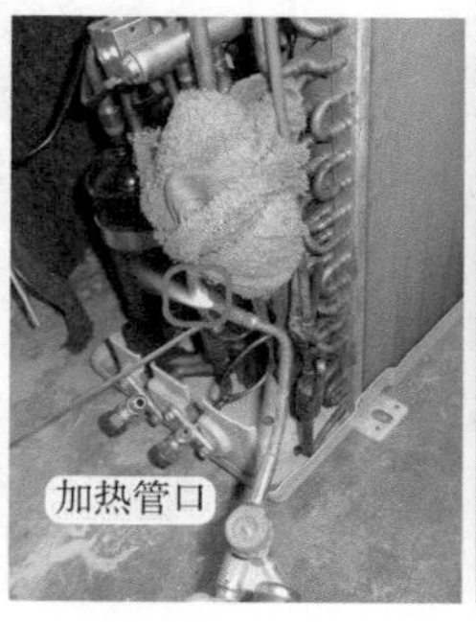

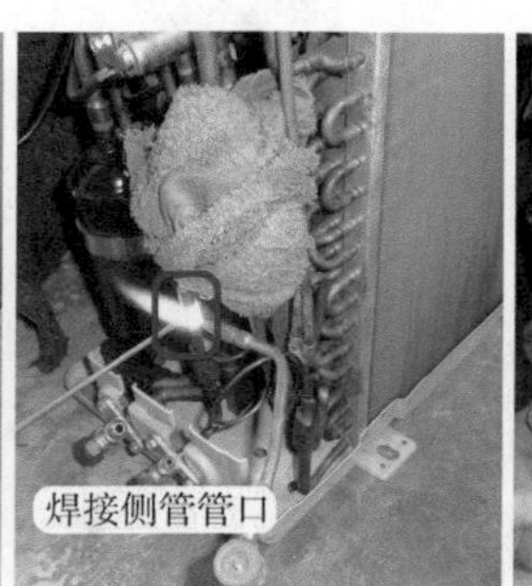

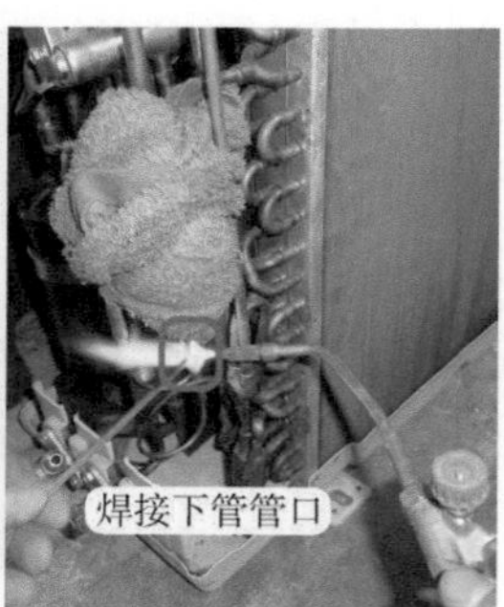

图 14-42　焊接阀体

6. 凉水降温

管口焊接完成后，见图14-43左图，快速用矿泉水瓶子向毛巾上倒水，为阀体降温。注意，倒水时一定不要将水滴入二通阀和三通阀

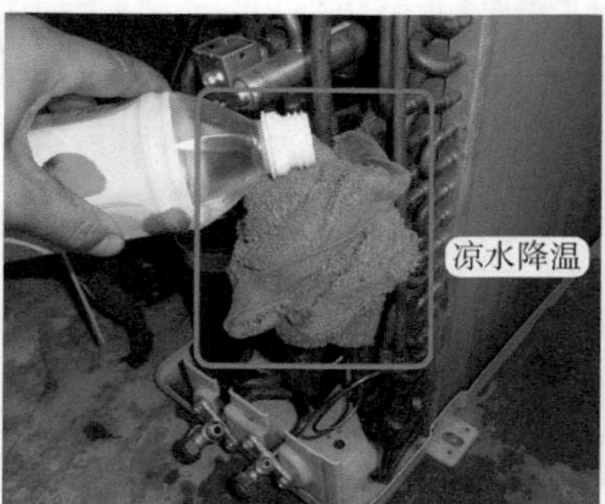

图 14-43　凉水降温和取下毛巾

的管道接口里面，否则将造成系统冰堵故障。

待阀体温度下降后，取下毛巾，见图14-43右图。

7.检查漏点

取下二通阀和三通阀堵帽，见图14-44，使用内六方扳手关闭三通阀的阀芯，再将加氟管一端连接二通阀接口，另一端经压力表连接制冷剂钢瓶R410A，打开制冷剂钢瓶阀门和压力表开关，向室外机制冷系统充入制冷剂液体，充至静态压力约为1.0MPa，用于检查漏点。

图 14-44　关闭阀芯和充入制冷剂

将洗洁精涂在毛巾上面，并轻揉出泡沫，再将泡沫涂在阀体的侧管和直管接口处，见图14-45左图，检查是否有气泡冒出，无气泡冒出说明焊点正常，有气泡冒出说明焊点有沙眼，应放空制冷剂，重新对管口焊点进行补焊。

图 14-45　检漏和更换完成

检查焊点正常后，见图14-45右图，更换阀体基本完成。

8.安装胶泥和线圈

找到拆下的减振胶泥，见图14-46，并粘在阀体下方的管道和毛细管位置，再将线圈安装到阀体上，并将卡扣固定到位。

图 14-46　安装胶泥和线圈

9.安装室外机

安装室外机前盖和上盖，再将室外机放到墙壁的外挂支架上面，并拧紧底脚的4个固定螺钉。再将连接管道安装至二通阀和三通阀接口，连接线安装至接线端子，使用真空泵对制冷系统抽真空，再定量加注制冷剂，上电开机即可使用。

第15章 模块故障和压缩机故障

第1节 模块故障

一、模块P-U端子击穿，海信模块故障代码

故障说明：海信KFR-28GW/39MBP挂式交流变频空调器，遥控器开机后室外风机运行，但压缩机不运行，空调器不制冷。

1.查看故障代码

用遥控器开机后，室外风机运行，但压缩机不运行，见图15-1，室外机主板直流12V电压指示灯点亮，说明开关电源电路已正常工作，模块板上以“LED1和LED3灭、LED2闪”的方式报故障代码，代码含义为“模块故障”。

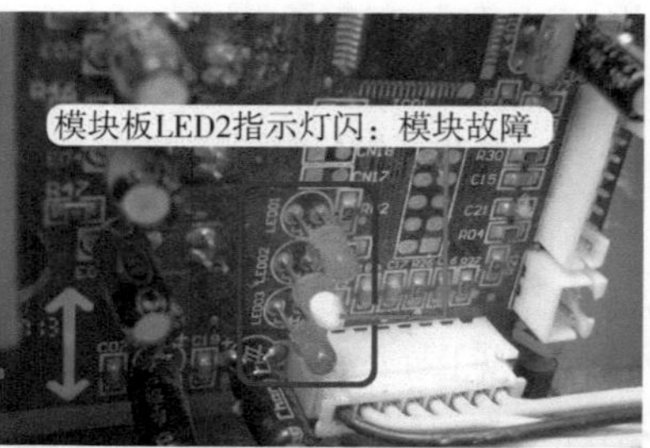

图15-1 压缩机不运行和模块故障

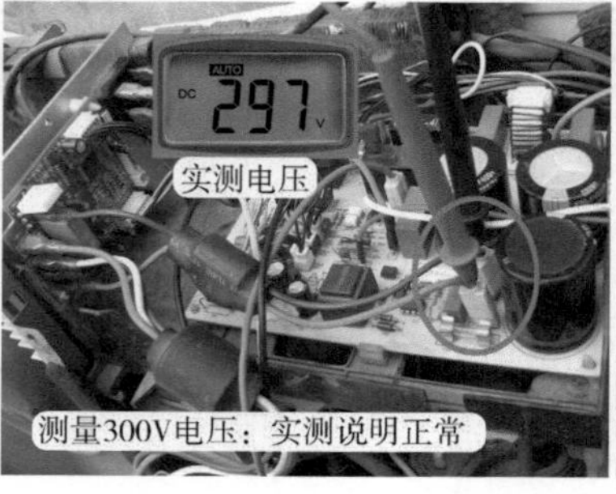

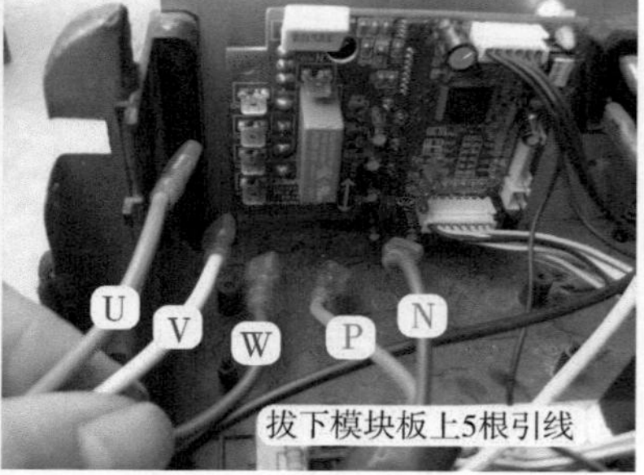

图15-2 测量300V电压和拔下模块5根引线

2.测量直流300V电压

见图15-2，使用万用表直流电压挡，红表笔接室外机主板上滤波电容输出红线，黑表笔接蓝线测量直流300V

电压，实测为297V说明正常，由于代码为“模块故障”，应断开空调器电源，拔下模块板上的P、N、U、V、W共5根引线测量模块。

3.测量模块

使用万用表二极管挡，测量模块的P、N、U、V、W的5个端子，见图15-3，测量结果见表15-1，在路测量模块的P和U端子，正向和反向均为0mV，判断模块P和U端子击穿；取下模块，单独测量P与U端子，正向和反向均为0mV，确定模块击穿损坏。

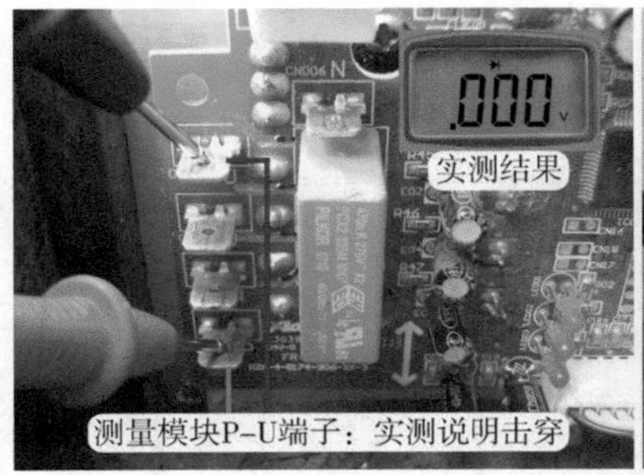

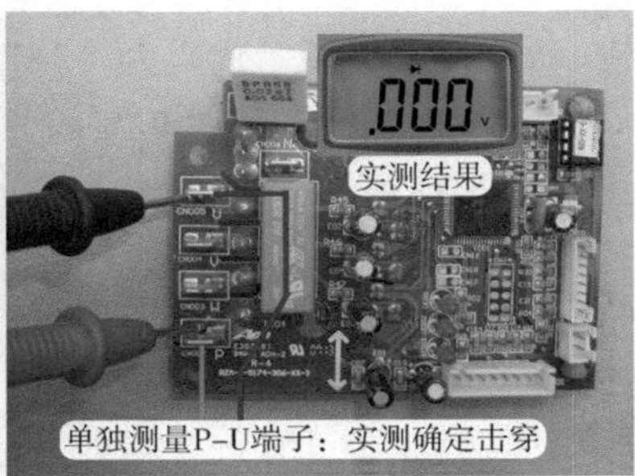

图 15-3　测量模块 P 和 U 端子

表 15-1　测量模块

	模块端子													
万用表（红）	P			N			U	V	W	U	V	W	P	N
万用表（黑）	U	V	W	U	V	W	P			N			N	P
结果（mV）	0	无	无	436			0	436	436	无穷大			无	436

维修措施：见图15-4，更换模块板，更换后上电试机，室外风机和压缩机均开始运行，制冷恢复正常，故障排除。

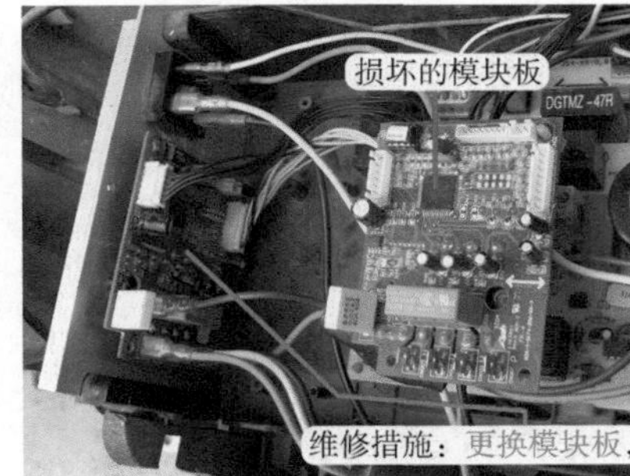

图 15-4　更换模块板和运行正常

总结

（1）本例模块P和U端子击穿，在待机状态下由于P-N未构成短路，因而直流300V电压正常，而用遥控器开机后，室外机CPU驱动模块时，立即检测到模块故障，瞬间就会停止驱动模块，并报出“模块故障”的代码。

（2）如果为早期模块，同样为P和U端子击穿，则直流300V电压可能会下降至260V左右，出现室外风机运行、压缩机不运行的故障。

（3）如果模块为P和N端子击穿，相当于直流300V短路，则室内机主板向室外机供电后，室外机直流300V电压为0V，PTC电阻发烫，室外风机和压缩机均不运行。

二、PFC 模块硅桥击穿，海信 36 代码

故障说明：海信KFR-35GW/08FZBPC-3挂式直流变频空调器，用户反映不制冷。遥控器开机后，室内风机运行，但室外机不运行，一段时间以后，按压遥控器上“高效”键4次，显示屏显示代码为“36”，代码含义为通信故障。

1. 测量直流 300V 电压和主控继电器电压

由于室外机不运行，因此先检查室外机，使用万用表直流电压挡，见图15-5左图，黑表笔接模块N端子，红表笔接模块P端子，测量直流300V电压，实测为0V，说明交流220V强电通路有开路或直流300V负载有短路故障。

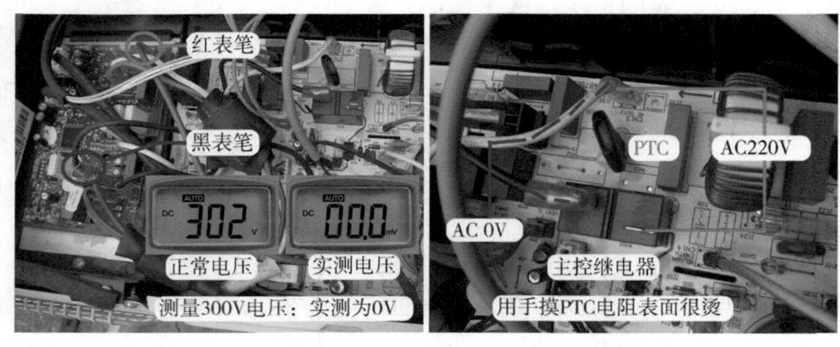

图 15-5　测量直流 300V 电压和主控继电器电压

见图15-5右图，使用万用表交流电压挡，黑表笔接电源N端子白线，红表笔接主控继电器后端触点黑线测量电压，正常应为220V，实测为0V；测量前端触点电压为220V，初步判断主控继电器触点未导通。用手摸PTC电阻表面发烫，说明后级负载有短路故障。

2. 本机硅桥与模块板简介

本机未使用常见形式的硅桥，而是使用PFC模块，见图15-6，将硅桥和PFC电路集成在一个模块内，和变频模块在同一块电路板上。

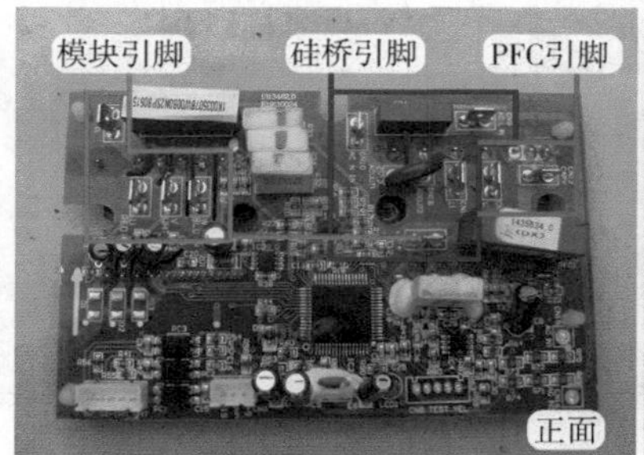

图 15-6　模块板正面和反面

见图15-7，模块板正面共有10个接线端子。变频模块引脚有4个，分别为P、U、V、W端子。硅桥引脚有4个，为两个交流输入端（AC-N-IN、AC-L-IN）和两个直流输出端（N为直流负极、L1为直流正极。PFC引脚有两个，L2为输入端、CAP+为输出端。

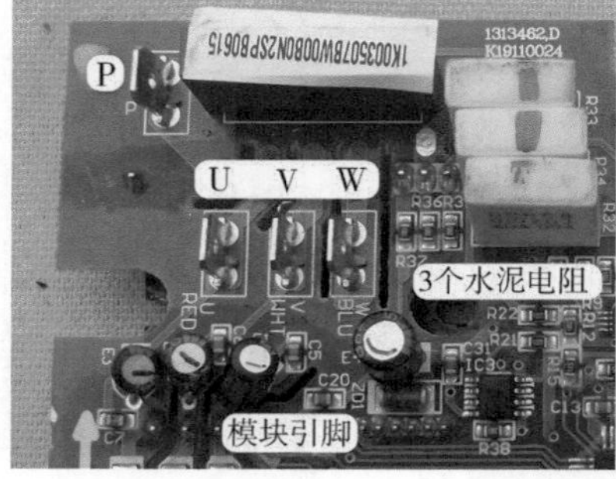

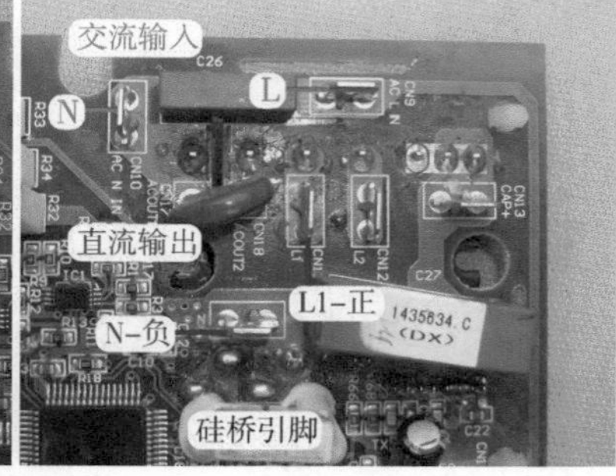

图 15-7　模块板上模块和硅桥引脚功能

硅桥直流负极经水泥电阻直接连至模块N引脚，因此未设模块N端子。

3. 测量模块引脚

首先检查容易出现击穿故障的模块引脚，见图15-8，使用万用表二极管挡，黑表笔接N端子即硅桥负极引脚，红表笔接P端子，实测结果为751mV；红表笔改接U、V、W端子，实测结果均为419 mV，初步判断模块正常。

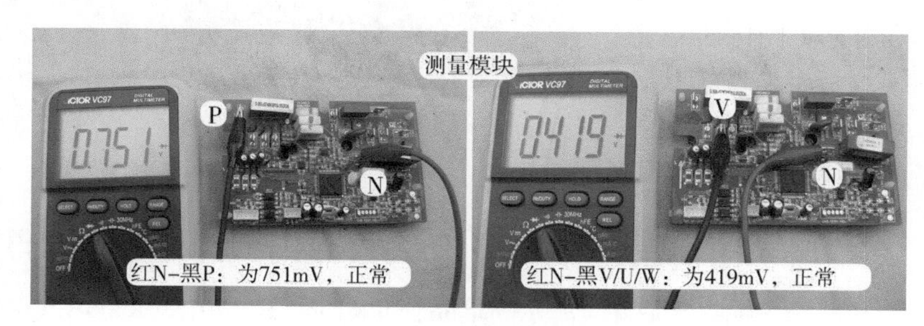

图 15-8　测量模块端子

正反向测量N与U、V、W端子的结果及U、V、W端子之间测量结果均显示正常，没有出现短路数值，判断模块正常。

4. 测量硅桥引脚

使用万用表二极管挡，测量硅桥引脚，见图15-9，黑表笔接负极N端子，红表笔接两个交流输入端AC-N和AC-L，正常时应为正向导通，而实测结果均为0 mV。

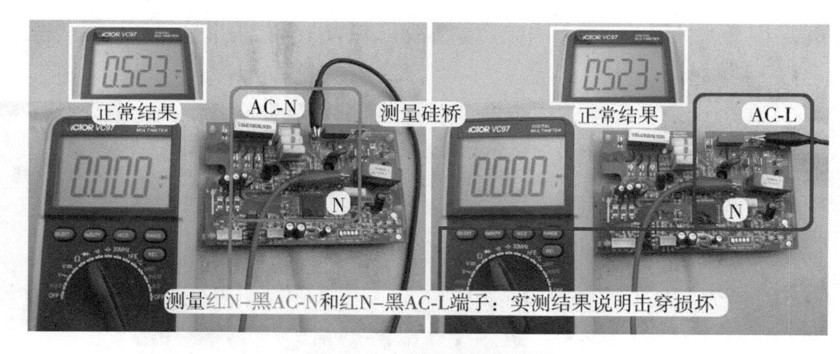

图 15-9　测量硅桥引脚

见图15-10，表笔接两个交流输入端时，正常时应为无穷大，而实测结果为0mV；将黑表笔接负极N端子，红表笔接正极输出L1端子，相当于测量两个串联的二极管，正常结果通常在700mV以上，而实测仅为470mV。

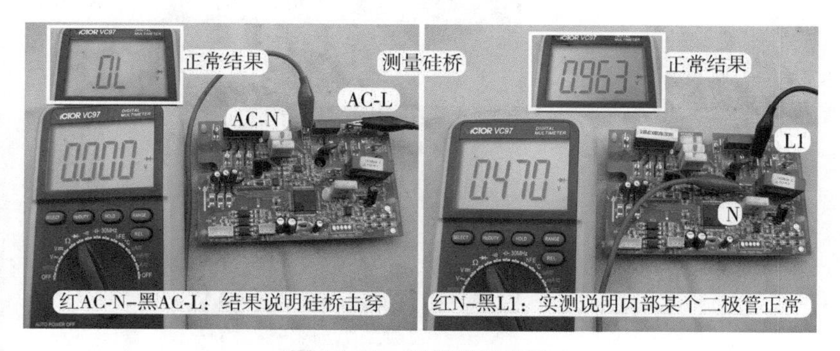

图 15-10　测量硅桥端子

综合以上4次测量结果，可以判断PFC模块内硅桥中至少有两个二极管击穿。

维修措施：由于硅桥集成在PFC模块内部，且PFC模块不能单独更换，因此在实际维修时要更换模块，新更换的模块实物外形见图15-11。原模块板上变频模块使用三菱系列，新更换的模块板使用仙童系列。

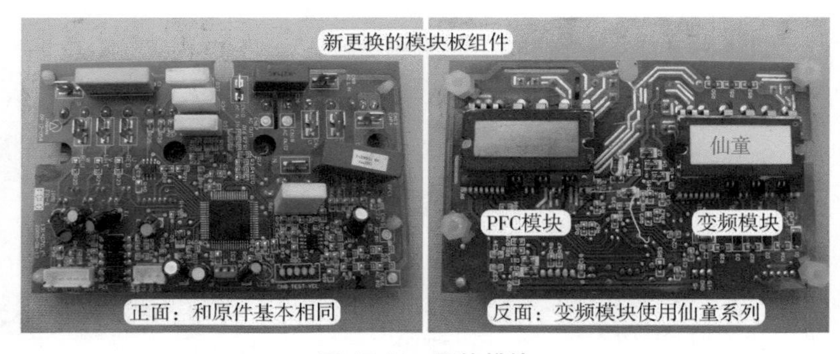

图 15-11　更换模块

三、模块板组件IGBT开关管短路，海尔E7代码

故障说明：卡萨帝（海尔高端品牌）KFR-72LW/01S（R2DBPQXF）-S1柜式全直流变频空调器，用户反映正在使用时断路器（俗称空气开关）忽然跳闸，后将断路器合上，再将空调器接通电源，开机后室内风机运行但不再制冷，约4min后显示E7代码，查看代码含义为通信故障。根据正在使用时断路器跳闸断开，初步判断室外机强电电路部件出现短路故障。

1. 测量直流300V电压

上门检查，用遥控器开机，室内风机运行，但吹自然风，空调器不制冷。检查室外机，取下室外机上盖和电控盒盖板，见图15-12左图，发现室外机主板上直流300V电压指示灯不亮。

见图15-12右图，使用万用表直流电压挡，黑表笔接滤波电容负极，红表笔接正极测量300V电压，实测约为0V，说明强电通路有开路或短路故障。

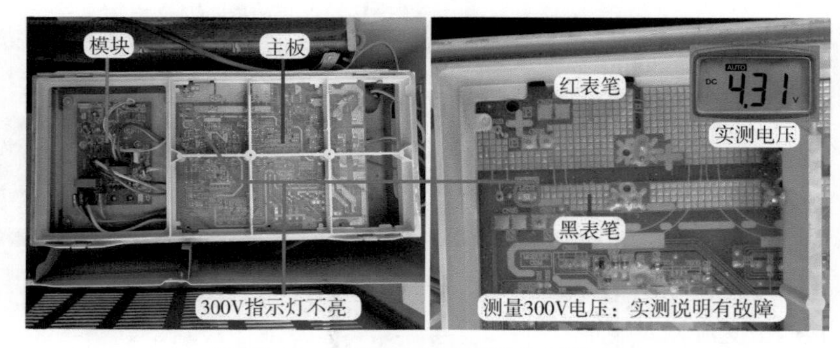

图 15-12　查看300V指示灯和测量电压

2. 手摸PTC电阻和模块板反面元件

本机PTC电阻位于主板边缘，为防止触电，断开空调器电源，迅速用手摸PTC电阻表面，见图15-13左图，感觉温度很高，说明强电电路元件有短路故障。

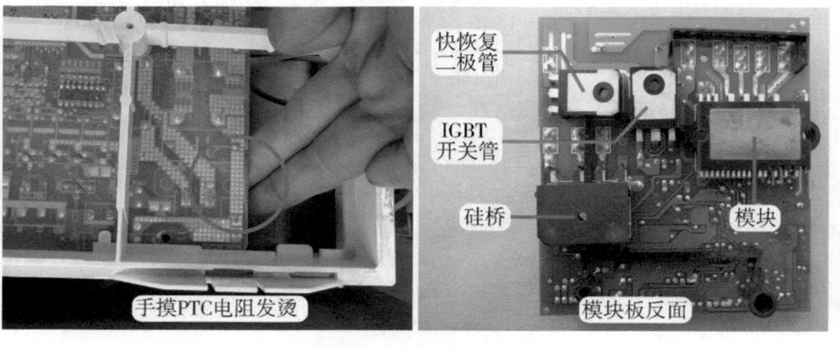

图 15-13　手摸PTC电阻和查看模块板反面

强电电路主要由硅桥、模块、PFC电路（IGBT开关管和快恢复二极管）、开关电源电路等组成，开关电源电路位于室外机主板，其余部件均位于模块板组件，实物外形见图15-13右图。

3. 测量模块端子

拔下模块板组件上所有引线，使用万用表二极管挡，首先测量模块的5个端子即P、N、U、V、W。

见图15-14，红表笔接模块N端，黑表笔接P端，实测为368mV；红表笔不动依旧接N端，黑表笔接U、V、W端时，实测均为394mV，实测结果表明模块正常。

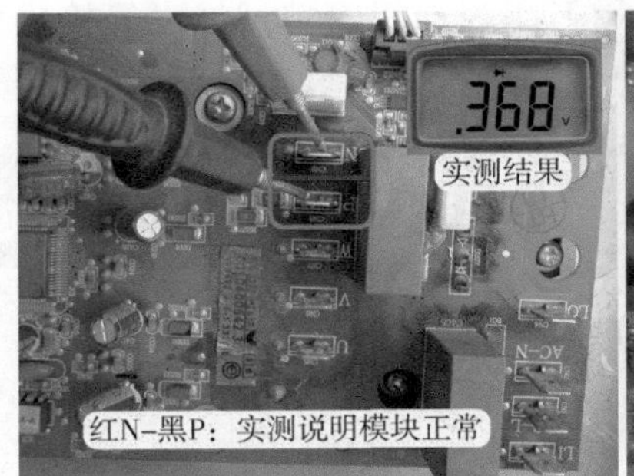

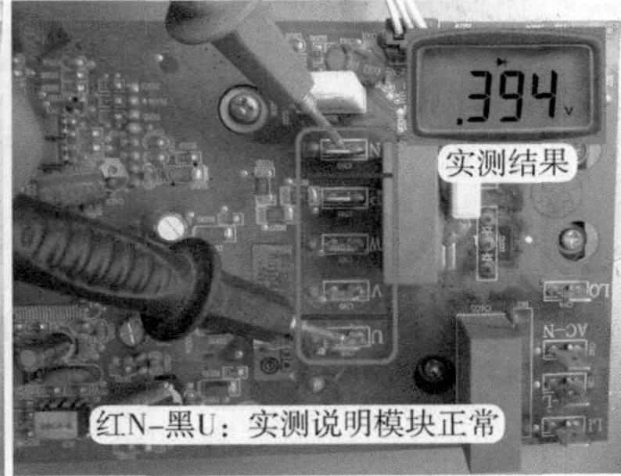

图 15-14　测量模块端子

4. 测量硅桥端子

硅桥直流输出的负极经一个阻值为10mΩ（0.01Ω）、功率为5W的无感电阻接IGBT开关管负极，再经过一个阻值为10mΩ（0.01Ω）、功率为5W的无感电阻接模块的N端子，模块板组件未设计硅桥负极端子，因此测量硅桥时，接模块N端子即相当于接硅桥的负极端子，测量硅桥时依旧使用万用表二极管挡。

见图15-15，红表笔接模块N端，黑表笔接AC-N（零线输入端），实测为482mV；红表笔接模块N端不动，黑表笔接LI（硅桥正极输出），实测为858mV，实测结果说明硅桥正常。

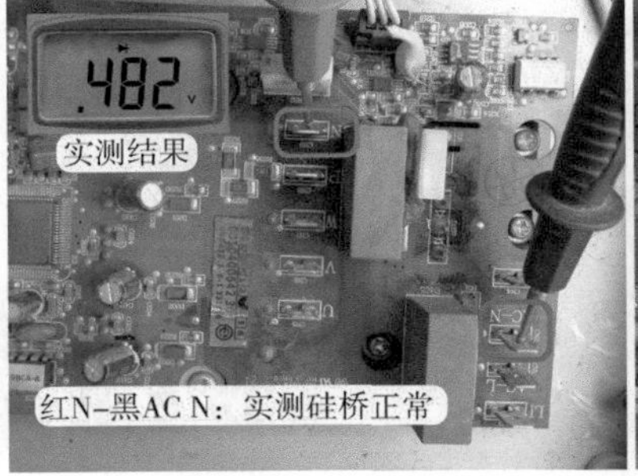

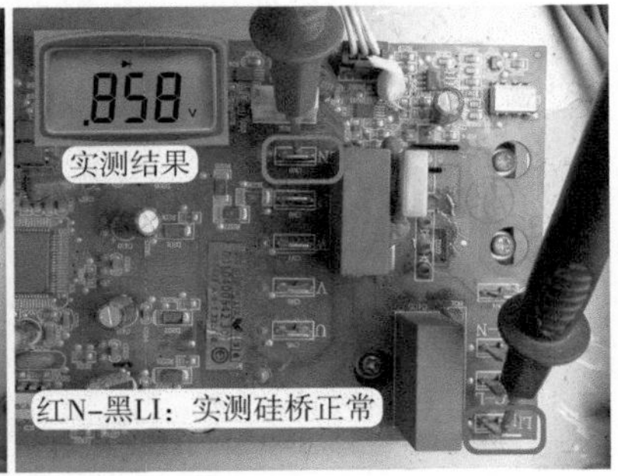

图 15-15　测量硅桥端子

5. 测量 IGBT 开关管端子

IGBT开关管集电极（漏极D）接300V电压正极LO（经滤波电感接硅桥正极LI）、发射极（源极S）经电阻接模块N端。

测量IGBT开关管时依旧使用万用表二极管挡，红表笔接模块N端（相当于接IGBT发射极），黑表笔接LO端（相当于接IGBT集电极），实测为0mV；表笔反接，即红表笔接LO端，黑表笔接N端，实测仍为0mV，见图15-16，根据测量结果说明IGBT

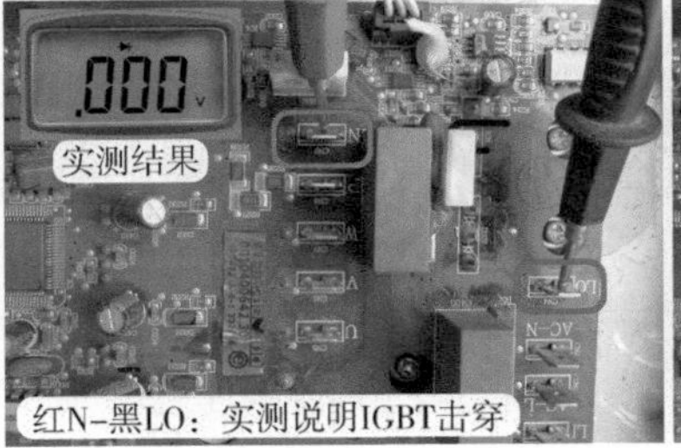

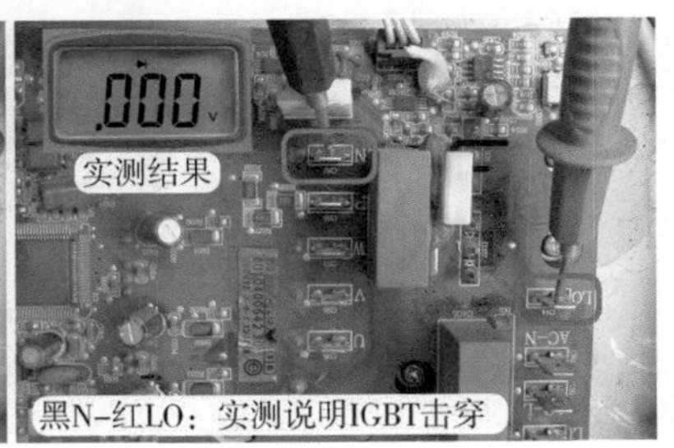

图 15-16　测量 IGBT 开关管端子

开关管短路。

维修措施：由于暂时没有同型号的IGBT开关管配件更换，维修时申请同型号的模块板组件，见图15-17左图，使用万用表二极管挡，红表笔接模块N端子，黑表笔接LO端子，实测为386mV（实测数值为与开关管并联的二极管的测量结果）；当表笔反接红表笔接LO端子，黑表笔接N端子实测为无穷大。

见图15-17右图，更换模块板组件后上电开机，室外机主板300V指示灯点亮，随后室外风机和压缩机运行，制冷恢复正常，故障排除。

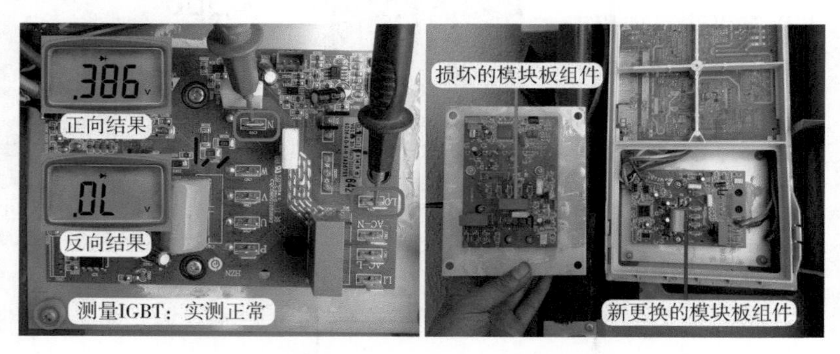

图 15-17　测量 IBGT 开关管和更换模块板组件

四、安装模块板组件引线

本小节以卡萨帝（海尔高端品牌）KFR-72LW/01S（R2DBPQXF）-S1柜式全直流变频空调器的模块板组件为例，介绍更换模块板组件时需要安装引线的步骤。

示例模块板组件包含硅桥、模块、IGBT开关管、模块驱动CPU等主要元件，主要端子和插座功能的作用见图15-18，反面元件实物外形见图15-13右图。

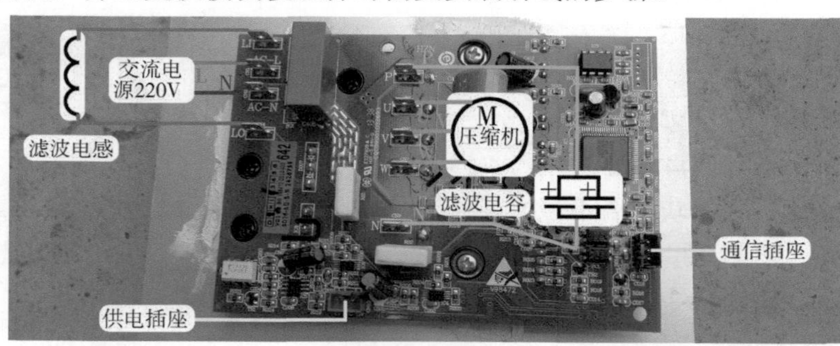

图 15-18　模块板组件主要端子和插座

1. 安装交流供电引线

交流供电引线接硅桥的两个交流输入端，标号AC-L的端子为相线，标号AC-N的端子为零线。

见图15-19，将零线白线安装至AC-N端子，将相线黑线安装至AC-L端子。

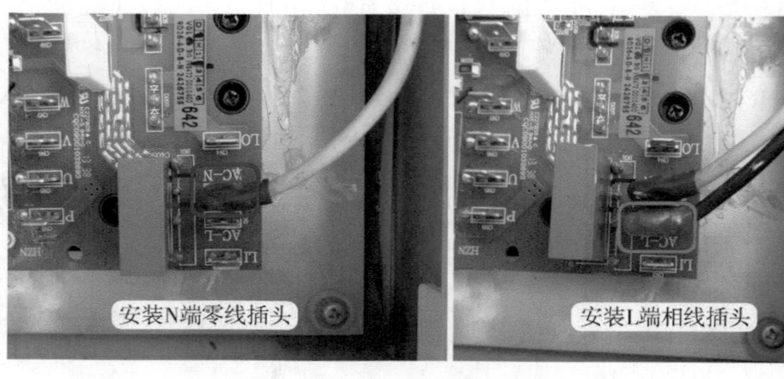

图 15-19　安装交流供电引线

2.安装滤波电感引线

滤波电感和模块板组件的快恢复二极管、IGBT开关管等组成PFC电路，主要作用是提高功率因数，共设有两个端子，标号LO的端子为滤波电感输出，标号LI的端子为滤波电感输入（硅桥正极输出）。

见图15-20，将滤波电感的灰线插在LO端子，将另一根灰线插在LI端子。安装滤波电感的两根灰线时，不用分反正或正负极。

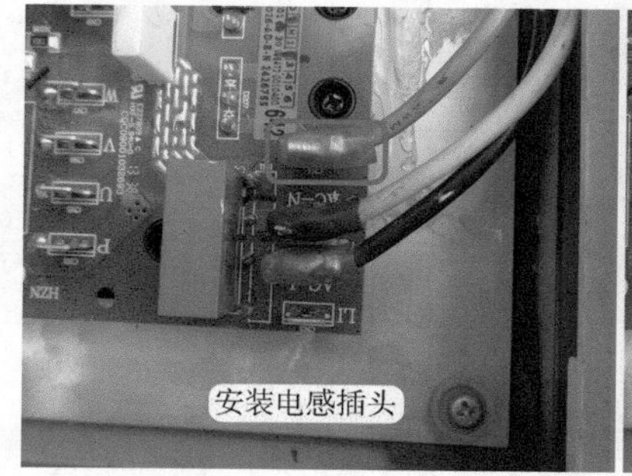

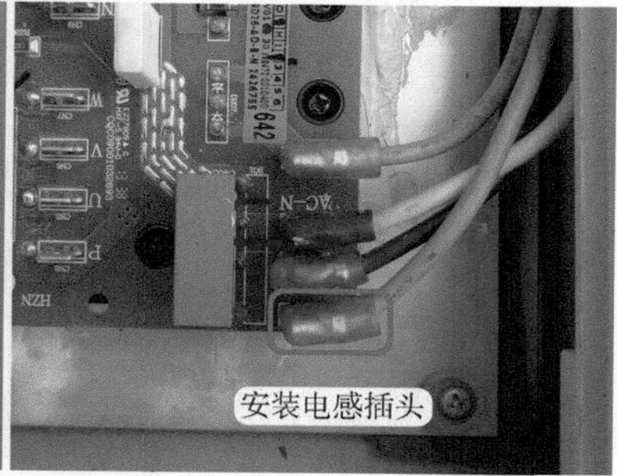

图 15-20　安装滤波电感插头

3.安装直流供电（滤波电容）引线

滤波电容为模块提供直流300V电压，安装在室外机主板，通过引线连接至模块板组件，共有两根引线，标号P的端子接滤波电容正极，标号N的端子接负极。

见图15-21，将滤波电容正极橙线安装至模块P端子，将负极蓝线安装至N端子，两根引线安装时不能接反。

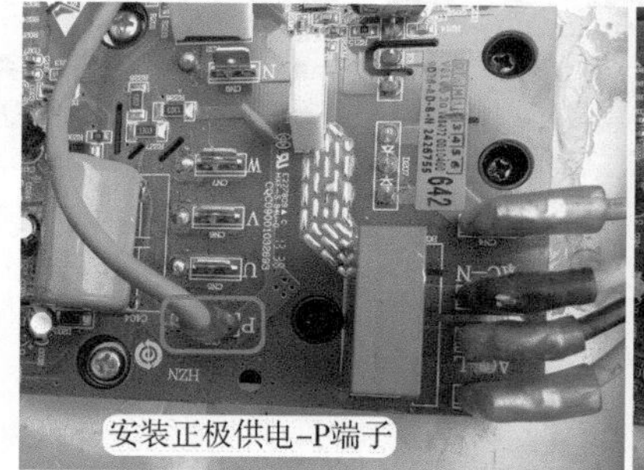

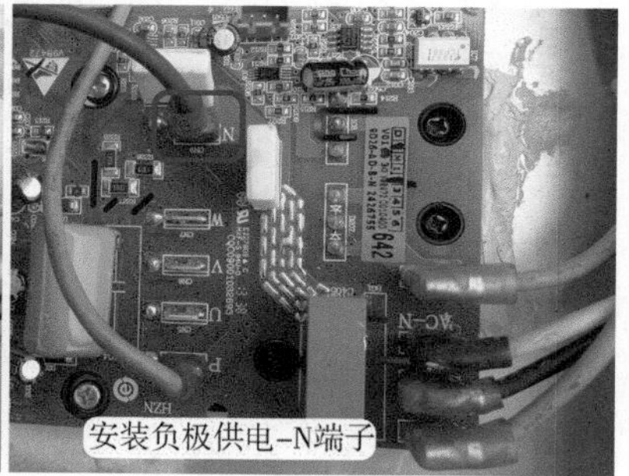

图 15-21　安装滤波电容引线

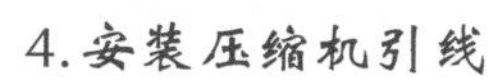
4.安装压缩机引线

模块的主要作用是驱动压缩机，共有3个端子，标号为U、V、W，通过3根引线连接压缩机线圈。

见图15-22，将压缩机黑线安装至模块U端子、将压缩机白线安装至V端子、将压缩机红线安装至W端子。

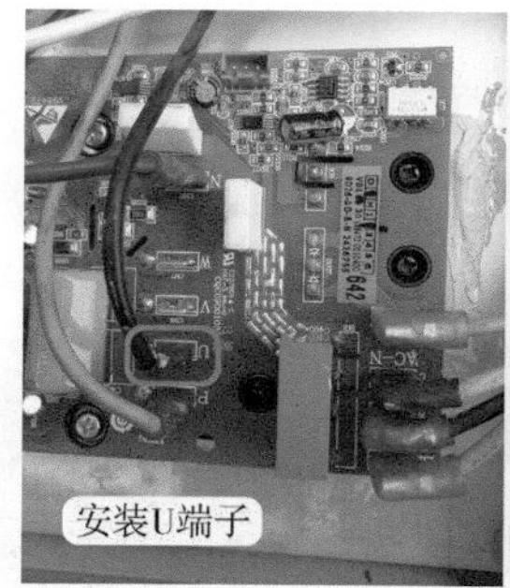

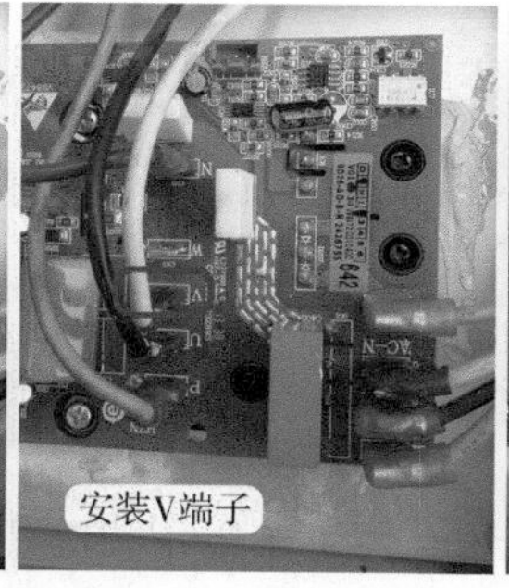

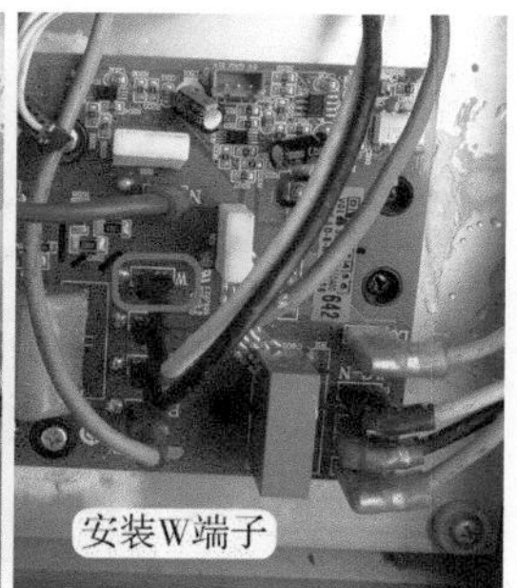

图 15-22　安装压缩机引线

5.安装弱电电路供电和通信插头

由于模块板组件设有模块板CPU控制电路，室外机主板要为其提供电压，设有一个供电插座；室外机上电后，模块板CPU和室外机主板CPU要进行通信，进行数据交换，设有一个通信插座。

见图15-23，将室外机主板开关电源电路输出直流15V和5V供电的蓝色插头，安装至模块板组件蓝色插座；将连接室外机主板CPU引脚的通信黑色插头，安装至黑色插座。

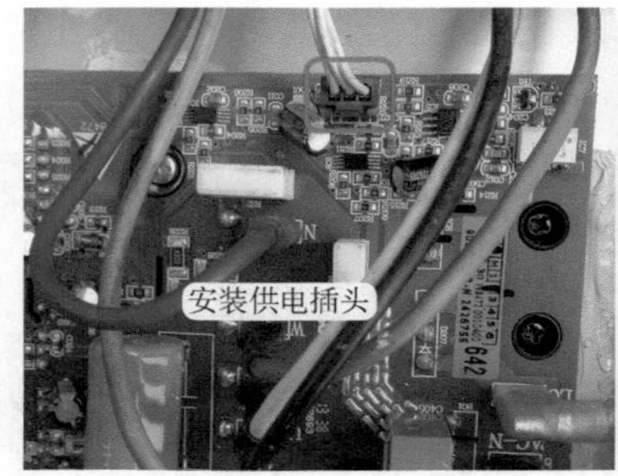

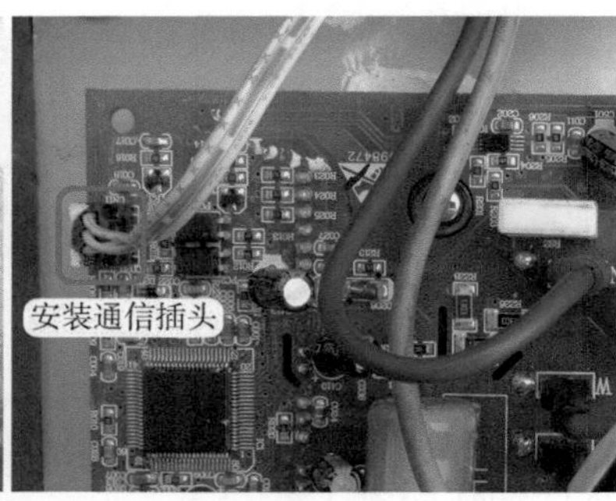

图 15-23　安装弱电电路供电和通信插头

6. 安装完成

见图15-24，将模块的5个端子、硅桥的2个端子、滤波电感的2个端子、室外机主板和模块板组件的供电和通信插头全部连接完成后，更换模块板组件的引线安装工作全部完成。

图 15-24　安装模块板引线完成

第 2 节　压缩机故障

一、压缩机连接线烧断，空调器不制冷

故障说明：美的KFR-61T2W/BPY薄形风管天井式变频空调器，用户反映不制冷，长时间开机房间温度不下降。

1. 查看线控器和室外机电控系统

上门检查，使用线控器开机，出风口有风吹出，但一直为自然风，说明不制冷，见图15-25左图，线控器一直显示设定温度，不显示故障代码。

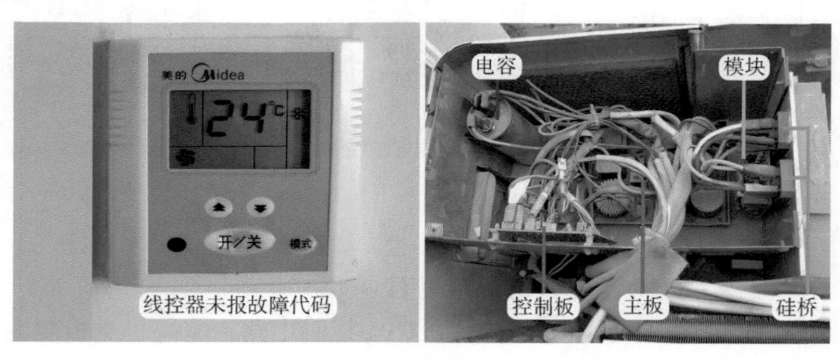

图 15-25　线控器和室外机电控系统

这种早期变频空调器不制冷的常见故障部位在室外机，取下上盖，见图15-25右图，查看位于左侧的电控系统，其为分离设计，设有主板和控制板共两块电路板，硅桥和模块位于散热片，其中CPU电路位于控制板、300V滤波电容位于主板。

2.测量电压和电流

在线控器开机时检查室外机，室外风机和压缩机均不运行，控制板上红色指示灯慢慢闪烁，说明室外机有供电。使用万用表直流电压挡，见图15-26左图，黑表笔接模块N端蓝线，红表笔接P端红线测量300V电压，实测为312V，说明硅桥整流电路正常。一段时间后，听到主板上继电器触点响一声室外风机开始运行，同时能听到压缩机运行的声音，10s后压缩机停止运行，室外风机延时运行30s后也停止运行，恢复至室外风机和压缩机均不运行的状态。

将万用表挡位转换至交流电流挡，见图15-26右图，钳头夹住接线端子上L号端子红线（此线穿过控制板上电流互感器中间孔后去主板）测量室外机电流，室外风机和压缩机均不运行时电流约为0A，继电器触点响一声后（约1s时）室外风机运行，电流上升至0.6A；同时能听压缩机运行的声音，查看电流直流上升，1.05A→1.86A→2.38A→2.81A→3.25A→3.87A→4.33A，约7s时上升至最大值4.76A；约8s时电流下降至约为0.65A，此时听不到压缩机运行的声音（压缩机停止运行），只有室外风机运行（延时约30s）；约38s时电流下降至0A，室外风机也停止运行；间隔2min 30s后室外风机和压缩机再次运行，重复上述过程，如果线控器不关机，室外风机和压缩机将一直间隔运行和停止。

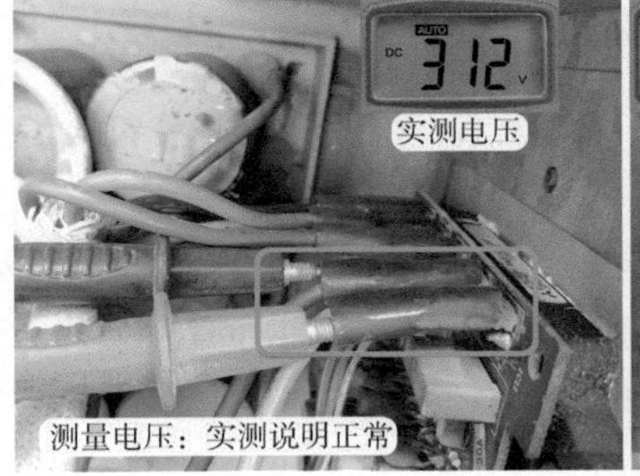

图 15-26　测量电压和电流

3.测量模块

根据运行时电流直线上升，说明压缩机不能正常运行，应首先检查模块是否损坏。断开空调器电源，约1min后，使用万用表直流电压挡测量300V电压下降至约为0V时，拔下模块上的5根连接线，模块端子从上到下顺序依次为P、N、U、V、W。

使用万用表二极管挡，见图15-27，红表笔接N端，黑表笔接P端，实测为496mV；反向测量（红表笔接P端，黑表笔接N端）为无穷大；红表笔接N端，黑表笔分别改接U、V、W端子时，实

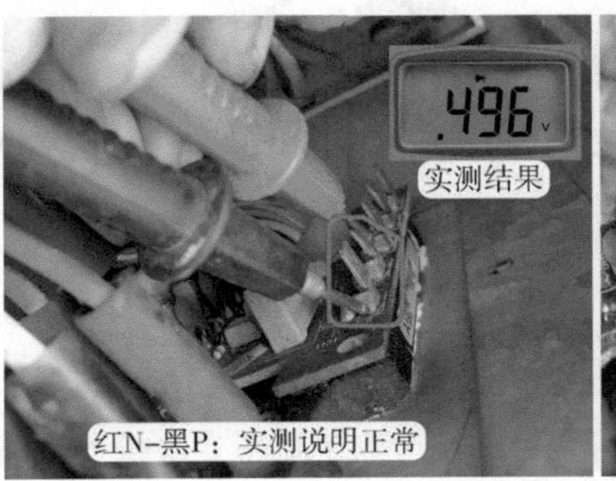

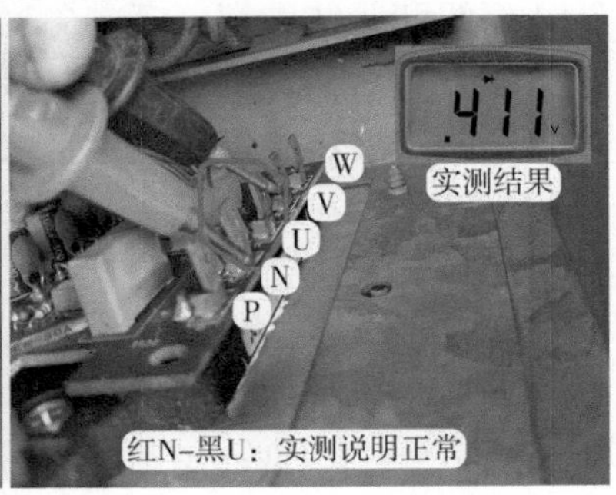

图 15-27　测量模块

测均为411mV，表笔反接实测为无穷大；红表笔分别接U、V、W端子，黑表笔接P端时，实测均为411mV，表笔反接实测为无穷大。上述测量结果表明模块正常。

模块P端接红线，N端接蓝线，两根连接线接主板滤波电容；U端接蓝线，V端接红线，W端接黑线，3根连接线接压缩机端子。

4.测量压缩机连接线阻值

将万用表挡位改为电阻挡，表笔接压缩机连接线测量线圈阻值，见图15-28。实测蓝红引线阻值为0.9Ω，说明正常；实测蓝黑引线阻值为无穷大，说明开路；实测红黑引线阻值为无穷大，说明开路，根据测量结果说明压缩机线圈开路，且对应为黑线的端子开路。

图 15-28　测量压缩机连接线阻值

5.查看连接线

为区分是压缩机外部的连接线及端子还是内部的线圈开路故障，应取下接线盖查看内部状况。见图15-29左图，本例查看接线盖外壳正常，没有损坏的现象。

取下顶部的螺钉后拿下接线盖，见图15-29中图，发现压缩机端子的连接线已经发霉，但压缩机顶盖温度开关的连接线正常。

查看连接线，见图15-29右图，黑线的端子已经霉断，接近端子的绝缘层已经脱落很长一段露出铜线，红线和蓝线的端子虽然未脱落，但靠近端子的连接线绝缘层已经硬化，即将破裂。

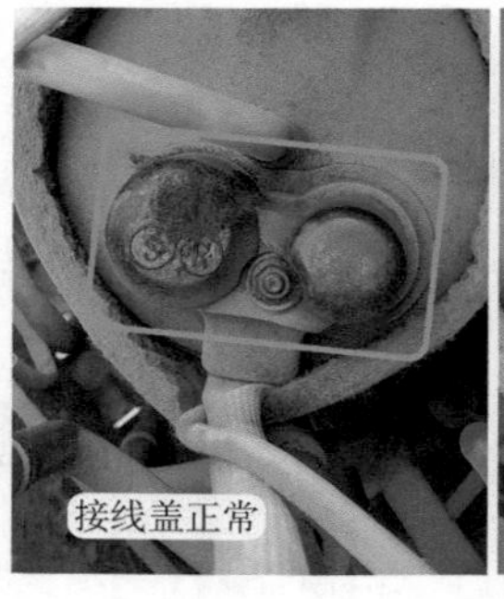

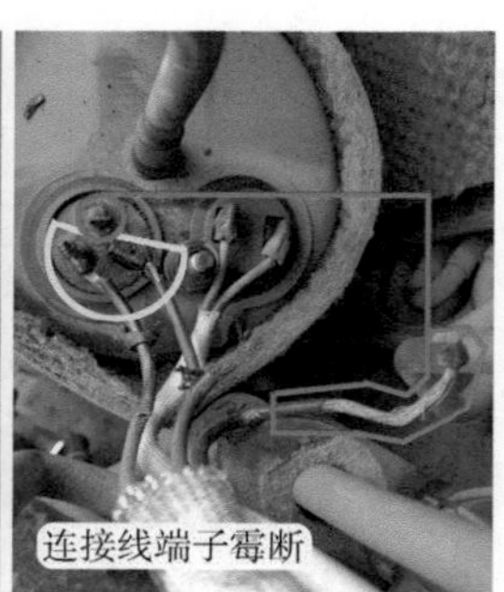

图 15-29　查看接线盖和连接线

6.测量端子阻值和去掉损坏的端子

为判断压缩机内部线圈是否损坏，使用万用表电阻挡，见图15-30左图，测量黑线对应的端子与红线-蓝线阻值，实测均为1Ω，说明正常，只需要更换连接线即可。

仔细查看接线端子时，见图15-30中图，发现端子也已经损坏，上部已经腐蚀变小，如果不更换端子只更换连接线，由于接触面太小，接触部位容易发热再次出现故障，应对端子部位进行维修，可使用外置接线柱进行应急维修处理。

见图15-30右图，使用钳子去掉黑线对应的端子（只剩下接线杆），将端子的焊点部位也清除掉。红线和蓝线虽然测量阻值正常，但连接线绝缘层已经硬化且端子已经发黑，也容易引起接触不良等故障，维修时记录连接线对应的端子后去掉连接线，并使用一字螺钉旋具或纱布清除接线端子发黑的锈点，增加接触面积。

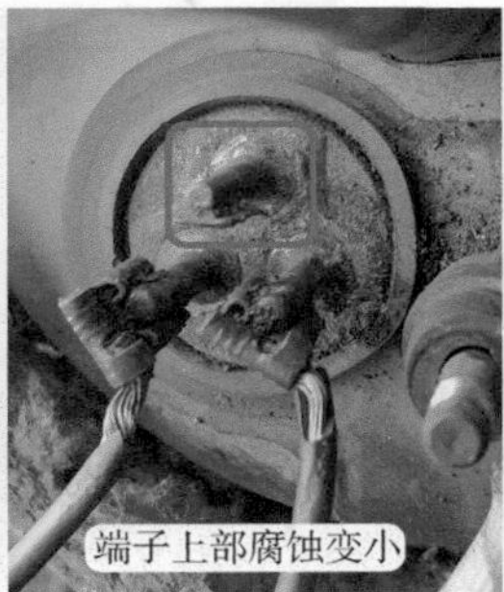

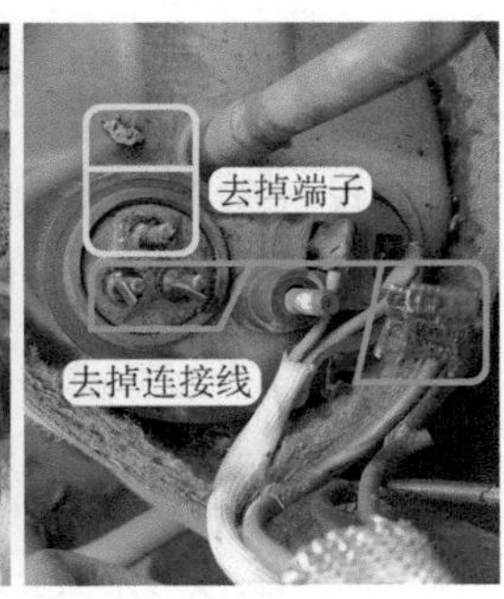

图 15-30 测量端子阻值和去掉端子连接线

7. 外置接线柱

压缩机端子外置接线柱实物外形见图15-31左图和中图，实际为一个铜柱体，设有两个螺丝孔用于固定，一个固定接线杆，一个固定连接线。

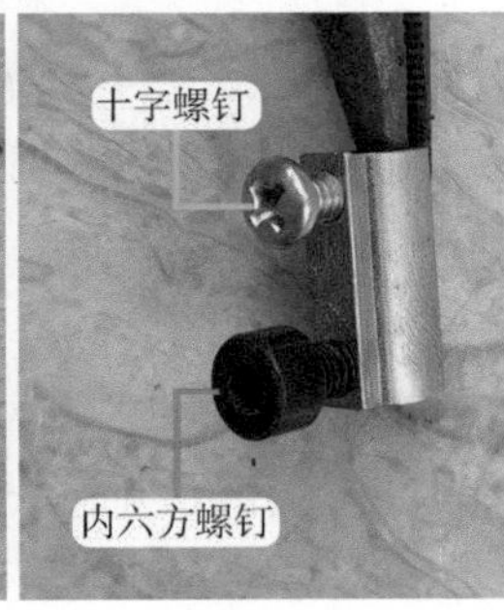

图 15-31 外置接线柱和安装

将外置接线柱安装至损坏的接线端子上面，见图15-31右图，由于内六方螺钉固定效果好于十字螺钉（容易拧得更紧），将内六方螺钉放置在下面用于固定接线杆。

本例接线柱使用十字螺钉和内六方螺钉组合，有些接线柱使用两个十字螺钉或两个内六方螺钉，其作用相同。

8. 固定接线柱和连接线

外置接线柱位于最下方位置时，稍微向上提起一点，使下部脱离压缩机外壳，以避免接线柱和外壳（铁壳）短路，见图15-32左图，

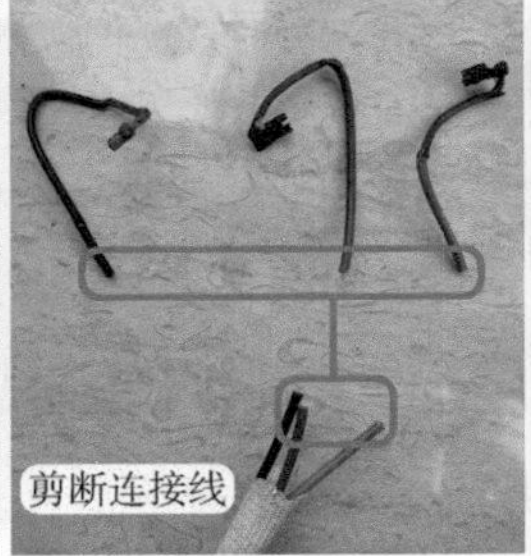

图 15-32 固定接线柱和连接线

再使用内六方扳手拧紧位于下方的内六方螺钉，使接线柱固定在压缩机线圈的接线杆上面。

由于压缩机的3根连接线端子附近的绝缘层均已经硬化，甚至露出铜线，将外置的绝缘套向后拉，见图15-32中图，直至露出正常部位，使用钳子剪断3根连接线。

将黑线剥开适当长度的绝缘层，再用手将分散的铜线拧成较为结实的一股线，见图15-32右图，安装至接线柱上方，再使用十字螺钉旋具拧紧螺钉，以固定黑线，这样黑线和压缩机线圈对应的接线杆紧密连接。

9. 安装红线和蓝线

见图15-33左图和中图，再找两根带有端子的连接线，将连接线端子安装至压缩机的端子，再将连接线剥开绝缘层露出铜线。

见图15-33右图，查找记录，将红线、蓝线分别和原端子的连接线对应连接，并使用绝缘胶布包扎接头。

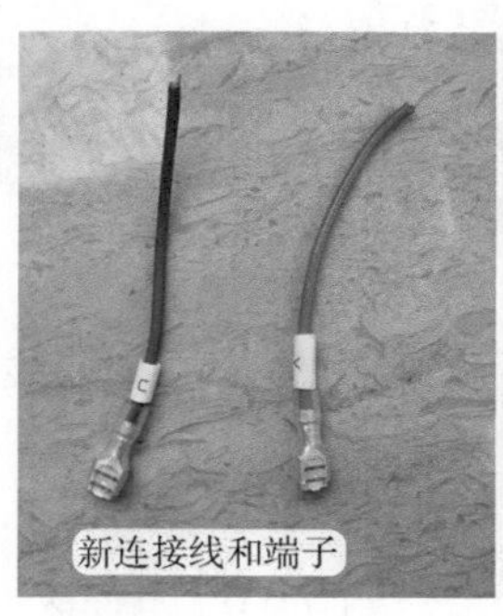

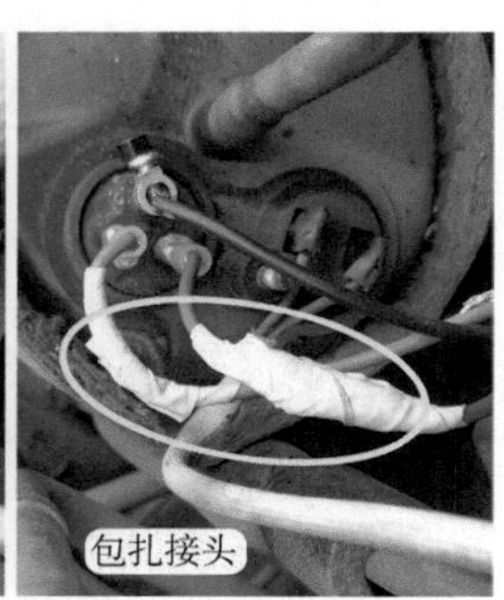

图 15-33　连接线安装和包扎接头

10. 测量阻值和试机

依旧使用万用表电阻挡，测量另一端的压缩机连接线，见图15-34左图，表笔接蓝线和黑线测量阻值，实测0.9Ω为正常；见图15-34中图，表笔接红线和黑线测量阻值，实测0.8Ω为正常；表笔接红线和蓝线测量阻值，实测0.9Ω为正常，3次测量结果说明压缩机的3根连接线已恢复正常。

恢复压缩机连接线、滤波电容的300V供电连接线至模块端子，再次上电开机，3min延时过后，压缩机和室外风机均开始运行，查看室外机电流随着压缩机的升频逐渐上升至约9A。见图15-34右图，运行一段时间后查看粗管和细管均开始结露，室内机出风口温度较低，说明制冷恢复正常，故障排除。

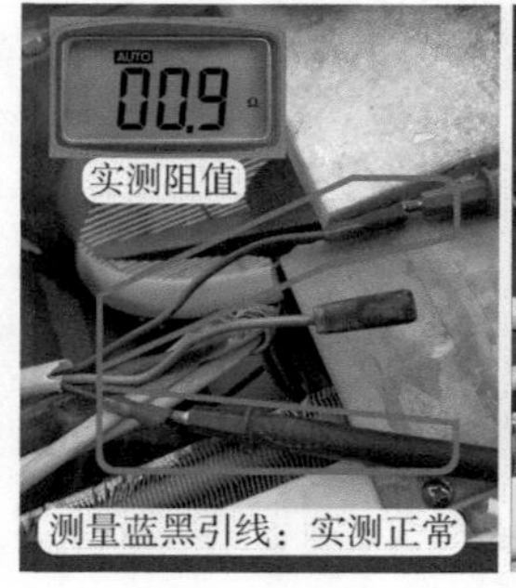

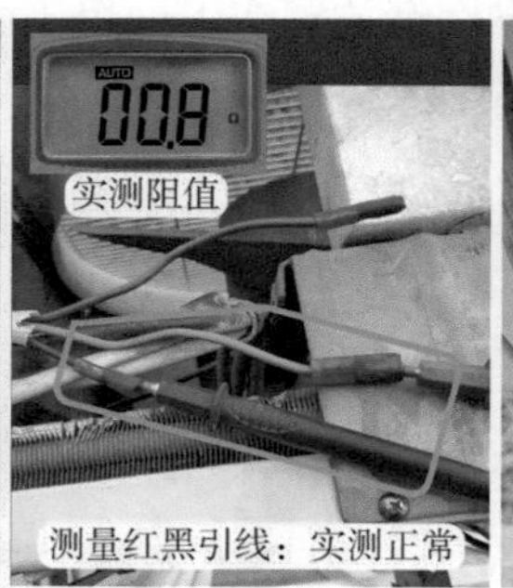

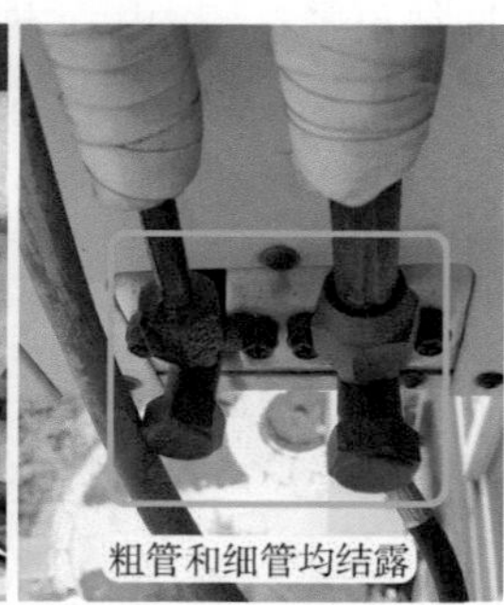

图 15-34　测量阻值和粗细管结露

维修措施：见图15-32和图15-33，使用外置接线柱代替接线端子。

（1）本例压缩机接线端子处黑线断开，相当于3相线圈缺少1相，控制板上CPU输出信号至模块驱动压缩机运行时，电流直线上升，CPU检测到电流上升过快，停止驱动压

缩机运行，室外风机延时30s后停止，室外机的故障现象为室外机时转时停。

（2）由于压缩机运行时热量和电流均较大，接线端子处连接线容易损坏，因此在模块处测量压缩机连接线阻值为无穷大时，此时不要确定压缩机线圈开路损坏需要更换压缩机，应取下接线盖根据情况区分故障部位：连接线或端子损坏时更换连接线或外置接线柱；连接线或端子均正常时，应测量端子阻值确定压缩机是否损坏。

二、压缩机线圈对地短路，海信 5 代码

故障说明：海信KFR-50GW/09BP挂式交流变频空调器，遥控器开机后不制冷，检查为室外风机运行，但压缩机不运行。

1.测量模块

遥控器开机，听到室内机主板主控继电器触点“啪”（导通）的声音，判断室内机主板向室外机供电，检查室外机，发现室外风机运行，但压缩机不运行，在取下室外机外壳过程中，如果一只手摸窗户的铝合金外框、一只手摸冷凝器时有电击的感觉，判断此空调器电源插座中地线未接好或接触不良。

室外机主板上指示灯以“LED2闪、LED1和LED3灭”的显示方式报出故障代码，含义为“IPM模块故障”，在室内机按压遥控器“高效”键4次，显示屏显示“5”的代码，含义仍为“IPM模块故障”，说明室外机CPU判断模块出现故障。

断开空调器电源，拔下压缩机U、V、W的3根连接线及室外机主板连接滤波电容的正极（接模块P端子）和负极（接模块N端子）引线。见图15-35左图，使用万用表二极管挡测量模块5个端子，实测结果符合正向导通、反向截止的二极管特性，判断模块正常。

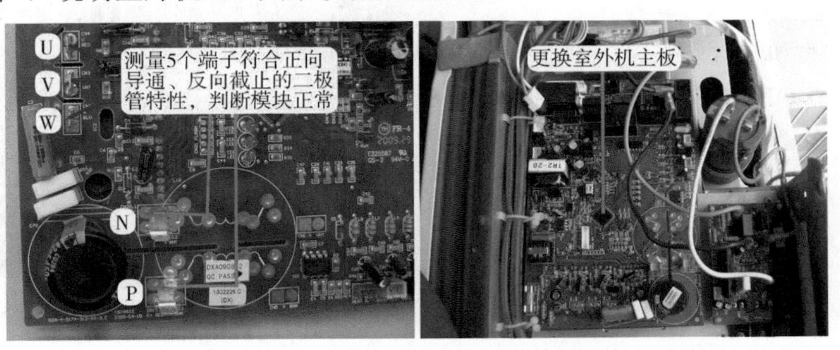

图 15-35　测量模块和更换室外机主板

使用万用表电阻挡，测量压缩机U（红）、V（白）、W（蓝）的3根连接线阻值，3次实测均为0.8Ω，说明压缩机线圈正常。

2.更换室外机主板

由于测量模块和压缩机线圈均正常，判断室外机CPU误判或相关电路出现故障，此机室外机只有一块电路板，集成CPU控制电路、模块、开关电源等所有电路，试更换室外机主板，见图15-35右图，开机后室外风机运行但压缩机仍不运行，故障依旧，指示灯依旧为“LED2闪、LED1和LED3灭”，报故障代码仍为“IPM模块故障”。

3.测量压缩机线圈对地阻值

引起“IPM模块故障”的常见原因有模块、开关电源直流15V供电、压缩机等，现室外机主板已更换可以排除模块故障和直流15V供电故障，故障原因可能为压缩机。为判

断真正的故障源，拔下压缩机线圈的3根连接线，再次上电开机，室外风机运行，室外机主板上3个指示灯同时闪，含义为压缩机正常升频，即无任何限频因素，一段时间以后室外风机停机，报故障代码为“无负载”，因此判断故障为压缩机损坏。

断开空调器电源，使用万用表电阻挡测量3根连接线阻值，UV、UW、VW均为0.8Ω，说明线圈阻值正常。见图15-36左图，将一个表笔接电控盒铁壳（相当于接地），一个表笔接压缩机线圈连接线测量阻值，正常应为无穷大，而实测约为25Ω，判断压缩机线圈对地短路损坏。

为准确判断，取下压缩机接线端子上的连接线，直接测量压缩机接线端子和排气管铜管阻值（铜管相当于接地），见图15-36右图，正常应为无穷大，而实测仍约为25Ω，确定压缩机线圈对地短路损坏。

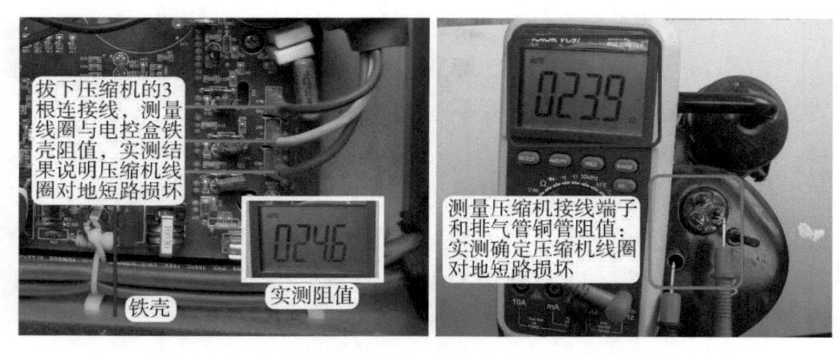

图 15-36　测量压缩机连接线和接线端子对地阻值

维修措施：见图15-37，更换压缩机。型号为三洋QXB-23(F)交流变频压缩机，根据顶部钢印可知，线圈供电为三相（PH3），定频频率60Hz时，工作电压为交流140V，线圈与外壳（地）正常阻值大于2MΩ。拔下吸气管和排气管的封塞，将3根连接线安装在新压缩机的接线端子上。上电开机，压缩机运行，吸气管有气体吸入，排气管有气体排出，室外机主板不再报“IPM模块故障”，更换压缩机后对系统顶空，加制冷剂R22至0.45MPa时试机，制冷正常。

图 15-37　压缩机实物外形和铭牌

（1）本例在维修时走了弯路，在室外机主板报出“IPM模块故障”时，测量模块正常后仍判断室外机CPU误报或有其他故障，而更换室外机主板。若在维修时拔下压缩机线圈的3根连接线，室外机主板不再报“IPM模块故障”，改报“无负载”故障时，就可能会仔细检查压缩机，可减少一次上门维修次数。

（2）本例在测量压缩机线圈时只测量连接线之间阻值，而没有测量线圈对地阻值，这也说明在检查时不仔细，也从另外一个方面说明压缩机故障时会报出“IPM模块故障”的代码，而压缩机线圈对地短路时也会报出相同的故障代码。

（3）本例中断路器不带漏电保护功能，压缩机线圈对地短路时开机后报故障代码为“IPM模块故障”。若断路器带有漏电保护功能，故障现象则有可能表现为上电后断路器跳闸。

三、压缩机线圈短路，海信 05 代码

故障说明：海信KFR-26GW/27BP挂式交流变频空调器，开机后不制冷，查看室外机，室外风机运行，但压缩机运行15s后停机。

1. 查看故障代码

拔下空调器电源插头，约1min后重新上电，室内机CPU和室外机CPU复位，用遥控器制冷模式开机，在室外机观察，压缩机首先运行，但约15s后停止运行，室外风机一直运行，见图15-38左图，模块板上指示灯报故障代码为“LED1和LED3灭、LED2闪”，代码含义为“IPM模块故障”。在室内机按压遥控器上“高效”键4次，显示屏显示代码为“05”，含义同样为“IPM模块故障”。

断开空调器电源，待室外机主板开关电源电路停止工作后，拔下模块板上“P、N、U、V、W”的5根引线，见图15-38右图，使用万用表二极管挡测量模块5个端子，符合正向导通、反向截止的二极管特性，判断模块正常。

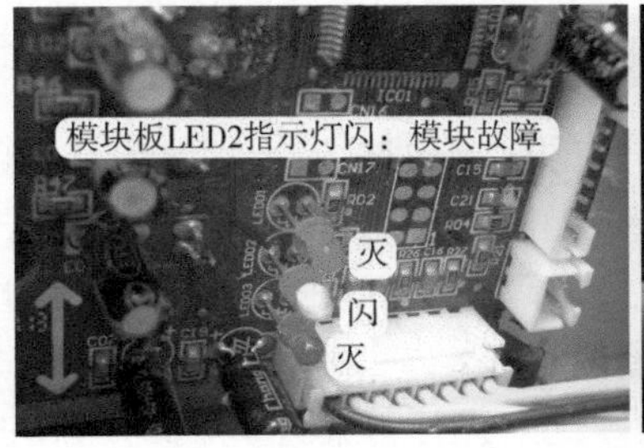

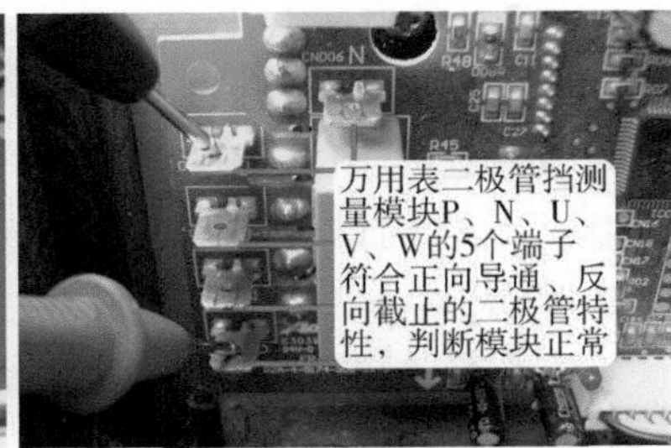

图 15-38　查看故障代码和测量模块

2. 测量压缩机线圈阻值

压缩机线圈共有3根连接线，分别为红（U）、白（V）、蓝（W），使用万用表电阻挡，测量压缩机线圈阻值，见图15-39，测量红线和白线阻值为1.6Ω、红线和蓝线阻值为1.7Ω、白线和蓝线阻值为2.0Ω，实测阻值不平衡，相差约为0.4Ω。

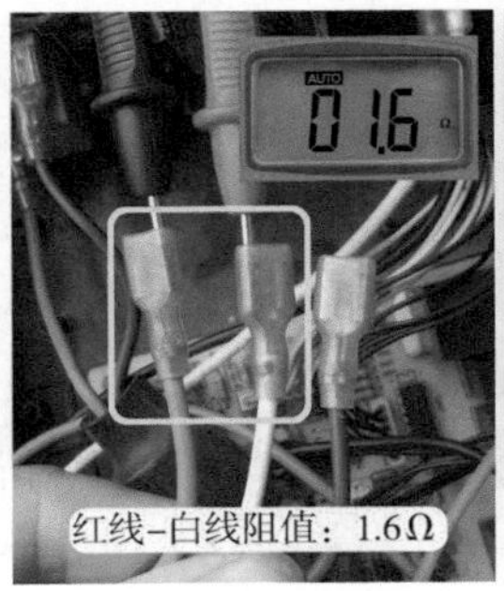

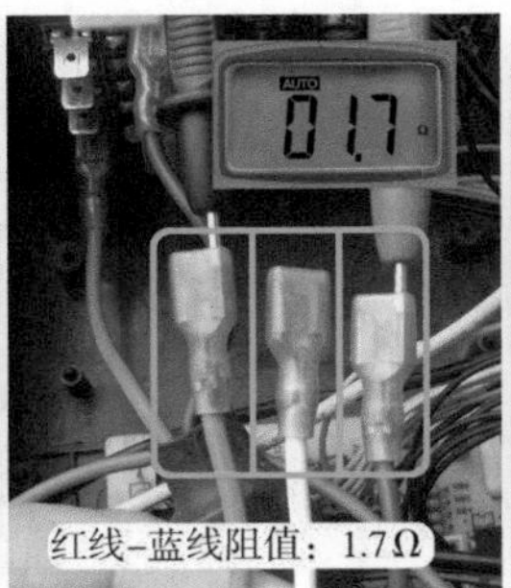

图 15-39　测量压缩机线圈阻值

3. 测量室外机电流和模块电压

恢复模块板上的5根引线，使用两块万用表，一块为UT202，见图15-40，选择交流电流挡，钳头夹住室外机接线端子上1号电源L相线，测量室外机电流；一块为VC97，见图15-41，选择交流电压挡，测量模块板上红线U和白线V电压。

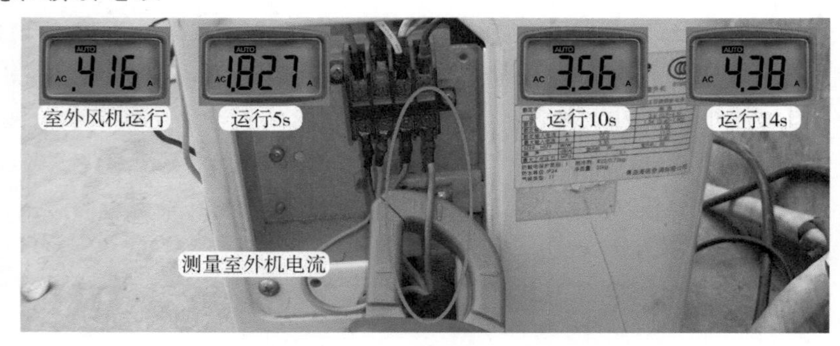

图 15-40　测量室外机电流

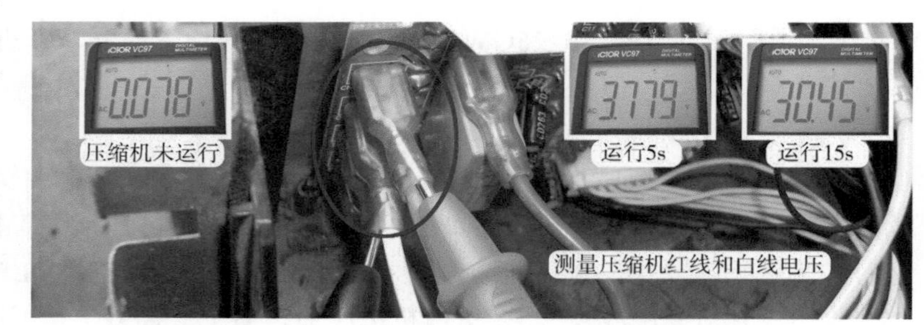

图 15-41　测量压缩机红线和白线电压

重新上电开机，室内机主板向室外机供电后，电流约为0.1A；室外风机运行，电流约为0.4A；压缩机开始运行，电流开始直线上升，1A→2A→3A→4A→5A，电流约为5A时压缩机停机，从压缩机开始运行到停机总共只有约15s的时间。

查看红线（U）和白线（V）电压，压缩机未运行时电压为0V，运行约5s时电压为交流4V，运行约15s、电流约为5A时电压为交流30V，模块板CPU检测到运行电流过大后，停止驱动模块，压缩机停机，并报代码为“IPM模块故障”，此时室外风机一直运行。

4. 手摸二通阀和测量模块空载电压

在三通阀检修口接上压力表，此时显示静态压力约为1.2MPa（使用R22制冷剂），约3min后CPU再次驱动模块，压缩机开始运行，系统压力逐步下降，当压力降至0.6MPa时压缩机停机，见图15-42左图，此时手摸二通阀已经变凉，说明压缩机压缩部分正常（系统压力下降、二通阀变凉），故障为电机中线圈短路引起（测量线圈阻值相差0.4Ω、室外机运行电流上升过快）。

试将压缩机3根连接线拔掉，重新上电开机，室外风机运行，模块板3个指示灯同时闪，含义为正常升频无限频因素，模块板不再报“IPM模块故障”，在室内按压遥控器上“高

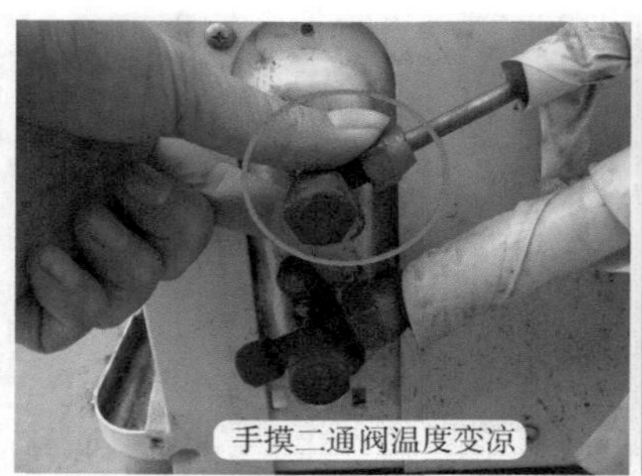

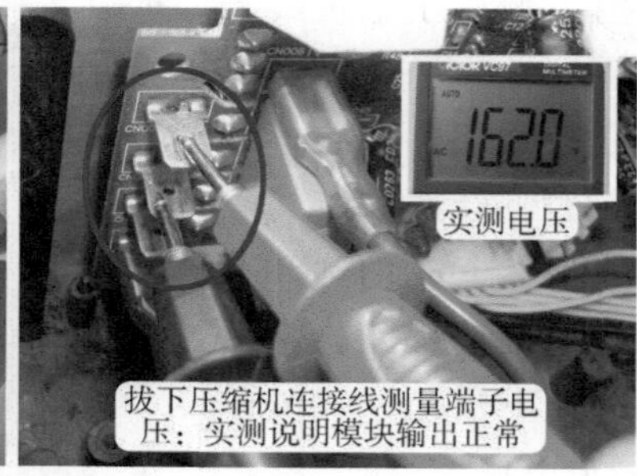

图 15-42　手摸二通阀和测量模块空载电压

效”键4次，显示屏显示“00”，含义为无故障。见图15-42右图，使用万用表交流电压挡测量模块板UV、UW、VW电压均衡，开机1min后测量电压约为交流160V，也说明模块输出正常，综合判断压缩机线圈短路损坏。

维修措施：见图15-43，更换压缩机。压缩机型号为庆安YZB-18R，工作频率为30～120Hz、工作电压为交流60～173V，使用R22制冷剂。英文“Rotary Inverter Compressor”含义为旋转式变频压缩机。更换压缩机后顶空加制冷剂至0.45MPa，用遥控器开机后，模块板不再报“IPM模块故障”，压缩机一直运行，空调器制冷正常，故障排除。

图 15-43　压缩机实物外形和铭牌